Schütt • Weisgerber • Schuck • Lang • Stimm • Roloff

ENZYKLOPÄDIE
DER
STRÄUCHER

Schütt • Weisgerber • Schuck • Lang • Stimm • Roloff

ENZYKLOPÄDIE DER STRÄUCHER

**Die große Enzyklopädie mit über 400 Farbfotos
unter Mitwirkung von 30 Experten**

Enzyklopädie der Sträucher

Sonderausgabe 2006
für Nikol Verlagsgesellschaft mbH & Co. KG, Hamburg

Mit freundlicher Genehmigung des Originalverlags

Originalausgabe:
Enzyklopädie der Holzgewächse
Handbuch und Atlas der Dendrologie
Loseblattwerk mit Ergänzungslieferungen
Herausgeber: Schütt, Weisgerber, Schuck, Lang, Stimm, Roloff
© ecomed Medizin, Verlagsgruppe Hüthig Jehle Rehm GmbH
Justus-von-Liebig-Straße 1, 86899 Landsberg/Lech
Tel.: (0 81 91) 125-0, Fax: (0 81 91) 125-492; Internet: http://www.ecomed.de

Satz: abavo GmbH, 86807 Buchloe, www.abavo.de
Einbandgestaltung: Thomas Jarzina, Köln
Printed in Slovenia.

ISBN 13: 978-3-937872-40-7
ISBN 10: 3-937872-40-X

www.nikol-verlag.de

Vorwort

Im vorliegenden Buch finden sie eine Auswahl von Artbeschreibungen, die Sträucher mit europäischer Verbreitung vorstellen. Gegenüber den Bäumen zeichnet die Sträucher ihre geringere Wuchshöhe und eine bodennahe Verzweigung bzw. die Neigung zur Ausbildung mehrerer Stämme aus. Die vorliegenden Beschreibungen enthalten nicht nur Ziergehölze und Heckenpflanzen, die Gärten, Parkanlagen und auch die freie Flur mit ihrer Erscheinung prägen, sondern ebenso einige Nutzpflanzen. So werden die Weiden wegen ihrer Ruten für Flechtarbeiten geschätzt, einige Früchte, wie z.B. Haselnüsse, Schlehen, die Beeren von Sanddorn und Holunder, Heidelbeeren oder Preiselbeeren, werden in großen Mengen geerntet und zu Lebensmitteln verarbeitet.

In den vorliegenden Beschreibungen wird alles Wissenswerte über die Gehölze dargestellt: Vorkommen, Aussehen, Unterscheidung zu verwandten Arten, Vermehrung und Anzucht, Klimabedingungen und Standortsansprüche ebenso wie Krankheiten und Schädlinge und natürlich Angaben über die Nutzung. Verbreitungskarten und reiche, oft farbige Illustrationen veranschaulichen die Darstellungen.

Die Beschreibungen entstammen alle dem Sammelwerk „Enzyklopädie der Holzgewächse", einem botanischen Standardwerk, dass seit Jahren durch immer wieder neue monographische Beiträge über Gehölzarten aus aller Welt ergänzt wird. Fachkundige Autoren, zumeist Forstwissenschaftler, Botaniker oder Dendrologen, beschreiben Baumarten, mit denen sie sich über längere Zeit beschäftigt haben und von denen sie Bildmaterial sammeln konnten. Dabei wird darauf geachtet, dass ein einheitlicher Aufbau der Texte eingehalten ist und durchgängig Bilder von hoher Qualität verwendet werden. So entstehen Artbeschreibungen, die – fachlich fundiert und klar strukturiert – die Ästhetik und Vielfalt der Gehölzflora zeigen. Die hier vorgestellte Auswahl präsentiert dabei einige der interessantesten Arten.

Auch wenn die Sträucher den Bäumen in ihren individuellen Ausmaßen unterlegen sind, spielen sie doch eine ebenso bedeutende ökologische Rolle. Für viele Tierarten – insbesondere Vögel – stellen sie den wichtigsten Teil ihres Lebensraums als Nahrungsquelle, Aufenthaltsort und Nistplatz dar. Dieses Buch lässt uns erahnen, warum Wald und Flur vor allem durch die vorkommenden Straucharten in ihrem Charakter geprägt werden.

ecomed Verlag,
Landsberg am Lech, im März 2006

Inhaltsverzeichnis

Alphabetisches Inhaltsverzeichnis
nach lateinischen Namen

Alphabetisches Inhaltsverzeichnis nach deutschen Namen

Abkürzungen und Zeichenerklärungen

In diesem Verzeichnis sind alle in den Texten verwendeten, nicht sofort verständlichen oder nicht allgemein gebräuchlichen Abkürzungen und Symbole zu finden. Nicht enthalten sind die Autorenkürzel der lateinischen Nomenklatur, chemische Formeln und Abkürzungen von SI-Einheiten sowie deren dezimale Vielfache und Teile. Treten Gattungsnamen im Text, in Tabellen oder Bildunterschriften mehrfach auf, sind sie abgekürzt.

♂	männlich
♀	weiblich
☿	zwittrig
◉	asymmetrisch wegen schraubiger Stellung der Blütenglieder
✳	radiärsymmetrisch
↓	dorsiventral oder zygomorph; Symmetrieebene liegt in der Mediane der Blüte
╱	zygomorph; Symmetrieebene liegt nicht in der Mediane der Blüte
⊹	bilateral oder disymmetrisch
ø	Durchmesser
∞	viele/unendlich
A	Androeceum (Staubblätter)
A. dest.	Aqua destillata (destilliertes Wasser)
allg.	allgemein(e)
auton.	autonom
b.	bis
bengal.	bengalisch
BHD	Brusthöhendurchmesser
C	Corolla (Blütenkrone)
chin.	chinesisch
Chrom.	Chromosomensatz
Co.	County
cv.	cultivar
D	Durchmesser
DGZ/ dGZ/dGz	durchschnittlicher Gesamtzuwachs
Durchm.	Durchmesser
Efm	Erntefestmeter
engl.	englisch
etc.	et cetera
f.	Forma (Form)
fm	Festmeter
forstl.	forstlich
franz.	französisch
G	Gynoeceum (Fruchtblätter)
Geb.	Gebirge
geogr.	geographisch
ggf.	gegebenenfalls
Ggs.	Gegensatz
H	Höhe
Hind.	Hindustani (Urdu)
i.a.	im allgemeinen
i.e.S.	im engeren Sinne
i.d.R.	in der Regel
incl.	inclusive
indet.	indeterminavit (unbestimmte Sippe)
insbes.	insbesondere
ital.	italienisch
i.w.S.	im weiteren Sinne
J.	Jahr
j./jähr.	jährig
jährl.	jährlich

jap.	japanisch
Jhdt.	Jahrhundert
K	Kalyx (Kelch)
K	Schwindungs-Koeffizient (coefficient of volume shrinkage $K = \dfrac{Vw - Vo}{Vo\,W} \times 100$)
lat.	lateinisch
LD_{50}	Dosis letalis/Maß für akute Toxizität eines Stoffes
lfd. m	laufender Meter
männl.	männlich
Max.	Maximum
max.	maximal
mdl.	mündlich
Min.	Minimum
mittl.	mittlere(r/s)
Mpa	Megapascal (Maßeinheit für Druck- und Biegefestigkeit des Holzes)
m.R.	mit Rinde
Mt./Mts.	Mount/Mountains
Natl. For.	National Forest
N-	Nord-
nat. Gr.	natürliche Größe
n.Br.	nördliche Breite
NP/Nat. Park/ Natl. Park	National Park
O-	Ost-
Oberfl.	Oberfläche
ö.L.	östliche Länge
östl.	östlich
o.g.	oben genannt
o.R.	ohne Rinde
Ordn.	Ordnung
P	Perigon
pers. Mitt.	persönliche Mitteilung
poln.	polnisch
port.	portugiesisch
p.p.	pro parte
Prov.	Provinz
r_{12}	Raumdichte des Holzes bei einem Wassergehalt von 12%
r_{15}	Raumdichte des Holzes bei einem Wassergehalt von 15%
r_0	Darrgewicht des Holzes
rd.	rund
rel.	relativ
russ.	russisch
S-	Süd-
s.Br.	südliche Breite
sG	spezifisches Gewicht
s.l.	sensu lato
sog.	sogenannte(r)
sp./spec.	Species
sp. nov.	neubeschriebene Art
span.	spanisch

s.str.	sensu stricto	VA-Mykorrhiza	vesiculär-arbusculäre Mykorrhiza
ssp.	Subspecies	var.	Varietät
syn.	synonym	var. nov.	neubeschriebene Varietät
tangent.	tangential	verbl. Bestand	verbleibender Bestand
Temp.	Temperatur	Verw.	Verwaltung
TKG	Tausendkorngewicht	Vfm	Vorratsfestmeter
TS	Trockensubstanz	vgl.	vergleiche
tschech.	tschechisch	W-	West-
U_{max}	maximaler Wassergehalt	w	Wassergehalt der Probe
u.a.	unter anderem	weibl.	weiblich
ü. NN	über Normalnull	westl.	westlich
V_0	Volumen der Probe bei völliger Trockenheit (cm^3)	w.L.	westliche Länge
		zit.	zitiert
V_w	Volumen der Probe (cm^3) mit einem Wassergehalt von w	z.T.	zum Teil
		z.Zt.	zur Zeit

Stammen Abbildungen nicht von den Autoren der jeweiligen Beiträge, so ist der Bildautor bei der Bildunterschrift genannt.

Die Messbalken bei Abbildungen sind, wenn nicht anders angegeben, Millimeter-Skalen.

Alnus viridis (CHAIX) DC, 1815

syn.:   Alnus alnobetula (EHRH.) HARTIG

Grünerle, Alpenerle, Laublatsche

		Familie:	Betulaceae
		Unterfamilie:	Betuloideae
engl.:	Green alder	Tribus:	Betuleae
franz.:	Aune vert	Untergattung:	Alnobetula
ital.:	Alno verde		
poln.:	Olsza olcha		

Abb. 1: Alnus viridis im Ötztal, nahe Vent (ca. 1800 m ü.NN)

Alnus viridis, die einzige europäische Straucherle, besiedelt frische, kalkarme Standorte in den Hoch- und Mittelgebirgen Zentraleuropas und Südost-Europas. Sie ist raschwüchsig, bildet viele niederliegende bis aufsteigende Stämme und wird 0,5 bis 3 m hoch.

Grünerlen haben ein intensives Ausschlagvermögen, entwickeln reichlich Wurzelbrut und lassen sich leicht vermehren. Abweichend von anderen europäischen Alnus-Arten erscheinen die weiblichen Blütenstände erst im April/Mai mit den neuen Blättern, überwintern also in der Knospe.

Oberhalb 1.500 m kann die Grünerle in schattigen Lagen, an Bächen und auf Quellhorizonten im Reinbestand auftreten.

Die ökologische Bedeutung der Art liegt in ihrer Fähigkeit zur Festlegung von Geröll und Boden sowie – durch die Symbiose mit Bakterienarten der Gattung Frankia – zur

Abb. 3: Vielstämmigkeit

Abb. 2: „Grünerlengebüsch" an wasserführenden Einschnitten eines Nordhanges (Tirol, ca. 1600 m ü.NN)

Fixierung von Luftstickstoff. In den Alpen verwendet man sie deswegen auch zur Befestigung von Hängen und Böschungen.

A. viridis und Pinus mugo var. mugo, die Latsche, schließen sich zumeist in ihrem örtlichen Vorkommen aus.

Verbreitung

Der Verbreitungsschwerpunkt der Grünerle liegt in den zentraleuropäischen Hoch- und Mittelgebirgen. In den Alpen besiedelt sie Urgesteinsböden zwischen 1500 und 2000 m ü. NN. SCHOENICHEN [10] spricht von einem Grünerlengürtel, der diesen Höhenbereich nach oben und namentlich nach unten vielfach überschreitet. Insbesondere an Flüssen und Bächen steigt A. viridis tief in die Täler hinab [7].

In den Schweizer Alpen erreicht die Art stellenweise Höhenlagen um 2800 m [5], im Allgäu bis 1900 m.

Nördlich der Alpen finden sich Einzelvorkommen im Alpenvorland (u.a. bei Kempten, Kaufbeuren, Memmingen), im Schweizer Jura, im Böhmerwald und sogar im Elbsandsteingebirge [5, 6]. Im südlichen und mittleren Schwarzwald kommen Grünerlen zwischen 300 und 1000 m vor; im Bayerischen Wald gibt es ein Vorkommen bei Passau, im südlichen und östlichen Böhmen u.a. im Raum Budweis und in Niederösterreich, schließlich im westlichen Waldviertel [5]. Die südliche Arealgrenze verläuft in höheren Lagen der Balkanhalbinsel (Mittelbosnien: Vranica Plavina) sowie in den östlichen Karpaten einschließlich der bulgarischen Grenzgebirge [10], unter anderem an der mazedonisch-griechischen Grenze [1].

---

[1] For. Abstr. **34**, 3297, 1973

Beschreibung

Erscheinungsbild

Grünerlen entwickeln sich zu vielstämmigen, reichverzweigten Sträuchern, die i.a. 0,5 bis 3 m hoch werden. Mayer [7] spricht allerdings von einem »strauchigen Halbbaum" von 3 bis 6 m Höhe [8]. Ein Lebensalter von 110 Jahren ist belegt [9].

Das Sproßsystem ist durch die Ausbildung von Lang- und Kurztrieben [6] und durch intensives Ausschlagvermögen gekennzeichnet.

Überdies entsteht reichlich Wurzelbrut, und es bilden sich zahlreiche Absenker aus bodennahen Zweigen [9].

Ältere Äste wachsen oft parallel zur Oberfläche, bevor sie sich aufrichten [9].

Die zunächst glatte, graubraune Rinde entwickelt sich an alten Ästen und am Stamm zu einer schwärzlichen Borke.

Abb. 5: **a** Winterknospe, **b** Kurztrieb, **c** Trieb mit Terminal- und Lateralknospen (Lichtseite), **d** Nebenblätter

Abb. 4: Borke

Knospen, Blätter und junge Triebe

Kennzeichnend für A. viridis sind u.a. die bis etwa 10 mm langen, stets ungestielten, spitz kegelförmigen Knospen. Sie werden nur von wenigen (meist 2 – 3) grünlich-braunen, zum Licht hin rötlichen, etwas gescheckten Schuppen umschlossen, sind kahl und manchmal etwas klebrig. An aufrecht wachsenden Langtrieben sind sie spiralig, an Seitenzweigen zweizeilig verteilt [6]. Zwei relativ große Nebenblätter umfassen die Knospen, vergilben im Laufe des Sommers und fallen dann ab.

Die doppelt gesägten, breit eiförmigen bis ovalen Blätter variieren in der Form, sind aber unterseits stets heller grün als oberseits. Sie laufen zum Apex spitz, manchmal kurz zugespitzt aus. Die runde oder leicht herzförmige Basis der 5 – 9 cm langen und 2,5 – 4,5 cm breiten Blattspreite mündet in einen 8 – 14 mm langen Blattstiel.

Abb. 6: Blattober- und Blattunterseite

Während die Blattoberseite kahl ist, treten in den Aderwinkeln der Unterseite Haarbüschel auf. Haare finden sich unterseits auch entlang der Blattnerven. Im Blattquerschnitt fehlt die Hypodermis.

Die etwas zusammengedrückt erscheinenden, schwach kantigen jungen Triebe sind je nach Lichtexposition grünlich (Schatten) oder rötlich (Licht). Die anfangs behaarte, später verkahlende Triebrinde ist vereinzelt mit länglichen, fast weißen Lenticellen besetzt, die später zu kleinen grauen Höckern werden [6].

Bewurzelung

A. viridis wurzelt flach und intensiv. Die bereits im Sämlingsalter gebildete Pfahlwurzel entwickelt sich später zum Herzwurzelsystem [6]. Unter gleichen Bedingungen erreichen Grünerlen geringere Wurzellängen als Grau- und Schwarzerlen [9].

Wie bei vielen Erlenarten, so entstehen auch an den Seitenwurzeln von Alnus viridis sog. Wurzelknöllchen (Rhizothamnien). In ihnen vollzieht sich die Bindung von Luftstickstoff durch endophytisch lebende Bakterien (Actinomyceten) der Gattung Frankia. Diese leben mit den Erlenwurzeln in Symbiose (Actinorhiza). Als relativ konstante Mykorrhizapartner in Grünerlenbeständen kommen Cortinarius atropusillus, Lactarius obscuratus und Russula alnetorium vor [2].

In Höhenlagen zwischen 1800 und 2000 m traten die Knöllchen weit von der Hauptwurzel an Adventivwurzeln der obersten Bodenschicht (Tiefe: 15 cm) auf. Die Biomasse der Knöllchen betrug ≈ 40 kg/ha [3]. Pflanzen mit Knöllchen wuchsen nur dann schneller, wenn keine Stickstoffdüngung stattfand [4]. Nach dem herbstlichen Blattfall wird die Bindung des Stickstoffs eingestellt.

[2] Abstr. 8th NACOM, JACKSON, WY, Sept. 1990, p. 41
[3] For. Abstr. **42**, 699, 1981
[4] For. Abstr. **32**, 2196, 1971

Holz

Wie andere europäische Erlenarten, hat auch A. viridis ein zerstreutporiges, relativ weiches, mittelschweres Holz, das zwischen Splint und Kern keine Farbunterschiede aufweist und sich an der frischen Schnittfläche orangerot verfärbt. Die Verfärbung ist allerdings weniger intensiv als bei der Schwarz- und der Grauerle.

Die für die vorgenannten Arten charakteristischen Scheinmarkstrahlen treten bei A. viridis allenfalls vereinzelt auf [4].

Blüten, Samen und Früchte

A. viridis ist windblütig. Ihre Blüten stehen in eingeschlechtigen, kätzchenförmigen Infloreszenzen, sind einhäusig verteilt und blühen erst zur Zeit des Blattaustriebs im April/Mai ab, also lange nach der Blütezeit der anderen europäischen Erlen. Die männlichen Kätzchen werden bereits im Mai des Vorjahres angelegt und sind schon im Sommer erkennbar.

Abb. 7: Zweigrinde (Lichtseite) mit Lenticellen

Sie stehen zu 3 – 5 an den Triebspitzen, haben zunächst grüne, dann violettbraune Deckblätter und werden durch einen anfangs klebrigen, im Winter krustigen weißen Belag geschützt. Die ungestielten, relativ dicken Kätzchen werden bis 6 cm lang. Während des Abblühens hängen sie herab und sind lebhaft rot (Deckblätter) und gelb (Pollensäcke) gefärbt. An der Kätzchenachse stehen 3blütige Teilinfloreszenzen (Dichasien). Pro Blüte werden vier Staubblätter und ein Perigon (P 2+2) gebildet.

Abb. 8: Männliche Blütenstände (links) und Fruchtstände

Die deutlich kürzeren, eher zapfenartigen weiblichen Kätzchen überwintern in der Knospe und treiben gleichzeitig mit den Blättern aus. Die Einzelblüten stehen zu zweit (Dichasium als Teilinfloreszenz) in der Achsel eines Deckblattes, welches mit den vier Vorblättern verwächst, später verholzt und zu einer Schuppe des Fruchtstandes wird. Während des Abblühens erscheinen zwei leuchtend rote, fadenförmige Narben. Ein Perigon fehlt.

Chromosomenzahl: 2n = 28

Die nach der Befruchtung verholzenden ♀ Blütenstände sind heller und bleiben kleiner (10 – 15 mm) als bei A. glutinosa und A. incana. Anfangs sind sie grün und etwas klebrig, später werden sie braun.

Die ca. 3 mm langen, flachen Nußfrüchte haben abweichend von A. glutinosa und A. incana einen transparenten Flügelsaum. Sie werden leicht vom Wind transportiert, sind aber außerdem hydrochor.

Fruchtreife: Oktober bis November.

Anzucht

Die sehr kleinen Früchte der Grünerle (Tausendkorngewicht: 0,7 g) keimen epigäisch. Das Keimprozent liegt zwischen 0 und 30% [5], im Saatbeet bei etwa 10% [6]. Eine Kalt-Naß-Vorbehandlung von 30 – 45 Tagen führt zur Erhöhung der Keimrate [7].

Bewährt hat sich die breitwürfige Aussaat auf beschatteten Beeten und die Abdeckung mit einer 0,5 cm starken Grobsandschicht. Im ersten Jahr ist Unkrautbeseitigung erforderlich [7].

In Neuseeland hat P-Düngung die Ausfälle im Saatbeet reduziert, einen erheblichen Anstieg der Trockensubstanz bewirkt und die Zahl der Wurzelknöllchen erhöht [7]. Einmal angewachsen, entwickeln sich die Sämlinge unabhängig vom Stickstoffvorrat des Bodens.

Vegetative Vermehrung mit Wurzelstecklingen gelingt ohne Schwierigkeiten. Erfahrungen mit anderen Methoden liegen nicht vor.

Abb. 9: Keimling (nat. Größe), Keimblätter schwarz

Taxonomie und genetische Differenzierung

Noch vor einigen Jahrzehnten betrachtete man A. viridis als eine Großart mit arktisch-circumpolarer Verbreitung. Heute trennt man sie in mehrere vikariierende Arten auf [5]:

– A. crispa (AIT.) BURSH.: Nordamerika von Alaska bis Labrador, dann südwärts bis North Carolina und Pennsylvania.
– A. sinuata (RGL.) RYDB.: Pazifisches Nordamerika von Alaska bis Nord-California und Colorado.

[5] BÄRTELS, A.: Gehölzvermehrung, Stuttgart, 1982.
[6] For. Abstr. 32, 2420, 1971
[7] For. Abstr. 34, 921, 1973

– A. fruticosa RUPR. (A. viridis var. sibirica REG.): Im Norden und Nordosten Europas und Asiens, südlich bis zum Altai.

– A. maximowiczii CALLIER: Japan (REHDER).

Groß ist auch die innerartliche morphologische Streuung bei Alnus viridis. Aus diesem Grunde hat man mehrere Varietäten ausgeschieden, die teils in bestimmten Regionen dominieren, teils regellos verteilt sind.

Insgesamt ist diese Differenzierung noch sehr unvollständig untersucht.

HEGI [5] unterscheidet:

– var. viridis, wie zuvor beschrieben. Dazu gehören:
  f. mollis (BECK) HEGI mit dicht behaarten Blättern und Zweigen,
  f. grandifolia (BECK) HEGI mit deutlich größeren Blättern (6 – 11 cm lang).
– var. corylifolia (KERNER) ASCHERS. et GRAEBN. mit rundlichen Blättern und dicht behaarten Blatt- und Fruchtstandsstielen. Heimat: Tirol.
– var. microphylla (AVR.-TOUV.) HEGI: Elliptisch, nur bis 3 cm lange Blätter. Alpen-Südseite (Schweiz und Italien).
– var. parvifolia (SAUTER) HEGI: Blätter elliptisch, bis 22 mm lang, schwach gelappt und tief gesägt. Örtlich in Salzburg und Tirol.
– var. brembana (ROTA) HEGI: Niedriger Strauch, sehr kurze Blätter. Fruchtzäpfchen nur bis 10 mm lang. Tessin und Südtirol.

Über die genetische Verankerung dieser morphologischen Verschiedenheiten wurde bisher nicht publiziert.

Klima und Standort

Alnus viridis ist eine winterharte, gegen extreme Klimabedingungen weitgehend widerstandsfähige Strauchart des subozeanischen Klimas. Hinsichtlich der Lichtansprüche wird sie als Halblicht- oder Lichtpflanze eingestuft [3, 7]. Infolge ihrer sehr elastischen Beastung und der oft niederliegenden Stämme erträgt sie Schneedruck ohne Schaden.

Die Art stellt hohe Ansprüche an die Bodenfeuchtigkeit, verträgt aber keine Staunässe. Auf quell- und sickerfeuchten Standorten in Schattenlage oder in Nordexposition bildet sie annähernd reine Bestände („Grünerlengebüsch") [5, 7]. Wegen hoher Transpirationsraten ist sie letztlich auf feuchte Standorte angewiesen [8]. Dennoch schätzt ELLENBERG [3] ihre Feuchtigkeitsansprüche geringer ein als jene von Alnus glutinosa und A. incana.

Im Grünerlengebüsch können Weidenarten (Salix appendiculata, S. glabra, S. nigricans, S. pentandra, S. waldsteiniana), gelegentlich auch Eberesche (Sorbus aucuparia), Bergahorn (Acer pseudoplatanus) und Rosa pendulina als Begleiter von A. viridis vorkommen [5, 8].

Abb. 10: Naturverjüngung in Felsspalten

Nicht selten bildet die Art nahe der Baumgrenze die Strauchschicht in lichten, feuchten Partien natürlicher Zirben-, Lärchen- und Fichtenwälder [5, 10].

In den Alpen bevorzugt Alnus viridis Schiefer- und Urgesteinsböden. Hier besiedelt sie feinerdereiche, schwach saure Substrate, insbesondere biologisch aktive, schwach vergleyte Braunerden [7], und trägt viel zur Stabilisierung rutschgefährdeter Böden und zur Festlegung von Schottern bei. Einmal fußgefaßt, überlebt sie sogar erneute Überschotterung. Im Kalkgebirge wird die Besiedelung vergleichbarer Lagen von der Latsche (Pinus mugo var. mugo) übernommen.

A. viridis gilt als Anzeiger mäßig saurer Böden [3]. Auf stark sauren, neutralen und alkalischen Substraten fehlt sie.

Abb. 11: Grünerlen in einem lückigen Pinus cembra-Bestand (Ötztal, ca. 2000 m ü.NN)

Nutzung

Sieht man von der Verwendung als Brennholz auf den Hochalmen ab, so liegt die Bedeutung der Grünerle fast ausschließlich auf ökologischem Gebiet. MAYER [7] bezeichnet sie als eine bodenverbessernde Vorwald-Baumart, welche u.a. die Drainage feuchter Almböden fördert. Ihre Fähigkeit zur Bindung von Luftstickstoff mit Hilfe wurzelbewohnender Frankia-Arten führt in den intensiv durchwurzelten Bodenhorizonten zu einer erheblichen Verbesserung des Bodens [9].

Alnus viridis bietet keinen Lawinenschutz, trägt aber in den Lawinenzügen zum Bodenschutz bei und verhindert das Schneegleiten. Sie hat sich sogar bei der Begrünung von Halden bewährt und kann in Tieflagen Jahreshöhentriebe von 75 cm erreichen [1].

Verschiedenes

– Alnus viridis wird weder durch Insekten noch durch Pilze und Bakterien ernsthaft gefährdet.
  Valsa oxystoma REHM, ein Pilz, dessen Myzel das Wasserleitungssystem besiedelt, ruft das Absterben von Ästen hervor, tritt aber meist an vorgeschädigten Wirtspflanzen auf.

– Die Art wird vom Rehwild verbissen und gefegt [7].

– Nach mehrjährigen Freilandversuchen über die Empfindlichkeit gegenüber Auftausalzen (NaCl-Wirkung über den Boden und durch Besprühen oberirdischer Pflanzenteile) wurde A. viridis in die Gruppe der besonders empfindlichen Arten eingestuft (u.a. mit Alnus incana, Cornus mas und Salix aurita) [2].

Weiterführende Literatur

[1] BENECKE, U., 1972: Physiologische Untersuchungen zur Eignung verschiedener Baumarten bei der Aufforstung in Hochlagen. Forschungsber. Forstl. Forschungsanst. München, **5**, pp. 87.

[2] BRAUN, G.; SCHÖNBORN, A. von; WEBER, E., 1978: Untersuchungen zur relativen Resistenz von Gehölzen gegen Auftausalz (Natriumchlorid). Allgem. Forst- und Jagdz. **149**, 21 – 35.

[3] ELLENBERG, H., 1979: Zeigerwerte der Gefäßpflanzen Mitteleuropas. 2. Aufl. Verlag E. Goltze KG, Göttingen.

[4] GROSSER, D., 1977: Die Hölzer Mitteleuropas. Springer-Verlag Berlin, Heidelberg, New York.

[5] HEGI, G., 1981: Illustrierte Flora von Mitteleuropa, Band **III**, Teil 1, 3. Aufl. (G. WAGENITZ, Hsg.). Alnus. 163 – 180.

[6] KIRCHNER, O. von; LOEW, E.; SCHRÖTER, C., 1911: Lebensgeschichte der Blütenpflanzen Mitteleuropas. Verlag E. Ulmer, Stuttgart.

[7] MAYER, H., 1984: Waldbau auf soziologisch-ökologischer Grundlage. 3. Aufl. Gustav Fischer Verlag, Stuttgart.

[8] REISIGL, H.; KELLER, R., 1989: Lebensraum Bergwald. Alpenpflanzen in Bergwald, Baumgrenze und Zwergstrauchheide. Gustav Fischer Verlag, Stuttgart.

[9] RUBLI, D., 1976: Waldbauliche Untersuchungen in Grünerlenbeständen. Beih. Z. Schweiz. Forstverein. **56**.

[10] SCHOENICHEN, W., 1933: Deutsche Waldbäume und Waldtypen. Verlag Gustav Fischer, Jena.

Die Autoren:

Prof. em. Dr. PETER SCHÜTT
Lehrstuhl für Forstbotanik
Ludwig-Maximilians-Universität München
Hohenbachernstraße 22
D-85354 Freising

ULLA M. LANG
Schützenstraße 6
D-82383 Hohenpeißenberg

Arctostaphylos uva-ursi (LINNÉ) SPRENG., 1825

syn.: Arbutus uva-ursi LINNÉ
syn.: Arctostaphylos officinalis WIMM. et GRAB.

Rotfrüchtige Bärentraube

engl.: Kinnikinnick (Kanada),
         Bear-berry, Sand-berry
franz.: Busserole officinale
ital.: Uva d'orso, uva ursina
span.: Uvaduz

Familie: Ericaceae
Unterfamilie: Arbutoideae

Abb. 1: Arctostaphylos uva-ursi. Fruktifizierende Pflanze am natürlichen Standort (Foto: V. Dorka), blühende Sprosse und reife Steinfrüchte (Foto: V. Dorka)

Arctostaphylos uva-ursi, ein immergrüner, unauffälliger, kleiner Strauch ist im borealen Bereich der Nordhalbkugel zirkumpolar verbreitet, dringt in den Gebirgen aber auch weit nach Süden vor.

Die leuchtend roten, etwa erbsengroßen, beerenartigen Steinfrüchte sind eßbar und stellten roh, gekocht oder gebraten für die Indianer des pazifischen Nordwestens ein gängiges Nahrungsmittel dar. Noch größere Bedeutung hat die Art als Heilpflanze. Insbesondere die Blätter spielen in der Volksmedizin als Mittel gegen Blasen- und Nierenleiden seit Jahrhunderten eine wichtige Rolle.

A. uva-ursi wird nicht als Nutzpflanze kultiviert, erfährt aber in Europa und Amerika gärtnerische Beachtung als bodendeckendes Ziergehölz. Die Art ist sehr anspruchslos und in Mitteleuropa völlig winterhart.

Der englische Trivialname „Kinnikinnick" (= Mischung) ist indianischen Ursprungs und weist auf die Beimischung von Bärentrauben-Blättern zu einer Rauchtabak-Mischung hin.

Verbreitung

A. uva-ursi ist im temperaten bis borealen Bereich der Nordhalbkugel zirkumpolar verbreitet, dringt aber in den Gebirgen Europas, Asiens und Nordamerikas – selten auch im Flachland – weit nach Süden vor.

In Europa besiedelt die Art Skandinavien (Nordgrenze 70° 10´ n.Br.), Island und England, dringt nach Süden bis Portugal, in die spanischen und südfranzösischen Gebirge, in den Apennin, incl. Abruzzen und auf den Balkan vor. Zum Areal gehören auch weite Teile Mittel- und Südrußlands (bis Kiew), nicht aber Belgien und die Niederlande [8].

In Deutschland kommen Bärentrauben vom Norden bis in die Bayerischen Alpen (2015 m ü. NN) vor, insgesamt aber meist sporadisch, selten flächendeckend [13].

Im Osten Nordamerikas erstreckt sich die Verbreitung von Neufundland bis Pennsylvania, Illinois und Virginia, im Westen von Alaska südwärts durch die Bundesstaaten Washington, Oregon, Nevada, Utah und Colorado bis in den Süden von New Mexico und Kalifornien, wo die Art oberhalb der Kiefernzone in 1500 bis 3000 m Höhe wächst [18].

In Europa liegt die Obergrenze des Vorkommens bei 2780 m auf dem Monte Vago (Rätische Alpen) [8]. Über die Höhenverbreitung im Himalaya und im Altai liegen uns keine Angaben vor.

Beschreibung

Arctostaphylos uva-ursi ist ein niederliegender, stark verzweigter Spalierstrauch, dessen dem Boden anliegende Sprosse Wurzeln schlagen und sich an der Spitze bis

60 cm (max. 100 cm) Höhe aufrichten. Die dünne, sehr glatte, weinrote Rinde blättert leicht ab [8, 18].

Blätter

Bärentrauben-Blätter sind immergrün und wechselständig, haben einen ovalen bis obovaten (spatelförmigen) Umriß, stehen zu vielen relativ gedrängt am Zweig und werden 3 bis 4 Jahre alt [7]. Die ziemlich dicke, lederige Spreite ist ganzrandig, 1 bis 3 cm lang, 5 bis 10 mm breit und läuft zur Basis hin allmählich mehr oder weniger keilförmig aus. In der spanischen Sierra sind die Blätter etwa doppelt so dick wie in den Alpen [8]. Die größte Breite haben sie oberhalb der Mitte [5]. Der Apex kann stumpf oder schwach ausgerandet sein. Abweichend von der kahlen Spreitenfläche weisen der Blattrand und der ca. 1 cm lange Stiel eine spärliche Behaarung auf [4, 8]. Sowohl an der glänzend dunkelgrünen Ober- wie an der etwas helleren Unterseite kann man ein schwach vertieftes Adernetz erkennen [4, 5]. Im Herbst und Winter verfärben sich die Blätter bronzefarben bis rötlich [2].

Blüten und Früchte

A. uva-ursi entwickelt von April bis Juli kleine, rosaweiße, nickende Zwitterblüten mit weiß-rotem Kelch, die zu 4 bis 7 (3-12) in terminalen, etwas überhängenden Trauben stehen. Die Infloreszenzen entspringen der Achsel eines Tragblattes und tragen zwei bewimperte Vorblätter [6].

Der weiße, meist rot getönte, gut 1 mm lange Kelch hat 5 Zipfel und erreicht etwa ein Viertel bis ein Drittel der Kronenlänge [6].

Die glockenförmigen, weißen Einzelblüten haben eine innen behaarte Kronröhre mit enger Öffnung und 5 kurze, auswärts gekrümmte, rosafarbene Zipfel, die sich deutlich überlappen. Vorhanden sind außerdem 10 Staubblätter mit relativ kurzen, rötlichen Antheren, die den Pollen aus 2 terminalen Poren entlassen [8, 18], ein 10lappiger Diskus sowie ein 5fächeriger, oberständiger Fruchtknoten mit Griffel (länger als die Stamina) und grünlicher Narbe [6, 8, 18]. Bestäubt werden die Blüten vornehmlich von Hummelarten, gelegentlich auch von kleinen Faltern und Blasenfuß-Arten (*Thrips* spec.). Selbstbestäubung kommt vor [8].

Reife Früchte erscheinen vom Juni bis in den Herbst des Blütejahres. Es handelt sich um rote, kugelrunde, etwa erbsengroße (Durchmesser 6 bis 8 mm), beerenartige Steinfrüchte [4], die am Grunde von dem persistenten Kelch umgeben werden. Sie enthalten 5 bis 7 einsamige, steinharte, schwach nierenförmige Steinkerne von 3 bis 4 mm Länge, sind mehlig und werden am natürlichen Standort von Schneehühnern, Hähern, Nebelkrähen, Wacholderdrosseln und Seidenschwänzen aufgenommen [7, 18].

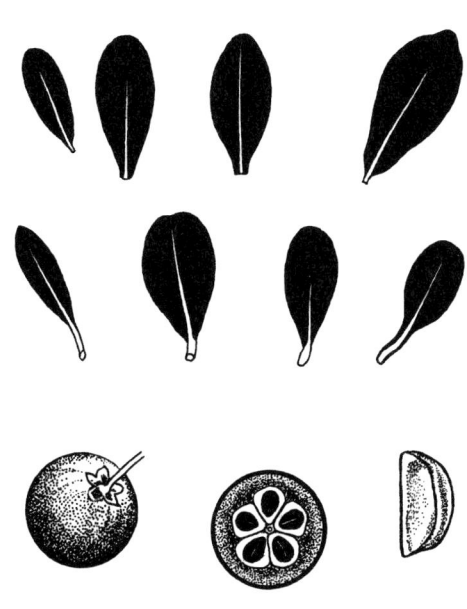

Abb. 2: Blattformen, Frucht, Frucht-Querschnitt und Samen (verändert nach [8])

Anzucht

Zur Anzucht erntet man ab Juli bis zum nächsten Frühjahr die reifen Früchte per Hand, mazeriert sie sodann und entfernt das Fruchtfleisch mittels eines Wasserstrahls. 25.000 Steinkerne wiegen 1 am. lb. = 453,6 g, das entspricht einem Tausendkorngewicht von 18,14 g [18].

Weil die Keimung sehr langsam einsetzt, wird Vorbehandlung des Saatgutes mit konz. H_2SO_4 (3 bis 6 Std.) plus Stratifizieren in feuchtem Sand bei 25 °C für 60 Tage und 60 weitere Tage bei 4,5 °C empfohlen. Danach sind Keimraten von 30 bis 60 Prozent zu erwarten [2]. Die Keimung erfolgt im Licht und im Dunkeln, kann sich aber ohne Vorbehandlung bis zu 3 Jahren hinziehen, denn nachdem der keimende Samen die Steinschale in 2 Hälften gesprengt hat, muß er (ohne Schale) 2 Jahre lang in feuchtem Substrat verbleiben [8].

Die Aussaat erfolgt normalerweise im Frühsommer als Rillensaat, und abgedeckt wird mit 6 mm Boden [18]. Die Keimlinge wachsen relativ rasch [8].

Im Spätsommer geschnittene Stecklinge sind unter Glas leicht zu bewurzeln [18].

Ökologie

A. uva-ursi ist vorwiegend in hochmontanen bis subalpinen Lagen des temperierten und borealen Klimas anzutreffen [3]. Sie kommt hauptsächlich in trockenen, sonnigen Lagen vor und wächst u.a. in Zwergstrauchbeständen oberhalb der Waldgrenze sowie als Pionierpflanze auf Kalkschutthalden und Lawinenzügen [8]. Im Flachland tritt sie zumeist gesellig in lichten, trockenen Kieferbeständen auf [13], fehlt aber auf Hoch- und Flachmooren [8].

Hinsichtlich der Bodenverhältnisse ist die Art kaum festgelegt. Sie wächst auf Kalk- und Silikatgestein, besonders häufig auf neutralen bis mäßig sauren, lockeren, sandigen Lehmen [7, 13]. Nach ELLENBERG [3] kann man sie als Anzeiger stickstoffarmer Standorte betrachten. Die Grenze der potentiellen Frostresistenz liegt für Blätter, vegetative Knospen und Sprosse bei –30 °C [15]. Meerwasser-Gischt wird toleriert [2].

In British Columbia besiedelt A. uva-ursi gut drainierte, exponierte Sandstandorte, trockene Felshänge sowie Trockenwälder, incl. deren Bestandeslücken von Tieflagen bis in die alpine Tundra [12].

In kalkalpinen Beständen gehören u.a. die folgenden Arten zur Begleitflora: Sesleria caerulea, Carex alba, Biscutella laevigata, Sorbus chamaemespilus, Erica carnea und Vaccinium vitis-idaea [8]. Oberhalb der Waldgrenze, in windgeschützten, schneereichen Lagen, ist es neben der Preiselbeere hauptsächlich Juniperus nana [7].

Arctostaphylos uva-ursi steht hinsichtlich ihrer Lichtansprüche zwischen Halbschatten- und Halblichtpflanze [3]. Ihr Höchstalter wird mit 100 Jahren angegeben [8].

Genetische Differenzierung

A. uva-ursi, eine von 70 Arten der Gattung Arctostaphylos ADANS., differenziert man zumeist in drei Varietäten, welche sich neben der geographischen Herkunft auch in der Behaarung von Zweigen und Blattstielen unterscheiden [10, 18]:

– var. uva-ursi (Typus). Zweige wenig behaart, schnell verkahlend, etwas klebrig

– var. coactilis FERN. et MCBRIDE. Dichte, bleibende Behaarung der Zweige und Blattstiele, ohne Drüsenhaare, nicht klebrig. Von Neufundland bis Yukon, südlich bis Virginia, Illinois und von British Columbia bis zur Küste Nord-Kaliforniens

– var. adanotricha (FERN.) MCBRIDE. Zweige klebrig und zottig behaart, außerdem schwarze Drüsenhaare. Von Quebec bis Sask., in B.C. und Colorado

HEGI [8] erwähnt außerdem eine Form mit weißen Früchten (f. leucocarpa ASCHERS. et MAGN.), die am Ritten in Tirol vorkommt, und DIRR [2] nennt eine Reihe von Cultivaren mit abweichender Fruchtgröße, anderer Winterfarbe der Blätter und höherer Krankheitsresistenz.

A. uva-ursi hat einen Chromosomensatz von 2 n = 52 [13].

Nutzung

Früchte und Blätter der Bärentraube werden seit langem genutzt. Indianer des mittleren und nördlichen British Columbia (Stämme der Shuswap, Niska und Gitksan) sammelten die frischen Beeren im Herbst und selbst die trockenen im Winter unter Schnee, brieten oder kochten sie und verzehrten sie zusammen mit Saucen, Fleisch und Fisch. Frische Früchte ißt man roh.

Wegen des relativ hohen Gehaltes an färbenden Inhaltsstoffen, wie Arbutin (5 bis 12 %) und der Tannine (15 bis 20 %) Ellagsäure, Quercetin und Myrcetin eignen sich die Blätter weiterhin zum Färben von Wolle und Leder. Ein Absud mit Alaunbeize färbt Wolle gelb, mit Eisenbeize grau bis schwarz [16]. In Rußland, Skandinavien und Island färbt man auch Safranleder mit dem Extrakt gerbstoffreicher Bärentrauben-Blätter [10].

Breit ist die Skala der medizinischen Anwendungen. Das gilt auch für Deutschland, wo die Blätter als „Folia Uvae Ursi" seit Beginn des 19. Jahrhunderts als offizinell geführt und als Mittel gegen Blasen-, Harn- und Nierenleiden, insbesondere bei chronischem Blasenkatarrh eingesetzt werden [8].

Verschiedenes

– Bärentrauben-Blätter und damit auch die Droge „Folia Uvae Ursi" wirken infolge der Inhaltsstoffe Arbutin und Ellagsäure schwach giftig. Sie können Erbrechen und Magenbeschwerden auslösen und bei längerer Einwirkung Anaemie, Leberverfettung und Entfärbung der Haare hervorrufen [14].

– In den Alpen befällt der Pilz *Exobasidium uvae-ursi* (MAIRE) JUEL die Blätter und verfärbt sie braunrot [8]. Weniger deutlich sind die Folgen des Befalls durch *Chrysomyxa arctostaphyli* DIET., einen wirtswechselnden Rostpilz, der in Amerika Hexenbesen an mehreren *Picea*-Arten hervorruft, und dessen Teleutophase an der Bärentraube parasitiert [9].

– Die Beeren von *A. uva-ursi* werden im Süden Nordamerikas von 18 Vogelarten aufgenommen, darunter Moor- und Birkhühner sowie Truthähne. Verbissen wird die Art vom Schalenwild und von Schafen [18].

– In Deutschland gehört die Bärentraube zu den geschützten Pflanzen und wird in der Roten Liste als „stark gefährdete Art" aufgeführt [7].

– Knöllchenartige Verdickungen im Feinwurzelbereich sind ruhende Knospen und können keinen Stickstoff binden [17].

– Im Experiment wurde die Bewurzelung von Bärentrauben-Stecklingen durch Ektomykorrhiza bildende Pilzarten gefördert.

Von 13 im Vermehrungsbeet getesteten Bodenpilzen ging nur *Thelephora terrestris* eine Ektendomykorrhiza mit *A. uva-ursi* ein [11]

Weiterführende Literatur

[1] ACSAI, J.; LARGENT, L. L., 1983: Fungi associated with Arbutus menziesii, Arctostaphylos manzanita and Arctostaphylos uva-ursi in central and northern California. Mycologia 75, 3, 544-547.

[2] DIRR, M. A., 1990: Manual of Woody Landscape Plants. Stipes Publ. Comp. Champaign, IL.

[3] ELLENBERG, H., 1979: Zeigerwerte der Gefäßpflanzen Mitteleuropas. 2 Aufl. E. Goltze-Verlag, Göttingen.

[4] FITSCHEN, J., 1994: Gehölzflora. 10. Aufl. Verlag Quelle und Meyer, Heidelberg.

[5] GODET, J. D., 1983: Knospen und Zweige der einheimischen Baum- und Straucharten. Verlag J. Neumann-Neudamm.

[6] GODET, J. D., 1984: Blüten der einheimischen Baum- und Straucharten. Verlag J. Neumann-Neudamm.

[7] HECKER, U., 1995: BLV Handbuch Bäume und Sträucher. BLV Verlagsges. München, Wien, Zürich.

[8] HEGI, G., 1927: Illustrierte Flora von Mitteleuropa. Band V/3, p. 1656-1661. Verlag Paul Parey, Hamburg und Berlin.

[9] HEPTING, G. A., 1971: Diseases of Forest and Shade Trees of the United States. USDA Forest Serv., Agric. Handb. 386, Washington, D.C.

[10] KRÜSSMANN, G., 1976: Handbuch der Laubgehölze , Bd. 1, 2. Aufl. Verlag Paul Parey, Berlin und Hamburg.

[11] LINDERMAN, R. G.; CALL, C. A., 1977: Enhanced rooting of woody plant cuttings by mycorrhizal fungi. J. Amer. Soc. Hortic. Sci. 102, 5, 629-632.

[12] MACKINNON, A.; POJAR, J.; COUPÉ, R. (edt.), 1992: Plants of Northern British Columbia. Lone Pine Publ. Comp. Edmonton, ALB.

[13] OBERDORFER, E., 1970: Pflanzensoziologische Exkursionsflora für Süddeutschland. 3 Aufl., Verlag E. Ulmer, Stuttgart.

[14] ROTH, L.; DAUNDERER, M.; KORMANN, K., 1984: Giftpflanzen – Pflanzengifte, 2. Aufl. ecomed Verlagsges. Landsberg/Lech.

[15] SAKAI, A.; LARCHER, W., 1987: Frost Survival of Plants. Ecological Studies 62. Springer-Verlag Berlin, Heidelberg, New York.

[16] SCHWEPPE, H., 1993: Handbuch der Naturfarbstoffe. ecomed Verlagsges. Landsberg/Lech.

[17] TIFFNEY, W. N.; BENSON , D. R.; EVELEIGH, D. E., 1978: Does Arctostaphylos uva-ursi (bearberry) have nitrogen – fixing root nodules? Amer. J. Bot. 65, 6, 625-628.

[18] VINES, R. A., 1976: Trees, Shrubs and Woody Vines of the Southwest. Univ. Texas Press, Austin and London.

Die Autoren:

Prof. em. Dr. PETER SCHÜTT
Lehrstuhl für Forstbotanik
Ludwig-Maximilians-Universität München
Am Hochanger 13
D-85354 Freising

ULLA M. LANG
Schützenstraße 6
D-82383 Hohenpeißenberg

Berberis vulgaris Linné, 1753

Sauerdorn, Berberitze

eng   European barberry
franz.: Vinettier, Épine-vinette
ital.:   Crespino

Familie: Berberidaceae
Unterfamilie: Berberidoideae

Abb. 1: Berberis vulgaris in Blüte

Die Berberitze ist ein sommergrüner Dornstrauch, der als einzige Art seiner Gattung auch in Mitteleuropa heimisch ist. Sein Sproßsystem ist in bedornte Langtriebe und in belaubte Kurztriebe gegliedert, an denen im Frühjahr auffallende, gelbfarbene Blütentrauben entstehen, weswegen der Strauch auch als Zierelement seit langem in Kultur ist. In Getreideanbaugebieten hat man ihn weitgehend ausgerottet, weil er Zwischenwirt des gefürchteten Getreide-Schwarzrostes ist.

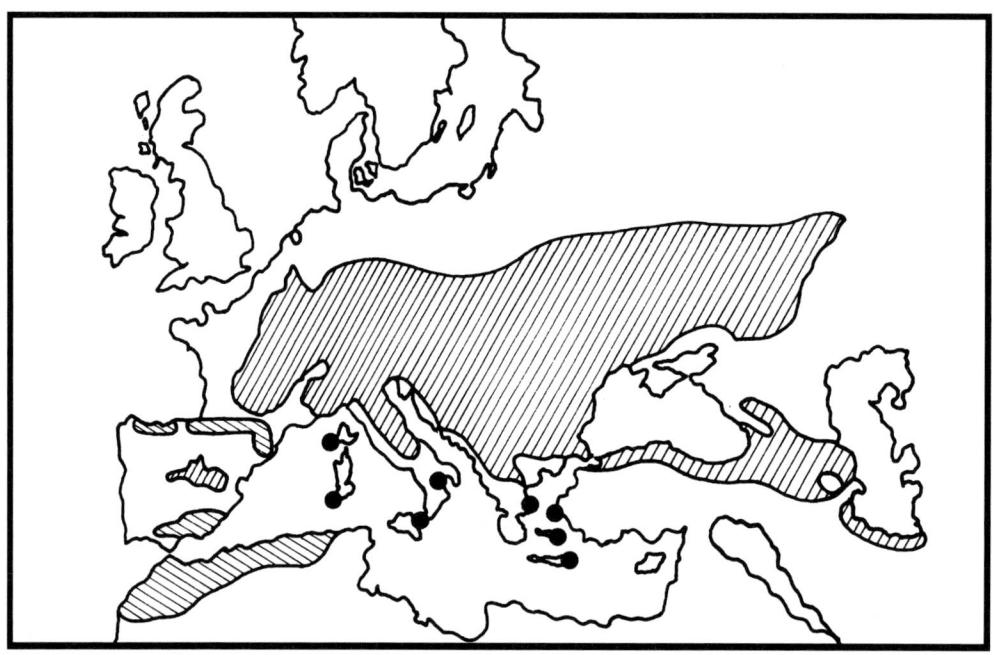

Abb. 2: Natürliches Areal von Berberis vulgaris und nahe verwandten Sippen, nach MEUSEL u.a. [11].

Verbreitung

Hinsichtlich ihrer Klimaansprüche ist die Berberitze als gemäßigt-kontinental bis submediterran einzustufen. Die Art kommt natürlich in West-, Mittel- und Südeuropa vor, allerdings nicht in Irland, Schottland und nicht im Küstenbereich des europ. Festlandes. Das natürliche Areal reicht im Osten bis zur Wolga und Krim, zum Kaukasus und zum Elbursgebirge. Die Nordgrenze liegt etwa bei 55° n. Br.; synanthrop kommt sie allerdings bis zum 60. nördl. Breitengrad vor. Die Südgrenze des Areals ist schwieriger anzugeben, weil die taxonomische Zuordnung der südlichen Sippen zur Art nicht einheitlich gehandhabt wird. Faßt man diese als Varietäten von B. vulgaris und nicht als eigenständige Arten auf, so ist B. vulgaris in Süditalien, auf dem Balkan, in den Bergen Nord-, Zentral- und Südspaniens und in Nordafrika vertreten. Der Schwerpunkt der Verbreitung liegt in den südosteuropäischen Trockenwaldgebieten [12].

In Deutschland ist sie hauptsächlich in den südlichen Kalkgebieten zu Hause. Sie fehlt in Schleswig-Holstein.

Im östlichen Nordamerika ist sie aus der Kultur verwildert und kommt von Nova Scotia und Minnesota bis nach Delaware und Missouri vor [13].

Tertiärfunde sind aus Frankreich belegt.

Die Höhengrenze des Vorkommens liegt in der Tatra bei 1200 m ü. NN [11], in den Alpen zwischen 1750 (nördliche Kalkalpen [12]) und 2660 m (Oberengadin [8]).

Beschreibung

Der Sauerdorn ist ein mit Blattdornen bewehrter, bis 3 m hoher, sommergrüner Strauch mit lang überhängenden Zweigen. Die Laubblätter sind ausschließlich an proleptisch gebildeten, den Achseln von Dornblättern entspringenden Kurztrieben inseriert, die in der Regel 3 Jahre alt werden. Sie können aber auch zu bedornten Langtrieben auswachsen.

Über das Wurzelsystem ist nur wenig bekannt.

Knospen und junge Triebe

Junge Triebe sind gefurcht und von hellbrauner Farbe. Oftmals ist die lichtexponierte Seite rötlich überlaufen. Sie sind anfänglich behaart, verkahlen aber schnell. Lenticellen sind als dunkelbraune Pusteln zu erkennen. Die Knospen sind eikugelig, stumpf, hellbraun und abstehend. Die Basen der Blattstiele umhüllen die sitzenden Knospen.

Blätter

Die Blätter der Langtriebe sind zu ein- bis siebenteiligen, 1 bis 2 cm langen Dornen umgewandelt und wechselständig. An der Sproßbasis werden drei- und mehrteilige, an der Sproßspitze nur noch einteilige Dornblätter ausgebildet. An Schößlingen läßt sich an Hand von Übergangsblättern die Entstehung der Dornblätter aus normalen

Abb. 3: Verschiedene Blattdornen

Laubblättern verfolgen [19]. Die Laubblätter der Kurztriebe stehen rosettig zusammen. Sie sind 2 bis 15 mm lang gestielt, von spatel- bis verkehrt eiförmiger Gestalt und beiderseits kahl. Die Blattfläche verschmälert sich in den kurzen Blattstiel, der an der Basis 2 rudimentäre Nebenblätter trägt. Oberseits sind die Blätter dunkelgrün, unterseits hellgraugrün und im Herbst verfärben sie sich rot. Die Blattlänge variiert zwischen 1,5 bis 4 (5) cm. Der Blattrand ist fein stachelspitzig gezähnt.

Abb. 4: Blühender Zweig

Holz und Rinde

Das Holz der Berberitze ist sehr hart, schwer und feinfaserig. Die Rohdichte beträgt 0,69...0,80...0,94 g/cm³ [6].

Die Gefäße sind halbringporig verteilt; Jahrringe sind deutlich erkennbar. Der breite Splint ist intensiv gelbgefärbt, der nur in stärkeren Stämmchen auftretende Kern rotbraun bis bläulichrot. Die Perforation der Gefäße ist einfach.

Die Rinde ist äußerlich gelbbraun bis grau und bei älteren Sprossen längsgefurcht. Anatomisch weist sie eine feine, tangential verlaufende Schichtung und breite Baststrahlen auf [10]. Wegen ihres hohen Berberin- (1 bis 3 %) und Oxyacanthin-Gehaltes (1,5 %) [16] schmeckt die Rinde stark bitter. Sie wird offizinell verwendet.

Abb. 5: Blühender Kurztrieb

Blüte

Die ca. 1 cm großen, unangenehm riechenden Blüten stehen in einfachen, ca. 4 bis 6 cm langen, hängenden, bis zu 30-blütigen Trauben. Sie sind homogam. Die Hauptblütezeit reicht von Mai bis Juni. Alle seitenständigen Blüten in der Traube sind dreizählig aufgebaut und bestehen aus 2 Kelchblatt-, 2 Kronblatt- und 2 Staubblattkreisen. Der Fruchtknoten ist einblättrig, oberständig und enthält nur wenige anatrope, bitegmische Samenanlagen. Ein Griffel wird nicht ausgebildet; die Narbe ist plattenförmig und groß.

Blütenformel: * K 3+3 C 3+3 A 3+3 G 1.

Kelch und Krone sind goldgelb gefärbt, etwa gleich groß und neigen sich halbkugelig zusammen. An der Basis der Kronblätter befinden sich 2 orangefarbene Nektarien.

Die Endblüte hingegen ist fünfzählig. Sie soll vor den Seitenblüten aufblühen [15]. Ihre ungleich großen Kelchblätter sind aus Hochblättern hervorgegangen und stehen in $^2/_5$ Stellung (quincunxial) [9].

Die Staubblätter öffnen sich mit Klappen und reagieren auf Berührungsreize [9]. Versucht ein Insekt (Käfer, Zweiflügler, Biene, Hummel, Wespe) an die Nektarien zu gelangen, kommt es unweigerlich mit den reizempfindlichen Innenseiten der Filamente in Berührung.

Abb. 6: Stammquerschnitt (oben) und Stammlängsschnitt

Durch eine blitzartige Turgoränderung schnellen die den löffelartig ausgehöhlten Kronblättern anliegenden Staubblätter plötzlich empor und bestäuben das Insekt, das daraufhin fluchtartig die Blüte verläßt. Nach einiger Zeit kehren die Staubblätter langsam in ihre Ausgangslage zurück und der Vorgang kann sich wiederholen. Dieser Mechanismus dient der Fremdbestäubung. Spontane Selbstbestäubung ist aber auch möglich [3].

Früchte und Samen

Als Früchte werden ein- bis dreisamige Beeren ausgebildet. Sie sind von walzlicher Gestalt, ca. 1 cm lang und zur Zeit der Fruchtreife, im September/Oktober, scharlachrot gefärbt.

Die alkaloidfreien Beeren werden endozooisch von Vögeln verbreitet. Wegen ihres hohen Fruchtsäure- (Apfel-, Wein- und Zitronensäure) und Vitamin-C-Gehaltes schmecken die Früchte sauer. Die Säure wird nach Frosteinwirkung etwas abgemildert. Die endospermreichen Samen sind etwa 5 bis 6 mm lang.

Klima und Standort

Die Art liebt nährstoff- und basenreiche, besonders kalkhaltige, humose und tiefgründige Lehm- und Kiesböden [12]. Sie besiedelt trockene bis mäßig frische Standorte, ist wärmeliebend und gedeiht sowohl im Licht als auch im Halbschatten [4]. Bevorzugte Standorte sind sommerwarme und -trockene Gebüsche, Waldränder, lichte Eichen- und Kiefernwälder. Auch auf Trockeninseln in lichten Auen ist der Strauch anzutreffen.

Begleitpflanzen sind u.a. Ligustrum vulgare, Viburnum opulus und V. lantana, Crataegus monogyna und Prunus spinosa. Die Berberitze ist die Verbandscharakterart der Kalk-Trockengebüsche (Berberidion).

Vermehrung und Anzucht

Zur Anzucht aus Samen müssen diese zunächst vom Fruchtfleisch befreit und einer dreimonatigen Kaltstratifikation unterzogen werden. Die Aussaat soll im März/April unmittelbar ins Freiland erfolgen. Die Keimkraft des Saatgutes bleibt 1 bis 2 Jahre erhalten [1].

Die Keimung erfolgt epigäisch. Die Keimblätter sind schmal und kurzgestielt.

Anfangs wächst der Keimling rosettig, denn im Bereich der langgestielten, rundlichen bis herzförmigen Primärblätter bleiben die Internodien gestaucht. Mit dem Übergang von den Primärblättern zu den Dornblättern wird der Sproß zum eigentlichen Langtrieb [19]. Stecklinge können ab Juli unter Folie in einem Torf-Sand-Gemisch (1:1 oder 1:2) angezogen werden.

Bei den im Handel erhältlichen Zierformen handelt es sich oft um Pfropfungen.

Abb. 7: Seitenständige Einzelblüte

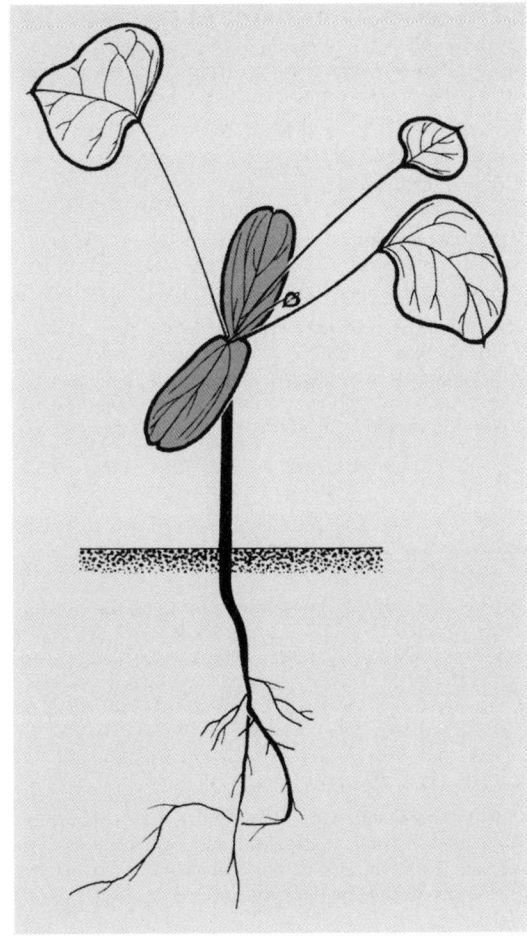

Abb. 8: Keimling, ca. 10 Wochen alt (nat. Größe)

Krankheiten

Am bekanntesten ist die Rolle der Berberitze als Überträger (Zwischenwirt) des Getreide-Schwarzrostes (Puccinia graminis), eine für die Landwirtschaft höchst bedrohliche Krankheit des Getreides. Der Pilz entwickelt auf der Berberitze seine Aecidiengeneration in Form von orangefarbenen Pusteln auf der Blattunterseite. Die Infektion der Berberitzenblätter erfolgt im Frühjahr.

Puccinia arrhenatheri (KLEB, ERIKSS.) der Glatthaferrost, ist ebenfalls wirtswechselnd und verursacht Hexenbesen bei Berberis. Zu erwähnen ist noch Orobanche lucorum, die auf den Wurzeln der Berberitze parasitiert.

Berberis vulgaris zählt zu den SO$_2$-empfindlichen Straucharten [2].

Systematik

Die taxonomische Untergliederung der Art ist schwierig und wird demzufolge nicht einheitlich gehandhabt. Von manchen Autoren werden die in Spanien und in Süditalien vorkommenden Sippen als Unterarten von Berberis vulgaris angesehen [20]. Andere betrachten diese als eigenständige Arten [11]. So wird die in Spanien heimische Berberitze als B. hispanica BOISS. et REUTT. und die in Süditalien ansässige als B. aetnensis PRESL. bezeichnet. Die Übergangsformen zwischen B. vulgaris und B. aetnensis wurden als B. vulgaris var. alpestris RIKLI beschrieben [20]. Die auf Korsika und Sardinien beheimateten Sippen werden als B. boissieri SCHNEID. wiederum von B. aetnensis abgetrennt.

Von B. vulgaris sind Gartenformen mit gelben Früchten (var. lutea), mit tiefroten Blättern (var. atropurpurea), mit samenlosen Früchten (var. asperma) u.a. im Handel.

Allgemein gilt, daß B. vulgaris leicht mit anderen Berberis-Arten bastardiert.

Auch ein Gattungsbastard mit Mahonia aquifolium ist bekannt. Er wurde als Mahoberberis neubertii (BAUMANN) SCHNEID. beschrieben. Es handelt sich dabei um einen unbewehrten, wintergrünen, bis 2 m großen Strauch, dessen Blätter meist einfach sind und nicht an Kurztrieben stehen. Früchte werden nicht ausgebildet. Dieser Bastard entstand vor 1854 und wird gärtnerisch verwendet [14].

Berberis vulgaris hat einen Chromosomensatz von 2n = 28.

Verschiedenes

Bis auf die Beeren sind alle Teile der Pflanze giftig. Sie enthalten Isochinolin-Alkaloide, unter denen das Berberin als Hauptalkaloid auftritt. Berberin ist für die Gelbfärbung von Holz und Rindenzellen verantwortlich, schmeckt bitter und wirkt purgierend. Höhere Dosierungen führen zu Erbrechen; ernstere Symptome sind bisher nicht bekannt [16].

Schon im Altertum wurde B. vulgaris offiziell genutzt. Heute werden aus den Früchten und aus der Wurzelrinde Drogen hergestellt, die bei vielen Krankheiten angezeigt sind. Die Wurzeldroge (als Tee) fördert die Gallensekretion [22], wirkt stark abführend und harntreibend. Die Früchte sind ein wichtiger Vitaminspender. Sie können zu Saft, Marmelade und Gelees verarbeitet werden.

Aus Holz und Rinde hat man einen Farbstoff zur Anfärbung von Wolle und Leder gewonnen.

Das harte Holz wird in der Drechslerei und für Einlegearbeiten geschätzt.

Abb. 9: Fruchtender Zweig

Literatur

[1] BÄRTELS, A., 1989: Gehölzvermehrung. Ulmer, Stuttgart.

[2] DÄSSLER, H.-G.; RANFT, H.; REHN, K.-H., 1972: Zur Widerstandsfähigkeit von Gehölzen gegenüber Flurverbindungen und Schwefeldioxid. Flora **161**, 289–302.

[3] DÜLL, R.; KUTZELNIGG, H., 1988: Botanisch-ökologisches Exkursionstaschenbuch. Quelle & Meyer, Heidelberg, Wiesbaden.

[4] ELLENBERG, H., 1974: Zeigerwerte der Gefäßpflanzen Mitteleuropas. Scripta Botanica IX. Goltze, Göttingen.

[5] ENGLER, A.; PRANTL, K., 1891: Die natürlichen Pflanzenfamilien. III. Teil, 2. Abt., Engelmann, Leipzig.

[6] GROSSER, D., 1977: Die Hölzer Mitteleuropas. Springer, Berlin, Heidelberg, New York.

[7] HECKER, U., 1985: Laubgehölze. Wildwachsende Bäume, Sträucher und Zwerggehölze. BLV, München, Wien, Zürich.

[8] HEGI, G., 1975: Illustrierte Flora von Mitteleuropa. Bd. IV/1. 2. Auflage. Parey, Berlin, Hamburg.

[9] HESS, D., 1983: Die Blüte. Ulmer, Stuttgart.

[10] HOLDHEIDE, W., 1951: Anatomie europäischer Gehölzrinden. In: Handbuch der Mikroskopie in der Technik, Bd. V/1. Hrsg. von H. Freund. Seite 195–367. Umschau-Verlag, Frankfurt.

[11] MEUSEL, H.; JÄGER, E.; WEINERT, E. (Hrsg.), 1965: Vergleichende Chorologie der zentraleuropäischen Flora. Karten. Fischer, Jena.

[12] OBERDORFER, E., 1983: Pflanzensoziologische Exkursionsflora. 5. Auflage. Ulmer, Stuttgart.

[13] PETRIDES, G. A., 1972: A Field Guide to Trees and Shrubs. Houghton Mifflin, Boston.

[14] REHDER, A., 1940: Manual of Cultivated Trees and Shrubs. Dioscorides Press, Portland.

[15] ROHWEDER, O.; ENDRESS, P. K., 1983: Samenpflanzen. Morphologie und Systematik der Angiospermen und Gymnospermen. Thieme, Stuttgart, New York.

[16] ROTH, L.; DAUNDERER, M.; KORMANN, K., 1984: Giftpflanzen – Pflanzengifte. Vorkommen, Wirkung, Therapie. ecomed Fachverlag, Landsberg.

[17] SCHNEIDER, C. K., 1906: Illustriertes Handbuch der Laubholzkunde. Bd. I. Fischer, Jena.

[18] SCHWARZ, F., 1882: Forstliche Botanik. Parey, Berlin.

[19] TROLL, W., 1954: Praktische Einführung in die Pflanzenmorphologie. Fischer, Jena.

[20] TUTIN, T. G. et al., 1968: Flora Europaea. Bd. 2. Cambridge University Press.

[21] WEBERLING, F., 1981: Morphologie der Blüten und der Blütenstände. Ulmer, Stuttgart.

[22] WENDELBERGER, F., 1980: Heilpflanzen. BLV, München, Zürich, Wien.

Der Autor:

Dr. HANS JOACHIM SCHUCK
Buchenstraße 23
D–85411 Hohenkammer

Betula nana LINNÉ, 1753

Zwergbirke   Familie: Betulaceae

engl.: Dwarf birch
poln.: Broza karlowata

Abb. 1: Betula nana auf einem Hochmoor in Oberbayern

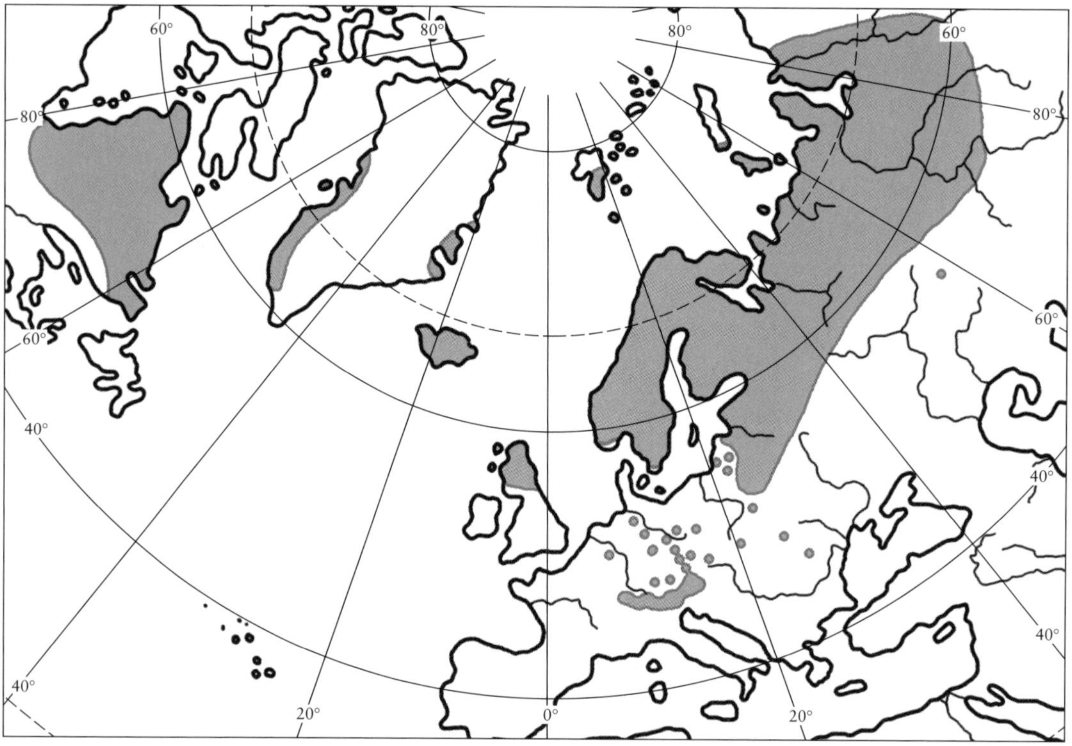

Abb. 2: Natürliches Areal (verändert nach MEUSEL, 1957)

Betula nana, ein unscheinbarer, intensiv verzweigter, um 50 cm hoher Zwergstrauch, ist heute in Mitteleuropa eine Seltenheit und gedeiht hier ausschließlich auf Moorboden. Anders im nördlichen Skandinavien, wo die Zwergbirke auf großer Fläche die dominierende Art darstellt. Am Ende der letzten Eiszeit gehörte sie neben Weidenarten und *Dryas octopetala* auch in Mitteleuropa zu den beherrschenden Elementen einer waldarmen Flora und mindestens ab dem Spätglazial bestanden Verbindungen zwischen den alpinen und den nordischen Populationen [7]. *Betula nana* stellt deswegen ein charakteristisches Leitfossil für die Dryas-Floren hoch- und spätglazialer Sedimente dar [3]. Mit dem Rückgang des Eises erfolgte in Mitteleuropa auch ein stufenweiser Rückzug der Zwergbirke [3].

Kennzeichnend für die Art sind die etwa pfenniggroßen, fast kreisrunden, stumpf gekerbten Blätter. Abweichend von anderen Birkenarten werden die weiblichen und die männlichen Blütenkätzchen erst zur Zeit der Blattentfaltung sichtbar und die Chromosomenzahl in Körperzellen beträgt 2n = 28. *Betula nana* unterliegt keiner wirtschaftlichen Nutzung. Bedingt durch Torfabbau und durch Entwässerung von Mooren geht ihr Bestand in Mitteleuropa allmählich zurück.

Verbreitung

Betula nana gehört einem arktisch-alpinen Formenkreis an und besiedelt ein geschlossenes Hauptareal, das von Grönland über Island und das nördliche Skandinavien nördlich des 55. Breitengrades bis nach Rußland reicht, östlich des Ural aber nur noch wenige, kleinere Gebiete erfaßt [3]. Die Südgrenze des geschlossenen Areals ist annähernd identisch mit der +5 °C-Jahres-Isotherme. Sie läuft durch Südschweden, Südwest-Finnland, Litauen und Lettland. In Großbritannien gehören nur die schottischen Hochlagenmoore dazu. In Sibirien schließen sich die Areale der eng verwandten Arten *Betula exilis* und *B. middendorfii* nach Osten an [3].

Abgesetzt vom Hauptareal treten in Mitteleuropa einzelne, zerstreute Vorkommen zwischen den Zentralalpen (Tirol, Salzburg, Gerlosplatte, Gurktaler Alpen) und dem Norddeutschen Tiefland (Kreis Uelzen) auf. So im deutschen Alpenvorland (Memmingen, Kempten, Peiting, Penzberg, Bernried), im Erzgebirge (Fichtelberg), im Harz (Brocken), in den Sudeten, im Habelschwerdter Gebirge, im oberen Moldautal und im niederösterreichischen Waldviertel [7,

9]. Kleinere Vorkommen sind auch in den Ardennen und im Schweizer Jura bekannt geworden [7]. Nähere Angaben über die Vorkommen im Nordwestdeutschen Flachland findet man bei OVERBECK und SCHNEIDER [10].

Abb. 3: Junge Einzelpflanzen

Beschreibung

Erscheinungsbild

Zwergbirken wachsen in Mitteleuropa zu Zwergsträuchern von etwa 50 cm, im Halbschatten sogar von 120 cm Höhe heran. In Nordeuropa bleiben sie kleiner [7]. Die meisten Zweige gehen in relativ spitzem Winkel von der Hauptachse ab, ein Teil der Äste wächst aber plagiotrop. Es entstehen Lang- und Kurztriebe. Letztere können sog. Kurztriebketten bilden, wenn Jahr für Jahr weitere Kurztriebe aufeinanderfolgen. Der jeweils letzte Kurztrieb ist beblättert [9]. Die anfangs bräunliche Rinde wird später zu einer schwarzgrauen, nur wenig abblätternden Borke.

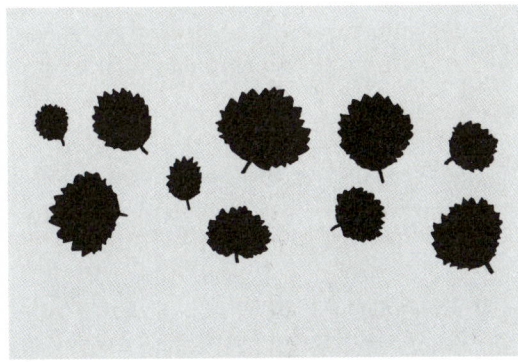

Abb. 4: Variation in Blattform und -größe (nat. Größe)

Knospen und junge Triebe

An Langtrieben stehen die dunkelbraunen Winterknospen in spiraliger Anordnung, an Kurztrieben terminal. Sie sind von fast kugeliger Gestalt, haben einen Durchmesser von 1 bis 2 mm und weisen bewimperte, mit kleinen Wachsdrüsen besetzte Schuppen auf [9]. End- und Seitenknospen sind von etwa gleicher Größe und Gestalt. Die jungen, anfangs dicht und kurz filzig behaarten Triebe werden später kahl. Auf der Rinde finden sich vereinzelt weißliche Lenticellen, aber keine Drüsen.

Blätter

Die wechselständig angeordneten Blätter sind nur etwa pfenniggroß, fast kreisrund, wenn auch ein wenig breiter als lang und kurz gestielt (Länge: 5 bis 10 mm; Breite: 6 bis 12 mm, Stiel: 1 bis 3 mm). Der Blattrand ist gekerbt und auf der etwas helleren Blattunterseite treten die Adern deutlich hervor, weil die Bündel durch Sklerenchymfasern verstärkt werden. Junge Blätter sind anfangs klebrig und zerstreut behaart, werden aber sehr bald beiderseits kahl.

Abb. 5: Knospen mit bewimperten Tegmenten an Kurz- (links) und Langtrieb

Blüten, Früchte, Samen

Die Blüten der Zwergbirke sind einhäusig verteilt und stehen zu vielen an eingeschlechtigen Infloreszenzen (Kätzchen). Männliche und weibliche Kätzchen überwintern in Knospen und werden erst zur Zeit des Laubaustriebs sichtbar: die ♂♂ mit, die ♀♀ nach dem Blattaustrieb. Dennoch blühen die weiblichen Blüten eher als die männlichen. Beide stehen terminal (die männlichen auch blattachselständig) an diesjährigen Seitentrieben [9].

Abb. 6: Trieb mit weiblichem Blütenstand (links) und mit männlichen Infloreszenzen

Die nicht gestielten, aufrechten oder seitlich abstehenden männlichen Kätzchen sind 0,5 bis 1,5 cm lang und tragen zahlreiche 3blütige Dichasien, von denen jedes in der Achsel eines braunen Tragblattes steht. Die Einzelblüten haben eine vierzählige Blütenhülle und 2 Staubblätter. Weibliche Kätzchen sind i.a. kürzer (7 bis 10 mm) und gestielt. Auch hier stehen die Blüten in dreiblütigen, kleinen Dichasien. Die beiden Vorblätter verwachsen mit dem Tragblatt zu einer dreilappigen, nicht verholzenden, keilförmigen Fruchtschuppe, die oft bis zur Mitte dreigeteilt ist. Die 3 Lappen haben etwa die gleiche Größe; die seitlichen Lappen sind aufwärts gerichtet. Der weiblichen Blüte fehlt ein Perigon. Sie hat einen zweifächerigen Fruchtknoten und 2 purpurrote, fädige Narben.

Blütezeit: Mai/Juni; Chromosomenzahl: 2n = 28.

Hinsichtlich der Pollenmorphologie bestehen keine auffallenden Differenzen zwischen B. nana und anderen Birkenarten arktisch alpiner Verbreitung. Allenfalls heben sich B. tortuosa durch andere Abmaße und B. pubescens durch ein abweichendes Verhältnis von Durchmesser zu Porentiefe ab [2]. In den 7 bis 10 mm langen, bis 5 mm dicken Fruchtständen befinden sich zahlreiche einsamige, rundliche bis eiförmige Nüßchen mit schmalem Randflügel (1/4 bis 1/6 der Nußbreite), die im September/Oktober des 1. Jahres reif sind. Die Verbreitung erfolgt durch Wind oder Wasser. Nach finnischen Erfahrungen keimen die Samen zu 21 bis 40 % [3]. Russische Untersuchungen lassen auf ausgeprägte Parthenokarpie bei B. nana schließen. Der Anteil parthenokarper Früchte kann nahezu 100 % betragen[1].

Genetische Differenzierung

Während ältere Arbeiten von einer circumpolaren Verbreitung der Zwergbirke sprechen [7, 9], trennt man heute die im sibirischen Arealbereich nach Osten anschließenden, sehr ähnlichen Arten Betula exilis SUKACZ. und B. middendorfii TRAUTV. von B. nana ab. Den arktischen Teil Nordamerikas besiedeln nach neuerer Auffassung die ebenfalls strauchförmigen und kleinblättrigen Sippen Betula glandulosa MICHX. und B. michauxii SPACH [3].

Angesichts vieler Übergangsformen zu der ebenfalls auf Mooren vorkommenden Betula pubescens wurde wiederholt die Möglichkeit von Artbastardierungen und Introgressionen diskutiert. Hindernisse für derartige Vorgänge stellen die abweichenden Chromosomensätze der Elternarten dar (B. nana: 2n = 28, diploid; B. pubescens: 2n = 56, tetraploid). Es würden triploide Bastarde entstehen, die zwar lebens- aber nicht (generativ) fortpflanzungsfähig wären. ASTON [1] berichtet über derartige Fälle, schließt aber dennoch nicht aus, daß Rückkreuzungen dieser Formen mit B. nana möglich sind. Künstliche Artkreuzungen zwischen B. nana und B. pubescens wie auch mit B. pendula gelangen ihm nicht.

In Island vorkommende, morphologisch stark variierende Populationen von Strauch- und Baumbirken sollen demgegenüber auf introgressive Bastardierungsvorgänge zwischen Moor- und Zwergbirke zurückgehen [4]. Russische Autoren führten die Entstehung von Betula tortuosa LEDEB. (Altai-Gebirge) und B. czerepanovii (N-Europa und W-Sibirien) ebenfalls auf Bastardierung zwischen B. nana und B. pubescens zurück[2].

Abb. 7: Frucht (2,5 x nat. Größe) und Fruchtschuppe (4 x nat. Größe), nach WILHELM, 1907

Veröffentlichungen aus dem vorigen Jahrhundert nennen u.a. folgende Artbastarde mit B. nana (nach [7]):

– B. nana x pubescens (B. alpestris FRIES, syn. B. fructicosa WATS.): Strauch oder bis 4 m hoher, astiger Baum. An mehreren Orten entdeckt. Intermediäre Blattmerkmale.

– B. nana x pendula (B. plattkei JUNGE): Bis 4 m hoher Baum. Blattform intermediär, Fruchtschuppe wie B. nana. In Niedersachsen und bei Memmingen.

---

[1] For. Abstr. **34**, 2667, 1973

[2] For. Abstr. **40**, 3960, 1979

Abb. 8: Natürlicher Zwergbirken-Standort auf einem oberbayerischen Hochmoor

In der Gehölzflora Finnlands (1992) wird erwähnt:

– *B. nana* x *B. pendula* = *B.* x *bottnica* MELA
  (1 bis 4 m hoch)
– *B. nana* x *B. pubescens* = *B.* x *intermedia* THOMAS
  (1 bis 2 m hoch)
  = *B.* x *aurata* BECHST.
  (1 bis 2 m hoch)

Die Flora Europaea, Bd. 1 nennt: *B. nana* x *B. pubescens* = B. *sukaczewii* SOCZAVA (1929).

Ökologie

B. nana, eine Art mit subkontinentalen Klimaansprüchen, ist in Mitteleuropa völlig winterhart. ELLENBERG [5] bezeichnet sie als Kälte- und Nässezeiger, der hauptsächlich auf durchnäßten, luft- und stickstoffarmen Böden vorkommt. Die Art besiedelt vornehmlich Standorte mit intensiver Bodenversauerung und meidet schwach saure und alkalische Substrate.

Zwergbirken sind Lichtpflanzen, die auch im Halbschatten gedeihen können, nicht jedoch unter einer geschlosse-

nen Baumschicht. In Mitteleuropa kommt die Art zumeist in lockeren Beständen auf baumfreien, nährstoffarmen Mooren, aber auch auf „Spirken-Filzen" vor. Sie gilt als konkurrenzschwach und wird vor allem durch *Betula pubescens*, *Rhamnus frangula*, *Pinus mugo* und *Salix cinerea* bedrängt.

Wachstum und Entwicklung

Unter natürlichen Bedingungen findet man selten Sämlinge von *B. nana*. Wahrscheinlich vollzieht sich die Verjüngung hauptsächlich vegetativ [1]. Die Samenkeimung liegt i.a. unter 50 %. Sie kann durch 5- bis 15tägiges Stratifizieren bei 2 bis 3 °C und Behandlung mit Gibberellinsäure erhöht werden. Je niedriger die erwartete Keimtemperatur, umso länger muß stratifiziert werden [8]. Im östlichen Teil des Areals (Khibinya-Berge, Rußland) findet das Wurzelwachstum ohne Unterbrechung während der gesamten Vegetationsperiode statt, vorausgesetzt die Temperaturen sinken nicht unter 5 °C [3].

---

[3] For. Abstr. **23**, 1709, 1962

Abb. 9: Keimling (nat. Größe), Keimblätter schwarz

Besonders üppig entwickelte sich *B. nana* auf mehreren mitteleuropäischen Mooren nach leichten Entwässerungsmaßnahmen. Nach derartigen Veränderungen beginnt die normalerweise im Randbereich der Moore wachsende Art ausgedehnte Bestände aufzubauen [3].

Das Höchstalter von *B. nana* scheint bei 90 Jahren zu liegen [9]. Zu dieser Zeit erreicht sie einen Stammdurchmesser von 40 bis 46 mm. Als durchschnittliche Jahrringbreite werden für Finnland 0,23 mm genannt (nach [9]).

Weiterführende Literatur

[1] ASTON, D., 1984: Betula nana L., a note on its status in the United Kingdom. Proc. Royal. Soc. Edinburgh **85 B**, 43 – 47.

[2] BIRKS, H.J.B., 1968: The identification of Betula nana pollen. New Phytologist **67**, 309 – 314.

[3] DIERSSEN, K., 1977: Zur Synökologie von Betula nana in Mitteleuropa. Phytocoenologia **4**, 180 – 205.

[4] ELKINGTON, T.T., 1968: Introgressive hybridization between Betula nana L. and B. pubescens Ehrh. in North-West Iceland. New Phytologist **67**, 109 – 118.

[5] ELLENBERG, H., 1979: Zeigerwerte der Gefäßpflanzen Mitteleuropas. 2. Aufl. Verlag E. Goltze KG, Göttingen.

[6] GODET, J.-D., 1983: Knospen und Zweige der einheimischen Baum- und Straucharten. J. Neumann – Neudamm.

[7] HEGI, G., 1981: Illustrierte Flora von Mitteleuropa. Band III, Teil 1, 3. Aufl. (Hrsg. G. WAGENITZ): 35. Familie Betulaceae, Betula S. 141–163. Verlag Paul Parey, Berlin-Hamburg.

[8] JUNTTILA, O., 1970: Effects of stratification, gibberellic acid and germination temperature on the germination of Betula nana. Physiologia Plantarum **23**, 425 – 433.

[9] KIRCHNER, O. von; LOEW, E.; SCHRÖTER, C., 1911: Lebensgeschichte der Blütenpflanzen Mitteleuropas. Lieferung 12, Band II, 1. Abt. Verlag E. Ulmer, Stuttgart.

[10] OVERBECK, F.; SCHNEIDER, S., 1938: Mooruntersuchungen bei Lüneburg und bei Bremen und die Reliktnatur von Betula nana L. in Nordwestdeutschland. Z. f. Botanik **33**, 1 – 54.

Die Autoren:

Prof. em. Dr. PETER SCHÜTT
Lehrstuhl für Forstbotanik
Ludwig-Maximilians-Universität München
Hohenbachernstraße 22
D-85354 Freising

ULLA M. LANG
Schützenstraße 6
D-82383 Hohenpeißenberg

Calluna vulgaris (Linné) Hull, 1808

syn.:   Erica vulgaris L., 1753

Gemeines Heidekraut, Besenheide

Familie: Ericaceae
Unterfamilie: Ericoideae

engl.:   Common Heather, Scotch Heather
franz.: Bruyère commune, Fausse Bruyère
ital.:   Erica minore, Brughiera, Scopa
dän.:   Hedelyng
span.: Brezo

Abb. 1: Calluna vulgaris. „Ellerndorfer Heide", westl. von Uelzen, Nds. (Foto: H. Dronja)

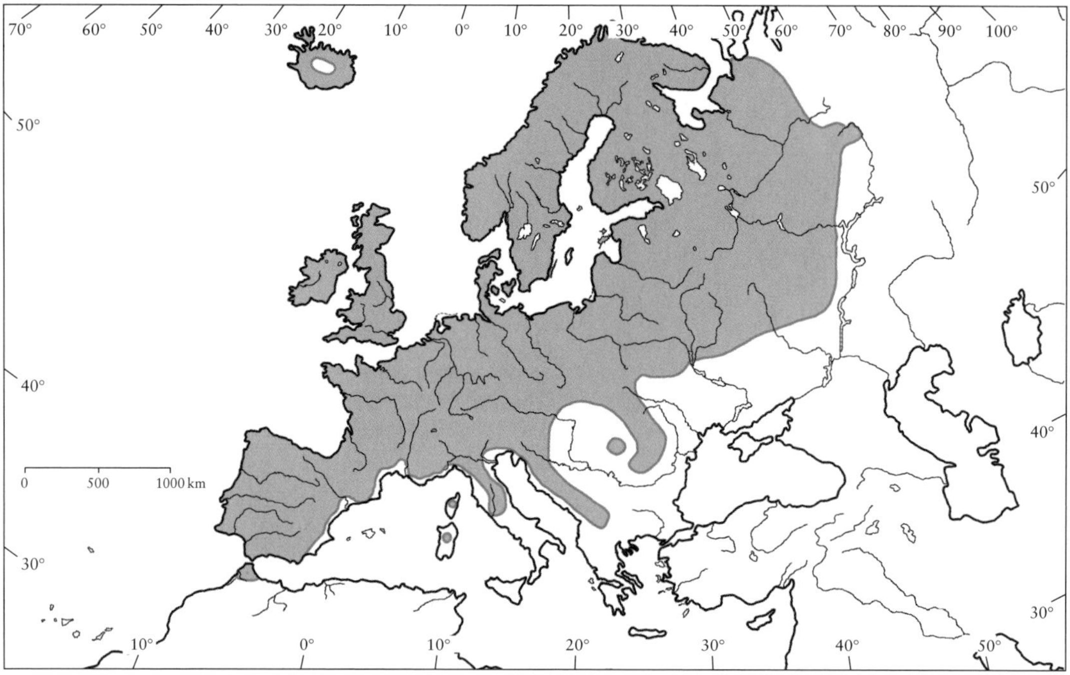

Calluna vulgaris

Abb. 2: Natürliches Areal (nach WALTER und STRAKA, 1970)

Verbreitung

Calluna vulgaris, einzige Art ihrer Gattung, ist in fast ganz Europa und in Westsibirien beheimatet. Vor allem in den atlantisch geprägten Gebieten im Nordwesten ihres Areals kommt sie so flächendeckend vor, daß ihre Blütenpracht das Landschaftsbild prägt. Diese meist nach Kahlschlag oder Übernutzung entstandenen Heiden sind durch Rekultivierung und durch den N-Eintrag aus der Atmosphäre gefährdet und stehen heute vielfach unter Schutz. *Calluna vulgaris* ist die Nationalpflanze Schottlands.

Bei der Art handelt es sich um einen reichverzweigten, immergrünen Kleinstrauch, i.a. von 0,2 bis 0,8 m, selten bis 1,5 m Höhe, mit niederliegenden Sprossen und aufsteigenden Zweigen. Hinsichtlich seiner Boden- und Klimaansprüche gilt er als äußerst anpassungsfähig und genügsam. Das Lebensalter der Einzelpflanze ist stark vom Standort abhängig. Allgemein wird ein Höchstalter von 25 bis 30 Jahren angegeben [2, 19]. In den Gebirgen liegt es mit ca. 40 Jahren deutlich darüber [25]. Das älteste, bisher gefundene Exemplar war 58 Jahre alt [21].

Der Gattungsname leitet sich aus dem Griechischen ab und bedeutet reinigen. Der Name bezieht sich dabei auf die Verwendung des Kleinstrauches als Reisigbesen.

Die Besenheide gilt als eine nordisch-subozeanische Art [20] und ist in fast ganz Europa zu Hause. Ihr Areal erstreckt sich von Lappland (in Norwegen bis 71° n. Br.) bis zur Westküste der Iberischen Halbinsel und von den Azoren bis zum Ural. Die nordatlantischen Inseln Island und Färöer gehören auch dazu und im Südosten wird das Pontische Gebirge in Kleinasien erreicht [25]. Sie fehlt hingegen in Südrußland, Griechenland, Süditalien, auf den Balearen, Korsika und Sardinien sowie in der ungarischen Tiefebene und der russischen Tundra [7, 25]. Außerhalb Europas kommt *Calluna* in den Gebirgen Nordmarokkos natürlich vor [24]. In Neuseeland [12] und im Nordosten Nordamerikas von Neufundland südl. bis zu den Bergen von West-Virginia, westlich bis Michigan[1] wurde sie eingeführt.

In der Vertikalverbreitung reicht das Areal von Seehöhe bis in hochalpine Regionen. Folgende Höhengrenzen (ü. NN) werden angegeben [25, 42]:

Nordalpen	1950 m
Zentralalpen	2500 m
Feldberg/Schwarzwald	1490 m
Bayer. Wald	1455 m
Tessin	2700 m

---

[1] USDA: Internetangabe

Beschreibung

Der i.a. bis 0,8 m hohe und immergrüne Kleinstrauch hat niederliegende, wurzelnde, terminal jedoch aufsteigende Sprosse mit aufrechtstehenden Zweigen. Das monopodiale Sproßsystem setzt sich aus Kurz- und Langtrieben zusammen. Erstere stehen spitzwinkelig ab, können rein vegetativ sein oder aber Blüten tragen. Die vegetativen Kurztriebe sind sehr dicht und dachziegelartig beblättert, etwa 10 mm lang und können zu Langtrieben auswachsen. Die Blütentriebe tragen terminal eine Einzelblüte oder sind mehrblütig und – wie die Langtriebe – locker beblättert. Zweige können sylleptisch entstehen. Die Triebe sind neoformiert [2]. Hauptsprosse alter Exemplare können Durchmesser von über 1 cm erreichen [42].

Junge Triebe und Knospen

Junge Sprosse sind dicht kurzhaarig oder fast kahl. Ihre zunächst hellrotbraune Rinde verfärbt sich bald graubraun und reißt später in Längsrissen auf. Blühende Kurztriebe werden nach der Fruchtreife abgeworfen, so daß am Hauptzweig Bereiche ohne Verzweigung entstehen.

Echte Winterknospen fehlen; den Schutz der Vegetationspunkte übernehmen die obersten Blätter [2].

Blätter

Die lineal-lanzettlichen, sitzenden Blätter sind gegenständig angeordnet und bilden 4 Blattzeilen entlang der Sprosse. Sie haben einen stumpfen Apex, konkav vertiefte Ober- und gekielte Unterseiten sowie einen annähernd dreieckigen Querschnitt. Am Kiel befindet sich eine enge, weiß behaarte Rinne. Auch die seitlichen Blattkanten sind behaart. Nebenblätter fehlen.

Der Grund des Blattes ist pfeilförmig (sagittal) ausgestaltet, wobei die beiden abwärts gerichteten Sporne (Basalfortsätze) dem Sproß anliegen und am Rande drüsig sind. Zwischen Lang- und Kurztriebsblättern bestehen deutliche Unterschiede [31]: An vegetativen Kurztrieben stehen die Blätter sehr dicht und decken sich dachziegelartig. Ihre Länge variiert zwischen 1,4 und 2 mm, die Breite liegt unter 1 mm, und die Sporne des pfeilförmigen Blattgrundes bleiben hier kurz. An Langtrieben stehen die Blätter paarweise zerstreut. Sie sind mit 4,5 mm deutlich länger und mit 2 mm auch deutlich breiter als die vorigen. Auch die Basalfortsätze sind länger als bei Blättern von Kurztrieben. Sie nehmen hier etwa die halbe Blattspreitenlänge ein. Die Lebensdauer der Kurztriebsblätter beträgt etwa 2 bis 2,5 Jahre, die der Langtriebsblätter nur eine Vegetationsperiode. Im Winter verfärben sich die Blätter braunrot [7].

Das Blatt weist einige anatomische Besonderheiten auf. An der konkav vertieften, dem Spross anliegenden Oberseite befindet sich kein Palisadengewebe. Dieses ist an den

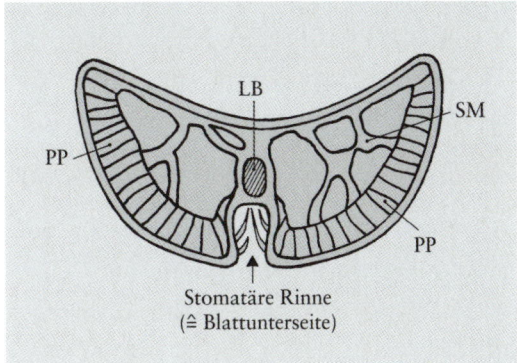

Abb. 3: Blattquerschnitt, verändert nach [17]; PP = Palisadenparenchym, SM = Schwammparenchym, LB = Leitbündel.

Blattflanken lokalisiert, wo eine bessere Lichtausnutzung gewährleistet ist. Nach ESCHRICH [17] dehnt sich die Blattoberseite über die Flanken hinaus aus. Die echte Blattunterseite beschränkt sich auf die behaarte Rinne am Kiel, wo die Stomata in einer Dichte von 1200 Stck/mm² angeordnet sind [40].

Ein echtes Rollblatt liegt nicht vor, weil die Ränder nicht eingerollt werden. Vielmehr entstehen am Rand der Blattunterseite durch periklinale Teilungen subepidermaler Zellen sekundäre Blattränder [40].

Die Epidermis ist schleimhaltig [17]. Das Blatt wird von nur einem Leitbündel durchzogen, das von einer Chlorophyllscheide umgeben ist [27].

Die Primärblätter zeigen noch den ursprünglichen Aufbau: hier fehlt die stomatäre Rinne und die Verschiebung des Palisadengewebes hat noch nicht stattgefunden [40].

Abb. 4: Zweig mit vegetativen Kurztrieben und Blüten. Die Blüten sind bereits verblüht; charakteristisch sind die sich kugelig zusammenneigenden, persistenten Blütenhüllblätter.

Calluna vulgaris

Blüten

Die hellrosa bis hellroten, leicht violetten oder selten auch weißen, nickenden Blüten stehen einzeln oder zu mehreren an Kurztrieben. Diese sind zu annähernd einseitswendigen, reichblütigen, ca. 5 bis 15 cm langen, aufrechten Infloreszenzen zusammengefaßt. Ihre basalen Abschnitte sind als Doppel-, die distalen Bereiche eher als einfache Trauben ausgebildet. Sowohl die Infloreszenz als auch die basalen, mehrblütigen Kurztriebe (Teilinfloreszenzen) können terminal weiterwachsen.

Das Blühalter liegt bei 4 Jahren [2]. Der Blütenreichtum läßt im Alter 10 bis 15 deutlich nach, wenn nicht durch Verbiß eine Verjüngung eintritt. Calluna ist ein ausgesprochener Herbstblüher. Die Blütezeit erstreckt sich von Juli bis Oktober, wobei einzelne Blüten auch schon vorher oder auch bis in den November hinein erscheinen können. In Neuseeland findet die Hauptblüte im März statt [12].

Die zwittrigen, leicht protandrischen Blüten [2, 28] sind von glockiger Gestalt, bis 6 mm lang und haben einen Durchmesser bis zu 3 mm. Sie stehen auf kurzen, flaumig behaarten Stielen, die den Achseln von Tragblättern entspringen. Calluna hat eine typisch 4-zählige Blüte mit der Blütenformel:

$$* K 4 C (4) A 4+4 G (\underline{4})$$

Die mit den Petalen gleichfarbigen Kelchblätter sind in etwa doppelt so lang wie die Kronblätter und neigen sich nach der Bestäubung kugelig zusammen. Ein von 3 Hochblattpaaren gebildeter Außenkelch liegt dem Kalyx eng an. Die beiden obersten Hochblätter sind von rundlicher Gestalt, grün bespitzt und mit weißlichen oder roten, lang und weiß bewimperten Flügelsäumen versehen. Die anderen beiden Blattpaare des Außenkelchs ähneln den normalen Laubblättern. Die verwachsene Corolla ist tief 4spaltig und gleich dem Kelch noch zur Fruchtreife persistent. Das Öffnen der Blüte wird durch eine an der Basis der Petalen befindliche Anschwellung bewirkt [18]. Da sich nicht alle Blütenblätter gleich weit öffnen, erscheint die geöffnete Blüte schwach dorsiventral.

Die 8 Stamina ragen nicht aus der Blütenhülle heraus. Die purpurnen Antheren, die sich mit Längsspalten öffnen, tragen an der Basis 2 nach außen gerichtete, fedrige Anhängsel. Diese sind Teile eines Streumechanismus, der bei Berührung durch Insekten in Gang gesetzt wird, um die weißlichen Pollentetraden auszustreuen (Streukegelblume). Der warzig skulpturierte Pollen hat einen Durchmesser von 37 bis 44 µm [25]. Calluna-Blüten gelten als nektar- und pollenreich. Pro Blüte werden ca. 17000 Pollen erzeugt [30]. Die Nektarproduktion besorgen 8 mit den Stamina alternierende, rötliche Nektardrüsen, die sich am Blütengrund befinden.

Als Bestäuber dienen Bienen, Hummeln, Schmetterlinge, Fliegen und der Blasenfüßer Taeniothrips ericae HALIDAY, der in den Blüten des Heidekrauts lebt. Gegen Ende der Blütezeit sollen sich die Filamente strecken, um den Rest-

pollen noch vom Wind verbreiten zu lassen [18]. Es handelt sich also um amphiphile Blüten, die anfangs entomogam, später auch anemogam sind.

Der rote Griffel mit der 4höckerigen Narbe ragt aus der Blütenhülle heraus. Das Ovar ist 4fächrig.

Calluna gilt als weitgehend selbststeril. Nach Selbstung wurden nur 13 % des normalen (allogamen) Samenansatzes erreicht [34].

Früchte, Samen, Keimlinge

Die weißborstigen, kugeligen, septiziden Kapseln öffnen sich mit 4 Klappen, wobei die Septen des Ovars stehenbleiben. Die Früchte haben das Aussehen kleiner Kürbisse und sind nur 2 bis 2,5 mm breit. Sie verbleiben – von der Blütenhülle umgeben – über Winter an den Kurztrieben und werden teilweise mit diesen vom Wind verbreitet. Bei Reife im März bis April des folgenden Jahres [14] sind die Kapseln bräunlich. Calluna ist also ein typischer Wintersteher [25]. Man hat errechnet, daß pro m² Heide 800 000 Samen produziert werden [16]. In Island ist die Fruchtbildung stark eingeschränkt [25].

Die winzigen, nur 0,3 mm langen [24], hellbraunen, nierenförmigen Samen werden vom Wind verbreitet, enthalten kein Endosperm und bleiben 2 bis 3 Jahre lang keimfähig [3]. Calluna ist ein ausgesprochener Lichtkeimer [25]. Die rasch einsetzende Keimung erfolgt epigäisch. Die Wurzelentwicklung der Keimlinge verläuft langsam, weswegen sie besonders empfindlich auf Trockenheit reagieren [16].

Wurzeln

Das Heidekraut gehört zu den tiefwurzelnden Arten. Ihr Wurzelsystem erreicht Bodentiefen bis über 60 cm [10] und bildet in den obersten 10 cm einen dichten Wurzelfilz [53]. Die Art ist obligat mycotroph. Als Mykorrhizapartner tritt Pezizella ericae READ auf, möglicherweise auch Clavaria vermicularis FR. [56]. Es werden ericoide Mykorrhizen gebildet. Der Pilzpartner wächst auf haarfeinen Wurzeln (Durchmesser: 40 bis 100 µm) [13], dringt zunächst zwischen, später dann in die Rhizodermiszellen ein. In ihnen verzweigen sich die Hyphen und bilden knäuelartige Strukturen. Jede einzelne Rhizodermiszelle hat eine eigene Hyphenverbindung zum Substrat [56]. Pro mm Wurzellänge treten ca. 200 solche Verbindungen auf. Wurzelhaare kommen nicht vor. Pezizella ericae READ reduziert das Apikalmeristem [5] und fördert die Neubildung von Haarwurzeln [6].

In mykorrhizierten Pflanzen wurden höhere N- und P-Gehalte nachgewiesen [56]. Die Wurzeln scheiden Hydrochinonderivate aus, die für die Ortsteinbildung unter den Beständen mitverantwortlich sind [47].

Offensichtlich werden von den Mykorrhizapilzen des Heidekrauts Hemmstoffe abgegeben, die auf Mykorrhizapartner von Bäumen schädlich wirken. Nur die Mykorrhizapartner der Birken scheinen davon nicht betroffen zu sein [50]. Auswaschungen aus *Calluna*-Wurzeln wirkten ebenfalls toxisch auf einige Mykorrhizapilze [46].

Holz

Das zerstreutporige, sehr dichte Holz [2] fällt nicht in den Dimensionen an, daß man es nutzen könnte. Es ist von grünlich weißer Farbe; Kernholz wird nicht gebildet. Die sehr engen (< 25 µm), meist einzelnstehenden Gefäße weisen spiralartige Versteifungen auf und sind einfach oder scalariform perforiert [37]. Die Gefäßdichte wird mit > 200/mm² angegeben [37]. Das Parenchym verteilt sich apotracheal [48]. Die Grundmasse des Holzkörpers besteht aus Fasertracheiden [48], Libriformfasern fehlen hingegen. Die Jahrringgrenzen sind deutlich und die mittlere Jahrringbreite beträgt 0,39 mm, ermittelt an einem 42-jährigen Exemplar [25].

Ökologie

Die Besenheide wird stets als äußerst anpassungsfähig und genügsam beschrieben. Sie besiedelt kalkfreie, trockene bis mäßig feuchte, sandige bis lehmige oft auch humose Böden, die im pH-Bereich zwischen 3,5 und 6 liegen [26]; optimal sind Werte um pH 4 [43]. Die Art gilt als Zeiger nährstoffarmer, sehr saurer Sand-und Rohhumusböden. Sie wächst auf trockenen Hochmoorrändern, in lichten Eichen- und Kiefernwäldern sowie auf sandigen Heideböden. *Calluna* meidet Gebiete mit ausgesprochenem Kontinentalklima [26]. Besonders üppig gedeiht sie im ausgeglichenen, wintermilden, humid ozeanischen Klima [41] NW-Europas. Dort entwickelt sie sich zu einem landschaftsprägenden Element, besonders dann, wenn die Böden durch Streunutzung, intensive Beweidung oder extremen Holzeinschlag verarmen. Die Lüneburger Heide ist eine solche, anthropogen entstandene Heidefläche, die ursprünglich mit Laubwald bestockt war. Hier wächst sie gemeinsam mit Birken, Kiefern und Wacholder. Verbiß durch Schafe und Wildtiere bewirken eine Verjüngung und Kräftigung der Heidebestände [15]. Abgeplaggte oder auch abgebrannte Heideflächen werden schnell und intensiv wiederbesiedelt. *Calluna* ist nämlich ein ausgesprochener Lichtkeimer und auch in der Jugend auf volles Licht angewiesen, erst später wird auch Halbschatten vertragen [2]. Die Samenkeimung wird sogar durch hohe Temperaturen gefördert, die bei Heide- und Waldbränden entstehen [23].

Hinsichtlich der Wasserversorgung verhält sich *Calluna* sehr tolerant. So ist es ihr möglich, sowohl in den feucht kalten Gebieten Nordeuropas als auch in Marokko, einem Gebiet mit lang andauernder Sommerdürre, zu wachsen.

Sie gilt als leicht frostempfindlich und benötigt in den Mittelgebirgen und in den nördlichen Bereichen ihres Areals Winterschutz durch eine geschlossene Schneedecke [54]. Durch Frosttrocknis geschädigte Pflanzen, deren Wurzeln noch intakt sind, treiben an der Basis wieder aus [42].

Calluna-Bestände haben bodenverschlechternde Eigenschaften [38]: Sie fördern die Podsolierung [15, 54], vergrößern das C/N-Verhältnis, verringern die Gehalte an pflanzenverfügbarem P und K, verändern die biologische Aktivität der Böden ungünstig und akkumulieren Rohhumus mit pH-Werten von 2,5 bis 4,0 [19]. Die Streuproduktion beläuft sich auf 421 kg/ha · a [53].

Ihre Anpassungsfähigkeit an unterschiedliche Feuchteregime, ihre Genügsamkeit, ihr hohes Austriebsvermögen, die hohen Vermehrungsraten, ihr dichter Wuchs und der Wurzelfilz in den obersten Bodenhorizonten machen die Art äußerst konkurrenzstark. In diesem Zusammenhang sind Untersuchungen interessant, die Substanzen in wässrigen Extrakten von *Calluna*-Pflanzen nachweisen konnten, die Keimung und Sämlingsentwicklung begleitender Pflanzenarten hemmten. Betroffen ist davon auch *Pinus sylvestris*: Blattextrakte hemmten, Wurzelextrakte hingegen förderten die Samenkeimung[2]. *Calluna* gehört u.a. folgenden Pflanzengesellschaften an:

Heidekraut-Stechginster-Heiden *(Calluno-Ulicetae)* in Westeuropa

Ginster-Sandheiden *(Genisto Callunion)* in höheren Lagen der Mittelgebirge

Zwergstrauch-Gesellschaft *(Nardo-Callunetea)*

Bodensaure Eichen-Birken-Wälder *(Quercetalia robori-petraeae)*

Vermehrung und Kultur

Das Heidekraut läßt sich sowohl generativ als auch vegetativ vermehren. Die Vermehrung über Samen erbringt oft nicht die gewünschte Konstanz der Merkmale und scheidet deshalb in der Erwerbsgärtnerei meistens aus. Ausgesät wird im Herbst. Blütentriebe, die kurz vor der Fruchtreife stehen, werden auf ein Substrat aus Heideerde, Torf und Sand gelegt. Die Keimung findet im März/April des folgenden Jahres statt; die Keimdauer beträgt etwa 4 bis 5 Wochen [3]. Eine Hitzebehandlung auf 120 °C für 30 sec steigert die Keimrate [23].

Zur Vegetativvermehrung verwendet man Terminaltriebe, die im April auf etwa 3 cm Länge abgeschnitten werden, wovon auf die beblätterten Neuaustriebe bereits 1 cm entfällt. Die untersten 2 cm dieser Stecklinge werden von älteren Blüten und Blättern befreit und in ein Gemisch aus 3 Teilen Torf und 1 Teil saurem Sand gesteckt. Nach 1 bis

---

[2] For. Abstr. **27**, 3567, 1966

Abb. 5: Atlantische Heide in der Westbretagne u.a. mit Calluna vulgaris, Ulex europaeus und Erica tetralix.

Taxonomie

Calluna vulgaris (L.) HULL ist die einzige Art im Genus *Calluna* SALISB., den man wegen der deutlich größeren Kelchblätter von der Gattung *Erica* abtrennte. Innerhalb der Familie gehört die Besenheide zur Unterfamilie der *Ericoideae,* für die verwachsene und persistente Kronblätter typisch sind. Wegen der zahlreichen Samenanlagen wird die Art dem Tribus *Ericeae* DRUDE zugeordnet.

Von der Art ist eine unübersehbar große Zahl von Kultursorten im Handel. Sie sind aus Selektionen hervorgegangen, werden vegetativ vermehrt und unterscheiden sich durch die Farbe der Blüten (weiß bis pink) und Blätter (gelb, grau bis dunkelgrün), die Behaarung der Sprosse und Blätter, ferner in der Wuchshöhe und Blütezeit. Die meisten Selektionen fanden in England statt [29].

2 Wochen schwellen die vom Substrat bedeckten Blattnodien an und reißen auf. In den Rissen entwickeln sich neue Wurzeln [23]. Andere [3] wiederum empfehlen, 5 cm lange, blattfreie Stecklinge aus Bereichen ober- oder unterhalb der Blütenregion im Juli bis August zu ernten und sie ohne jede Hormonbehandlung unter einem Folientunnel in ein Weißtorf-Sand-Substrat (5:1) zu stecken. Um Fäulnis zu verhindern, wird eine Fungizidbehandlung empfohlen. Nach BOJARCZUK [8] bewurzeln sich Stecklinge am besten, wenn sie im September / Anfang Oktober gewonnen, mit 0,2 % a-Naphtylessigsäure oder mit 0,5 % b-Indol-Buttersäure behandelt und in Torf oder ein Torf-Rinden-Gemisch gesteckt werden.

Sicher gelingt die Vegetativvermehrung auch über Absenker. Hier werden die peripheren Äste so in das Substrat gelegt, daß die Zweigspitzen noch aus dem Substrat ragen. Nach 9 bis 10 Monaten haben sich die abgelegten Zweige bewurzelt [23].

Abb. 7: Traubiger Blütenstand. An der Blütenbasis ist der grüne Außenkelch erkennbar.

Abb. 6: Calluna vulgaris

Beispielhaft seien genannt [45]

    cv. alba (WEST.) DON mit weißen Blüten

    cv. purpureae DON mit intensiv purpurnen Blüten

    cv. nana KIRCH. LÖW mit Wuchshöhen bis 20 cm

    cv. plena (WAITZ) REG. mit gefüllten, pinkfarbenen Blüten

    cv. aurea DON mit goldgelben Blättern

Die Art wird in der Regel in 2 Varietäten unterteilt:

    Var. *hirsuta* PRESL (syn: var. *tomentosa* DON, var. *pubescens* KOCH, var. *incana* RCHB., var. *ciliaris* DÖLL) mit dicht graufilzigen Zweigen und Blättern

    Var. *genuina* REGEL (= var. *glabra* NEILR.) mit kahlen oder kurzwimperigen Blättern und samtigen oder fast kahlen Zweigen [25].

McClintock [35] weist darüberhinaus noch eine Var. *multibracteata* J. Jansen aus. Weißblütige Populationen überwiegen an einigen exponierten Felsen SW-Irlands und NW- Schottlands [35].

x *Ericalluna bealeana* Krüssm. ist ein Gattungsbastard zwischen *Erica cinerea* und *Calluna vulgaris*. Es handelt sich um einen ca. 50 cm hohen, aufrecht wachsenden Kleinstrauch mit Blättern wie *Erica*, doch teils gegenständigen, und *Calluna*-ähnlichen Blütenständen [29].

Die Chromosomenzahl wird einheitlich mit 2n = 16 [2, 55] angegeben.

Pathologie

Calluna vulgaris wird von einer Reihe von Schadorganismen befallen, die in Anzuchten wirtschaftlich bedeutende Schäden hervorrufen können. An pilzlichen Pathogenen [4, 9, 32] sind zu nennen:

Glomerella cingulata (Stonem.) Spauld. et Schrenk: ruft ein Triebsterben hervor

Cylindrocladium scoparium Morg.: befällt das Rindengewebe an der Stämmchenbasis und verursacht die „Stengelgrundfäule"

Erikssonopsis ericae (Fr.) Morelet: befällt Zweige und führt zu einem plätzeweisen Absterben.

Cylindrocarpon ilicicola (Hawley) Boedijn et Reitsma, *Cylindrocarpon destructans* (Zinssm.) Scholten, *Fusarium sporotrichoides* Sherb. und *F. avenaceum* (Fr.) Sacc. rufen Wurzel- und Sproßfäulen hervor. Als Endophyt wurde aus den Wurzeln *Phialocephala fortunii* Wang et Wilcox isoliert [1].

Calluna gilt als besonders anfällig gegenüber *Phytophthora cinnamomi* Rands, einem gefährlichen Wurzelparasiten [51].

Auch Insekten können heftige Schäden hervorrufen. So der Heideblattkäfer *Lochmaea saturalis* Thoms., der ab März die jungen Triebe und Blätter befrißt. Er kann bei heftigem Befall zum Tode der Pflanzen führen[3]. Die engerlingartigen Larven des Dickmaulrüßlers *Otiorrhynchus sulcatus* L. fressen an Wurzeln und treten besonders an Topfpflanzen auf [36], die sich bei Befall fahlgrün verfärben und welken. Auch *Strophosomus lateralis (Coleoptera, Curculionidae)* frißt an *Calluna*. [44]. *Calluna* dient als Futterpflanze für eine Reihe von Spannern, Eulen und für *Lasiocampa quercus-callunae* L., eine Unterart des Eichenspinners [11].

Eine Begasung mit 80 nmol Ozon verursachte bei *Calluna* keine sichtbaren Schäden [39].

Nutzung

Calluna wird in vielfältiger Weise genutzt. Größte Bedeutung erlangt die Art im gärtnerischen Bereich, wo sie als Zierpflanze zur Beeteinfassung oder als Bodendecker verwendet wird. Zahlreiche Sorten sind hier im Handel. Aus Heide-Rohhumus stellt man überdies gärtnerische Betriebserde her [15].

Als Spätblüher stellt die Besenheide eine wichtige Nahrungsquelle für Bienen dar. Der Blütennektar enthält 23 bis 39 % Zucker [24]. Der etwas streng schmeckende, dunkel gefärbte Heidehonig gilt als Spezialität.

Offizinell wird aus dem Heidekraut Tee hergestellt, der harntreibend wirkt und bei Nieren- und Blasenleiden verordnet wird [33]. Ebenso wird dem Tee eine blutreinigende [14] und eine schwach narkotische Wirkung nachgesagt [25]. In der aus Blüten und beblätterten Trieben bestehenden Droge (Herba Callunae) sind Flavonglykoside, Saponine, 5,8 % Gerbstoffe und 0,6 bis 0,8 % Arbutin enthalten [52].

Außerdem dient die Besenheide als Winternahrung für Rotwild und als Stallfutter für Schafe. Früher wurde sie als Stallstreu und als Brennmaterial genutzt. Hierzu wurden die Heideflächen alle 15 bis 20 Jahre einem Plaggenhieb unterzogen, bei dem die Pflanzen und auch der Rohhumus entfernt wurden. So konnte sich die Heide wieder natürlich verjüngen. Dieser Plaggenhieb war eine wichtige Maßnahme zur Erhaltung der Heide, weil überalterte Heidebestände an Vitalität verlieren, nur geringe Blütenansätze aufweisen und sich wegen des dichten Bewuchses nicht mehr verjüngen [24].

Früher wurde die gesamte Pflanze wegen ihres Gerbstoffreichtums in der Gerberei verwendet. Weiterhin dient die blühende *Calluna* als Wollfärbemittel. Ja nach Beizmittel lassen sich gelbe bis dunkelgrüne Färbungen erzielen. Die färbenden Komponenten sind dabei Quercetin, Myricetin, Leucodelphinidin und Arbutin [49].

---

[3] For. Abstr. **29**, 4239, 1968

Literatur

[1] Ahlich, K.; Sieber, T. N., 1996: The profusion of dark septate endophytic fungi in non-ectomycorrhizal fine roots of forest trees and shrubs. New Phytologist **132**, 259-270.

[2] Bartels, H., 1993: Gehölzkunde. UTB-Taschenbuch Nr. 1720. Ulmer, Stuttgart.

[3] Bärtels, A., 1989: Gehölzvermehrung. 3. Aufl., Ulmer, Stuttgart.

[4] Bärtels, A., 1991: Gartengehölze.Bäume und Sträucher für mitteleuropäische und mediterrane Gärten. 3. Aufl., Ulmer, Stuttgart.

[5] Berta, G.; Bonfante-Fasolo, P., 1983: Apical meristems in mycorrhizal and uninfected roots of Calluna vulgaris (L.) Hull. Plant and Soil **71**, 285-291.

[6] BERTA, G.; GIANINAZZI-PEARSON, V. et al., 1988: Morphogenetic effects of endomycorrhiza formation of the root system of Calluna vulgaris (L.) HULL. Symbiosis 5, 33-44.

[7] BOLLIGER, M.; ERBEN, M. et al., 1985: Strauchgehölze. Hrsg. v. G. STEINBACH. Mosaik, München.

[8] BOJARCZUK, K., 1987: Propagation of heath (Erica) and heather (Calluna) from cuttings using various root stimulating factors (in polnisch, mit dtsch. Zusammenfassung). Arboretum Kornickie 32, 93-112.

[9] BRANDENBURGER, W., 1985: Parasitische Pilze an Gefäßpflanzen in Europa. Fischer, Stuttgart.

[10] BURSCHEL, P., 1958: Die Bewurzelung einiger forstlicher Bodenpflanzen. Allg. Forst- und Jagdztg. 129, 89 -94.

[11] CARTER, D. J.; HARGREAVES, B., 1987: Raupen und Schmetterlinge Europas und ihre Futterpflanzen. Parey, Hamburg, Berlin.

[12] CHAPMAN, H. M.; BANNISTER, P., 1995: Flowering, shoot extension and reproductive performance of heather (Calluna vulgaris (L.) HULL) in Tongariro National Park, New Zealand. New Zealand J. Bot. 33, 111-119.

[13] CHINNERY, L. E., 1997: Ericoid mycorrhizae. http://users.caribnet/~lec/ericoid.html.

[14] DÜLL, R.; KUTZELNIGG, H., 1988: Botanisch-ökologisches Exkursionstaschenbuch. Quelle & Meyer, Heidelberg, Wiesbaden.

[15] EHLERS, M., 1960: Bäume und Sträucher in der Gestaltung der deutschen Landschaft. Parey, Hamburg, Berlin.

[16] ELLENBERG, H., 1982: Vegetation Mitteleuropas mit den Alpen. 3. Aufl., Ulmer, Stuttgart.

[17] ESCHRICH, W., 1976: Strasburger's kleines botanisches Praktikum für Anfänger. 17.Aufl., Fischer, Stuttgart, New York.

[18] FAEGRI, K.; VAN DER PIJL, L., 1966: Priciples of pollination ecology. Pergamon Press, Toronto, Oxford u.a.

[19] FUKAREK, F., 1995: Sommergrüne Laubwaldzone. In: Urania Pflanzenreich. Vegetation. Urania, Leipzig, Jena, Berlin.

[20] GARCKE, A., 1972: Illustrierte Flora, 23. Aufl., Parey, Berlin, Hamburg.

[21] GIMMINGHAM, C. H., 1960: Biological Flora of the British Isles. Calluna SALISB. A monotypic genus. J. Ecol. 48, 455-483.

[22] GRAF, J., 1975: Tafelwerk zur Pflanzensystematik. Lehmanns, München.

[23] HEATHER SOCIETY, o. J.: How to propagate heathers? http://www.users.zetnet.co.uk/heather/propagation.html

[24] HECKER, U., 1985: Laubgehölze. Wildwachsende Bäume, Sträucher und Zwerggehölze. BLV, München, Wien, Zürich.

[25] HEGI, G., 1927: Illustrierte Flora von Mitteleuropa. Band V/3. Lehmanns, München.

[26] HICKMANN, H., 1955/56: Winterharte Heidekräuter. Mitt. DDG 59, 70-85.

[27] KAUSSMANN, B.; SCHIEWER, U., 1989: Funktionelle Morphologie und Anatomie der Pflanze. Fischer, Jena.

[28] KIRCHNER, O., 1911: Blumen und Insekten. Teubner, Leipzig.

[29] KRÜSSMANN, G., 1976: Handbuch der Laubgehölze. Band 1. 2. Aufl., Parey, Berlin, Hamburg.

[30] KUGLER, H., 1970: Blütenökologie. 2. Aufl., Fischer, Stuttgart.

[31] LORENTZEN, H., 1972: Physiologische Morphologie der höheren Pflanze. UTB 65. Ulmer, Stuttgart.

[32] LITTERICK, A. M.; MCQUILKEN, M. P., 1998: The occurrence and pathogenicity of Cylindrocarpon, Cylindrocladium and Fusarium on Calluna vulgaris and Erica sp. in England and Scotland. J. Phytopath. 146, 283-289.

[33] MADAUS, G., 1979: Lehrbuch der biologischen Heilmittel. Bd II. Olms, Hildesheim, New York.

[34] MAHY, G.; JACQUEMART, A.-L., 1998: Mating System of Calluna vulgaris: Selfsterility of outcrossing estimations. Can. J. Bot. 76, 37-42.

[35] MCCLINTOCK, D., 1989: The heathers of Europe and adjacent areas. Bot. J. Linn. Soc. 101, 279-289.

[36] MENZINGER, W.; SANFTLEBEN, H., 1980: Parasitäre Krankheiten und Schäden an Gehölzen. Parey, Berlin, Hamburg.

[37] METCALFE, C. R.; CHALK, L.; 1950: Anatomy of the Dicotyledons. Leaves, Stem, and Wood in Relation to Taxonomy with Notes on Economic Uses. Clarendon Press, Oxford.

[38] MÖLLER, H., 1979: Untersuchungen zum Einfluß der Besenheide (Calluna vulgaris) auf die Aktivität von Enzymen in Böden, dargelegt am Beispiel des Sandstrandes der Ostseeküste Schleswig Holsteins. Flora 168, 320-328.

[39] MORTENSEN, L. M.; NILSEN, J., 1992: Effects of ozone and temperature on growth of several wild plant species. Norw. J. Agric. Sci. 6, 195-204.

[40] NAPP-ZINN, K., 1974: Anatomie des Blattes. II. Angiospermen. 2. Lieferung. Borntraeger, Berlin, Stuttgart.

[41] OBERDORFER, E., 1983: Pflanzensoziologische Exkursionsflora. 5. Aufl., Ulmer, Stuttgart.

[42] PHILIPPI, G., 1993: Ericaceae. In: Die Farn- und Blütenpflanzen Baden-Württembergs, Bd.II, 2. Aufl., Hrsg. v. SEBALD, O.; SEYBOLD, S.; PHILIPPI, G., Ulmer, Stuttgart.

[43] POEL, L. W., 1949: Germination and development of heather and the hydrogen ion concentration of the medium. Nature 163, 647-648.

[44] POSTNER, M., 1956: Strophosomus lateralis (Coleoptera, Curculionidae) als Kiefernschädling. Anz. Schädlingskunde 29, 10-11.

[45] REHDER, A., 1949: Manual of Cultivated Trees and Shrubs. Dioscorides Press, Portland.

[46] ROBINSON, R. K., 1972: The production by roots of Calluna vulgaris of a factor inhibitory to growth of some mycorrizal fungi. J. Ecol. 60, 219-224.

[47] SCHLEE, D., 1994: Biochemische Wechselbeziehungen zwischen Organismen und Umwelt. In: WALTER, H.; BRECKLE, S.-W.: Ökologie der Erde, Bd. 3, 2. Aufl., Fischer, Stuttgart, Jena.

[48] SCHWEINGRUBER, F. H., 1990: Anatomie europäischer Hölzer. Haupt, Bern, Stuttgart.

[49] SCHWEPPE, H., 1993: Handbuch der Naturfarbstoffe. Ecomed, Landsberg .

[50] SENGBUSCH VON, P. 1998: Botanik online – The Internethypertextbook.

[51] VEGH, I.; LE BERRE, A., 1982: Etude experimentale de la sensibilité de quelques cultivars de Bruyère et de conifères d'ornement vis-à-vis du Phytophthora cinnamomi RANDS. Phytopath. Z. 103, 301-305.

[52] VOHWINKEL, H.; NIEWÖHNER, E., 1970: Heilpflanzen. Gehlen, Bad Homburg v. d. H., Berlin, Zürich.

[53] WALTER, H., 1984: Vegetation und Klimazonen. UTB 14. Ulmer, Stuttgart.

[54] WALTER, H.; BRECKLE, S.-W., 1994: Ökologie der Erde. Band 3, 2. Aufl., Fischer, Stuttgart, Jena.

[55] WEBB, D. A., 1972: Calluna. In: Flora Europaea, Vol. III. Edit. by TUTIN, T. G. et al.. Cambridge Univ. Press.

[56] WERNER, D., 1987: Pflanzliche und mikrobielle Symbiosen. Thieme, Stuttgart, New York.

Der Autor:

Dr. HANS JOACHIM SCHUCK
Lehrstuhl für Forstbotanik
Universität München
Am Hochanger 13
D-85354 Freising

Caragana arborescens LAM., 1785

syn.: Caragana inermis MOENCH

Erbsenstrauch   Familie: Fabaceae

engl.: Siberian pea tree, Pea tree
franz.: Arbre aux pois

Abb. 1: Caragana arborescens. Adulter Strauch in der Provinz Saskatchewan, Kanada

Caragana arborescens, ein aus Sibirien stammender Groß-strauch, wurde schon 1752 wegen seiner leuchtend gelben Blüten als Ziergehölz nach Mitteleuropa gebracht, wo er gelegentlich verwilderte. Größere Verbreitung fand er in Skandinavien, vor allem aber in der weiten Prärie Zentral-kanadas. Dort hat er sich als Windschutz gut bewährt. Der Erbsenstrauch stellt nur geringe Bodenansprüche, ist sehr widerstandsfähig gegen Dürre und kann erhebliche ökologische Bedeutung als Erosionsschutz gewinnen. Sein unmittelbarer wirtschaftlicher Nutzen ist jedoch gering.

Die Art gilt als schwach giftig. Der Gattungsname leitet sich von „Caragan", ihrem mongolischen Trivialnamen ab.

Taxonomie und Verbreitung

Die Gattung *Caragana* LAM. ist mit 80 sommergrünen Gehölzarten ausschließlich in Asien vertreten. Gemein-same Merkmale dieser Arten sind leuchtend gelbe, typi-sche Schmetterlingsblüten mit lang genagelten Kronblät-tern sowie meist an Kurztrieben stehende, paarig gefie-derte Laubblätter, deren Nebenblätter wie auch die Spitze der Rhachis bei einigen Arten (z.B. *C. frutex*) dornig wer-den können.

Abb. 3: Rinde mit querstehenden Lenticellen

Einige *Caragana*-Arten fanden auf Dauer Eingang in mit-teleuropäische Gärten, so u.a. die nur halbhohen *C. pyg-maea* (L.) DC. und *C. aurantiaca* KOEHNE.

Das natürliche Verbreitungsgebiet von *Caragana arbores-cens* liegt im mittleren und östlichen Sibirien und erstreckt sich bis in die Mandschurei. Konkrete Aussagen über die Arealgrenzen und über die vertikale Verbreitung liegen uns nicht vor. Angebaut wurde die Art in vielen mitteleu-ropäischen Parks. Aus Kultur verwilderte sie u.a. im Raum Berlin [6].

Beschreibung

Caragana arborescens wird in der Regel zu einem aufrech-ten, sommergrünen Strauch und kann eine Höhe von 5 bis 7 m erreichen. Selten entwickelt er sich zu einem kleinen Baum.

Kennzeichnend für die Verzweigung ist die deutliche Tren-nung in Lang- und Kurztriebe. Besonders ins Auge fallen die dicklichen, extrem gestauchten, mit den Resten von Knos-penschuppen und von Blattstielen besetzten Kurztriebe.

Die Rinde hat eine olivgrüne bis graue Farbe und ist unre-gelmäßig mit querstehenden, erhabenen Lenticellen besetzt.

30 mm

Abb. 2: Stark gestauchte, mehrjährige Kurztrieb-kette mit zahlreichen Tegment-Resten

Knospen, Blätter und junge Triebe

C. arborescens bildet 6 bis 10 mm lange, hellbraune Winterknospen mit zahlreichen, weiß bewimperten, äußeren Tegmenten. Die paarig gefiederten, 7 bis 10 cm langen Blätter stehen rosettig an Kurztrieben oder wechselständig an Langtrieben. Sie setzen sich aus 4 bis 7 Fiederpaaren mit dunkelgrüner Ober- und etwas hellerer Unterseite zusammen. Die Rhachis endet in einer nicht verholzten Stachelspitze. Die 2 bis 3 mm langen, pfriemlichen Nebenblätter sind nicht verdornt, bleiben aber lange erhalten.

Der Umriß der fast sitzenden, ganzrandigen Fiederblättchen ist elliptisch oder oval bis länglich. Sie sind 1,5 bis 2,5 cm lang, 1 bis 2 cm breit und laufen an dem runden Apex mit einer winzigen Stachelspitze aus. Anfangs beidseitig behaart, verkahlen sie später oberseits und bleiben auf der Unterseite zumeist nur entlang der Mittelrippe behaart.

Junge Langtriebe sind grün, etwas gerieft und behaart, verkahlen aber ebenfalls und werden dann graubraun.

Blüten, Früchte und Samen

C. arborescens blüht im Mai und fruchtet bereits Ende Juli. Die goldgelben, typischen Schmetterlingsblüten stehen an Kurztrieben entweder einzeln oder zu wenigen in lang gestielten Dolden [5, 6].

Die Einzelblüte besteht u.a. aus einem röhrenförmigen Kelch mit kurzen, dreieckigen Zähnen sowie aus deutlich genagelten, 12 bis 25 mm langen Kronblättern (eiförmige Fahne; Flügel und Schiffchen länger und geöhrt) sowie aus 10 Staubblättern, von denen 9 zu einer oben offenen Röhre verwachsen. Das zehnte, freie Stamen deckt die Öffnung ab.

Schon 8 bis 10 Wochen nach der Blüte nehmen die 4 bis 5 cm langen und 4 mm dicken Hülsen eine braune Farbe an, öffnen sich explosionsartig mit einem deutlich wahrnehmbaren Geräusch und schleudern mehrere 4 mm lange, hellbraune Samen aus. Offen und spiralig gedreht verbleiben sie noch einige Wochen am Strauch. Das Tausendkorngewicht der Samen beträgt etwa 30 g.

C. arborescens wird von Hummeln und Bienen bestäubt. Die Chromosomenzahl beträgt: 2 n = 16 [7], nach anderen Autoren jedoch n = 12 [4].

Anzucht und Ökologie

Vermehrt wird der Erbsenstrauch hauptsächlich generativ, im Rahmen von Züchtungsprogrammen aber auch durch Stecklingsbewurzelung (Mittl. Bewurzelungsrate = 68 %). 7jährige Nachkommenschaften erreichten in Kanada (Indian Head, Sask.) Mittelhöhen von 1,9 m [1].

C. arborescens wird einheitlich als besonders anspruchslos bezeichnet, was sich auf die Fähigkeiten bezieht, mit nährstoffarmen, relativ trockenen Substraten auszukommen, Dürreperioden zu überstehen und auch strenge Fröste zu ertragen.

Abb. 4: Blätter und Blüten

50 mm

Abb. 5: Geöffnete, reife Früchte mit Samen

12 cm

Abb. 6: Holz, Radialschnitt

Unbestritten ist ferner, daß es sich um eine lichtbedürftige und sehr konkurrenzstarke Art handelt. Konkrete und detaillierte Angaben über Klima- und Bodenansprüche, über die Wind-, Salz- und Schadstoffempfindlichkeit fehlen jedoch.

Aus Saskatchewan wird über Spätfrostschäden im Saatbeet berichtet. Sie traten auf, wenn das Rindengewebe nach spätwinterlichen Wärmeperioden erneut strengen Frösten ausgesetzt war [2].

Nutzung

Die mit Abstand größte Bedeutung hat *C. arborescens* als tragende Komponente von Windschutzstreifen in streng kontinentalen, winterkalten Trockengebieten. Gemessen daran spielt die Art als Ziergehölz eine kaum nennenswerte Rolle. So trifft man sie in Mitteleuropa öfter in öffentlichen Anlagen als in Gärten an.

BÖRNER hält sogar jeden Platz im Garten für zu schade für den Erbsenstrauch, bestätigt andererseits aber dessen Eignung „zur Begrünung trockener Böschungen".

Informationen über weitere Verwendungsmöglichkeiten liegen kaum vor. HEGI [6] erwähnt, daß junge Hülsen eßbar sind und in Sibirien verzehrt werden. Die Samen enthalten 12,4 % Fett und sollen sich gut als Geflügelfutter eignen, schließlich könne man aus den Rindenfasern Stricke herstellen.

Verschiedenes

– In Rußland förderte der Zwischenbau von *C. arborescens* den Höhen- und Durchmesserzuwachs eines 18 bis 27 Jahre alten Kiefernreinbestandes, beschleunigte überdies den Streuabbau und erhöhte den pH und den Stickstoffgehalt von Streu und Humus[1].

– Wässerige Extrakte aus Blättern des Erbsenstrauches erwiesen sich in mehreren Versuchen als allelopathisch wirksam. So hemmten sie die Wurzelentwicklung von *Agropyron repens*[2], stimulierten das Wachstum von Sämlingen der Hängebirke und Lärche[3] sowie von *Populus deltoides*[4].

– Die Colchizin-Behandlung (0,01 – 0,15 %) von Saatgut erbrachte 18 Pflanzen, die teils tetraploid (2 n = 32) teils aneuploid (2 n = 27 – 29) waren[5].

– In Rußland traten der Mehltau-Erreger *Trichocladia caraganae*[6], in Nordamerika blatt- und triebbewohnende Pilze der Gattung *Hendersonia* auf [9].

– Nach SINCLAIR et al. [9] ist *C. arborescens* sehr tolerant gegenüber salzhaltigen Böden und mäßig empfindlich gegenüber SO_2-Immissionen. Letzteres stimmt nur teilweise mit den Ergebnissen eines in Polen durchgeführten Feld-

versuches überein, wonach *C. arborescens* zu den widerstandsfähigsten Arten gegen kombinierte $SO_2/NH_3/NO_x$-Einträge aus einer Düngemittelfabrik gehörte[7]. Unter den Schadinsekten spielen in Nordamerika blattfressende Käfer, Schmetterlinge und Blattläuse eine lokale Rolle. So der Rüsselkäfer *Epicanta subglabra*, die Larven des Wicklers *Archips argyrospilus* (*Tortricidae*) sowie die Laus *Acrythosiphon caraganae* [2].

– Die erheblichen Ausmaße des *Caragana*-Anbaus auf Prärie-Standorten der kanadischen Provinz Saskatchewan gehen aus den Produktionsziffern zentraler Baumschulen hervor. Danach wurden im Jahr 1964 5,5 Mio. *Caragana*-Sämlinge angezogen (62 % der Gesamtproduktion), mit denen Windschutzstreifen in einer Länge von 1138 Meilen angelegt worden sind [1].

– Ohne daß konkrete Vergiftungserscheinungen bekannt geworden wären, zählt man *Caragana arborescens* zur Gruppe der Giftpflanzen. Allerdings wird der Gefährlichkeitsgrad als gering bezeichnet [8].

1) For. Abstr. 31, 4074, 1970
2) For. Abstr. 43, 291, 1982
3) For. Abstr. 42, 169, 1981
4) For. Abstr. 38, 154, 1977
5) For. Abstr. 35, 2830, 3436, 1974
6) For. Abstr. 37, 1081, 1976
7) For. Abstr. 52, 916, 1991

Weiterführende Literatur

[1] ANONYMUS, 1965: 1964 summary report for the tree nursery Indian Head, Saskatchewan

[2] ANONYMUS, o. J.: Common Insect Pests of Trees in the Great Plains. Nebraska Coop. Ext. Serv. EC 86 – 1548

[3] DIPPEL, L., 1893: Handbuch der Laubholzkunde, Teil 3. Verlag Paul Parey, Berlin

[4] GILL, L.S.; HUSAINI, S.W.H., 1982: Cytology of some arborescent Leguminosae of Nigeria. Silvae Genetica 31, 117–122.

[5] HECKER, U., 1995: Bäume und Sträucher. BLV-Handbuch.

[6] HEGI, G., 1924: Illustrierte Flora von Mitteleuropa. Band IV, 3, J. F. Lehmanns Verlag, München.

[7] OBERDORFER, E., 1949: Pflanzensoziologische Exkursionsflora für Süddeutschland. E. Ulmer, Stuttgart.

[8] ROTH, L.; DAUNDERER, M.; KORMANN, K., 1984: Giftpflanzen – Pflanzengifte. 2. Aufl. ecomed Verlagsges. Landsberg.

[9] SINCLAIR, W. A.; LYON H. H.; JOHNSON, W. T., 1987: Diseases of Trees and Shrubs. Cornell Univ. Press, Ithaka and London.

Der Autor:

Prof. em. Dr. PETER SCHÜTT
Lehrstuhl für Forstbotanik
Ludwig-Maximilians-Universität München
Am Hochanger 13
D-85354 Freising

Clematis vitalba LINNÉ, 1753

syn.:   Clematis sepium LAM., 1788, Clematis scandens BORCKH., 1803, Clematis crenata JORD., 1855

Gemeine oder Echte Waldrebe   Familie: Ranunculaceae

engl.:   Travellor's joy, Old man's beard
franz.: Clematite des haies, Vigne blanche
ital.:   Viorna

Abb. 1: Blüten

Clematis vitalba ist eine der wenigen Lianen Mitteleuropas. Aufgrund ihres intensiven Längenwachstums kann sie kleinere Bäume und Sträucher in relativ kurzer Zeit überranken, manchmal auch erdrücken oder infolge Lichtmangels zum Absterben bringen. An Waldrändern und in Gebüschen fällt sie besonders im Herbst und Winter durch die silbrigen, wattebauschähnlichen Fruchtstände auf. Die ansehnlichen, weißen Blüten erscheinen relativ spät und sind den Bienen eine willkommene Pollenquelle.

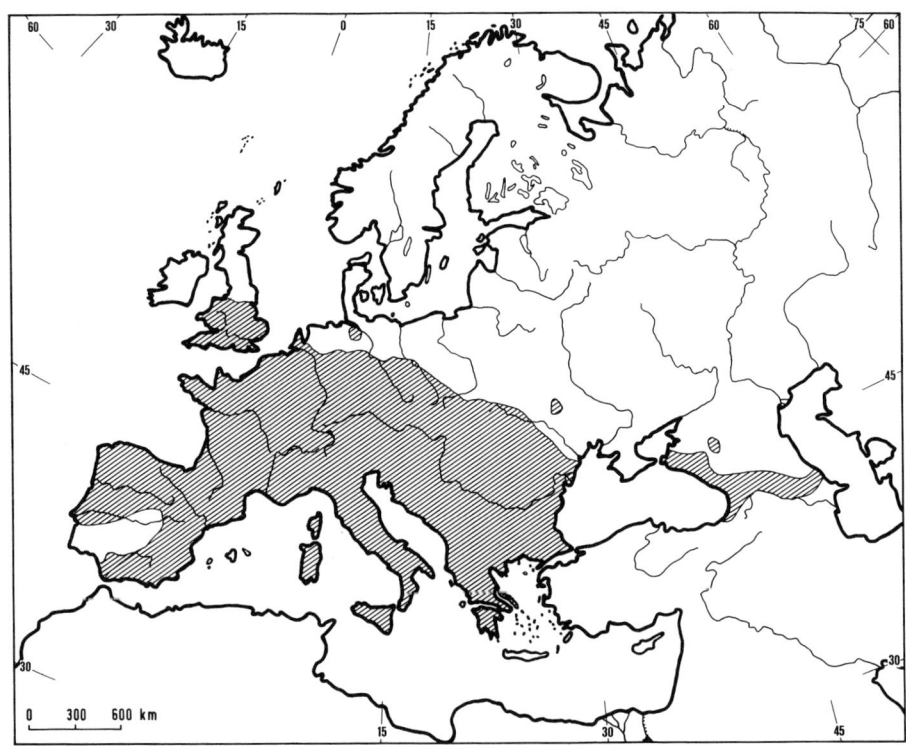

Abb. 2: Natürliches Areal, nach MEUSEL et al., 1965 (verändert)

Verbreitung

Die Waldrebe ist ein Strauch Mittel- und Südeuropas. Sie wird als subatlantisch bis submediterran eingestuft [17]. Das natürliche Areal reicht im Norden bis nach Südengland, ins niedersächsische Hügelland und nach Thüringen. Die Arealgrenze zieht sich von dort zum Schwarzen Meer und erreicht im Osten den Kaukasus. Im Süden reicht das Areal von Südspanien über Sizilien und Griechenland bis in die westlichen Teile Kleinasiens. Sie ist im gesamten Alpengebiet beheimatet [3] und erreicht ihre Höhengrenze zwischen 1400 und 1500 m ü. NN [8, 17].

Von Menschen ist die Art aber auch weit über ihre natürliche Arealgrenze hinaus verbreitet worden, so auch nach Norddeutschland, Südschottland, Irland, Nordamerika [8, 21] und sogar Neuseeland, wo man mittlerweile über Bekämpfungsmaßnahmen nachdenkt[1]).

Beschreibung

Die Gemeine Waldrebe ist ein i. a. bis 10 m hoch kletternder, reich verzweigter Klimmstrauch, der sich mit seinen Blattstielen, der Blattrhachis und auch den Stielen seiner Fiederblättchen an anderen Gehölzen festklammert. Bei einer Gesamtlänge von etwa 12 m werden die älteren Sprossen im Durchmesser kaum dicker als 3 cm. Anderen Angaben zufolge kann der Strauch bis 30 m hochklettern [11, 12] und armdicke Sprossen bilden [5, 12]. Das Maximalalter der Sprosse wird mit etwa 25, das des Wurzelstocks mit 40 Jahren angegeben [11, 12].

Knospen und junge Triebe

Junge Triebe sind kantig gerieft und spärlich behaart. Ihre Farbe ist auf der Schattseite grün, auf der lichtexponierten Seite rotviolett. Später färben sie sich braun [7]. Oftmals bilden sich die Triebe sylleptisch [1]. Die Knospen sind in den Achseln der dauerhaften, verholzenden und senkrecht von den Sprossen abstehenden Blattstiele eingesenkt. Sie sind etwa 5 mm lang, von rundlicher bis spitzeiförmiger Gestalt, rotviolett gefärbt und an der Spitze weißfilzig behaart. Eingehüllt werden sie von 2 Vorblattschuppen, jeweils eine winzige Achselknospe tragend, und 4 Niederblattschuppen.

---

[1]) For. Abstr. **47**, Nr. 2133 (1986).

Holz und Rinde

Das Holz ist hellgelb und bei älteren Sprossen in eine Vielzahl von Leitbündeln aufgeteilt, die durch relativ breite Holzstrahlen getrennt werden. Bei jungen Sprossen erkennt man auf dem Sproßquerschnitt 6 große und 6 kleinere Bündel. Auffallend sind die weitlumigen Gefäße. Sie sind ringförmig angeordnet, haben einen Durchmesser von 300 µm und sind einfach perforiert [16]. Die Frühjahrsgefäße nehmen etwa die Hälfte bis zwei Drittel der Jahrringbreite ein [9]. Englumiges Stützgewebe [12] ist ebenso wie Holzparenchym [9] nur spärlich vorhanden. Das Parenchym ist apotracheal-diffus angeordnet [9]. Die Jahrringgrenze verläuft feinwellig. Der jährliche Dickenzuwachs beginnt bereits vor Laubausbruch, bleibt aber insgesamt sehr gering [13]. Weitere Informationen zur Holzanatomie finden sich bei SIEBER und KUCERA [23].

Die graue bis graubraune Borke blättert in Längsstreifen ab (Streifenborke). Sie wird bereits ab dem 2. Jahr gebildet [1]. Lenticellen treten an der Rinde nicht auf. Auch Blattnarben gibt es nicht, weil die Blattstiele verholzen und lange an den Sprossen verbleiben.

Abb. 4: Knospen in den Achseln verholzter Blattstiele (links), Streifenborke von Clematis vitalba (rechts)

Blätter

Die unpaarig, meist 5-zählig gefiederten Blätter stehen gegenständig, selten auch in dreizähligen Quirlen [12]. Die untersten Fiederblätter können auch nur 3 Fiederblättchen tragen [14]. Die Blattlänge, einschließlich des bis 7 cm langen Blattstiels, kann 25 cm erreichen.

Die Fiederblättchen sind 2,5 bis 8 cm lang und 2 bis 5,5 cm breit [20]. Sie haben eine ei- bis herzförmige oder eilanzettliche Gestalt, sind oberseits dunkelgrün, unterseits heller, gelegentlich auch bläulich-grün gefärbt und längs der Nerven behaart. Ihre Blattflächenbasis ist abgerundet oder schwach herzförmig eingekerbt. Die Ränder sind ganzrandig, grobgesägt oder schwach gelappt. Die 1 bis 3 cm langen Stiele der Fiederblättchen können ebenso wie Rhachis und Blattstiel ranken. Dabei werden die fremden Stützen entgegengesetzt dem Uhrzeigersinn umrankt (Linkswinder).

Abb. 3: An einer Fichte emporklimmende Waldrebe

Abb. 5: Sproßquerschnitt

Abb. 6: Fiederblatt mit ganzrandigen (oben) und grob gesägten Fiederblättchen (unten)

Im Herbst fallen die Fiederblättchen einzeln ab, ohne sich auffallend zu verfärben. Ihre Stiele, ebenso Rhachis und Blattstiel, verholzen und sind dauerhaft.

Blüten

Die im Durchmesser bis 2,5 cm großen Blüten sind in vielblütigen, end- und seitenständigen Rispen angeordnet. Die Blütezeit reicht im allgemeinen von Juni bis September. Die schwach nach Weißdorn duftenden (Trimethylamin [22]), rahmweißen Blüten sind 3 – 5 cm lang gestielt und haben eine 4blättrige, flach ausgebreitete Blütenhülle (Perigon), bei der es sich um den corollinisch gewordenen Kelch handelt. Kronblätter, auch in Form von Honigblättern, wie sie bei Clematis alpina auftreten, fehlen hier. Die Perigonblätter sind gelblich-weiß, auf der Außenseite grünlich und beidseitig filzig behaart.

Sie sind bis 1,5 cm lang und von schmal-ovaler Gestalt. Die zahlreichen (40 – 60) weißen Staubblätter haben relativ breite Filamente, sind unbehaart und wenig kürzer als das Perigon. Sie stehen anfangs bürstenförmig zusammen

(„Bürstenblumen"), spreizen aber später auseinander. Das apokarpe Gynoeceum besteht aus 20 bis 30 silbrig-weiß behaarten Fruchtblättern, die sich zu einem kleinen Säulchen gruppieren. Die Blütenformel lautet:

$$*P\ 4\ A \infty\ G \underline{\infty}.$$

Die relativ späte Blütezeit erklärt sich daraus, daß sich die Blüten an den neoformierten Triebabschnitten entwickeln.

Die Blüten bilden keinen Nektar und dienen den Bienen und Fliegen als Pollenquelle. Sie sind proterogyn, wodurch eine Selbstbefruchtung weitgehend ausgeschlossen wird. Anfangs stehen die noch geschlossenen Staubblätter tiefer als die bereits fängigen Narben der Fruchtblätter. Später erst strecken sie sich. Am Ende der Blütezeit ist auch noch Selbstbestäubung möglich [13]. Der Pollen hat eine warzige Oberfläche und ist tricolpat [12].

Früchte

Aus jeder Blüte gehen zahlreiche 3 bis 4 mm lange, bräunliche bis rotbräunliche Nüßchen hervor. Nach der Befruchtung strecken sich die Griffel bis zu 3 cm Länge und verbleiben als fedrig behaarte Flugorgane an den Nüßchen, die vom Wind verbreitet werden. Die Früchte reifen ab Oktober, sollen aber erst im Winter voll ausgereift sein [5]. Sie verbleiben über Winter am Strauch. Die Samen enthalten ein ölhaltiges Endosperm. Das 1000-Korn-Gewicht liegt bei 1 g [2].

Wurzel

Clematis vitalba weist einen schief absteigenden, kräftigen, knotigen Wurzelstock auf, der etwa 40 Jahre alt werden kann [12]. Die Feinwurzeln sind mit einer Endomykorrhiza versehen [1].

Abb. 7: Rankende Stiele der Fiederblättchen

Abb. 8: Fruchtstände

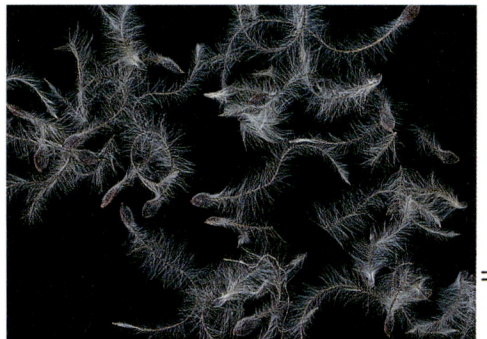

Abb. 9: Einzelfrüchte

Die Aussaat der Früchte soll im März oder April erfolgen. Die Keimung dauert etwa 4 bis 5 Wochen und die Keimrate kann 30 % erreichen. Bei trockener Lagerung bleibt das Saatgut 2 Jahre lang keimfähig [2]. Eine 2- bis 6monatige Stratifikation hebt die Keimruhe auf [1].

Clematis vitalba keimt epigäisch. Die Primärblätter sind dreilappig und haben einen gezähnten Rand [1].

Nutzung

Holzfunde aus Pfahlbausiedlungen lassen vermuten, daß die Waldrebe schon früh vom Menschen in Kultur genommen wurde. Vielleicht hat man sie zur Begrünung von Bauten genutzt oder man hat aus dem zähen Bast Seile hergestellt [12]. Da die Pflanze in allen Teilen das Lacton Protoanemonin enthält, gilt die ganze Pflanze als giftig [17]. Außerdem kommen noch Saponine und Alkaloide hinzu.

Blätter sollen hautreizend wirken. Werden von Kindern Clematis-Stengel als Zigaretten-Ersatz geraucht, treten Leibschmerzen begleitet von starken Durchfällen auf [19].

Heute verwendet man die Waldrebe als Pfropfunterlage für die großblütigen, gärtnerisch interessanten Clematis-Sorten.

An der kaukasischen Schwarzmeerküste versuchte man, steinige Hänge mit Clematis vitalba zu befestigen[2]. Außerdem gilt die Waldrebe als ein ideales Vogelschutzgehölz.

Verkohltes Holz von Clematis vitalba wurde erfolgreich als Matrix für Knochenregenerationen bei Mäusen und Hasen eingesetzt[3].

Klima und Standort

Clematis vitalba bevorzugt nährstoff- und basenreiche, oft kalkhaltige, tonreiche Lehm- und Auenböden. Sie gilt als guter Stickstoff-, Frische- und Wärmezeiger [6] und ist an Waldsäumen, Waldlichtungen, in Ruderalgebüschen und Auwäldern zu finden. Pflanzensoziologisch gehört sie der Prunetalia-Gesellschaft an und wird dort begleitet von Ligustrum vulgare, Prunus spinosa, Cornus sanguinea, Sambucus nigra und Euonymus europaeus. Sie wird als Halbschatt-Gehölz eingestuft [6], benötigt allerdings in der Jugend viel Licht. Clematis gilt auch als Rohbodenkeimer und wird als Pionierart angesehen.

Vermehrung und Kultur

Die Waldrebe ist sowohl generativ als auch vegetativ vermehrbar. Vegetativ-Vermehrung ist dann besonders häufig, wenn die Pflanze mangels Stützen als Bodenkriecher wächst [5].

---

[2] For. Abstr. **28**, 3544 (1967)
[3] For. Prod. Abstr. **3**, 1166 (1980)

Schäden

Clematis vitalba gilt als Futterpflanze u.a. für folgende Schmetterlingsraupen: Hemistola chrysoprasaria ESPER, Scopula nigropunctata HUFNAGEL, Angerona prunaria L. (Schlehenspanner), Horisme vitalbata DENIS & SCHIFFERMÜLLER und Melanthia procellata DENIS & SCHIFFERMÜLLER [4].

Ernstzunehmende pilzliche Schaderreger treten nicht auf. Septoria clematidis ROB. & DESM. verursacht auf den Blättern runde, graue Flecken mit dunklen Rändern [10].

Wegen des ätzenden Zellsaftes wird Clematis vitalba nicht vom Wild verbissen [21].

Systematik

Clematis vitalba ist eine der wenigen Holzgewächse in der Familie der Ranunculaceae. Die Zuordnung zu Taxonen unterhalb der Familienebene geht aus folgender Übersicht hervor:

Unterfamilie: Ranunculoideae
Tribus: Clematideae
Section: Flamula DC nach [14, 18]; Clematis nach [8]
Serie: Vitalbae PRANTL

Früher wurden aufgrund der Form der Fiederblättchen und der Blattrandgestaltung eine Reihe von Varietäten unterschieden [12], die aber aus heutiger Sicht diesen Stellenwert nicht mehr besitzen. Lediglich die Varietät Angustisecta GREMLI hebt sich deutlich durch die länglich lanzettlichen Fiederblättchen vom Typus ab. Die Waldrebe hat einen Chromosomensatz von 2n = 16 [1, 8, 17]. Der einfache Chromosomensatz enthält 2 SAT-Chromosomen, 5 iso- und ein heterobrachiales Chromosom [12].

Abb. 10: Clematis vitalba, fruchtend

Literatur

[1] BARTELS, H., 1993: Gehölzkunde. UTB-Taschenbuch Nr. 1720. Ulmer, Stuttgart.

[2] BÄRTELS, A., 1989: Gehölzvermehrung. Ulmer, Stuttgart.

[3] BOLLIGER, M.; ERBEN, M.; GRAU, J.; HEUBL, G.R., 1985: Strauchgehölze. Hrsg. v. G. STEINBACH. Mosaik, München.

[4] CARTER, D.J.; HARGREAVES, B., 1987; Raupen und Schmetterlinge Europas und ihre Futterpflanzen. Parey, Hamburg, Berlin.

[5] DÜLL, R.; KUTZELNIGG, H., 1988: Botanisch-ökologisches Exkursionstaschenbuch. Quelle & Meyer, Heidelberg, Wiesbaden.

[6] ELLENBERG, H., 1974: Zeigerwerte der Gefäßpflanzen Mitteleuropas. Scripta Botanica IX. Goltze, Göttingen.

[7] ESCHRICH, W., 1992: Gehölze im Winter. Zweige und Knospen. 2. Auflage. Fischer, Stuttgart, Jena, New York.

[8] GARCKE, A., 1972: Illustrierte Flora, 23. Auflage. Parey, Berlin, Hamburg.

[9] GROSSER, D., 1977: Die Hölzer Mitteleuropas. Springer, Berlin, Heidelberg, New York.

[10] GROVE, W.B., 1937: British Stem- and Leaf-Fungi (Coelomycetes). Vol. I und II. University Press, Cambridge 1935/37. Reprint 1967, Cramer, Lehre.

[11] HECKER, U., 1985: Laubgehölze. Wildwachsende Bäume, Sträucher und Zwerggehölze. BLV, München, Wien, Zürich.

[12] HEGI, G., 1975: Illustrierte Flora von Mitteleuropa. Band III, Teil 3. 2. Auflage. Parey, Berlin, Hamburg.

[13] KNUTH, P., 1898: Handbuch der Blütenbiologie. Band II, 1. Teil. Engelmann, Leipzig.

[14] KRÜSSMANN, G., 1976: Handbuch der Laubgehölze. Band 1. 2. Auflage. Parey, Berlin, Hamburg.

[15] MEUSEL, H.; JÄGER, E.; WEINERT, E. (Hrsg.), 1965: Vergleichende Chorologie der zentraleuropäischen Flora. Karten. Fischer, Jena.

[16] METCALFE, C.R.; CHALK, L., 1950: Anatomy of the Dicotyledons. Leaves, Stem, and Wood in Relation to Taxonomy with Notes on Economic Uses. At the Clarendon Press, Oxford.

[17] OBERDORFER, E., 1983: Pflanzensoziologische Exkursionsflora. 5. Auflage. Ulmer, Stuttgart.

[18] REHDER, H., 1949: Manual of Cultivated Trees and Shrubs. Dioscorides Press, Portland.

[19] ROTH, L.; DAUNDERER, M.; KORMANN, K., 1988: Giftpflanzen-Pflanzengifte. 3. Auflage. ecomed, Landsberg/Lech.

[20] SCHNEIDER, C.K., 1906: Illustriertes Handbuch der Laubholzkunde. Band I. Fischer, Jena.

[21] SCHRETZENMAYR, M., 1990: Heimische Bäume und Sträucher Mitteleuropas. Enke, Stuttgart.

[22] SEBALD, O.; SEYBOLD, S.; PHILIPPI, G. (Hrsg.), 1993: Die Farn- und Blütenpflanzen Baden-Württembergs. Band I. 2. Auflage. Ulmer, Stuttgart.

[23] SIEBER, M.; KUCERA, L.J., 1980: On the stem anatomy of Clematis vitalba L. IAWA-Bulletin 1: New Series, 49–54.

Der Autor:

Dr. HANS JOACHIM SCHUCK
Buchenstr. 23
D-85411 Hohenkammer

Colutea arborescens LINNÉ, 1753

syn.:   Colutea hirsuta ROTH, Colutea vesicaria SEGUIER

Blasenstrauch, Blasenschote   Familie: Fabaceae

engl.:   Bladdersenna
franz.: Baguenaudier
ital.:   Vescicaria

Abb. 1: Colutea arborescens. Blühender Strauch im natürlichen Areal (Foto: H. J. Schuck)

Colutea arborescens, ein sommergrüner, reich verzweigter, bei uns bis 4 m hoher Strauch mit hellgelben Schmetterlingsblüten, hat seine Heimat im Mittelmeerraum und in Kleinasien. In Mitteleuropa kommt er nur auf wenigen, besonders warmen Standorten natürlich vor, wird aber seit langem als Ziergehölz kultiviert und ist wiederholt aus Kultur verwildert.

Auffallend und namengebend sind die wie aufgeblasen erscheinenden, über den Winter am Strauch verbleibenden, mit einem pergamentartigen Perikarp versehenen Früchte.

C. arborescens gehört zu den gefährdeten Arten; Blätter und Samen sind giftig.

Taxonomie und Verbreitung

Zur Gattung *Colutea* L. gehören etwa 28 Arten, die hauptsächlich in Kleinasien, Westasien und Nordafrika heimisch sind [4, 5, 7]. Vier Arten kommen in Europa, nur eine *(C. arborescens)* in Mitteleuropa natürlich vor. Die Zahl der unter mitteleuropäischen Klimaverhältnissen angebauten Arten, Zierformen und Artbastarde ist schwer abzuschätzen. Relativ häufig findet man den in Kultur entstandenen Artbastard *C. x media* WILLD. (*C. arborescens* x *C. orientalis* MILLER) mit bräunlichen Blüten.

Das natürliche Verbreitungsgebiet von *C. arborescens* umfasst Südeuropa, das frühere Jugoslawien, Albanien, Bulgarien und die kontinentalen Teile Griechenlands, Kleinasien (Türkei, Iran), Transkaukasien und Nordafrika (Algerien, Marokko) [3, 7].

Die mitteleuropäischen Vorkommen haben im oberen Rheintal (Kaiserstuhl, Tuniberg) und im Elsaß ihre Nordgrenze. Autochthon ist die Art auch in Tirol (Inntal) und in der Süd-Schweiz (u. a. Rhonetal, Luganer See). Verwildert findet man sie u. a. in der Nord-Schweiz, in Thüringen, Bayern [1] und in der Pfalz [7].

Die Grenzen der vertikalen Verbreitung liegen

in Graubünden	bei 900 m
in Griechenland (Pangaion Mts.)	bei 1200 m [7]
im Wallis	bei 1280 m
in Tirol	bei 1600 m.

Beschreibung

C. arborescens entwickelt sich zu einem 2 bis 6 m hohen Strauch mit senkrecht orientierten Ästen, dessen Zweigsystem in Lang- und Kurztriebe gegliedert ist. Kurztriebe können zu Langtrieben auswachsen und auch der umgekehrte Weg ist möglich.

Die Strauchhöhen variieren mit dem Klima und der Meereshöhe. So spricht HEGI [7] von einem kleinen, bis 2 m hohen Strauch, der in Kultur 4 m erreicht, BORATYNSKI et al. [3] nennen für Griechenland hingegen Höhen zwischen 3 und 5 m.

Die typischerweise schlanken, grünen Äste entwickeln später eine graubraune, faserige Borke. Die Art ist unbewehrt.

Knospen, Blätter und junge Triebe

Die sehr kleinen Winterknospen des Blasenstrauches werden seitlich von eingetrockneten Nebenblattresten des Tragblattes eingerahmt, dessen Blattnarbe 3 Leitbündel aufweist. Die Knospen sind hellgelb bis braun und die Tegmente liegen locker an.

Die wechselständig angeordneten, 5 bis 15 cm langen Blätter sind unpaarig gefiedert. Sie setzen sich aus 7 bis 13 verkehrt eiförmigen bis elliptischen, oberseits gelblichgrünen, unterseits bläulichgrünen und anliegend behaarten Fiederblättchen zusammen (1 bis 3 cm lang; 0,7 bis 1,5 cm breit). Die Endfieder ist relativ lang gestielt und am Apex der ganzrandigen, deutlich ausgerandeten Fiederblättchen kann man eine winzige Spitze erkennen.

Die jungen, anfangs behaarten und grünen, später verkahlenden und hellbraunen Triebe sind zunächst schwach gerieft, nehmen aber allmählich einen runden Querschnitt an. Infolge des hinfälligen Markgewebes sind sie im Zentrum oft hohl.

Blüten, Früchte, Samen

C. arborescens blüht während des ganzen Sommers (Mai bis August). Die hellgelben, etwas bräunlich gezeichneten Schmetterlingsblüten stehen zu 2 bis 8 in aufrechten, lang gestielten, traubigen Infloreszenzen (Länge: 5 bis 10 cm). Diese, wiederum, entspringen den Blattachseln von Langtrieben. Die Einzelblüten sind 0,5 bis 1,5 cm lang gestielt. Ihr gelbgrüner, weißlich behaarter, glockenförmiger Kelch ist mit 2 breiten, aber kurzen Zähnen versehen. Von den hellgelben Kronblättern weist die fast kreisrunde, aufgerichtete Fahne eine rotbraune Zeichnung auf. Die Fahne ist von etwa gleicher Länge wie der gekrümmte Flügel und das aufwärts gebogene Schiffchen. Der Griffel ist eingerollt und auf der Innenseite stark behaart (Griffelbürste); die Narbe wird von einem Haarkranz umgeben. Von den 10 Staubblättern sind 9 zu einer Röhre verwachsen.

Chromosomensatz: $2n = 16$.

Die Blüten liefern reichlich Nektar. Sie werden von Bienen und Hummeln (u. a. Honigbienen, Blattschneiderbienen, Trauerbienen) bestäubt.

Abb. 2: Einzelblüte

Ökologie

C. arborescens ist eine Art des trocken-warmen, submediterranen Klimas. Sie kommt häufig in sonnigen Lagen, speziell an trockenen Südhängen vor und bevorzugt kalkhaltige Substrate.

In Süd- und Südosteuropa ist sie häufig mit *Quercus pubescens* und *Ostrya carpinifolia* vergesellschaftet, kommt gemeinsam mit *Hippophae rhamnoides, Coronilla emerus* und *Cotinus coggygria* in Kiefernwäldern vor und ist außerdem Bestandteil des *Ostrya carpinifolia-Carpinus orientalis*-Mischwaldes mit *Acer monspessulanum, Ostrya carpinifolia, Sorbus aria* und *Fraxinus ornus*. Man findet sie aber auch an Feldrainen, an Waldrändern und an Wegen. Ihr Optimum hat die Art auf flachgründigen, basenreichen Lehm- und Lößböden. Das sehr weitreichende Wurzelsystem stellt die Wasserversorgung während der sommerlichen Trockenzeiten sicher.

Abb. 3: Blasenartig aufgetriebene Hülsen
(Foto: H. J. Schuck)

74 mm

Abb. 4: Geschlossene und geöffnete Früchte mit inliegenden Samen

Charakteristisch für die Gattung sind u. a. die blasenartig aufgetriebenen, nickenden Früchte (Hülsen). Sie werden 6 bis 8 cm lang und bis 3 cm breit, laufen spitz zu und haben eine pergamentartige, transparente Fruchtwand. Bei Reife werden sie ockerfarben, fallen aber weder ab noch öffnen sie sich. Erst im Winter lösen sie sich vom Strauch und werden vom Wind am Boden verweht. Die Samen gelangen erst nach Zersetzung des Perikarps ins Freie.

An der relativ flachen Bauchnaht der Hülse sind 30 bis 40 flache, schwärzliche Samen in 2 oder in mehreren Reihen angeordnet. Die nierenförmigen, 3 bis 4 mm langen, mit relativ langen Nabelsträngen fixierten Samen werden im Oktober/November geerntet und nach trockener Lagerung im Frühjahr (Mai) des nächsten Jahres ausgesät.

Das Tausendkorngewicht beträgt ca. 1 g; die Keimrate liegt bei 30 bis 70 % [2]. Vorbehandlung des Saatgutes durch Wässern oder Abbrühen wird empfohlen [1].

3,5 mm

Abb. 5: Saatgut

ELLENBERG [6] stuft die Art als Halbschattenpflanze sowie als Anzeiger für warme, für trockene, (meist) kalkhaltige und für stickstoffarme Böden ein.

In der Region Stavropol (Transkaukasien) ist *C. arborescens* deutlich dürrehärter als *Caragana arborescens*. Man unterscheidet dort 2 Formen:

(a) unreife Früchte rosa oder rötlich; reife Früchte hellbraun oder rötlichbraun

(b) unreife Früchte hellgrün; reife Früchte weißlichgrün.

Form (a) ist frosthärter und wurzelt tiefer (3-jährig: 1,7 bis 1,9 m) und wird deshalb bevorzugt angebaut[1].

Verschiedenes

– Über das Holz von *C. arborescens* wird nur berichtet, dass es von gelber Farbe, ringporig und sehr hart ist und dass man die Jahrringe deutlich erkennt. Die Gefäße stehen zu zweit oder zu dritt und sind schwach spiralig verdickt. Auffällig sind die bis 5 Zellen breiten Holzstrahlen [8].

– Blätter und Samen enthalten einen chemisch noch nicht erforschten, giftigen Bitterstoff, der offenbar nicht mit dem Cytisin, dem Inhaltsstoff des Goldregens, identisch ist. Vergiftungssymptome sind Durchfall, gelegentlich auch Erbrechen [9].
Dennoch ist belegt, dass die Blätter schon im 17. Jahrhundert als blutreinigendes und harntreibendes Mittel medizinisch genutzt wurden [7].

– *C. arborescens* wird seit dem 16. Jahrhundert in mitteleuropäischen Gärten und Parks als Zierstrauch angebaut. Bei Kindern sind die Früchte beliebt, weil sie bei Druck platzen.
Weitere nennenswerte oder gar wirtschaftlich relevante Verwendungen sind uns nicht bekannt.

---

[1] For. Abstr. **16**, 1721, 1955

Literatur

[1] ANONYMUS, 1986: Förderung seltener und gefährdeter Baum- und Straucharten im Staatswald. Bayer. Staatsmin. Ern., Landw., Forsten, München.

[2] BÄRTELS, A., 1989: Gehölzvermehrung. Ulmer-Verlag, Stuttgart.

[3] BORATYNSKI, A.; BROWICZ, K.; ZIELINSKI, J., 1990: Chorology of trees and shrubs in Greece. Polish Acad. Sci., Inst. Dendrology, Kornik.

[4] BROWICZ, K., 1963: The genus Colutea L. Monographiae Botanicae **14**, 1 – 136.

[5] BROWICZ, K., 1967: A supplement to the monograph of the genus Colutea L. Arboretum Kornickie **12**, 33 – 43.

[6] ELLENBERG, H., 1979: Zeigerwerte der Gefäßpflanzen Mitteleuropas. 2. Aufl. Scripta Geobotanica 9, Verlag E. Goltze, Göttingen.

[7] HEGI, G., 1924: Illustrierte Flora von Mittel-Europa. Band IV, 3. J. F. Lehmanns Verlag, München.

[8] KIRCHNER, O., v.; LOEW, E.; SCHRÖTER, C., 1938: Lebensgeschichte der Blütenpflanzen Mitteleuropas. Verlag E. Ulmer, Stuttgart.

[9] ROTH, L.; DAUNDERER, M.; KORMANN, K., 1984: Giftpflanzen – Pflanzengifte. ecomed Verlagsgesellschaft, Landsberg/Lech.

Die Autoren:

Prof. em. Dr. PETER SCHÜTT
Lehrstuhl für Forstbotanik
Technische Universität München
Am Hochanger 13
D-85354 Freising

ULLA M. LANG
Schützenstraße 6
D-82383 Hohenpeißenberg

Cornus LINNÉ

Hartriegel

Familie: Cornaceae

Eine sehr vielgestaltige, aus etwa 40 zumeist sommergrünen, strauchigen Arten bestehende Gattung, deren Verbreitungsschwerpunkte in den gemäßigten Zonen der Nordhemisphäre, u.a. in China liegen. Nur wenige Arten dringen weiter südlich bis nach Mexiko vor. Die baumförmige, bis 18 m hohe C. volkensii HARMS wächst im ostafrikanischen Bergland.

Wegen ihrer attraktiven Blüten und Früchte, z.T. auch wegen der lebhaften Farbe der winterlichen Triebe werden einige Cornus-Arten als Ziersträucher kultiviert.

Zu den ältesten Fossil-Funden gehören Blätter aus dem europäischen, nordamerikanischen und asiatischen Eozän. EYDE (1988) unterscheidet 2 Richtungen in der Entwicklungsgeschichte der Gattung Cornus:

– einen Stamm mit rotfrüchtigen Arten und grundständigen Hochblättern an den Blütenständen. Die dazugehörenden Arten sind leicht zu unterscheiden;

– einen umfangreicheren, älteren Stamm mit blauen, z.T. auch weißen Früchten und fehlenden oder rudimentären Hochblättern.

REHDER (1940) unterteilt den Genus in 4 Sektionen:

1. Thelycrania ENDL.: Weiße Blüten in Trugdolden oder Rispen, keine Hochblätter.
   Beispiele: C. alba, C. macrophylla (Ostasien), C. sanguinea, C. stolonifera (Nordamerika, in M.-Europa verwildert).

2. Macrocarpium SPACH: Blüten in kompakten Dolden, gelb, Hochblätter klein.
   Beispiele: C. mas, C. officinalis (Ostasien).

3. Benthamidia K. KOCH: Blüten grünlich gelb, große weiße oder rosafarbene Hochblätter.
   Beispiele: C. florida, C. nuttallii.

4. Benthamia BENTH. et HOOK: Wie 3., aber Früchte zu einem fleischigen Kopf verwachsen.
   Beispiel: C. kousa (Ostasien).

Die beiden krautigen Arten C. canadensis L. (Nordamerika) und C. suecica L. (Skandinavien) werden von GARCKE und KRÜSSMANN dem Subgenus Arctocranium zugeordnet.
Generell gilt die Cornus-Taxonomie als wenig stabil. So geht HEGI (1926) von 7 Untergattungen aus; KOEHNE (1903) stellt eine Sektion Microcarpium auf, deren Subsektion Amblycaryum KOEHNE er u.a. C. alba und C. sanguinea zuordnet und HUTCHINSON (1942) spaltet den Genus Cornus in 6 neue Gattungen auf.

Abb. 1: Cornus kousa

Gattungsmerkmale

In der Mehrzahl enthält die Gattung Cornus sommergrüne Sträucher, seltener kleine Bäume und nur in zwei Fällen Stauden (C. canadensis, C. suecica).

Die fast immer gegenständigen, sehr selten wechselständigen Blätter (C. alternifolia) sind gestielt, ganzrandig und oft behaart; Nebenblätter fehlen.

Die rel. kleinen, vierzähligen Zwitterblüten stehen in endständigen Trugdolden oder Köpfchen. Sie können von 4 bis 6 Hochblättern unterschiedlicher Größe und Farbe umgeben sein und bilden einen polsterförmigen Diskus aus. Der undeutlich vierzipflige Kelch kann zu einer Röhre verwachsen. Fruchtknoten unterständig, zweifächrig, Samenanlagen unitegmisch. Die Blütenblätter sind nicht verwachsen.

Die Gattung entwickelt unterschiedlich gefärbte, beerenartige Steinfrüchte. Diese enthalten meist zweisamige Steinkerne von oft artspezifischer Form. Häufig ist nur ein Same voll entwickelt. Verbreitung der Früchte hauptsächlich durch Vögel.

Chromosomen-Grundzahl x = 9 oder x = 11.

Cornus-Holz ist hart und schwer, es hat i.a. einen rötlichweißen Splint und einen braunen Farbkern.

Einen Einblick in die große morphologische Vielfalt dieser Gattung mögen die folgenden Beispiele vermitteln. Vorgestellt werden vier weitverbreitete, z.T. intensiv gärtnerisch genutzte außereuropäische Cornus-Arten, die sich hinsichtlich Erscheinungsbild, Blatt- oder Blütenmorphologie voneinander unterscheiden. Die einheimischen Species C. mas und C. sanguinea werden in separaten Monographien abgehandelt.

Cornus alba L.
syn.: C. tatarica MILL.

Tatarischer Hartriegel

Bis 3 m hoher, in Sibirien, N-Korea und der Mandschurei beheimateter Strauch, der mit zahlreichen Spielformen Eingang in mitteleuropäische und nordamerikanische Gärten und Parks fand und inzwischen vielerorts verwildert vorkommt. Besonders beliebt sind Sorten mit weißbunten Blättern ('Argenteomarginata' REHD.; 'Spaethii' WITTM. etc.).

Blüten gelblich-weiß, in ca. 5 cm weiten Trugdolden; Früchte weiß bis hellblau. Rinde junger Zweige leuchtend rot (insbesondere 'Sibirica' LOUD.). Ganz leicht durch Stecklinge und Absenker zu vermehren.

Abb. 2: Cornus alba, ‚Argenteomarginata'

Cornus canadensis L.

Bunchberry

Weder Strauch noch Baum, sondern eine max. 20 cm hohe, ausdauernde Waldpflanze, heimisch teils in Nordamerika (Alaska bis Neufundland und N-Californien), teils in Ostasien (Mandschurei, Sachalin, Japan). Auf frischen Waldböden in kleinen Beständen vorkommend.

Laubblätter gedrängt an der Sproßspitze. Viele unscheinbare Blüten in einem endständigen Köpfchen; dieses ist umgeben von 4 (bis 6) großen, weißen Hochblättern. Im Herbst erscheinen leuchtend rote, beerenartige Steinfrüchte.

Abb. 3: Cornus canadensis

Cornus florida L.

Blumen-Hartriegel
engl.: Flowering dogwood

Üppig blühender, max. 12 m hoher, aber langsam wachsender, attraktiver, kleiner Baum aus dem östlichen Nordamerika (südlich Maine bis Florida und Texas). Sehr häufig in lichten, nährstoffreichen Laubwäldern.

Die von 4 weißen Hochblättern umgebenen, unauffälligen Blüten erscheinen im zeitigen Frühjahr noch vor der Blattentfaltung. Blütenköpfchen plus Brakteen erreichen einen Durchmesser von 10 cm. Der Rest des Kelches verbleibt lange auf den bei Reife leuchtend roten Früchten. Wunderschöne, rote bis violette Herbstfärbung der Blattoberseiten.

C. florida rubra WEST: Eine in freier Natur vorkommende Form, besitzt rosafarbene Hochblätter. Auch unter den mehr als 30 Gartenformen befinden sich einige mit roten, andere mit besonders großen Brakteen.

Rotfärbung ist neben Früchten, Herbstlaub und (z.T.) Brakteen auch für die Rinde gegeben, die sich platanenähnlich vom Stamm löst. Der Blumen-Hartriegel ist in Mitteleuropa weitgehend winterhart.

Abb. 4: Cornus florida

Cornus nuttallii Audub.

Pacific dogwood

Ein 15 m, max. sogar 25 m hoch werdender, schattenbe-
dürftiger Waldbaum des küstennahen amerikanischen Nordwestens mit meist 6 (4 bis 7) großen, cremig-weißen Hochblättern und hellroten bis orangefarbenen, kleinen, bitteren
Früchten. Durchmesser des Blütenstandes bis 15 cm.

Er gedeiht im Unterstand der besonders vitalen Koniferen-
bestände des pazifischen Nebelwaldes, wird bis 150 Jahre
alt und blüht gelegentlich zweimal im Jahr. Auf der Insel
Vancouver wurde eine Form mit rosaroten Brakteen gefunden.

C. nuttallii ist in Mitteleuropa weitgehend winterhart.

Abb. 5: Cornus nuttallii

Weiterführende Literatur

ANONYMUS, 1974: Seeds of woody plants in the United
States. USDA, Forest Service, Agriculture Handbook No.
450, Washington, DC.

EYDE, R. H., 1988: Comprehending Cornus: Puzzles and
progress in the systematics of the dogwoods. Bot. Review
54, 3, 233–351.

FERGUSON, I. K., 1966: Notes on the nomenclature of Cornus. J. Arnold Arboretum **47**, 100–105.
HEGI, G., 1926: Illustrierte Flora von Mitteleuropa. Band
5, Teil 2, S. 1540–1556, J. F. Lehmanns Verlag, München.
HUTCHINSON, J., 1942: Neglected genetic characters in the
family Cornaceae. Ann. Botany (London) **6**, 83–93.
KOEHNE, E., 1903: Die Sektion Microcarpium der Gattung Cornus. Mitt. Dt. Dendrol. Ges. **12**, 23–46.
REHDER, A., 1940: Manual of cultivated trees and shrubs.
2. Aufl. Dioscorides Press, Portland, OR.

Die Autoren:

Prof. Dr. PETER SCHÜTT
Lehrstuhl für Forstbotanik
Ludwig-Maximilians-Universität-München
Hohenbachernstraße 22
D-85354 Freising

ULLA M. LANG
Schützenstraße 6
D-82383 Hohenpeißenberg

Cornus mas LINNÉ

syn.:   Cornus mascula HORT.

Kornelkirsche, Dirlitze   Familie: Cornaceae

engl.:   Male dogwood, Cornelian cherry
franz.: Cornouiller male
ital.:   Corniolo

Abb. 1: Cornus mas, blühend

Eine sommergrüne, in Mittel- und Südeuropa heimische, wärmeliebende Art, die im Norden des Areals vorwiegend strauchförmig aufwächst, auf dem Balkan und in Kleinasien aber zu einem 10 m hohen und 45 cm starken, kleinen Baum werden kann. Ihr Höchstalter dürfte deutlich über 100 Jahre hinausgehen. Wegen der schon im März erscheinenden, leuchtend gelben Blütenstände und wegen der eßbaren, vielfältig zu verwendenden Früchte wurde sie – insbesondere im Süden – seit altersher gern kultiviert. Ihre Namensgebung geht auf Theophrast (um 300 v. Chr.) zurück.

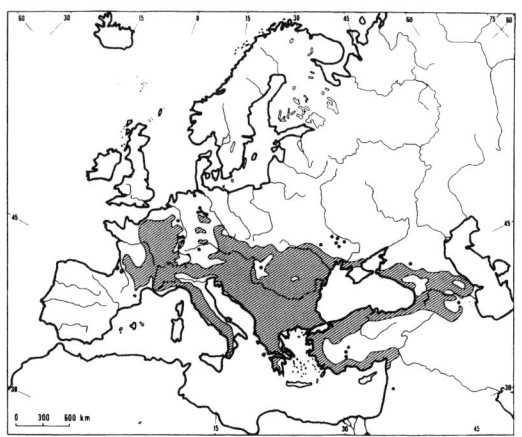

Abb. 2: Natürliches Verbreitungsgebiet, nach MEUSEL et al. 1978

Die Kornelkirsche kommt im Flachland wie in den Bergen natürlich vor. Im Raum Bozen wächst sie noch in 1200 m, im Wallis sogar in 1530 m Höhe ü. NN.

Das Zentrum der natürlichen Verbreitung liegt in SO-Europa. Die Nordgrenze verläuft bei Paris, kreuzt Süd-Belgien, Westfalen und Thüringen und geht weiter über Böhmen bis nach Galizien. Im Süden schließt das Areal Kleinasien ein, im Südosten endet es im Kaukasus (ca. 1400 m ü. NN.).

Als Beispiel für die derzeitige Situation in Mitteleuropa mögen die Ergebnisse einer bayerischen C. mas-Inventur dienen. Hier gilt die Art als „potentiell gefährdet". Sie wird zwar häufig kultiviert, kommt aber fast nur noch in der südlichen Frankenalb, in der Lechebene und im Donaumoos natürlich vor [1].

Beschreibung

Erscheinungsbild

In Mitteleuropa wächst Cornus mas i.d.R. zu einem 1 bis 5 m hohen, dichten Strauch heran, der durch intensives Austriebsvermögen auffällt. Stamm- und wurzelbürtige Triebe (Wasserreiser und Wurzelbrut) entstehen in großer Zahl. Leicht erkennbar ist eine klare Differenzierung in spärlich beblätterte, blütentragende Kurztriebe und reichlich mit normalen Laubblättern sowie zahlreichen Knospen besetzte Langtriebe [2].

Knospen und junge Triebe

Die rel. schlanken und geraden Langtriebe der Kornelkirsche sind kurz behaart, von olivgrüner Farbe und unterhalb der Knoten eher kantig als rund. Auf der dem Licht zugewandten Seite kommt es zu einer braunroten bis violetten Verfärbung der Rinde.

Laub- und Blütenstandsknospen haben verschiedene Gestalt: kugelig und gestielt die Blütenstands-, länglich zugespitzt und sitzend die Blattknospen. Beide können als End- und Seitenknospen auftreten. Die durchschnittliche Länge von 6 bis 7 mm wird davon nicht beeinflußt; als Seitenknospen stehen sie vom Trieb ab. Umschlossen wird die Blattknospe von zwei bräunlichen, dicht behaarten, lederartigen Tegmenten. Blütenknospen haben mehr als zwei Knospenschuppen.

Blätter

Blätter von Cornus mas und Cornus sanguinea sind nur schwer zu unterscheiden. Beide sind 4 bis 10 cm lang, 2,5 bis 4 cm breit, von eiförmig-elliptischer Gestalt, gegenständig inseriert und unterseits ein wenig heller als oberseits.

Auf der Blattunterseite treten vier oder fünf Seitennervenpaare deutlich hervor; das Blatt ist gestielt (8 bis 10 mm), ganzrandig und die Spreite läuft spitz aus. Als sicheres Unterscheidungsmerkmal dient allein die Anordnung der Behaarung: Haarbüschel („Bärte") in den Achseln der Blattadern bei Cornus mas. Demgegenüber abstehende, leicht geschlängelte Einzelhaare, verteilt auf der gesamten Fläche bei C. sanguinea [7].

Die Blätter der Kornelkirsche nehmen im Spätherbst eine gelbe oder gelbrote Farbe an.

Holz und Rinde

Cornus mas hat das härteste Holz aller einheimischen Holzgewächse. Seine Rohdichte im lufttrockenen Zustand beträgt 0,88...1,03 g/cm³. Es ist zäh und läßt sich schlecht spalten, aber gut polieren und schwindet stark.

Im Querschnitt setzt sich ein tief rotbrauner Kern scharf von einem rötlich-weißen Splint ab. Jahrringgrenzen lassen sich nur schwer erkennen. Gleiches gilt für die sehr kleinen, zerstreutporig verteilten Gefäße und für die dicht beieinanderliegenden Holzstrahlen. Diese sind meist zwei- oder dreireihig und 30 bis 40 Zellagen hoch [11], nach GREGUSS [10] aber ein- bis zweireihig bzw. 10 bis 50 Lagen hoch. Kornelkirschenholz enthält reichlich Holzparenchym, das bisweilen in tangentialen Reihen angeordnet ist.

Anders als bei C. sanguinea ist die **Rinde** von Cornus mas deutlich differenziert. Das beruht auf den stärker hervortretenden Markstrahlen, auf dem flächigen Auftreten von Steinzellen-Säulen und dem kleinräumigen Vorkommen von Ca-Oxalat-Kristallen in Form von Drusen (bei C. sanguinea: Kristallsand). Jahresringe sind in der Rinde nicht zu erkennen [13].

Die Ausbildung der rissigen, kleinschuppigen, leicht abblätternden, dunkelbraunen Borke setzt rel. früh ein.

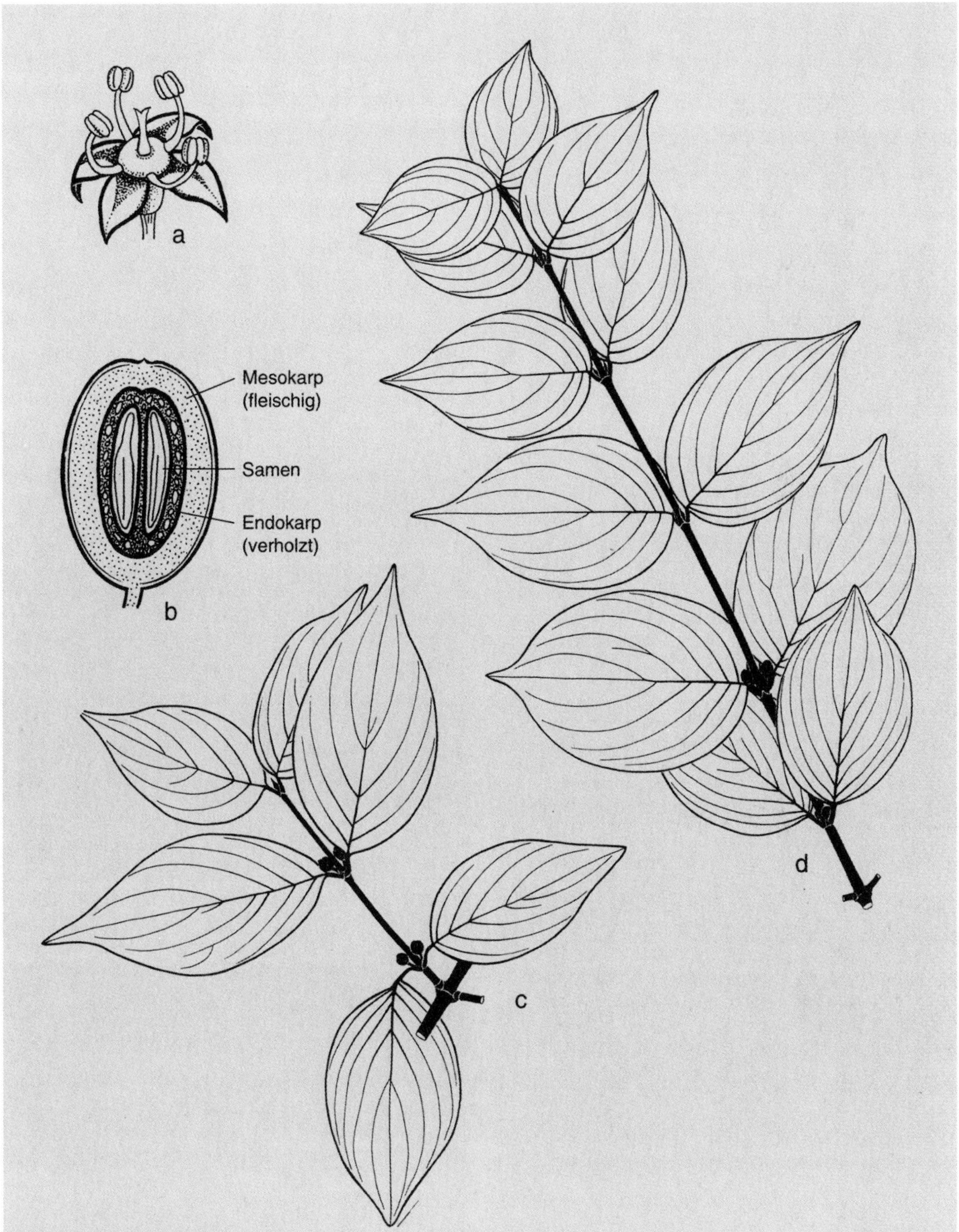

a

Mesokarp
(fleischig)

Samen

Endokarp
(verholzt)

b

d

c

Abb. 3: a Einzelblüte, 2 x nat. Größe (nach GRAF 1975) **b** Steinfrucht (2 x nat. Größe), Längsschnitt nach GRAF 1975,
   c Kurztrieb ($^1/_2$ nat. Größe), **d** Langtrieb ($^1/_3$ nat. Größe).

Abb. 4: Winterknospen; links Blütenknospe, rechts Blatt-knospe

Blüten, Früchte, Samen

Die im zeitigen Frühjahr – lange vor den Blättern – erscheinenden, leuchtend gelben Blüten werden schon im Sommer des Vorjahres angelegt [5].

Jede Einzelblüte ist mit einem 5 bis 8 mm langen, behaarten Stiel versehen. 15 bis 20 Einzelblüten bilden einen kugelförmigen Blütenstand (Dolde) und dieser wiederum ist an einem seitenständigen Kurztrieb inseriert, an dessen Grunde vier gelblich grüne, 10 bis 12 mm lange Hochblätter sitzen.

Zur Einzelblüte gehören: 4 sehr kleine, spitz zulaufende Kelchblätter, 4 (bis 5) goldgelbe, 2 bis 2,5 mm lange Kronblätter, 4 ebenfalls gelbe, 1 bis 1,5 mm lange Staubblätter, ein unterständiger Fruchtknoten sowie ein ringförmiges Nektarium (Diskus), das den Griffel an der Basis umgibt. Blütenformel: * K4 C4 A4 G($\overline{2}$).

Im nördlichen Teil des Areals fruktifiziert C. mas spärlich und unregelmäßig; eine Erscheinung, die keineswegs mit dem Überwiegen männlicher Blüten zusammenhängt, wie MÖBIUS [15] nachwies. Die Steinfrüchte (Kornelkirschen) sind bei Reife (August bis Oktober) leuchtend rot, bis 12 mm lang und etwa 5 mm breit. Sie sind eßbar, schmecken etwas säuerlich und enthalten einen elliptischen, bis 10 mm langen Steinkern, in dem von den angelegten zwei Samen oft nur einer ausgebildet wird.

Vollreife tritt nördlich der Alpen im allgemeinen nur nach außergewöhnlich warmen Sommern ein.

Das Tausendkorngewicht der Steinkerne beträgt ≈ 160 g (ca. 600 Samen pro 100 g), die Keimfähigkeit 30 bis 70 %, im Mittel 57 % [14].

Chromosomensatz: 2n = 18 (2n = 27).

Abb. 6: Reife Früchte

Abb. 5: Blütenstände

Abb. 7: Steinkerne

Abb. 8: Borke

Klima und Standort

Hinsichtlich ihrer wichtigsten ökologischen Ansprüche läßt sich Cornus mas in Kurzform als eine subozeanische, wärmeliebende, kalkholde Halbschattenpflanze charakterisieren.

Im mitteleuropäischen Teil ihres Areals wächst sie vornehmlich auf sonnigen Hängen, in lichten Eichenbeständen, gern auch an Waldrändern und Feldwegen. Ganz selten bildet sie kleine Reinbestände, z.B. nahe Nordhausen/Harz.[1]

Während sie nördlich der Alpen durchaus schattenfest ist und bei fehlendem Kalk auch auf frischen anderen Böden gedeiht (z.B. auf sickerfrischen, basenreichen, humosen, mittelgründigen Lehmen um pH 7), gilt sie im Süden eher als bodenvag und als sehr lichtbedürftig. In Mittelitalien (Molise) hat sie sich als dürrefest erwiesen.

Cornus mas ist im gesamten Areal völlig winterhart. Ungeschützt vertrug sie Extremtemperaturen von -28 °C ohne Schaden.[2]

Vermehrung, Anzucht und Kultur

Bei Cornus mas ist sowohl Fremd- wie Selbstbefruchtung möglich. Die Bestäubung wird in der Hauptsache von Bienenarten vorgenommen. Die Verbreitung der Samen erfolgt zumeist endozoisch durch Vögel. Nach BARTKOWIAK [3] kommen dafür in erster Linie in Frage: Nebelkrähe, Saatkrähe, Dohle, Eichelhäher und Kernbeißer, aber auch Hasel- und Auerwild.

Kornelkirschen sind leicht anzuziehen und leicht zu verpflanzen. Langwierig ist allerdings der Weg von der Ernte bis zur Keimung. KRÜSSMANN [14] empfiehlt, die frisch geernteten Steinfrüchte den ersten Winter über in dünnen Lagen luftig aufzubewahren, im ersten Frühjahr die Reste des Fruchtfleisches zu entfernen und dann $1^{1}/_{2}$ Jahre zu stratifizieren (Kalt-Naß-Lagerung). Stratifikation im dritten Herbst abbrechen (zwei Jahre nach der Ernte) und Aussaat. Keimung tritt dann im nächsten Frühjahr ein.

Abb. 9: Keimling, ca. 6 Wochen alt (nat. Größe)

---

1) Mitt. DDG, 1921
2) Mitt. DDG, 1934, S. 151

Bei Anzucht im Halbschatten und in frischem Substrat werden i.a. folgende Sämlingsgrößen erreicht:

1 + 0	=	7 bis 50 cm
1 + 1	=	15 bis 30 cm
1 + 2 oder 2 + 1	=	30 bis 80 cm

Abb. 10: Stammquerschnitt

Nutzung und Verwendung

Trotz des ungewöhnlich harten Holzes und dessen Eignung für Drechsler- und Wagnerarbeiten hält sich die wirtschaftliche Bedeutung von Cornus mas in engen Grenzen. Die Hauptschuld daran trägt wohl der sehr geringe Anfall verwertbarer Dimensionen. Im Altertum könnte sich das anders verhalten haben, denn in griechischen und römischen Aufzeichnungen wird wiederholt auf die Bedeutung des C. mas-Holzes für die Herstellung von Lanzenschäften hingewiesen.

Die Jenaer Studentenschaft hielt sich das Tragen von Knotenstöcken aus Kornelkirschenholz, den sog. „Ziegenhainern" zugute. Ansonsten schenkte man der Verwendung der Früchte wesentlich mehr Aufmerksamkeit. In Südeuropa, der Türkei und der Ukraine, aber auch in Schlesien waren und sind sie ein hochgeschätztes Obst, das bei Vollreife auch roh einen angenehmen, süßsauren Geschmack aufweist.

Seine Inhaltsstoffe:

Fructose und Glucose	8,5 Gew.-%
Vitamin C	90 mg/100 g Frischsubstanz
Äpfelsäure	2,4 %

(nach PIRC [16])

Gelobt werden Marmeladen und Gelees, insbesondere in Mischung mit Hagebutten, denen man außer dem Wohlgeschmack auch Heilwirkung gegen Nieren- und Blasenleiden nachsagt.

Eingelegte Früchte der Kornelkirschen waren im übrigen schon zu Ovids Zeiten bekannt. In der Türkei stellt man noch heute eine Limonade aus C. mas-Früchten her („Schebert"), in Rußland kommen sie als Obstkonserven auf den Markt. Für diesen Verwendungszweck werden sogar Plantagen angelegt.

Auch als Bienenweide und als Heckenpflanze kommt der Art eine gewisse Bedeutung zu.

Verschiedenes

– Ernsthafte Bedrohungen der Art durch Insekten, Pilze, Bakterien oder Viren sind nicht bekannt geworden.

Auffällig kann der Besatz durch verschiedene Blatt- oder Schildlausarten werden (z.B. Typhlocyba rosae L.; Lecanium corni Bé; Lepidosaphis ulmi L.). Letztere, die sog. Kommaschildlaus, saugt an Trieben.

Cornus mas ist rel. widerstandsfähig gegen Fluorwasserstoff, reagiert aber empfindlich auf Zementstaub und auf Streusalz [4, 17].

– Die Kornelkirsche gehört **nicht** zu den giftverdächtigen Pflanzen unserer Flora. Nach Berührung der Blattunterseite kann es allerdings zur Rötung und zum Juckreiz an empfindlichen Hautpartien kommen, ein Effekt, der auf die mit Calciumkarbonat inkrustierten Blatthaare zurückgeht.

– In Rußland, der CSFR und Jugoslawien, neuerdings auch in Österreich, gibt es züchterische Bemühungen zur Erhöhung des Fruchtansatzes und zur Steigerung der Fruchtgröße [16].

– Cornus mas wird mehrfach in klassischen Sagen erwähnt. So z.B. in den Homerischen Gesängen. Zur Zeit Caligulas soll auf dem Palatinischen Hügel in Rom eine uralte Kornelkirsche gewachsen sein, von der man glaubte, sie sei aus der Lanze ausgetrieben, die Romulus als Grenzzeichen für die zu gründende Stadt in den Boden stieß. Philemon und Baucis schließlich sollen ihren unerkannt gebliebenen Gästen, den Göttern Zeus und Hermes, eingemachte Kornelkirschen angeboten haben.

Drei ausgewählte, großfrüchtige Klone unterscheiden sich von der Wildform wie folgt: (nach PIRC [16])

	Klon 1 „Jolico"	Klon 2	Klon 3	Wildform
Gewicht der Frucht (g)	5,6	5,4	4,5	1,8
Gewicht des Steinkerns (g)	0,55	0,58	0,40	0,35
% Zucker	13,2	13,5	15,2	15,5
ppm Ascorbinsäure	441	366	535	438
Ertrag (kg/Strauch)	2,44	1,39	0,87	

Weiterführende Literatur

[1] ANONYMUS, 1986: Förderung seltener und gefährdeter Baum- und Straucharten im Staatswald. Bayer. Staatsmin. Ern., Landw., Forsten, München.

[2] ARESCHOUG, F. W. C., 1877: Cornus mascula L. in: Beiträge zur Biologie der Holzgewächse. Lunds Univ. Årsskr. 12.

[3] BARTKOWIAK, S., 1970: Ornitochoria of indigenous and introduced species of trees and shrubs (in polnisch) Arboretum Kornickie 15, 237–262.

[4] BRAUN, G.; SCHÖNBORN, A. v.; WEBER, E., 1978: Untersuchungen zur relativen Resistenz von Gehölzen gegen Auftausalze (Natriumchlorid). Allg. Forst- und Jagdz. 149, 21–35.

[5] CARPENTER, E. D.; WATSON, D. P., 1967: Vegetative and floral bud morphology of seven woody ornamental shrubs. Phytomorphology 16, 343–349.

[6] ELLENBERG, H., 1979: Zeigerwerte der Gefäßpflanzen Mitteleuropas, 2. Aufl. Scripta Geobotanica 9, Göttingen.

[7] GERSTBERGER, P., 1981: Zum Artenpaar Cornus mas L. und Cornus sanguinea L. Göttinger Floristische Rundbriefe 15, 30–32.

[8] GODET, Y. D., 1983: Knospen und Zweige der einheimischen Baum- und Straucharten. Verlag Neumann-Neudamm.

[9] GODET, Y. D., 1984: Blüten der einheimischen Baum- und Straucharten. Verlag Neumann-Neudamm.

[10] GREGUSS, P., 1945: Bestimmung der mitteleuropäischen Laubhölzer und Sträucher auf xylotomischer Grundlage. Verlag Ungar. Naturwiss. Museum, Budapest.

[11] GROSSER, D., 1977: Die Hölzer Mitteleuropas. Springer-Verlag Berlin-Heidelberg-New York.

[12] HEGI, G., 1926: Cornus mas In: Illustrierte Flora von Mitteleuropa. Band 5, Teil 2, 1548–1553. J. F. Lehmanns Verlag, München.

[13] HOLDHEIDE, W., 1951: Anatomie mitteleuropäischer Gehölzrinden. Mikroskopie i.d. Technik 5, 1, 195–367.

[14] KRÜSSMANN, G., 1964: Die Baumschule. Paul Parey, Berlin und Hamburg.

[15] MÖBIUS, M., 1937: Fruchtbildung bei der Kornelkirsche. Mitt. Dt. Dendrol. Ges. 49, 179–182.

[16] PIRC, H., 1990: Selektion von großfrüchtigen Cornus mas L. Gartenbauwirtschaft 55, 217–218.

[17] SINCLAIR, W. A.; LYON, H. H.; JOHNSON, W. T., 1987: Diseases of trees and shrubs. Cornell Univ. Press, Ithaca-London.

Die Autoren:

Prof. Dr. PETER SCHÜTT
Lehrstuhl für Forstbotanik
Ludwig-Maximilians-Universität München
Hohenbachernstraße 22
D-85354 Freising

ULLA M. LANG
Schützenstraße 6
D-82383 Hohenpeißenberg

Cornus sanguinea Linné, 1753

syn.: Swida sanguinea (Linné) Opiz

Roter Hartriegel   Familie: Cornaceae

engl.:   Red dogwood
franz.: Cornouiller sanguin
ital.:   Sanguinea

Abb. 1: Cornus sanguinea im Alpenvorland

Ein sommergrüner, dicht verzweigter, wegen der roten Rinde seiner einjährigen Zweige auch im Winter leicht erkennbarer, bis 4 m hoher Strauch, der in weiten Teilen Europas heimisch ist und häufig an Waldrändern und in Gebüschen natürlich vorkommt.

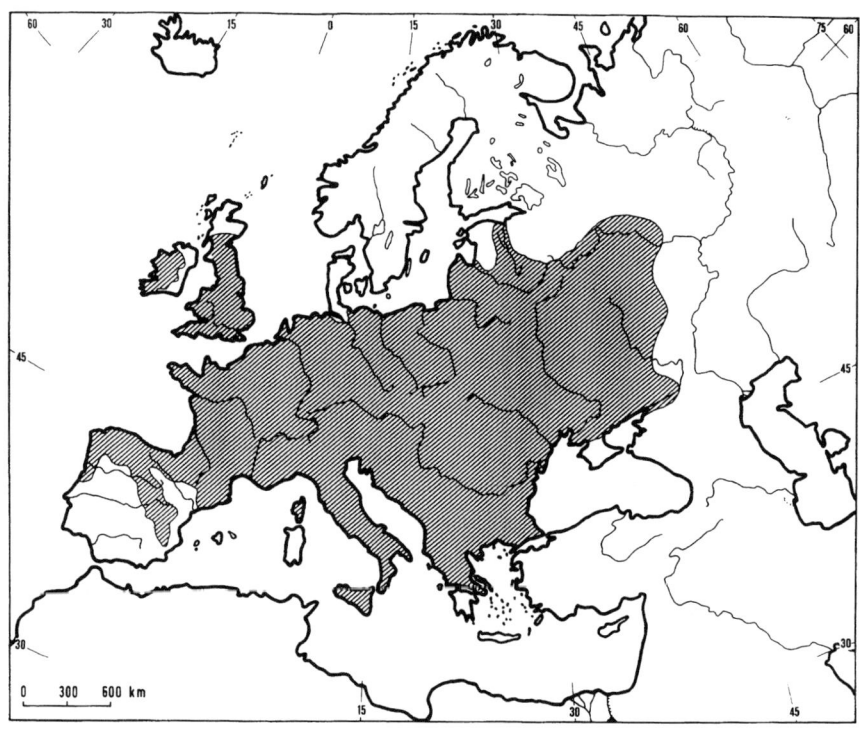

Abb. 2: Natürliches Verbreitungsgebiet, nach [7]

Verbreitung

Cornus sanguinea ist wärmeliebend, wächst vorwiegend im Flachland, steigt aber in den Bayerischen Alpen bis ca. 900 m ü. NN, in Tirol bis 1350 m, in Wallis bis 1550 m an. Das natürliche Areal erfaßt ganz Deutschland, wenn die Art auch im Norden, speziell im Nordosten, seltener vorkommt [7]. Sie war schon im Altertum bekannt und wurde von Plinius unter dem Namen Cornus femina (Gegensatz zu Cornus mas) beschrieben. Obwohl C. sanguinea gern als Zierstrauch verwendet wird, ist seine wirtschaftliche Bedeutung nur gering.

Beschreibung

Erscheinungsbild

In Mitteleuropa entwickelt sich C. sanguinea i.d.R. zu einem sehr dichten, aus vielen, relativ dünnen Einzeltrieben zusammengesetzten, rel. breiten und 3 bis 4 m hohen Strauch, der über ein erhebliches Ausschlagvermögen verfügt. Als max. Alter werden 80 Jahre genannt.

Auch ohne Verletzung der Wurzeln entsteht reichlich Wurzelbrut. Oft werden die nach außen gerichteten Zweige gegenüber den nach innen weisenden gefördert. Die Zweige der im Schatten erwachsenden Sträucher hängen ein wenig herab.

In S.-Europa kann C. sanguinea baumförmig werden (bis ca. 6 m hoch). Bei ausreichend lockeren Böden entwickelt die Art ein Pfahlwurzelsystem. In der turkmenischen Steppe können die längsten Wurzeln in 10 Jahren 1,5 m Tiefe erreichen.

Junge Triebe

Namengebend und kennzeichnend für C. sanguinea ist die leuchtend rote, mitunter auch braunrote Rinde kurzbehaarter, einjähriger Triebe. Die Rotfärbung geht auf die Anreicherung von Anthocyan im subepidermalen Gewebe zurück. Sie tritt vorwiegend auf der dem Licht zugewandten Seite auf. Zweijährige Triebe sind olivbraun und kahl. Zahlreiche hellere Lenticellen heben sich deutlich ab.

Knospen

Bei C. sanguinea lassen sich die Blüten- von den Laubknospen in Größe und Gestalt nicht immer deutlich unterscheiden. Beide sind länglich und werden bis 6 mm lang.

Knospenschuppen fehlen; deren Schutzfunktion übernehmen die braunfilzig behaarten untersten Blätter des in der Knospe vorgebildeten Triebes. Knospen mit Blütenständen erscheinen terminal; im Gegensatz zu terminalen Laubknospen sind sie ein wenig verdickt.

Anders als bei C. mas liegen die Seitenknospen dem Sproß an und ihre Spitzen sind dem Sproß zugewandt. Die endständigen Laubknospen sind zungenförmig, oft mehrspitzig und größer als Seitenknospen.

Abb. 4: Blütenstand

Holz und Rinde

C. sanguinea bildet ein zähes, schwer spaltbares, sehr hartes Holz aus, dessen Gefäße zerstreutporig verteilt sind. Anders als bei Cornus mas sind Splint- und Kernholz i.a. von gleicher rötlich-weißer Farbe. Die Rohdichte (r_{15} = 0,77 – 0,81 g/cm³) bleibt unterhalb der Werte von C. mas.

Abb. 3: Junger Trieb mit Knospen und Lenticellen

Blätter

Die gegenständigen, mit 8 bis 15 mm langen Stielen versehenen, ganzrandigen Blätter sind von breit elliptischer Gestalt. Länge: 4 bis 10 cm; Breite: 2,5 bis 5 cm. Die Spreite läuft in eine rel. kurze Spitze aus. Auffällig sind die gebogenen, blattunterseits deutlich erhabenen 3 – 5 Seitennerven-Paare. Beide Blattseiten zerstreut behaart. Im Gegensatz zu C. mas verteilen sich die Haare ± deutlich auf der ganzen Fläche. Einzelhaare abstehend, leicht geschlängelt (C. mas: Haarbüschel [„Bärte"] in den Nervenachseln) [5].

Abb. 5: Borke

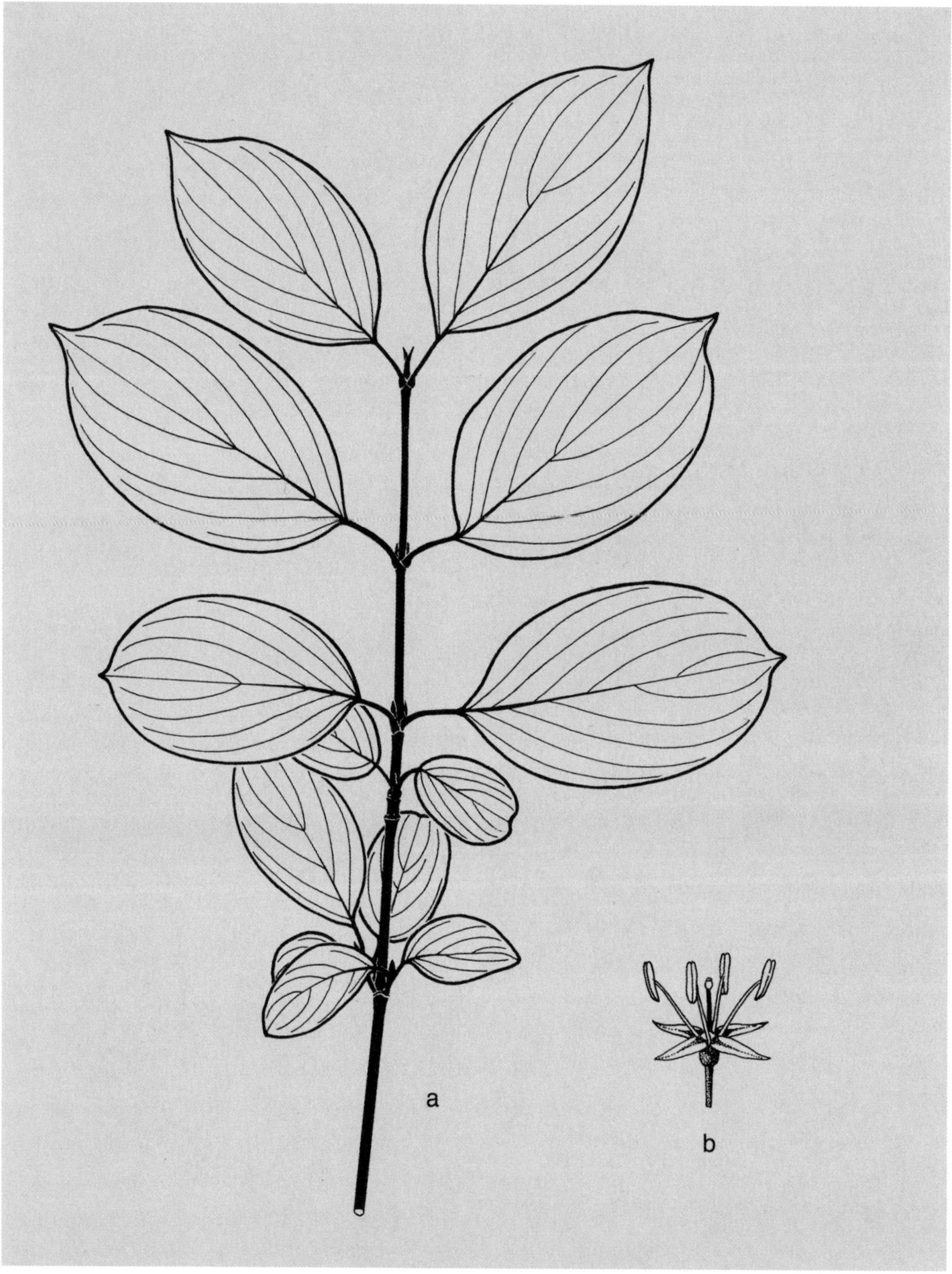

Abb. 6: **a** Langtrieb mit zwei Kurztrieben (³/₄ nat. Größe), **b** Einzelblüte, schematisch (2 x nat. Größe)

In der histologisch recht homogenen Rinde sind keine Jahrringe zu erkennen. Bastfasern fehlen. Ca-Oxalate werden in Form von Einzelkristallen abgelagert (bei C. mas als Drusen). Alte Stämme weisen eine Schuppenborke auf [8].

Blüten

C. sanguinea blüht erst nach dem Laubausbruch.

Jeweils 20 bis 50 Blüten sind in einer langgestielten, endständigen Schirmrispe zusammengefaßt (Stiellänge: 2,5 bis 3,5 cm; Rispenbreite: 4 bis 8 cm). Die weißlichen Einzelblüten sind mit einem Diskus versehen und haben 4 lineal-lanzettliche, unterseits behaarte, 4,5 bis 6 mm lange Kronblätter, 4 sehr kurze Kelchblätter und 4 Staubblätter. Die Samenanlagen sind anatrop orientiert. Blütenformel: * K4 C4 A4 G[$\overline{2}$].

Abb. 7: Reife Früchte

Früchte

Die beerenähnliche, kugelrunde und 5 bis 8 mm dicke Steinfrucht nimmt bei Reife eine schwarzblaue Farbe an und ist weißlich punktiert. Sie enthält einen kugeligen, glatten, zweisamigen Steinkern und schmeckt bitter. Bisweilen blüht C. sanguinea im Herbst ein zweites Mal. Chromosomenzahl: 2n = 22.

Klima und Standort

Obwohl eine Art mit vorwiegend submediterranen bis subozeanischen Klimaansprüchen, kann C. sanguinea sowohl in Ost- und Südosteuropa wie im Mittelmeerraum in Gebiete mit strenger Sommertrockenheit vordringen. Im pannonischen Bereich besiedelt sie u.a. als Komponente von Buschgehölzen warme, trockene Hügel. Auch in S-England gilt sie als besonders dürrehart. Dort wächst sie an den Südwestseiten nahezu nackter, steiler Kreidefelsen [2].

Als optimal gelten i.a. humose, kalkhaltige, schwach basische bis leicht saure, frische bis mäßig trockene, nährstoffreiche Böden – u.a. in Laubmischwäldern und Auwäldern. Die Art wächst auch auf kalkarmen Substraten, kommt aber in Silikatgebirgen seltener vor als in Kalkgebirgen.

C. sanguinea gilt als Lehmzeiger. Was die Lichtansprüche betrifft, so wird sie ohne Ausnahme als Lichtholzart eingestuft, die aber auch gut im Halbschatten gedeiht. Eine Bedeutung als Stickstoffweiser kommt ihr nicht zu [3].

Blühen und Fruchten

Nach Untersuchungen in Frankreich [9] ist die Intensität des Blühens und Fruchtens eng mit dem Deckungsgrad der betr. Population verbunden. Je größer die pro Klon eingenommene Fläche, um so geringer die Zahl der Blüten und Früchte. Weitgehend unbeeinflußt davon bleibt die weitere Entwicklung der Blüten:

77% aller Blüten gingen zugrunde
23 % aller Blüten setzten Früchte an
 6 % aller Blüten produzierten reife Früchte.

Die Bestäubung erfolgt zumeist durch größere Insekten (Bienenweide), die Verbreitung der Früchte durch zahlreiche Vogelarten. Dazu zählen: Singdrossel, Amsel; Wacholderdrossel, Rotkehlchen, Dorngrasmücke, Star, Elster, Blaumeise, Dompfaff und Fasan.

Für das Saatgut (Steinkerne) wird ein Tausendkorngewicht von 30 g angegeben.

Abb. 8: Steinkerne

Anzucht und Kultur

Am natürlichen Standort verändert sich das Verhältnis zwischen vegetativer und generativer Vermehrung mit den Standortsbedingungen. In der Baumschule ist sowohl Steckholzbewurzelung (März) wie Vermehrung durch Ab-

Abb. 9: Keimling, ca. 4 Wochen alt (nat. Größe)

senker (Mai/Juni) und Wurzelstecklinge möglich. Letztere kann auch ohne Vorbehandlung mit Bewurzelungspräparaten zu >50 % gelingen [6].

Die generative Vermehrung erfolgt durch Aussaat der vom Fruchtfleisch befreiten Steinkerne. Das geschieht in der Regel erst im zweiten Herbst (1 Jahr nach der Ernte). Zuvor wird das Saatgut in Sand eingeschichtet und während des Winters gelagert sowie anschließend stratifiziert. Ohne Stratifizieren verläuft die Keimung unregelmäßig. Direktaussaat gleich nach der Ernte führt i.a. zu schlechten Resultaten. Ausnahmen kommen vor.

In der Baumschule angezogene Sämlinge erreichen in den ersten Jahren:

1j. (1+0) : 15 bis 50 cm
2j. (1+1) : 30 bis 50 cm
3j. (1+2) : 50 bis 120 cm.

Anzucht im Halbschatten wird empfohlen.

Verschiedenes

– In wärmeren Regionen wurde C. sanguinea mit Erfolg zur Aufforstung problematischer Standorte herangezogen. So in Bologna zur Begrünung stark erodierter Tonhänge oder in Ungarn zum Voranbau für Ödlandaufforstungen mit Eiche und Buche.

– Die Art wird stark vom Wild verbissen.

– C. sanguinea reagiert rel. empfindlich gegen Auftausalze, insbesondere bei oberirdischer Einwirkung (Spritzwasser) [1].

– Noch im vorletzten Jahrhundert nutzte man das in den Samen enthaltene Öl (40 bis 45 %) für Brennzwecke.

– Sanguinea-Früchte gelten zu Unrecht als giftig. Sie sind roh ungenießbar. Andererseits enthält das Fruchtfleisch einen so hohen Anteil an Vitamin C, daß es zur Herstellung von Fruchtsäften herangezogen wird [4].

Weiterführende Literatur

[1] BRAUN, G.; SCHÖNBORN, A. v.; WEBER, E., 1978: Untersuchungen zur relativen Resistenz von Gehölzen gegen Auftausalze (Natriumchlorid). Allgem. Forst- und Jagdz. 149, 21–35.

[2] EDLIN, H. L., 1968: A modern sylva or a discourse of forest trees 24. The smaller native broadleaved trees. Quart. J. Forestry 62, 28–36.

[3] ELLENBERG, H., 1979: Zeigerwerte der Gefäßpflanzen Mitteleuropas. Scripta Geobotanica IX, 2. Aufl., Göttingen.

[4] FROHNE, D.; PFÄNDER, H. J., 1982: Giftpflanzen. Wiss. Verlagsges. Stuttgart.

[5] GERSTBERGER, P., 1987: Zum Artenpaar Cornus mas L. und Cornus sanguinea L. Göttinger Floristische Rundbriefe 15.

[6] GÖTTSCHE, D., 1978: Vermehrung einheimischer Straucharten durch Wurzelschnittlinge. Forstarchiv 49, 33–36.

[7] HEGI, G., 1926: Illustrierte Flora von Mitteleuropa, Band V, Teil 2, 1545–1548.

[8] HOLDHEIDE, W., 1951: Anatomie mitteleuropäischer Gehölzrinden. Mikroskopie i.d. Technik 5, 1, 195–367

[9] KRÜSI, B. O.; DEBUSSCHE, M., 1986. Reproductive strategies of Cornus sanguinea in three contrasting habitats. Veröff. Geobot. Inst. ETH, Stiftung Rübel, Zürich 87, 120–131.

[10] KRÜSSMANN, G., 1964: Die Baumschule. 3. Aufl. Paul Parey, Berlin und Hamburg.

[11] MERCEL, F., 1988: Verbreitung und Variabilität der Vertreter der Gattungen Cornus L., Swida, Opitz und Corylus L. in der Slowakei (in tschechisch), Acta Dendrobiologica, Bratislava.

Die Autoren:

Prof. Dr. PETER SCHÜTT
Lehrstuhl für Forstbotanik
Ludwig-Maximilians-Universität-München
Hohenbachernstraße 22
D-85354 Freising

ULLA M. LANG
Schützenstraße 6
D-82383 Hohenpeißenberg

Corylus avellana LINNÉ, 1753

Hasel, Haselstrauch

Familie: Betulaceae

engl.:   Hazel, Filbert
franz.: Noisette commun, Aveline,
         Coudrier commun
ital.:   Avellano, Nocciolo

Abb. 1: Corylus avellana. Blühende Sträucher an einem Waldrand in Oberbayern (ca. 800 m ü.NN)

Corylus avellana, ein in Europa und Kleinasien weit verbreiteter, mehrstämmiger Strauch, wird selten höher als 5 m und erreicht maximal ein Alter von 80 – 100 Jahren. Die Art ist in Mitteleuropa winterhart, bevorzugt aber sommerwarme Lagen, bildet reichlich Schößlinge und blüht bereits im Spätwinter – lange vor der Blattentfaltung. Die schmackhaften, fett- und proteinreichen Früchte (Haselnüsse) werden seit der Mittleren Steinzeit vom Menschen genutzt.

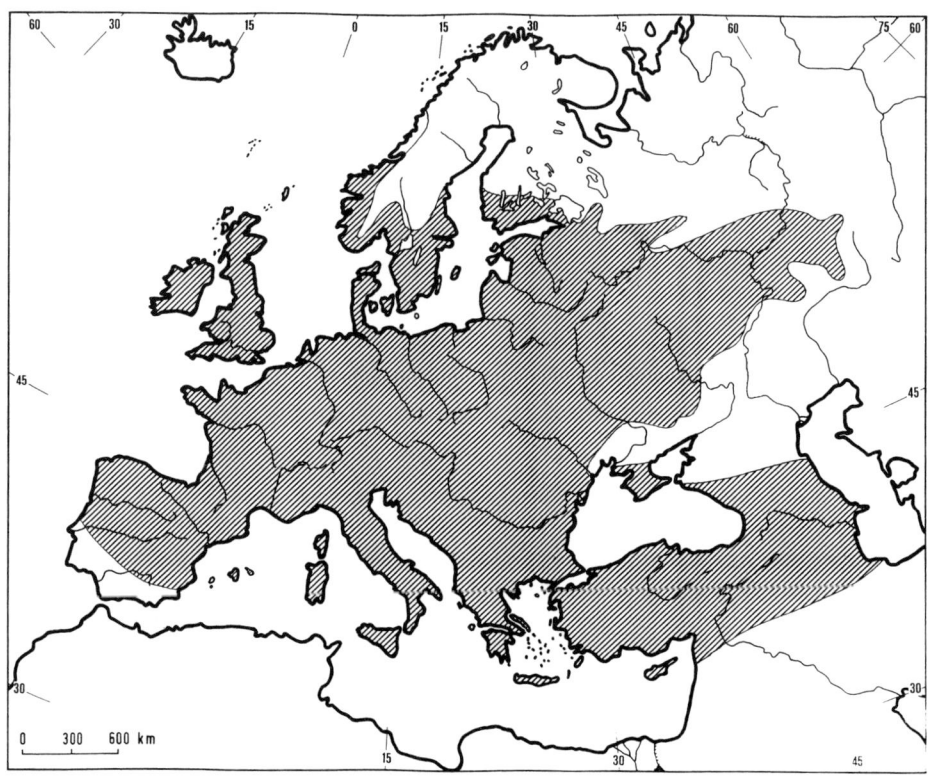

Abb. 2: Natürliches Areal (nach WALTER, 1954)

C. avellana spielte in der postglacialen Waldgeschichte Mitteleuropas eine wichtige Rolle. Mit zunehmender Erwärmung löste sie die Kiefer als dominierende Holzart ab (Haselzeit: ca. 7000 – 6000 v.Chr.), wurde aber ihrerseits 1 – 2 Jahrtausende später von der Eiche, z.T. auch von Esche, Ulme, Linde und Erle zurückgedrängt (Eichenmischwaldzeit ≈ Jungsteinzeit). In nennenswertem Umfang wirtschaftlich genutzt wird die Hasel in Südeuropa, vor allem aber in Kleinasien. An der türkischen Schwarzmeerküste gelegene Plantagen liefern mehr als die Hälfte der auf dem Weltmarkt angebotenen Früchte.

Verbreitung und Florengeschichte

Das natürliche Areal der Hasel erstreckt sich über weite Teile Europas und Kleinasiens. Es schließt den Kaukasus ein, nicht aber den engeren Mittelmeerraum [12]. Nach KIRCHNER et al. [14] kommt die Art auch in Nordafrika natürlich vor und erreicht ihre Südgrenze in Syrien. In Skandinavien geht sie an der Westküste Norwegens über den Polarkreis hinaus. Sie besiedelt die Orkney-Inseln,

Schweden bis zum 64. und Finnland bis zum 63. Breitengrad. Im südlichen Teil des Areals kommt C. avellana vornehmlich in Gebirgslagen vor. Ihre Höhengrenzen:

Erzgebirge:	800 m	Kärnten:	1600 m
Vogesen:	800 m	Graubünden	
Harz:	810 m	(Südexposition):	1730 m
Nordalpen:	1200 m	Mazedonien:	1500 m [19]

C. avellana ist fossil in Ablagerungen des Pliozäns (Tertiär) nachgewiesen. Während der letzten Vereisung hatte sie ihr Refugium in SW-Europa. Von dort aus wanderte sie zu Beginn der Frühen Wärmezeit (Boreal) in Mitteleuropa ein, drängte Kiefer und Birke zurück und fand hier von 7000 bis 6000 v.Chr. ihre Hauptverbreitung (Mittl. Steinzeit).

Erst im frühen Neolithicum (um 5000 v.Chr.) dringt sie bis ins nördliche Schweden und ins mittlere Finnland vor. In der Bronzezeit (ca. 2000 v.Chr.) erreicht sie den Lauf der oberen Wolga [4]. Lange vor dieser Zeit waren die reinen Haselgebüsche jedoch in Mitteleuropa von Hasel-Eichenmischwäldern, später dann von Eichenmischwäldern (mit Eschen-, Ahorn- und Linden-Anteilen) abgelöst worden [6].

Beschreibung

Erscheinungsbild

Corylus avellana wird im Regelfall zu einem vielstämmigen, sympodial verzweigten, aufrechten Strauch von gut 5 m Höhe, ausnahmsweise auch zu einem kleinen, bis 10 m hohen Baum [14]. Die Art ist sommergrün und bildet reichlich Stockausschläge. Aus normalen, proventiven oder adventiven Knospen an der Stammbasis entstehende Schößlinge wachsen anfangs sehr rasch (mehrere Meter im 1. Jahr), verzweigen sich erst im 2. Jahr und biegen sich später zur Seite [3]. Sie allein sorgen für den strauchförmigen Aufbau, denn die Verzweigung der Hasel ist akroton gefördert.

Schößlinge können einen Stammdurchmesser (BHD) von 15 bis 18 cm erreichen.

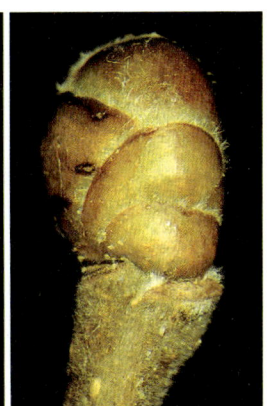

Abb. 4: Seitenknospe (links) und scheinbare Endknospe (rötliche Lichtseite)

Knospen und junge Triebe

C. avellana hat stumpf eiförmige, etwa 5 – 7 mm lange und seitlich ein wenig zusammengedrückte Winterknospen, deren am Rande hell bewimperte Schuppen zum Licht hin von rotbrauner Farbe, auf der Schattseite jedoch grün sind. Die breit eiförmigen, scheinbaren Endknospen sind nur wenig größer als die eher schmal eiförmigen und etwas vom Zweig abstehenden Lateralknospen. Weibliche Blütenknospen kann man nur schwer von vegetativen Knospen unterscheiden.

Junge Hasel-Triebe haben einen runden Querschnitt und ein kleines, rundes Mark [1]. Sie sind dicht mit kurzen Haaren besetzt und weisen zahlreiche, relativ große, helle Lenticellen auf. An der Triebspitze stehen rotbraune Drüsenhaare und in den Blattnarben sind 5 Leitbündel zu erkennen.

Die relativ dünnen jungen Triebe wachsen ein wenig zickzack-artig.

Blätter

Die etwas runzeligen, 7 bis 13 cm langen und 6 bis 10 cm breiten Blätter sind zweizeilig angeordnet, stehen aber an aufrechten Trieben spiralig. Sie haben einen 0,5 bis 2 cm langen, drüsig behaarten Stiel. Die rundliche bis verkehrt eiförmige Spreite endet am Apex mit einer kurzen Spitze, hat eine herzförmige, mitunter etwas asymmetrische Basis und einen grob doppelt gesägten Blattrand. Die Oberseite ist zerstreut behaart und dunkler als die Unterseite. Zwei kleine, eiförmige Nebenblätter fallen früh ab.

Zwischen Sonnen- und Schattenblättern bestehen histologische Unterschiede. Mit abnehmender Lichtintensität werden die Palisadenzellen kürzer [14].

Abb. 3: Vielstämmige Basis eines Strauches

Abb. 5: Blatt im Sommer

Abb. 6: Blatt mit relativ deutlicher Herbstfärbung

Vor dem herbstlichen Blattfall vergilben die Blätter vom Rand her.

Holz und Rinde

C. avellana bildet ein mäßig hartes, zähes, aber wenig dauerhaftes, rötlich-weißes Holz ohne Farbunterschiede zwischen Kern und Splint. Die Jahrringgrenzen verlaufen wellenförmig [10]. Die Rohdichte (r_{15}) liegt zwischen 0,57 und 0,63 g/cm³. Das Holz setzt sich im wesentlichen aus Libriformfasern zusammen. Die relativ kleinen Gefäße (ca. 60 µm Durchmesser) sind – oft gruppenweise – zerstreutporig angeordnet. Neben ein- bis zweireihigen Holzstrahlen kommen auch schwer zu erkennende zusammengesetzte Holzstrahlen vor.

C. avellana bildet keine Borke aus. Die Rinde ist zunächst glatt, glänzend graubraun und mit querstehenden, hellen Lenticellen besetzt. Später wird sie längsrissig.

Blüten und Früchte

Bei der Hasel sind die Blüten monoezisch verteilt und stehen in eingeschlechtigen Teilblütenständen (Dichasien), diese wiederum sind zu vielen an Kätzchen (♂) oder zu mehreren in Infloreszenzen vereinigt, die fast ganz von der Knospe umschlossen bleiben (♀). Zwitterblüten mit 4 Staub- und 2 Fruchtblättern kommen als seltene Ausnahme vor [14].

Blütenformel, männl.: * P 0 A 2+2; weibl.: * P reduziert, mehrzipfelig G (2).

Mannbarkeit tritt i.a. mit etwa 10 Jahren ein.

Männliche Blütenstände überwintern nackt. Sie stehen zu 2 bis 4 an der Spitze oder in den Blattachseln letztjähriger Triebe. Zur Blütezeit (Februar/März) sind sie 8 bis 10 cm lang. Die perianthlosen ♂ Einzelblüten haben meist 4 gespaltene Staubblätter mit je 2 Antheren und 2 Vorblättern. Sie stehen in der Achsel eines flaumig behaarten Deckblattes. Corylus-Pollen sind mit 3 Keimporen versehen.

Abb. 7: Stamm – Längsschnitt

Abb. 8: Rinde mit querstehenden Lenticellen

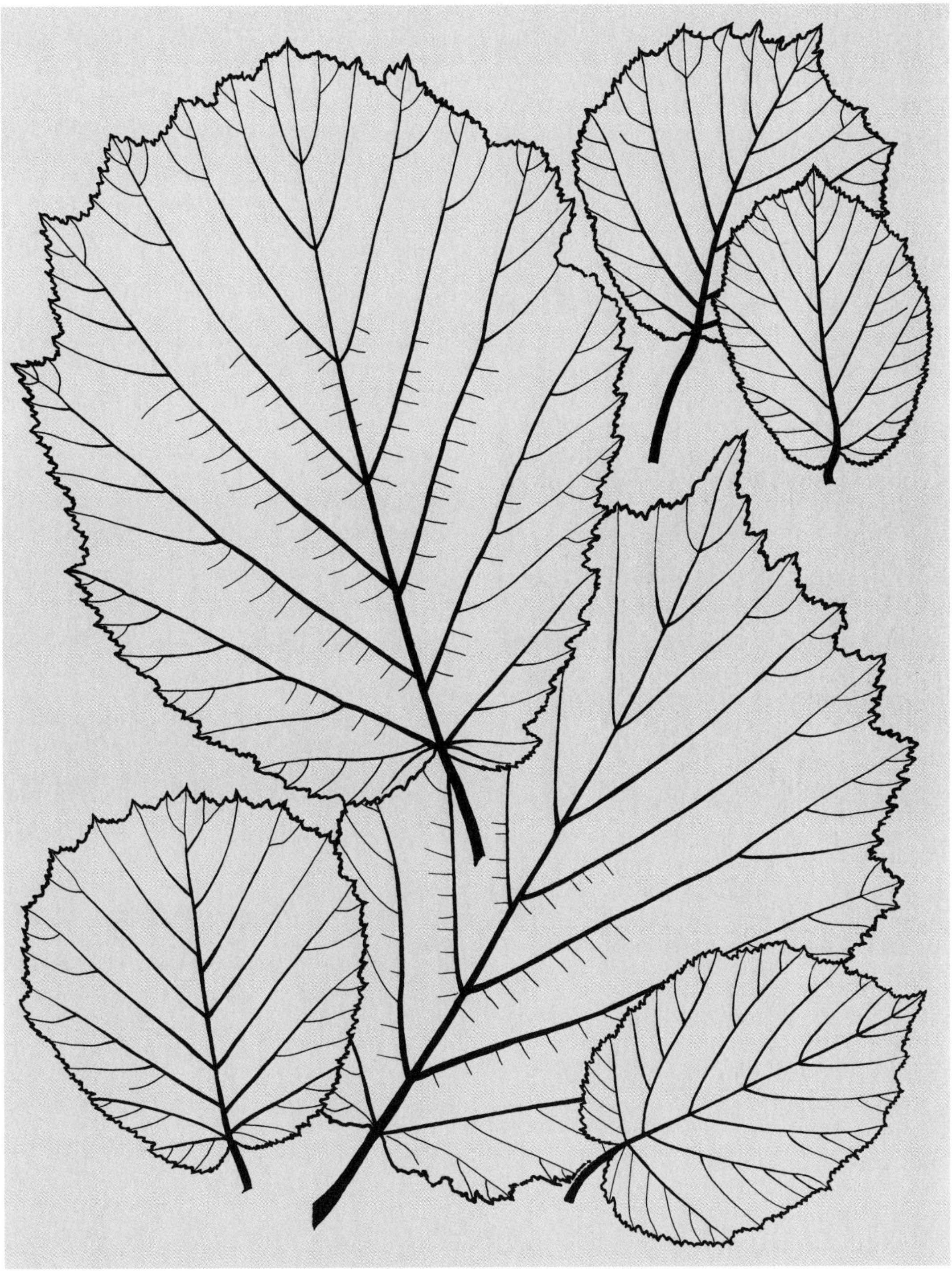

Abb. 9: Streubreite hinsichtlich Blattgröße und Blattform (nat. Größe)

Abb. 10: Rote, fadenförmige Narben eines weiblichen Blütenstandes

Die in zweiblütigen Dichasien angeordneten ♀ Blüten (nur die beiden Lateralblüten des Dichasiums bleiben erhalten) verbleiben in der Knospe. Sie haben ein unscheinbares, mit dem Fruchtknoten verbundenes Perigon [12]. Zwei lange, rote, fadenförmige Narben ragen bei Reife aus den Deckschuppen hervor. Der Fruchtknoten enthält 2, selten 3 anatrope Samenanlagen mit je einem Integument [14]. Nur eine davon entwickelt sich in der Regel zum Samen.

Chromosomenzahl: 2n = 28.

C. avellana wird durch den Wind bestäubt. Die Befruchtung (Chalazogamie) erfolgt erst mehrere Wochen nach der Bestäubung. Aus dem weiblichen Blütenstand entwickeln sich 1 – 4 einsamige Nußfrüchte. Diese sind jeweils von einem blattartigen, vielfach zerschlitzten „Fruchtbecher" umgeben, welcher aus den miteinander verwachsenen Vorblättern der Einzelblüte entsteht.

Die braune Schale der 15 bis 20 mm langen, mehr oder weniger rundlichen Haselnuß stellt das verholzte Perikarp dar. Sie weist einen relativ großen, hellen Fleck auf, welcher die Trennstelle zwischen Fruchtwand und Fruchtbecher markiert und durch einen mit bloßem Auge sichtbaren Kranz von Leitbündeln begrenzt wird [21].

Der endospermlose Samen wird von einer häutigen Testa umgeben. Das Tausendkorngewicht, bezogen auf die Nüsse, liegt bei 1000 g [2].

Die Form der Frucht und der Fruchthülle variiert erheblich. GEITLER [9] untersuchte die natürliche Mannigfaltigkeit dieser Merkmale in Wildpopulationen der Kalkalpen und stellte fest, daß die Streuung zwischen Individuen erheblich größer war als innerhalb der Individuen. Neben der Fruchtform variierte deren Glanz, Farbe und Riefung sowie die Schalendicke. Die Unterschiede sind offenbar genetisch fixiert, denn „an Stellen günstiger Entwicklung findet man klein- und großfrüchtige Exemplare nebeneinander". Aus dem Raum Krasnodar (Rußland) liegen ähnliche Erfahrungen vor[1].

In Mitteleuropa fällt die Fruchtreife in den August/September, in Skandinavien in den Oktober des ersten Jahres. Die Verbreitung der Nüsse übernehmen Kleinsäuger (Eichhörnchen, Bilche, Mäuse) und Vögel (hauptsächlich Kleiber und Häher). Kleiber klemmen die Nüsse in eine Borkenspalte und öffnen sie mit Schnabelhieben.

Abb. 11: Männliche Blütenkätzchen im Spätwinter

---

[1] For. Abstr. 38, 5607, 1977

Abb. 12: Unreifer Fruchtstand. Nüsse vom Fruchtbecher umgeben

Abb. 13: Reife Nüsse, teils vom Perikarp umgeben (links), teils geöffnet und mit Samen (rechts). In der Mitte Samen (einige halbiert) mit häutiger, brauner Testa

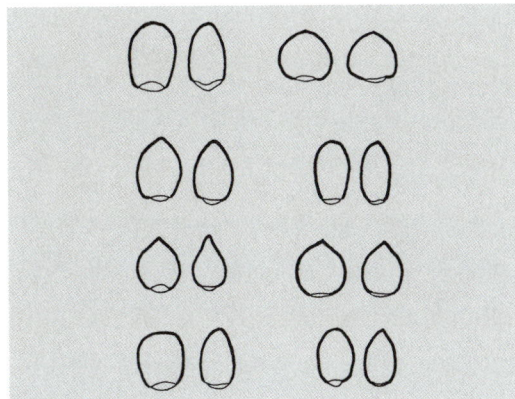

Abb. 14: Variation in der Fruchtform (Breit- und Schmalansicht) zwischen 8 benachbarten Sträuchern (nach GEITLER 1943) ($^1/_2$ nat. Größe)

Bewurzelung

C. avellana verfügt i.a. über ein sehr intensiv verzweigtes Wurzelsystem. Der Keimling entwickelt rasch eine Pfahlwurzel, von der relativ starke, flachstreichende Seitenwurzeln abgehen. Nach Untersuchungen an Feldschutzhecken ist die Reichweite des Wurzelsystems jedoch relativ eng begrenzt [20]. Die mittlere Wurzellänge betrug 3, allenfalls 4 m.

Haselwurzeln waren bereits 5 cm unter der Bodenoberfläche festzustellen. In 30 bis 40 cm Tiefe kamen sie besonders häufig vor, die dicksten Seitenwurzeln hatten einen Durchmesser von 5 mm.

Wegen der geringen horizontalen Ausdehnung ihres Wurzelsystems übt C. avellana keinen negativen Einfluß auf benachbarte Kulturpflanzen aus [20].

Tuber melanosporum, T. aestivum und T. brumate bilden mit C. avellana Ektomykorrhizen [15,2)].

Ebenso Amanita rubescens, Boletus edulis, Cenococcum graniforme und andere[2)].

Vermehrung und Anzucht

Corylus avellana keimt hypogäisch, somit verbleiben die Kotyledonen in der Fruchtschale. Vor den normalen Laubblättern erscheinen einige kleinere Primärblätter.

Die reifen Früchte fallen noch im Herbst ab. Sät man sie sogleich aus, keimen sie zu 70 – 100 % [2]. Durch eine 2 bis 6 Monate lange Stratifikation läßt sich die Keimkraft bis zum nächsten Frühjahr erhalten. Lagerung bei -5 °C beendet die Keimruhe ebenfalls, sofern zuvor die Testa entfernt und der Wassergehalt auf 13,5 % herabgesetzt worden war (58 % Keimung)[3)].

Offenbar enthält die häutige Samenschale keimhemmende Substanzen [11], denn in mehreren Experimenten führte ihre Entfernung zum Anstieg der Keimraten:

22 % Keimung mit Perikarp und Testa
59 % Keimung ohne Perikarp, mit Testa
81 % Keimung ohne Perikarp, ohne Testa (nach [4)]).

Behandlung mit 1) Äthanol (oder Chloroform oder Äthyl-Äther), 2) $HgCl_2$ und anschließende Aussaat im Licht hat den gleichen Effekt wie die Entfernung der Testa [13]. Nach russischen Erfahrungen keimen große Nüsse besser als kleine. Sie bringen überdies kräftigere Sämlinge hervor. Es wird daher empfohlen, nur Nüsse mit Durchmessern über 1,6 cm für die Aussaat zu verwenden[5)]. Als günstige Saattiefe wird 2,5 cm angegeben. Die Abdeckung mit Sägespänen hat sich bewährt [24].

2) For. Abstr. **32**, 2209, 1971, For. Abstr. **45**, 6661, 1984 und TRAPPE, J.M.: 1962: Bot. Rev. **28**, 583
3) For. Abstr. **50**, 2214, 1989
4) For. Abstr. **40**, 2788, 1979
5) For. Abstr. **24**, 2078, 1963

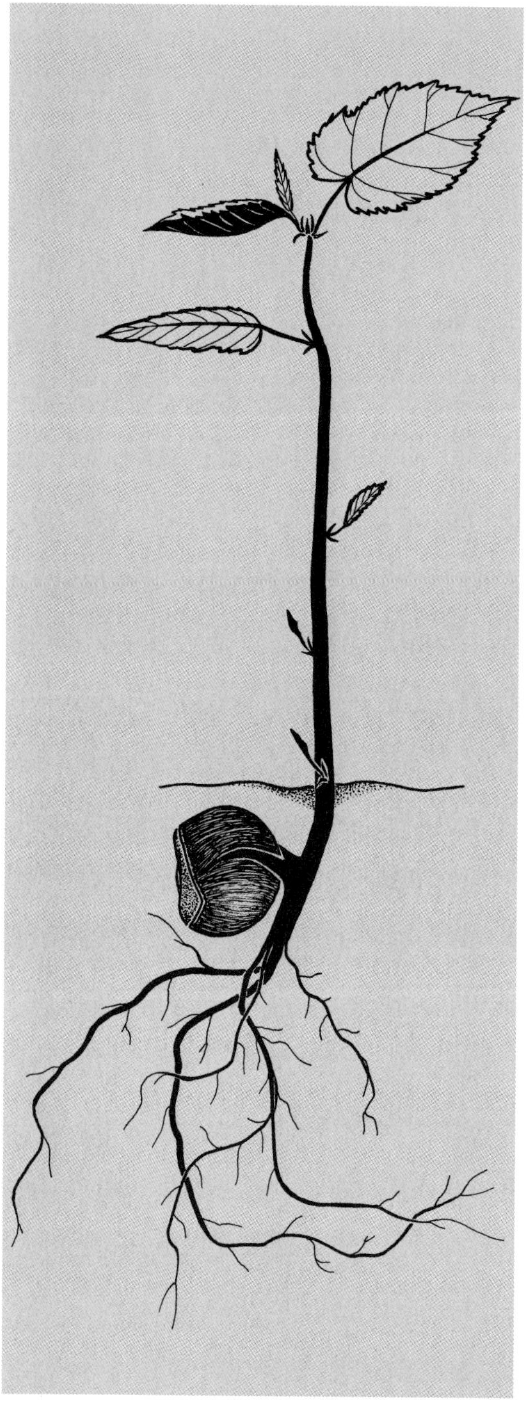

In Baumschulkatalogen werden folgende Pflanzenhöhen genannt:

Sämlinge, 1+1: 30 – 50 cm
Sämlinge, 1+2: 50 – 120 cm.

Neben der generativen Vermehrung haben bei der Hasel auch Stecklingsbewurzelung, Absenkerbildung und Pfropfung praktische Bedeutung. Grünstecklinge sollten Mitte Juni bis Mitte Juli geschnitten werden [24]. Absenker sind leicht zu gewinnen, wenn man junge Triebe herabbiegt und mit Erde bedeckt [22]. Als Pfropfunterlage hat sich Corylus colurna bewährt, denn die entsprechenden „hochstämmigen" Pfropflinge sind leicht zu pflegen und leicht zu beernten.

Klima und Standort

C. avellana ist ein Strauch des ozeanischen bis subozeanischen Klimas [7], der sommerwarme Lagen in lichten Wäldern, an Waldrändern und in Feldhecken bevorzugt [2]. Die Art gehört zu den Lichtpflanzen, gedeiht aber durchaus in mäßigem Schatten.

ELLENBERG [7] stuft sie als indifferent hinsichtlich ihrer Feuchteansprüche, der Bodenreaktion und des Stickstoffbedarfs ein. Dennoch zeichnet sich ein Optimum auf feuchten, aber gut durchlüfteten, warmen Böden mit hohem Humusgehalt und neutraler bis alkalischer Reaktion ab. Nährstoffarme Sande und saure, vernäßte Standorte meidet die Hasel.

Hervorzuheben ist ihre Unempfindlichkeit gegen Windexposition. In den für Schleswig-Holstein charakteristischen Wallhecken (Knicks) nimmt sie daher eine wichtige Position ein.

Pathologie

Natürliche Hasel-Populationen sind durch Schädlinge nicht gefährdet.

In Großbritannien und Italien rufen Mehltau-Erreger der Gattungen Phyllactinia (P. corylea [PERS.] KARST. bzw. P. guttata [WALLR.] LEV.) gelegentlich Blattverluste hervor [16]. Gleiches gilt für Gnomoniella coryli (BATSCH EX FR.) SACC. und für Phyllosticta coryli WESTD. Als Symptome treten rel. große, braune Blattflecke auf. Der Befall bleibt aber ohne ernste Folgen.

Bedenklicher ist das Auftreten von Mykosen und Bakteriosen in Plantagen. So ruft eine Pseudomonas-Art Ringelung und Absterben von Stämmen jeden Alters sowie Knospen- und Triebschäden an Haselplantagen in Grie-

Abb. 15: Keimling (nat. Größe). Sproß und Folgeblätter deutlich behaart, Epikotyl mit Niederblättern

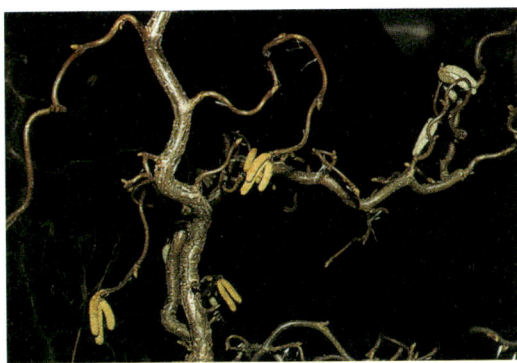

Abb. 16: Haselnuß-Hecke (Oberbayern, ca. 900 m ü.NN)

chenland hervor[6] und Xanthomonas corylina ist der Erreger einer Bakteriose in französischen und türkischen Plantagen.

Besonders gut untersucht sind Ablauf und Folgen des Befalls durch Anisogramma anomala (PECK) E. MÜLLER, den „Eastern filbert blight" im Willamette Valley, OR, dem Zentrum des amerikanischen Hasel-Anbaus (98 % der US-Produktion). Der Rindenparasit ruft Ast- und Stammkrebse hervor, befällt bereits 2- und 3-jährige Pflanzen und schädigt die Kultursorten unterschiedlich stark [17, 18]. Dänischen Untersuchungen zufolge wird C. avellana von Heterobasidion annosum, dem Erreger der Fichten-Rotfäule, befallen[7].

Nutzung

Wirtschaftlich genutzt werden in erster Linie die Früchte. Haselnüsse dienten bereits den Menschen des Neolithikums als Nahrung, und schon bei Römern wie bei Griechen stand C. avellana in Kultur.

Heute findet man ausgedehnte Hasel-Plantagen vor allem in Kleinasien, in Südeuropa sowie im Nordwesten der USA. So wurden 1949 allein an der türkischen Schwarzmeerküste 134 500 ha mit mehr als 165 Millionen Haselstöcken bewirtschaftet (ca. 1100 Pflanzen pro Hektar). Der Ertrag unterliegt von Jahr zu Jahr erheblichen Schwankungen. Im zehnjährigen Mittel lag er in der Türkei bei 80 000 t. Das entsprach etwa 60 % der Welt-Produktion [5]. Italien folgte mit 22 %, Spanien mit 10 %.

Im Lebensmittelhandel werden vor allem entschalte Nüsse angeboten.

Die Samen werden entweder zu Öl verarbeitet oder gemahlen als Zutaten für Backwaren, Süßigkeiten (Nougat,

Krokant) oder Speiseeis verwandt [8]. Haselnußöl enthält (in Gewichts-%):

14,1 % Eiweiß
61,6 % Fett
13,7 % Kohlenhydrate
sowie einen hohen Anteil Vitamin C.

Im Fett dominieren die Glykoside der Ölsäure (85 – 88 %); daneben sind Palmitinsäure-Glykoside zu 3 bis 10 % vertreten [8]. Verwendung findet das Öl auch bei der Herstellung von Kosmetika.

Gemessen an den Samen tritt das Holz erheblich an Bedeutung zurück. Man nutzt es zur Herstellung von Flechtzäunen (Faschinen), Spazierstöcken und Faßreifen sowie als Ausgangsmaterial für Zeichenkohle.

Hervorzuheben ist noch das ökologische Gewicht der Hasel. Sie schließt viele Waldränder ab und fungiert so als Vogelschutzgehölz. Ihr sehr intensiv verzweigtes Wurzelsystem festigt den Boden und ihre leicht zersetzbare, nährstoffreiche Streu wirkt bodenverbessernd. C. avellana ist überdies unempfindlich gegen Windeinwirkung und hat sich daher als selbst-reproduzierende Komponente von Windschutzstreifen gut bewährt.

Wegen der reichlichen Pollenproduktion lange vor dem Austreiben der Vegetation dient sie als Bienenfutterpflanze [12].

Abb. 17: „Korkenzieher-Hasel", Corylus avellana 'Contorta'

Verschiedenes

– Der artbeschreibende Name „avellana" geht auf den süditalienischen Ort Avellino zurück, der bereits zur Zeit der Römer durch Hasel-Kulturen bekannt war [12].

– Von Corylus avellana existieren mehrere, spontan entstandene und vegetativ vermehrte, gärtnerische Zierformen. So z.B. C. avellana 'Contorta', die „Korkenzieher-Hasel", deren Zweige in auffälliger Weise verdreht sind oder C. avellana 'Aurea', die Gold-Hasel, mit gelb austreibenden, später gelbgrünen Blättern.

[6] For. Abstr. **41**, 6206, 1980
[7] For. Abstr. **49**, 2737, 1988

Davon zu trennen sind eine große Zahl von Kultursorten, zumeist hervorgegangen aus selektierten Klonen von Wildpopulationen. Sie unterscheiden sich hinsichtlich ökologischer Ansprüche, der Krankheitsresistenz, Erträgen und Verwendungsmöglichkeiten. Naturgemäß variiert das Sortenspektrum zwischen klimatisch differierenden Anbaugebieten. So haben sich in der Türkei die Sorten 'Tomboul' und 'Sivri' [5], in Oregon (USA) die spanische Sorte 'Barcelona' [18] und in Deutschland die 'Hallesche Riesennuß' [22] besonders gut bewährt.

Weiterführende Literatur

[1] AAS, G.; SIEBER, M., 1991: Einheimische Sträucher im Winterzustand. Schweiz. Beitr. Dendrol. 41, A203 A226.

[2] BÄRTELS, A., 1989: Gehölzvermehrung. Verlag E. Ulmer, Stuttgart.

[3] BARTELS, H., 1993: Gehölzkunde. Uni-Taschenbuch 1720, E. Ulmer, Stuttgart.

[4] BERTSCH, K., 1949: Geschichte des deutschen Waldes. Gustav Fischer-Verlag, Jena.

[5] COINTAT, M., 1962: La culture du noisetier en Turquie. Rev. For. Francaise 14, 791–806.

[6] EHRENDORFER, F., 1983: Floren- und Vegetationsgeschichte. In: STRASBURGER et al.: Lehrbuch der Botanik für Hochschulen. 32. Aufl., p. 1000–1041. Gustav Fischer-Verlag Stuttgart, New York.

[7] ELLENBERG, H., 1979: Zeigerwerte der Gefäßpflanzen Mitteleuropas. 2. Aufl. Verlag E. Goltze KG, Göttingen.

[8] FRANKE, W., 1981: Nutzpflanzenkunde. 2. Aufl. Georg Thieme-Verlag, Stuttgart, New York.

[9] GEITLER, L., 1943: Fruchtformen der Hasel in Wildpopulationen. Öster. Bot. Z. 92, 87–93.

[10] GROSSER, D., 1977: Die Hölzer Mitteleuropas. Springer-Verlag Berlin, Heidelberg, New York.

[11] HARTMANN, W., 1989: Der Einfluß von Licht und GA$_3$ auf die Keimung von Corylus colurna und Corylus avellana nach Trockenlagerung. Gartenbauwissenschaft 54, 256–260.

[12] HEGI, G., 1981: Illustrierte Flora von Mitteleuropa, Band 3, Teil 1, 3. Aufl. S. 191–196.

[13] JEAVONS, R.A.; JARRIS, B.C., 1984: The breaking of dormancy in hazel seed by pretreatment with ethanol and mercuric chloride. New Phytologist 96, 551–554.

[14] KIRCHNER, O. von; LOEW, E.; SCHRÖTER, C., 1911: Lebensgeschichte der Blütenpflanzen Mitteleuropas. E. Ulmer, Stuttgart.

[15] PARGNEY, J.-C.; LEDUC, J.-P., 1990: Etude ultrastructurale de l'association mycorhizienne Noisetier/Truffe (Corylus avellana/Tuber melanosporum). Bull. Soc. bot. Fr. 137, 21–34.

[16] PHILLIPS, D.H.; BURDEKIN, D.A., 1982: Diseases of Forest and Ornamental Trees. Macmillan Press Ltd., London.

[17] PINKERTON, J.N.; JOHNSON, K.B.; THEILING, K.M.; GRIESBACH, J.A., 1992: Distribution and characteristics of the Eastern Filbert Blight epidemic in Western Oregon. Plant Disease 76, 1179–1182.

[18] PINKERTON, J.N.; JOHNSON, K.B.; MEHLENBACHER, S.A.; PSCHEIDT, J.W., 1993: Susceptibility of European Hazelnut Clones to Eastern Filbert Blight. Plant Disease 77, 261–266.

[19] RIZOVSKI, R.; MINOVSKI, D., 1974: Wild Fruit Flora in SR Macedonia. Rep. Faculty Agric. Forestry Univ. Skopje.

[20] STEUBING, L., 1960: Wurzeluntersuchungen an Feldschutzhecken. Z. Acker- und Pflanzenbau 110, 332–341.

[21] TROLL, W., 1957: Praktische Einführung in die Pflanzenmorphologie. 2. Teil. Gustav Fischer Verlag, Jena.

[22] WAGNER, O., 1935: Der Walnußbaum und der Haselnußstrauch. Anleitung für sachgemäße und vermehrte Anpflanzung. Paul Parey, Berlin.

[23] WALTER, H., 1954: Grundlagen der Pflanzenverbreitung. Einführung in die Pflanzengeographie. II. Teil: Arealkunde. Ulmer Verlag, Stuttgart.

[24] YOUNG, J.; YOUNG, C.G., 1992: Seeds of Woody Plants in North America. Dioscorides Press, Portland, OR.

Die Autoren:

Prof. em. Dr. PETER SCHÜTT
Lehrstuhl für Forstbotanik
Ludwig-Maximilians-Universität München
Hohenbachernstraße 22
D–85 354 Freising

ULLA M. LANG
Schützenstraße 6
D–82 383 Hohenpeißenberg

Cotinus coggygria Scop., 1772

syn.:   Rhus cotinus Linné

Perückenstrauch   Familie: Anacardiaceae

engl.: Common smoke tree,
         Venetian sumac
franz.: Arbre à peruques
ital.: Scotanello
span.: Ciprés común

Abb. 1: Cotinus coggygria mit Fruchtständen (Spätsommer)

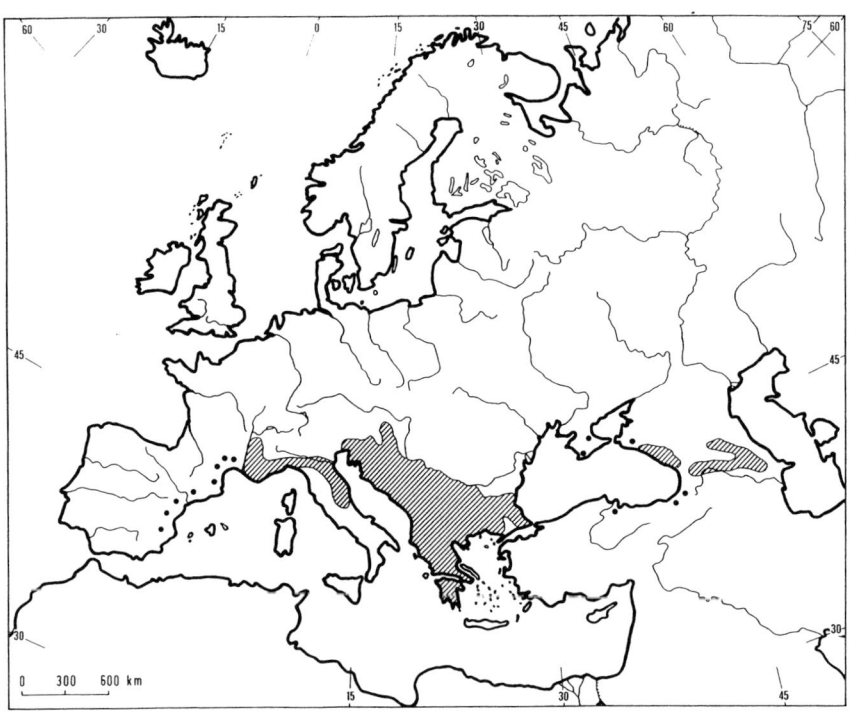

Als Element der mediterran-vorderasiatischen Flora kommt C. coggygria in großen Teilen Mitteleuropas nur angebaut vor, ist in wärmeren Gebieten allerdings nicht selten verwildert. Der über 3 m hohe, sommergrüne Strauch erfreut sich wegen seiner auffälligen und attraktiven Fruchtstände und wegen der prachtvollen Herbstverfärbung großer gärtnerischer Beliebtheit. In Südosteuropa und in Rußland hat er wegen des hohen Gerbstoffgehaltes von Blättern und Rinde auch wirtschaftliche Bedeutung und wird in Plantagen angebaut. Früher nutzte man die Inhaltsstoffe des gelben Kernholzes und der Rinde zum Anfärben von Seide und Wolle.

Der Perückenstrauch stellt nur geringe Bodenansprüche, fühlt sich aber auf warmen, nach Süden exponierten Kalkhängen besonders wohl. In kontinentalen Bereichen Mitteleuropas ist er frostgefährdet.

Verbreitung

Der Perückenstrauch ist die einzige Cotinus-Art in Europa. Sein natürliches Areal reicht jedoch über Kleinasien und den Nordwest-Himalaya hinaus bis in das Innere Asiens. In Europa bilden Südtirol (Trient), Niederösterreich und das Wallis in etwa die Nordgrenze. Eingeschlossen sind die Balkanländer, die iberische Halbinsel, Mittelitalien und Südfrankreich.

HEGI [6] und MEUSEL et al. [8] nennen eine Reihe von natürlichen Vorkommen in Südtirol (u.a. Meran, Bozen), am Gardasee und in Niederösterreich. Beide Quellen führen folgende Höhengrenzen an:

Tessin	700 m
franz. Alpen	850 m
Südtirol	900 m
Illyrische Gebirge	1180 m
Montenegro	1600 m
Himalaya	900–1500 m

In Deutschland ist die Art nicht autochthon, wird aber seit der Mitte des 16. Jahrhunderts in warmen Gegenden als Zierstrauch kultiviert und ist aus der Kultur verwildert. In Südtirol und im Tessin ist C. coggygria als natürliche Komponente des Ostrya-Buschwaldes mit Ostrya carpinifolia, Pistacia terebinthus, Ruscus aculeatus, Prunus mahaleb, Colutea arborescens und Rhamnus saxatilis vergesellschaftet. Auf dem Balkan erreicht sie sogar die subalpine Zone, wächst dort krummholzartig und kommt in Gemeinschaft mit Juniperus sabina, J. communis ssp. alpina, Salix waldsteiniana und Rosa pendulina vor.

Abb. 3: Blühender Strauch im Frühsommer

Abb. 4: Junge, beim Austrieb rötliche Blätter

Am Grunde verschmälern sie sich plötzlich in einen 1–4 cm langen Stiel. Auf der bläulich grünen Unterseite treten die Blattadern deutlich hervor. Der Blattrand ist durchscheinend; Behaarung fehlt. Erwähnenswert und sehr eindrucksvoll ist die vom hellen Orangerot bis zum leuchtenden Scharlachrot variierende Herbstverfärbung. Die Blätter sind bifacial aufgebaut. Die Epidermis der Blattoberseite weist stark verdickte Wände auf und hat keine Spaltöffnungen. Im Mesophyll befinden sich zahlreiche Oxalatkristalle [6].

Junge Triebe des Perückenstrauchs haben eine glänzend olivbraune, glatte Rinde und sind mit zahlreichen hellen Lenticellen besetzt [6, 5].

Beschreibung

Erscheinungsbild

C. coggygria wird zu einem dichten, sympodial verzweigten Strauch von 3–5 m Höhe. Einjährige Zweige schließen oft mit einem Blütenstand ab, dessen untere Rispenäste Laubblätter tragen. Diese dienen als Tragblätter für die im nächsten Frühjahr gebildeten vegetativen Fortsetzungssprosse [6].

Knospen, Blätter, junge Triebe

Die sehr schmalen, annähernd pfriemlichen Knospen werden kaum länger als 5 mm.

Perückensträucher bilden breit eiförmige bis rundliche, ganzrandige Laubblätter aus, die wechselständig angeordnet sind und eine Länge von 3–8 cm erreichen.

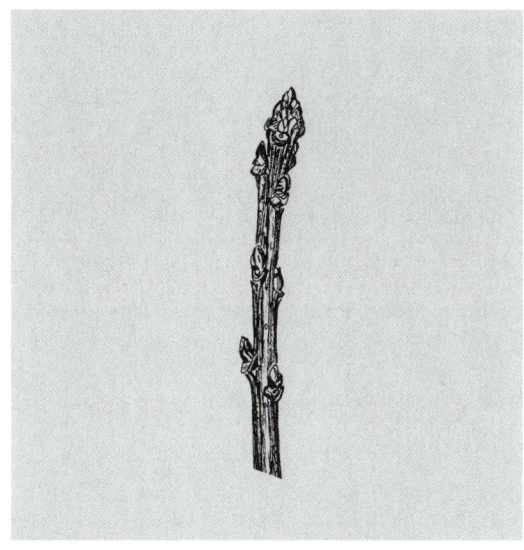

Abb. 5: Winterknospen (nat. Größe), nach [6]

Abb. 6: Borke eines alten Stammes

Holz und Rinde

Das Holz des Perückenstrauchs ist ringporig und wird durch einen grünlichgelben Kern gekennzeichnet, dessen Farbe auf die glykosidische Gerbsäure-Verbindung Fisetin zurückgeht. Es ist relativ weich, schwer spaltbar und hat im lufttrockenen Zustand eine Rohdichte von 0,51–0,60 g/cm³ [6]. Die Spätholzgefäße sind zu 2–4 in radialen Gruppen oder Nestern angeordnet [7].

Blüten, Früchte und Samen

Im Mai/Juni erscheinen an den Spitzen junger Triebe 15–20 cm lange, stark verzweigte, rispige Blütenstände. Sie tragen eine große Zahl unscheinbarer, kleiner, grünlichgelber, fünfzähliger Blüten. Im selben Blütenstand kommen weibliche, männliche und zwittrige Blüten vor. Viele davon werden nach dem Abblühen abgestoßen. Zuvor verlängert sich aber der Blütenstiel und entwickelt zahlreiche lang abstehende Haare. Genau diese Veränderung verleiht

Abb. 7: Zwitterblüte (vergrößert), nach [6]

dem Fruchtstand das lockere, perückenartige Aussehen. Stiele befruchteter Blüten sind kürzer behaart oder bleiben ganz kahl [2].

Die Einzelblüte besteht aus fünf eiförmigen Kronblättern (1,5–2 mm), einem fünfzipfeligen Kelch und einem breiten, fünflappigen Diskus. Unterhalb des Diskus setzen fünf Staubblätter an, die etwa die Länge der Blütenkrone erreichen. Der oberständige Fruchtknoten setzt sich aus drei Karpellen zusammen und hat nur eine Samenanlage [6].

Blütenformeln: ♂: *K5 C5 A5 G(3) [G. reduziert]
♀: *K5 C5 A5st G(3) [st = Staminodien]
☿: *K5 C5 A5 G(3)

Sterile Blüten: *K5 C5 A5st G(3) [G. reduziert].

Die Bestäubung wird hauptsächlich von kurzrüssligen Hymenopteren und Dipteren übernommen [3].

Bis zum August/September entwickeln sich einsamige, schief birnenförmige, etwa 5 mm lange, etwas abgeplattete Steinfrüchte von hellrotbrauner Farbe.

Abb. 8: Blütenstand

Abb. 9: Fruchtstand

Parthenokarpie ist häufig [3]. Die nierenförmigen, nur von einer dünnen Testa umgebenen Samen enthalten kein Endosperm und liegen zum Teil über. Tausendkorngewicht: 10 g; Keimkraft: 30–70 % [1].

Vermehrung und Anzucht

Geerntet wird durch Pflücken der reifen oder fast reifen Früchte. Vor der Vollreife geerntetes Saatgut kann noch im Herbst ausgesät werden und keimt bereits im nächsten Frühjahr. Späteres Ernten erfordert Stratifizierung bei +5 °C während des Winters und/oder Vorbehandlung durch Tauchen in H_2SO_4 (20–80 min) [1, 10].

C. coggygria bildet in freier Natur Stockausschläge und Wurzelbrut [3]. Dennoch gelingt die bei Gartenformen praktizierte Stecklingsbewurzelung nur bei Einhaltung des günstigsten Erntetermins (letzte Phase des Triebwachstums), im Sprühbeet und unter Verwendung von Indolyl-Buttersäure als Wuchsstoff [1].

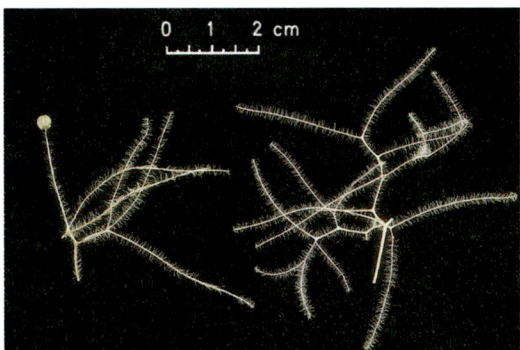

Abb. 10: Detail zu Abb. 9: Postflorale, lang behaarte Blütenstiele

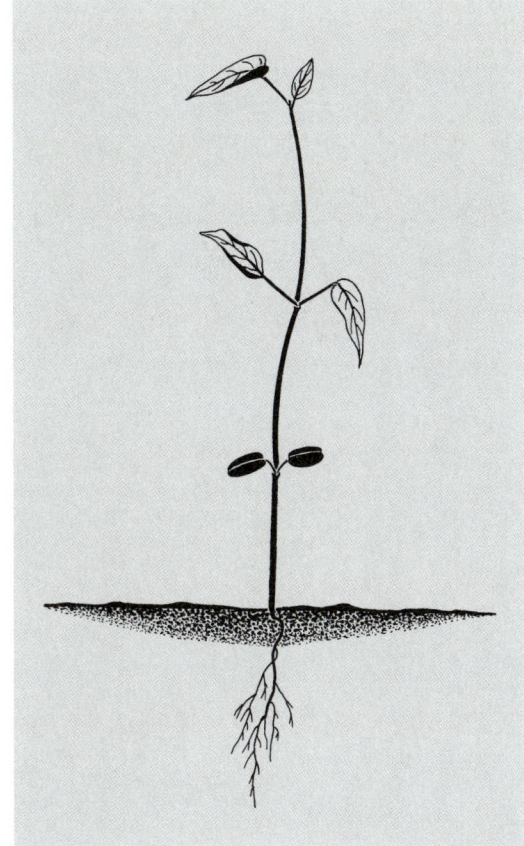

Abb. 11: Steinkerne (Durchm. ca. 5 mm)

Abb. 12: Keimling (nat. Größe), ca. 1 Monat alt

Abb. 13: C. coggygria, f. 'Purpureus'

Klima und Standort

ELLENBERG [4] stuft C. coggygria als eine subozeanische Halblichtpflanze ein, die auf feuchten und auf sauren Substraten fehlt. Andere Autoren halten sie indessen für wenig schattenverträglich[1].

Von Natur aus kommt die Art meist zerstreut in lichten Wäldern und auf sonnigen, trockenen, steinigen Hängen vor. Sie gilt als Indikatorpflanze für warme, trockene Standorte. In Ungarn hat sie sich bei Karst-Aufforstungen bewährt[2]

Nutzung

Noch heute wird C. coggygria wegen des hohen Gerbstoffgehaltes von Blättern und Rinde wirtschaftlich genutzt. Das ist vornehmlich in Südosteuropa und in Rußland der Fall, wo grünblättrige Pflanzen maximal 21 %, rotblättrige (im Oktober) sogar 33 % Tannin enthalten[3].

Früher standen die Inhaltsstoffe des gelben Kernholzes (Fisetholz) im Zentrum des wirtschaftlichen Interesses. Aus ihm wurde ein Farbstoff extrahiert, der Naturseide braun und Wollstoffe orange oder scharlachrot färbte. In Südtirol, im Elsaß und in Ungarn baute man den Perückenstrauch deswegen an. Dem gleichen Zweck dienen rezente Anbauten in Aserbaidschan[4]. Fisetin, Fustin und Sulfuretin heißen die färbenden Inhaltsstoffe. Vorgebeizt wurde mit Alaun und Weinstein. Fisetholzfarben sind nicht lichtecht [11].

Taxonomie und genetische Differenzierung

Die Gattung Cotinus setzt sich aus nur 2 Arten zusammen: Neben C. coggygria mit mediterran-eurasischer Verbreitung ist es C. obovatus RAF. (syn. C. americanus NUTT.), ein relativ seltener, kleiner Baum aus dem südöstlichen Nordamerika [3]. Die Species C. coggygria ist wenig formenreich. Trotz ihres weit ausgedehnten Areals gibt es keine Hinweise auf Rassen- und Herkunftsunterschiede. Bekanntgeworden ist jedoch eine Reihe von Gartenformen.

Unter ihnen spielen
'Purpureus': Purpurrote Haare an den Fruchtständen und
'Royal Purple': Blätter nahezu schwarzrot die größte Rolle [2].

Verschiedenes

– nach ROTH et al. [8] sind alle Pflanzenteile des Perückenstrauches giftig. Allerdings wird der Gefährlichkeitsgrad als gering eingestuft.

– Aus zerkleinerten Coggygria-Blättern freiwerdende gasförmige Substanzen hemmen die Konidien-Keimung des Eichen-Mehltaus (Microsphaera alphitoides) zu 100 %[5].

– In den USA hat sich C. coggygria als hoch anfällig gegen die Verticillium-Welke (V. albo-atrum; V. dahliae) gezeigt. Die Krankheit zählt zu den Tracheomykosen, dringt über die Wurzeln ein, besiedelt das Wasserleitungssystem und führt u.a. zu Blatt- und Triebwelke [10]. Eine Bekämpfung ist praktisch nicht möglich.

---

[1] For. Abstr. **28**, 3714, 1967
[2] For. Abstr. **15**, 2480, 1954
[3] For. Abstr. **20**, 1248, 1959
[4] For. Abstr. **33**, 3575, 1972
[5] For. Abstr. **48**, 4710, 1987

Abb. 14: C. coggygria an der südwestlichen Grenze des nat. Areals (Estérel, Frankreich)

Weiterführende Literatur

[1] BÄRTELS, A., 1989: Gehölzvermehrung. 3. Aufl., Verlag Eugen Ulmer, Stuttgart

[2] BOERNER, F., 1985: Blütengehölze für Garten und Park. 3. Aufl., Verlag Eugen Ulmer, Stuttgart.

[3] BRIZICKY, G.K., 1962: The genera of Anacardiaceae in the Southeastern United States. J. Arnold Arboretum **43**, 359–375.

[4] ELLENBERG, H., 1979: Zeigerwerte der Gefäßpflanzen Mitteleuropas. 2. Aufl., Verlag E. Goltze, Göttingen.

[5] ESCHRICH, W., 1992: Gehölze im Winter. Zweige und Knospen. 2. Aufl., Gustav Fischer Verlag, Stuttgart

[6] HEGI, G., 1925: Illustrierte Flora von Mitteleuropa, Bd. 5, 1, 226–229. J.F. Lehmanns Verlag, München

[7] HUBER, B., ROUSCHAL, C., 1954: Mikrophotographischer Atlas mediterraner Hölzer. Fritz Haller Verlag, Berlin.

[8] MEUSEL, H. et al., 1978: Vergleichende Chorologie der zentraleuropäischen Flora. VEB Gustav Fischer, Jena.

[9] ROTH, L.; DAUNDERER, M.; KORMANN, K., 1984: Giftpflanzen – Pflanzengifte, ecomed Verlagsges. Landsberg/Lech.

[10] RUDOLF, P.O., 1974: Cotinus MILL. Smoketree. In: SCHOPMEYER, C.S. (coord.): Seeds of woody plants in the United States. USDA, Agric. Handbook No. 450, Washington, D.C. .

[11] SCHWEPPE, H., 1993: Handbuch der Naturfarbstoffe. ecomed Verlagsges. Landsberg/Lech.

[12] SINCLAIR, W.A.; LYON, H.H.; JOHNSON, W.T., 1987: Diseases of trees and shrubs, Cornell Univ. Press, Ithaca and London.

Die Autoren:

Prof. em. Dr. PETER SCHÜTT
Lehrstuhl für Forstbotanik
Ludwig-Maximilians-Universität München
Hohenbachernstraße 22
D-85354 Freising

ULLA M. LANG
Schützenstraße 6
D-82383 Hohenpeißenberg

Cytisus scoparius (Linné) Link, 1822

syn.: Sarothamnus scoparius (Linné) Wimm. ex Koch,
Spartium scoparius Linné, Genista scoparia (Linné) Lam.

Besenginster, Pfriem, Bram

Familie: Fabaceae
Unterfamilie: Genistae

engl.:   Scotch broom, Common broom
franz.: Gènèt à balais
ital.:   Ginestra

Abb. 1: Cytisus scoparius in Blüte

Der Besenginster ist ein vornehmlich in den atlantisch be-einflußten Gebieten West- und Mitteleuropas häufig und gesellig vorkommender, kleiner Strauch von xeromorphem Habitus. Es ist ein winter- und meist auch sommer-kahler Rutenstrauch, der wegen seiner reichen, intensiv gelben Blütenpracht im Frühjahr zu einem der auffälligsten Landschaftselemente gehört und seit alters her in Kultur ist.

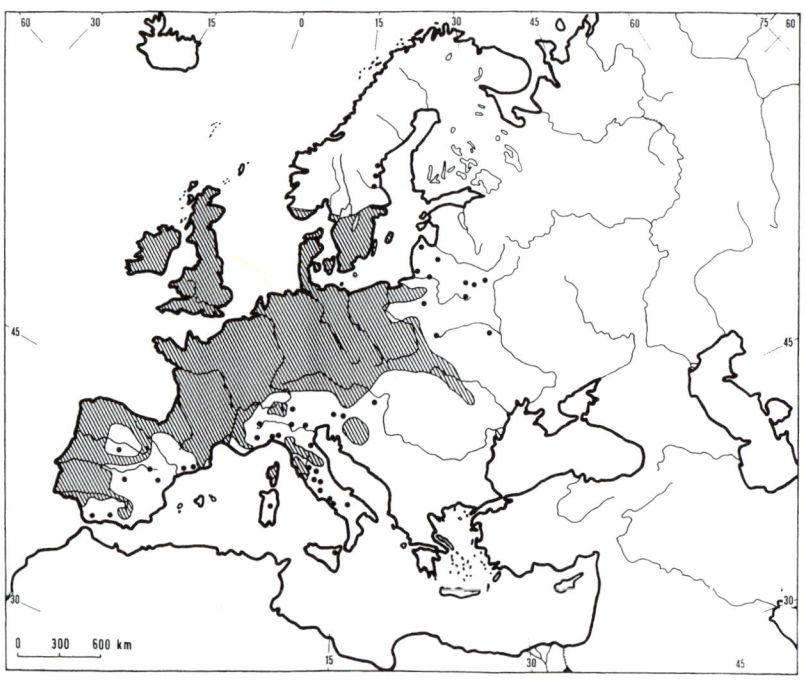

Abb. 2: Natürliches Areal (aus MEUSEL et al. [20]).

Verbreitung

Das Areal des Strauches ist subatlantisch und erstreckt sich von W-Europa (Irland, Großbritannien, Frankreich) bis zur Weichsel und zu den Karpaten. Weiter östlich liegen noch einige Einzelvorkommen. Die Nordgrenze des Areals wird in Südskandinavien erreicht. Durch synantrope Einbürgerung ist der Strauch weit über die Grenzen seines natürlichen Areals hinaus verbreitet worden. Daher ist die Südgrenze des Areals nicht sicher zu bestimmen. Heute kommt die Art in Italien, Kroatien, in Nord- und Westspanien sowie in Portugal vor.

In Deutschland kommt er vornehmlich im westlichen Bergland und in Sachsen vor. Südlich der Donau ist er eingebürgert worden [20]. Außerhalb Europas soll C. scoparius nur auf Teneriffa und Madeira ursprünglich sein [14]. Eingebürgert wurde er im östlichen Nordamerika (Nova Scotia bis Georgia) [23], in Californien, in Vorderindien [20], Japan und in SO-Australien [21]. Das Schwergewicht seines Auftretens liegt im submontan-temperaten Bereich. Die Höhengrenzen – meist vom Frost bestimmt – liegen im Schwarzwald bei 900, in den Vogesen bei 1100, in den Südalpen bei 1600 und in Spanien bei 1700 m ü. NN.

Abb. 3: Rutenzweige mit einfachen Blättern

Beschreibung

C. scoparius ist ein meist nur 2 m hoch werdender, sommergrüner Strauch mit zahlreichen aufrecht oder bogig wachsenden, rutenförmigen Zweigen, die nur selten 10 oder mehr cm stark werden können und extrem elastisch sind. Neben diesen Langtrieben werden auch seitenständige, kleine Kurztriebe gebildet. In besonders günstigen Lagen kann der Besenginster eine Höhe von 5 m erreichen. Das maximale Alter wird mit 12 Jahren angegeben [5].

Knospen und junge Triebe

Die jungen Triebe sind grün, behaart und im Querschnitt scharf fünfkantig. Beim Vertrocknen werden sie schwarz. Die Winterknospen sind sehr klein und werden verdeckt von den am Sproß verbleibenden Basen abgefallener Blätter.

Blätter

Die Blätter der Langtriebe sind wechselständig, die der Kurztriebe rosettig angeordnet. Auffallend ist der Blattdimorphismus. An Kurztrieben und im basalen Bereich der Langtriebe stehen kurzgestielte, dreizählig gefingerte Blätter, im oberen Bereich der Langtriebe hingegen werden häufig nur noch einfache, lanzettliche Blättchen ohne Blattstiel ausgebildet. Am Triebende können die Blattorgane völlig fehlen. Die gefingerten Blätter werden bis zu 2 cm lang und sind unterseits seidenhaarig. Auf stark sonnenexponierten Standorten erreichen sie allenfalls eine Länge von 12 mm. Die Fiederblättchen sind von verkehrt eiförmiger bis eilanzettlicher Gestalt und amphistomatisch [16]. Meistens fallen die Blätter bereits im Juli, vor allem während Hitzeperioden ab; die Assimilation wird dann allein vom Sproß übernommen.

Holz und Rinde

Das Holz ist grünlich- bis weißlich-gelb; bei stärkeren Stämmchen tritt ein bräunlicher Kern auf. Es ist halbringporig [12], hornartig und weist auf dem Querschnitt ein aus unregelmäßig verlaufenden Bändern bestehendes Muster auf [16], das durch die inhomogene Verteilung von Fasern und Gefäßen zustande kommt. Holzstrahlen sind 20 bis 30 Zellen breit.

Die Rinde ist anfänglich glatt und gelbbraun mit grünen Längsstreifen, wird später graubraun bis schwarz. Sie enthält 5 bis 7 % Bastfasern [14] von 5 bis 6 mm Länge [16].

Blüten

Die schmetterlingsförmigen, goldgelben, selten weißen und bis 2,5 cm großen Blüten stehen einzeln oder paarweise in den Achseln kleiner Blätter an den Kurztrieben vorjähriger Zweigabschnitte. Sie sind 1 cm lang gestielt,

Abb. 4: Blühender Zweig

geruchslos und produzieren keinen Nektar. Als Pollenspender ist C. scoparius eine vorzügliche Bienenweide. Die Blütezeit liegt im Mai und Juni und dauert etwa 2 bis 3 Wochen. Die Mannbarkeit beginnt i.d.R. im Alter von 3 Jahren.

Abb. 5: Einzelblüte mit Saftmalen auf der Fahne

Der Kelch ist zweilippig. Die Fahne steht aufrecht, ist von kreisförmiger Gestalt und mit Saftmalen (intensiver gefärbte, UV-freie Strichmale und Basalfleck) zur Anlockung von Insekten versehen [18]. Flügel und Schiffchen sind in eigenartiger Weise miteinander verbunden: Das Schiffchen weist auf beiden Seiten jeweils eine Aussackung auf, die sich genau in entsprechende Falten der Flügel einfügen [28]. Der Rückenspalt des Schiffchens ist zunächst geschlossen. Die 10 Staubblätter sind im basalen Teil miteinander verwachsen. Die 5 dorsal liegenden Staubblätter sind kürzer als die übrigen. Die Antheren öffnen sich bereits, wenn die Staubblätter noch im verschlossenen Schiffchen liegen. Der Griffel liegt gleich den Staubblättern in einem gespannten Zustand im geschlossenen Schiffchen.

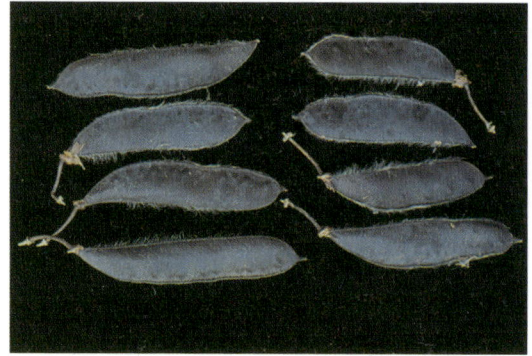

Abb. 7: Hülsen

Abb. 6: Seitenansicht eines Zweiges mit einer explodierten Blüte (unten)

der Schmetterlingsblüte, so werden diese mitsamt dem Schiffchen durch das Gewicht der Insekten nach unten gedrückt. Dadurch reißt die Dorsalnaht des Schiffchens von der Basis her auf, die 5 kürzeren Staubblätter schnellen aus dem Schiffchen heraus und beladen die Bauchseite des Insekts mit dem Pollen. Sobald der Rückenspalt des Schiffchens ganz geöffnet ist, schnellen auch die längeren Staubblätter sowie der Griffel empor und schlagen auf den Rücken des Insekts. Dabei wird die Narbe mit Fremdpollen, der vom Insekt herangetragen wurde, bestäubt und das Insekt wiederum mit Pollen beladen. Dieser Schleudermechanismus ist nicht wiederholbar. Nach vollendeter Bestäubung dienen die „explodierten" Blüten aber noch als Pollenquelle für andere Insekten, darunter auch unsere Honigbiene.

Die Blüten sind homogam und selbststeril [5, 8], anderen Quellen zufolge aber proterandrisch [15].

Blütenformel: $\downarrow$ K(5) C5 A(10) G$\underline{1}$.

Abb. 8: Samen mit anhängendem Elaiosom

All diese Einrichtungen hängen mit einem besonderen Explosionsmechanismus zusammen, der während des Bestäubungsvorgangs abläuft [13, 15]. Als Bestäuber kommen nur schwerere Insekten wie Erd- und Steinhummeln und große Bienen in Frage. Setzen sie sich auf die Flügel

Samen und Früchte

Als Früchte werden 4 bis 5 cm lange, seitlich zusammengedrückte, an den Kanten zottig bewimperte und bei Reife (August/September) schwarze bis schwarzbraune, mehrsamige Hülsen gebildet. Durch Trocknen öffnen sich die Hülsen. Gewebespannungen führen dabei zu ruckartigen Verdrehungen der beiden Fruchtklappen um ihre Längsachsen, wodurch die Samen ausgeschleudert werden [5].

Die Samen sind grünlichbraun, etwa 4 mm lang, zusammengedrückt und von eiförmiger Gestalt. Das 1000-Korn-Gewicht beträgt 8 g [2]. Sie tragen an der Basis ein orangerotes, ölhaltiges Anhängsel (Elaiosom), das von größeren Ameisen aufgenommen wird und wodurch der Samen verbreitet wird. Die Samen können jahrzehntelang im Boden überliegen [22].

Wurzelsystem

Cytisus scoparius bildet ein stark verzweigtes, weitreichendes Wurzelsystem aus. Die Art gehört zu den Tiefwurzlern und besitzt eine kräftige Pfahlwurzel, von der fast waagerecht Seitenwurzeln abgehen, die zunächst horizontal wachsen, dann aber auch abknicken und tiefwurzeln [16]. Die Wurzeln leben symbiotisch mit Knöllchenbakterien aus der Familie der Rhizobiaceae. Die dabei gebildeten Wurzelköllchen sind unregelmäßig fingerförmig gelappt. Die Wurzelhaarzone kann bis zu 25 cm lang werden [16].

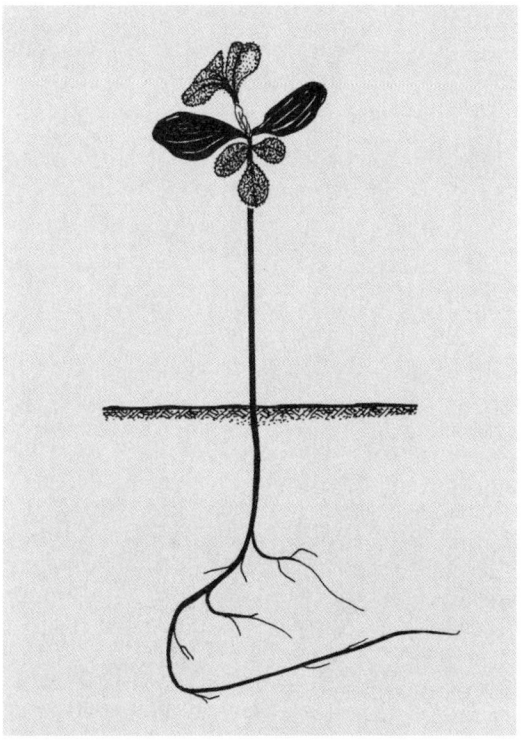

Abb. 9: Keimling, 1 Monat alt (nat. Größe)

Klima und Standort

Die Art ist an ein wintermildes, sommerwarmes und luftfeuchtes Klima gebunden. Sie ist empfindlich gegenüber Früh- und Spätfrösten und friert in strengen Wintern regelmäßig zurück; dabei werden die Büsche schwarz. Sie treiben im Frühjahr aber vom Grunde wieder aus.

Der Besenginster ist eine ausgesprochene Lichtpflanze. Er besiedelt sonnige, saure, kalkfreie, N-arme, silikatreiche, mäßig nährstoffreiche und mittel- bis tiefgründige Standorte, besonders Lehm-, Sand- und Steinböden. Nasse Standorte werden gemieden. Man findet ihn an Waldrändern, auf Brachen, Böschungen, Heiden und Brandflächen. Er ist auch Rohbodenpionier und ein guter Bodenfestiger.

Pflanzensoziologisch ist er Bestandteil der lichten, bodensauren Eichen-Buchen-Wälder, der Eichen-Birken-Wälder und der Eichen-Hainbuchen-Wälder [3]. Er gehört auch zum Pruno-Rubenion (Schlehengebüsch) und ist die Charakterart des Sarothamnetums. Begleitpflanzen sind Pteridium aquilinum, Calluna vulgaris, Vaccinium myrtillus und Vaccinium vitis-idaea. In den Südalpen kommt er in Kastanienhainen vor.

Vermehrung und Kultur

Der Samen sollte bei Vollreife geerntet werden, wenn die Hülsen sich schwarz verfärbt haben. Bei trockener und kühler Lagerung bleiben sie bis zu 25 Jahren keimfähig. Der Besenginster ist ein Lichtkeimer. Vor der Aussaat im Mai muß der Samen vorgequollen, die Samenschale eingeritzt werden oder das Saatgut 5 bis 10 sec einer Heißwasser-Behandlung unterzogen werden. Die Keimdauer beträgt 3 Wochen [17]; das Keimprozent liegt bei 70. In der Natur liegen die Samen ein Jahr über.

Die Keimung erfolgt epigäisch. Der Keimling ist raschwüchsig und nach den Kotyledonen werden zunächst mehrere gefingerte Blätter gebildet, von denen das unterste Paar gegenständig ist. Nur die kräftigsten Keimlinge bilden gegen Ende der Wachstumsperiode auch einfache Blattorgane.

Stecklingsvermehrung ist möglich. Sie soll im Juli/August erfolgen. Die Stecklinge werden in ein Substrat, bestehend aus $^2/_3$ Sand und $^1/_3$ Torfmull, gesteckt und gut feucht gehalten [17].

Wegen Verletzungen der Wurzelhaarzone läßt sich C. scoparius nur schwer verpflanzen.

Nutzung

Der Strauch wird und wurde in vielfältiger Weise genutzt. Offizinell verwendete man blühende Zweige gegen Herzrhythmusstörungen. Die Droge steigert die Erregbarkeit des Nervensystems und wirkt reizend auf Darm und Uterus.

Die Bastfasern sind verspinnbar und wurden vor allem während Kriegszeiten als Juteersatz genutzt.

Wegen der tiefreichenden Wurzeln eignet sich der Besenginster gut zur Böschungsbefestigung an Straßen, Eisenbahnlinien usw.. Vorsicht ist allerdings wegen der damit verbundenen Brandgefahr geboten.

Der Strauch empfiehlt sich auch als Vorkultur bei Aufforstungen, da er zur N-Anreicherung wegen seiner Wurzelknöllchen beiträgt. Der N-Eintrag kann auf diese Weise 100 kg/ha/a *) betragen. Der Strauch neigt zur Massenvermehrung, wenn er in Kultur genommen wird.

Hinsichtlich der Biomassenproduktion sind Ginsterbestände außerordentlich produktiv.

Den Blütenfarbstoff (Luteolin) nutzt man zur Färbung von Papier und Textilien.

Knospen dienten als Kapern-, Samen als Kaffee- und Zweige als Bierwürze-Ersatz.

Aus den elastischen Zweigen wurden Kehrbesen, aus dem Holz Armbrüste hergestellt.

Für das Wild (Rehe, Hasen) ist der Besenginster eine wichtige Winteräsungspflanze.

Krankheiten

Die Art wird von über 100 verschiedenen parasitischen Pilzarten befallen [14], die allerdings in den meisten Fällen nicht zu nennenswerten Schäden führen.

Gallmücken (Asphondylia sarothamni H. Löw), Milben (Eriophyes genistae Nal.) und andere Insekten verursachen Gallbildungen an Knospen.

Cytisus scoparius ist Futterpflanze für zahlreiche Schmetterlingsraupen [4], u.a. von Gymnoscelis rufifasciata Haworth, Gymnocelis legatelle Denis & Schiffermüller,

Dicallomera fascellina L. (Ginster-Streckfuß), Isturgia limbaria Fabr., Rhyparia purpurata L. (Purpurbär).

Auf den Wurzeln parasitiert gelegentlich Orobanche rapum-genistae.

Systematik

Cytisus scoparius wird in 3 Subspecies untergliedert [25]:

1. ssp. glabratus (Link) Ulbrich: Blätter und junge Zweige kahl. Vorkommen nur auf der Iberischen Halbinsel.

2. ssp. vulgaris (Wimmer) Ulbrich: Junge Zweige schwachbehaart. Hierbei handelt es sich um die weitverbreitete, binnenländische Sippe mit aufrechtem Wuchs.
   Die Varietät „Andreanus" (Puissant.) Dippel mit rotbraunen Flügeln und ansonsten gelben Blüten ist besonders attraktiv und kommt natürlich in Portugal, Spanien und in der Normandie vor.
   Hierher gehören auch die vielen, als Edelginster gehandelten Gartenformen.

3. ssp. maritimus (Rouy et Fouc.) Ulbrich: Mehr niederliegender Strauch mit stark behaarten, jungen Zweigen, die auch später nicht vollständig verkahlen. Vorkommen an den Meeresküsten N-Deutschlands, der Niederlande, Belgiens und N-Frankreichs.

Die Chromosomenzahl beträgt 2n = 46 oder 48 [10, 22].

In England ist ein künstlicher Artbastard zwischen Cytisus multiflorus (Aiton) Sweet und C. scoparius var. andreanus gelungen. Er wird als Cytisus dalimorei hort. bezeichnet.

Besonderes

Schafe, die Ginster gefressen haben, sollen gegen Schlangenbisse weniger empfindlich sein [24].

C. scoparius steht in der Schweiz unter Schutz.

Die ganze Pflanze gilt als schwach giftig. Sie enthält Chinolizidin-Alkaloide mit Spartein als Hauptkomponente [9]. Bei Überdosierung treten Erbrechen, Durchfall und Kreislaufkollaps auf [24].

---

*) For. Abstr. 47, 2184 (1986)

Literatur

[1] ALTMANN, H., 1979: Giftpflanzen–Gifttiere. BLV, München, Bern, Wien.

[2] BÄRTELS, A., 1989: Gehölzvermehrung. Ulmer, Stuttgart.

[3] BAYER. STAATSFORSTVERWALTUNG, 1986: Förderung seltener und gefährdeter Baum- und Straucharten im Staatswald. München.

[4] CARTER, D. J.; HARGREAVES, B., 1987: Raupen und Schmetterlinge Europas und ihre Futterpflanzen. Parey, Hamburg, Berlin.

[5] DÜLL, R.; KUTZELNIGG, H., 1988: Botanisch-ökologisches Exkursionstaschenbuch. Quelle & Meyer, Heidelberg, Wiesbaden.

[6] EHLERS, M., 1960: Baum und Strauch in der Gestaltung der deutschen Landschaft. Parey, Hamburg, Berlin.

[7] ELLENBERG, H., 1974: Zeigerwerte der Gefäßpflanzen Mitteleuropas. Scripta Botanica IX. Goltze, Göttingen.

[8] FAEGRI, K.; VAN DER PIJL. L., 1966: The Principles of Pollination Ecology. Pergamon Press, Toronto, Oxford, London, Edinburgh, New York.

[9] FROHNE, D.; JENSEN, U.; 1973: Systematik des Pflanzenreichs. Fischer, Stuttgart.

[10] GARCKE, A., 1972: Illustrierte Flora, 23. Auflage. Parey, Berlin, Hamburg.

[11] GREGUSS, P., 1945: Bestimmung der mitteleuropäischen Laubhölzer und Sträucher auf xylotomischer Grundlage. Budapest.

[12] GROSSER, D., 1977: Die Hölzer Mitteleuropas. Springer, Berlin, Heidelberg, New York.

[13] HECKER, U., 1985: Laubgehölze. Wildwachsende Bäume, Sträucher und Zwerggehölze. BLV, München, Wien, Zürich.

[14] HEGI, G., 1924: Illustrierte Flora von Mitteleuropa. Bd. IV/3. Lehmanns, München.

[15] HESS, D., 1983: Die Blüte. Ulmer, Stuttgart.

[16] KIRCHNER, O. von; LOEW, E.; SCHRÖTER, C., 1938: Lebensgeschichte der Blütenpflanzen Mitteleuropas. Bd. III, 2. Abt., Bogen 1–11, Lieferung 58/59. Ulmer, Stuttgart.

[17] KRÜSSMANN, G., 1978: Die Baumschule. Parey, Berlin, Hamburg.

[18] KUGLER, H., 1970: Einführung in die Blütenökologie, 2. Auflage. Fischer, Stuttgart.

[19] MADAUS, G., 1979: Lehrbuch der biologischen Heilmittel. Olms, Hildesheim, New York.

[20] MEUSEL, H.; JÄGER, E.; WEINERT, D. (Hrsg.), 1965: Vergleichende Chorologie der zentraleuropäischen Flora. Karten. Fischer, Jena.

[21] MOORE, A. D.; NOBLE, I. I., 1990: An Individualistic Model of Vegetation Stand Dynamics. J. Einviron. Management **31**, 61–81.

[22] OBERDORFER, E., 1983: Pflanzensoziologische Exkursionsflora, 5. Auflage. Ulmer, Stuttgart.

[23] PETRIDES, G. A., 1972: A Field Guide to Trees and Shrubs. Houghton Mifflin, Boston.

[24] ROTH, L.; DAUNDERER, M.; KORMANN, K., 1994: Giftpflanzen – Pflanzengifte. Vorkommen, Wirkung, Therapie. 4. Auflage. ecomed Fachverlag, Landsberg.

[25] ULBRICH, E., 1921: Benennung und Formenkreis des Besenginsters. Mitt. Dtsch. Dend. Ges. **31**, 129–137.

[26] WALTER, H., 1954: Einführung in die Phytologie. Bd. III, Grundlagen der Pflanzenverbreitung; II. Teil Arealkunde. Ulmer, Stuttgart.

[27] WALTER, H., 1979: Allgemeine Geobotanik. Ulmer, Stuttgart.

[28] WEBERLING, F., 1981: Morphologie der Blüten und der Blütenstände. Ulmer, Stuttgart.

Der Autor:
Dr. HANS JOACHIM SCHUCK
Buchenstraße 23
D-85411 Hohenkammer

Daphne blagayana FREYER, 1838

syn.: Daphne alpina BAUMG., non L.,
       Daphne lerchenfeldiana SCHUR.

Königsblume

engl.: Blagay's Daphne, Balkan Daphne
slow.: Blagayev volčin, igalka, jožefovka
croat.: Blagajev likovac
serb.: Borika

Familie: Thymelaeaceae
Sektion: Daphnanthes
Subsektion: Colinae

Abb. 1: Daphne blagayana. Gipfeltrieb mit Terminalknospe (links), endständiger, doldiger Blütenstand (rechts oben) und Gesamtansicht

Abb. 2: Natürliches Verbreitungsgebiet

Daphne blagayana ist eine immergrüne und in Europa verhältnismäßig wenig bekannte Seidelbastart. Ihr natürliches Verbreitungsgebiet liegt fast ausschließlich in Südosteuropa. Dort wird sie wegen ihrer prächtig gelbweißen und duftenden Blütenstände gerne für Sträuße gepflückt oder ausgegraben und in Ziergärten umgepflanzt. Sie ist deshalb in einigen Gegenden selten geworden oder gar in ihrem Bestand gefährdet, zumal ihre natürliche Vermehrung schwierig ist.

Erst spät wurde sie entdeckt und unter dem Namen *D. blagayana* erstmals im Jahre 1838 als selbständige Art beschrieben; die Entdeckung hat unter den damaligen europäischen Botanikern großes Aufsehen erregt.

Verbreitung

Die Königsblume ist eine ausgesprochen ostalpin-illyrische Art mit einem nicht zusammenhängenden, aus mehreren Teilen bestehenden natürlichen Verbreitungsgebiet. Das zentrale und zugleich größte Teilareal liegt in Bosnien und Herzegowina, Serbien und Montenegro; davon getrennte

Fundorte gibt es in Albanien, Makedonien und Griechenland; ein kleineres Vorkommen auf der Balkanhalbinsel befindet sich ferner auf dem Stara Planina in Bulgarien. Der zweite Verbreitungsbereich liegt mit einigen Fundorten in den rumänischen Karpaten. Ein drittes getrenntes und verhältnismäßig großes Teilareal erstreckt sich im südöstlichen Randbereich der Alpen in Zentralslowenien und Kroatien; die Nordwestgrenze der Verbreitung bilden zwei Vorkommen im Karnischen Voralpenland (Nordostitalien) [14].

Als Höhengrenzen der natürlichen Verbreitung werden angegeben:

Italien:	930 m ü. NN [14]
Slowenien:	970 m ü. NN [19]
Bosnien und Herzegowina:	1120 m ü. NN [3]
Karpaten (Siebenbürgen):	1200 m ü. NN [11]
Siebenbürgen:	1600 m ü. NN [2]
Serbien, Kosovo:	Oštro Koplje (S-Kopaonik) – 1700 m ü. NN [32]
Bulgarien:	Stara Planina – 1900 m ü. NN [13]

Beschreibung

D. blagayana ist ein immergrüner, bis 30 cm hoher, wenig verästelter Zwergstrauch mit niederliegendem Stämmchen und aufsteigenden, nur an der Spitze beblätterten Ästen sowie gut verzweigtem Wurzelsystem.

Knospen, Blätter und Zweige

Die 5 bis 8 mm langen Knospen sind meist terminal angeordnet und mit zugespitzten grünen Tegmenten bedeckt. Die schmalen und zugespitzten Vegetativ-Knospen lassen sich von den etwas größeren und mehr abgerundeten Blütenknospen unterscheiden.

Die ein bis zwei Jahre am Strauch verbleibenden Laubblätter sind lederig, fast sitzend und von länglich elliptischer bis länglich verkehrt-eiförmiger Gestalt. Sie messen in der Länge 3 bis 6 cm und in der Breite 1 bis 1,5 cm, sind ganzrandig und kahl. Die Blattfläche läuft am Grunde schwach keilförmig aus; der Apex ist stumpf oder leicht ausgerandet und manchmal mit kleinen Stachelspitzchen versehen. Die etwas glänzende Blatt-Oberseite hat eine dunkelgrüne, die Unterseite eine hellgrüne Farbe.

Die niederliegenden, dünnen und biegsamen Triebe können sogar über 1 m lang sein. Die zunächst grünliche und später dunkelbraune Rinde ist dünn, kahl, lederartig und glatt; sie enthält lange, starke Bastfasern. Verzweigungen sprießen zu ein bis sechs nur aus den Achseln der innersten Hochblätter der Blütenköpfchen hervor.

Blüten, Früchte und Samen

Die Blüten duften stark. Sie erscheinen im (März) April bis Mai zu 10 bis 20 in meist reichblütigen, endständigen, köpfchenartigen Dolden. Die Einzelblüten sind gelblichweiß und entwickeln keine Kronblätter. Vorhanden sind aber eine kurzgestielte, bis 1,5 cm lange, schlanke, zylindrische, außen leicht behaarte Kelchröhre mit 4 etwa dreimal kürzeren, eiförmigen, stumpfen Kelchzipfeln. Die 8 gelben Staubblätter stehen in 2 Kreisen. Der mittelständige Fruchtknoten ist gestielt und weichhaarig. Die den Blütenstand umfassenden Hochblätter sind hellfarbig, seidenglänzend behaart, kürzer als oder etwa so lang wie die Kelchröhre. Äußere Hochblätter haben einen länglicheiförmigen, innere Hochblätter einen linealanzettlichen Umriss. Die Bestäubung erfolgt durch Insekten.

Die einsamigen, länglich-eiförmigen Steinfrüchte reifen im Juni. Sie sind kahl, hellbraun oder weißlichrot, fleischig und durchsichtig. Die häufig nicht keimfähigen Samen sind verkehrt eiförmig und grün [2, 25].

Die Chromosomenzahl beträgt 2n = 18 [4].

Ökologie

Die Königsblume ist ihrer Verbreitung nach ein typischer Vertreter der so genannten illyrischen Flora und zugleich ein Tertiärrelikt, denn im Tertiär war ihre Verbreitung wesentlich größer als heute [18, 19]. Vergleichbar mit einigen anderen Vertretern der Sektion *Daphnanthes* mit typischen großen, immergünen Blättern, ist *D. blagayana* wahrscheinlich ein Relikt der Tertiärflora der aus Ostasien stammenden lorbeerblättrigen Wälder und nicht eine Pflanze der xerophilen submediterranen Vegetation [16]. Dieser Ursprung wird durch die niederliegende Wuchsform belegt; sie weist darauf hin, dass die Art unter den Klimaverhältnissen ihres heutigen Areals nur in Bodennähe (im Winter geschützt durch Schnee und Streu) überleben kann.

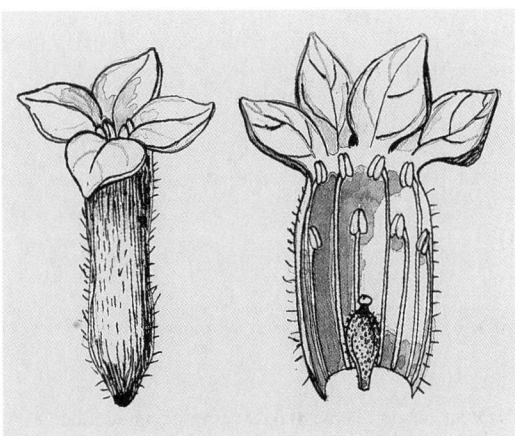

Abb. 3: Kelch und Einzelblüte (aufgeschnitten), nach Angaben des Autors

Die Königsblume ist eine Pflanze des Hügel- und unteren Berglandes. Sie wächst zerstreut bis gesellig im Unterwuchs lichter Laub- und Nadelwälder, auf Waldwiesen, in steinigen, mit Sträuchern bestockten Hanglagen auf Kalk-, Dolomit- und Serpentinböden. Meist kommt sie auf frischen Hängen mit nördlicher, östlicher oder westlicher, in höheren Meereshöhen auch in südlicher Exposition vor. Sie ist eine Halbschattenart. Manchmal wird ihre Empfindlichkeit für niedrige Temperaturen erwähnt [19]; der Grenzbereich liegt etwa bei –10 bis –15° C in schneearmen Wintern.

Im zentralen Bereich des Verbreitungsgebietes in Bosnien und Herzegowina sowie in Serbien kommt *D. blagayana* meist zusammen mit *Pinus nigra* und *P. sylvestris* in verschiedenen Schwarzkiefergesellschaften auf Standorten des Typs *Erico-Pinetalia* [12] vor, manchmal auch in Eichen- und Buchenwäldern [10].

Im Nordostteil des slowenischen Areals ist die Königsblume am häufigsten in den Gesellschaften *Ostryo – Fagetum* [30], *Genisto januensis – Pinetum* [27], *Ostryo carpinifoliae – Fraxinetum orni* und *Querco – Ostryetum* [19, 23, 32] verbreitet, meist zusammen mit *Ostrya carpinifolia, Fraxinus ornus, Erica carnea, Sorbus aria, Fagus sylvatica, Pinus sylvestris, Picea abies, Ruscus hypoglossum* und anderen.

In Norditalien findet man *D. blagayana* auf Standorten des Typs *Sesleretalia* und *Dentario pentaphyllo – Fagetum*, vor allem vergesellschaftet mit *Fagus sylvatica, Amelanchier ovalis, Sorbus aria, Rhododendron hirsutum, Helleborus niger* und anderen [14].

Verjüngung, Vermehrung und Anzucht

Im Zentrum ihres Areals fruchtet die Königsblume reichlich und vermehrt sich auch generativ. Im westöstlichen Arealteil, zum Beispiel in Slowenien, gelangt sie dagegen bei mangelnder Autogamie und unzureichender Insektenbestäubung nur in ganz geringem Maße zur Fruchtbildung [18].

Die stark überwiegende vegetative Vermehrung durch Seitensprosse, die jedes Jahr in den Blattachseln der höchsten Hochblätter knapp unter dem Blütenstand gebildet werden und sich leicht bewurzeln, hemmt die Fruchtbildung beträchtlich [15]. Die Verjüngung sogar nach Feuer [19] erfolgt deshalb fast ausschließlich vegetativ.

Die Anzucht der Königsblume bereitet weder auf saurem noch auf basischem Boden keine Schwierigkeiten [4]. Die Samen von kultivierten Pflanzen sind selten keimfähig. Häufiger wird daher die vegetative Vermehrung, meist über Absenker, angewandt. Vermehrungsversuche mit Stecklingen verliefen gleichfalls erfolgreich, wobei beste Ergebnisse mit Steckhölzern aus ein- wie auch mehrjährigem Holz erzielt wurden [24].

Genetische Differenzierung

Über die genetische Vielfalt der Königsblume gibt es wenig Angaben. Im Stara- Planina-Gebirge in Bulgarien soll nur die Varietät *D. blagayana* var. *kellereri* STOJ. et STEF. [9, 13, 22] vorkommen, die auch als Unterart behandelt wird [10]. Nach STOJANOV und STEFANOV [22] sind deren Blätter am Apex stumpf und unterseits bläulich gefärbt. In den rumänischen Karpaten soll, FUKAREK [10] zufolge, die Unterart *D. blagayana* ssp. *lerchenfeldiana* (SCHUR) verbreitet sein.

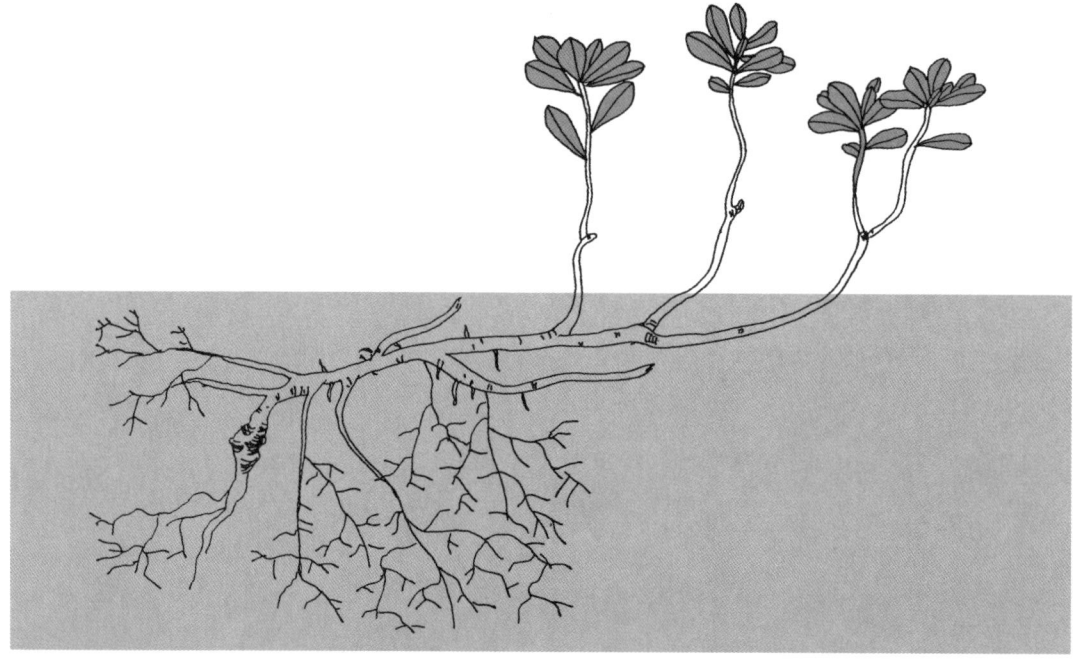

Abb. 4: Niederliegende Sprossachse mit orthotropen Seitentrieben

Abb. 5: Population am natürlichen Standort

Verschiedenes

– Der Typus-Fundort (locus classicus) von *D. blagayana* ist der Polhograjska gora über Polhov Gradec bei Ljubljana in Slowenien. Am 22. Mai 1837 sandte der Besitzer des Schlosses von Polhov Gradec, Richard URSINI Graf BLAGAY, dem Kustos des Landesmuseums in Ljubljana, Heinrich FREYER, das Muster einer bis dahin unbekannten Blume. Nach Rücksprache mit Professor REICHENBACH aus Dresden benannte FREYER die neuentdeckte Art *Daphne blagayana* und beschrieb sie 1838 in der „Flora" [8, 20]. Der Fundort bei Polhov Gradec galt lange als der einzige; später, im Jahre 1871, wurde die Königsblume auch in anderen Teilen von Slowenien [7] und früh auch schon auf der Balkanhalbinsel gefunden [17].

– Die neuentdeckte und interessante Pflanze wurde schon am 14. Mai 1838 vom damaligen sächsischen König FRIEDRICH AUGUST II, einem guten Kenner der europäischen Flora, während seiner Reise nach Dalmatien in Augenschein genommen.

Zur Erinnerung an den Besuch ließ Graf BLAGAY am Fuße des Polhograjska gora im Herbst 1838 einen Steinobelisken errichten, und die schöne Blume bekam den Namen Königsblume [18, 26, 28, 29].

– *D. blagayana* wurde bereits 1780 in der Umgebung von Kronstadt in Siebenbürgen (Brasov im heutigen Rumänien) von dem Lehrer J. R. LERCHENFELD gefunden, der sie jedoch unter dem Namen *D. alpina* in sein Herbarium einordnete. Im Jahre 1866 erkannte der Botaniker J. F. SCHUR, dass sich der Seidelbast im LERCHENFELD'schen Herbarium von der Art *D. alpina* unterscheidet. Deshalb benannte er – in Unkenntnis der 1838 beschriebenen Königsblume – die Pflanze *D. lerchenfeldiana*. Erst 1884 erkannte J. ROEMER, dass der Lerchenfeld-Seidelbast mit der Königsblume identisch ist [5, 6].

– In Bosnien wurden zur Zeit der türkischen Herrschaft die blühenden Zweige des angenehm nelkenartigen Duftes wegen von den Untertanen als Zeichen ihrer Verehrung den Agas (Hofbeamte, Offiziere) dargebracht [21].

– Wegen des übermäßigen Sammelns und Pflückens war die Königsblume schon bald nach ihrer Entdeckung gegendweise sehr selten und gefährdet. Bereits 1898 wurde sie von dem Krainer Landtag unter Schutz gestellt und das Ausheben und Ausreißen mit der Wurzel verboten.

Literatur

[1] ALDEN, B., 1986: Thymelaeaceae. In STRID, A. (ed.): Mountain Flora of Greece , 591–594.

[2] BECK VON MANNAGETTA, G., 1893: Die Königsblume (Daphne Blagayana Freyer). Wiener Illustrierte Garten-Zeitung, 1–6, 365.

[3] BECK VON MANNAGETTA, G., 1927: Flora Bosne i Hercegovine i oblasti Novog Pazara. Posebna izdanja LXIII. Srpske Akademije nauka. Beograd Sarajevo, 343/344.

[4] BRICKELL, C. D.; MATHEW, B., 1976: Daphne – The Genus in the Wild and in Cultivation. The Alpine Garden Society, Surrey.

[5] DERGANC, L., 1902: Geographische Verbreitung der Daphne blagayana Freyer. Allg. Bot. Zeitschr. **8**, 176–179, 195–197.

[6] DERGANC, L., 1904: Nachtrag zum Aufsatze über die geographische Verbreitung der Daphne blagayana Freyer. Allg. Bot. Zeitschr. **10**, 44–47.

[7] DESCHMANN, C., 1871: Monatsversammlung des Musealvereins. Laib. Tagblatt **4** (št. 115, 20. V. 1871).

[8] FREYER, H., 1838: Daphne blagayana Freyer, Flora **21**, 176.

[9] FUKAREK, P., 1957: Borika (Daphne Blagayana Frey.) i njena geografska rasprostranjenost. Šumarstvo, Sv. **11/12**, 713–722.

[10] FUKAREK, P., 1969: Betrachtungen über einige dem Gebiete der Balkanländer und Rumänien gemeinsame Baum- und Straucharten. Rev. Roum. Biol.-Botanique, Tome **14**, 1, 33–46.

[11] HEGI, G., 1957: Illustrierte Flora von Mittel-Europa. Band V, 2. Teil, Carl Hanser Verlag, München.

[12] HORVAT, I., 1959: Rasprostranjenje i prošlost mediteranskih, ilirskih i pontskih elemenata u flori sjeverne Hrvatske i Slovenije. Acta bot. inst. bot. Univ. Zagreb **4**.

[13] MARKOVA, M.; CHERNEVA, Z., 1979: Daphne L. In: Flora of Bulgaria. Vol. **III**, Sofia, Bulg. Acad. Sci. Publ. House, 326–334.

[14] MARTINI, F.; POLDINI, L., 1990: Daphne blagayana Freyer (Thymelaeaceae), nuova per la flora d'Italia. Webbia **44**, 2, 295–306.

[15] MAYER, E., 1960: Südöstliches Alpenvorland – ein pflanzengeographisches Prachtgebiet. Jubiläumsjahrbuch des Vereins zum Schutze der Alpenpflanzen und -tiere, **25**. Band, München, 136–144.

[16] MEUSEL, H., 1969: Zur ökogeographischen Stellung von Daphne blagayana. Rev. Roum. Biol.-Botanique, Tome **14**, 1, 51–56.

[17] PANČIĆ, J., 1856: Verzeichnis der in Serbien wildwachsenden Phanerogamen. Verh. Zool. -bot. Ver. Wien **6**, 475–598.

[18] PAULIN, A., 1902: Über die geographische Verbreitung von Daphne blagayana Freyer. Mitt. Musealver. Krain **15**, I. u. II., 95–102.

[19] PETKOVŠEK, V., 1935: Blagajev volčin. Proteus **2**, 181–188.

[20] PISKERNIK, A., 1926–27: Blagay in Freyer. Glasn. Muz. dr. Slov. **7–8**, 59–63.

[21] SEUNIK, J.; DELIĆ, S., 1893: Daphne Blagayana Freier. Wissenschaftliche Mitteilungen aus Bosnien und Herzegovina, **1**. Band, 589–593.

[22] STOJANOV, N.; STEFANOV, B., 1933: Flora na Bulgaria **2**. Sofija, 735.

[23] STRGAR, V., 1973: Novo nahajališče Blagayevega volčina (Daphne blagayana Freyer) na jugozahodnem Dolenjskem. Varstvo narave **7**, 31–35.

[24] STRGAR, V., 1976: Vegetativno množenje Blagajevega volčina (Daphne blagayana Freyer) s poletnimi potaknjenci. Biološki vestnik **24**, 151–159.

[25] ŠILIĆ, Č., 1983: Atlas drveća i grmlja. Svjetlost, Sarajevo, Beograd.

[26] ŠVEGEL, I., 1937: König Friedrich August II. von Sachsens Botanische Wanderungen in den Julischen Alpen vor 100 Jahren. Mitt. Thür. Bot. Ver., **44**. Heft, 35–41.

[27] TOMAŽIČ, G., 1940: Asociacije borovih gozdov v Sloveniji. 1. Bazifilni borovi gozdi. SAZU, matem. prirod. razr., knjiga **1**, 77–120.

[28] WESTER, J., 1938: Ob jubileju »kraljeve rože«. Planinski vestnik **38**, 233–238.

[29] WRABER, T., 1986: Blagayev obelisk. Proteus **48**, 311–312.

[30] WRABER, T., 1996: Blagayev volčin (Daphne blagayana Freyer) v okolici Vrhnike. Vrhniški razgledi **1**, 31–42.

[31] WRABER, T., 2000: Persönliche Mitteilung, 12. 5. 2000, Ljubljana.

[32] WRABER, T.; MIKULETIČ, V., 1965: Daphne blagayana Freyer na severozahodni meji svojega areala. Biološki vestnik **13**, 61–67.

Der Autor:

Dr. ROBERT BRUS
Biotechnische Fakultät
Abteilung für Forstwirtschaft und erneuerbare Waldressourcen
Večna pot 83
1000 Ljubljana
Slowenien

Daphne laureola LINNÉ, 1753

Lorbeer-Seidelbast   Familie: Thymelaeaceae

engl.:   Spurge laurel
franz.: Daphné lauréole
ital.:   Dafne laurella

Abb. 1: Daphne laureola. Blühender Strauch im Bot. Garten Mainz

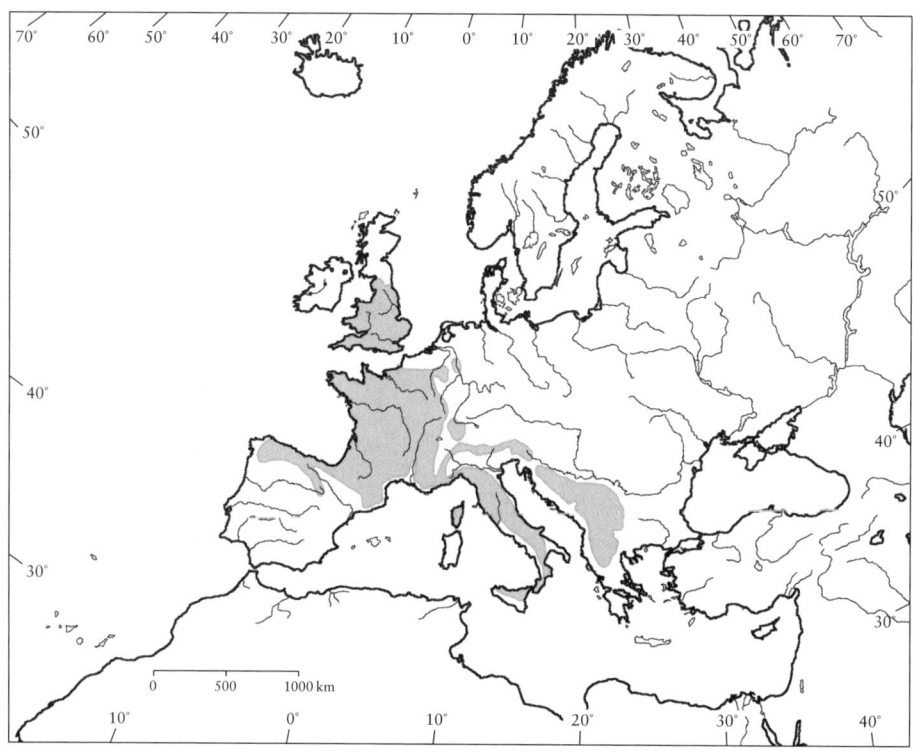

Abb. 2: Natürliches Verbreitungsgebiet (nach MEUSEL et al., 1978)

Daphne laureola, ein kleiner, wintergrüner, aufrecht wachsender Strauch vorwiegend mediterraner Verbreitung findet in wenigen, zerstreuten, warmen Lagen des Oberrheintales seine Nordgrenze in Mitteleuropa.

Die vornehmlich an den Zweigenden beblätterte, höchstens 1,2 m hohe Pflanze bildet im zeitigen Frühjahr charakteristische, gelbliche Blütenstände und trägt im Herbst blauschwarze, ovale Früchte. Sie wächst zumeist in feuchten Laubwäldern der montanen Stufe.

D. laureola steht in Deutschland unter Schutz. Die Art ist giftig und frostempfindlich. Wirtschaftlich genutzt wird sie nicht.

ens sowie Ungarn, Österreich, die Schweiz und Italien, einschließlich Sizilien und Sardinien sowie Korsika ein.

In den Alpen findet die Art bei 1.000 m ü. NN, in Griechenland (Pindos-Gebirge) bei 1.900 m und im Atlas-Gebirge bei 3.000 m ihre Höhengrenze.

Relativ häufig kommt sie am Genfer See und am Vierwaldstätter See vor, fehlt aber im kontinentaleren Wallis und Graubünden [4]. Im südlichen oberrheinischen Löß- und Kalkhügelland ist der Lorbeer-Seidelbast hingegen sehr selten [6].

Verbreitung

Man nimmt an, daß *D. laureola* bereits im Tertiär in Europa weit verbreitet war [4]. Heute erstreckt sich ihr natürliches Areal über West-, Süd- und Südosteuropa. Es schließt Spanien, Frankreich, Belgien, Teile Großbritanni-

Beschreibung

Daphne laureola wächst zu einem relativ unscheinbaren, eher spärlich verzweigten Strauch heran, der im Winter die Blätter behält, kaum höher als 1,2 m wird (40 bis 120 cm) und eine zunächst gelbgrüne, später hellgraue Rinde ausbildet.

Knospen, Blätter und junge Triebe

Es werden grüne, deutlich zugespitzte, 5 bis 7 mm lange Winterknospen gebildet. Auch die Endknospe läuft spitz zu; Blütenknospen sind umgekehrt eiförmig [3]. Die etwas ledrigen Blätter stehen schopfartig gehäuft an den Zweigenden. Sie können am Apex spitz, aber auch stumpf auslaufen und enden an der Basis keilförmig. Ihre Abmaße: Länge 2,5 bis 10 cm; Breite 7 bis 30 mm; Blattstiel 2 bis 5 mm oder fehlend. Die beiderseits kahlen Spreiten sind oben von dunkelgrüner (Mittelrippe: gelblich), unten von hell- bis gelbgrüner Farbe.

Die meist grünen jungen Triebe sind ein wenig knotig und ebenfalls kahl.

Abb. 3: Blüten in traubigen, blattachselständigen Infloreszenzen

Blüten und Früchte

D. laureola gehört zu den gelbblühenden Seidelbast-Arten. Die 2 bis 3 mm lang gestielten Zwitterblüten stehen meist zu fünft (3 bis 7) an traubigen, den Blattachseln entspringenden Infloreszenzen, welche mehr oder weniger stark überhängen und eine Länge von 6 bis 8 cm erreichen. Den kaum duftenden Einzelblüten fehlen die Kronblätter. Die gelblichgrüne, kahle Kelchröhre (6 bis 8 mm) setzt sich fort in 4 dreieckige, auseinanderspreizende, ebenfalls gelbe Kelchzipfel (2 mm).

8 der Kelchröhre entspringende Staubblätter stehen in 2 Kreisen. Der Fruchtknoten ist oberständig, der Griffel kurz, die Narbe napfförmig.

Chromosomenzahl: $2n = 18$ [6].

Die zur Reifezeit (Juli/August) blauschwarzen, bis 10 mm langen Steinfrüchte sind von elliptischer Form. Sie haben ein fleischiges Mesokarp und enthalten einen birnenförmigen, glatten Steinkern.

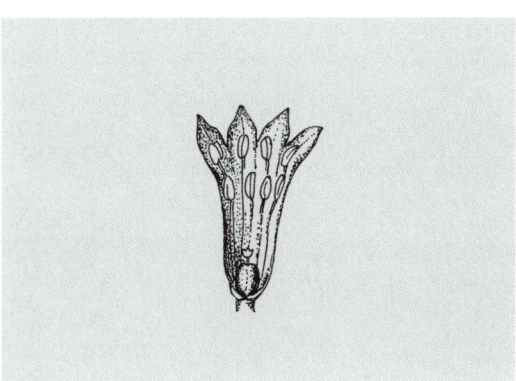

Abb. 4: Längsschnitt durch eine Blüte (verändert nach HEGI [4])

Ökologie

D. laureola, ein submediterranes Florenelement mit ozeanischen Klimaansprüchen, ist gleichermaßen empfindlich gegen strenge Winterkälte und ausgeprägte Sommertrockenheit. Der thermophile Strauch braucht ein wintermildes, ausgeglichenes Klima, wächst vornehmlich im Halbschatten, verträgt aber auch sonnige Lagen.

Er kommt meist zerstreut in frischen, lichten und krautreichen Laubmischwäldern vor, bevorzugt nährstoffreiche, kalkhaltige, humusreiche, mittel- bis tiefgründige Lehmböden (pH 5,5 bis 8,0) der montanen Stufe, meidet saure Substrate und verträgt keine Veränderungen der Standortverhältnisse, z.B. durch forstliche Eingriffe.

In Spanien ist der Lorbeer-Seidelbast – zusammen mit *Taxus baccata* – u.a. Bestandteil der *Abies pinsapo*-Wälder, in Großbritannien kommt er gemeinsam mit anderen Elementen der mediterranen Flora wie *Arbutus unedo*, *Ruscus aculeatus* oder *Tamus communis* vor und in Mitteleuropa wächst er oft in Mischung mit *Prunus mahaleb*, *Amelanchier ovalis*, *Sorbus aria*, *Sorbus mougeotii*, *Coronilla emerus*, *Viburnum lantana* und *Acer opalus*. Am Gardasee, schließlich, findet man ihn vergesellschaftet mit den mediterranen Eichenarten *Q. cerris* und *Q. ilex* sowie mit *Colutea arborescens* und *Dictamnus alba*.

Abb. 5: Unreife Frucht

Weiterführende Literatur

[1] BORATYNSKI, A.; BROWICZ, K.; ZIELINSKI, J., 1990: Chorology of trees and shrubs in Greece. Polish Acad. Sci., Inst. Dendrology, Kornik.

[2] Godet, J.-D., 1983: Knospen und Zweige der einheimischen Baum- und Straucharten. Verlag Neumann-Neudamm.

[3] GODET, J.-D., 1984: Blüten der einheimischen Baum- und Straucharten. Verlag Neumann-Neudamm.

[4] HEGI, G., 1926: Illustrierte Flora von Mitteleuropa, Band V, Teil 2. J. F. Lehmanns Verlag, München.

[5] KRÜSSMANN, G., 1976: Handbuch der Laubgehölze, 2. Aufl., Bd. 1. Verlag Paul Parey, Berlin und Hamburg.

[6] OBERDORFER, E., 1970: Pflanzensoziologische Exkursionsflora für Süddeutschland. 3. Aufl.. Verlag E. Ulmer, Stuttgart.

Verschiedenes

– KRÜSSMANN [5] erwähnt *D. laureola* ssp. *philippii* (GREN. et GORD.) ROUY, 1927, eine niederliegende Unterart aus den Pyrenäen mit gleichmäßig am Sproß verteilten Blättern und kleineren, violett getönten Blüten.

– Die wintergrünen Blätter nutzen milde Perioden während des Winters und im Spätherbst für die Photosynthese. Die Spaltöffnungen sind nicht eingesenkt [4].

Die Autoren:

Prof. em. Dr. PETER SCHÜTT
Lehrstuhl für Forstbotanik
Ludwig-Maximilians-Universität München
Am Hochanger 13
D-85354 Freising

ULLA M. LANG
Schützenstraße 6
D-82383 Hohenpeißenberg

Daphne mezereum LINNÉ, 1753

Seidelbast, Kellerhals   Familie: Thymelaeaceae

engl.:   Mezereon, February daphne
franz.: Mézéreon, Bois d'oreille
ital.:   Mezzèreo, Fior di Stecco, Olivella

Abb. 1: Daphne mezereum. Fruktifizierender Strauch

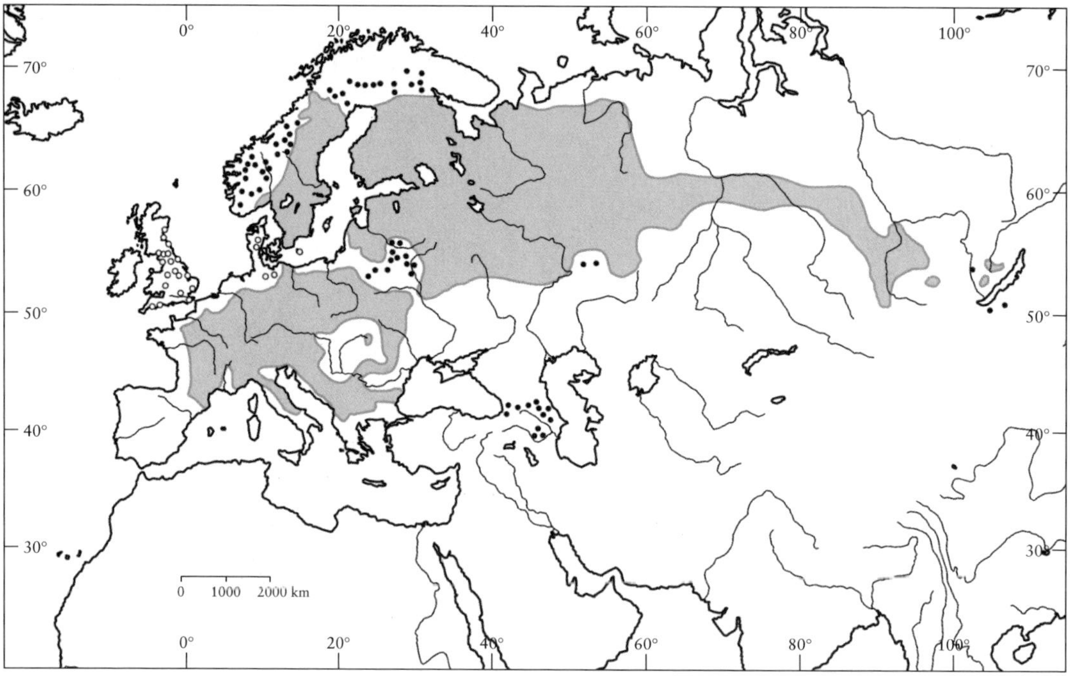

Abb. 2: Natürliches Verbreitungsgebiet nach Meusel et al., 1965 (• = Einzelvorkommen, ○ = synanthrop)

Daphne mezereum, ein sommergrüner, in Mitteleuropa weit verbreiteter, aber nicht immer häufiger Waldstrauch, verdient in mehr als einer Hinsicht Beachtung:

(a) wegen der im Vorfrühling erscheinenden, sehr attraktiven und wohlriechenden, roten Blüten,

(b) wegen der starken Giftwirkung fast aller Pflanzenteile und

(c) wegen seiner weit in die Vergangenheit zurückreichenden volksmedizinischen Bedeutung.

Die Art wird selten höher als 1,2 m, ist nur an den Zweigenden beblättert und stellt relativ hohe Standortsansprüche. Sie wird als Gartenpflanze kultiviert. Die saftigen, scharlachroten Früchte stellen besonders für Kinder eine gefährliche Versuchung dar, auch für Tiere sind sie schon in kleinen Mengen giftig. Rinde und Samen enthalten überdies hautreizende Inhaltsstoffe. In Deutschland gehört *Daphne mezereum* zu den geschützten Pflanzen.

Verbreitung

Der Seidelbast besiedelt ein ausgedehntes eurosibirisches Areal, das fast ganz Europa einschließt. Dazu gehören im Süden die Pyrenäen, Italien (bis nach Kalabrien) und der Balkan. Die Nordgrenze verläuft durch Nordfrankreich, Belgien, Nordwestdeutschland, Schleswig-Holstein, Ost- und Nord-Norwegen (bis 68° 18' n. Br.) und weiter durch Sibirien bis zum Altai [5]. Hinzu kommen Kleinasien und der Kaukasus.

In Österreich, der Schweiz und Süddeutschland ist die Art i. a. weit verbreitet. Im Bayerischen Wald sowie im Fichtelgebirge und im Frankenwald kommt sie jedoch nur zerstreut vor und in der Mark Brandenburg fehlt sie fast völlig [5].

Zur Höhengrenze macht Hegi [5] folgende Angaben:

Bayerische Alpen:	1880 m
	1950 nach [10]
Salzburg und Steiermark:	2350 m
Tirol:	2400 m
Wallis	2580 m

Beschreibung

Daphne mezereum wird in Mitteleuropa zu einem sommergrünen, relativ spärlich verzweigten, aufrechten Strauch, dessen Höhe i. a. zwischen 30 und 150 cm liegt. Ausnahmsweise kommen 2,5 m hohe Exemplare vor [5].

Abb. 3: Rinde

Abb. 4: Winterknospen

Knospen, Blätter und Zweige

Der Seidelbast hat auffallende, in Form und Farbe differierende Winterknospen. Während sich die Blattanlagen ausschließlich in den etwa 6 mm langen, eiförmigen und deutlich zugespitzten Endknospen befinden, gehen aus den abgerundeten, wesentlich kleineren (3 mm) Seitenknospen die Blüten hervor. Terminalknospen haben rotbraune, braune oder schwarzbraune Tegmente mit behaarten Rändern. Lateralknospen sind hingegen grün und stehen vom Zweig ab.

Die relativ dünnen und weichen, ganzrandigen Laubblätter stehen fast ausnahmslos an den Zweigenden und sind wechselständig angeordnet. Sie variieren in der Form zwischen verkehrt eilänglich und länglich-lanzettlich, sind kurz gestielt (8 bis 12 mm), werden 3 bis 8 cm lang, 1,5 bis 2,5 cm breit und sind beiderseits meist kahl, allenfalls am Rande schwach flaumig behaart. Oberhalb der Mitte sind die Blätter am breitesten, der Apex ist kurz zugespitzt, die Basis läuft keilförmig aus und der Blattrand ist manchmal ein wenig nach unten umgebogen. Die Blattunterseite hat eine leicht graugrüne, die Oberseite eine frischgrüne Farbe.

Die relativ dünnen und kahlen, gelblich- oder grünlichbraunen Zweige sind von zahlreichen sehr unauffälligen Lenticellen bedeckt und die dicke, bräunliche Rinde reißt sehr bald auf.

Abb. 5: Laubblätter, vornehmlich an Triebenden stehend

Abb. 6: Blühender Strauch an einem Waldrand (links), Trieb in voller Blüte (Mitte) und Einzelblüten (rechts)

Blüten, Früchte und Samen

Die kräftig rosafarbenen, nahezu sitzenden Zwitterblüten erscheinen lange vor den jungen Blättern (Februar/April). Sie stehen meist in Büscheln zu dritt, seltener einzeln, zu zweit oder zu viert und entspringen den Achseln bereits abgefallener, vorjähriger Laubblätter. Die wohlriechenden, weitgehend radiär-symmetrischen Einzelblüten sind 4 bis 10 mm lang und entwickeln keine Kronblätter. Vorhanden sind aber eine rötliche, 5 bis 7 mm lange Kelchröhre und 4 etwa 5 mm lange, ausgebreitete Kelchblätter. Den eigentlichen Schauapparat bildet der gefurchte, außen seidig behaarte Achsenbecher (Hypanthium). Er ist etwa so lang wie der Kelch und wird im unteren Teil fast ganz von dem mittelständigen Fruchtknoten ausgefüllt. Die 8 Staubblätter stehen in 2 Kreisen und entspringen dem Inneren der Achsenröhre. Die Bestäubung erfolgt durch Falter, Apiden und *Eristalomyia* [7].

Chromosomenzahl: 2n = 18.

Blütenformel: *K4C0A4+4 G-1-

Im September/Oktober reifen die länglich-eiförmigen, leuchtend scharlachroten, 5 bis 6 mm langen, saftigen Steinfrüchte. Sie enthalten nur einen 5 bis 6 mm langen, braunen Samen, dessen sehr dünne Testa entlang der Ventralseite eine weiße Raphe erkennen läßt. Die Kotyledonen haben Speicherfunktion, das Endosperm ist nur durch eine sehr dünne, allein im Bereich der relativ kurzen Radicula etwas mächtigere Schicht vertreten [8]. Die Samen werden durch Vögel, insbesondere durch Drosseln, Hänflinge, Rotkehlchen und Bachstelzen verbreitet [5].

Ökologie und Anzucht

Angesichts des ausgedehnten eurosibirischen Areals fällt es schwer, für *D. mezereum* verbindliche Klimaansprüche anzugeben.

In Mitteleuropa bevorzugt die Art frische, humusreiche Böden und wächst gern in Buchen- oder Eichen-Hainbuchen-Wäldern, an Waldrändern und Bachufern, ist aber standörtlich wenig festgelegt. So kommt sie in subalpinen Regionen auch in feuchten Zwergstrauchheiden, in Latschen- und Grünerlen-Gebüschen und nahe der Waldgrenze sogar auf Geröll vor [5]. Optimal sind nährstoffreiche, frische, lehmige oder tonige, meist kalkhaltige Braunerden im neutralen bis mäßig sauren Bereich. Im Südschwarzwald wächst Seidelbast auf Gneis-Verwitterungsböden [10]. Staunasse Standorte werden gemieden, ebenso trockene, humusarme Nadelwälder.

Hinsichtlich ihrer Lichtansprüche wird die Art von OBERDORFER [10] als Schatten- bis Halbschattenpflanze eingestuft.

Im Gartenbau vermehrt man *D. mezereum* nur über Samen. Erntet man vor der Vollreife, d. h., beim Rotwerden der Früchte, entfernt nach 8tägiger Wässerung das Fruchtfleisch (und damit die keimhemmenden Substanzen) und sät sogleich aus, so tritt Keimung zu 70 bis 100 % ein.

Vollreif geerntetes Saatgut muß 1 Jahr lang stratifiziert werden und läuft dennoch unregelmäßig auf. Das Tausendkorngewicht liegt bei 75 g.

Zur Aussaat wird eine Erde-Torf-Sand-Mischung empfohlen [1]. Containerpflanzen wachsen ohne Schwierigkeiten an.

Verschiedenes

– Seidelbast-Arten sind Gift- und Heilpflanzen zugleich. Für *D. gnidium* und andere mediterrane *Daphne*-Arten waren diese Eigenschaften bereits im Altertum wohlbekannt. Bei *D. mezereum* weiß man davon seit dem späten Mittelalter, was durch eine lange Liste volksmedizinischer Anwendungen belegt ist (u. a. bei HEGI [5] und MADAUS [9]).

– So wurde Seidelbast-Rinde gegen Gicht- und Rheuma-Beschwerden verabreicht; sie war außerdem Bestandteil eines Ohrenpflasters („Drouottisches Pflaster"), welches bis in dieses Jahrhundert als ableitendes Mittel gegen Zahn- und Kopfschmerzen diente. Eine aus der Rinde hergestellte Essenz fand u. a. Anwendung gegen Magenkrebs und Syphilis. Rindenstückchen, mit Spiritus angefeuchtet, sollen den Wundschmerz lindern.

– Besser bekannt ist heute die Giftwirkung des Strauches. Sie geht zurück auf Inhaltsstoffe der Rinde (Daphnetoxin) und der Früchte (Mezerein), die überdies intensive hautirritierende Wirkungen auslösen. Die entsprechenden Wirkstoffe fehlen nur im Fruchtfleisch, sind aber in den Samen besonders stark konzentriert. 10 bis 12 Früchte gelten als tödlich für Erwachsene, bereits 2 bis 3 für Kinder [3]. Selbst nach Aufnahme kleiner Teile von Rinde, Blatt, Blüte oder Frucht treten Schluckbeschwerden, Übelkeit, Fieber, Krämpfe, Lähmungen, Nierenschäden und Kreislaufversagen ein. Das Auflegen von frischer Rinde auf die Haut führt zu Rötungen, Blasenbildung und Schwellungen.

Der scharfe, unangenehme Geschmack bewahrt glücklicherweise vor dem Verzehr weiterer Früchte.

Auch für Säugetiere ist *Daphne mezereum* hochgiftig. Nach LINNÉ töten 6 Früchte einen Wolf, anderen Quellen zufolge ist die Aufnahme von 30 g Blättern für Ziegen und Pferde tödlich.

– Heilwirkung und Giftigkeit des Seidelbasts spiegeln sich im Sagenschatz und im Brauchtum der Alpenländer wider [5]. Einerseits gilt der Strauch als verhext und mancherorts lehnt man es ab, sich mit den Blüten zu schmücken. Andererseits befestigt man Seidelbast am Kummet, damit die Hexen die Fuhre nicht verbannen können [5].

– Mit intensivem Duft locken die schon im Vorfrühling erscheinenden Blüten die zu dieser Zeit noch wenig zahlreichen Bienen und Schmetterlinge an. Bei empfindlichen Personen kann dieser Duft Kopfschmerzen, Nervosität und Nasenbluten auslösen [5].

– Angaben über herkunftsbedingte morphologische oder physiologische Verschiedenheiten liegen nicht vor. Beschrieben werden aber mehrere Gartenformen [6]:

f. *alba* (WEST.) SCHELLE mit weißen Blüten, hellgelben Früchten und etwas dickeren Trieben. Kommt in seltenen Fällen auch wild vor.

'Grandiflora' (= f. *maxima* hort.) mit größeren, dunkleren, oft schon im Oktober erscheinenden Blüten. Daraus selektiert: 'Rubra Selekt'.

'Ruby Glow' mit vielen großen, dunkelviolettroten Blüten, eine Sämlingspopulation, aus der fortlaufend selektiert wird.

– Der Pollen läßt sich bei 30 % relativer Feuchte und 12 bis 20 °C 76 Tage lang keimfähig halten. Günstiges Keimsubstrat: 1 % Agar, 30 bis 40 % Saccharose [12].

Abb. 7: Früchte unterschiedlichen Reifegrades

Weiterführende Literatur

[1] BÄRTELS, A., 1989: Gehölzvermehrung, 3. Aufl. Verlag E. Ulmer, Stuttgart.

[2] DIPPEL, L., 1893: Handbuch der Laubholzkunde, Teil 3. Verlag Paul Parey, Berlin.

[3] FROHNE, D.; PFÄNDER, H. J., 1982: Giftpflanzen. Ein Handbuch für Apotheker, Ärzte, Toxikologen und Biologen. Wissensch. Verlagsges. Stuttgart.

[4] GODET, J. D., 1983: Knospen und Zweige einheimischer Baum- und Straucharten. Verlag J. Neumann-Neudamm.

[5] HEGI, G., 1926: Illustrierte Flora von Mitteleuropa. Band V, Teil 2. J. Lehmanns Verlag, München.

[6] KRÜSSMANN, G., 1972: Handbuch der Laubgehölze, Band 1, 2. Aufl. Verlag Paul Parey, Berlin und Hamburg.

[7] KUGLER, H., 1970: Blütenökologie. 2. Aufl. Gustav Fischer Verlag, Stuttgart.

[8] LUBBOCK, J., 1892: Contribution to our knowledge of seedlings. London.

[9] MADAUS, G., 1938: Lehrbuch der biologischen Heilmittel, Bd. III. Thieme Verlag, Leipzig.

[10] OBERDORFER, E., 1970: Pflanzensoziologische Exkursionsflora für Süddeutschland und die angrenzenden Gebiete. 3. Aufl. Verlag E. Ulmer, Stuttgart.

[11] ROTH, L.; DAUNDERER, M.; KORMANN, K., 1984: Giftpflanzen – Pflanzengifte. ecomed Verlagsges. Landsberg/Lech.

[12] SCHOPMEYER, C. S., 1974: Seed of Woody Plants in the US. USDA, Forest Service. Agric. Handbook Nr. 450, Washington, D. C.

Die Autoren:

Prof. em. Dr. PETER SCHÜTT
Lehrstuhl für Forstbotanik
Ludwig-Maximilians-Universität München
Am Hochanger 13
D-85354 Freising

ULLA M. LANG
Schützenstraße 6
D-82383 Hohenpeißenberg

Dryas octopetala Linné, 1753

Silberwurz, Petersbart

Familie: Rosaceae

engl.:   Mountain Avens
franz.: Chenette
ital.:   Camedrio alpino

Abb. 1: Dryas octopetala. Herbstaspekt (links oben), Blüten (links unten), Frühjahrsaspekt (rechts oben), Fruchtstand (rechts unten)

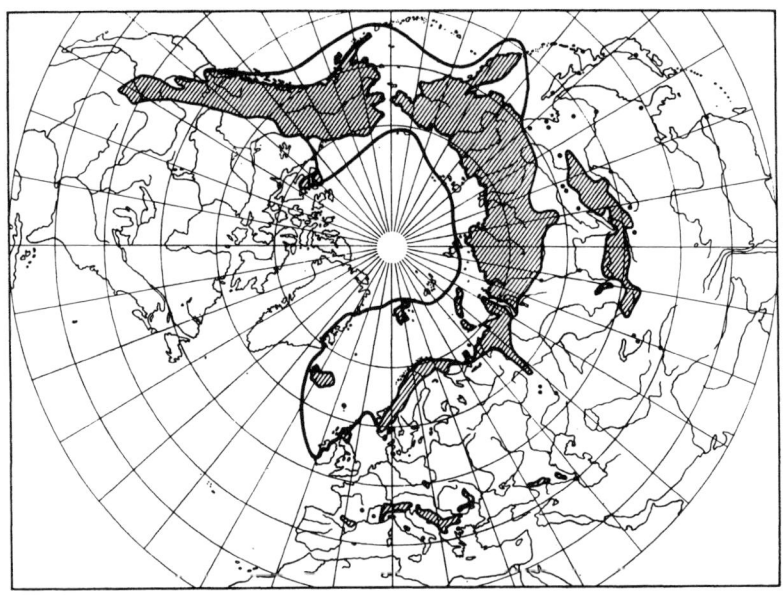

Abb. 2: Verbreitungsgebiet (aus [4])

Dryas octopetala, ein immergrüner, allenfalls 10 cm hoher Spalierstrauch, kommt als Pionierpflanze u.a. auf Felsen und Geröllhalden in den Hochlagen der Kalkalpen vor.

Die Art bildet Polster, kann 100 Jahre alt werden und fällt durch die gekerbten, kleinen Blätter mit weißfilziger Unterseite, aber auch durch ihre sehr hübschen, langgestielten, reinweißen Blüten auf.

D. octopetala ist an kalkführende Substrate gebunden. Sie hat keine wirtschaftliche Bedeutung, läßt sich aber gut in Steingärten kultivieren.

Verbreitung und innerartliche Differenzierung

Folgt man deutschsprachigen Standardwerken, so ist *Dryas octopetala* als eine circumpolare oder amphiartlich-alpine [6] Species aufzufassen, deren Areal die Gebirge der nördlichen polaren und gemäßigten Zone umfaßt [2, 4, 7]. Auf internationaler Ebene kam es zwangsläufig und wiederholt zur Ausscheidung geographischer Einheiten, welche teils als separate Arten, teils als Subspecies oder Varietäten bezeichnet wurden. HEGI [4] führt an:

– ssp. *octopetala* (syn. *D. octopetala* ssp. *chamaedryfolia* CRANTZ) als Typus: Vom Osten Grönlands über Island, Irland, Schottland, Wales und Skandinavien bis Spitzbergen. Weiter von der Halbinsel Kola durch das arktische Rußland und Sibirien bis nach Alaska. Außerdem Vorkommen in den Pyrenäen, Alpen und Karpaten, im Apennin und in der Tatra bis in die Gebirge des Balkan von Dalmatien bis Bulgarien.

– ssp. *caucasica* (BORNM.) HULTÉN im Kaukasus (abweichend vom Typus)

– sp. *viscosa* (JUZ.) HULTÉN in den Gebirgen Mittel- und Ostsibiriens

– ssp. *tschonoskii* (JUZ.) HULTÉN in Sachalin, Japan und Nordkorea

– ssp. *alaskensis* (PORS.) HULTÉN in Alaska

– ssp. *hookeriana* (JUZ.) HULTÉN in den Rocky Mts. südlich bis Colorado

Außer diesen geographisch differenzierten Unterarten wird unter dem Namen *D. octopetala* f. *argentea* (BLYTT.) HULTÉN eine seltene, im Raum Innsbruck, in Norwegen und im Unterengadin vertretene Form mit beiderseits weißfilzigen Laubblättern beschrieben (syn. *D. octopetala* L. var. *vestita* BECK).

Oft fällt es schwer, die taxonomischen Informationen aus verschiedenen Quellen miteinander in Einklang zu bringen.

In Deutschland steigt die Art an Isar und Lech von den Alpen bis weit ins Flachland (München bzw. Augsburg) hinab. In Österreich ist sie in den Kalkalpen weit verbreitet. Standorte in den Zentralalpen liegen fast nur auf Kalk und Dolomit. Auch in der Schweiz fehlt sie im Silikatgebirge weitgehend [4].

Über die obere Höhengrenze von *Dryas octopetala* liegen folgende Daten vor [4, 7]:

Bayer. Alpen	2570 m
Hohe Tauern	2600 m
Tessin	2650 m
Oberengadin	2800 m
Unterengadin (Ofenpass)	3115 m

Beschreibung

Dryas octopetala ist ein niederliegender, reichverzweigter Spalierstrauch, dessen dorsiventral aufgebaute, bis 50 cm lange und mehr als 1 cm dicke Stämmchen Wurzeln schlagen können. Die Zweige haben eine rotbraune oder schwärzliche Ringelborke und erheben sich 2 bis 10 cm über den Boden [3, 4].

Blätter

Dryas-Arten sind immergrün und haben wechselständige Laubblätter. Das gilt auch für *D. octopetala*, deren kleine, schmale, unterseits nahezu weiße Blätter an waagerecht orientierten Zweigen zweizeilig, sonst aber allseitig angeordnet sind. Ihre Länge beträgt 0,5 bis 4 cm, die Breite 2 bis 25 mm. Die relativ derbe, ledrige und etwas runzelige Spreite ist kurz gestielt (2 bis 10 mm), von verkehrt eiförmigem oder länglich elliptischem Umriß, hat zumeist herzförmige, mit dem Blattstiel verwachsene Nebenblätter und läuft allmählich in einen kurz zugespitzten oder stumpfen Apex aus. Die kahle, glänzend dunkelgrüne Ober- kontrastiert mit der filzig silberweiß behaarten Unterseite, auf der die Blattadern deutlich hervortreten und die Mittelrippe zottige, braune Haare aufweist [4]. Der grob gekerbte Blattrand ist etwas nach unten umgerollt.

Der Vegetationskegel wird von den Nebenblättern älterer Laubblätter schützend umgeben. Knospenschuppen fehlen.

Vorhanden sind schließlich zwei linealisch-lanzettliche, scharf zugespitzte Nebenblätter, die zu etwa zwei Drittel ihrer Länge mit dem Blattstiel verwachsen sind [3, 4, 6].

Blüten und Früchte

D. octopetala blüht im Flachland ab Mai, im Hochgebirge von Mitte Juni bis Anfang August [4]. Normalerweise bildet sie weiße, einzelstehende, langgestielte, achtzählige Zwitterblüten von 2 bis 4 cm Durchmesser.

Die Zahl der Kron- und Kelchblätter kann jedoch zwischen 7 und 10 variieren. Nicht selten treten auch gefüllte Blüten auf, bei denen die äußeren Staubblätter zu Petalen wurden, und außerdem kommen kleinere, rein männliche Blüten vor [4]. Nach KUGLER [5] können Silberwurz-Blüten androdioezisch oder andromonoezisch sowie homogam, protogyn oder protandrisch sein.

Der Kelch besteht aus meist 7 bis 9 eiförmig lanzettlichen oder schmal elliptischen, an der Außenseite braunfilzigen und drüsigen Sepalen von 7 bis 11 mm Länge [4]. Ein Außenkelch fehlt. Die reinweißen, etwas größeren (10 bis 18 mm lang; 5 bis 12 mm breit), elliptischen oder schmal verkehrt eiförmigen Kronblätter fallen gleich nach der Blüte ab. Vorhanden sind außerdem zahlreiche Staubblätter sowie mehrere behaarte Fruchtknoten mit endständigen, anfangs schraubig gedrehten, an der Spitze eingerollten, bei Reife 2 bis 3 cm langen, fedrig weiß behaarten Griffeln. Ein Diskus im Zentrum des Staubblattkreises sondert Nektar ab [4].

Die Blüten werden von Fliegen und Bienen, mitunter auch von Schmetterlingen und Käfern besucht [4].

Noch im Spätsommer des Blütejahres entstehen zahlreiche nußartige Früchte, die nur einen Samen enthalten. Sie werden vom Wind verbreitet und fallen durch den relativ langen, federartigen, silbrig glänzenden Griffel auf [2].

Ökologie und Wachstum

D. octopetala ist eine sehr lichtbedürftige, anspruchslose Pionierpflanze, die unter subkontinentalen bis kontinentalen Klimaverhältnissen vorkommt [1] und selbst in extremen Hochlagen bei sehr kurzen Vegetationsperioden wächst. Ihr Auftreten ist an Kalk, Dolomit oder kalkführende Silikate gebunden. Auf mäßig trockenem bis feuchtem (ruhendem oder leicht bewegtem) Grob- und Feinschutt, an Felshängen und auf Moränen kann sie größere Polster bilden. Dort ist sie Erstbesiedler. Weiterhin kommt sie auch in Zwergstrauchheiden, auf Rohhumus [4, 6] sowie in der offenen *Carex firma/Sesleria varia*-Gesellschaft vor [4, 7].

In den Alpen wird *D. octopetala* nach dem Pionierstadium allmählich durch *Erica carnea*, *Rhododendron hirsutum* und *Rhodothamnus chamaecistus* (L.) RCHB. verdrängt. Zum Rückgang führt auch die Beschattung durch Sträucher oder Bäume [4]. Zu den wichtigsten Begleitpflanzen zählen *Arctostaphylos alpina* (L.) SPRENG., *Bartsia alpina* L., *Carex atrata* L., *Parnassia alpina* L., *Salix retusa* L. und *Saxifraga aizoides* L.

Silberwurz wird 50 bis 100 Jahre alt und bildet 0,1 bis 0,2 mm breite Jahrringe [4]. Zumindest im alpinen Bereich ist sie durch die winterliche Schneedecke vor strenger Kälte geschützt. Aus Experimenten weiß man indessen, daß 6 Tage alte Sämlinge –4 °C ohne Schaden überstehen, daß bei –6 °C aber die Primärwurzel abstirbt [8].

Verschiedenes

– Blätter, Früchte und Pollen von *D. octopetala* finden sich häufig in hoch- und spätglazialen Ablagerungen Nord- und Osteuropas sowie im nördlichen Mitteleuropa. Dabei gehen die ältesten Funde auf die Riß-Vereisung zurück und stammen aus Holland, Dänemark, Mitteldeutschland und Polen. Im Alpengebiet war *Dryas* zu dieser Zeit noch nicht vertreten. Noch häufiger sind *Dryas*-Fossilien in den Schichten der Würm-Vereisung, u.a. im Alpen-Vorland und im Süd-Schwarzwald nachzuweisen.

Abb. 3: Laubblätter, Oberseiten

Abb. 4: Laubblatt-Unterseite

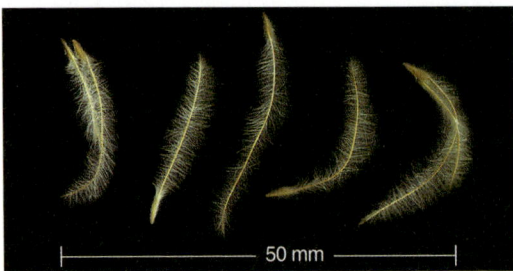

Abb. 5: Einzelfrüchte mit federartigem Griffel

Gut belegt ist das großflächige Vorkommen der Silberwurz unmittelbar nach Abschmelzen des Eises („Dryas-Zeit"). Als begleitende Art traten u.a. *Betula nana* L., *Empetrum nigrum* L., *Menyanthes trifoliata* L. und *Polygonum viviparum* L. auf [4].

– Das Holz von *D. octopetala* wird als weiß, weich und sehr elastisch beschrieben [4].

– In den Alpenländern verwendete man Silberwurz-Blätter früher als Tee („Schweizertee"). Außerdem wird ihnen Heilwirkung gegen Diarrhoe nachgesagt [4].

– SINCLAIR et al. [9] zählen *D. octopetala* zu den gegen Feuerbrand (Erreger: *Erwinia amylovora* (BURRILL) WINSLOW) empfindlichen Arten. Das Bakterium (Fam.: *Enterobacteriaceae*) wird durch Insekten, Vögel, Regentropfen und den Wind verbreitet, dringt durch Wunden, Blattnarben etc. ein und ruft Blattschwärzung sowie Triebsterben hervor.

Weiterführende Literatur

[1] ELLENBERG, H., 1997: Zeigerwerte der Gefäßpflanzen Mitteleuropas, 2. Aufl. Verlag Erich Goltze, Göttingen.

[2] FITSCHEN, J., 1994: Gehölzflora, 10. Aufl. Quelle und Meyer Verlag, Heidelberg.

[3] GODET, J.-D., 1986: Bäume und Sträucher. Arboris-Verlag, Hinterkappelen-Bern.

[4] HEGI, G., 1923: Illustrierte Flora Mitteleuropas, Bd. IV, 2. Lehmanns Verlag, München.

[5] KUGLER, H., 1970: Blütenökologie, 2. Aufl. Gustav Fischer Verlag, Stuttgart.

[6] MERXMÜLLER, H., 1969: Alpenflora. 22. Aufl. C. Hanser Verlag, München.

[7] OBERDORFER, E., 1970: Pflanzensoziologische Exkursionsflora für Süddeutschland. Verlag E. Ulmer, Stuttgart.

[8] SAKAI, A.; LARCHER, W., 1987: Frost Survival of Plants. Springer Verlag Berlin, Heidelberg, New York.

[9] SINCLAIR, W.A.; LYON H. H; JOHNSON, W. T., 1987: Diseases of Trees and Shrubs. Cornell Univ. Press, Ithaca and London.

Die Autoren:

Prof. em. Dr. PETER SCHÜTT
Lehrstuhl für Forstbotanik
Ludwig-Maximilians-Universität München
Am Hochanger 13
D-85354 Freising

ULLA M. LANG
Schützenstraße 6
D-82383 Hohenpeißenberg

Elaeagnus angustifolia LINNÉ, 1753

syn.:   Elaeagnus hortensis BIEB.

Schmalblättrige Ölweide   Familie: Elaeagnaceae

engl.: Russian olive, Oleaster, Silverberry
franz.: Olivier de Bohème
ital.: Olivastro, Eleagno
span.: Panji, Arbol del Paraiso

Abb. 1: Elaeagnus angustifolia. Relativ breiter Strauch

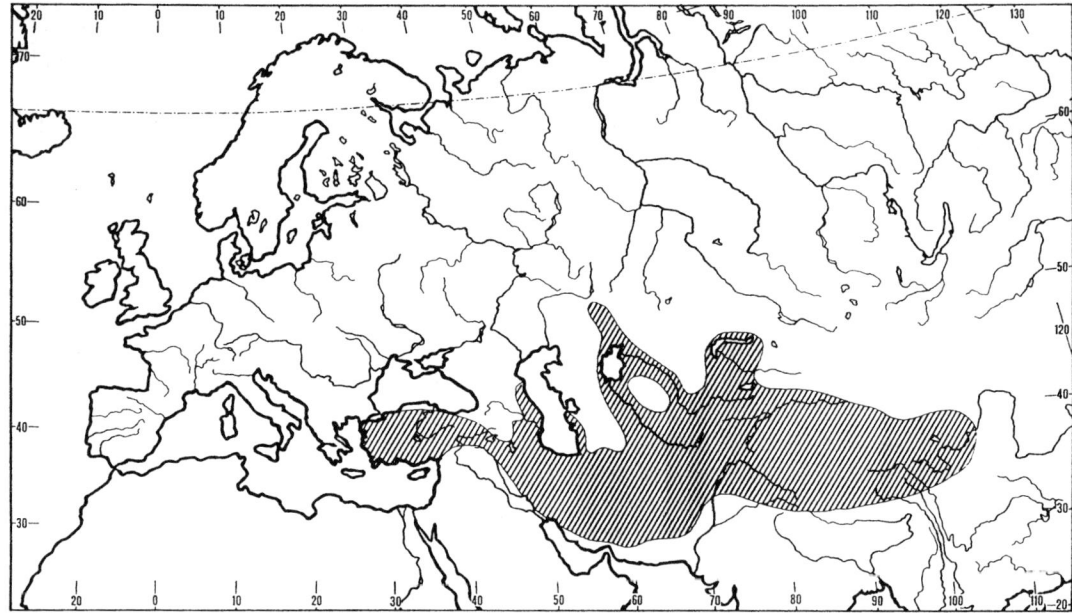

Abb. 2: Natürliches Areal (nach Meusel et al., 1978)

Die in Mittel- und Südeuropa häufig angebaute, aber dort nicht heimische, sommergrüne Art wächst zu einem kräftigen Strauch oder zu einem kleinen Baum heran. Sie zeichnet sich durch drei Besonderheiten aus:

1) Die silbergraue, sehr attraktive Belaubung verleiht ihr einen hohen Zierwert.
2) Sie ist in hohem Maße dürreresistent, gedeiht noch auf nährstoffarmen Böden mit hohem Kochsalzgehalt und spielt deswegen eine wichtige Rolle beim Erosionsschutz in ariden Gebieten.
3) Die Symbiose mit Luftstickstoff bindenden Bakterien macht sie weitgehend unabhängig vom Stickstoffgehalt des Bodens.

Die Früchte der Ölweide enthalten ein Öl, das im Orient als Speiseöl Verwendung findet. In Europa ist die Art seit 1683 in Kultur und in der Folgezeit verwildert. Sie kann heute in vielen Ländern, u.a. auch in Nordamerika als eingebürgert gelten.

Verbreitung

Beheimatet ist die Ölweide in den warm-kontinentalen Klimabereichen Eurasiens. Das Schwergewicht ihres natürlichen Areals liegt in West- und Zentralasien. Es reicht bis zum Altai-Gebirge und bis zur Wüste Gobi und umfaßt unter anderem die Ufer des Kaspischen und des Schwarzen Meeres, Armenien, den Kaukasus, Iran, Turkestan, Afghanistan und Mesopotamien [12].

Oft werden auch (zumindest) der östliche Teil des Mittelmeerraumes sowie die südlichsten Teile Mitteleuropas hinzugezählt. Diese Angaben sind jedoch nicht sicher belegt, denn E. angustifolia wird seit Jahrhunderten in Westasien und Europa in Kultur gehalten, verwilderte häufig und gilt daher an vielen Orten außerhalb des natürlichen Verbreitungsgebietes als eingebürgert [8]. Das trifft mit hoher Wahrscheinlichkeit für den größten Teil ihres mediterranen Vorkommens (z.B. Südfrankreich), überdies wohl auch für ihre europäische Nordgrenze in Mittelrußland, der CFR und Österreich zu.

Die Höhengrenzen im natürlichen Areal liegen nach MEUSEL [8]

im Himalaya zwischen 1800 und 2200 m

im Iran bei 2200 m

in West-Tibet zwischen 1500 und 3150 m

In Nordamerika hat man Ölweiden lange Zeit systematisch als Windschutz auf trockenen, nährstoffarmen Standorten des Mittleren Westens angebaut. Heute gilt die Art in 17 westlichen Staaten der USA als eingebürgert. Insbesondere in Uferbereichen wurde sie mancherorts zur dominierenden Baumart[1]. Für Aufforstungen und als Erosionsschutz auf nährstoffarmen Böden mit hohem Salzgehalt hat sich E. angustifolia auch in dürregefährdeten Lagen vieler anderer Länder bewährt, so u.a. in Ägypten, Algerien, China, Italien, Spanien und Ungarn.

1) For. Abstr. **47**, 5291, 1986

Abb. 3: Junger, blühender Zweig mit rotbrauner Rinde

Abb. 4: Holz, Querschnitt

Beschreibung

Erscheinungsbild

Ölweiden können im Habitus stark variieren. Oft wachsen sie strauchförmig, sind aber auch dann sehr formenreich und nicht homogen aufgebaut; vielfach werden sie zu kleinen, oft krummen, ein- oder mehrstämmigen Bäumen von maximal 8 m Höhe [5]. Die Verzweigung ist sympodial.

Junge Zweige haben zumeist eine silbrig-graue, später eine dünne, glänzend rotbraune Rinde mit Lenticellen. Die Borke älterer Stämme ist graubraun, längsrissig und löst sich in Streifen ab. Kennzeichnend ist ferner die Entwicklung von Sproßdornen (verdornte Kurztriebe), die auf trockenen, nährstoffarmen Standorten besonders kräftig ausgebildet sind [5].

In Windschutzstreifen der zentralasiatischen Steppe entwickeln Ölweiden reichlich Wurzelbrut und zahlreiche Absenker[2]. Auch in anderen Regionen verfügen sie über ein intensives Austriebsvermögen.

Bewurzelung

Ölweiden bilden von Anbeginn eine Pfahlwurzel mit gut entwickelten Seitenwurzeln 1. Ordnung aus. In Steppenböden Usbekistans finden sich die meisten Wurzeln von E. angustifolia bis in 2 m Bodentiefe. Die obersten 20–30 cm bleiben jedoch wurzelfrei[3]. Das Wurzelwachstum setzte im Frühjahr eher ein und schloß im Herbst später ab als das Sproßwachstum[4].

Holz

Das in einen gelblichen Splint und einen dunklen Kern differenzierte Ölweidenholz ähnelt dem Holz des Sanddorns (Hippophae rhamnoides). Die Gefäße sind ring- bis halbringporig verteilt, haben aber im Gegensatz zu Hippophae keine spiralförmigen Wandverstärkungen.

Der Gefäßdurchmesser nimmt vom Frühholz zum Spätholz deutlich ab (100–150 µm: ≈ 20 µm). Anders als bei Hippophae stehen die 1- bis 6-schichtigen Markstrahlen ganz unregelmäßig und sind nicht in Stockwerken angeordnet [7]. Das Spätholz wird in der Hauptsache aus dickwandigen Fasertracheiden aufgebaut, eingestreut finden sich einzelne Gefäße [4].

Abb. 5: Borke eines jungen (links) und eines alten Stammes

2) For. Abstr. **24**, 275, 1963
3) For. Abstr. **24**, 275, 1963
4) For. Abstr. **28**, 315, 1967

Blüten, Früchte und Samen

Ölweiden blühen im Mai/Juni. Zu dieser Zeit erscheinen in allen Teilen der Krone relativ kleine (ca. 10 mm), aber dennoch auffällige, glockenförmige Blüten ohne Kronblätter. Die 4 zu einer Röhre verwachsenen Kelchblätter haben einen vierteiligen Saum. Die Blüten stehen zu zweit oder dritt an einem gemeinsamen, 5–25 mm langen Stiel in Blattachseln, sind außen silbrig und innen goldgelb. Außer Zwitterblüten treten auch rein männliche Blüten auf. Stets beträgt die Zahl der Staubblätter 4. In den Zwitterblüten wird die Basis des Griffels eng von einem „Diskus" umschlossen.

Die Blüten der Ölweide riechen intensiv, scheiden Nektar ab und werden von Insekten bestäubt. Chromosomenzahl: $2n = 28$ [5]. **Blütenformel**: *K4 CO AO+4 G-1-

Nach dem Abblühen verwachsen mehrere Zellschichten des Blütenbodens mit dem Gewebe des Fruchtknotens zu einer außen weichen und fleischigen, innen aber harten, steinfruchtähnlichen Frucht („Scheinbeere" nach HEGI und OLSON). Diese ist länglich-eiförmig, bei Reife (Sept. bis Nov.) von hellgelber bis rötlicher Färbung und wird von Vögeln verbreitet. Das relativ süße, ölhaltige Fruchtfleisch umschließt einen länglich-elliptischen, 5–10 mm langen, längsgefurchten Kern. Der eigentliche Samen hat eine sehr harte Testa; Endosperm fehlt. Das Tausendkorngewicht liegt bei 100 g; das Keimprozent bei 70–100 [1].

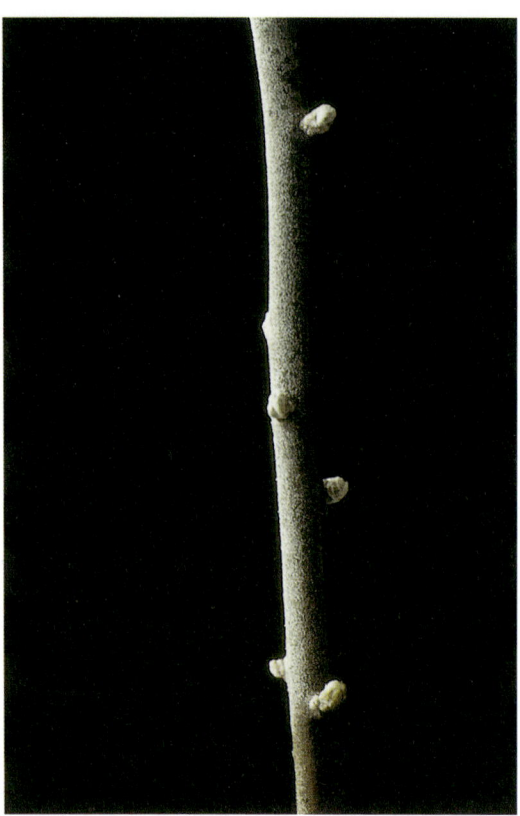

Abb. 6: Trieb mit Seitenknospen

Knospen, Blätter und junge Triebe

Die weißfilzigen, spiralig am Trieb inserierten Knospen haben viele Tegmente. Seitenknospen liegen dem Trieb an [15]. Die jungen Triebe sind anfangs silbrig glänzend behaart, werden später aber glänzend rotbraun und kahl.

Von anderen Elaeagnus-Arten ist die Beblätterung der Ölweide nur schwer zu trennen. Charakteristisch ist die schmal lanzettliche Blattform, verbunden mit dem beidseitigen Besatz von dicht anliegenden, sternförmigen Schuppenhaaren. Er verleiht der Oberseite eine graugrüne, der Unterseite eine glänzend silbrigweiße Farbe.

Die ganzrandigen Blätter enden mit einem mehr oder weniger stumpfen Apex, sind an der Basis verschmälert und münden in einen kurzen (3–8 mm), ebenfalls mit Schuppenhaaren besetzten Stiel [10]. Länge der Blätter: 5–8 cm, Blattbreite: 8–25 mm. Die Blattstellung ist welchselständig.

Abb. 7: Junger Trieb mit Blüten

---

5) nach GARCKE, 1972: Illustrierte Flora, 23. Aufl.

Abb. 8: Früchte

Anzucht

Nach der Ernte (September bis Dezember) sollte das Fruchtfleisch entfernt werden. Getrocknete Früchte oder gereinigte Kerne mit einem Wassergehalt von 6–14 % bleiben nach Lagerung bei 1–10 °C in geschlossenen Gefäßen bis zu drei Jahren keimfähig [9]. Pro Pfund rechnet man mit ca. 3200 getrockneten Früchten.

Keimhemmende Substanzen im Perikarp verursachen eine Winterruhe des Saatgutes, die sich durch 1–3 Monate lange Stratifikation (1–10 °C) und eine 30- bis 60-minütige Behandlung mit konzentrierter Schwefelsäure aufheben läßt. Ölweiden keimen epigäisch. Die ledrigen, glänzenden Keimblätter sind kahl und am Rande ein wenig eingerollt.

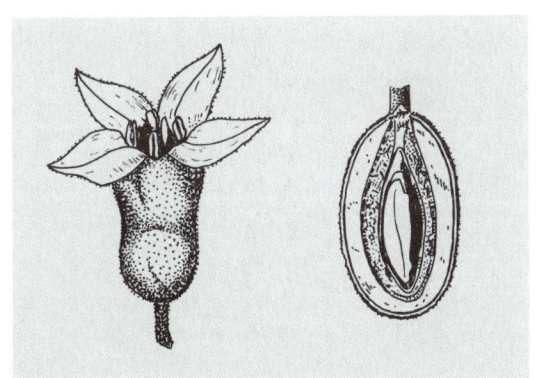

Abb. 9: Blüte (3 x nat. Größe) und Frucht, längs geschnitten (2 x nat. Größe) (nach de La Torre, 1971)

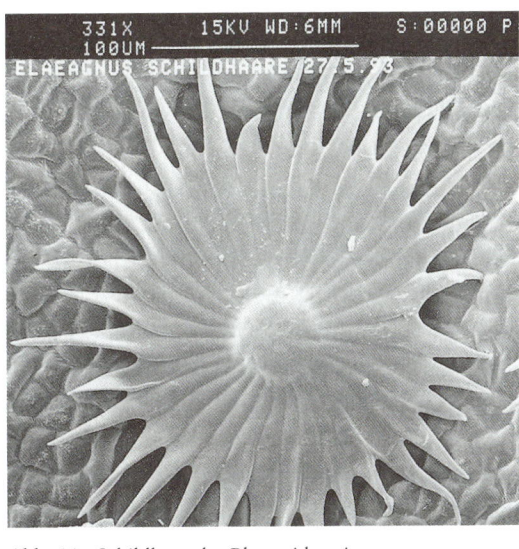

Abb. 11: Schildhaar der Blattepidermis

Abb. 10: Steinkerne

Demgegenüber tragen die ebenfalls gegenständig angeordneten Folgeblätter eine dichte, silbergraue Behaarung und am Grunde kleine Nebenblätter. OLSON [9] empfiehlt das Mulchen der Keimbeete, weil Elaeagnus-Keimlinge sehr empfindlich auf durch Regen verspritzte Bodenteilchen reagieren. Ausgepflanzt wird i.a. mit ein- oder zweijährigen, nicht verschulten Sämlingen.

Stecklingsbewurzelung ist im Prinzip möglich, aber selbst nach Wuchsstoffbehandlung sehr langwierig. Die günstigste Zeit zur Steckholzvermehrung liegt im Februar [1]. Positive Resultate liegen für die Vermehrung über Sproßspitzenkulturen vor[6].

---

6) Acta Horticulturae **227**, 363–368, 1988

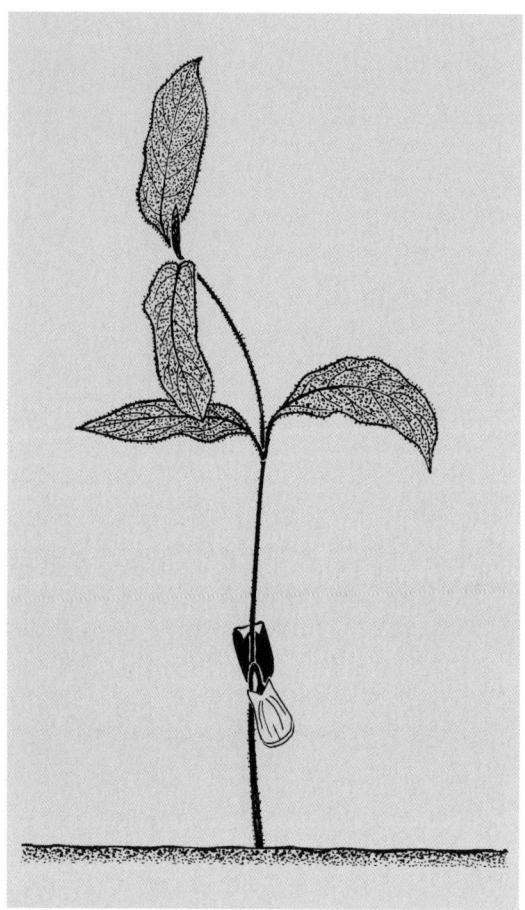

Abb. 12: Keimling, (nat. Größe), Sproßachse und Primärblätter stark behaart.

Taxonomie und genetische Differenzierung

Die Gattung Elaeagnus (Ölweiden) stellt eine von 3 Genera der Elaeagnaceae dar. Sie zerfällt in etwa 40 Baum- und Straucharten, welche als gemeinsames Merkmal u.a. eine kurze, silbrige Behaarung von Blatt und Sproß aufweisen.

Elaeagnus angustifolia gilt als morphologisch vielgestaltig. SCHNEIDER [14] unterteilt die Art in 4 Varietäten, die sich hauptsächlich in Bezug auf die Form und Behaarung der Blattorgane unterscheiden.

– E. angustifolia var. angustifolia (= E. inermis MILL.): Blätter lanzettlich oder lineal, beiderseits silbrig, aber ohne Sternhaare.
– E. angustifolia var. spinosa C.K.Schn.: Blätter eiförmig oder elliptisch, 3–7 cm lang, Sprosse meist bedornt.
– E. angustifolia var. songerica Fisch: Blätter beiderseits weich filzig behaart, meist mit Sternhaaren.
– E. angustifolia var. orientalis Dipp.: Alle Teile nicht schülferig sondern weich-zottig bis filzig behaart. Zweige verdornt oder nicht. Früchte bis 2 cm lang.

Eine geographische oder standörtliche Zuordnung dieser Varietäten erfolgte nicht. Rehder [11] nennt nur die Varietäten spinosa und orientalis.

Klima und Standort

E. angustifolia zeichnet sich durch drei ökologische Besonderheiten aus: Winterhärte, Dürrefestigkeit und Toleranz gegen Bodenversalzung. Die Kombination dieser Eigenschaften macht die Art zu einer wichtigen Komponente des Erosionsschutzes in ariden Gebieten. Dazu trägt auch das intensive Austriebsvermögen bei. Einmal etabliert, sind Ölweiden nur noch schwer unter Kontrolle zu halten.

An den Nährstoffgehalt und die Struktur des Bodens stellt E. angustifolia nur geringe Ansprüche. So werden unter anderem besiedelt:

– Gips- und Tonböden im mittleren Spanien[7)]
– flachgründige, stark verkarstete, alkalische Tonböden in Ungarn[8)]
– Polder-Böden in den Niederlanden[9)]
– stark versalzte Standorte (Salzgehalt des Bodens: 0,6–1,5 %)[10)]. Auf Solonez-Böden bewirkt der Ölweiden-Anbau eine Vergrößerung des Porenvolumens sowie eine Erhöhung der Permeabilität und des Wassergehaltes[11)]
– küstennahe Dünensande der Krim unter ständigem Einfluß von Salzwasser-Gischt[12)].

In den ariden und semiariden Zonen Zentralasiens wächst die Art von Natur aus als Ufergehölz in Mischung mit Populus pruinosa[13)]. Am Asow'schen Meer gedeiht sie auf ärmsten Standorten bei Jahresniederschlägen zwischen 311 und 380 mm[14)]. Wie Erlenarten und der nahe verwandte Sanddorn geht E. angustifolia mit stickstoffbindenden Strahlenpilzen (Actinomyceten) der Gattung Frankia eine Symbiose ein. Die Stickstoffbindung findet in Wurzelknöllchen (Rhizothamnien) statt. Sie kommt dem Baum unmittelbar zugute, macht ihn weitgehend unabhängig vom N-Gehalt des Bodens und führt zu erheblichen Wachstumssteigerungen [2].

7) For. Abstr. **52**, 6555, 1991
8) For. Abstr. **11**, 1024, 1950
9) For. Abstr. **9**, 242, 1947
10) For. Abstr. **21**, 1536, 1960
11) For. Abstr. **21**, 4148, 1960
12) For. Abstr. **48**, 5246, 1987
13) For. Abstr. **10**, 2851, 1948
14) For. Abstr. **43**, 5073, 1982

Abb. 13: Baumförmige Ölweide im Burgenland. Die breite Krone beruht auf Mehrstämmigkeit.

Nutzung

Ölweiden werden seit eh und je vom Menschen in Kultur genommen. Anlaß dazu gab ihr Zierwert sowie die Verwendung der Früchte als Obst (0,33 mg Vitamin C pro g Fruchtfleisch)[15], für alkoholische Getränke und zur Herstellung von Speiseöl. Das Holz ist von geringer Qualität, liefert aber recht dauerhafte Zaunpfähle und wird in vielen Regionen Asiens als Brennholz geschätzt. Wesentlich größere Beachtung verdient die ökologische Bedeutung der Art. Große Genügsamkeit, Toleranz gegenüber extremen Klimabedingungen sowie ein erstaunliches Regenerationsvermögen erklären ihre Fähigkeit zur Bodenfestigung und damit ihren Wert für den Erosionsschutz in ariden Regionen. Verwendet wird sie ebenfalls zur Anlage von Windschutzgehölzen.

Pathologie

Innerhalb ihres natürlichen Areals wird E. angustifolia viel seltener von Krankheiten befallen als außerhalb. Gravierende Schäden werden vor allem in nordamerikanischen Anbaugebieten registriert. Sie gehen vornehmlich auf drei pathogene Pilzarten zurück [16, 6].

– Phomopsis arnoldiae (syn. P. elaeagni) befällt Ölweiden aller Altersklassen. Blattwelke als erstes deutliches Symptom, dann Rindennekrosen und Stammkrebse. Große Verluste auch in Baumschulen von BC, Ontario und Quebec. Die Krankheit wurde aus Europa eingeschleppt.
– Lasiodiplodia theobromae (Konidienform von Botrosphaeria rhodena). Weitverbreitet im Mittleren Westen. Befällt Blätter, Zweige und Stämme (Rindennekrose). Erhebliche Ausfälle in Windschutzstreifen.
– Tubercularia ulmea (Deuteromycetes). Wiederum ein Rindenparasit, der im Mittleren Westen der USA starke Ausfälle hervorruft. Erst Welkeeffekte, dann Absterben von Zweigen und Stämmen.

Weniger gefährlich aber weiter verbreitet als diese drei Rindenparasiten ist Cercospora elaeagni, der Erreger einer Blattkrankheit. Er ruft 1–2 mm weite, helle Flecke mit braunem Rand hervor und grassiert außer in Nordamerika auch in der Toscana. Insekten sind an der Ölweide kaum schädlich geworden; und auch gegen Immissionen ist die Art offenbar wenig empfindlich. Das gilt zumindest für Fluorwasserstoffe [16] und Ammoniak, mit Einschränkung auch für SO_2.

---

15) For. Abstr. **12**, 647, 1950/51

Verschiedenes

– Unter zahlreichen, langfristig getesteten Arten erwies sich E. angustifolia (neben Schneebeere und Erbsenstrauch) als besonders widerstandsfähig gegen Auftausalze [13].

– Ölweiden produzieren gerade so viel Nektar, daß der unmittelbare Bedarf der bestäubenden Bienen gedeckt wird. Als Honigtracht eignet sich die Art daher nicht[16].

16) For. Abstr. 40, 2897, 1979

Weiterführende Literatur

[1] Bärtels, A., 1989: Gehölzvermehrung, 3. Aufl., Verl. E. Ulmer, Stuttgart.

[2] Gardner, I.C., 1958: Nitrogen fixation in Elaeagnus root nodules. Nature 181, 4610, 717–718.

[3] Graham, S.A., 1964: The Elaeagnaceae in the Southeastern United States. J. Arnold Arb. 45, 274–278.

[4] Greguss, P., 1945: Bestimmung der mitteleuropäischen Laubhölzer und Sträucher auf xylotomischer Grundlage. Ungarisches Naturwiss. Museum, Budapest.

[5] Hegi, G., 1926: Illustrierte Flora von Mitteleuropa. Band V, Teil 2, 727–731, J.F. Lehmanns Verlag, München.

[6] Hepting, G.H., 1971: Diseases of forest and shade trees of the United States. USDA Forest Service, Agric. Handbook No. 386, Washington, DC.

[7] Huber, B.; ROUSCHAL, C., 1954: Mikroskopischer Atlas mediterraner Hölzer. Fritz Haller-Verlag, Berlin.

[8] Meusel, H. et al., 1978: Vergleichende Chorologie der Zentraleuropäischen Flora, VEB Gustav Fischer Verlag, Jena.

[9] Olson, D.F., Jr., 1974: Elaeagnus L. In: SCHOPMEYER, C.S.: Seeds of woody plants in the United States. USDA, Agric. Handbook No. 450, Washington, DC.

[10] Pokorny, A., 1864: Österreichs Holzpflanzen, Wien.

[11] Rehder, A., 1986: Manual of cultivated trees and shrubs hardy in North America. 2. ed. Dioscorides Press, Portland, Oregon.

[12] Ruiz de la Torre, J., 1971: Arboles y arbustos de la Espana Peninsular, Madrid.

[13] Schiechtl, H.M., 1983: Gehölze an Autobahnen. Welche sind auf Dauer salzresistent? Garten und Landschaft, Heft 11, 876–882.

[14] Schneider, C.K., 1912: Illustriertes Handbuch der Laubholzkunde, Bd. II, Gustav Fischer-Verlag, Jena.

[15] Schretzenmayr, M., 1951: Bestimmungsschlüssel für die wichtigsten Laubhölzer im Winterzustand. Verlag Gustav Fischer, Jena.

[16] Sinclair, W.A.; LYON, H.H.; JOHNSON, W.T., 1987: Diseases of Trees and Shrubs. Cornell Univ. Press, Ithaca, London.

Die Autoren:

Prof. Dr. PETER SCHÜTT
Lehrstuhl für Forstbotanik
Ludwig-Maximilians-Universität München
Hohenbachernstraße 22
D-85354 Freising

ULLA M. LANG
Schützenstraße 6
D-82383 Hohenpeißenberg

Empetrum nigrum L., 1753

Schwarze Krähenbeere, Krähenbeere,   Familie: Empetraceae
Schwarze Rauschbeere

engl.: Black crow berry
franz.: Camerine noir
ital.: Moretta comune

Abb. 1: Empetrum nigrum. Beblätterter Zweig mit reifen Früchten (beerenartige Steinfrüchte) (Foto: S. Hamberger)

Empetrum nigrum ist ein wintergrüner, unscheinbar blühender Zwergstrauch.

Auffällig sind die nach unten eingerollten Ränder der schmalen, glänzend dunkelgrünen Laubblätter, deren Unterseite dadurch rillig vertieft erscheint. Außerdem fallen die saftigen, beerenartigen, blauen Steinfrüchte auf. Sie sind essbar und stellten früher für die eingeborene Bevölkerung NW-Amerikas und Nordrusslands einen wichtigen Teil der Nahrung dar.

E. nigrum vermehrt sich durch die Bewurzelung dem Boden aufliegender Sprosse vorwiegend vegetativ.

Die sehr standortsvage Art kommt sowohl auf Hochmooren und Küstendünen wie auf schneereichen Nordhängen der Alpen und in höheren Lagen der Mittelgebirge vor. Im Norden Skandinaviens und Russlands bildet sie ausgedehnte Reinbestände. Man unterscheidet zwei geographisch und morphologisch differierende Unterarten.

Der Gattungsname geht auf das griechische Wort „empetron" (= auf Felsen wachsend) zurück. In den Alpen stellen die Früchte eine wichtige Nahrung für Krähen dar. Deswegen der Trivialname „Krähenbeere".

Verbreitung

Empetrum nigrum ist im nördlichen Bereich der Nordhemisphäre zirkumpolar verbreitet, dringt aber in den Höhenlagen der Gebirge weit nach Süden vor. Die Nordgrenze des Areals liegt in Spitzbergen bei 78° 30`, in Westgrönland bei 79° 7` n.Br. [2].

Vertreten ist die Art u. a. in Ostasien, so auf Kamtschatka, in Japan und Korea, außerdem im Kaukasus, Ural und Altai. In Europa findet man sie in den Alpen, den Pyrenäen, in zahlreichen Mittelgebirgen (u. a. Thüringer Wald, Harz, Schwarzwald), weiterhin im Baltikum, auf den Britischen Inseln sowie in den Dünen der Nord- und Ostsee-Küste [2, 8].

BRAUN-BLANQUET [2] grenzt den Höhenbereich des alpinen Vorkommens auf Lagen zwischen 3040 m (Graubünden) und etwa 1700 m ü. NN ein (Ausnahme: Lenggries, Obb. bei 900 m ü. NN).

Als weitere Höhengrenzen werden genannt [2]:

Kaukasus	2100 bis 3050 m
Pyrenäen	bis 2600 m
Tessin	1800 bis 2800 m
Bayer. Alpen	1600 bis 2050 m
Berner Oberland	bis 2800 m
Großer Arber	1300 bis 1400 m

In Norddeutschland wächst die Krähenbeere hauptsächlich auf Küstendünen und in Hochmooren. In den Mooren des Alpenvorlandes fehlt sie [2].

Beschreibung

E. nigrum ist ein reich verzweigter und dicht beblätterter, wintergrüner Zwergstrauch (Höhe 10–45 cm), von dessen niederliegendem Stamm zahlreiche bogig aufstrebende Zweige abgehen. Im Norden British Columbias sind die Stämme der nur 15 cm hohen Pflanzen mit langen, wolligen Haaren besetzt [10], normalerweise haben sie aber eine graubraune, abschülfernde Rinde. Zu erwähnen sind ferner die kräftige Hauptwurzel und die deutlich erkennbaren Jahrringe [2].

Auf der Halbinsel Kola (67° 11`) erreicht *E. nigrum* ein Höchstalter von 80 Jahren [2].

Blätter und junge Triebe

Die fast nadelförmigen, glänzend dunkelgrünen Laubblätter sind wechselständig, oft auch zu viert (3–5) in Scheinquirlen angeordnet. Sie werden 4 bis 6 (3–7) mm lang, 1 bis 2 mm breit, sind sehr kurz gestielt (0,5 mm) und haben nach unten eingerollte Ränder. Dadurch entsteht unterseits eine kleine Furche. Die Oberseite ist kahl oder schwach bewimpert, weist keine Spaltöffnungen auf, hat eine stark verdickte Epidermis-Außenwand und eine relativ dicke Cuticula. Im Mesophyll überwiegt die stark entwickelte Palisadenschicht. In sonnenexponierter Höhenlage ermittelte man: 56 % Palisadenparenchym, 32 % Schwammparenchym, 12 % Epidermis incl. Cuticula [2]. Nahe dem Apex ist der Blattrand fein gezähnt [6].

Krähenbeeren-Blätter sterben im 2. Jahr ab [8].

Junge Triebe haben anfangs eine hellbraune bis rötlichbraune Farbe und sind kurz behaart. Später verkahlen sie [6, 8]. In Zwergstrauchheiden Dänemarks wachsen die dem Boden aufliegenden Sprossachsen jährlich 10 bis 15 cm in die Länge [2].

Blüten, Früchte und Samen

E. nigrum blüht im Mai/Juni. Die unscheinbaren, blass- bis purpurroten, meist eingeschlechtigen Blüten sind ein- oder zweihäusig verteilt, stehen einzeln in Blattachseln und gehäuft an den Zweigenden. Oft sind Reste des anderen Geschlechts vorhanden. Der Blütenstiel wird von häutigen Hochblättern umgeben [8]. Nach einer anderen Quelle überwiegen Zwitterblüten [7].

Die meist dreizähligen Blüten bestehen aus 3 breit ovalen, grünlich gelben, oft etwas rot getönten, 1 bis 2 mm langen Kelchblättern, 3 etwa doppelt so langen, purpurroten, keilförmigen Petalen, 3 (selten 2) weit über die Blütenkrone hinausragenden, dunkelpurpurfarbenen Staubblättern, deren Antheren sich mit Längsspalten öffnen und/oder einem oberständigen, 6- bis 9-fächerigen Fruchtknoten mit kurzem, dickem Griffel und 6 bis 9 Narbenstrahlen [2, 7].

Ein am Grunde des Fruchtknotens befindlicher, fleischiger Diskus sezerniert reichlich Nektar.

Die Bestäubung kann durch Fliegen, Bienen und Hummeln erfolgen; Windbestäubung dürfte aber die Regel sein [2].

Die bei Reife im August/September schwarz glänzenden, kugelrunden und 6 bis 8 mm großen, beerenartigen Steinfrüchte enthalten 6 bis 9 raue, dreiseitige Steinkerne mit je einem Samen. Sie sind ungiftig, schmecken bei Alpen-Herkünften bitter, bei arktischen Populationen aber süßlich und reifen sogar unter Schnee [2].

Die Verbreitung erfolgt durch Vögel (Krähen und Schneehühner, Birkwild, Kolkraben und Raubmöven) oder endozoisch durch Füchse, Bären, Eichhörnchen, Elche und Rentiere [2].

Die relativ langen, weißen Samen haben eine dünne Testa, ein fleischiges Endosperm und keimen oft erst nach jahrelanger Ruhezeit [2, 10]. Die Chromosomenzahl beträgt x = 13 [5].

Genetische Differenzierung

Die zu den Empetraceen gehörende Gattung *Empetrum* enthält nur zwei Arten: außer *E. nigrum* die in der südlichen Anden-Kette bis Feuerland vorkommende *E. rubrum* WILLD.

E. nigrum L. wird aufgrund herkunftstypischer Verschiedenheiten in zwei Unterarten geteilt [3, 8]:

– ssp. *nigrum*: Niederliegende Zweige bis 120 cm lang und Wurzeln schlagend, junge Triebe rötlich, Blätter 3- bis 5-mal so lang wie breit. Blüten meist getrenntgeschlechtig. Chromosomenzahl 2n = 26 (diploid)

  Heimat: Eifel, Rhön, Harz, Thüringer Wald, Fichtel- und Erzgebirge, Schwarzwald sowie Dünen der Nord- und Ostseeküste. Fehlt in den Alpen.

– ssp. *hermaphroditum* (LANGE) BÖCH.: Niederliegende Zweige, bis 50 cm lang, treiben keine Wurzeln, Wuchs eher aufrecht. Junge Triebe grünlich, Blätter 2- bis 4-mal so lang wie breit. Blüten meist zwittrig. Chromosomenzahl 2n = 52 (tetraploid). Heimat: Alpen (1700 bis 3000 m), Arktis.

Ökologie

Während die Art im nördlichen Fennoskandien, in Nordrussland und auf Island in ausgedehnten Reinbeständen vorkommt, findet man sie in den Alpen zwischen 1700 und 3000 m meist in Mischung mit *Loiseleuria procumbens*, *Rhododendron ferrugineum* und *Vaccinium uliginosum* [2].

Bevorzugt werden hier schneereiche, nordexponierte Hänge, auch frische bis feuchte, humusreiche, saure Fels-, Sand- oder Torfböden besiedelt [7]. In den Rätischen Alpen weisen derartige Zwergstrauchheiden einen pH von 4,2 bis 4,9 auf [2].

E. nigrum ist eine standortsvage Art, denn sie wächst auf Hochmooren wie auf trockenem Dünensand, in sonnigen Felsspalten wie arktisch alpinen Zwergstrauchheiden. Das gilt im Wesentlichen auch für Nordamerika, wo sie zu den häufigen Florenelementen der alpinen Tundra und der kalten Nadelwälder gehört [10].

Hinsichtlich der Lichtansprüche wird die Krähenbeere zwischen Licht- und Halbschattenpflanzen eingestuft [7]. In den Kiefernwäldern der russischen Taiga ist ihre generative Vermehrung weigehend an das Vorhandensein am Boden liegender, verrottender Stämme gebunden, denn die Samen keimen fast nur auf Totholz [1]. In der Hauptsache vermehrt sich die Art aber vegetativ. So wachsen die dem Boden anliegenden Sprosse in den Hochlagen der Alpen bis zu 20 cm, in der Arktis 1 bis 2 cm pro Jahr in die Länge [8].

Gegen Salzwasser ist *E. nigrum* empfindlich [8].

Nutzung

Gegenstand der Nutzung sind allein die reifen Früchte. Für Zentral-Finnland rechnet man mit Ernten von 1,5 kg pro Hektar [14], und insgesamt liegen die Vorräte mit 350 Mio. kg höher als bei Preisel- (180–200 Mio. kg) und Heidelbeere (150–200 Mio. kg) [13].

Speziell in NO-Europa und im Nordwesten Amerikas werden die Früchte roh gegessen, zu Saft, Obstwein und Obsttorten verarbeitet. In gefrorenem Zustand sind sie besonders schmackhaft. Slave-Indianer sammeln sie während des Winters unter der Schneedecke [10].

Verschiedenes

– Athapaskan- und Carrier-Indianer aus dem Nordwesten Amerikas verzehren *Empetrum*-Beeren roh und gekocht, außerdem in Mischung mit Bärenfett sowie nach entsprechender Zubereitung als Gebäck in den Wintermonaten [10]. In Grönland ist die Zubereitung mit Seehundspeck verbreitet, und auf Island setzt man die Früchte der sauren Milch zu [2].

– In größeren Mengen verzehrt, rufen Krähenbeeren Schwindelgefühl und Kopfschmerzen hervor [2]. Die vegetativen Teile der Pflanze gelten als schwach giftig [15], nicht jedoch die Früchte [4].

– Reife Beeren enthalten Anthocyane, die man früher verwendete, um Wolle violettblau zu färben [16].

– Krähenbeeren stellen für Bären offenbar einen Leckerbissen dar, vom Weidevieh werden sie jedoch nicht gefressen [2, 10].

Abb. 2: Pflanze mit Blüten und Früchten, nach [17]

– Verbissschäden, simuliert durch Rückschnitt von (a) Seitenzweigen und (b) Blütenknospen, führen im Folgejahr zu vermindertem Wachstum und weniger Verzweigungen sowie zu einer Erhöhung der Blütenzahl (b), bzw. zu einem Anstieg der Verzweigungszahl (a) [12].

– Wässrige *Empetrum*-Extrakte (20%) hemmten signifikant die Samenkeimung von *Pinus sylvestris, Betula pendula* und *B. pubescens*. Schwache Konzentrationen (1%) blieben ohne Wirkung [9]. Zweigextrakte wirkten außerdem toxisch gegen 9 ausgewählte Pilzarten [11].

– Über Krankheitserscheinungen an *E. nigrum* ist wenig bekannt. Als pilzliche Erreger treten auf: *Chrysomyxa empetri* (Pers.) Rostr., *Pseudophacidium smithianum* Bound. und *Sphaeropeziza empetri* Rostr.

Wichtigstes Schadinsekt ist die Gallmilbe *Eriophyes empetri* Lindroth. Sie löst hexenbesenartige Wucherungen aus und führt zu verkürzten Sprossen, kleineren, blasseren Blättern und vergrünten Büten [2].

– Im Mittelalter nutzte man Blätter und Samen (Herba et Semen Empetri) als Antiscorbuticum und Diureticum, die Blätter fügte man außerdem mancherlei medizinischen Umschlägen bei. Auf Kamtschatka sind Krähenbeeren noch heute als Mittel gegen Skorbut in Gebrauch [2].

Literatur

[1] ANTONOVA, V. I., 1981: The population structure of Empetrum nigrum (Empetraceae) in the northern taiga pine forests. Botanicheskii Zhurnal 66, 9, 1254-1265.

[2] BRAUN-BLANQUET, J., 1926: Empetraceae, Krähenbeerengewächse. In HEGI, G., Illustrierte Flora von Mitteleuropa. Bd. V, Teil 3. J. F. Lehmanns Verlag, München.

[3] FITSCHEN, J., 1994: Gehölzflora. 10. Aufl. Quelle und Meyer Verlag Heidelberg, Wiesbaden.

[4] FROHNE, D.; PFÄNDER, H. J., 1982: Giftpflanzen. Ein Handbuch für Apotheker, Ärzte, Toxikologen und Biologen. Wiss. Verlagsges. Stuttgart.

[5] GARCKE, A., 1972: Illustrierte Flora, 23. Aufl. Verlag Paul Parey, Berlin und Hamburg.

[6] GODET, J.-D., 1983: Knospen und Zweige der einheimischen Baum- und Straucharten. J. Neumann-Neudamm.

[7] GODET, J.-D., 1984: Blüten der einheimischen Baum- und Straucharten. J. Neumann-Neudamm.

[8] HECKER, U., 1995: BLV Handbuch Bäume und Sträucher. BLV Verlagsgesellschaft München, Wien, Zürich.

[9] HYTONEN, J., 1992: Allelopathic potential of peatland plant species on germination and early seedling growth of Scots pine, silver birch and downy birch. Silva Fennica 26, 2, 63-73.

[10] MACKINNON, A.; POJAR, J.; COUPÉ, R. (edts.): Plants of Northern British Columbia. Lone Pine Publishing, Edmonton, Alb., Canada.

[11] MCCUTCHEON, A. R.; ELLIS, S. M. et al., 1994: Antifungal screening of medicinal plants of British Columbian native peoples. J. Ethnopharmacology 44, 3, 157-169.

[12] MUTIKAINEN, P.; OJALA, A., 1993: Simulated herbivory and air pollution: growth and reproduction of an evergreen dwarf shrub, Empetrum nigrum. Acta Oecologia 14, 6, 771-780.

[13] RAATIKAINEN, M., 1988: Estimates of wild berry yields in Finland. Acta Botanica Fennica 136, 9-10.

[14] RAATIKAINEN, M; ROSSI, E. et al., 1984: Yields of edible wild berries in Central Finland. Silva Fennica 18, 3, 199-219.

[15] ROTH, L.; DAUNDERER, M.; KORMANN, K. 1994: Giftpflanzen – Pflanzengifte. ecomed Verlagsges. Landsberg/Lech.

[16] SCHWEPPE, H., 1993: Handbuch der Naturfarbstoffe. ecomed Verlagsges. Landsberg/Lech.

[17] WEBER, J. C., 1872: Die Alpenpflanzen Deutschlands und der Schweiz. Vierter Band (Blatt 301–400), erschienen bei Christian Kaiser in München.

Die Autoren:

Prof. em. Dr. PETER SCHÜTT
Lehrstuhl für Forstbotanik
Ludwig-Maximilians-Universität München
Am Hochanger 13
D-85354 Freising

ULLA M. LANG
Schützenstraße 6
D-82383 Hohenpeißenberg

Erica tetralix LINNÉ, 1753

Glocken-, Sumpf- oder Doppheide

Familie: Ericaceae
Unterfamilie: Ericoideae

engl.: Cross-leaved heath
franz.: Bruyère à quatre faces
ital.: Scopa

Abb. 1: Erica tetralix. Bestand auf einer grauen Düne in Nord-
jütland

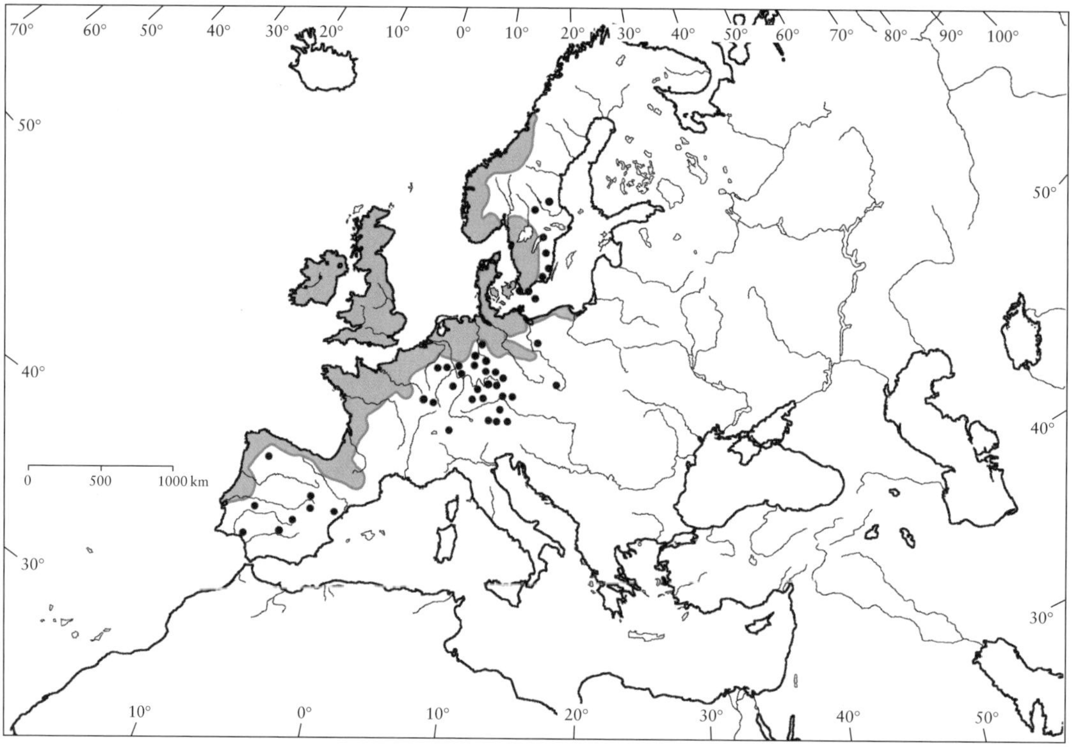

Erica tetralix

Abb. 2: Natürliches Areal, nach WALTER [27], • = Einzelvorkommen

Erica tetralix, ein 15 bis 50 cm hoher, immergrüner Zwergstrauch, wächst natürlich auf feuchten, küstennahen Heiden und Mooren, dringt aber auch häufig ins Binnenland vor. Wegen ihrer attraktiven rosa bis roten Blütenfarbe und der lang andauernden Blütezeit ist die Art seit langem in vielen Variationen in Kultur. Durch Entwässerungsmaßnahmen in Hochmooren ist sie derart im Rückgang begriffen, daß sie bei uns als schutzbedürftig eingestuft wird [1, 7]. Wegen ihres Gerbstoffgehaltes gilt sie als schwach giftig. Ihr Höchstalter wird mit ca. 20 Jahren angegeben [2]. Stämmchen von 5,5 mm Durchmesser zählten 19 Jahrringe [13].

Verbreitung

Die Glockenheide ist ein typisch atlantisches bis subatlantisches Florenelement [20]. Sie kommt in einem Küstenstreifen von Mittel-Portugal bis nach Mittel-Norwegen (ca. 65° n.Br.), von Süd-Schweden (Södermannland und Värmland) [11, 14] bis Zentralfinnland [4] vor und besiedelt auch die südliche Ostseeküste bis zum Baltikum, wo nur Einzelvorkommen zu registrieren sind [14]. Auch die Britischen Inseln und Island gehören zum natürlichen Areal [14, 28]. In der Sierra Morena in Spanien liegt ihr südlichstes Vorkommen [11, 14]. Verbreitet ist *Erica tetralix* ferner in N-, M- und Westfrankreich. Das Areal umfaßt auch das atlantisch geprägte NW-Deutschland [13]. Vereinzelte Vorkommen findet man in Westfalen, in der Eifel und im Westerwald, in Niedersachsen (südl. bis zum Solling), im Elbegebiet südlich bis Meißen [11], aber auch in der Rheinpfalz [22], im Maingebiet bei Aschaffenburg und Frankfurt [11] sowie im Vogtland. Ferner kommt die Art auf den Hochmooren der Karpaten [23, 30] und in Siebenbürgen [16] vor. Isolierte Vorkommen bestehen in der Lausitz und in Schlesien [11]. In Nordamerika wurde *Erica tetralix* eingebürgert und findet sich heute in Maine, O-Massachusetts [24] und W-Virginia [21].

Die Art ist charakteristisch für die niederen Küstenregionen [14], doch erreicht sie in Spanien und Frankreich ihre Höhengrenze bei 2200 m, im Vogtland bei 600 m ü. NN.

Beschreibung

Die Glockenheide ist ein immergrüner, aufrecht wachsender, 15 bis 50 cm hoch wachsender Zwergstrauch, der selten auch einmal 70 cm groß werden kann. Seine dünnen Zweige stehen aufrecht. Das Zweigsystem stellt ein Sympodium nach dem Architekturmodell von Leeuwenberg dar. Vegetative Kurztriebe und Ausläufer werden nicht gebildet. *Erica tetralix* bildet ein dichtes Wurzelsystem mit Endomykorrhizen [2] vom ericoiden Typ aus.

Junge Triebe und Knospen

Junge Triebe sind braun berindet und weißlich flaumig behaart. Hinzu kommen noch zerstreut stehende, bis 1 mm lange, zottige Haare und kürzere Drüsenhaare. Mit zunehmendem Alter werden die Triebe etwas rauhhaariger [17]. Die in der 1. Jahreshälfte gebildeten Internodien sind länger als die später angelegten [11]. Winterknospen werden nicht ausgebildet [2].

Blätter

Die Jahrestriebe beginnen mit 3 bis 4 Wirteln von Schuppenblättern. Die waagerecht abstehenden, nadelförmigen Folgeblätter variieren in der Größe und Behaarung, sind i.a. 4 bis 5 mm lang, nur bis 1 mm breit und ganzrandig. In der Regel sind sie oberseits dunkelgraugrün und kurz flaumig behaart. Sie stehen meist zu viert, seltener nur zu dritt in lockeren Wirteln. Blätter unmittelbar aufeinanderfolgender Quirle sind gegeneinander versetzt. Ihre Lebensdauer liegt bei etwa 2 Jahren [12]. Die 1 bis 2 mm langen, behaarten, gelblichen Blattstiele liegen den Sprossen an und tragen an der Basis eine bräunlichrote Schwiele.

Die unbehaarten Ränder der lineal-lanzettlichen Blätter sind nach unten umgebogen, so daß das Blatt auf der Unterseite eine mit weißem Haarfilz ausgekleidete, offene, zur Basis hin breit auslaufende Rinne aufweist, in der der grünliche, unbehaarte Mittelnerv stark in Erscheinung tritt. Die seitliche Begrenzung der Blätter entspricht also nicht dem echten Blattrand. Der falsche Blattrand ist mit 0,5 bis 1 mm langen Drüsenhaaren besetzt, deren rote Drüsenköpfe leicht abfallen. Die Blattspitze läuft in einem langen Drüsenhaar aus.

Die Blätter reichern im Winter Anthocyane an [13].

Blüten

Die rosafarbenen bis fleischroten, selten auch weißen Blüten sind in terminalen, mehr oder weniger allseitswendigen Doldentrauben zusammengefaßt. Diese bestehen aus bis zu 15 nickenden Einzelblüten.

Abb. 3: Blütensproß. An der Basis der Blattstiele ist die bräunlich rote Schwiele und auf der „Blattunterseite" die behaarte Rinne zu erkennen

Die Hauptblütezeit liegt zwischen Juli und September, doch können erste Blüten bereits im Juni und letzte noch im Oktober erscheinen [14].

Die tonnenförmigen Blüten sind zwittrig, radiär und vierzählig. Die Blütenformel lautet :

$$* \text{ K } 4 \text{ C } (4) \text{ A } 4{+}4 \text{ G } (\underline{4})$$

Die etwa 3 mm langen Blütenstiele sind ebenso wie die Kelchblätter weißfilzig behaart und tragen 2 bis 3 kelchblattähnliche, dem Kelch anliegende Hochblätter. Die grünen, persistenten, spitz-eiförmigen Kelchblätter sind mit 2 bis 3 mm nur $^1/_3$ so lang wie die Kronblätter und weisen neben der filzigen Behaarung noch lange Haare mit roten Drüsenköpfchen auf.

Die in der Mitte etwa 4 mm breite, kahle Krone ist verwachsen und hat vorne eine auf 2 mm verengte Öffnung. Die Spitzen der Petalen sind etwas umgeschlagen. Beim Verblühen werden die Petalen zimtfarben und fallen nicht ab.

Die 8, in zwei Kreisen stehenden, dorsifixen Staubblätter haben kahle Filamente und dunkelrote, zweispitzige Antheren, die nicht aus der Kronröhre herausragen und sich bei Reife an der Spitze mit einer Pore öffnen. Sie sind mit 2 kammförmig gezähnten, weißen Grannen ausgestattet, die bis an die Petalen heranreichen. Diese dienen als Hebel eines Schüttelmechanismus, der bei Insektenbesuch in Funktion gesetzt wird und die Pollentetraden [11, 15] ausstreut.

Auch das Gynoeceum ist bis auf den Griffel behaart. Der Stempel mit der kopfigen, schwärzlichen Narbe reicht bis an die Kronenöffnung heran und ist damit länger als das Androeceum. Dadurch soll Fremdbefruchtung gewährleistet werden [16]. Das Ovar wird an der Basis von einer schwärzlichen Nektardrüse umgeben.

Die Blüten sind schwach protandrisch [2] und werden überwiegend von Bienen, Hummeln, seltener von Fliegen und Schmetterlingen [2, 11] bestäubt. *Taeniothrips ericae* HALIDAY (Fam. *Thripidae*) legt seine Eier in die Krone der Glockenheide. Durch die in den Blüten umherkriechenden, ungeflügelten männlichen Tiere kommt es auch zu Selbstbestäubung [18]. Diese ist am Ende der Blütezeit auch durch herabfallenden Pollen noch möglich [11, 16].

Früchte, Samen, Keimlinge

Die Glockenheide bildet 2 mm große, fachspaltige, behaarte, vielsamige Kapseln aus, die bei Reife (August bis Oktober) noch von der vertrockneten Blütenkrone eingehüllt bleiben. Sie sind im Querschnitt achteckig, oben abgeflacht und öffnen sich mit 4 Klappen.

Die nur 0,3 bis 0,4 mm großen [11], hellbraunen Samen (Staubsamen) werden vom Wind verbreitet. Die Keimung erfolgt epigäisch und schnell, ohne daß ein Stadium der Keimruhe durchlaufen werden muß [2]. *Erica tetralix* ist ein ausgesprochener Lichtkeimer [13] und Rohhumusbesiedler. Die winzigen Kotyledonen sind oval. Die ersten Primärblätter stehen gegenständig, gefolgt von einigen dreizähligen Blattquirlen. Erst danach werden Wirtel mit jeweils 4 Blättern gebildet [19].

Ökologie

Erica tetralix gilt als eine euozeanische Art [8] und bevorzugt hohe Luftfeuchtigkeit [11] sowie ein sommerkühles und wintermildes Klima [2]. Sie ist eine ausgesprochene Lichtpflanze [7, 38] und besiedelt sehr saure, nährstoffarme Standorte [8, 20, 22] in humiden Regionen der nemoralen Zone, so unter anderem in Torf- und Heidemooren, humusreichen grauen Dünen mit hoch anstehendem Grundwasser und in vernäßten Kiefernwäldern [30]. Am besten soll sie auf Podsolen gedeihen [11].

Die Art tritt bestandsbildend in den Feuchtheiden (*Ericetum tetralicis*) der Küstengebiete auf [9,11]. Im Norden ihres Areals lebt sie oft vergesellschaftet mit *Salix repens* und *Myrica gale*, in Westeuropa mit *Ulex europaeus* und *Erica ciliaris*. Im Binnenland, im östlichen, teilweise auch im nördlichen Arealteil kommt sie oft gemeinsam mit *Calluna vulgaris* vor [7].

Taxonomie

Erica tetralix gehört zur Untergattung *Euerica* BENTH. [26] und hat einen diploiden Chromosomensatz von 2n = 24 [29]. Eine Reihe verschiedener Varietäten wurde beschrieben [24]:

> var. *alba* AIT., 1789 mit weißen Blüten.
> var. *martinesii* BENTH., 1839 (syn.: var. *canescens* REG., 1843 oder var. *tomentosa* ZBL., 1893) mit weichhaarigen Blättern und Trieben; kommt in Spanien vor [11].
> var. *mollis* BEAN, die der var. *martinesii* ähnelt, aber weiß blüht.

Die Art bastardiert leicht mit anderen Arten der Gattung *Erica*. Folgende natürlich entstandene Hybride sind nachgewiesen [26, 29]:

> *E. ciliaris* x *E. tetralix* = *E. x watsonii* BENTH in DC., 1839. Dieser intermediäre, sterile Bastard kommt in England und Irland vor.
> *E. mackayi* HOOK., 1835, ebenfalls ein Bastard zwischen *E. ciliaris* und *E. tetralix*, ist in Spanien, England und Irland aufgetreten, steht aber *E. ciliaris* näher.
> *E. mackiana* x *E. tetralix* = *E. x praegeri* OSTENF., 1912.

Abb. 4: Verblühte Infloreszenzen mit den bleibenden, zimtbraun verfärbten Blütenhüllen. Dazwischen noch einige voll aufgeblühte Blütentriebe.

REHDER [10] nennt einen Bastard zwischen *E. tetralix* und *E. vagans* (= *E. williamsii* DRUCE), der sich nach [25] durch gedrungenen Wuchs, hellgrüne Beblätterung und im Winter goldgelbe Triebspitzen auszeichnet.

In Gärtnereien ist die Art als Moorbeetpflanze in vielen Kultursorten erhältlich, die sich in der Blütenfarbe und in der Behaarung der Blätter unterscheiden.

Verschiedenes

– Die Glockenheide dient als Futterpflanze verschiedener Schmetterlinge (Eulen, Spanner, Bläulinge) [6].
– Die Art läßt sich leicht über Samen vermehren. Die Keimdauer beträgt 2 bis 3 Wochen. Die Aussaat sollte im März in Glaskästen erfolgen. Eine Vermehrung über Stecklinge ist ebenfalls möglich. Als Stecklinge verwendet man 1- bis 2-jährige, blütenlose Triebe. Eine Hormonbehandlung ist nicht notwendig [3].
– Das Holz ist zerstreutporig. Die meist einzelstehenden Gefäße sind einfach oder leiterartig perforiert, wobei 2 bis 3, selten auch bis 10 Leitersprosse gebildet werden [10]. Die Holzstrahlen sind homogen [5] und einschichtig [10]. Die Jahrringgrenzen treten deutlich hervor [10].

Literatur

[1] AICHELE, D.; SCHWEGLER, H.-W., 1995: Die Blütenpflanzen Mitteleuropas. Band III. Franckh-Kosmos, Stuttgart.
[2] BARTELS, H., 1993: Gehölzkunde. UTB-Taschenbuch Nr. 1720. Ulmer, Stuttgart.
[3] BÄRTELS, A., 1989: Gehölzvermehrung. 3. Aufl. Ulmer, Stuttgart.
[4] BOLLIGER, M.; ERBEN, M.; GRAU, J.; HEUBL, G. R.; 1985: Strauchgehölze. Hrsg. v. G. STEINBACH. Mosaik, München.
[5] BRAUN, H.-J., 1967: Entwicklung und Bau der Holzstrahlen unter dem Aspekt der Kontakt-Isolations-Differenzierung gegenüber dem Hydrosystem. I. Das Prinzip der Kontakt-Isolations-Differenzierung. Holzforschung **21**, 33-37.
[6] CARTER, D. J.; HARGREAVES, B., 1987: Raupen und Schmetterlinge Europas und ihre Futterpflanzen. Parey, Hamburg, Berlin.
[7] DÜLL, R.; KUTZELNIGG, H., 1988: Botanisch-ökologisches Exkursionstaschenbuch. Quelle & Meyer, Heidelberg, Wiesbaden. Parey, Hamburg, Berlin.
[8] ELLENBERG, H., 1974: Zeigerwerte der Gefäßpflanzen Mitteleuropas. Scripta Geobotanica IX. Goltze, Göttingen.
[9] FUKAREK, F., 1995: Sommergrüne Laubwaldzone. In: Urania Pflanzenreich. Vegetation. Urania, Leipzig, Jena, Berlin.

[10] GREGUSS, P., 1945: Bestimmung der mitteleuropäischen Laubhölzer und Sträucher auf xylotomischer Grundlage. Ungar. Naturw. Museum Budapest.

[11] HANSEN, I., 1952: Die europäischen Arten der Gattung Erica L.. Bot. Jb. 75, 1-81.

[12] HECKER, U., 1985 Laubgehölze. Wildwachsende Bäume, Sträucher und Zwerggehölze. BLV, München, Wien, Zürich.

[13] HEGI, G., 1927: Illustrierte Flora von Mitteleuropa. Band V/3. Lehmanns, München.

[14] HICKMANN, H., 1955/56: Winterharte Heidekräuter. Mitt. DDG 59, 70-85.

[15] KAUSSMANN, B.; SCHIEWER, U., 1989: Funktionelle Morphologie und Anatomie der Pflanze. Fischer, Jena.

[16] KNUTH, P., 1898: Handbuch der Blütenbiologie. Band II, 2. Teil. Engelmann, Leipzig.

[17] KRÄUSEL, R.; MERXMÜLLER, H.; NOTHDURFT, H., 1960: Mitteleuropäische Pflanzenwelt. Sträucher und Bäume. Kronen-Verlag E. Cramer, Hamburg.

[18] KUGLER, H., 1970: Blütenökologie. 2. Aufl., Fischer, Stuttgart.

[19] LUBBOCK, J.; 1892: A contribution to our knowledge of seedlings. Vol. II. Paul, Trench,Trübner, London.

[20] OBERDORFER, E., 1983: Pflanzensoziologische Exkursionsflora. 5. Auflage. Ulmer, Stuttgart.

[21] PETRIDES, G. A., 1972: A Field Guide to Trees and Shrubs. Houghton Mifflin, Boston.

[22] PHILIPPI, G., 1993: Ericaceae. In: Die Farn- und Blütenpflanzen Baden-Württembergs, Bd. II, 2. Aufl., Hrsg. v. SEBALD, O.; SEYBOLD, S.; PHILIPPI, G. Ulmer, Stuttgart.

[23] POKORNY, A., 1864: Österreichs Holzpflanzen. K. u. K. Hof- und Staatsdruckerei, Wien.

[24] REHDER, H., 1949: Manual of Cultivated Trees and Shrubs. Dioscorides Press, Portland.

[25] ROLOFF, A.; BÄRTELS, A., 1996: Gehölze. Bestimmung, Herkunft und Lebensbereiche, Eigenschaften und Verwendung. Gartengehölze Bd I. Ulmer, Stuttgart.

[26] SCHNEIDER, C. K., 1912: Illustriertes Handbuch der Laubholzkunde. Bd. II. Fischer, Jena.

[27] WALTER, H., 1979: Allgemeine Geobotanik. 2. Aufl. Ulmer, Stuttgart.

[28] WALTER, H.; BRECKLE, S.-W., 1994: Ökologie der Erde. Band 3. 2. Aufl., Fischer, Stuttgart, Jena.

[29] WEBB, D. A.; RIX, E. M., 1972 : Erica. In: Flora Europaea, Vol. III. Edit. by Tutin, T.G. et al. Cambridge Univ. Press.

[30] WILLKOMM, M., 1887: Forstliche Flora von Deutschland und Österreich. 2. Aufl., Winter, Leipzig.

Der Autor:

Dr. HANS JOACHIM SCHUCK
Lehrstuhl für Forstbotanik
Universität München
Am Hochanger 13
D-85354 Freising

Euonymus LINNÉ

syn.: Evonymus LINNÉ

Spindelstrauch

Familie: Celastraceae

Nach neuerer Auffassung besteht die Gattung Euonymus aus etwa 190 teils sommer-, teils immergrünen Arten. Ihr Mannigfaltigkeitszentrum liegt im ostasiatischen Raum, u.a. im Himalaya [1, 2]. Euonymus-Arten sind außerdem in Europa, Nord- und Mittelamerika, in Vorderasien und in Australien vertreten. Die Gattung wird – gemeinsam mit den eng verwandten Gattungen Microtropis WALL. und Glyptopetalum THWAITES der Unterfamilie Celastroideae, Tribus Euonymeae zugeordnet. Sie unterteilt sich in zwei Subgenera (Euonymus und Kalonymus), welche sich wiederum in mehrere Sektionen und Reihen aufgliedern lassen [4]. Die folgenden Merkmale gelten als gattungsspezifisch:

Meist aufrechte, in einigen Fällen auch niederliegende und sehr selten kletternde Sträucher, oft mit vierkantigen Zweigen, gegenständigen (Ausnahme: E. nanus), ungeteilten und kahlen Blättern. Die vier- bis fünfzähligen, grünlichen Blüten fallen wenig auf und stehen in Blütenständen, welche den Achseln von Laub- oder Niederblättern entspringen. Die Staubblätter sitzen auf einem rel. großen, flächigen, Nektar absondernden Diskus (hypostaminater D.). Euonymus-Arten bilden kantige, drei- bis fünffächrige Kapselfrüchte aus. Jedes Fach enthält zwei oder mehr, von einem fleischigen Mantel (Diskus) umgebene Samen, die hauptsächlich von Vögeln verbreitet werden.

Abgesehen von einigen Guttapercha liefernden Arten ist die wirtschaftliche Bedeutung der Gattung nur gering. Einige Arten sind in allen Pflanzenteilen giftig. Mehrere ostasiatische Euonymus-Arten sind teils wegen ihrer spektakulären Herbstverfärbung oder ihrer hübschen, bunten Früchte, teils auch wegen der immergrünen, ledrigen Blätter in mitteleuropäischen Parks und Gärten reichlich vertreten.

Abb. 1: Euonymus alata, Herbstverfärbung

Euonymus alata (THUNB.) SIEB.

syn.: E. striata LOES.

Flügel-Spindelstrauch

Vier breite, flügelartige Korkleisten an den Zweigen sowie die leuchtend feuerrote Herbstverfärbung der Blätter machen diesen aus NO-Asien, Zentralchina und Japan stammenden, bis 3 m hohen und rel. breiten Strauch zu einer der dekorativsten Euonymus-Arten. Die Früchte haben einen orangefarbenen Arillus, der Samen ist braun. Weitere Kennzeichen sind die sehr kurzen Blattstiele und die nur zu dritt stehenden gelblichen Blüten. Früchte und andere Pflanzenteile sind giftig!

Abb. 2: Euonymus planipes mit Früchten

Euonymus planipes (KOEHNE) KOEHNE

syn.: E. sachalinensis auct. non (FR. SCHMIDT) MAXIM.

Flachstieliger Spindelstrauch

Eine ebenfalls aus NO-Asien stammende, reichlich fruchtende, großblättrige (8 bis 12 cm) Art, die wegen der karminroten Früchte mit weißen Samen und orangefarbenem Arillus, ihrer schönen Herbstverfärbung und der großen Winterhärte gern angebaut wird. Kennzeichnend sind die kaum geflügelten Früchte, der oberseits flache Blattstiel und die purpurroten Winterknospen. Ähnlichkeit besteht mit E. latifolia; doch hat diese geflügelte Früchte, gefurchte Blattstiele und braune Winterknospen. Beide Arten sind giftig!

Euonymus japonica L.

Japanischer Spindelstrauch

Ein aufrechter, dicht belaubter, immergrüner Strauch mit dunkelgrünen, ledrigen, bis 7 cm langen Blättern und nicht geflügelten Früchten, weißen Samen und orangefarbenem Arillus. Derzeit sind zahlreiche weiß- und gelbbunte Gartenformen in Kultur, die jedoch der reinen Art meist an Winterhärte nachstehen. Aber selbst diese eignet sich eher für milde Gebiete.

Deutlich niedriger und frosthärter, aber ebenfalls mit immergrünen, ledrigen Blättern versehen ist **Euonymus fortunei** (TURCZ.) HAND.-MAZZ., der Kletter-Spindelstrauch, eine sehr vielgestaltige Art, deren var. radicans (SIEB.) REHD. plagiotrop wächst, aber mit Hilfe von Haftwurzeln an allerlei Gegenständen emporklettert. Von Gärtnern wird diese Form zur Begrünung kleiner, beschatteter Flächen sehr geschätzt. Beide Arten sind giftig.

Abb. 3: Euonymus fortunei

Weiterführende Literatur

[1] BLAKELOCK, R. A., 1951: A synopsis of the genus Euonymus L., Kew Bulletin, 210–288.

[2] ENGLER, A.; PRANTL, K., 1897: Die natürlichen Pflanzenfamilien. III. Teil, Abt. 4 und 5. Verlag W. Engelmann, Leipzig.

[3] HEGI, G., 1925: Illustrierte Flora von Mitteleuropa. Fam. Celastraceae, Band V., Teil 1, S. 243 ff. Verlag J. F. Lehmann, München.

[4] KRÜSSMANN, G., 1977: Handbuch der Laubgehölze. 2. Auflage, Band II. Verlag Paul Parey, Berlin und Hamburg.

[5] MEUSEL, H., 1978: Vergleichende Chorologie der zentraleuropäischen Flora. Gustav Fischer Verlag, Jena, 1978.

Die Autoren:

Prof. Dr. PETER SCHÜTT
Lehrstuhl für Forstbotanik
Ludwig-Maximilians-Universität München
Hohenbachernstraße 22
D-85354 Freising

ULLA M. LANG
Schützenstraße 6
D-82383 Hohenpeißenberg

Euonymus europaea LINNÉ, 1753

syn.:   Evonymus europaeus LINNÉ, Evonymus vulgaris MILL.

Gemeiner Spindelstrauch,   Familie: Celastraceae
Pfaffenhütchen, Pfaffenkäppchen

engl.: European spindle tree
franz.: Fusain, bois carré
ital.: Fusaria, fusaggione

Abb. 1: Euonymus europaea. Typischer Strauch mit beginnender
Herbstverfärbung

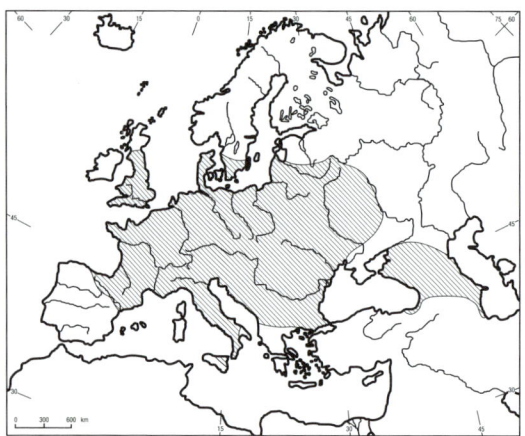

Abb. 2: Natürliches Areal (nach Meusel et al., 1978)

In aller Regel werden Pfaffenhütchen zu stark verzweig-ten, bis 3 m hohen Sträuchern, viel seltener zu kleinen Bäumen von maximal 7 m Höhe. Sie sind sommergrün und fallen bis tief in den Herbst hinein durch eine höchst attraktive Rotfärbung der Blätter auf. Weil auch die leuchtend roten Früchte sehr hübsch anzusehen sind, wird E. europaea seit langem als Zierstrauch kultiviert.

In Rußland baut man die Art wegen des für die Guttaper-cha-Herstellung genutzten, relativ hohen Latex-Gehaltes der Wurzelrinde mitunter in Plantagen an.

Das Höchstalter wird mit 50 bis 60 Jahren angegeben [15]. Früchte und andere Pflanzenteile sind giftig!

E. europaea ist in fast ganz Europa heimisch. Nur in Tei-len des Mittelmeergebietes, in Schottland sowie im mittle-ren und nördlichen Skandinavien (nördlich 59° n. Br.) fehlt die Art; kultivierbar ist sie bis 70° n. Br. [11]. Ihre Ostgrenze erreicht sie in Kleinasien, im Kaukasus und an der Wolga. Nach Meusel [18] jedoch leidet sie in Mittel-rußland unter Winterkälte.

Im mitteleuropäischen Flach- und Hügelland ist der Spin-delstrauch zwar weit verbreitet, aber nicht häufig. Seine Höhengrenze verläuft

im Bayerischen Wald	bei	700 m
in den Bayer. Alpen	bei	800 m
in Nordtirol	bei	1245 m
im Tessin	bei	700 m
im Wallis	bei	1000 m
in Mazedonien	bei	300 bis 400 m
		[nach 18]

Als Zierstrauch eingeführt und bald verwildert, gehört E. europaea heute an mehreren Orten des östlichen Nord-amerika zur lokalen Flora.

Morphologie

Erscheinungsbild

In den meisten Fällen wächst E. europaea zu einem auf-rechten, eher lockeren Strauch mit starkem Ausschlagver-mögen heran.

Nach RAUH [19] verzweigt er sich bei monopodialem wie bei sympodialem Wachstum stets unter akrotoner Förde-rung. Daß er dennoch strauchförmig wächst, liegt daran, daß ständig neue Schößlinge aus der Basis des Sproß-systems hervorgehen. Entfernt man die entsprechenden basalen Innovationsknospen, kommt es zu baumförmigem Wuchs.

Die Seitenzweige stehen beim Pfaffenhütchen fast recht-winklig ab. Sie sind relativ dünn, anfangs grün, im Quer-schnitt mehr oder weniger vierkantig und oft bogig ge-krümmt. Ältere Sträucher haben eine graubraune, längs-rissige Borke.

Das meist flachstreichende Wurzelsystem ist intensiv ver-zweigt. Nach STEUBING [21] sind bei älteren Sträuchern daumendicke Hauptwurzeln „mit einem dichten Filz von Seitenwurzeln 2. bis n. Ordnung umgeben". Pfahlwurzeln werden nicht gebildet.

Besonders im Freistand entwickelt E. europaea Wurzel-brut aus unverletzten Wurzeln.

a   b

Abb. 3a: Seitenknospen
Abb. 3b: Junger, grüner Trieb und Gipfelknospe

Abb. 3c: Beblätterter, junger Gipfeltrieb mit Korkleisten
Abb. 3d: Trieb mit starken Korkleisten

Knospen und junge Triebe

E. europaea-Knospen sind unbehaart, von kegel- bis spitz-eiförmiger Gestalt und werden höchstens 7 mm lang.

Auf der dem Licht zugewandten Seite sind sie braun bis rotbraun, auf der Schattseite grün. Sie haben gekielte, bräunlich bewimperte Schuppen. Die oft schief gegenständigen Seitenknospen liegen i.d.R. dem Trieb an.

Auch die Rinde der jungen, vierkantigen, oft mit Korkleisten versehenen Triebe nimmt auf der sonnenexponierten Seite eine rötlich-braune Farbe an. Weiterhin treten auf der Sonnenseite die flügelartig erweiterten Kanten stärker hervor. Sie werden im zweiten oder im dritten Jahr abgestoßen.

Blätter

Pfaffenhütchen-Blätter haben nur wenig Charakteristisches. Sie sind gegenständig bis schief gegenständig angeordnet, beidseitig kahl, haben eine länglich-eiförmige, am Apex zugespitzte, am Grunde keilförmige oder etwas abgerundete Spreite, einen gleichmäßig feingesägten Blattrand und einen oberseits rinnigen, 5 bis 10mm langen Stiel. Die Abmaße: 5 bis 8cm lang, 1,5 bis 3,5cm breit. Die Blattoberseite ist dunkler grün als die Unterseite.

Abb. 5: Holz, längs geschnitten

Holz und Rinde

Das durchgehend gelbliche Holz des Spindelstrauches ist von der Farbe her nicht in Kern und Splint getrennt. Es ist zäh, schwer spaltbar, wenig dauerhaft und enthält weder Zug- noch Druckholz[1]. Die oft wellig verlaufenden Jahresringgrenzen kann man gut erkennen, nicht aber die einreihigen, 15 (bis 30) Zellen hohen Holzstrahlen [10]. Die zahlreichen, sehr kleinen Gefäße sind auf dem Querschnitt zerstreutporig verteilt. Stärkespeichernde Fasertracheiden kommen vor, Holzparenchym fehlt weitgehend.

Abb. 4: Blattformen (nat. Größe)

---

1) Mitt. Dt. Dendrol. Ges. 36, 1925, S. 95

In der Struktur besteht Ähnlichkeit mit Buchsbaumholz; Härte- und Rohdichtewerte liegen jedoch bei E. europaea deutlich tiefer (r_{15} = 0,70 g/cm³) [10].

Die Histologie der Rinde ist vergleichsweise kompliziert [13]. Bei borkebildenden Stämmen kann Rinde plus Borke eine Stärke von 6 mm erreichen. Jahrringe sind aber nur schwer zu erkennen. Gebildet wird eine netzartig aufreißende Schuppenborke, deren Schuppen zum großen Teil aus Kork bestehen.

Abb. 6: Borke eines alten Stammes

Kennzeichnend für die Rindenanatomie ist ein dichtes System radial und schräg verlaufender, kristallfreier Rindenstrahlen. Die Bildung von Ca-Oxalat-Kristallen ist auf das Dilatationsgewebe beschränkt. Bastfasern mit unverdickten, schwach verholzten Wänden machen die Grundmasse des Rindengewebes aus [13].

Abb. 7: Blühende Triebe

Blüten, Früchte, Samen

In der Regel werden gelblich-grüne Zwitterblüten gebildet, die zu 2 bis 9 an langgestielten (1 bis 3cm), blattachselbürtigen Trugdolden stehen. Die protandrische, meist vierzählige Einzelblüte ist 5 bis 8 mm lang gestielt. Sie besteht aus 4 (5) länglichen (3 bis 5 mm), am Rande etwas ausgefransten Kronblättern, 4 (5) auf einem Diskus stehenden Staubblättern, 4 (5) grünen, nur 1 mm langen Kelchblättern und einem oberständigen Fruchtknoten.

Blütenformel: * K4 C4 A4 G(4).

Blütezeit: Mai/Juni.

Gelegentlich kommen durch Rückbildung eingeschlechtlich gewordene Blüten vor. Bei ihnen sind entweder die Antheren oder der Fruchtknoten verkümmert.

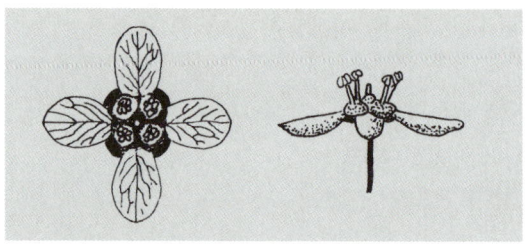

Abb. 8: Blüten von oben und von der Seite (1 ½ x nat. Größe), nach Wilhelm, 1907

Die zur Reifezeit (August/Oktober) sehr auffälligen Früchte des Pfaffenhütchens sind hängende, vier- (fünf-) kantige, leuchtend rote Kapseln, die mit 4 Klappen aufspringen und so die eiförmigen, weißen, 5 bis 7 mm langen, ganz von einem orangeroten Arillus eingehüllten Samen exponieren.

Chromosomenzahl: 2n = 64. Bisweilen kommt Parthenokarpie vor [12].

Klima und Standort

E. europaea kann als eine an mäßig warme, submontantemperate Bereiche angepaßte Art gelten, deren Klimaansprüche zwischen ozeanisch und subozeanisch einzuordnen sind [7].

Sie gedeiht am besten in Sonne und Halbschatten, bevorzugt frische, humose Standorte mit neutraler bis alkalischer Reaktion und fehlt weitgehend in Silikatgebirgen.

Abb. 9: Reife Früchte

Versuchen aus der Ukraine zufolge vollzieht sich der Abbau der Laubstreu etwa doppelt so schnell wie bei Hainbuche und Stieleiche und sogar ca. 3- bis 4mal so schnell wie bei der Buche[2].

Blühen und Fruchten

Die Bestäubung der Blüten nehmen Schwebfliegen, Haarmücken, Ameisen und Fliegen vor [12]; die Verbreitung der Samen wird von mehreren Vogelarten vollzogen, wobei in erster Linie Rotkehlchen, Grasmücken, Amseln, Singdrosseln und Elstern zu nennen sind [2]. Das Tausendkorngewicht beträgt nach KRÜSSMANN [16] 23 g (100 g Saatgut ≈ 4000 Körner). BÄRTELS [1] nennt mit 33 g einen wesentlich höheren Wert.

Die Lagerung des Saatgutes bis zu 3 Jahren gelingt in geschlossenen Gefäßen und bei Temperaturen von 0°C bis 5°C ohne nennenswerten Rückgang der Keimkraft[3].

Anzucht und Kultur

Über günstige Aussaatbedingungen liegen zahlreiche, nicht immer übereinstimmende Erfahrungen vor. Zunächst gilt, daß Pfaffenhütchen-Samen 1 bis 2 Jahre überliegen. Offenbar trifft das aber nicht immer zu, denn vor Mitte Oktober geerntetes und sogleich ausgesätes Saatgut keimt bereits im nächsten Frühjahr[4]. Entfernt man zuvor den Samenmantel, kommt es nach tschechischen Untersuchungsergebnissen zu Keimprozenten von ≈ 52%[5].

In Deutschland wird Euonymus-Saatgut gewöhnlich stratifiziert (2 bis 4 Monate kalt/naß), oft sogar in 2 Stufen, 1. 70 Tage bei 15°C, 2. 110 Tage bei 5°C[6]). Nach der Stratifikation erfolgt die Keimung im anschließenden Frühjahr.

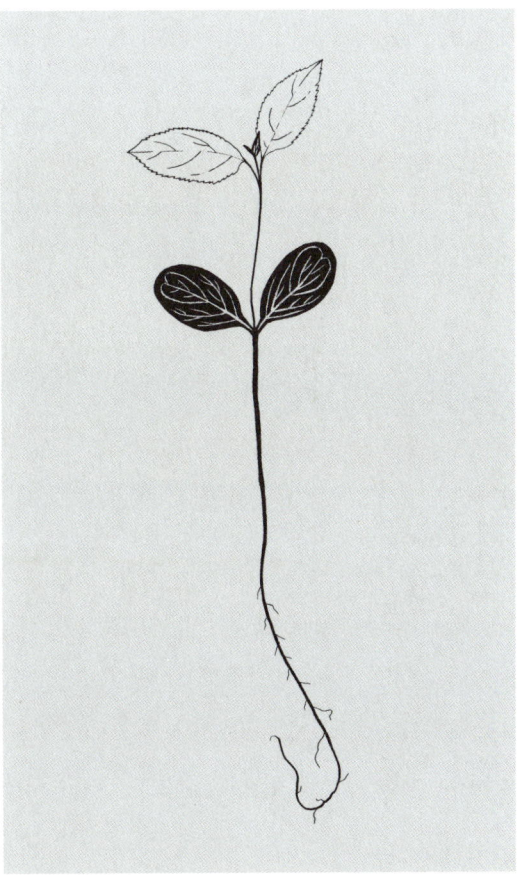

Abb. 10: Keimling (ca. ³/4 nat. Größe). Kotyledonen schwarz dargestellt

Sämlinge erreichen in der Baumschule

als einjährige Sämlinge 15 bis 50 cm
als zweijährige, verschulte Sämlinge 30 bis 50 cm
als dreijährige, verschulte Sämlinge 50 bis 120 cm Höhe.

Ihre Bewurzelung ist flach, sehr intensiv und wenig weitreichend.

2) For. Abstr. **20**, 32, 1959
3) For. Abstr. **21**, 3029; 4302, 1960
4) For. Abstr. **35**, 5927, 1974
5) For. Abstr. **19**, 2935, 1958
6) For. Abstr. **21**, 4302, 1960

Auch Vegetativvermehrung gelingt ohne Mühe. 6 bis 10cm lange Grünstecklinge, Mitte Mai unter Glas 2cm tief in Sand oder Sand/Torf gesteckt, bewurzeln sich zu 50 bis 92%, sofern einjährige Sämlinge als „Mutterbäume" dienten. Stecklinge von zehnjährigen Sträuchern bleiben unbewurzelt[7].

Die Bewurzelung von Wurzelstecklingen (Wurzelschnittlingen) ist ebenfalls möglich. Mit 5 bis 8 cm langen und 0,5 bis 1 cm starken Wurzelabschnitten wurde 73,5% Anwuchs erzielt [9].

Abb. 11: Schößlinge an der Basis eines alten Strauches

Verschiedenes

– Obwohl Euonymus-Holz nie in großen Mengen und Dimensionen anfiel, wurde es früher von Schreinern, Drechslern und Instrumentenbauern gern zur Herstellung von Etuis, Schachbrettern und Orgelpfeifen verwendet. Auch Spindeln wurden daraus gemacht, was dem Strauch einen seiner deutschen Namen einbrachte.

– Bedeutung hatte das Stamm- und Wurzelholz als Ausgangsmaterial für eine hochwertige Holzkohle von gleichmäßiger Struktur und geringem Mineralgehalt, die auch als Zeichenkohle gut geeignet war.

– In Rußland baut man E. europaea in Plantagen an. Ziel ist allein die Gewinnung von Guttapercha, einer im Milchsaft (Latex) der Wurzelrinde enthaltenen, kautschukähnlichen Substanz[8]. Der Gehalt schwankt zwischen 3 und 15% des Trockengewichtes der Wurzelrinde[9], läßt sich aber durch Bor- und Eisen-Düngung erhöhen. Wegen ihres geringeren Wachstums spielt Euonymus verrucosa trotz des höheren Guttapercha-Gehaltes eine viel geringere Rolle für die wirtschaftliche Nutzung dieses Stoffes als E. europaea.

– In früheren Zeiten verwendete man die getrockneten und zermahlenen Früchte als Insektizid. „Das auf den Kopf und die Kleider gestreute Pulver soll die Läuse tödten" [15].

– Spindelsträucher werden von zahlreichen Schädlingen befallen. Der auffälligste davon ist zweifellos die Pfaffenhütchen-Gespinstmotte Yponomeuta evonymellus L., deren Raupen im Sommer ganze Zweige einspinnen und kahlfressen. Geringere Schäden richtet Aphis fabae, die schwarze Bohnenlaus an, die auf dem Spindelstrauch überwintert, und deren erste Generation im Frühjahr an den Blättern saugt. Wirtschaftlich wichtiger ist es, daß sie im Frühsommer den Wirt wechselt und an Beta-Rüben Schaden anrichtet – teils direkt, teils durch Übertragung eines Vergilbungs-Virus (Beet yellows virus). In Hackfruchtgebieten ist E. europaea deswegen nicht gern gesehen.

– Unter den pilzlichen Schädlingen ist der Mehltau-Erreger Microsphaera evonymi (de Cond. ex Mérat) Sacc. am wichtigsten.

– Gegen Fluorwasserstoff-Immissionen ist der Spindelstrauch offenbar weitgehend widerstandsfähig [4]. Seine Empfindlichkeit gegen Auftausalze wird jedoch verschieden beurteilt. BUSCHBOM [6] stuft die Art als empfindlich, BRAUN et al. [5] hingegen als „wenig anfällig" ein. Offenbar besteht höhere Sensibilität gegenüber der oberirdischen Einwirkung von Salzgischt als gegen die Salzwirkung über den Boden.

---

7) For. Abstr. 16, 1680/81, 1955
8) For. Abstr. 9, 2492, 1948
9) Mitt. Dt. Dendrol. Ges. 1938, 205

Abb. 12: Herbstverfärbung

– Pfaffenhütchen-Samen sind giftig. Sie enthalten ein bitteres, Brechreiz erregendes Öl (Jodzahl ≈ 85, nicht trocknend) sowie Digitaloide und Alkaloide (Evonin und Neo-Evonin), denen die Giftwirkung zuzuordnen sein dürfte. Koliken, Kreislaufstörungen, Fieber und Diarrhoe werden als Vergiftungssymptome angeführt [8]. Diese treten erst nach 12 bis 18 Stunden auf und führen letztlich zur Lähmung der Kaumuskulatur, zu tonischklonischen Krämpfen und zum Tod in Bewußtlosigkeit [20].

Nach KANNGIESSER [14] kann der Verzehr von 36 Samen tödlich sein und selbst der Holzstaub des Spindelstrauches soll Schwindelgefühl und Übelkeit hervorrufen.

Blätter und Rinde von E. europaea gelten ebenfalls als giftig. Auch Schafe und Ziegen sind gefährdet, was bereits THEOPHRAST (um 370 v. Chr.) bekannt war [3].

Abb. 13: Früchte im Winter

Weiterführende Literatur

[1] BÄRTELS, A., 1989: Gehölzvermehrung. Verlag E. Ulmer, Stuttgart.

[2] BARTKOWIAK, S., 1970: Ornitochoria of indigenous and introduced species of trees and shrubs (in polnisch). Arboretum Kornickie 15, 237–262.

[3] BLAKELOCK, R.A., 1951: A synopsis of the genus Euonymus L. Kew Bulletin, 210–288.

[4] BORSDORF, W., 1960: Beiträge zur Fluorschadendiagnostik. I. Fluorschaden – Weiserpflanzen in der Wildflora. Phytopath. Z. 38, 309–315.

[5] BRAUN, G.; SCHÖNBORN, A. von; WEBER, E.: Untersuchungen zur relativen Resistenz von Gehölzen gegen Auftausalz (Natriumchlorid). Allgem. Forst- und Jagdz. 149, 21–35.

[6] BUSCHBOM, U., 1968: Salzresistenz oberirdischer Sproßteile von Holzgewächsen. Chlorideinwirkungen auf Sproßoberflächen. Flora 157, 527–561.

[7] ELLENBERG, H., 1979: Zeigerwerte der Gefäßpflanzen Mitteleuropas, 2. Auflage., Scripta Geobotanica IX., Verlag E. Goltze, Göttingen.

[8] FROHNE, D.; PFÄNDER, H.J., 1982: Giftpflanzen. Wiss. Verlagsgesellschaft, Stuttgart.

[9] GÖTTSCHE, D., 1978: Vermehrung einheimischer Straucharten durch Wurzelschnittlinge. Forstarchiv 49, 33–36.

[10] GROSSER, D., 1977: Die Hölzer Mitteleuropas. Springer-Verlag, Berlin, Heidelberg, New York.

[11] HEMPEL, G.; WILHELM, K., 1889: Die Bäume und Sträucher des Waldes in botanischer und forstwirtschaftlicher Beziehung III. Abt., Verlag E. Hölzel, Wien.

[12] HEGI, G., 1925: Illustrierte Flora von Mittel-Europa, Band V, Teil 1, J.F. Lehmanns Verlag, München.

[13] HOLDHEIDE, W., 1951: Anatomie mitteleuropäischer Gehölzrinden. Mikroskopie i.d. Technik 5, 1, 195–367.

[14] KANNGIESSER, F., 1927: Dendrologische Toxikologie. Mitt. Dt. Dendrol. Ges. 38, 67–76.

[15] KREBS, F.L., 1826: Vollständige Beschreibung und Abbildung der sämtlichen Holzarten, welche im mittleren und nördlichen Deutschland wild wachsen, 1. Theil, Braunschweig.

[16] KRÜSSMANN, G., 1935: Die Vermehrung der Gehölze. Verlag Paul Parey, Berlin.

[17] MENZINGER, W.; SANFTLEBEN, H., 1980: Parasitäre Krankheiten und Schäden an Gehölzen. Verlag Paul Parey, Berlin und Hamburg.

[18] MEUSEL, H., et al., 1978: Vergleichende Chorologie der zentraleuropäischen Flora. Gustav Fischer Verlag, Jena.

[19] RAUH, W., 1939: Über Gesetzmäßigkeit der Verzweigung und deren Bedeutung für die Wuchsformen der Pflanzen. Mitt. Dt. Dendrol. Ges. 52, 86–110.

[20] ROTH, L.; DAUNDERER, M.; KORMANN, K., 1984: Giftpflanzen – Pflanzengifte. Vorkommen, Wirkung, Therapie, 2. Auflage. ecomed Fachverlag, Landsberg, München.

[21] STEUBING, L., 1960: Wurzeluntersuchungen an Feldschutzhecken. Z. Acker- und Pflanzenbau 110, 332–341.

Die Autoren:

Prof. Dr. PETER SCHÜTT
Lehrstuhl für Forstbotanik
Ludwig-Maximilians-Universität München
Hohenbachernstraße 22
D-85354 Freising

ULLA M. LANG
Schützenstraße 6
D-82383 Hohenpeißenberg

Euonymus latifolia (Linné) Mill., 1768

syn.: Euonymus latifolius (Linné) Mill.

Breitblättriges Pfaffenhütchen,
Breitblättriger Spindelstrauch

Familie: Celastraceae

engl.: Broad-leaved spindle tree
franz.: Fusain à larges feuilles
ital.: Evonimo a foglie larghe

Abb. 1: Euonymus latifolia. Strauch im Frühherbst

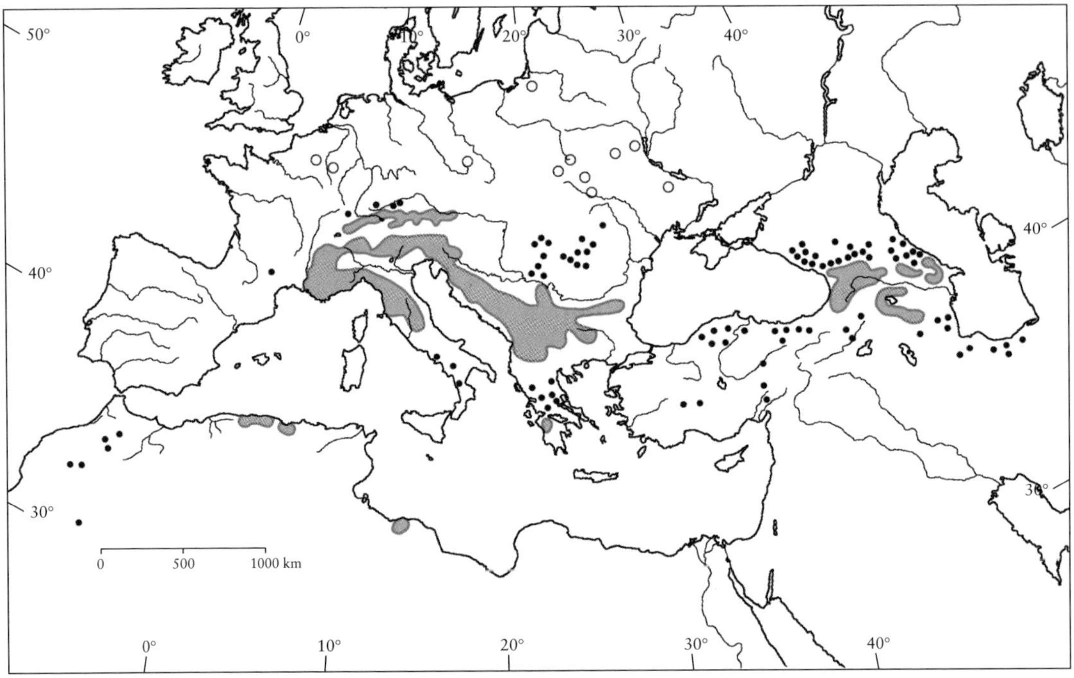

Abb. 2: Natürliches Verbreitungsgebiet, nach Meusel et al. [6] (• = Einzelvorkommen, ○ = synanthrop)

Euonymus latifolia ist eine zum Subgenus *Kalonymus* zählende, maximal 5 m hohe Strauchart, die dem Gemeinen Pfaffenhütchen, *E. europaea* ähnlich sieht, aber größere Blätter, zumeist fünfzählige Blüten und spindelförmig zugespitzte Knospen hat. Von volksmedizinischem Interesse oder von unmittelbarer wirtschaftlicher Bedeutung war *E. latifolia* weder früher, noch ist sie es heute. Viele Pflanzenteile sind giftig!

Verbreitung

Ihren Verbreitungsschwerpunkt hat die Art in Südosteuropa und im südlichen Mitteleuropa. Nördlich der Alpen kommt sie selten vor. Davon ausgenommen ist nach Hegi [5] das Alpenvorland, wo mehrere Standorte im Allgäu, im Bodenseegebiet, aber auch am Schliersee, im Raum Bad Reichenhall, am Peißenberg und bei Salzburg belegt sind. In den Bayerischen Alpen wächst sie noch in 1090 m ü. NN, in Nordtirol bis in eine Höhenlage von 1500 m; in den Zentralalpen fehlt sie weitgehend.

Allgemein verbreitet ist *E. latifolia* in Nord- und Mittelitalien, auf dem Balkan, im Kaukasus, in weiten Teilen Kleinasiens und in den Gebirgen Algeriens (1420 bis 3000 m ü. NN) [6].

Beschreibung

In den weitaus meisten Fällen wächst *E. latifolia* zu einem aufrechten, nicht sehr dichten Strauch mit langen, rutenförmigen Zweigen heran, nur selten wird er zu einem kleinen, bis 5 m hohen Baum. Die Zweige sind im Querschnitt rundlich (*E. europaea*: viereckig).

Knospen und junge Triebe

Kennzeichnend für die Art sind die auffallend langen (ca. 1,5 cm), spindelförmigen, meist glänzend braunen Winterknospen. Diese schließen Sproßanlagen ein, die entweder Blatt- oder Blatt- und Blütenanlagen enthalten. Die zumeist schief gegenständig angeordneten Seitenknospen liegen dem Trieb dicht an und ihre Spitzen sind etwas einwärts gebogen.

Von den 6 bis 8 äußeren, am Rand bewimperten Knospenschuppen sind die oberen deutlich größer als die unteren.

Die jungen, olivgrünen bis rötlich-braunen Triebe haben einen rundlichen Querschnitt und weisen keinerlei Ansätze von Korkleisten auf. Sie sind unbehaart, werden aber von einer Vielzahl winziger, zunächst sehr schwer erkennbarer, heller Korkwarzen (Lenticellen) bedeckt, die erst an mehrjährigen Zweigen deutlicher hervortreten.

Abb. 3: Langtriebe mit anfangs rotbrauner, später grauer Rinde (links) und rechts Terminalknospe mit bewimperten Tegmenträndern (Foto: Dietzmann)

Blätter

Latifolia-Blätter sind von länglich-eiförmiger bis verkehrt eiförmiger Gestalt, können bis 12 cm lang und 6 cm breit werden, haben einen regelmäßig feingesägten Blattrand und einen 4 bis 10 mm langen, oberseits rinnigen Blattstiel. Die Spreite läuft allmählich in einen kurz zugespitzten Apex aus; der Spreitengrund ist i.a. breit keilförmig gestaltet.

Die oberseits kräftig grünen, unterseits hellgrünen Blätter nehmen im Herbst eine schöne, rötlich-violette Farbe an.

Abb. 4: Beblätterter Zweig mit jungem Blütenstand

Blüten, Früchte, Samen

Im Mai/Juni erscheinen zahlreiche grünliche, deutlich gestielte Zwitterblüten mit 5 (4) ca. 2,5 mm langen, rundlichen Kronblättern sowie 5 (4) auf einem Diskus stehenden Staubblättern mit stark verkürztem Filament. Sie stehen an bis zu 15 cm langen, 6- bis 15blütigen Trugdolden, welche den Blattachseln entspringen und ebenfalls deutlich gestielt sind (5 bis 6 cm). Der Fruchtknoten ist oberständig; ein relativ breiter Diskus sondert Nektar ab.

Blütenformel: * K5 C5 A5 G(5) (wenn fünfzählig).

Als Früchte werden fünf- (selten vier-)kantige, bis 1,5 cm lange und bis 2,5 cm breite, karmesinrote Kapseln ausgebildet. Mitunter sind die Kanten schwach geflügelt. Die Früchte hängen herab und enthalten pro Fruchtfach je einen 7 mm langen, weißen Samen, der von einem relativ weichen, orangefarbenen Samenmantel (Arillus) sackartig umgeben wird. Das Nährgewebe ist reich an Ölen. Reifezeit: September/Oktober.

Tausendkorngewicht ≈ 30 g [2].

Keimprozent: 70 bis 100.

Abb. 5: Geöffnete, reife Früchte

Holz und Rinde

Im Aussehen, in der Anatomie und in den mechanischen Eigenschaften des Holzes bestehen keine nennenswerten Unterschiede zwischen *E. latifolia* und *E. europaea*:

– Splint und Kern sind von gleicher, gelblicher Farbe

– Die Jahrringgrenzen verlaufen meist wellig, sind aber gut zu erkennen

– Die Gefäße sind zerstreutporig verteilt

– Holzparenchym fehlt

– Insgesamt ist das Holz zäh, wenig dauerhaft und schlecht zu spalten.

Die Rinde ist bei jungen Zweigen von rotbrauner Farbe und relativ glatt, die Borke älterer Stämme hingegen schwarzbraun und feinrissig.

Abb. 6: Borke eines jungen Stammes

Verschiedenes

– Bestäubt wird *E. latifolia* von Insekten (hauptsächlich Dipteren), verbreitet wird sie von zahlreichen Vogelarten.

– Die Samen reifen von September bis November. Das Saatgut muß trocken gelagert, der Samen vom Arillus getrennt und entweder sogleich oder nach Stratifizieren im nächsten Frühjahr ausgesät werden.

– Die Samen sind giftig.

Weiterführende Literatur

[1] ANONYMUS, 1986: Förderung seltener und gefährdeter Baum- und Straucharten im Staatswald. Bayer. Staatsm. Ern. Landw. u. Forsten, München.
[2] BÄRTELS, A., 1989: Gehölzvermehrung. Ulmer, Stuttgart.
[3] ELLENBERG, H., 1979: Zeigerwerte der Gefäßpflanzen Mitteleuropas. 2. Auflage. Scripta Geobotanica IX. Verlag E. Goltze, Göttingen
[4] ENGLER, A.; PRANTL, K., 1897: Die natürlichen Pflanzenfamilien nebst ihren Gattungen und wichtigen Arten, Teil III, Abt. 4 und 5. Verlag W. Engelmann, Leipzig.
[5] HEGI, G., 1925: Illustrierte Flora von Mitteleuropa. Band V, Teil 1. J. F. Lehmanns Verlag, München.
[6] MEUSEL, H. et al., 1978: Vergleichende Chorologie der zentraleuropäischen Flora. Band II., Gustav Fischer, Jena.
[7] ZUCCARINI, J. G., 1829: Charakteristik der Deutschen Holzgewächse im blattlosen Zustande. München.

Klima und Standort

E. latifolia, eine wärmeliebende Pflanze submontan-temperater Gebiete, bevorzugt halbschattige und schattige Lagen in lichten Laub- oder Laub-/Nadelwäldern, kommt aber auch an Waldrändern und auf Lichtungen vor.

Im Raum Schliersee wächst die Art, gemeinsam mit Tanne, Fichte, Bergahorn, Hasel, *Berberis vulgaris*, *Ligustrum vulgare*, *Viburnum lantana*, *Prunus spinosa*, *Lonicera nigra* et al. auf Kreidekalk. Sie fehlt auf stark austrocknenden wie auf vernässenden Standorten und gedeiht auf frischen, tief- bis mittelgründigen, lockeren, nährstoffreichen Lehmen besonders gut. Kalkhaltige Substrate werden gern besiedelt, stickstoffreiche Standorte eher gemieden [3].

Im südosteuropäischen Hauptareal sind *Fraxinus ornus*, *Syringa vulgaris*, *Ostrya carpinifolia*, *Cotinus coggygria* und *Philadelphus coronarius* wichtige Elemente der Begleitflora.

Die Autoren:

Prof. em. Dr. PETER SCHÜTT
Lehrstuhl für Forstbotanik
Ludwig-Maximilians-Universität München
Am Hochanger 13
D-85354 Freising

ULLA M. LANG
Schützenstraße 6
D-82383 Hohenpeißenberg

Euonymus verrucosa SCOP., 1772

syn.: Evonymus verrucosus SCOP.

Warzen-Spindelstrauch,
Warzen-Pfaffenhütchen

Familie: Celastraceae

engl.:   Warted spindle tree
franz.: Fusain verruqueux
ital.:   Evonimo verrucoso

Abb. 1: Strauch in Herbstverfärbung, Bot. Garten Würzburg

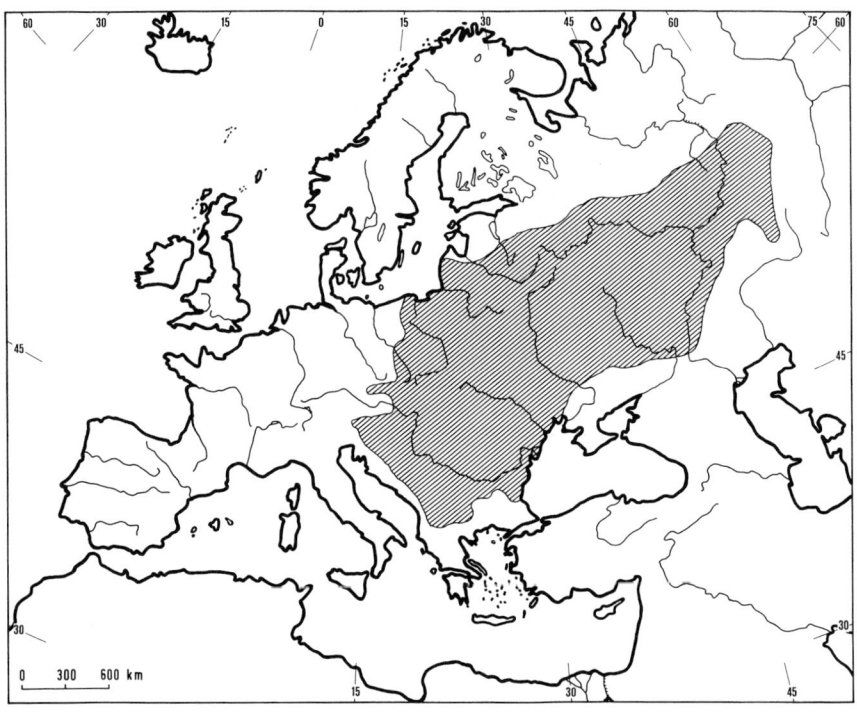

Abb. 2: Natürliches Verbreitungsgebiet nach MEUSEL et al., 1978

Ein sommergrüner, aufrecht wachsender, kleiner Strauch, der wegen zahlreicher, dicht an dicht stehender, dunkler Korkwarzen auf der Rinde junger Triebe und wegen der charakteristischen rosa Herbstfarben seiner Blätter leicht zu erkennen ist.

In Mitteleuropa kommt E. verrucosa nur in den östlichen und südöstlichen Grenzbereichen natürlich vor, wird aber in Parkanlagen anderer europäischer Regionen gern als Zierstrauch kultiviert.

Trotz des hohen, zur Guttapercha-Herstellung nutzbaren Latex-Gehaltes der Wurzelrinde hat die Art keine wirtschaftliche Bedeutung erlangt. Sie ist giftig und spielt in der Volksmedizin keine Rolle.

Viel häufiger als in Mitteleuropa ist E. verrucosa in Ost- und Südosteuropa anzutreffen, wo sie als Element lockerer Wälder und Gebüsche eher im Flach- als im Bergland wächst. Die Nordgrenze ihrer Verbreitung dürfte in Ostpreußen, im mittleren Livland, in Estland und in N-Lettland liegen. Im Osten dringt sie bis zum Ural, im Süden bis nach Norditalien, bis in mittlere Lagen des Kaukasus sowie bis nach Kleinasien und Nordpersien vor [4]. In Mazedonien besiedelt sie Bereiche zwischen 700 m und 1200 m.

Nach HEGI [3] ist E. verrucosa in Niederösterreich und im westlichen und südlichen Mähren häufig, in der Unter-Steiermark „ziemlich verbreitet" und dringt in Richtung Westen bis nach Salzburg vor. In der Schweiz fehlt sie.

Beschreibung

Erscheinungsbild

Der Warzen-Spindelstrauch wird in der Regel bis 2 m hoch, wächst orthotrop, bleibt relativ schmal und erreicht ein Alter von 30 bis 40 Jahren. Seine auffallend dünnen Zweige stehen fast rechtwinkelig ab. Seitenständige Langtriebe sind oft gekrümmt.

Knospen und junge Triebe

Die jungen, dicht mit schwarz-braunen Korkwarzen besetzten Triebe sind im Querschnitt rund und anfangs grünlich. Die reichlich mit Knoten versehenen Kurztriebe verdicken sich zur Spitze hin. E. verrucosa-Knospen stehen kreuzgegenständig, sind grün/braun gescheckt und laufen spitz zu. Sie schließen entweder Blätter und Blüten oder nur Blätter ein. Gelegentlich sind die gegenüberliegenden Knospen schief gegenständig. Die spitzen, gekielten Knospenschuppen stehen meist ein wenig ab [5].

Abb. 3: Winterknospen

Blätter

Die unterseits fein behaarten, 3 bis 6 cm langen Blätter sind von länglich-elliptischer bis eiförmiger Gestalt. Die Blattspreiten laufen am Apex spitz zu, am Grunde sind sie keilförmig verschmälert oder rundlich. Die sehr feine Sägezähnung des Blattrandes ist manchmal nur schwer zu erkennen. Kennzeichnend für die Art ist eine zartlila bis rosafarbene, herbstliche Blattverfärbung.

Holz und Rinde

Das blaßgelbe, harte und zähe Holz von E. verrucosa ist farblich nicht in Splint und Kern getrennt. Es läßt sich relativ leicht bearbeiten. Die anfangs grünlich-braune Rinde wird im Alter grau und rissig.

Blüten, Früchte und Samen

Die zumeist im Mai/Juni nach dem Blattaustrieb erscheinenden vierzähligen Zwitterblüten (Durchmesser: 6 bis

Abb. 5: Blüten

10 mm) haben rundliche, gelbgrüne, dicht mit kleinen, rötlichen Punkten besetzte und deswegen bräunlich-rot erscheinende Kronblätter. Sie stehen zu wenigen in langgestielten, den Blattachseln entspringenden Trugdolden. Die 4 Staubblätter haben sehr kurze Filamente.

Blütenformel: * K4 C4 A4 G(4̲).

Abb. 4: Blätter in Herbstverfärbung und Triebe mit Korkwarzen

Abb. 6: Langgestielte Frucht und schwarze Samen mit rotem Arillus

Die langgestielten, gelbroten, bis in den Winter am Strauch verbleibenden vierlappigen Samenkapseln enthalten in jedem der 4 bis 5 Fächer meist nur einen, bei Reife schwarzen, nur unvollständig vom scharlachroten Arillus umgebenen, kugelrunden Samen (Durchmesser: 6 bis 7 mm). Oft hängen die Samen an einem langen Faden (dem Funiculus) aus der Kapsel heraus.

Klima und Standort

Entsprechend ihrem osteuropäisch-pontischen Areal ist E. verrucosa auf kontinentale Klimaverhältnisse eingestellt. Sie erträgt sowohl Sommerdürre wie strenge Winterkälte, muß aber insgesamt als wärmeliebende Art gelten, die u.a. weit in Steppengebiete vordringt.

An die physikalischen Bodenbedingungen und die Nährstoffvorräte stellt E. verrucosa nur geringe Ansprüche. Sie gedeiht sowohl auf schweren Lehmen wie auf lockeren Sanden und selbst auf Fels. Sie bevorzugt eher stickstoffarme als stickstoffreiche, eher kalkreiche als kalkarme Substrate. Stark versauerte Böden werden gemieden; trockene Standorte stellen kein Hindernis dar. In den südöstlichen Kalkalpen ist E. verrucosa u.a. vergesellschaftet mit Ostrya carpinifolia, Fraxinus ornus und Tilia platyphyllos. In der Tatra ist sie Bestandteil lockerer Fichtenbestände, in Südmähren bildet sie ein Element des Kiefernwaldes. ELLENBERG [1] stuft die Art als Halbschattenpflanze ein.

Verschiedenes

– Ein gewisses wirtschaftliches Interesse erweckt E. verrucosa heutzutage nur als Zierstrauch. Anders als bei E. europaea wird der hohe Gehalt an Latex in Teilen der Wurzelrinde nur sporadisch für die Herstellung von Guttapercha, einem kautschukähnlichen Stoff, genutzt. Schuld daran trägt das langsame Wachstum der Art, das ihren Anbau in Plantagen unwirtschaftlich macht.

– Als Schädling an E. verrucosa ist der Mehltaupilz Microsphaera euonymi (DE CAND. ex MÉRAT) Sacc. erwähnenswert. Er ruft Blattverfärbung und Blattfall hervor.

Weiterführende Literatur

[1] ELLENBERG, H., 1979: Zeigerwerte der Gefäßpflanzen Mitteleuropas. 2. Auflage. Scripta Botanica, 9, Verlag E. Goltze, Göttingen.

[2] ENGLER, A.; PRANTL, K. 1897: Die natürlichen Pflanzenfamilien, III. Teil, Abt. 4 und 5, Verlag W. Engelmann, Leipzig.

[3] HEGI, G., 1925: Illustrierte Flora von Mittel-Europa. Band V, Teil 1, J.F. Lehmanns Verlag, München.

[4] MEUSEL, H. et al., 1978: Vergleichende Chorologie der zentraleuropäischen Flora, Band II. G. Fischer-Verlag, Jena.

[5] ZUCCARINI, J.G., 1829: Charakteristik der deutschen Holzgewächse in blattlosem Zustande. München.

Die Autoren:

Prof. em. Dr. PETER SCHÜTT
Lehrstuhl für Forstbotanik
Ludwig-Maximilians-Universität München
Hohenbachernstraße 22
D-85356 Freising

ULLA M. LANG
Schützenstraße 6
D-82383 Hohenpeißenberg

Hedera helix LINNÉ, 1753

Gemeiner Efeu   Familie: Araliaceae

engl.:   English ivy, Bindwood
franz.: Lierre commune, Lierre grimpant
ital.:   Edera
dän. :   Vedbend
poln.:   Bluszcz

Abb. 1: Hedera helix an einem Steinpfosten emporwachsend

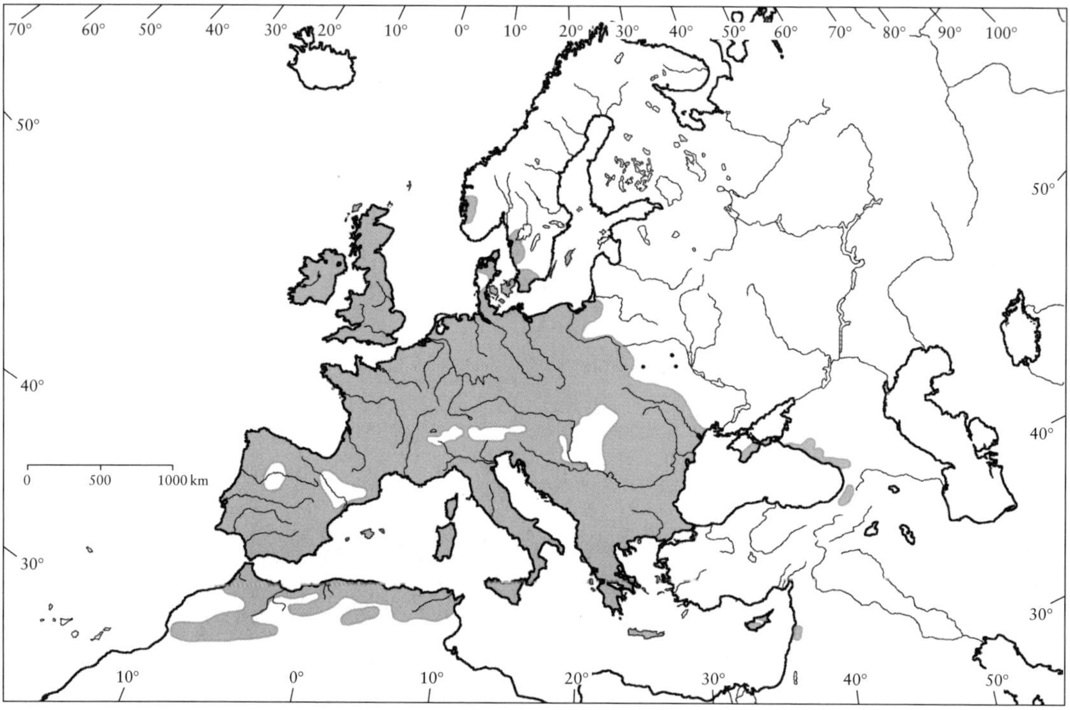

Abb. 2: Natürliches Areal, nach [25]

Der Efeu ist eine der wenigen heimischen Lianen und der einzige heimische Wurzelkletterer. Es handelt sich um eine immergrüne Holzpflanze, die teils auf dem Boden kriecht, teils an Bäumen, Mauern oder Felsen bis in 20 m Höhe hinaufklettern und über 450 Jahre alt werden kann. Er hat keine forstliche Bedeutung und ist der einzige Herbstblüher unter unseren heimischen Gehölzen. Auffallend ist sein Wechsel von der Jugend- zur Altersphase, der sich durch Veränderungen in der Sproß- und Blattmorphologie ausdrückt.

Hedera helix ist kein Schmarotzer und schädigt die tragenden Bäume i.d.R. nur durch das Gewicht und durch Lichtentzug, nur selten durch Erwürgen, weil die Stämme meist nicht total umklammert werden [17].

Verbreitung

Der Efeu ist in Europa und Westasien verbreitet. Sein natürliches Areal erstreckt sich fast über ganz Europa und reicht bis zum Kaukasus [16]. Ausgenommen sind weite Teile Nordeuropas, die Ungarische Tiefebene und große Teile Rußlands. Die Nordgrenze des Areals verläuft von Schottland über Südskandinavien bis nach Kurland. In Norwegen erreicht sie den nördlichsten Punkt bei 61°

n.Br. [33]. Die Ostgrenze reicht vom Baltikum über Ostpreussen und die Karpaten zum Schwarzen Meer [33]. Von Spanien gehört nur der nördliche Landesteil zum Areal, während Italien und Griechenland vollständig besiedelt werden. Schwerpunkt der Verbreitung liegt eher im Westen und Süden als im Norden und Osten. Das Areal weist *H. helix* als subatlantisch-submediterranes Florenelement aus [11].

Weiterhin kommt die Art in Nordafrika, auf den Azoren, den Kanarischen Inseln, im Libanon und südlich des Kaspischen Meeres bis in den Iran vor [9, 17, 33]. In die USA wurde sie vor 1750 eingeführt [17] und hat sich dort im Südosten (Virginia und südwärts [31]) eingebürgert.

Die Höhengrenzen des Vorkommens werden wie folgt angegeben [11, 16, 17]:

Bayer. Wald	830 m
Bayer. Alpen	1230 m
Westalpen	1800 m
Schwäb. Alb	960 m
Schweizer Jura	1100 m
Kaukasus	2000 m
Vogesen	1800 m

Der Efeu gilt als ein Relikt der Tertiärflora [30]. Die Gattung *Hedera* war damals in Europa mit mehreren Arten vertreten [39].

Abb. 3: Variation in der Blattmorphologie. Alle Blätter (nat. Größe) stammen von derselben Pflanze.

Beschreibung

H. helix ist eine immergrüne Liane, die i.a. bis in Höhen
von 20 m an Bäumen, Felsen und Mauerwerk empor-
wächst und sich mit besonderen Haftwurzeln anklam-
mert. In wintermilden Lagen können auch Längen von
30 m erreicht werden. Bei fehlenden Stützen oder in streng
kontinentalem Klima [41] bleibt die Art aber ein Bodenkriecher. Die Sprosse verzweigen sich in der Jugend monopodial, während der Altersphase hingegen sympodial [5],
und können bis 1 m dick werden. Das Dickenwachstum
erfolgt sehr langsam [35]. So sind 10 cm dicke Stämme oft
schon über 100 Jahre alt [1]. Das Höchstalter soll bei 450
Jahren liegen [16]. Es gibt aber auch Hinweise, daß diese
Altersgrenze wesentlich überschritten werden kann [17].
Der Efeu weist einen starken Sproßdimorphismus verbunden mit ausgeprägter Heterophyllie auf.

Abb. 5: Sprosse mit intensiver allseitiger Bewurzelung
(links) und Sproßsymphysen

Sproß

Die jungen, grünen Triebe sind mit grauen Sternhaaren
besetzt. Bereits im ersten Jahr wird die Epidermis abgestoßen und durch ein subepidermales Periderm abgelöst,
das über 10 Jahre erhalten bleibt [27] und dem Sproß eine
purpurrote bis braune Farbe verleiht. Die Rinde enthält
zahlreiche Kristalldrusen und ist wie der Bast von schizogenen Sekretgängen durchzogen. Die Siebröhren sind 27
µm weit und durch sehr steil stehende, zusammengesetzte
Siebplatten unterteilt. Sie bleiben nur ein Jahr funktionsfähig [18]. Ältere Sprosse bilden eine rauhe, längsrissige
und hellbraune Borke.

Bei den Sprossen kann zwischen einer Jugend- und einer
Altersform unterschieden werden. In der Jugendphase (juvenile Form) werden sowohl Kriech- als auch Klettersprosse ausgebildet. Sie sind dorsiventral aufgebaut [23],

schnellwüchsig und haben zweizeilig angeordnete Blät-
ter. Klettersprosse entwickeln auf der lichtabgewandten
Seite kurze, dichtstehende Haftwurzeln. Die Fähigkeit zur
Anthocyansynthese nimmt mit zunehmendem Alter der
Sprosse ab [10].

Die Altersform (adulte Form) entwickelt sich an den Klet-
tersprossen. Sie wachsen ausschließlich orthotrop, sind
freiwachsend und ohne Haftwurzeln. Sie sind radiär aufgebaut und zeichnen sich durch langsames Längenwachstum aus. Anthocyane werden nicht oder kaum gebildet und
die Blätter stehen in einer 2/5 Spirale um den Sproß.
Diese Triebe bilden oft eine runde Krone [9] und tragen
terminal Blütenstände.

Knospen

Bei den Vegetativ-Knospen der Jugendtriebe muß zwischen End- und Seitenknospen unterschieden werden. Die
Endknospe wird von 2 gelbgrünen, scheidigen Tegmenten
eingehüllt, während die Lateralknospen nur von einer aus
2 Vorblättern verwachsenen Schuppe bedeckt werden [2].
An den Alterstrieben besitzen die Endknospen 3-4 Blatt-
grundschuppen, die spitz-eiförmigen Seitenknospen bestehen aus 2 Vorblättern und 6-7 scheidigen, zugespitzten
Tegmenten [2].

Blütenknospen besitzen grauweiße, schülferige Schuppen.

Blätter

Die wintergrünen, stipellosen, lederartigen Blätter des
Efeus sind nur anfangs behaart, verkahlen aber bald. Bei
einigen Kultursorten bleibt eine spärliche Behaarung bestehen. Oberseits sind sie glänzend dunkelgrün, unterseits
eher matt und hellgrün.

Abb. 4: Junger Trieb mit Knospen (links) und Sproß-
abschnitt mit Haftwurzeln

Besonders im Winter verfärben sich die Blätter oft schmutzig braunrot. Die fiederstrahlige Nervatur tritt beidseitig als feine, helle bis weiße Linien hervor. Die Blattgröße wird i.a. mit 4 bis 10 x 2 bis 8 cm angegeben; die Länge der Blattstiele variiert zwischen 1 und 10 cm. Einzelne Blätter erreichen auch größere Dimensionen. Das Blatt ist hypostomatisch und weist 105 Stomata/mm^2 auf [28].

H. helix ist charakterisiert durch eine deutlich ausgeprägte Heterophyllie. An blütenlosen Kriech- oder Klettertrieben stehen die Blätter zweizeilig (distich). Sie werden als Jugend- oder Schattenblätter bezeichnet. Ihre 3- bis 5lappigen Spreiten sind am Grunde oft herzförmig. Die stumpf dreieckigen Lappen werden durch stumpfwinkelige bis abgerundete Buchten voneinander getrennt. An Blütentrieben stehen die Blätter hingegen spiralig, werden als Sonnen- oder Altersblätter bezeichnet und sind von rhombischer bis eiförmiger Gestalt, oftmals auch lang zugespitzt. Grundsätzlich gilt, daß die Blattform sogar am selben Zweig stark in Größe und Form variieren kann. Die Lebensdauer der Blätter beträgt etwa 3 Jahre [1].

Anatomisch auffällig sind das stets mehrschichtige Palisadengewebe und die Schleimzellen im Schwammparenchym [17]. Das Blatt wird darüberhinaus von schizogenen Sekretgängen durchzogen [17, 28] und enthält Ca-Oxalatdrusen.

Blüten

Klettersprosse gehen je nach Standort im Alter zwischen 10 und 50 Jahren und nur bei höherem Lichtgenuß in die reproduktive Phase über [2, 23]. Terminal entwickeln sich dann aus 3 bis 6 halbkugeligen, einfachen Dolden zusammengesetzte, 6 bis 10 cm lange, traubige Blütenstände, in denen die Terminaldolde am kräftigsten ausgebildet ist [17]. Jede Dolde besteht aus 10 bis 30 Einzelblüten, die der Achsel schuppenförmiger Tragblätter entspringen und

Abb. 6: Blüten

Abb. 7: Fruchtstand mit reifen und unreifen Früchten

bis 2 cm lang gestielt sind. Die Stiele sind mit Sternhaaren besetzt. Die radären, grünlich gelben, fünfzähligen Blüten werden im Durchmesser nur 5 mm groß.

Die Blütenformel lautet: * K 5 C 5 A 5 G-(5)-

Der Kelch besteht nur aus 5 sehr kurzen, bräunlichen, persistenten Zähnen. Die bis 4 mm langen, spitz eiförmigen, etwas fleischigen, auf der Außenseite behaarten, gelbgrünen Kronblätter sind zurückgeschlagen. Auf ihrer Oberseite tritt eine Mittelrippe hervor. Sie alternieren mit 5 ebenso langen Staubblättern, deren Filamente weiß und deren extrorse Antheren hellgelb gefärbt sind. Nach dem Öffnen werden die Staubbeutel bräunlich. Dem halbunterständigen, filzig behaarten (Sternhaare) Stempel liegt ein 4 mm breiter und 1 mm dicker, gelbgrüner Diskus auf. Auf dem im oberen Teil kegelförmigen Ovar erhebt sich der kurz walzenförmige, auf der Frucht verbleibende Griffel mit ungegliederter Narbe.

Efeu ist ein Spätblüher. Die Blütezeit in Mitteleuropa beginnt etwa im September und kann bis in den Dezember hinein andauern. Einzelne Blüten verblühen nach einer Woche, die Infloreszenz nach einem Monat. Im nördlichen Teil des Areals blüht der Efeu selten [17].

Die nektarreichen, durch Amine leicht faulig riechenden Blüten werden überwiegend von Dipteren bestäubt, aber auch Hymenopteren und Lepidopteren werden vom Nektar angelockt. Efeublüten sind protandrisch [2, 9, 21], nach anderen Angaben [8] homogam, und neigen durch unvollständige Unterdrückung eines Geschlechts zur Eingeschlechtigkeit.

Früchte, Samen und Keimlinge

Die kugeligen, erbsengroßen, bei Reife blauschwarzen, glänzenden, fälschlich als Beeren bezeichneten Steinfrüchte reifen erst im Frühjahr des folgenden Jahres. In Südeuropa soll die Fruchtreife schon im gleichen Jahr wie die Blüte erfolgen [17].

Im harzhaltigen, grünen Fruchtfleisch liegen 3 bis 5 weißliche, dünnwandige, nierenförmige, einsamige Steinkerne mit zerklüftetem Endosperm. Das Tausendkorngewicht wird nicht erwähnt.

Die Früchte schmecken unangenehm bitter. Sie werden endozoochor u.a. durch Amseln, Drosseln, Stare, Ringeltauben und Mönchsgrasmücken verbreitet.

Die Keimung erfolgt epigäisch innerhalb von 10 bis 15 Tagen [2, 17]. Keimprozente werden nicht angegeben. Der Keimling wächst zunächst orthotrop, später plagiotrop. Die stumpf-ovalen Kotyledonen stehen nicht in einem Winkel von 180° gegenüber, sondern sind im Extrem nur um 120° gegeneinander versetzt [17].

Das Saatgut soll seine Keimfähigkeit 1 Jahr beibehalten [3].

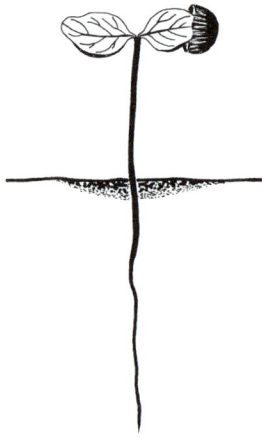

Abb. 8: Keimling, ca. 3 Wochen alt (nat. Größe)

Wurzeln

Das Wurzelsystem von *H. helix* unterliegt einer strengen Arbeitsteilung in Nähr- und Haftwurzeln. Während über das Nährwurzelsystem wenig bekannt ist, hat man sich besonders mit den eigenartigen Haftwurzeln beschäftigt. Diese entstehen adventiv im Markstrahlgewebe [23] der Sproßinternodien (Internodienwurzler), und zwar bildet sich die erste sproßbürtige Wurzel unmittelbar unter der Blattinsertion. Weitere folgen dann basipetal in einer Reihe [19]. Sie entwickeln sich i.d.R. nur auf der lichtabgewandten Seite der Klettersprosse und dienen als Kletterhilfe. Ringsum stark beschattete Zweige können auch allseitig mit Haftwurzeln besetzt sein [16, 17]. Junge Haftwurzeln entwickeln sich bei Bodenkontakt zu Nährwurzeln [8, 42].

Die unverzweigten, bräunlichen, bis 1 cm langen, dichtstehenden Haftwurzeln sind nicht zur Wasseraufnahme befähigt. Sie haften sich mit ihren verknäuelten Wurzelhaa-

ren an fremden Stützen fest [42], sind nur kurzlebig und verholzen bald [16].

Die Wurzelrinde enthält zahlreiche Ca-Oxalatdrusen und vertikal verlaufende Sekretgänge [7].

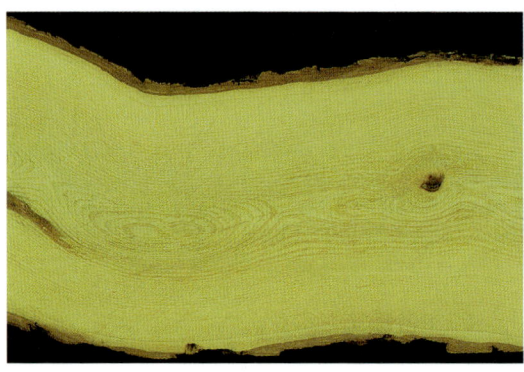

Abb. 9: Holz, Längsschnitt

Holz

Das meist drehwüchsige, halbring-, selten zerstreutporige Holz bildet keinen Farbkern aus [14, 40]. Es ist von cremig weißer, grünlich-gelber bis hellbrauner Farbe, manchmal auch mit einem rötlichen Schimmer versehen [14]. Die Gefäße sind in tangentialen Gruppen angeordnet und einfach perforiert [13]. Im Frühholz bildet sich an der Jahrringgrenze fast ein zusammenhängender Ring von Gefäßen aus [13, 26]. Dennoch bleiben die Jahrringgrenzen undeutlich. Das nur spärlich vorhandene Parenchym ist apo- und paratracheal verteilt [40]. Die Libriformfasern sind drei- bis vierfach septiert [13]. In den gut zu erkennenden, i.a. bis 3 Zellen breiten Markstrahlen treten gelegentlich große Interzellulargänge auf [40]. Das mäßig harte Holz hat eine Rohdichte (r_{15}) von 0,36 g/cm³ [14], eignet sich zur Herstellung von Holzschnitten und ist polierfähig.

Taxonomie

Die Zahl der Kultursorten des Efeus ist sehr groß und die Ausweisung verschiedener Unterarten oder Varietäten recht unübersichtlich.

WEBB [43] unterscheidet 3 Unterarten:

1. Ssp. *poetarum* NYMAN 1879 (syn.: *H. poetarum* BERTOL. 1927, *H. chrysocarpa* WALSH 1826), gelbfrüchtiger Efeu, mit hellerer Beblätterung als der Arttypus und gelben Früchten. Er kommt in Griechenland und in der Türkei natürlich vor, wurde aber in Frankreich und Italien eingebürgert.

2. Ssp. *helix* ‚der Arttypus, ist im gesamten Gebiet verbreitet und hat Blätter, die länger als breit sind, und die Blütenstiele sind mit bis zu 5- bis 8strahligen Sternhaaren besetzt.

3. Ssp. *canariensis* (WILLD.) COUTINHO 1913 (syn. *H. canariensis* WILLD. 1808, *H. algeriensis* HIBB.) mit undeutlich eingeschnittenen Blättern, die aber breiter als lang sind. Die Blütenstiele weisen 12- bis 15strahlige Sternhaare auf. Die Ssp. kommt in Portugal, Nordwestafrika, auf Madeira, den Kanarischen Inseln und den Azoren vor.

H. hibernica BEQU., der Irische Efeu, eine großblättrige Art entstand in Irland, wird wild aber nicht mehr gefunden und nur noch in Gärtnereien erhalten [43]. Sie wurde auch als *H. helix* var. *hibernica* KIRCH. beschrieben (2n= 96).

Der Gemeine Efeu hat einen Chromosomensatz von 2n = 48 [11, 30]. Die Chromosomengrundzahl beträgt x = 12; somit ist *Hedera helix* tetraploid [2]. *H. hibernica* ist mit 2n = 96 octoploid.

Fatshedera lizei (hort. ex COCHET) A. GUILL., die Efeuaralie, ist ein Gattungsbastard zwischen *Fatsia japonica* (THUNB. et MURR.) DECNE. und *Hedera helix*. Es handelt sich um einen immergrünen, schmalwüchsigen, sterilen Strauch, der 1910 künstlich erzeugt wurde [22].

Kultiviert werden viele verschiedene Spielarten, die sich in Form, Größe und Farbe der Blätter sowie in der Fruchtfarbe unterscheiden.

Hervorzuheben ist ein aus Stecklingen von Blütentrieben gewonnener, aufrecht wachsender kleiner Strauch (Dauermodifikation), der als *H. helix* f. *arborea* hort. (= *Hedera helix* var. *arborescens* LOUD., *H. arborea* kult.) bezeichnet und gehandelt wird.

Klima und Standort

Der Efeu ist ein typischer Buchenbegleiter und die Charakterart des *Querco-Gagatea*. Er wächst in Eichen-Hainbuchen-Wäldern (Verband *Carpinion*), Kalkbuchenwäldern, Auwäldern [30] und in anderen Laubmischwaldgesellschaften [11]. In SO-Europa begleitet er Kastanienwälder [16]. Bevorzugt werden lichte Bestände.

H. helix gilt in der Jugend als schattentolerant. Die reproduktive Phase kann sich allerdings nur in sonnigen Lagen entwickeln. Dennoch wird die Art als Schatten- bis Halbschattenart eingestuft [30].

Ihr Optimum liegt im ozeanisch getönten, d.h. im luftfeuchten und wintermilden Klima. Grundsätzlich gedeiht der Efeu auf vielen Bodenarten. Es werden sowohl basische als auch schwach saure Böden besiedelt [33]. Kalkreiche Lehm- und Mullböden werden bevorzugt. Sie sollten allerdings nährstoffreich sein und eine gute Wasserversorgung aufweisen.

Vermehrung und Kultur

Eine Vermehrung über Samen ist zwar möglich, wird aber kaum praktiziert, weil die Stecklingsvermehrung leicht und sicher zu handhaben ist. Dazu werden Jugendtriebe im August /September bis zu einem Drittel ihrer Länge in ein Gemisch aus Gartenerde : Lauberde : Torf (2:1:1) gesteckt. Kleinblättrige Formen sollten bereits im Juni abgesteckt werden [3]. Innerhalb von 6 bis 10 Tagen haben sich die Stecklinge bewurzelt [17]. Die Wurzeln entstehen dabei in den Phloemstrahlen[1].

Alterstriebe bewurzeln sich nur zu 15 % [23], und erst nach 3 bis 5 Wochen[1]. Aus gärtnerischem Interesse werden aber auch Alterstriebe zur Vermehrung herangezogen, da sich daraus aufrecht wachsende, als f. *arborescens* gehandelte Sträucher heranziehen lassen, die die Blatt- und Wuchsform der Alterstriebe sowie die spiralige Stellung der Blätter beibehalten und nicht mehr in die Kriech- und Kletterphase zurückkehren [5]. Solche Dauermodifikationen, die auch durch Pfropfung vermehrt werden können [3], beruhen auf Cyclophysis-Effekten.

Die Vermehrung über Blattstecklinge ist erst nach einer Auxinbehandlung möglich. Allerdings müssen die Blätter noch sehr jung sein [37]. Auch Blattstiele von Jugendblättern allein sind bei entsprechender Hormonbehandlung zur Vegetativvermehrung geeignet [12].

Pathologie

Der Efeu wird von einer großen Zahl pathogener Organismen befallen, die nur in Anzuchten bedeutend sind:

Der Bakterienbrand oder Efeukrebs, verursacht durch *Xanthomonas hederae* (ARN.) DOWS., äußert sich im Auftreten scharf abgegrenzter, glasiger Blattflecken, die sich vergrößern und schwarz verfärben. An Trieben erscheinen braune bis schwarze, später aufreißende Stellen, die darüberliegenden Sproßteile sterben ab [4, 29, 32].

Nennenswert ist noch eine Blattfleckenkrankheit, die durch *Phyllosticta hedericola* DUR. et MONT hervorgerufen wird. Dabei treten runde, erst braune, später hellgraue, oft purpurberandete Nekrosen auf. Die später durchlöcherten Blätter fallen ab [4]. Eine weitere Blattfleckenkrankheiten wird durch *Gloeosporium paradoxum* verursacht.

Unter den tierischen Schaderregern sind Spinnmilben, wie *Tetrarhynchus urticae* KOCH und *Bryobia kissophila* V. EYNDH. (Efeuspinnmilbe) zu nennen. Sie verursachen eine helle Sprenkelung und schließlich das Vertrocknen der Blätter [4, 29].

---

1) For. Abstr. **31**, 00615 (1970)

Die Cyclamenmilbe (*Steneotarsonemus pallidus* BANKS) verursacht Krümmungen der Blätter. Die terminalen Blätter bleiben klein oder werden nicht mehr ausgebildet.

Der Efeu dient u.a. als Futterpflanze für die Raupen des Nachtschwalbenschwanz (*Ourapteryx sambucaria* L.) und des schwarzen Ordensbands (*Mormo maura* L.) [6] und wird vom Wild stark verbissen [41].

Auch 2 Gefäßpflanzen treten als Parasiten an *Hedera helix* auf: *Orobanche hederae* DUBY und *Cuscuta europaea* L.

PLANTEFOL [34] berichtet von virus-infizierten Efeu-Pflanzen, bei denen die Zahl der Dolden und der Blüten innerhalb der Dolde erhöht waren.

Abb. 10: Winterverfärbung der Blätter

Nutzung

In breitem Umfang wird Efeu im gärtnerischen Bereich genutzt. Dort bietet man ihn zur Fassadenbegrünung, als Bodendecker und auch als dekorative Topfpflanze für den Wohnbereich in vielen Varianten an. Bei einer Fassadenbegrünung ist zu bedenken, daß die Haftwurzeln in Risse im Putz eindringen.

Auch offizinell wird er genutzt: Extrakte aus den Blättern wirken krampflösend bei Bronchialerkrankungen und Keuchhusten [36]. Die Hauptwirkstoffe in den Blättern sind Triterpen-Saponine [α- (= Helixin) und β- Hederin]. Der Gesamtsaponingehalt der Blätter liegt zwischen 2,5 und 5,7 %. Sie haben eine in geringen Dosen gefäßerweiternde, in starker Dosierung eine gefäßverengende und stark hämolytische Wirkung [17]. Überdosierungen führen zu Brechdurchfällen, Erregungs- und Krampfzuständen, scharlachartigem Ausschlag, Fieber und auch zum Tod durch Lähmung des Atemzentrums [36]. Die Droge hat die Bezeichnung *Herba (Folia) Hederae helicis*.

Alle Pflanzenteile, besonders aber das Fruchtfleisch und die Samen, enthalten diese Saponine und sind deshalb giftig [8]. Bei Berührung der Blätter, vor allem aber bei Kontakt mit Blattsäften, können allergische Hautreizungen auftreten [2]. Sie werden durch Polyine verursacht.

Aus älteren Stämmen hat man eine harzartige Substanz *(Gummi hederae)* gewonnen [9], die zur Füllung kariöser Zähne und als Enthaarungsmittel genutzt wurde [24]. Aus dem Holz hat man früher Klärbecher für die Weinbereitung hergestellt [38]. Für Bienen stellt der Efeu eine wichtige Spättrachtpflanze dar.

Verschiedenes

Der Efeu galt schon im Altertum als eine Kultpflanze. Bei den Ägyptern war er der Osiris [24], bei den Griechen dem Dionysos heilig und bei den Römern schmückte er die Stirn der Dichter [20].

Die Christen betrachteten ihn, wohl wegen der immergrünen Belaubung, als Symbol ewigen Lebens [20].

Der Artname *Hedera helix* läßt sich entweder auf das griechische „hedra" (=Sitz) oder auf das keltische „hedea" (=Strick) zurückführen. Der artbestimmende Name *helix* bedeutet winden.

Literatur

[1] AMANN, G., 1993: Bäume und Sträucher des Waldes. 16. Aufl. Weltbild, Augsburg.

[2] BARTELS, H., 1993: Gehölzkunde. UTB-Taschenbuch Nr. 1720. Ulmer, Stuttgart.

[3] BÄRTELS, A., 1989: Gehölzvermehrung. 3. Aufl. Ulmer, Stuttgart.

[4] BÄRTELS, A.,1991: Gartengehölze. Bäume und Sträucher für mitteleuropäische und mediterrane Gärten. 3. Aufl. Ulmer, Stuttgart.

[5] BELL, A.D., 1994: Illustrierte Morphologie der Blütenpflanzen. Ulmer, Stuttgart

[6] CARTER, D.J.; HARGREAVES, B., 1987: Raupen und Schmetterlinge Europas und ihre Futterpflanzen. Parey, Hamburg, Berlin.

[7] CUTLER, D. F.; RUDALL, P.J. et al., 1987: Root Identification Manual of Trees and Shrubs. A guide to the anatomy of roots of trees and shrubs hardy in Britain and Northern Europe. Chapman & Hall, London.

[8] DÜLL, R.; KUTZELNIGG, H., 1988: Botanisch-ökologisches Exkursionstaschenbuch. Quelle & Meyer, Heidelberg, Wiesbaden.

[9] ESSER, P., 1910: Die Giftpflanzen Deutschlands. Vieweg, Braunschweig.

[10] FOSKET, D. E., 1994: Plant Growth and Development. A Molecular Approach. Acad. Press, San Diego, New York.

[11] GARCKE, A., 1972: Illustrierte Flora, 23. Auflage. Parey, Berlin, Hamburg.

[12] GENEVE, R.L., 1991: Patterns of Adventitious Root Formation in English Ivy. J. Plant Growth Regul. 10, 215-220.

[13] GREGUSS, P., 1945: Bestimmung der mitteleuropäischen Laubhölzer und Sträucher auf xylotomischer Grundlage. Ungar. Naturw. Museum Budapest.

[14] GROSSER, D., 1977: Die Hölzer Mitteleuropas. Springer, Berlin, Heidelberg, New York.

[15] HARMS, H., 1898: Araliaceae. In: Die natürlichen Pflanzenfamilien. III. Teil, 8. Abt. Hrsg. von ENGLER, A. ENGELMANN, Leipzig.

[16] HECKER, U., 1985 Laubgehölze. Wildwachsende Bäume, Sträucher und Zwerggehölze. BLV, München, Wien, Zürich.

[17] HEGI, G., 1926: Illustrierte Flora von Mitteleuropa. Band V/2. Lehmann, München.

[18] HOLDHEIDE, W., 1951: Anatomie mitteleuropäischer Gehölzrinden. In: Handbuch der Mikroskopie in der Technik. Bd. V/1. Hrsg. von H. FREUND. Seite 195-367. Umschau Verlag, Frankfurt.

[19] KAUSSMANN, B.; SCHIEFER, U., 1989: Funktionelle Morphologie und Anatomie der Pflanze. Fischer, Jena.

[20] KLEIN, L., 1910: Unsere Waldbäume, Sträucher und Zwergholzgewächse. C. Winter's Univ. Buchh. Heidelberg.

[21] KNUTH, P., 1898: Handbuch der Blütenbiologie. Band II, 1. Teil. Engelmann, Leipzig.

[22] KRÜSSMANN, G., 1976: Handbuch der Laubgehölze. Band 1. 2. Auflage. Parey, Berlin, Hamburg.

[23] LORENZEN, H., 1972: Physiologische Morphologie der höheren Pflanze. UTB 65. Ulmer, Stuttgart.

[24] MADAUS, G., 1979: Lehrbuch der biologischen Heilmittel. Band II. Olms, Hildesheim, New York.

[25] MEUSEL, H.; JÄGER, E.; WEINERT, E. (Hrsg.), 1965: Vergleichende Chorologie der zentraleuropäischen Flora. Karten. Fischer, Jena.

[26] MOELLER, J., 1876: Beiträge zur vergleichenden Anatomie des Holzes. Wien.

[27] MOELLER, J., 1882: Anatomie der Baumrinden. Springer, Berlin.

[28] NAPP-ZINN, K., 1973: Anatomie des Blattes. II. Angiospermen. Borntraeger, Berlin, Stuttgart.

[29] NIENHAUS, F., BUTIN, H., BÖHMER, B., 1992: Farbatlas Gehölzkrankheiten. Ziersträucher und Parkbäume. Ulmer, Stuttgart.

[30] OBERDORFER, E., 1983: Pflanzensoziologische Exkursionsflora. 5. Auflage. Ulmer, Stuttgart.

[31] PETRIDES, G.A., 1972: A Field Guide to Trees and Shrubs. Houghton Mifflin, Boston.

[32] PARDATSCHER, G., 1981: Krankheiten und Schädlinge an Zier-Laubgehölzen. Mitt. Dtsch. Dendr. Ges. 72, 237 - 250.

[33] PHILIPPI, G., 1992: Araliaceae. In: Die Farn- und Blütenpflanzen Baden-Württembergs. Hrsg. v. SEBALD, O. et al. Band IV. Ulmer, Stuttgart.

[34] PLANTEFOL, M.L., 1975: Stimulation des croissances vegetative et florifère sur les lierres (Hedera helix L.) contenant des particules de type viral. C. R. Acad. Sci. Paris 280, Serie D, 507 - 512.

[35] POKORNY, A., 1864: Österreichs Holzpflanzen. K. u. K. Hof- und Staatsdruckerei, Wien.

[36] ROTH, L.; DAUNDERER, M.; KORMANN, K., 1988: Giftpflanzen – Pflanzengifte. 3. Auflage. Ecomed, Landsberg.

[37] SANCHEZ, M.C.; SMITH, A.G.; HACKETT, W.P., 1995: Localizes expression of a proline-rich protein gene in juvenile and mature ivy petioles in relation to rooting competence. Physiologia Plantarum 93,2, 207-216.

[38] SCHRETZENMAYR, M., 1990: Heimische Bäume und Sträucher Mitteleuropas. Enke, Stuttgart.

[39] SCHULZE-MOTEL, J., 1993: Ordnung Doldenblütlerartige Apiales (Araliales). In: URANIA Pflanzenreich in Farbe. Blütenpflanzen 1. Urania, Leipzig, Jena, Berlin.

[40] SCHWEINGRUBER, F.H., 1990: Anatomie europäischer Hölzer. Haupt, Bern, Stuttgart.

[41] STETZKA, K.M.; ROLOFF, A.,1996: Der Efeu als „Baumwürger"? Nützt Klimaerwärmung winter- und immergrünen Gefäßpflanzen? AFZ/Der Wald 4/1996, 210-211.

[41] TROLL, W., 1959: Allgemeine Botanik. Enke, Stuttgart.

[42] WEBB, D.A., 1968: Hedera. In: Flora Europaea, Vol. II. Edit. by Tutin, T.G. et al. Cambridge Univ. Press.

Der Autor:

Dr. Hans JOACHIM SCHUCK
Lehrstuhl für Forstbotanik
Ludwig-Maximilians-Universität München
Am Hochanger 13
D-85354 Freising

Hippophae rhamnoides LINNÉ, 1753

Sanddorn, Seedorn   Familie: Elaeagnaceae

engl.: Sea buckthorn
franz.: Argoussier
ital.: Olivello spinoso

Abb. 1: Hippophae rhamnoides an der Jammerbucht in Jütland, Dänemark

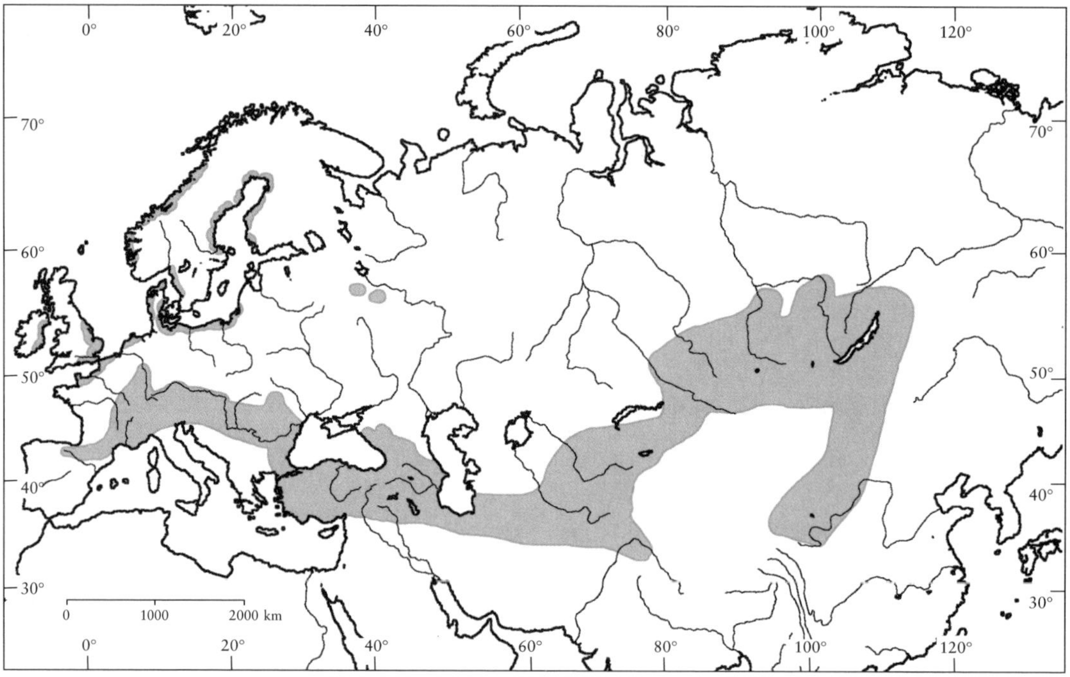

Abb. 2: Natürliches Verbreitungsgebiet, nach SCHULZ, PALMGREN et al.

Hippophae rhamnoides, ein sommergrüner, sparriger und dornig verzweigter Strauch, ist in weiten Teilen Eurasiens natürlich verbreitet und wird zudem wegen seiner attraktiven, leuchtend orangefarbenen, sehr Vitamin C-reichen Früchte gern angebaut.

Die dioezische Art wird in Mitteleuropa kaum höher als 3 m, vermehrt sich reichlich durch Wurzelbrut und kommt hauptsächlich an sandigen Meeresküsten sowie auf den Schottern der Gebirgsflüsse in den Alpen und im Voralpenland vor. Ihre Bedeutung liegt zum einen in der Fähigkeit Dünensande festzulegen, zum anderen in der Nutzung der „Beeren" für wohlschmeckende und sehr bekömmliche Säfte und Gelees.

In Deutschland gehört *H. rhamnoides* zu den geschützten Pflanzen.

Verbreitung

Das natürliche Areal des Sanddorns erstreckt sich über weite Teile Eurasiens und zieht sich – abgesehen von Süd-England sowie den unmittelbaren Küstenbereichen der Nord- und Ostsee – als ein breites Band vom Norden Spaniens und Portugals über die Alpen, Ungarn, Rumänien und den Balkan, Kleinasien, Persien, Süd-Sibirien und Tibet bis in die Steppen und Gebirge des Fernen Ostens.

Im europäischen Arealteil verläuft die Nordgrenze in Südengland, Jütland und an der Küste Norwegens (bis 67° 56` n. Br.). Besiedelt werden auch die Küsten des Bottnischen Meerbusens sowie strandnahe Sanddünen von Flensburg bis Ostpreußen, wobei die Ursprünglichkeit in Pommern und Ostpreußen als fraglich gilt [17]. Im Zentrum Mitteleuropas fehlt die Art von Natur aus, ist aber häufig nach Kultur verwildert. Weitere Verbreitung findet sie wiederum in den Alpen und im Voralpenland, wo sie vor allem auf den Schotterauen entlang von Flüssen und Bächen anzutreffen ist. Salzach, Inn, Isar, Amper, Lech, Iller, Donau (bis Kelheim) und Rhein (bis Karlsruhe) sind Beispiele dafür.

Für Europa nennt die Literatur [10, 17] folgende Höhengrenzen:

Bayer. Alpen	975 m	Tiroler Zentralalpen	1650 m
Nordtirol	1300 m	Wallis	1900 m
Tessin	1400 m		

Im Kaukasus besiedelt *H. rhamnoides* Lagen von 0 bis 3000 m, im Pamir bis 3800 m und in Tibet zwischen 3500 und 5000 m ü. NN [17], einer anderen Arbeit zufolge bis 4000 m[1].

Anbauten größeren Umfangs fanden in Teilen der ehemaligen Sowjetunion statt [17].

---

[1] For. Abstr. **52**, 6715, 1991

Beschreibung

Bereits im Erscheinungsbild bestehen zwischen Individuen und zwischen Populationen aus verschiedenen Teilen des riesigen, klimatisch wie orographisch stark variierenden Areals deutliche Unterschiede. In Europa zumeist als sparriger, intensiv verzweigter, höchstens 3 m hoher Strauch beschrieben, der im Freistand gelegentlich zu einem kleinen Baum von 6 m, im Extrem sogar von 10,5 m Höhe werden kann [10], tritt die Art in Hochlagen des Himalaya als Zwergstrauch, in Teilen Khasakstans aber als Baum des Steppenwaldes (Höhe 8 bis 12 m) auf[2]. Auf den Åland-Inseln fand man einen Baum mit 90 cm BHD. Als durchschnittliches Lebensalter werden dort 30 bis 40 Jahre, als Maximalwert ca. 80 Jahre angegeben. In Mittelasien werden die zur Fruchtproduktion angebauten Sträucher jedoch nicht älter als 19, auf leichten Böden als 13 Jahre[3].

Als Baum entwickelt *H. rhamnoides* i. d. R. eine unregelmäßige, kugelige, dichte Krone und eine graubraune, längsrissige Stammborke. Der meist krumme Stamm ist oft drehwüchsig, die dunkelrotbraunen Äste stehen sparrig ab [10].

Abb. 4: Rinde junger Stämme

Abb. 3: Borke eines alten Stammes

Ausgewachsene, freistehende Sträucher nehmen einen eher rundlichen Umriß an. Bäume wie Sträucher bilden gerade Jahrestriebe, deren Spitzen bereits während der ersten Vegetationszeit dornig verholzen. Die Terminalknospe fällt somit aus und kräftige, aus den nächst tiefer inserierten Seitenknospen entstandene Triebe übernehmen die Führung. Die Verzweigung ist somit sympodial und das Wachstum wird akroton gefördert. Tiefere Äste sterben ab, verbleiben aber am Stamm [5].

An jungen, noch nicht fruchtenden Sträuchern bilden die Jahrestriebe je nach ihrer Länge einen oder mehrere, ebenfalls in Dornen auslaufende Kurztriebe. Etwa vom 5. Lebensjahr an nehmen Zahl und Länge der Kurztriebe im allgemeinen ab. Zweijährige Sprosse bilden keine Seitentriebe [5].

Männliche Sträucher sind im peripheren (Blüten-) Bereich stärker verästelt als weibliche.

---

[2] For. Abstr. 35, 6741, 1974
[3] For. Abstr. 36, 5516, 1975

Abb. 5: Kurztriebdorn und Knospen an einem beblätterten Trieb (links), austreibende Knospen (Mitte) und bedornter Langtrieb mit männlichen Blütenständen (rechts)

Knospen, Blätter und junge Triebe

HEGI [10] beschreibt die Winterknospen als „kugelig bis eiförmig". Anzumerken ist, daß es dabei allein um Lateralknospen geht, denn die Terminalknospen sind stets hinfällig. Ferner haben Knospen weiblicher Sträucher rundliche Gestalt und sind ca. 2 bis 2,5 mm lang. Demgegenüber sind sie an männlichen Exemplaren eiförmig, etwa 6 mm lang und meist breiter als der Trieb [9]. Die mindestens 6 [25] leicht kapuzenförmigen Tegmente werden von kupferfarbenen Schildhaaren bedeckt. Generell enthalten Sanddorn-Knospen nur Trieb-, oder Blatt- plus Triebanlagen [25].

Die charakteristischen lineal-lanzettlichen Blätter (Länge: 1 bis 6,5 cm; Breite: 0,3 bis 1 cm) sind anfangs dicht behaart – oberseits mit Stern-, unterseits mit Schildhaaren – und dadurch von silbergrauer Farbe. Später wird die Oberseite mehr oder weniger kahl und dunkelgrün.

Sanddorn-Blätter sind wechselständig angeordnet, kurz gestielt (1 bis 3 mm), ganzrandig und werden zum Grund wie zum stumpflichen Apex schmäler. Schon im Hochsommer setzt eine Herbstverfärbung vom stumpfen Grün zum dunklen Rotbraun ein. Der Blattaufbau läßt Anklänge von Xeromorphie erkennen, wobei eine bis 5 Lagen starke Schicht von Schildhaaren die fehlende Verdickung der Epidermis kompensiert. Kennzeichnend ist ein mehrschichtiges, kräftig entwickeltes Palisadenparenchym [10].

Junge *Hippophae*-Triebe sind dicht mit silbrig-weißen Schildhaaren besetzt und werden später graubraun [9].

Blüten, Früchte und Samen

H. rhamnoides blüht im zeitigen Frühjahr (März/April), lange vor dem Blattaustrieb. Die eingeschlechtigen, in traubigen Infloreszenzen angeordneten Blüten sind dioezisch verteilt. An jungen Sträuchern kommen mitunter Zwitterblüten vor [10]; nach russischen Beobachtungen geschieht das vorwiegend auf nährstoffreichen Böden[4].

Die kugeligen männlichen Blütenstände befinden sich an den vorjährigen Trieben. Jede der 4 bis 20 sitzenden Blüten einer Infloreszenz besteht aus zwei 3 mm langen Kelch-, vier Staubblättern, einem viereckigen Diskus und entspringt der Achsel eines kleinen Tragblattes. Kronblätter fehlen. Bei Öffnung der Antheren fällt der Pollen zunächst in die Höhlung der beiden Kelchblätter und wird dann vom Wind verweht.

Die unauffälligen, grünlichgelben weiblichen Blüten stehen zu mehreren (5 bis 12) an traubigen Infloreszenzen. Sie sind kurz gestielt, röhrenförmig, entspringen ebenfalls den Achseln von Brakteen und fallen duch eine relativ lange Narbe auf. Chromosomenzahl: 2n = 24 [18]

Nach dem Abblühen verlängert sich die kegelförmige Blütenstandsachse und wächst zu einem beblätterten Trieb heran. Die den Fruchtknoten eng umschließende Kelchröhre bleibt erhalten und wird im Verlauf der Fruchtentwicklung fleischig und saftig. Sie umgibt die dünne, pergamentartige Fruchtwand, welche wiederum den Samen umschließt. Die so entstehende „Scheinbeere" wird demnach von einer Nußfrucht ausgefüllt.

---

[4] For. Abstr. **43**, 5862, 1982

Die Reifezeit der etwa erbsengroßen (Durchm.: 7 bis 8 mm), orangefarbenen, kugeligen bis eiförmigen Früchte reicht von Mitte August bis Ende September. Sie enthalten nur einen, glänzend schwarzbraunen, ca. 3 mm langen, eiförmigen Samen mit wenig Endosperm. Das Tausendkorngewicht variiert erheblich. Für Mitteleuropa werden 7,5 g [14] und 14 g [1], für Rumänien 3,75 und 4,25 g[5] genannt.

Starken Schwankungen ist auch der Fruchtansatz unterworfen, wie man aus Erfahrungen mit Sanddorn-Plantagen in Osteuropa und Asien weiß. In Rumänien liegen die Extreme bei > 4 kg und 1,2 bis 2,0 kg pro Strauch. Maximale Erträge sind mit 7 bis 8 Jahren zu erwarten. Beschattung, selbst durch Nachbarpflanzen, reduziert den Fruchtansatz[6]. Über den Einfluß der Bodengüte auf den Fruchtertrag liegen diametral entgegengesetzte Aussagen vor. In Sibirien wirken nährstoffreiche, frische[6], in Rumänien leichte Böden förderlich [3].

Sehr unterschiedlich beurteilt wird auch die Rolle der Vögel bei der Samenverbreitung. Während man diesen Weg in der älteren Literatur skeptisch betrachtet oder ausschließt, belegen Untersuchungen DARMERS [5] auf Hiddensee den hohen Stellenwert der Ornithochorie. Neben Dohlen, Elstern und Nebelkrähen sind es in diesem Teil des Areals auch Zugvögel wie Stare, Rotkehlchen, Singdrosseln und Blaumeisen, welche die Sanddornbeeren z.T. in großen Mengen aufnehmen, den Saft verwerten und die Rückstände, u.a. die Nüßchen, in Form von „Speiballen" wieder abgeben. Nur selten werden die „Samen" rektal ausgeschieden.

Bewurzelung

Im allgemeinen wird das Wurzelsystem als weitstreichend, intensiv und bis in 1,2 m Tiefe reichend geschildert, die intensive Wurzelbrutbildung hervorgehoben und die Vermehrung durch Wurzelstecklinge erwähnt [6, 10]. In 4 bis 5 Jahren erreichen die stärksten Seitenwurzeln eine Länge von 4 bis 5 m [2]. Nähere Angaben fehlen.

1- bis 12jährige Sträucher einer Plantage in der Steppe am Don bildeten ein relativ flaches Wurzelsystem, welches nicht tiefer vordrang als 1/4 bis 1/2 der Strauchhöhe und sich horizontal bis zum 2 1/2- bis 3fachen Kronendurchmesser erstreckte[7].

Von erheblicher ökologischer Bedeutung sind die bodenverbessernden Eigenschaften des Sanddorns. Sie gehen zurück auf die Bildung einer Actinorhiza mit Luftstickstoff bindenden *Frankia*-Arten [3]. Auf Sanddünen an der Küste Ost-Englands traten Wurzelknöllchen an allen untersuchten Sträuchern auf. Pro Jahr und Hektar wurde fixiert:

27 kg N_2 von 0 bis 3 Jahre alten Sträuchern
179 kg N_2 von 13 bis 16 Jahre alten Sträuchern[8]

Inokulationen mit *Frankia*-Stämmen aus *Alnus*-Arten führten nicht zur Bildung von Wurzelknöllchen [23].

---

[5] For. Abstr. **15**, 3480, 1954
[6] For. Abstr. **42**, 5248, 1981
[7] For. Abstr. **35**, 3486, 1974
[8] For. Abstr. **28**, 5268, 1967

Abb. 6: Fruchtender Zweig

Abb. 7: Fruchtender Strauch (Ausschnitt)

Abb. 8: Holz im Längsschnitt

Auf humosen Substraten werden die Sanddorn-Keimlinge oft durch schattenwerfende Holunder-Sämlinge (*S. nigra*) gefährdet, wohingegen sie sich auf lichtexponierten Rohböden leicht gegen konkurrierende Arten durchsetzen [5].

Zur künstlichen Vermehrung sollten die Früchte zwischen Ende August und Dezember mit Scheren vom Zweig getrennt werden. Nach Zerquetschen und Auswaschen der Früchte lösen sich die Samen vom Fruchtfleisch [1, 6]. Bei Raumtemperatur läßt sich das trockene Saatgut ohne Verlust an Keimkraft bis zum übernächsten Frühjahr aufbewahren [19, 21].

Offenbar enthält das Fruchtfleisch keimhemmende Substanzen, denn in der Frucht verbleibende Samen keimen erheblich schlechter als herausgelöste [19]. Sät man gleich im Herbst aus, verläuft die Keimung stark verzögert, bei Aussaat im Frühjahr jedoch wesentlich rascher und gleichmäßiger. ROHMEDER [19] empfiehlt die Aufbewahrung der trockenen Samen bei Raumtemperatur bis zum Frühjahr und für die Aussaat Keimtemperaturen von 20 bis 25 °C. Stratifikation beschleunigt zwar die Nachreife, verbessert aber die Keimrate nur unerheblich. Die Saattiefe sollte 1 bis 2 cm betragen [1].

Holz

Das mittelschwere, ringporige Holz hat einen schmalen, gelblichen Splint und einen dunkel gelbbraunen Kern. Die Jahrringe sind leicht zu erkennen, nicht aber die schmalen, allenfalls mit einer Lupe auszumachenden Holzstrahlen. Die Rohdichte (r_{15}) wird mit 0,66 bis 0,73 g/cm³ [8], für den Kaukasus mit 0,62 bis 0,645 g/cm³ [9] angegeben.

Zu den auffälligen holzanatomischen Merkmalen gehören:

– das relativ breite Band engstehender Frühholzgefäße mit tangentialen Durchmessern bis 130 µm
– die wesentlich kleineren (15 µm), meist einzelnstehenden, mit spiraligen Wandverdickungen versehenen Spätholzgefäße und
– die im Tangentialschnitt stockwerkartig aufgebauten, ein- oder zweireihigen, nur 5 bis 8 Zellagen hohen Holzstrahlen.

Nach chinesischen Untersuchungen bestehen zwischen männlichen und weiblichen Exemplaren und zwischen Sträuchern verschiedener geographischer Herkunft keine Unterschiede in der Struktur des Holzes [24].

Verjüngung, Anzucht und Entwicklung

H. rhamnoides verjüngt sich im natürlichen Habitat sowohl generativ wie vegetativ, letzteres vor allem durch Wurzelbrut.

Abb. 9: Keimling, ca. 4 Wochen alt (nat. Größe). Kotyledonen schwarz ausgefüllt

---

[9] For. Prod. Abstr. **17**, 1040, 1994

Nach der epigäischen Keimung, die unter mitteleuropäischen Verhältnissen nach etwa 4 Wochen einsetzt [6], bleiben die Kotyledonen noch mehrere Tage in der Samenschale. Sie sind kahl, ebenso wie das Hypokotyl und werden bis 8,5 mm lang und 4,5 bis 5,5 mm breit [15]. Demgegenüber weisen Epikotyl und Folgeblätter eine dichte Behaarung auf [10].

Die Entwicklung von Keimlingen und Sämlingen hängt stark vom Licht ab. Schatten schadet. Bis zum Ende des 1. Jahres werden Höhen von 35 bis 45 cm erreicht und mehrere bis zu 15 cm lange Seitentriebe gebildet [10]. Noch am Ende des zweiten Jahres kann man männliche und weibliche Pflanzen morphologisch nicht sicher unterscheiden. Erst danach erscheinen die Blütenknospen: entweder locker angeordnet (C) oder dicht gedrängt (?) [1].

Zur Anlage von Plantagen werden in Ungarn Grünstecklinge herangezogen: Ernte im Juni, Bewurzelung im Sprühbeet unter Glas, Auspflanzen im nächsten Frühjahr im 4 x 2 m-Verband, voller Fruchtansatz nach 3 Jahren[10]. In Bjelorussland zieht man verholzte Stecklinge vor, die sich zwar weniger gut bewurzeln, am Ende des 1. Jahres aber bereits 90 cm hoch sind[11].

Herkunftsversuche fanden vorwiegend im asiatischen Teil des Areals statt und waren fast nur auf Verschiedenheiten im Fruchtansatz, in der Fruchtgröße und der Fruchtqualität abgestellt. Die folgenden Ergebnisse sind erkennbar:

– Früchte westeuropäischer Kultursorten enthalten weniger Öl, weniger Karotin, aber erheblich mehr Vitamin C als sibirische Sorten[6].
– Tadschikische Populationen unterscheiden sich von Herkünften aus dem Altai durch höheren Ölgehalt der Früchte (6 bis 17% : 5%) und durch erheblich längere Reifezeiten[12]. Andererseits entwickeln Sträucher aus dem Altai größere und schmackhaftere Früchte und sie sind unbedornt[13].
– Abweichend von anderen Teilen Rußlands bildet *H. rhamnoides* im Westen der Pamir-Region (1750 bis 3000 m ü. NN) Kurztriebe mit 2jähriger Lebensdauer und Knospen mit einer großen Zahl von Tegmenten aus[14].
– Sanddornsamen aus den Hochlagen Asiens sind manchmal polyembryonal und keimen dann mit 3 oder 4 Kotyledonen[15].

Vergleichende Anbauten von mitteleuropäischen Küsten- und Gebirgsherkünften haben unseres Wissens nicht stattgefunden.

Taxonomie und genetische Differenzierung

Die Gattung *Hippophae* L. besteht aus nur 3 Arten, wovon *H. rhamnoides* das weiteste Areal einnimmt, als einzige Art (auch) in Europa heimisch ist und in erheblichem Umfang angebaut wird. *H. thibetana* SCHLECHT, ein niedriger, stark dorniger Zwergstrauch, bewohnt Höhenlagen zwischen 2500 und 5000 m ü. NN im Himalaya. Seine Blätter haben beiderseits Spaltöffnungen [10]. *H. salicifolia* D. DON, wiederum, ist ein nicht bewehrter, kleiner, ebenfalls im Himalaya heimischer Baum (2000 bis 3500 m) mit breit lanzettlichen, unterseits weißfilzig behaarten Laubblättern, der trotz Winterhärte nur selten in mitteleuropäischen Sammlungen zu finden ist.

Gemessen an der immensen geographischen Differenzierung des Areals ist die bisher erfolgte Untergliederung der Art in Varietäten, Formen, Rassen oder Ökotypen überraschend gering.

HEGI [10] bezieht sich auf SERVETTAZ und unterscheidet:

– var. *minor* SERV. mit sehr schmalen (2 bis 3 mm), langen Blättern und fast elliptischen Früchten von
– var. *major* SERV. mit breiteren Laubblättern (5 bis 5,5 mm).

Beide Varietäten können nebeneinander auftreten. Weiterhin wird von ihm erwähnt:

– f. *umbrosa* LÜSCHER, eine fast unbewehrte, an schattigen, nährstoffreichen Orten vorkommende Form.

Ökologie

Angesichts des sehr ausgedehnten natürlichen Areals, das sich selbst in dem vergleichsweise kleinen europäischen Teil sowohl auf ozeanische wie auf kontinentale Klimabereiche erstreckt, kann es kaum gelingen, allgemein gültige Klima- und Standortsansprüche für *H. rhamnoides* herauszustellen. ELLENBERG [7] spricht von einer lichtbedürftigen, subkontinentalen Art, die das Schwergewicht ihres Vorkommens in submontan temperaten Bereichen hat. Frostschäden kommen allenfalls in unmittelbarer Küstennähe vor und dann nur in extrem windexponierten Lagen [5]. Windempfindlich ist die Art aber nicht.

Der Sanddorn bevorzugt neutrale bis schwach alkalische, humusarme Böden (pH 6 bis 8) und ist nach DARMER [5] eher basiphil als kalkhold. ELLENBERG [7] bezeichnet ihn indessen als Basen- und Kalkanzeiger, außerdem als Indikator für stickstoffarme Standorte. Auf stark sauren Böden fehlt er. Bevorzugt werden lockere, gut durchlüftete, frische Böden, und das Grundwasser sollte erreichbar sein [6]. Diese Bedingungen finden sich sowohl an den Sandstränden der Nord- und Ostsee wie auf den Flußschottern entlang der Alpenflüsse.

---

10) For. Abstr. **46**, 6674, 1985
11) For. Abstr. **46**, 1146, 1985
12) For. Abstr. **47**, 5609, 1985
13) For. Abstr. **46**, 1189, 1985
14) For. Abstr. **41**, 4377, 1980
15) For. Abstr. **46**, 4796, 1985

Besonders auf Sanddünen bildet die Art oft geschlosssene, durch intensive Wurzelbrut entstandene Bestände, in denen nur selten einzelne Exemplare von Schlehe, Weißdorn, Hasel und Weidenarten vorkommen. An den Alpenflüssen wird sie häufig von *Salix elaeagnos* und *S. daphnoides* begleitet [10].

Manche Autoren rechnen *H. rhamnoides* zu den Halophyten [10], denn er hält Meerwasser-Gischt aus und verträgt salzhaltige Böden ohne Schaden. Nach DARMER [5] toleriert er einen NaCl-Gehalt der Bodenlösung bis 1,17%. In aridem Gebiet NW-Chinas besiedelt die Art Salzböden auf einem Löß-Plateau[16]. Generell verderblich wirkt jedoch die Überflutung mit Meerwasser sowie Staunässe [5].

Pathologie

Wie bei vielen Straucharten, so fehlt auch beim Sanddorn eine umfassende, großräumige Inventur biotischer und abiotischer Krankheiten. Verhältnismäßig gut unterrichtet ist man allein über die pathologische Situation küstennaher europäischer Populationen.

Auf den deutschen Nordseeinseln und in den Niederlanden haben die Raupen des Goldafter *Euproctis chrysorrhoea* L. *(Lymantriidae)* wiederholt Sanddornbestände kahlgefressen. Die Art ist in Teilen Asiens und Europas weit verbreitet und läßt sich schwer bekämpfen [16]. Die Raupenhaare rufen Hautreizungen hervor[17]. Schäden entstehen ferner durch den Ringelspinner *Malacosoma neustria* L. *(Lasiocampidae)*. Dessen Raupen schlüpfen aus den in dichten Ringen um die Zweige abgelegten Eiern und fressen an jungen Blättern [5]. Gespinstmotten der Gattung *Gelechia* zerstören die Vegetationskegel in den Knospen [5] und in den Niederlanden gab es Ausfälle durch Nematoden der Arten *Longidorus* spec. und *Thylenchorhynchos microphasinus*[18].

In Sanddorn-Gebüschen an der Ostseeküste tritt nach DARMER [5] der Holzzerstörer *Fomes robustus* KARST. (syn. *Phellinus robustus* (KARST.) BOURDOT et GALZIN) mit großer Häufigkeit an alten Stämmen auf und reduziert deren Lebensalter auf etwa 30 Jahre. Höchstwahrscheinlich geht es hierbei aber um *Phellinus hippophaecola* H. JAHN, den Sanddorn-Feuerschwamm, dessen relativ kleine Fruchtkörper fast ganzjährig sporulieren, der streng auf den Sanddorn spezialisiert ist und auch in den Alpen vorkommt [13].

Aus Asien wird nur *Verticillium dahliae* KLEBAHN als pilzlicher Parasit erwähnt. Der Welkeerreger hat von 1981 bis 1985 in Sanddorn-Vermehrungsquartieren der sowjetischen Moldaurepublik Schäden angerichtet[19], kommt auch im Altai-Gebirge vor und wurde von dort in den Moskauer Botanischen Garten verschleppt[20].

Aufgrund seiner Salztoleranz wurde *H. rhamnoides* in Streusalz-Versuche an Autobahnen einbezogen. SCHIECHTL [20] stuft die Art nach mehrjähriger Versuchsdauer (ca. 10 t NaCl pro km/Jahr = 1,3 kg NaCl/m²) als empfindlich ein und hält sie für ungeeignet zur Bepflanzung an Straßen mit Wintersalzung. Nach 3 Jahren traten 26% Ausfälle ein und die Mittelhöhe lag bei 1,7 m. Nach 10 Jahren waren die Abgänge auf 76% gestiegen und die Höhe der verbliebenen Sträucher betrug noch immer 1,7 m.

Im Gegensatz dazu zählen BRAUN et al. [4] den Sanddorn nach 3 winterlichen Salzungsperioden, in denen die Wirkung der Salzwassergischt und die Wirkung über den Boden separat erfaßt worden waren, zu den „besonders resistenten Arten".

Nutzung

Zwei Besonderheiten sind es, die *H. rhamnoides* zu einer ökologisch und wirtschaftlich interessanten, viel genutzten Strauchart machen: die Fähigkeit zur Besiedelung und Festlegung von Sanddünen sowie der hohe Vitamin C-Gehalt des Fruchtfleisches.

Planmäßige Sanddorn-Pflanzungen zur Festlegung küstennaher Dünen finden an der Nord- und Ostsee sowie in England seit dem ersten Drittel dieses Jahrhunderts statt. Das intensive Wurzelsystem bindet den Boden, reichert ihn mit Stickstoff an und schafft so die Voraussetzung für das Einbringen von Wirtschaftsholzarten.

Um 1940 wurde nachgewiesen, daß Sanddornfrüchte besonders viel reine Ascorbinsäure enthalten und damit eine wichtige, leicht zugängliche Vitamin C-Quelle darstellen [12, 22]. In der Kriegs- und Nachkriegszeit förderte man den Anbau der Art, und 1949 wurden in Deutschland außerhalb privater Aktivitäten 22250 kg Früchte gesammelt [22].

In Asien und Osteuropa bestehen weiterhin ausgedehnte Plantagen, in denen Landsorten oder ertragreiche Kultursorten kultiviert und regelmäßig beerntet werden. Dort steht neben dem Ascorbinsäuregehalt auch der Ölgehalt des Fruchtfleisches im Vordergrund züchterischer Bemühungen. Dieser ist bei orangefarbenen Früchten am höchsten, bei gelben Früchten am geringsten[21]. Das Öl nutzt man u. a. als Mittel gegen Röntgenverbrennungen; in Tibet, Ost-Sibirien und im Altai wird es zur Behandlung von Magen- und Darmgeschwüren verwendet [2]. Es setzt sich in der Hauptsache aus Ölsäure (ca. 63%), Linol- und Stearinsäure (jeweils ca. 10%) zusammen; Linolensäure fehlt [12].

---

16) For. Abstr. **43**, 7328, 1982
17) For. Abstr. **47**, 907, 1986
18) For. Abstr. **45**, 6659, 1984
19) For. Abstr. **49**, 4193, 1988
20) For. Abstr. **44**, 2481, 1983
21) For. Abstr. **39**, 886, 1975

Mehrfach untersucht wurden Beziehungen zwischen dem Ascorbinsäuregehalt der Beeren auf der einen sowie Merkmalen der Frucht- und Sproßmorphologie bzw. der geographischen Herkunft auf der anderen Seite [5, 12, 22]. Bei einer Gesamt-Streubreite zwischen 150 und 1330 mg pro 100 g Frischgewicht waren gelbe Beeren i.a. ärmer an Vitamin C als rötliche [5], kleine Beeren enthielten weniger als große (0,44 mg : 2,47 mg pro Frucht [22]) und die Sanddorn-Populationen in den Alpen hatten Früchte mit erheblich höheren Ascorbinsäure-Werten als Bestände an der Küste [5, 22]:

Norddeutschland	ca. 200	mg/%
Oberrhein	455	mg/%
Oberbayern	300–600	mg/%
Tirol	835	mg/% [22]

Zur Zeit der Vollreife ist der Gehalt an Vitamin C am höchsten. Danach werden die Früchte weich und die Ascorbinsäure geht mehr und mehr in einen oxidierten Zustand über [22].

Standortunterschiede scheinen keinen Einfluß auszuüben. Belegt ist aber eine positive Korrelation zwischen dem Ascorbinsäure-Gehalt der Früchte und der Seitentrieblänge des betreffenden Strauches [22].

In Zentralasien rechnet man im Durchschnitt mit 3 kg Früchten pro Strauch im Alter 1 bis 7 und mit 5 kg in späteren Jahren[22].

Durch Pressen der Früchte gewinnt man einen wegen des hohen Äpfelsäure-Gehaltes recht sauer schmeckenden Rohsaft (1000 g reife Beeren = 750 g Saft), aus dem nach Zuckerzusatz mancherlei Erfrischungsgetränke hergestellt werden. Diese wirken vorbeugend gegen Erkältungskrankheiten und stärkend in der Rekonvaleszenzphase.

Hinweise zur Saftgewinnung und zur Herstellung von Marmelade sowie einschlägige Rezepte findet man bei HÖRMANN [12].

Als weitere, allerdings weit weniger verbreitete Verwendungsmöglichkeiten sind zu erwähnen:

– Das mittelschwere Holz eignet sich zum Drechseln.
– Im Winter werden die mit Früchten besetzten Äste gern zur Zimmerdekoration genutzt. Beim Schneiden der Äste erleiden die Sträucher oft Schäden und der Blütenansatz für das kommende Jahr geht verloren.
– Sanddorn-Sträucher dienen als Vogelschutz-Gehölz. Zeitweise wurden sie als Futterpflanze für Fasanen angebaut.
– In ariden Regionen der Inneren Mongolei hat sich H. rhamnoides als anpassungsfähige, regenerationsfreudige Art mit hoher Biomasseproduktion bewährt, die ein Brennholz mit hohem Heizwert liefert[23].

Verschiedenes

– Der Artname Hippophae rhamnoides dürfte nach HÖRMANN [12] auf die griechischen Worte „hippos" (Pferd) und „phaes" (glänzend) zurückgehen. Angeblich wurde die Art zur Ungeziefer-Bekämpfung bei Haustieren verwendet, wonach Pferde ein glänzendes Fell bekamen.
– Die Art verträgt keinen Rückschnitt.
– Beim Pfropfen bestehen erhebliche Unverträglichkeiten zwischen Reis und artfremden Unterlagen. Daran scheitern Versuche, Sanddorn auf hochstämmigen Unterlagen zu veredeln [11].
– Nach Erfahrungen in Rußland ist H. rhamnoides wenig empfindlich gegen Industrie-Abgase[24].
– Extrakte aus Sanddorn-Wurzeln und Wurzelknöllchen hemmten in vitro das Wachstum des Rotfäule-Erregers Heterobasidion annosum[25].

---

[22] For. Abstr. **42**, 5249, 1981
[23] For. Abstr. **49**, 7055, 1988
[24] For. Abstr. **48**, 2751, 1987
[25] For. Abstr. **45**, 2831, 1984

Weiterführende Literatur

[1] BÄRTELS, A., 1989: Gehölzvermehrung. 3. Aufl. Verlag E. Ulmer, Stuttgart.

[2] BELDEAU, E.C., LEAHU, I., 1985: Der Sanddorn (Hippophae rhamnoides L.) eine wertvolle, Beeren bildende Pionierpflanze. Faktoren, die die Fruchtbildungs-Intensität beeinflussen. Forstarchiv 56, 249–253.

[3] BOND, G.; GARDNER, 1957: Nitrogen fixation in non-legume root nodule plants, Nature 179, 680–681.

[4] BRAUN, G.; SCHÖNBORN, A. VON; WEBER, E., 1978: Untersuchungen zur relativen Resistenz von Gehölzen gegen Auftausalz (Natriumchlorid) Allgem. Forst- und Jagdz. 149, 21–35.

[5] DARMER, G., 1948: Neue Beiträge zur Ökologie von Hippophae rhamnoides L. Biol. Zbl. 67, 342–361.

[6] EHLERS, M., 1960: Baum und Strauch in der Gestaltung der deutschen Landschaft. Verlag Paul Parey, Berlin und Hamburg.

[7] ELLENBERG, H., 1979: Zeigerwerte der Gefäßpflanzen Mitteleuropas. 2. Aufl. Scripta Botanica 9, Verlag E. Goltze, Göttingen.

[8] GROSSER, D., 1977: Die Hölzer Mitteleuropas. Springer Verlag Berlin, Heidelberg, New York.

[9] HECKER, U., 1995: Bäume und Sträucher. BLV Handbuch. BLV-Verlagsges. München.

[10] HEGI, G., 1926: Illustrierte Flora von Mitteleuropa, Band V, Teil 2, J. F. Lehmanns Verlag, München.

[11] HEINISCH, O., 1952: Die vordringlichsten Zuchtziele bei Sanddorn (Hippophae rhamnoides L.) Züchter 22, 144–147.

[12] HÖRMANN, B., 1941: Die Sanddornbeere (Hippophae rhamnoides L.). Die beste natürliche Vitamin-C-Spenderin. Vorkommen, Anbau und Verwertung. Verlag der Pflanzenwerke, München 2.

[13] JAHN, H., 1990: Pilze an Bäumen. 2. Aufl. Patzer-Verlag, Berlin-Hannover.

[14] KRÜSSMANN, G., 1935: Die Vermehrung der Gehölze, Parey.

[15] LUBBOCK, J., 1892: Contribution to our knowledge of seedlings. London.

[16] LÜBKE, A., 1952: Der Goldafter auf den Nordsee-Inseln. Z. Pflanzenkrankheiten 59, 221–223.

[17] MEUSEL, H.; JÄGER, E.; WEINERT, E., 1965: Vergleichende Chorologie der Zentraleuropäischen Flora, Karten. Fischer, Jena.

[18] OBERDORFER, E., 1970: Pflanzensoziologische Exkursionsflora für Süddeutschland. Ulmer, Stuttgart.

[19] ROHMEDER, E., 1944: Keim- und Saatversuche mit Sanddorn (Hippophae rhamnoides L.). Forstwiss. Cbl. 64, 242–246.

[20] SCHIECHTL, M., 1983: Gehölze an Autobahnen. Welche sind auf Dauer salzresistent? Garten und Landschaft 876–882.

[21] SLABAUGH, P.E., 1974: Hippophae rhamnoides L. Common Seabuckthorn. In: SCHOPMEYER, C.S. (Techn. coord.), Seeds of Woody Plants in the United States. USDA Forest Service, Agric. Handbook 450, Washington, D. C.

[22] STOCKER, O., 1948: Tiroler Sanddorn (Hippophae rhamnoides L.) als Vitamin-C-Höchstleistungspflanze. Züchter 19, 9-13.

[23] WERNER, D., 1987: Pflanzliche und mikrobielle Symbiose. Thieme, Stuttgart.

[24] ZHANG, X.-Y.; CAO, W.-H., 1990: Studies on the secondary xylem anatomy of Hippophae rhamnoides under different habitats. Acta Botanica Sinica 32, 909–915.

[25] ZUCCARINI, J.G., 1829: Charakteristik der deutschen Holzgewächse im blattlosen Zustand. München.

Die Autoren:

Prof. em. Dr. PETER SCHÜTT
Lehrstuhl für Forstbotanik
Ludwig-Maximilians-Universität München
Am Hochanger 13
D-85354 Freising

ULLA M. LANG
Schützenstraße 6
D-82383 Hohenpeißenberg

Laburnum anagyroides MEDIK., 1787

syn.:   Cytisus laburnum L., 1753;
        Laburnum vulgare BERCHT. et J. S. PRESL

Gemeiner Goldregen, Bohnenbaum, Kleebaum   Familie: Fabaceae

engl.:   Golden chain, Common Laburnum
franz.: Cytise faux Ébénier, Aubur
ital.:   Avorniello
ung.:   Aranyesö

Abb. 1: Laburnum anagyroides. Blühender Strauch in Oberbayern

Laburnum anagyroides, ein sommergrüner, wegen der goldgelben Blütenpracht häufig kultivierter, aufrecht wachsender, bis 7 m hoher Großstrauch oder ein kleiner Baum, hat seine Heimat im südlichen Mitteleuropa und in Südosteuropa. Die gärtnerische Nutzung geht bis ins 16. Jahrhundert zurück und erstreckt sich heute auf temperierte Klimaregionen ohne strenge Winterfröste – zumeist in Europa und Nordamerika. Wiederholt ist die Art aus Kultur verwildert.

Laburnum x watereri (WETTST.) DIPP., ein Artbastard zwischen *L. alpinum* und *L. anagyroides* hat als üppig blühender Zierstrauch eine ähnlich weite Verbreitung erfahren. Beide Sippen des Goldregens enthalten in allen Pflanzenteilen das Alkaloid Cytisin und sind deswegen hochgiftig.

Laburnum-Arten lassen sich durch die langgestielten, dreiteiligen Blätter leicht erkennen. Von *L. alpinum* unterscheidet sich der Gemeine Goldregen durch dicht behaarte Blattunterseiten und Früchte, durch lockere und kürzere Blütentrauben und durch ungeflügelte Hülsen.

Der artbeschreibende Name „anagyroides" bezieht sich auf die Ähnlichkeit mit *Anagyris foetida* L., einem mediterranen Strauch aus derselben Familie.

Verbreitung

Das natürliche Areal des Gemeinen Goldregens erstreckt sich von Lothringen über den Französischen Jura und die Seealpen (Savoyen), weiter über Süd-Ungarn, die Herzegowina und Serbien bis nach Bulgarien [7].

In Österreich kommt die Art von Natur aus in der unteren Steiermark, im südlichen Kärnten und in Südtirol vor. In der Schweiz ist sie im Tessin und am Genfer See autochthon. Die Höhengrenze ihres Vorkommens liegt etwa bei 2000 m ü. NN [9].

Weil *L. anagyroides* seit dem 16. Jahrhundert in Kultur steht, ist die Nordgrenze des natürlichen Verbreitungsgebietes kaum zu rekonstruieren. Im Bodenseegebiet und am Kaiserstuhl gilt die Art als eingebürgert.

Angebaut wird Goldregen heute bis ins südliche Schweden, unter anderem auch im Süden Kanadas.

Beschreibung

L. anagyroides wird meistens als großer, aufrechter Strauch, seltener als kleiner Baum bis 7 m, max. 13 m Höhe und einem Stammdurchmesser (BHD) bis 20 cm beschrieben, der sich monopodial verzweigt und dessen Sproßsystem in Kurz- und Langtriebe gegliedert ist. Ähnlich wie bei *Fagus* können Kurztriebe zu Langtrieben auswachsen und umgekehrt.

Die Äste sind hellgrau, die Zweige haben einen rundlichen Querschnitt, wachsen anfangs aufrecht, hängen später aber etwas über [7].

Abb. 2: Langtriebe mit Seitenknospen (Foto: H. Gilge)

Knospen, Blätter und junge Triebe

Die ovalen bis schwach dreieckigen, 3 bis 4 mm langen Winterknospen sind dicht seidig behaart, haben vier oft locker abschließende Tegmente und werden von der Stielbasis des abgefallenen Tragblattes eingerahmt [6].

Die auffallend langstieligen (2 bis 7 cm), dreizählig gefingerten Laubblätter sind an Langtrieben wechselständig, an Kurztrieben rosettig angeordnet. Die im Querschnitt runden, anliegend behaarten Blattstiele haben eine verdickte Basis. Auch die Unterseite der Fiederblättchen ist seidig und anliegend hellgrau behaart, die Oberseite hingegen kahl und frischgrün. Die Blättchen sind 2 mm lang gestielt, elliptisch oder eiförmig, messen in der Länge 4 bis 5 (8) cm, in der Breite 1,5 bis 2 (3) cm und laufen am Grund mehr oder weniger keilförmig aus. Unterseits treten entlang des Mittelnervs zahlreiche Hydathoden auf [9]. Es werden außerdem schmal lanzettliche, rasch hinfällige Nebenblätter gebildet.

Die graugrüne Rinde der schlanken jungen Zweige ist hellgrau behaart, mit querstehenden, ockerfarbenen Lenticellen besetzt [7] und läßt Blattnarben mit 3 Bündelspuren erkennen.

Blüte, Frucht und Samen

Im Mai/Juni erscheinen zahlreiche endständige, anfangs aufrechte, später überhängende, 10 bis 25 cm lange Infloreszenzen (Trauben) mit jeweils 10 bis 30 leuchtend goldgelben, sehr attraktiven Schmetterlingsblüten. Diese stehen an dünnen, etwa 12 mm langen, um 180° gedrehten, behaarten Stielen und haben einen kurzen, glockenförmigen, kurz zweilippigen, anliegend behaarten Kelch. Die 2 cm lange Krone besteht aus einer rundlichen, ausgerandeten Fahne, an deren Grund sich eine bräunliche Zeichnung befindet, zwei verkehrt eiförmigen Flügeln und einem etwas kleineren Schiffchen.

10 ungleich lange Staubblätter mit orangefarbenen Antheren sind zu einer Röhre verwachsen. Der kurz gestielte Fruchtknoten enthält zahlreiche Samenanlagen.

Blütenformel: $\downarrow$ K (5) C5 A (10) G$\underline{1}$

Goldregen-Blüten produzieren keinen Nektar, sind selbststeril und proterandrisch. Bei dem Besuch durch pollensammelnde Insekten (*Bombus-, Apis-* und *Andrena*-Arten sowie *Plusia gamma* [9]) wird ein Klappenmechanismus ausgelöst, bei dem das Androezeum und das Gynoeceum aus dem Schiffchen heraustreten, nach der Bestäubung aber wieder in die Ausgangslage zurückgehen.

L. anagyroides setzt fast in jedem Jahr reichlich Früchte an [15]. Die Reifezeit liegt im August/September. Die 5 bis 8 cm langen und 8 bis 9 mm breiten, nicht gekammerten, meist geraden, aber zwischen den Samen eingeschnürten Hülsen sind seidig behaart und haben eine rauhe Oberfläche. Die obere Naht ist mit einer scharfen Kante versehen.

Die reifen, graubraunen Hülsen bleiben relativ lange geschlossen und springen dann zweiklappig auf. Sie enthalten 6 bis 10 rundliche, etwa 4,5 mm lange und 2 mm dicke, dunkelbraune bis schwarze Samen [9], die oft noch monatelang an der Hülsenwand haften und mit der Hülsenhälfte zu Boden fallen [6].

Rinde und Holz

L. anagyroides bildet normalerweise keine Borke weil das Außenperiderm mit dickwandigen Korkzellen sehr lange erhalten bleibt [8]. Aber auch die Rinde bleibt dünn – bei einem 58jährigen Stamm war sie 5 mm stark. Dennoch lassen sich Jahrringe in Form von Baststreifen erkennen, die von Parenchymzellen eingefaßt werden.

Abb. 4: Blütenstand

Abb. 3: Blätter und reife Früchte im Herbst (links) und stark gestauchter, mehrjähriger Kurztrieb mit Endknospe (rechts)

Die Siebröhren bleiben ein Jahr funktionsfähig, sind 25 bis 30 μm weit und haben einfache, meist schräggestellte Siebplatten. Im ältesten Rindengewebe finden sich zahlreiche Faser-Sklereiden (Durchm. 10 bis 16 μm), im Dilatationsgewebe auch Steinzellen-Nester [8].

Das ringporige Holz des Goldregens hat einen schmalen, gelblich weißen Splint und einen glänzenden, gelbbraunen bis schokoladenbraunen, oft dunkel geaderten, sehr attraktiven Farbkern. Die Jahrringe sind gut zu erkennen, und die Gefäße bilden im Spätholz charakteristische helle, wellige Bänder auf dunklem Grund. Im Frühholz erreicht der radiale Gefäßdurchmesser Werte bis 150 μm, im Spätholz nur von 20 bis 40 μm. Die relativ breiten Holzstrahlen (8- bis 10reihig, bis 1 mm hoch) bilden im Radialschnitt auffällige, hohe Spiegel. Daneben kommen auch kleinere, ein- oder zweireihige vor [5].

Das Grundgewebe setzt sich hauptsächlich aus dickwandigen Holzfasern zusammen, die im Spätholz gemeinsam mit Tracheiden auftreten. Auch Holzparenchym ist im Grundgewebe reichlich vorhanden.

Die Darrdichte (r_o) des Goldregen-Holzes variiert zwischen 0,68 und 0,80 g/cm^3 [5].

Abb. 5: Geschlossene, reife Früchte mit Samen
(Foto: H. Gilge)

Abb. 6: Reife Samen (Foto: H. Gilge)

Ökologie und Anzucht

Geerntet wird im September/Oktober durch Pflücken der reifen Hülsen vom Strauch. Diese werden in luftigen Räumen zum Trocknen ausgebreitet, anschließend gedroschen oder bis zum Frühjahr gelagert. Aus 100 kg Früchten gewinnt man 25 kg Saatgut, das man 2 Jahre lang in trockenen Räumen ohne Verlust der Keimkraft lagern kann [15]. Das Tausendkorngewicht liegt bei 30 g [1]. Vorbehandlung des Saatgutes durch mechanisches Skarifizieren erhöht die Keimfähigkeit[1].

Die Aussaat sollte im späten Frühjahr erfolgen. Zum Verpflanzen eignen sich am besten die 2jährigen Sämlinge [15]. Auch Stecklingsbewurzelung gelingt. Sie wird durch 0,01 % Naphthylessigsäure gefördert[2]; feuchte Substrate hemmen jedoch die Kallusbildung[3].

L. anagyroides ist von Natur aus eine Strauchart lichter Buschwälder. Sie kommt auch in mäßig trockenen Eichen- und Kiefernwäldern vor, meidet aber nasse Standorte [6, 15]. Die Art ist weitgehend frosthart und wächst im Freistand wie im Halbschatten [15]. Rückschnitt verträgt sie nicht [2].

HEGI [7] spricht von einer nordmediterranen, kalkholden Art, die aber auch auf kalkarmem Gneis und Porphyrit wächst, insgesamt nur geringe Bodenansprüche stellt und wärmere Lagen bevorzugt.

In Buschwäldern des natürlichen Areals kommt sie in Mischung mit *Quercus pubescens, Ostrya carpinifolia, Cotinus coggygria*, weiterhin auch mit *Sorbus aria, Prunus mahaleb, Colutea arborescens* und *Rhamnus saxatilis* vor. In Karstwäldern wächst sie gemeinsam mit *Rhamnus rupestris, Euonymus verrucosa, Acer monspessulanum, Daphne alpina* und *Pinus nigra*.

Verschiedenes

– L. anagyroides wird kaum von Krankheiten befallen [15]. Als Ausnahme sind Virosen anzuführen, die teils eine Vergilbung der Blattadern, teils Mosaik-Symptome auslösen[4].
In Nordamerika ruft *Fusarium lateritium* NEES eine Zweigdürre hervor. Die Empfindlichkeit gegen SO_2 wird als mäßig eingestuft [14].

– Angebaut wird *L. anagyroides* ausschließlich wegen seines Zierwertes. Das schwere, harte und gut polierfähige Kernholz eignet sich für feine Drechslerarbeiten und wird zu Musikinstrumenten sowie zu Meßstäben verarbeitet [6].

– Daß von einem oft kultivierten Ziergehölz verschiedene Gartenformen angeboten werden, verwundert nicht. KRÜSSMANN [10] beschreibt 10 davon – teils als Varietät (var. *alschingeri* (VIS.) SCHNEID.), teils als Cultivare –, die sich hinsichtlich Größe, Form und Farbe der Blätter, Länge des Blütenstandes und Art der Beastung unterscheiden.
Einen besonderen Stellenwert nimmt *L. x watereri* (WETTST.) DIPP., der Artbastard *L. alpinum* x *L. anagyroides* ein, der seit 1856 als natürlich entstandener Hybrid bekannt ist und seitdem durch künstliche Kreuzung hergestellt wird. Er hat größere Infloreszenzen als beide Elternarten, gleicht in der Größe der Einzelblüte *L. anagyroides*, in deren Farbe und Duft jedoch *L. alpinum* [9].
Von großer gärtnerischer Bedeutung ist hier der Cultivar 'Vossii' mit duftenden, bis zu 50 cm langen Blütenständen und Hülsen, die nur einen oder zwei Samen enthalten. Bewährt hat sich diese Form hauptsächlich in Mitteleuropa, weniger im östlichen Nordamerika [3].

[1] For. Abstr. **50**, 4864, 1989
[2] For. Abstr. **14**, 2179,. 1953
[3] For. Abstr. **3**, 10806, 1941/42

[4] For. Abstr. **27**, 6260, 1966

– In der gärtnerischen Literatur wird mit + *Laburnocytisus adami* (POIT.) SCHNEID. eine Periklinalchimäre angeführt, die nach Pfropfung von *Cytisus purpureus* auf *Laburnum anagyroides* entstand. Dabei geht es um einen 3 bis 5 m hohen Strauch, der neben gelben *Laburnum*- und rosa *Cytisus*-Blüten auch Zweige mit überhängenden, traubigen, stumpf hellpurpurfarbenen Infloreszenzen trägt [10, 12].

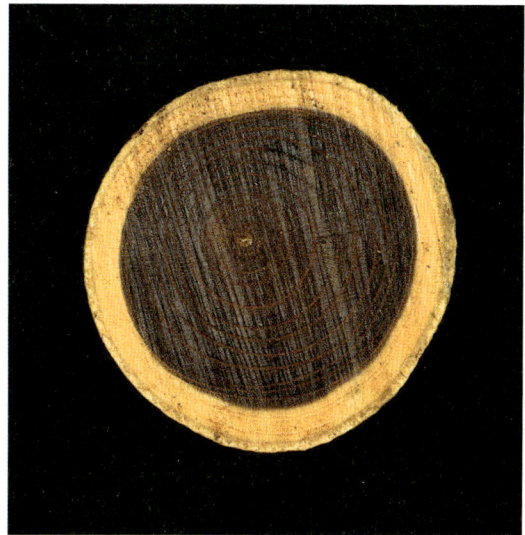

Abb. 8: Stammquerschnitt

Abb. 7: Rinde eines relativ alten Stammes

– Zu betonen ist, daß der Goldregen zu den gefährlichsten Giftpflanzen der gemäßigten Klimazonen gehört. Verantwortlich für die Giftwirkung sind mehrere Alkaloide, in erster Linie das Cytisin, welches in allen Pflanzenteilen vorkommt, in reifen Samen aber in besonders hoher Konzentration vorliegt. Kinder sind erfahrungsgemäß stark gefährdet, denn sie spielen gern mit den Früchten, kauen und verschlucken die Samen.

Gefährlich ist auch das Kauen an Zweigen und an den süßlich schmeckenden Wurzeln; selbst das Saugen an den Blüten birgt Gefahren.

Weil nach der Aufnahme sogleich Erbrechen einsetzt, bleibt die Zahl der dramatischen Vergiftungsfälle i. a. gering [4]. Die Vergiftungssymptome setzen sehr rasch ein und gleichen denen einer Nikotin-Vergiftung: Schweißausbrüche, Speichelfluß, anhaltendes Erbrechen, Delirien, Krämpfe, Atemlähmung,. Als tödliche Dosis für Kleinkinder gelten 15 bis 20 Samen.

Hasen, Schafe und Ziegen fressen Rinde und Blätter, ohne Schaden zu nehmen [7, 11], nicht aber Hunde und Pferde. Mehrfach erwähnt wird schließlich, daß Ziegenmilch toxisch wirken kann, wenn die Tiere zuvor größere Mengen an Goldregenblättern und -zweigen gefressen hatten [11, 13].

---

4) For. Abstr. **24**, 255, 1963

Weiterführende Literatur

[1] BÄRTELS, A., 1989: Gehölzvermehrung. Verlag E. Ulmer, Stuttgart.

[2] BOERNER, F., 1985: Blütengehölze für Garten und Park. 3. Aufl., Verlag Eugen Ulmer, Stuttgart.

[3] DIRR, M. A., 1990: Manual of Woody Landscape Plants. 4. ed. Stipes Publ. Co., Champaign, IL.

[4] FROHNE, D.; PFÄNDER, H. J., 1982: Giftpflanzen. Ein Handbuch für Apotheker, Ärzte, Toxikologen und Biologen. Wiss. Verlagsges. Stuttgart.

[5] GROSSER, D., 1977: Die Hölzer Mitteleuropas. Springer-Verlag Berlin, Heidelberg, New York.

[6] HECKER, U., 1995: BLV Handbuch Bäume und Sträucher. BLV Verlagsges. München, Wien, Zürich.

[7] HEGI, G., 1924: Illustrierte Flora von Mitteleuropa. Band IV, 3. J. F. Lehmanns Verlag, München.

[8] HOLDHEIDE, W., 1951: Anatomie mitteleuropäischer Gehölzrinden. Mikroskopie i. d. Technik 5, 1.

[9] KIRCHNER, O. v.; LOEW, E.; SCHRÖTER, C., 1938: Lebensgeschichte der Blütenpflanzen Mitteleuropas. Verlag Eugen Ulmer, Stuttgart.

[10] KRÜSSMANN, G., 1977: Handbuch der Laubgehölze, Bd. 2, 2. Aufl. Verlag Paul Parey, Berlin und Hamburg.

[11] MADAUS, G., 1979: Lehrbuch der biologischen Heilmittel, Bd. 3. Georg Olms Verlag, Hildesheim - New York.

[12] REHDER, A., 1942: Manual of Cultivated Trees and Shrubs, Hardy in North America Vol. 1., 2. ed. Díoscorides Press, Portland, Oregon.

[13] ROTH, L.; DAUNDERER, M.; KORMANN, K., 1984: Giftpflanzen – Pflanzengifte. ecomed Verlagsges. Landsberg/Lech.

[14] SINCLAIR, W. A.; LYON, H. H.; JOHNSON, W. T., 1987: Diseases of Trees and Shrubs. Cornell Univ. Press, Ithaka, London.

[15] YOUNG, J. A.; YOUNG, C. G., 1992: Seeds of Woody Plants in North America. 2. ed. Dioscorides Press, Portland, OR.

Die Autoren:

Prof. em. Dr. PETER SCHÜTT
Lehrstuhl für Forstbotanik
Ludwig-Maximilians-Universität München
Am Hochanger 13
D-85354 Freising

ULLA M. LANG
Schützenstraße 6
D-82383 Hohenpeißenberg

Ligustrum LINNÉ, 1753

Liguster, Rainweide

engl.: Privet

Familie: Oleaceae

Der weitaus größte Teil der etwa 50 teils sommer-, teils immergrünen Arten dieser Gattung ist in Ostasien beheimatet, einige stammen aus Australien, andere aus den indischen oder melanesischen Tropen.

Ihre wirtschaftliche Bedeutung ist allgemein gering. Regional besteht allerdings wegen der ansehnlichen Blütenstände und der Eignung als Heckenpflanze gärtnerisches Interesse. Das gilt auch für L. vulgare, die einzige in Europa heimische und auch in Mitteleuropa völlig winterharte Liguster-Art.

Abb. 1: Ligustrum vulgare. Einjährige, beblätterte Triebe

Gattungsmerkmale

Sträucher oder kleine Bäume mit gegenständigen, ganzrandigen, ungeteilten Blättern. Die grünlich-weißen, rein weißen oder gelblichen Blüten stehen in rispigen, endständigen Infloreszenzen. Blütenkrone vierzählig, im unteren Teil röhrig verwachsen. Die Länge der Kronenröhre kann von Art zu Art schwanken. Zwei rel. kurze Staubblätter. Die schwarzen, oft giftigen, beerenartigen Steinfrüchte enthalten ein bis vier Steinkerne.[1]

Die taxonomisch-systematische Situation der art- und formenreichen Gattung Ligustrum erscheint wenig gefestigt. Generell teilt man sie in zwei Sektionen ein:

Sect. I   Euligustrum REHDER oder Vulgare HOEFK.
Arten mit kurzer Kronröhre (u.a. L. vulgare, L. lucidum)[2]

Sect. II   Ibota KOEHNE
Arten mit langer Kronröhre (u.a. L. ovalifolium).

Als problematisch erweist sich bei dieser Einteilung die zentrale Rolle der in praxi kontinuierlich variierenden Kronröhrenlänge als differenzierendes Kriterium. Einigen Merkmalen der Antheren, der Frucht- und Blattmorphologie oder der Triebfarbe käme nach HÖFKER [3] gleich große Bedeutung für die Unterteilung zu.

Abgesehen von der gesondert und monographisch behandelten einheimischen Ligustrum vulgare werden in Europa auch zwei ostasiatische Arten regelmäßig kultiviert:

L. ovalifolium nördlich der Alpen und L. lucidum im Mittelmeerraum.

Ligustrum lucidum AIT.

engl.: Glossy privet

Kleiner, rel. breiter und bis 10 m hoher, immergrüner Baum oder großer Strauch mit eiförmigen, 8 – 12 cm langen, etwas ledrigen Blättern und weißblütigen, bis zu 20 cm langen und fast ebenso breiten Infloreszenzen (Rispen). Zweige mit weißen Lenticellen. Heimat: China und Korea, wo man die länglichen, etwa 1 cm langen, blauschwarzen Früchte zur Wachsgewinnung nutzt.

Die Art hat sich als genügsamer, dürrefester, schattenspendender Straßenbaum in den Mittelmeerländern gut bewährt.

Als Strauch ist die Verwechslung mit L. japonicum Thunb. möglich. Diese aber mit rötlichem Blattrand und roter Mittelrippe.

---

1) Von anderen Autoren als mehrsamige Beeren angesehen
2) Von KRÜSSMANN (4) jedoch im Sinne von MANSFELD der Sektion II zugeordnet

Abb. 2: Ligustrum lucidum. Behlätterung sowie Frucht stand mit unreifen Steinfrüchten

Abb. 3: Ligustrum ovalifolium var. aurum, eine Zierform mit breitem, goldgelbem Rand.

Ligustrum ovalifolium HASSK.

(syn.: L. medium FR. ET SAV.)
Wintergrüner Liguster
engl.: California privet

Eine in Mitteleuropa sehr beliebte, aber nicht ganz winterharte Heckenpflanze, die bis zur Mitte des Winters ihre oberseits glänzend dunkelgrünen, auf der Unterseite eher gelbgrünen Blätter behält, straff aufrecht wächst und bis 3 m hoch werden kann. Die weißlichen, unangenehm riechenden Blüten stehen in rel. kompakten Rispen. Hinsichtlich der Blattform bestehen keine Unterschiede zu L. vulgare.

Bei uns ist L. ovalifolium ein raschwüchsiger Strauch, in ihrer japanischen Heimat soll sie zu einem bis 10 m hohen Baum werden [2].

Weiterführende Literatur

[1] HEGI, G., 1927: Oleaceae in: Illustrierte Flora von Mitteleuropa. Band V, Teil 3, 1901–1952. J. F. Lehmanns Verlag, München

[2] HÖFKER, H., 1915: Übersicht über die Gattung Ligustrum. Mitt. Dt. Dendrol. Ges., 24, 51–66.

[3] HÖFKER, H., 1930: Zur Gattung Ligustrum. Ergänzungen und Berichtigungen. Mitt. Dt. Dendrol. Ges., 42, 31–35.

[4] KRÜSSMANN, G., 1977: Handbuch der Laubgehölze. 2. Auflage, Band II. Verlag Paul Parey, Berlin und Hamburg.

[5] REHDER, A., 1940: Manual of cultivated trees and shrubs. Dioscorides Press, Portland OR.

Die Autoren:

Prof. Dr. PETER SCHÜTT
Lehrstuhl für Forstbotanik
Ludwig-Maximilians-Universität München
Hohenbachernstraße 22
D-85354 Freising

ULLA M. LANG
Schützenstraße 6
D-82383 Hohenpeißenberg

Ligustrum vulgare LINNÉ, 1753

Gemeiner Liguster, Rainweide   Familie: Oleaceae

engl.:   Common privet
franz.:   Troène
ital.:   Ligustro

Abb. 1: Typischer, älterer Strauch im Alpenvorland

Eine sommer- bis wintergrüne, maximal 5 m hohe einheimische Strauchart mit starkem Regenerationsvermögen, die zwar als Bienentracht und als Heckenpflanze seit alten Zeiten geschätzt wird, aber dennoch keinen unmittelbaren Nutzen für den Menschen abwirft. Die schwarzen Ligusterbeeren sind giftverdächtig.

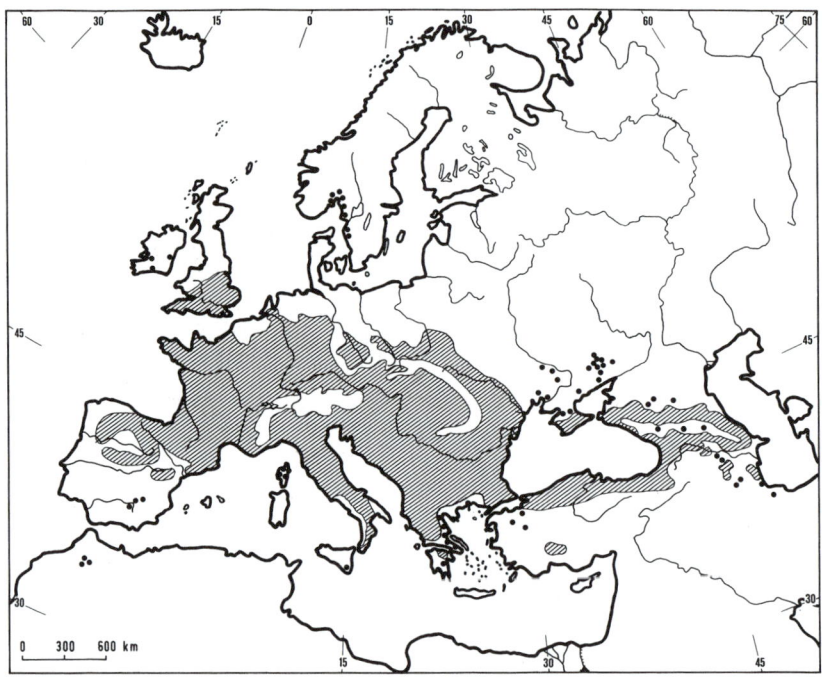

Abb. 2: Natürliches Areal, nach MEUSEL, 1978

L. vulgare kommt in vielen Teilen Europas natürlich vor. Der Verlauf der nördlichen und der östlichen Arealgrenze ist allerdings nicht eindeutig feststellbar. Teils wird der Süden der britischen Inseln einbezogen, teils nicht. Ebenso verhält es sich mit Skandinavien, Ostpreußen, Polen und Teilen der Ukraine [7, 11]. Die Ostgrenze verläuft durch das westliche Asien, der Kaukasus ist einbezogen. Vorkommen in Nordafrika (um 1500 m) und an der Südspitze des italienischen Festlandes begrenzen das Areal nach Süden.

Der Liguster ist eine Pflanze des Flachlandes und der mittleren Gebirgslagen. In den Bayerischen Alpen erreicht er 950 m, in Nordtirol 1400 m, im Wallis und im Kaukasus 1500 m ü. NN.

Beschreibung

Erscheinungsbild

An geeigneten Standorten wird L. vulgare zu einem aufstrebenden, reich und dicht verzweigten, maximal 5 m hohen Strauch. Junge Zweige sind schlank, besonders biegsam und rutenförmig, ältere mit zahlreichen Kurztrieben besetzt.

Liguster wächst rasch und besitzt ein intensives Reproduktionsvermögen. Er bildet Ausläufer und Absenker. Das sehr intensiv verzweigte Wurzelsystem stabilisiert den Boden und erschwert konkurrierenden Pflanzen das Fußfassen.

Abb. 3: Seitenknospen (links), Triebspitze mit Terminalknospe im Herbst (rechts)

Abb. 4: Einjähriger Trieb (³/₄ nat. Größe)

Knospen und junge Triebe

Typische Liguster-Knospen sind eiförmig, klein und haben vier bis sechs oft mit einem fein bewimperten Rand versehene Schuppen, von denen die beiden äußeren meist ein wenig abstehen, an Endknospen auch gekielt sein können.

Farbe der Knospen: bräunlich an der Lichtseite, grün an der Schattseite. Für Seitenknospen ist kennzeichnend, daß sie etwas schief gegenständig angeordnet sind, dem Sproß anliegen und leicht einwärts gekrümmt sind.

Junge Triebe sind nahe der Spitze fein und kurz behaart (L. ovalifolium = kahl). Die olivgrüne bis bräunliche Rinde ist mit wenigen länglichen und hellen Lenticellen versehen. Deutlich ausgeprägte Knospenkissen.

Blätter

Liguster-Blätter variieren wenig in der Form. Sie sind gegenständig angeordnet, schmal-eiförmig bis lanzettlich, 3 – 6 cm lang, 6 – 17 mm breit, kahl, ganzrandig und mit einem kurzen Stiel versehen (3 – 10 mm).

Die Blattoberseite ist dunkler grün als die Unterseite. In sehr milden Wintern kann sich der Blattfall bis zum Neuaustrieb verzögern. Gelegentlich kommt violette Winterverfärbung vor.

Baumschulen bieten zahlreiche Gartenformen von L. vulgare mit abweichender Blattform oder Blattfarbe an (weißbunt, gelbbunt, gelb, weißrandig, lorbeer- oder buxbaumartig) [8]. L. vulgare ‚Atrovirens' hält bis tief in den Winter hinein die tiefgrünen Laubblätter.

Abb. 5: Blätter mit violetter Winterverfärbung (links),
Rinde mit Lenticellen (rechts)

Abb. 6: Blütenstand

Holz und Rinde

L. vulgare bildet nur sehr dünne Stämme mit gelblich-
weißem Splint und gelblich-braunem Kern. Splint und
Kern sind nicht scharf voneinander abgesetzt. Die Jahrringgrenzen treten durch helle Frühholzzonen hervor.

Auf dem Querschnitt sind die halbringporig verteilten Gefäße mit bloßem Auge ähnlich schwer zu erkennen wie die
zahlreichen ein- oder zweireihigen, in der Höhe stark variierenden Holzstrahlen.

Ligusterholz ist hart und schwer. Rohdichte (r_{15}) ≈
0,92...0,95 g/cm³ [6]. Liguster-Rinde ist frei von Bastfasern. Sklereiden kommen in schmalen, weitläufig verteilten Bändern vor. Als Abschlußgewebe dient ein schmales
Oberflächenperiderm. Borke wird nicht gebildet [9].

Blüten, Früchte, Samen

Die intensiv duftenden Ligusterblüten stehen in dichten,
endständigen, 3 – 6 cm langen (L. ovalifolium : 5 – 10 cm),

feinbehaarten Rispen, deren Achse mit kleinen, lanzettlichen Hochblättern besetzt ist. Blütezeit: Juni/Juli.

Jede Einzelblüte hat einen undeutlich vierzähnigen, nur
1 – 2 mm langen Kelch und eine trichterförmige, weißliche Krone mit vier flach ausgebreiteten Zipfeln. Die zwei
Staubblätter ragen kaum oder gar nicht aus der Krone
hervor; die gelben Staubbeutel stehen mehr oder weniger
parallel und nicht quer zum Filament.

Die Narbe ist zweilappig, der oberständige Fruchtknoten
zweifächrig; in jedem Lokulament befinden sich zwei Samenanlagen. Die Außenwand des Fruchtknotens sezerniert Nektar. Blütenformel: *K(4) [C(4)A2] G(2).

Ligusterblüten sind selbstfertil. Regelmäßig beschnittene
Hecken blühen nur spärlich.

Die glänzend schwarzen, annähernd kugelrunden und
etwa kirschkerngroßen, beerenartigen Steinfrüchte enthalten ein bis vier braune, elliptische, ca. 6 mm lange Steinkerne. Tausendkorngewicht ca. 20 g. Ligusterbeeren sind
giftverdächtig!

Chromosomenzahl: 2n = 46.

Abb. 7: Fruchtstand mit reifen Steinfrüchten

Abb. 8: Steinkerne

Klima und Standort

L. vulgare ist eine wärmeliebende Art mit subozeanischen Klimaansprüchen, welche gern submontan-temperate Bereiche besiedelt und im nördlichen Mitteleuropa nur in Tieflagen vorkommt.

Lichte Eichen- und Kiefernwälder, sonnige Gebüsche und Waldränder gehören zu den bevorzugten Standorten. Auf trockenen, südexponierten Grashängen spielt sie – neben Prunus spinosa, Cornus sanguinea und Viburnum lantana – eine wichtige Rolle als Pionierart und in den Südalpen ist sie Teil der Vegetation des Hopfenbuchen-Eichen-Buschwaldes.

Liguster bevorzugt lockere, sandige Lehmböden im alkalischen oder neutralen Bereich. Tiefgründigkeit ist keine Voraussetzung. Die Art gilt als relativ kalkstet und ist hinsichtlich der Bodenfeuchtigkeit nicht festgelegt. Sie verträgt Schatten, kann aber auch in vollem Licht gedeihen.

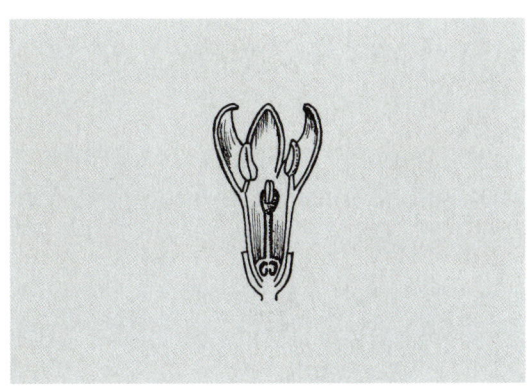

Abb. 9: Schematischer Blütenaufbau

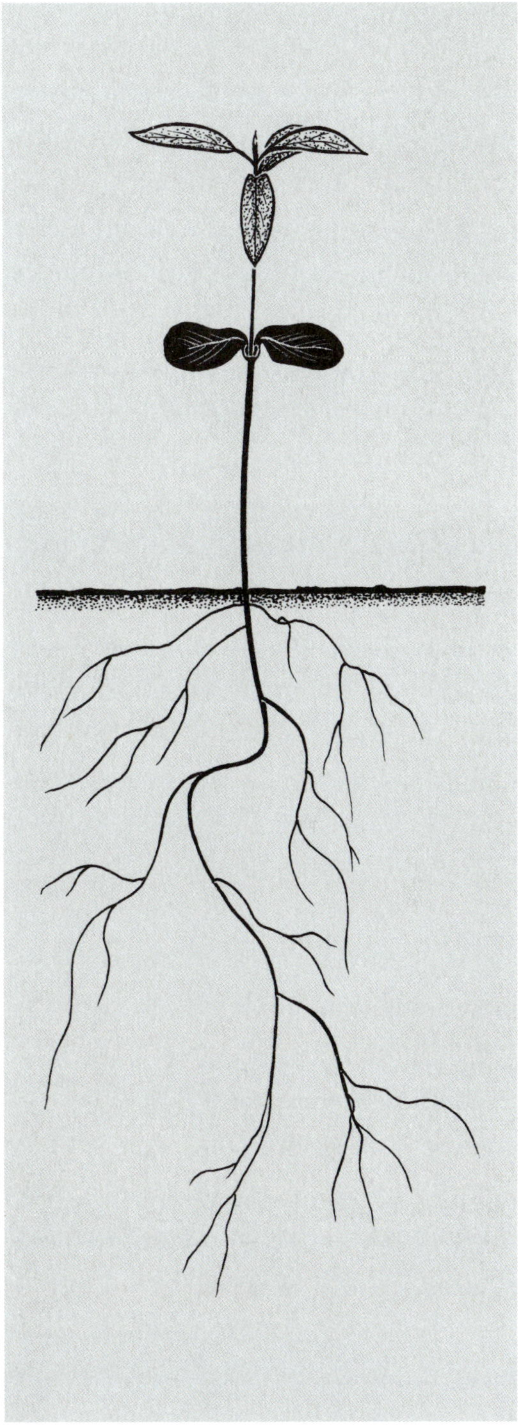

Abb. 10: Keimling (Kotyledonen schwarz), nat. Größe

Vermehrung und Anzucht

Die Blütenbestäubung wird von zahlreichen Insektenarten vollzogen, zu denen sowohl Falter und Käfer wie auch zahlreiche Dipteren und Hymenopteren gehören. Erdhummeln werden besonders erwähnt.

Die Reifezeit der Früchte beginnt im September; geerntet wird von September bis Dezember. Zur Samenverbreitung tragen mehrere Vogelarten bei, so u.a. Amsel und Wacholderdrossel, Rotkehlchen, Bluthänfling, Dompfaff und auch das Birkwild [1].

Samenkeimung und Pflanzenanzucht verlaufen beim Liguster i.a. ohne besondere Schwierigkeiten. Empfohlen wird Entfernung des Fruchtfleisches, Stratifikation bei +4 °C – +8 °C für zwei bis drei Monate und danach Aussaat. Die Keimprozente liegen bei 70 – 100 %. In Rumänien erzielt man gute Erfolge mit der Direktaussaat im Herbst.

Die Anzucht sollte im Halbschatten in frischem, kalkhaltigem Substrat erfolgen. Baumschulpflanzen erreichen etwa folgende Höhen:

0 + 2	= 30 – 100 cm
2 x verschult	= 60 – 150 cm.

Die Vegetativvermehrung von L. vulgare gelingt ebenfalls ohne Mühe. In starkem Schatten aufwachsende Sträucher neigen ohnehin zur Bildung von Wurzelbrut.

Steckholzvermehrung sollte im September/Oktober oder im März stattfinden, die Bewurzelung von Grünstecklingen im Juni/Juli eingeleitet werden. Darüber hinaus gelingt auch die Bewurzelung von Wurzelstecklingen in einem Sand:Torf-Gemisch (1:1). GÖTTSCHE [5] erzielte 48 % Bewurzelung nach 15 Monaten, hält das Verfahren jedoch nicht für wirtschaftlich.

Pathologie

Von den an Liguster vorkommenden Schädlingen lösen Insekten und Viren die auffälligsten Symptome aus.

So ruft die Liguster-Blattlaus, Myzus ligustri, Blattrollen und Blattflecke hervor, die sehr attraktive, etwa 12 cm große, hellgrüne Raupe des Ligusterschwärmers, Sphinx ligustri L., frißt die Blätter, ohne allerdings bedrohlich zu werden und die kleinen, gelbgrünen Raupen der Ligustermotte, Coriscium cucullipennellum HB., spinnen Blätter an Triebspitzen tütenförmig ein [10].

Mindestens zwei durch Virus hervorgerufene Krankheiten des Ligusters treten in Mitteleuropa auf: Die sog. Gelbfleckigkeit mit gelblich-weißen Blattflecken ganz unterschiedlicher Größe und Gestalt sowie das „Kräuselmosaik" mit deutlich verkleinerten, gewellten und beuligen Blättern [14].

Pilzkrankheiten stellen für L. vulgare keine Bedrohung dar. Rindennekrosen und Triebsterben löst der Anthraknose-Erreger Glomerella cingulata aus; Wurzelfäule ruft Ganoderma lucidum (CURT.) KARST. hervor [15].

Liguster ist offenbar recht widerstandsfähig gegen SO_2 und verhält sich gegen Ozon mäßig empfindlich [15].

Nicht einheitlich wird die Reaktion gegenüber Auftausalzen eingeschätzt. In zehn Jahre andauernden, praxisnahen Versuchen an Autobahnen mit Winterstreuung gab es nach drei Jahren 21 %, nach zehn Jahren 50 % Ausfälle [13]. BRAUN et al. [2] halten die Art aufgrund von Resultaten anders konzipierter Versuche hingegen für weitgehend salzresistent und stufen sie ähnlich ein wie Robinie oder Salweide.

Verschiedenes

– L. vulgare eignet sich infolge seiner intensiven Bewurzelung gut zur Festlegung des Bodens. Es liegen gute Erfahrungen bei der Böschungsbefestigung und beim Erosionsschutz vor. Das Wurzelsystem konzentriert sich auf die obersten 30 cm des Bodens und erstreckt sich nur wenig in die Horizontale, so daß durch die Einbeziehung von Liguster in Windschutzstreifen keine Wurzelkonkurrenz für benachbarte Feldfrüchte entsteht [16].

– Die wirtschaftliche Nutzung des Ligusters war immer auf lokale Ebenen beschränkt. So verwendete man die jungen, sehr biegsamen Triebe als Bindematerial (lat. ligare = binden) und zum Korbflechten, die Laubblätter als Grundsubstanz für ein Mundwasser gegen Rachengeschwüre und die Früchte zur Herstellung von Tinte. Das sehr harte Ligusterholz war als Drechslerware für die Herstellung kleinerer Geräte in Gebrauch.

Große Bedeutung hat die Art als Heckenpflanze.

– Über die toxische Wirkung des Ligusters, insbesondere seiner Beeren, gehen die Meinungen auseinander.

Meldungen über Todesfälle halten einer kritischen Überprüfung nicht stand [4]. ROTH et al. [12] bezeichnen Beeren, Blätter und Rinde indessen als giftige Pflanzenteile und nennen Übelkeit, Kopfschmerzen, Durchfall, Kreislauflähmung und Gastroenteritis als charakteristische Vergiftungssymptome. Der Verzehr von zehn Beeren verlaufe symptomlos. Überdies wurden Hautreizungen nach dem Schneiden von Ligusterhecken registriert.

Über die Hauptwirkstoffe gibt es keine genaueren Literaturangaben. In den Mitt. der Deutschen Dendrol. Ges. vereinzelt publizierte Berichte über die Giftigkeit von Ligusterbeeren für Pferde und für das Rehwild blieben unbestätigt. Als Heilpflanze hat L. vulgare keine Bedeutung.

Weiterführende Literatur

[1] BARTKOWIAK, S., 1970: Ornitochoria of indigenous and introduced species of trees and shrubs (in polnisch). Arboretum Kornickie **15**, 237–262.

[2] BRAUN, G.: SCHÖNBORN, A. von; WEBER, E., 1978: Untersuchungen zur relativen Resistenz von Gehölzen gegen Auftausalz (Nariumchlorid). Allgem. Forst- und Jagdz. **149**, 21–35.

[3] ELLENBERG, H., 1979: Zeigerwerte der Gefäßpflanzen Mitteleuropas. 2. Auflage. Scripta Geobotanica 9, Göttingen.

[4] FROHNE, D.; PFÄNDER, H.J., 1982: Giftpflanzen. Ein Handbuch für Apotheker, Ärzte, Toxikologen und Biologen. Wiss. Verlagsges. Stuttgart.

[5] GÖTTSCHE, D., 1978: Vermehrung einheimischer Straucharten durch Wurzelschnittlinge. Forstarchiv 49, 33–36.

[6] GROSSER, D., 1977: Die Hölzer Mitteleuropas. Springer-Verlag, Berlin, Heidelberg, New York.

[7] HEGI, G., 1927: Oleaceae. In: Illustrierte Flora von Mitteleuropa. Band V, Teil 3, 1901–1952.

[8] HÖFKER, H., 1911: Ligustrum vulgare und seine Varietäten. Mitt. Dt. Dendrol. Ges. **20**, 219–224.

[9] HOLDHEIDE, W., 1951: Anatomie mitteleuropäischer Gehölzrinden. Mikroskopie in der Techn. 5, 195–367.

[10] MENZINGER, W.; SANFTLEBEN, H., 1980: Parasitäre Krankheiten und Schäden an Gehölzen. Paul Parey, Berlin und Hamburg.

[11] MEUSEL, H., 1978: Vergleichende Chorologie der zentraleuropäischen Flora. Verlag Gustav Fischer, Jena.

[12] ROTH, L.; DAUNDERER, M.; KORMANN, K., 1984: Giftpflanzen – Pflanzengifte. Vorkommen – Wirkung – Therapie. 2. Auflage. Ecomed Verlagsges., Landsberg, München.

[13] SCHIECHTL, M., 1983: Gehölze an Autobahnen. Welche sind auf Dauer salzresistent? Garten und Landschaft, 876–882.

[14] SCHMELZER, K., 1963: Untersuchungen an Viren der Zier- und Wildgehölze. 2. Mitteilung, Virosen an Forsythia, Lonicera, Ligustrum und Laburnum. Phytopath. Z. **46**, 105–138.

[15] SINCLAIR, W.A.; LYON, H.H.; JOHNSON, W.T., 1987: Diseases of trees and shrubs. Cornell Univ. Press, Ithaca, London.

[16] STEUBING, L., 1960: Wurzeluntersuchungen an Feldschutzhecken. Z. Acker- und Pflanzenbau **110**, 332–341.

Die Autoren:

Prof. em. Dr. PETER SCHÜTT
Lehrstuhl für Forstbotanik
Ludwig-Maximilians-Universität München
Hohenbachernstraße 22
D-85354 Freising

ULLA M. LANG
Schützenstraße 6
D-82383 Hohepeißenberg

Lonicera LINNÉ, 1753

Heckenkirsche

Familie: Caprifoliaceae

engl.:   Honeysuckle
franz.:   Chévrefeuille
ital.:   Caprifoglio

Abb. 1:   Lonicera-Arten. Blätter, Blüten bzw. Früchte von **a** L. japonica, **b** L. involucrata, **c** L. caucasica, **d** L. rupicola

Die nach dem deutschen Arzt und Botaniker Adam Lonitzer (1528–1586) benannte Gattung *Lonicera* besteht aus etwa 180 Arten, die zumeist in den gemäßigten Klimazonen der Nordhalbkugel beheimatet sind, ihr Mannigfaltigkeitszentrum aber in Mittel- und Ostasien haben. In Europa sind 18 Arten autochthon, davon 6 in Mitteleuropa. Hinzu kommen viele künstlich entstandene Artbastarde, welche wegen ihrer farbenfrohen, relativ großen und etwas exotisch anmutenden Blüten gärtnerisches Interesse finden. Eine nennenswerte wirtschaftliche Bedeutung haben *Lonicera*-Arten nicht.

Abb. 2: Lonicera sempervirens

Gattungsmerkmale

Lonicera-Arten sind immer- oder sommergrüne Sträucher oder Lianen, ganz selten kleine Bäume. Sie haben gegenständige, ungeteilte Laubblätter und sind oft mit serialen Beiknospen versehen. Die fünfzähligen, zygomorphen Blüten bilden häufig eine lange Kronröhre aus und stehen in 2blütigen Cymen. Sie haben 5 Staubblätter und einen unterständigen Fruchtknoten. Die Fruchtknoten benachbarter Blüten wachsen oft ganz oder teilweise zusammen. Dadurch entstehen die für den Genus charakteristischen Doppelbeeren. Bei einigen Arten sind diese giftig.

Chromosomen-Grundzahl: n = 9.

Von den deutschen Trivialnamen bezieht sich „Heckenkirsche" auf die Sträucher und „Geißblatt" auf die Lianen.

Die taxonomische Gliederung der Gattung geht auf ALFRED REHDER (1903) zurück. Er differenziert in 2 Subgenera und scheidet insgesamt 24 Subsektionen aus:

I. *Lonicera*, Subsektionen 1 bis 20: Meist aufrechte Sträucher mit zweiblütigen Teil-Infloreszenzen in den Achseln von Laubblättern.

II. *Caprifolium*, Subsektionen 21 bis 24: Windende Sträucher. Laubblatt-Paare nahe dem Blütenstand miteinander verwachsen. Blütenstände setzen sich aus zweiblütigen Cymen zusammen. Diese stehen entweder in Köpfen an Triebspitzen oder als Scheinwirtel in den Achseln von Hochblättern.

Die einheimischen oder im Text erwähnten Arten gehören den folgenden Subsektionen an:

Subsektion 4, Ceruleae:	*L. caerulea*	
Subsektion 12, Distegiae:	*L. ledebourii*	
Subsektion 14, Alpigenae:	*L. alpigena*	
Subsektion 15, Rhodantae:	*L. nigra*	
Subsektion 16, Tatareae:	*L. tatarica*	
Subsektion 17, Ochranthae:	*L. xylosteum*	
Subsektion 21, Phenianthi:	*L. sempervirens*	
Subsektion 23, Eucaprifolia:	*L. caprifolium, L. etrusca,*	
	L. periclymenum	

In Ergänzung zu den in separaten Monographien beschriebenen einheimischen oder aus Kultur verwilderten Arten sollen auch die folgenden Kurzbeschreibungen Einblicke in die morphologische Vielfalt der Gattung *Lonicera* vermitteln:

Lonicera sempervirens L., 1753

Immergrünes Geißblatt   Subgenus: Caprifolium
engl.: Trumpet honeysuckle   Subsektion: Phenianthi

Eine in milden Wintern grün bleibende, windende Art aus dem Südosten Nordamerikas (Connecticut bis Florida) mit kahlen Trieben, die an randständigen Bäumen bis zu 6 m emporwachsen kann.

Die oberen Blattpaare eines Triebes verwachsen miteinander, die unteren nicht. Die außen orange- bis scharlachroten, innen gelben Blüten sind in terminalen, ährigen Infloreszenzen angeordnet. Sie werden bis zu 5 cm lang und haben eine unten sehr enge, oben erweiterte Kronröhre mit 5lappigem Saum. Bestäubt werden sie von Kolibris. Die bei Reife scharlachroten Beeren sind eher etwas länglich.

In warmen Regionen Nordamerikas werden mehrere Gartenformen angeboten, die sich hauptsächlich in der Blütenfarbe und der Blattform unterscheiden.

Abb. 3: Lonicera etrusca

Abb. 4: Lonicera ledebourii

Lonicera etrusca SANTI, 1795

Etruskisches Geißblatt

Subgenus: Caprifolium
Subsektion: Eucaprifolia

Die ebenfalls windende Art ist in Südeuropa und im Kaukasus heimisch und braucht in Mitteleuropa Winterschutz. Vereinzelt kommt sie im Wallis und im Tessin vor.

Die nektarreichen, aber kaum riechenden, außen gelblichweißen, auch etwas rötlichen Blüten stehen in dichten Ähren. Sie haben eine sehr schlanke Kronröhre und sind lang gestielt. Bestäubt werden sie von langrüsseligen Schwärmern.

Alle Blattpaare sind miteinander verwachsen; die distalen völlig, die basalen nur am Grunde.

Lonicera ledebourii ESCHSCH., 1826

Ledebours Heckenkirsche

Subgenus: Lonicera
Sektion: Isika
Subsektion: Distegiae

Kennzeichnend für diese, in weiten Teilen Nordamerikas verbreitete, sommergrüne Art sind die von zunächst gelbroten, dann tiefroten Vorblättern umgebenen, fast schwarzen Früchte. Die an der Basis miteinander verwachsenen Vorblätter vergrößern sich nach der Blütezeit. Ihre leuchtende Farbe dürfte der Anlockung samenverbreitender Vögel dienen.

Die nur 1,5 bis 2 cm langen Blüten haben eine tiefgelbe, orange- bis scharlachrot überlaufene Kronröhre und stehen an roten, behaarten Stielen (3 bis 5 cm lang).

Der etwa 2 m hohe, aufrechte Strauch kommt von Alaska bis Colorado und Utah, außerdem in Kalifornien natürlich vor. Er ist auch in mitteleuropäischen Botanischen Gärten vertreten. Seine oberseits dunkel-, unterseits mattgrünen Blätter können (incl. Stiel) 6 bis 12 cm lang werden.

Auffällig ist die dichte, weiche Behaarung der Blattunterseite.

Weiterführende Literatur

[1] DIPPEL, L., 1889: Handbuch der Laubholzkunde. 1. Teil. Verlag Paul Parey, Berlin.

[2] KRÜSSMANN, G., 1977: Handbuch der Laubgehölze. Band II, 2. Aufl. Verlag Paul Parey, Berlin und Hamburg.

[3] REHDER, A., 1903: Synopsis of the genus Lonicera. Missouri Bot. Gard. 15th Ann. Report. St. Louis, MO.

[4] REHDER, A., 1940: Manual of Cultivated Trees and Shrubs Hardy in North America. 2. ed. Dioscorides Press, Portland, OR.

[5] SAX, K.; KRIBS, D.A., 1930: Chromosomes and phylogeny in Caprifoliaceae. J. Arnold Arboretum **11**, 147–153.

[6] SCHNEIDER, C.K., 1912: Illustriertes Handbuch der Laubholzkunde, Verlag Gustav Fischer, Jena.

[7] WEBERLING, F., 1966: Familie Caprifoliaceae. In: HEGI, G.: Illustrierte Flora von Mitteleuropa. Band VI, Teil 2. p. 3–87.

Die Autoren:

Prof. em. Dr. PETER SCHÜTT
Lehrstuhl für Forstbotanik
Ludwig-Maximilians-Universität München
Hohenbachernstraße 22
D-85354 Freising

ULLA M. LANG
Schützenstraße 6
D-82383 Hohenpeißenberg

Lonicera alpigena LINNÉ, 1753

syn.:　　Caprifolium alpinum LAM., 1778

Alpen-Heckenkirsche　　　　　　　Familie:　Caprifoliaceae

engl.:　Alpine honeysuckle
franz.:　Chèvrefeuille alpestre
ital.:　Conieceraso

Abb. 1: Lonicera alpigena. Zygomorphe Blüten in langgestielten Infloreszenzen (links oben), Früchte unterschiedlichen Reifegrades (links unten), Blattober- (links) und Blattunterseite (Foto: V. Dorka) (rechts oben), Zweig mit reifen, saftigen Früchten (Doppelbeeren) (rechts unten)

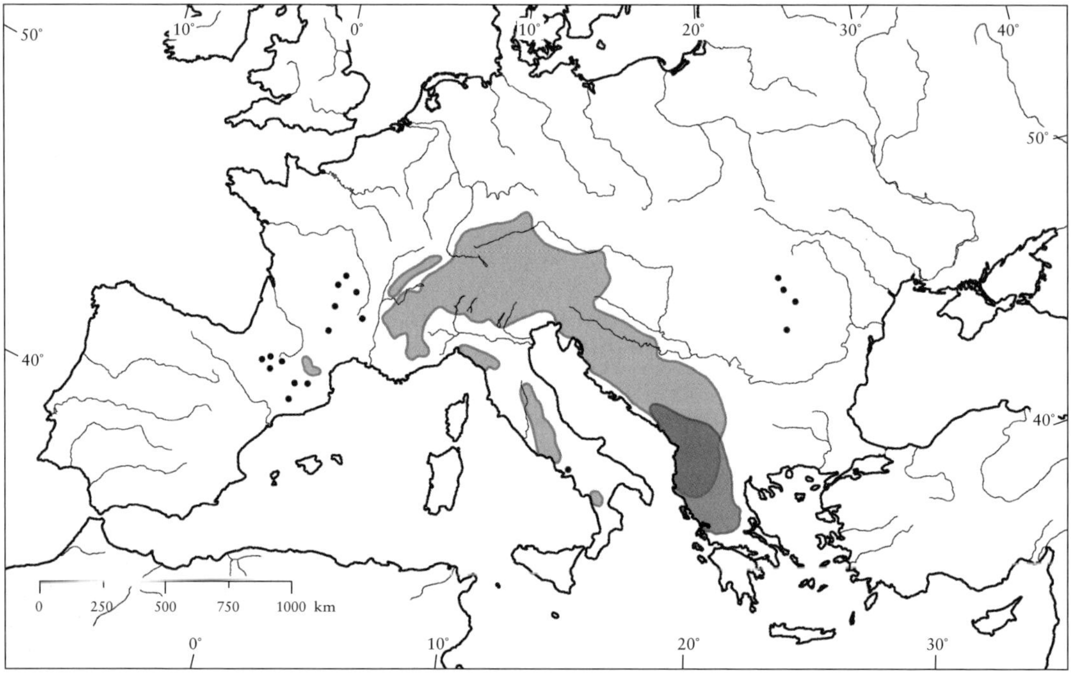

Abb. 2: Natürliche Verbreitung von L. alpigena ▨ und L. alpigena var. formanekiana ▨ , nach [8]

Alpen-Heckenkirschen sind unscheinbare, sommergrüne, meist bis zu 2 m hohe, aufrechte Sträucher. Sie kommen in den Gebirgsregionen Mittel- und Südosteuropas natürlich vor, sind aber auch in nährstoffreichen Buchen- und Bergmischwäldern des Voralpenlandes zu Hause.

Wie alle *Lonicera*-Arten bilden sie als Früchte lang gestielte Doppelbeeren. Bei *Lonicera alpigena* sind diese fast kirschgroß, glänzend dunkelrot und giftverdächtig.

Wirtschaftliche oder volksmedizinische Bedeutung hatte die Art zu keiner Zeit, auch als Zierstrauch findet sie kaum Verwendung.

Verbreitung

L. alpigena kommt von Natur aus in den Gebirgen Mittel-, Süd- und Südosteuropas vor. Ihr Areal erstreckt sich von den Pyrenäen über die Alpen und Voralpen sowie den Schwäbischen Jura zum Apennin und weiter in die Gebirge der Balkan-Halbinsel bis hin zu den Karpaten [8]. Im Schwarzwald und in den Vogesen fehlt die Art, in den nördlichen Voralpen findet das Areal etwa an der Donau seine Grenze [1].

WEBERLING [8] gibt für die Alpen folgende Höhengrenzen an:

Bayerische Alpen	1860 m
Tirol und Salzkammergut	1900 m
Wallis	2180 m
Graubünden	(580 bis) 2130 m

Beschreibung

In Mitteleuropa entwickelt sich *L. alpigena* meist zu einem stark beblätterten, bis 2 m hohen, aufrechten Strauch mit kräftigen Ästen und einer grauen, längsrissigen Borke, deren äußere Schicht sich in unregelmäßigen, relativ langen Streifen ablöst [9]. Im Südosten des Areals kann die Art 3 m hoch werden.

Die Zweige sind in Lang- und Kurztriebe differenziert. Sie weisen ein weißes Markgewebe auf, sind spärlich behaart oder kahl und schwach 2- oder 4-kantig.

Knospen und Blätter

Die eiförmigen, lang zugespitzten Winterknospen sind etwa 10 mm lang, wobei die einzeln stehenden Terminalknospen meist etwas größer ausfallen als die manchmal von serialen Beiknospen begleiteten Seitenknospen. Die hellgraubraunen Tegmente liegen locker an, sind gekielt und bleiben nach dem Austrieb am Zweig. Die äußeren Knospenschuppen sind breit eiförmig und am Apex zugespitzt, die inneren hingegen länglich [8].

Die kurz gestielten (1 bis 1,5 cm), ganzrandigen, anfangs bewimperten Laubblätter haben eine dunkelgrüne Ober- und eine heller grüne, zunächst spärlich und weich, später nur noch an den Adern behaarte Unterseite. Sie sind gegenständig angeordnet. Die Spreite kann 12 cm lang und etwa 5 cm breit werden, ist von elliptischer bis verkehrt eiförmiger Gestalt und läuft in einer Spitze aus. Die Blattbasis ist verschmälert bis abgerundet.

Blüten, Früchte, Samen

Ende April/Anfang Mai erscheinen die wenig auffallenden, meist bräunlichroten, zygomorphen Zwitterblüten. Sie stehen zu zweit in 3 bis 5 cm lang gestielten Blütenständen (Dichasien), die den Blattachseln der jüngsten Triebe entspringen. Pro Blüte ist ein drüsig bewimpertes, lineal-elliptisches Tragblatt vorhanden, darüber hinaus noch 2 Vorblättchen, welche miteinander verwachsen.

Bestandteil der Einzelblüte ist ein drüsig behaarter, unscheinbarer Kelch. Die Blütenkrone besteht aus einer 10 bis 18 mm langen Kronröhre mit 2-lippigem, deutlich längerem Saum. Die aufgerichtete Oberlippe teilt sich in 4 kurze, rundliche Zähne, die längliche Unterlippe ist zurückgeschlagen. Die 5 Staubblätter sind etwa so lang wie die Blütenkrone und haben rote Antheren. Die unterständigen Fruchtknoten des Blütenpaares verwachsen miteinander bis fast zur Spitze hin und tragen je einen langen, fadenförmigen Griffel.

Der Blütenaufbau gleicht jenem von *Lonicera xylosteum*. Auf der bauchig erweiterten Seite der Kronröhre befinden sich Nektarien, die auch für kurzrüsselige Insekten erreichbar sind. Als Bestäuber kommen allerdings nur größere Bienen, eventuell auch noch pollenfressende Schwebfliegen in Betracht [5].

Chromosomenzahl: 2 n = 18 oder 36.

Bei *L. alpigena* sind die Früchte eines Blütenpaares fast völlig miteinander verwachsen. Die Reifezeit der kugeligen bis eiförmigen, glänzend roten, saftigen Doppelbeeren (dm ca. 10 mm) fällt in den September/Oktober. Die Verbreitung erfolgt durch Vögel. Jede Doppelbeere enthält im allgemeinen 3 (1 bis 4) bei Reife gelbbraune Samen: Länge 5 mm, Breite 3 bis 4 mm. Über Vorbehandlung des Saatgutes, Keimverhalten und Sämlingsanzucht enthält die uns zugängliche Literatur keine konkreten Angaben.

Ökologie

ELLENBERG [2] stuft *L. alpigena* als eine subozeanische Schattenart ein, die aber auch auf lichten Stellen gedeiht. In Mitteleuropa kommt sie vornehmlich in Buchen- und Bergmischwäldern, aber auch in Schluchtwäldern und an Bachläufen vor. Sie gilt als Indikator für frische, etwa im Neutralbereich liegende, kalkhaltige und stickstoffreiche Substrate.

Insgesamt findet man die Art vor allem auf nährstoffreichen, mittel- bis tiefgründigen, humosen Lehm- und Tonböden. Im Bereich der nördlichen Alpenkette und im Voralpenland ist sie oft mit den Straucharten *Salix appendiculata, Rosa pendulina, Euonymus latifolia, Sambucus racemosa, Lonicera nigra* und *Daphne mezereum* vergesellschaftet.

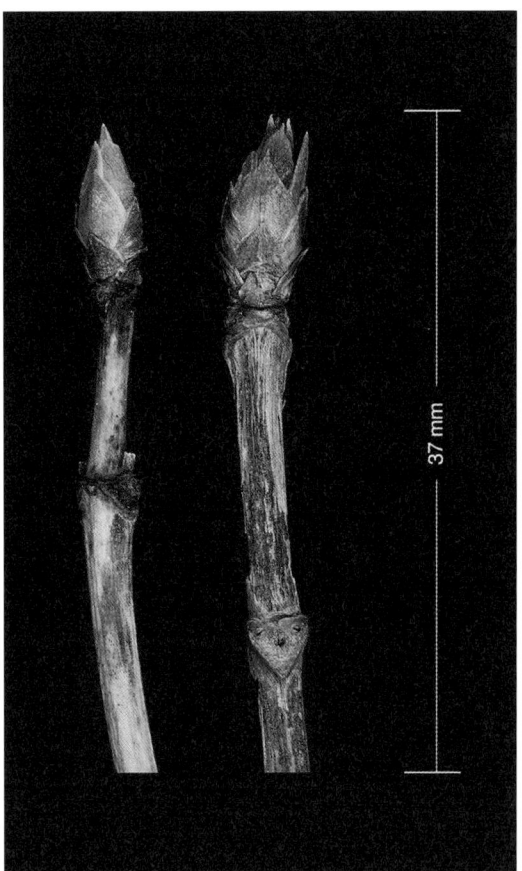

Abb. 3: Terminalknospen mit locker anliegenden Tegmenten

Verschiedenes

– Im REHDER'schen System der Gattung *Lonicera* gehört *L. alpigena* der Subsektion 14, *Alpigenae* an. Innerartlich hat man aufgrund der Blatt- und Fruchtmorphologie mehrere Formen, Varietäten oder Unterarten ausgeschieden [6, 8]. Dazu gehören:

  – f. *macrophylla* ARCANGELI mit wesentlich größeren und ganz kahlen Blättern

  – var. *phaeantha* REHDER mit schmaleren Laubblättern

  – subsp. *formanekiana* (HAL.) HAYEK auf der südlichen Balkan-Halbinsel mit freien oder fast freien Fruchtknoten.

– Die Früchte von *L. alpigenum* stehen im Verdacht, giftig zu sein. Nach dem Verzehr von mehr als 30 der bitter schmeckenden, reifen Beeren stellen sich Leibschmerzen und Erbrechen ein. Für die insgesamt schwache Toxizität sind eher Saponine als die in Spuren vorhandenen Alkaloide verantwortlich [3].

– Das Holz der Alpen-Heckenkirsche ist halbringporig aufgebaut und weist einen deutlich abgesetzten Farbkern auf [7].

Literatur

[1] ANONYMUS, 1986: Förderung seltener und gefährdeter Baum- und Straucharten im Staatswald. Bayer. Staatsmin. Ern., Landw., Forsten, München.

[2] ELLENBERG, H., 1979: Zeigerwerte der Gefäßpflanzen Mitteleuropas. 2. Aufl. Verlag E. Goltze KG, Göttingen.

[3] FROHNE, D.; PFÄNDER, H. J., 1982: Giftpflanzen. Ein Handbuch für Apotheker, Ärzte, Toxikologen und Biologen. Wiss. Verlagsges. m.b.H., Stuttgart.

[4] GODET, J. D., 1984: Blüten der einheimischen Baum- und Straucharten. Arboris-Verlag, Bern.

[5] KUGLER, H., 1970: Blütenbiologie. 2. Aufl. Gustav Fischer Verlag, Stuttgart.

[6] SCHNEIDER, C. K., 1912: Illustriertes Handbuch der Laubholzkunde. Gustav Fischer Verlag, Jena.

[7] SCHWEINGRUBER, F. H., 1990: Anatomie europäischer Hölzer, Stuttgart.

[8] WEBERLING, F., 1966: Familie Caprifoliaceae in HEGI, G.: Illustrierte Flora von Mitteleuropa. Bd. **VI**, Teil 2, 3-87, Verlag Paul Parey, Berlin – Hamburg.

[9] WILLKOMM, M., 1880: Deutschlands Laubhölzer im Winter – ein Beitrag zur Forstbotanik. Dresden.

Die Autoren:

Prof. em. Dr. PETER SCHÜTT
Lehrstuhl für Forstbotanik
Technische Universität München
Am Hochanger 13
D-85354 Freising

ULLA M. LANG
Schützenstraße 6
D-82383 Hohenpeißenberg

Lonicera nigra LINNÉ, 1753

syn.: Caprifolium roseum LAM., 1778

Schwarze Heckenkirsche

engl.: Black honeysuckle
franz.: Camerisier noir
ital.: Lonicera nera

Familie: Caprifoliaceae
Subgenus: Lonicera
Sektion: Isika (REHD.)
Subsektion: Rhodanthae MAXIM.

Abb. 1: Lonicera nigra in einem oberbayerischen Fichten/
Tannen-Bestand

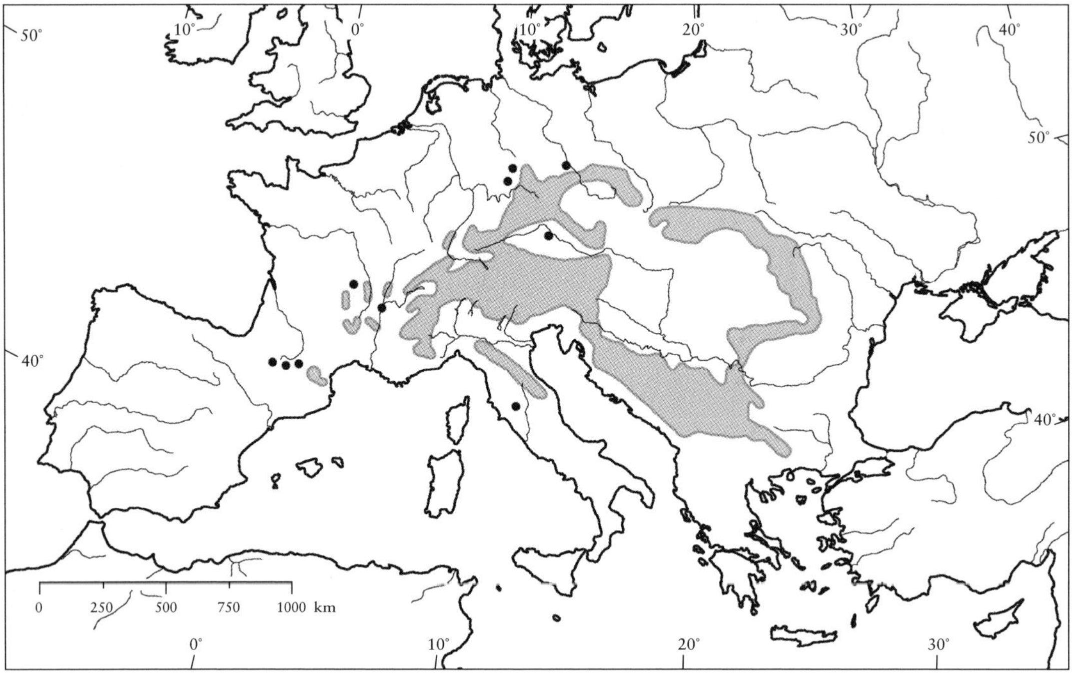

Abb. 2: Natürliches Verbreitungsgebiet, nach Meusel et al., 1978 (• = Einzelvorkommen)

Lonicera nigra, ein unscheinbarer, höchstens 2 m hoher, sommergrüner Strauch, kommt in mittleren Gebirgslagen Zentral- und Südeuropas natürlich vor und gehört in den Alpen zur Strauchschicht des Bergmischwaldes.

Namengebend sind die tief blauschwarzen, ungenießbaren und gelegentlich als giftverdächtig bezeichneten Doppelbeeren.

Als Zierstrauch spielt die Art keine Rolle.

Verbreitung

Die natürliche Verbreitung der Art ist auf süd- und zentraleuropäische Gebirgs- und Mittelgebirgslagen beschränkt. Die Nordgrenze verläuft in der Rhön, im Frankenwald und im Thüringer Wald sowie im Fichtelgebirge und in der Oberlausitz.

Die Böhmischen Gebirge und die Karpaten bilden die Grenze im Osten, Teile der Pyrenäen, die Cevennen sowie die Vogesen und der südliche Schwarzwald im Westen. In Richtung Süden dehnt sich das Areal bis nach Nord-Griechenland und bis zum nördlichen Apennin aus.

Die Höhengrenze kann in den Südalpen über 2000 m ü. NN hinausgehen. Sie liegt [5]:

in den Bayerischen Alpen	bei 1460 m
in Tirol	bei 1900 m
in Graubünden	bei 2000 m

Im Wallis besiedelt die Art einen Bereich zwischen 800 und 2200 m.

Beschreibung

L. nigra bleibt ein höchstens 2 m hoher, aufrechter und vielstämmiger Strauch. Die Äste stehen ab oder richten sich auf; die auffällig schlanken Zweige hängen oft ein wenig über. Sie sind kahl, etwas kantig und mit einer weißlich-grauen bis graubraunen Rinde versehen. Stämme und ältere Äste haben eine längsrissige Borke von gleicher Farbe.

Art und Intensität der Bewurzelung werden in der Literatur nicht beschrieben.

Knospen, Blätter und junge Triebe

Die etwa 7 mm langen Winterknospen fallen durch ihre nur locker anliegenden, scharf gekielten und spitz zulaufenden, dunkelbraunen Schuppen auf. Vornehmlich bei den Terminalknospen sind die unteren der mindestens 5 Tegmentpaare grau gemustert.

Terminalknospen stehen immer einzeln, die etwas kürzeren Lateralknospen spreizen etwas vom Trieb ab und werden manchmal von 2 oder 3 aufsteigenden serialen Beiknospen begleitet.

Die jungen, graubraunen Triebe sind kahl oder fast kahl, schlank und glatt. Im Querschnitt läßt sich ein weißes, annähernd fünfeckiges Mark erkennen.

Die länglich ovalen, ganzrandigen Blätter schwanken in der Länge zwischen 4 und 7,5 cm (Breite: 2 bis 3 cm) und sind kurz gestielt (2 bis 5 mm). Die Spreite läuft am Grunde breit keilförmig oder rundlich aus und hat einen kurz zugespitzten oder stumpfen Apex. Sowohl die lebhaft grüne Ober- wie die hellere, eher graugrüne Unterseite sind weitgehend kahl.

Blüten, Früchte und Samen

Im Mai/Juni entspringen den Achseln von Laubblättern zweiblütige Infloreszenzen (Dichasien), die an auffallend langen, dünnen Stielen (Hypopodien) stehen. Zu jeder Blüte gehören 2 linealisch-lanzettliche sowie 2 zu einer drüsig bewimperten Schuppe verwachsene Vorblätter [5].

Die relativ kleinen (8 bis 10 mm), rötlich-weißen Einzelblüten setzen sich aus einem zusammengewachsenen Kelch mit 5 spitzen, etwas ungleichen, drüsig behaarten Zähnen, einer Blütenkrone mit kurzer Kronröhre und etwas längerem, zweilippigem Saum (Oberlippe aufrecht, viergeteilt; Unterlippe schmal, zurückgebogen), 5 Staubblättern sowie einem Griffel mit kopfförmiger Narbe zusammen. Griffel und Staubblätter ragen nicht über die Blütenkrone hinaus.

Die Fruchtknoten des Blütenpaares sind in der Regel nur am Grunde miteinander verwachsen. ZABEL [6] erwähnt jedoch auch völlig freie und bis zur Hälfte verwachsene Fruchtknoten.

Die tief schwarzblauen Doppelbeeren (Durchmesser 8 bis 10 mm) werden im Juli/August reif. Sie enthalten 2 flache, bis etwa 4 mm lange, elliptische Samen.

Chromosomenzahl: 2n = 18.

Abb. 3: Zweiblütige Infloreszenz

Abb. 4: Langgestielte, reife Doppelbeeren

Abb. 5: Winterknospen mit locker anliegenden Tegmenten

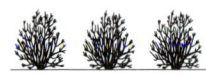

Ökologie

Lonicera nigra ist eine Pflanze des subozeanischen Klimas, die im Bergmischwald zerstreut unter Fichte und Tanne vorkommt, Bestandteil hochmontaner Buchenwälder ist und bis in die Grünerlengebüsche und den Latschengürtel vordringen kann. Dort ist sie u.a. mit *Salix appendiculata*, *S. caprea*, *Corylus avellana* und *Rosa pendulina* vergesellschaftet.

Meist findet sie sich auf frischen, nicht sehr nährstoffreichen, neutralen bis mäßig sauren Standorten ein, meidet kalkreiche Substrate, kommt aber auf reinen Ton- und Lehmböden vor. *L. nigra* ist eine Schattenpflanze, die nach ELLENBERG [2] mäßig saure und frische Böden anzeigt. Hinsichtlich der Stickstoffversorgung ist sie als indifferent einzustufen; auf nassen, wiederholt austrocknenden Standorten fehlt sie.

Abb. 6: Längsrissige, graue Stammborke

Verschiedenes

– Über die innerartliche genetische Differenzierung gibt es keine gesicherten Erkenntnisse. Zwar enthält die ältere Literatur Hinweise auf Lokalformen mit abweichender Behaarung und Größe von Blättern und Blüten [1, 6], vermutlich handelt es sich dabei aber um Standortsmodifikationen. Die Rede ist von:

L. nigra f. *pyrenaica* DIPP.:	Kleinere Blüten, kleinere Blätter. Soll auch im Thüringer Wald vorkommen.
L. nigra f. *virescens* F. GÉRARD:	Mit grünlichen Früchten. Aus den Vogesen bekannt.
L. nigra f. *trichota* BECK:	Behaarung an Blattunterseite, Blattstielen und jungen Zweigen.

– *L. nigra* bildet ein ringporiges Holz aus, in dem die Gefäße einzeln stehen und die Holzstrahlen einschichtig sind [3].

– Zur Sämlingsanzucht hat sich das Auswaschen der reifen Beeren im Herbst, das Stratifizieren während des Winters und die Aussaat im nächsten Frühjahr bewährt. Stecklingsbewurzelung gelingt nach Wuchsstoffbehandlung. Gewinnung der Stecklinge im Juni.

– Die Beeren gelten teils als giftig, teils nur als ungenießbar. Offenbar bestehen starke Wirkungsschwankungen. Nach der Aufnahme von 5 Beeren kann u.a. hohes Fieber und Erbrechen eintreten. Größere Mengen führen zu Übelkeit, Schweißausbrüchen, Zittern und zur Erhöhung der Herzfrequenz [4].

Weiterführende Literatur

[1] DIPPEL, L., 1889: Handbuch der Laubholzkunde. 2. Teil. Verlag Paul Parey, Berlin.

[2] ELLENBERG, H., 1979: Zeigerwerte der Gefäßpflanzen Mitteleuropas. 2. Aufl. Scripta Botanica 9. Verlag Erich Goltze, Göttingen.

[3] GREGUSS, P., 1945: Bestimmung der mitteleuropäischen Laubhölzer und Sträucher auf xylotomischer Grundlage. Verl. Ungarisches Naturwiss. Museum, Budapest.

[4] ROTH, L.; DAUNDERER, M.; KORMANN, K., 1984: Giftpflanzen – Pflanzengifte. ecomed, Landsberg/Lech.

[5] WEBERLING, F., 1966: Lonicera. In: HEGI, G.: Illustrierte Flora von Mitteleuropa. Band VI, Teil 2, Lieferung 1, 58–87.

[6] ZABEL, H., 1901: Über einige Formen und Bastarde der Heckenkirschen. Mitt. Dt. Dendrol. Ges. **10**, 350–356.

Die Autoren:

Prof. em. Dr. PETER SCHÜTT
Lehrstuhl für Forstbotanik
Ludwig-Maximilians-Universität München
Am Hochanger 13
D–85354 Freising

ULLA M. LANG
Schützenstraße 6
D–82383 Hohenpeißenberg

Lonicera periclymenum LINNÉ, 1753

syn.: Periclymenum vulgare MILL., 1768;
Caprifolium sylvaticum LAM., 1778

Wald-Geißblatt, Windendes Geißblatt   Familie: Caprifoliaceae

engl.: Woodbine, Common honeysuckle
franz.: Chèvrefeuille des bois
ital.: Madreselva, Caprifoglio
poln.: Wiciokrzew pomorski

Abb. 1: Früchte unterschiedlichen Reifegrades (links), Infloreszenz mit geöffneten Einzelblüten (rechts oben) und noch geschlossene, roséfarbene Blüten

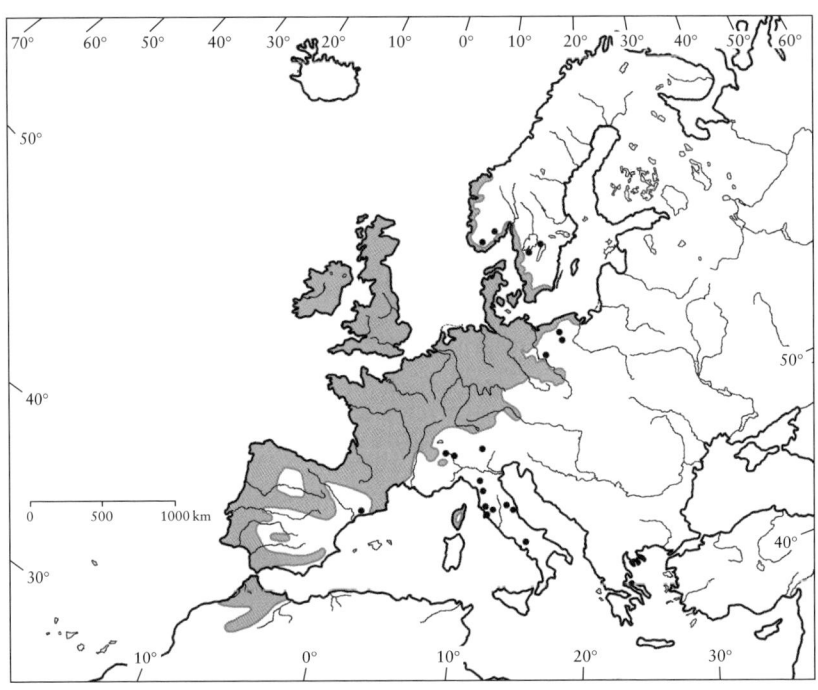

Abb. 2: Natürliches Verbreitungsgebiet, • = Einzelvorkommen, verändert nach [10]

Lonicera periclymenum, eine von fünf in Mitteleuropa heimischen *Lonicera*-Arten, ist ein sommergrüner Strauch des atlantischen und des submediterranen Klimas, der als Unterwuchs in Laubwäldern wächst und dessen junge Triebe rechtswindend an Ästen und dünnen Stämmen benachbarter Bäume emporranken können. Gelegentlich kommt es dabei zu Einschnürungen und Strangulationen.

Die Art ist frosthart und stellt nur geringe Bodenansprüche. Auffallend sind die sehr hübschen, mehrfarbigen, mit einer langen Kronröhre versehenen, zygomorphen Blüten, ebenso die leuchtend roten (nicht zusammengewachsenen) Beeren.

L. periclymenum hat wirtschaftlich keine Bedeutung, wird aber mitunter als Zierstrauch zum Emporwachsen an Mauern und in Laubengängen kultiviert. Der artbeschreibende Name leitet sich aus dem Griechischen ab: peri = um, herum; klyzein = umranken [2].

Die Beeren sind giftverdächtig.

Verbreitung und Taxonomie

Den Schwerpunkt ihrer natürlichen Verbreitung hat *L. periclymenum* im atlantischen und subatlantischen Klima Mitteleuropas (Frankreich, Großbritannien, W-Deutschland, Dänemark). Der südliche Bereich des Areals wird jedoch vom submediterranen Klima geprägt. Das gilt vor allem für den Norden Marokkos und für Teile der Iberischen Halbinsel.

Im Nordosten endet die Verbreitung an den Westküsten Norwegens und Schwedens sowie auf Bornholm. Die Ostgrenze verläuft an der unteren Weichsel, zieht sich durch das südliche Pommern und endet im Bayerischen Wald (Vorkommen u. a. bei Deggendorf und Passau). Von dort biegt die Arealgrenze nach Südwesten und verläuft entlang des Alpen-Nordrandes bis zur Rhone-Mündung. Isolierte Vorkommen bestehen im Tessin, auf Korsika und an der Dalmatinischen Küste. In den Alpen fehlt die Art weitgehend [10].

Nach REHDER [9] und WEBERLING [10] ist *L. periclymenum* dem Subgenus II *Caprifolium* (MILL.) MAXIM., 1878 (syn. *Periclymenum* L. REHDER), Subsektion 23, *Eucaprifolia* SPACH zuzuordnen. Die dazugehörenden Arten (u. a. *L. caprifolium, L. etrusca, L. implexa*) sind windende Sträucher mit hohlen Zweigen, deren Blüten zu dritt in sitzenden Cymen stehen und eine zweilippige Corolla aufweisen. Blühende Triebe schließen mit den Blütenständen ab; die Früchte sind rot.

Eine innerartliche taxonomische Differenzierung besteht unseres Wissens nicht. Wohl aber werden einige Gartenformen ausgeschieden [6, 10], z. B.

– *L. periclymenum* 'Aurea' mit gelb panaschierten Blättern

– *L. periclymenum* 'Quercina': Eichenartig gelappte Blätter mit schmalem, hellem Rand

– *L. periclymenum* 'Serotina': Blütenkrone außen dunkel purpurrot, innen gelb. Blütezeit Juli bis September.

Beschreibung

Freistehende Exemplare werden zu dicht verzweigten, rundlichen Sträuchern von etwa 2 m Höhe, deren windende Zweige ein verschlungenes, dichtes Netzwerk bilden. Erreichen die jungen Sprosse einen Ast oder den Stamm eines benachbarten Baumes, können sie rechtswindend bis in 5 oder gar 10 m Höhe an ihm emporklettern [10]. Um eine feste Unterlage windende Sprosse erreichen Daumenstärke.

Infolge des obliterierenden Markgewebes sind die Zweige hohl. Die gelbbraune Zweigrinde nimmt auf der dem Licht zugewandten Seite eine rötliche Farbe an und ist mit zahlreichen kleinen, runden, dunklen Lenticellen besetzt [10].

Knospen und Blätter

L. periclymenum bildet nur vegetative, oft ungleich große Winterknospen. Diese sind länglich-eiförmig und spitz, haben 3 Paar an der Basis miteinander verwachsene, scharf zugespitzte, nur locker anliegende, dreieckige Tegmente, ferner 2 Paar kleiner, mehr oder weniger schuppenförmiger, grüner Blättchen, die den Übergang zu den Laubblättern darstellen [10]. Die Seitenknospen stehen vom Trieb ab.

Die gegenständigen, eiförmig elliptischen Laubblätter haben eine dunkelgrüne, kahle Ober- und eine blaugrüne, anfangs weichhaarige Unterseite. Die Spreite ist ganzrandig, 4 bis 6 cm lang, 1,5 bis 2 cm breit, am Grunde keilförmig verschmälert und läuft am Apex spitz zu. Die beiden Blätter des selben Wirtels sind am Grund mit einer schmalen Leiste verbunden. Mit Ausnahme des obersten, stets sitzenden Blattpaares haben die Laubblätter einen relativ breiten, 2 bis 5 mm langen Blattstiel.

Blüten, Früchte und Samen

L. periclymenum blüht von Juni bis August. Die stark duftenden, fünfzähligen, gelblichen und rot überlaufenen Zwitterblüten stehen an den jüngsten Trieben in terminalen Infloreszenzen (Thyrsen), welche sich aus mehreren Wirteln dreiblütiger, dichasialer Cymen zusammensetzen, die wiederum den Achseln kleiner Brakteen entspringen.

Die zygomorphe Einzelblüte hat einen bis zur Fruchtreife bleibenden fünfzipfeligen, an der Außenseite drüsig behaarten Kelch, eine 4 bis 5 cm lange Blütenkrone mit langer, enger, leicht gebogener Kronröhre (20 bis 24 mm) und einen zweilippigen Saum, bei dem die breite Oberlippe in 4 eiförmige Zipfel ausläuft. Die 5 Staubblätter setzen am Ausgang der Kronröhre an, ragen etwa 15 mm über diese hinaus und haben sehr dünne Filamente. Der Stempel besteht aus einem unterständigen, drüsig behaarten, dreifächerigen Fruchtknoten und einem fädigen Griffel, der die Stamina ein wenig überragt.

Die Chromosomenzahl beträg 2 n = 18, 2 n = 36, 2 n = 54.

Die Innenflächen von Ober- und Unterlippe weisen infolge eines dünnen Ölfilms auf der Epidermis einen fettigen Glanz auf [7]. Ein an der Unterseite der Kronröhre befindliches Nektarium sondert mitunter so viel Nektar ab, dass die Kronröhre zur Hälfte gefüllt ist und auch kurzrüsselige Insekten (z. B. Bienen) den Nektar erreichen. Hauptbestäuber sind aber langrüsselige Schwärmer, u. a. der Ligusterschwärmer *Sphinx ligustri* L. [10], nach Untersuchungen in Dänemark auch *Bombus hortorum* L., die Gartenhummel, und *Plusia gamma* L., die Gamma-Eule [8].

Abb. 3: Laubblätter und Fruchtstand

Die Blüten sind proterandrisch. Sie öffnen sich spät am Abend, duften vom Abend bis Mitternacht besonders intensiv und werden von Nachtfaltern bestäubt. Die Anthese dauert zwei Nächte. Anfangs erscheinen Staubblätter mit reifen Antheren. Griffel und Narbe richten sich erst am 2. Tag auf, wenn der Pollen verstäubt ist. So wird Selbstbestäubung weitgehend vermieden.

Im August/September sind die kugelrunden, glänzend dunkelroten Beeren (Durchm.: ca. 8 mm) reif, denen noch der Kelch anhaftet und die nicht mit der benachbarten Beere verwachsen sind. Sie enthalten mehrere gelblich braune, abgeflachte Samen von 4 mm Länge und 2 bis 2,5 mm Breite, die auf der einen Seite gewölbt, auf der anderen leicht konkav geformt sind. Verbreitet werden die Samen durch Vögel, hauptsächlich Fasanen, Sumpfmeisen, den Hausrotschwanz sowie – im Osten des Areals – durch Nebelkrähen [3].

Abb. 4: Windende Sprosse

Ökologie

L. periclymenum ist ein Strauch submontan-temperater, ozeanischer Lagen, dem ELLENBERG [4] eine Position zwischen Halblicht- und Halbschattenpflanzen zuweist. Insgesamt verträgt er mehr Schatten als andere *Lonicera*-Arten, auch stellt er keine fest umrissenen Ansprüche an die Bodenfeuchtigkeit, kommt hauptsächlich auf mäßig sauren, humosen Böden vor und ist gleichermaßen auf Sand, Lehm und Ton zuhause [10]. Als optimal gelten mäßig feuchte, kalkarme, aber mehr oder weniger basenreiche Substrate in regenreichem, mildem Klima. Insgesamt handelt es sich um einen wenig anspruchsvollen Strauch.

Häufig findet man die Art in Eichen/Birken- und Eichen/Hainbuchenwäldern sowie in Erlenwald-Gesellschaften, wo sie gern in Bestandeslücken und an Waldrändern wächst. 50 Jahre nimmt man als Höchstalter an [1].

Verschiedenes

– Durch das Dickenwachstum des windenden Sprosses wie auch der umschlungenen Äste und Stämme kommt es zu Einschnürungen, die bei der „Wirtspflanze" zur Unterbrechung des Assimilatstromes und dadurch zum Absterben führen können. Betroffen sind immer nur kleinere Bäume. Somit bleibt der angerichtete Schaden gering und rechtfertigt keinesfalls eine generelle Bekämpfung des Strauches.

– *L. periclymenum* wird durch tierische und mikrobielle Schädlinge nicht ernsthaft beeinträchtigt.

WEBERLING [10] erwähnt Blattschäden durch die Aecidienlager des Rostpilzes *Puccinia festuca* PLOWR., durch die Gemeine Napfschildlaus *Eulecanium corni* BCHÉ., die Kommaschildlaus *Lepidosaphes ulmi* L. sowie die Raupen des Geißblattlappenspanners *Lobophora polycammata* SCHIFF.

Schließlich lösen Larven des Kleinschmetterlings *Alucita hexadactyla* L. Gallbildung an Blüten aus.

– Über Schäden durch abiotische Ursachen liegen keine Berichte vor.

– Das helle, zerstreutporige Holz ist leicht und hat breite Holzstrahlen [1]. Ältere Triebe weisen eine rissige Ringelborke auf.

– Das Wald-Geißblatt unterliegt keiner wirtschaftlichen Nutzung. Einige Cultivare werden allerdings in deutschen Baumschulen als Ziergehölz angeboten.

Abb. 5: Blühender Strauch

Literatur

[1] AMANN, G., 1965: Bäume und Sträucher des Waldes. J. Neumann, Melsungen.

[2] BARTELS, H., 1993: Gehölzkunde. UTB 1720, Verlag Eugen Ulmer, Stuttgart.

[3] BARTKOWIAK, S., 1970: Ornitochoria of indigenous and introduced species of trees and shrubs (in polnisch). Arboretum Kornickie **15**, 237–262.

[4] ELLENBERG, H., 1979: Zeigerwerte der Gefäßpflanzen Mitteleuropas. 2. Aufl., Verl. E. Goltze, Göttingen.

[5] HECKER, U., 1995: BLV Handbuch Bäume und Sträucher. BLV Verlagsges. München, Wien, Zürich.

[6] KRÜSSMANN, G., 1977: Handbuch der Laubgehölze, 2. Aufl., Bd. 2. Verlag Paul Parey, Berlin und Hamburg.

[7] KUGLER, H., 1970: Blütenökologie. 2. Aufl., Gustav Fischer Verlag, Stuttgart.

[8] OTTOSEN, C.-O., 1986: Pollination Ecology of Lonicera periclymenum L. in NE-Zealand, Denmark: Floral Development, Nectar Production and Insect Visits. Flora **178**, 271–279.

[9] REHDER, A., 1949: Manual of Cultivated Trees and Shrubs, 2. ed., Dioscorides Press, Portland, OR.

[10] WEBERLING, F., 1966: Familie Caprifoliaceae. In: HEGI, G.: Illustrierte Flora von Mitteleuropa, Bd. VI, Teil 2. Verlag Paul Parey, Berlin, Hamburg.

Die Autoren:

Prof. em. Dr. PETER SCHÜTT
Lehrstuhl für Forstbotanik
Ludwig-Maximilians-Universität München
Am Hochanger 13
D-85354 Freising

ULLA M. LANG
Schützenstraße 6
D-82383 Hohenpeißenberg

Lonicera tatarica LINNÉ, 1753

syn.: Xylosteum cordatum MOENCH, 1794

Tatarische Heckenkirsche   Familie: Caprifoliaceae

engl.: Tatarian honeysuckle

Abb. 1: Lonicera tatarica. Blühender Zweig (links) und Seitenknospen

Als relativ widerstandsfähiger und anspruchsloser, rötlich oder weiß blühender Zierstrauch ist *Lonicera tatarica* in den kühl-gemäßigten Zonen der Nordhemisphäre weit verbreitet und nicht selten aus Kultur verwildert. Seine Heimat liegt in Mittelasien.

Die sommergrüne Art ist frosthart und wird kaum von Krankheiten befallen. Im Osten Nordamerikas hat sie sich mitunter zu einem konkurrenzstarken und aggressiven Neophyten entwickelt. In Europa sind mehrere Gartenformen im Handel.

Taxonomie und Verbreitung

REHDER [6] teilt die Gattung *Lonicera* in zwei Subgenera und stellt *L. tatarica* zur Untergattung *Lonicera*, Sektion *Coeloxylosteum* REHD. (Sekt. *Lonicera* [3]), Subsektion *Tataricae* REHD. Die Arten dieser Subsektion werden von Bienen bestäubt und haben eine zweilippige Blütenkrone.

Die nur zweiblütigen Teilblütenstände stehen auf einem Hypopodium und die Blütenstiele sind länger als die Blattstiele [3].

Bei *L. tatarica* sind zahlreiche Varietäten und Gartenformen bekannt, die sich vornehmlich in der Blütenfarbe und der Blattform unterscheiden [3]. Dazu zählen auch mehrere Artbastarde, so z.B.

L. x *amoena* ZABEL (*L. korolkowii* x *L. tatarica*) mit zahlreichen Blüten an den Triebenden

L. x *bella* ZABEL (*L. morrowii* x *L. tatarica*) mit rötlichen, später gelb werdenden Blüten

L. x *xylosteoides* TAUSCH (*L. tatarica* x *L. xylosteum*). Hellrote, kleine Blüten mit kurzer Kronröhre sowie gelbrote Früchte.

Lonicera tatarica ist in Mittel- und Ostrußland beheimatet. Ihr natürliches Areal wird nicht näher beschrieben. Nach WEBERLING [8] reicht es im Norden bis nach Uljanowsk und Ufa (ca. 55° n. Br.), im Süden bis nach Turkestan und ins Altai-Gebirge.

Seit 1752 ist die Art in Kultur, und noch vor 1800 gelangte sie als Zierstrauch nach Nordamerika.

Beschreibung

L. tatarica entwickelt sich in Mitteleuropa meistens zu einem 2 bis 3 m hohen, vielstämmigen und dicht verzweigten Strauch mit aufwärts gerichteten, grauen Ästen. Gelegentlich kommen auch 4 m hohe und mehr als 3 m breite Exemplare vor [2]. Die Seitenzweige sind schlank und kahl. Kennzeichnend ist weiterhin ein braunes, später obliterierendes Markgewebe.

Knospen und Blätter

Bei den Winterknospen muß man unterscheiden zwischen kurzen, dicken Terminal-, länglichen, vom Zweig abstehenden Lateral- und den ebenfalls länglichen, serialen Beiknospen. In allen Fällen werden die Knospen von 3 bis 4 Paar dreieckigen, braunen Tegmenten umgeben.

Die gegenständig angeordneten, ungeteilten und ganzrandigen Laubblätter sind 3 bis 6 cm lang, 2 bis 3 cm breit, kurz gestielt (2 bis 6 mm) und haben eine eiförmige bis elliptische, am Apex spitz auslaufende oder kurz zugespitzte Spreite mit mehr oder weniger herzförmiger oder abgerundeter Basis. Sowohl die dunkelgrüne Oberseite wie die hell bläulich-grüne Unterseite ist im Regelfall kahl, nur selten spärlich behaart und am Rande schwach bewimpert [8].

Die an der Südseite und an der Peripherie des Strauches inserierten Blätter (Sonnenblätter) unterscheiden sich von Schattenblättern durch dickere Spreiten, bedingt durch ein mächtigeres Palisaden- und Schwammparenchym. Die Epidermis-Außenwände erscheinen im Querschnitt generell flach und nicht aufgewölbt [7].

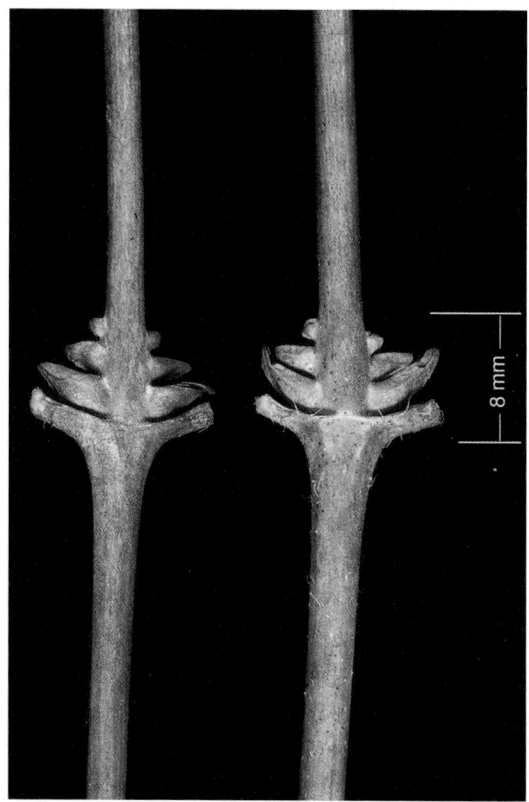

8 mm

Abb. 2: Seriale Beiknospen

Abb. 3: Laubblätter verschiedener Größe und Form

Blüten, Früchte, Samen

Die dunkelroten, rosafarbenen oder weißen, zygomorphen Blüten der Tatarischen Heckenkirsche erscheinen im Mai/Juni, d.h. erst nach dem Laubaustrieb. Sie sind 1,5 bis 2 cm (2,5) lang und stehen in zweiblütigen Dichasien mit einem 1,5 bis 2,5 cm langen und relativ dünnen Hypopodium. Zu jeder Blüte, die in der Achsel eines länglich-lanzettlichen Tragblattes steht, gehören 2 rundliche bis eiförmige Vorblätter (Brakteolen).

Die außen kahle, innen behaarte Kronröhre ist etwas länger als der Saum. Dieser besteht aus einer in 4 längliche Zipfel geteilten, zur Blütezeit flach ausgebreiteten Oberlippe sowie aus einer länglich eiförmigen, nach unten gebogenen, zurückgerollten Unterlippe. Die 5 Staubblätter und der Griffel bleiben kürzer als die Blütenkrone. Die nicht miteinander verwachsenen, unterständigen Fruchtknoten der benachbarten Blüten sind eiförmig, dreifächerig und kahl.

Chromosomenzahl: 2 n = 18.

Die kugelrunden, saftigen Beeren (Durchm.: ca. 6 mm) beginnen sich im Juni/Juli zu verfärben und sind bei Reife korallenrot, selten auch gelb. Die Früchte aus dem selben Dichasium sind nicht miteinander verwachsen und enthalten 6 bis 7 gelbliche, ca. 3 mm lange, 2 bis 2,5 mm breite und 0,5 mm dicke Samen von schief eiförmigem Umriss.

Das Tausendkorngewicht beträgt ca. 12 g [1].

Entwicklung und Ökologie

L. tatarica wird generativ und vegetativ vermehrt. Im Oktober/Dezember erntet man die Beeren, stratifiziert das Saatgut 4 bis 5 Monate lang und sät im März/April aus [1]. 0,5 bis 1,5 cm hoch sollten die Samen mit Erde bedeckt werden[1]. Von den Baumschulen werden 2jährige, verschulte Pflanzen in Höhen zwischen 60 und 150 cm angeboten. 3jährige, verschulte Ballenpflanzen können 150 bis 250 cm hoch sein. Stecklingsbewurzelung ist möglich und wird durch Applikation von IBS-Pulver gefördert[2].

Die Art ist anspruchslos und frosthart; sie treibt früh aus, wächst rasch und eignet sich gut für den Anbau in halbschattigen Lagen. Überschwemmungen verträgt sie nicht.

Als Besonderheit sind einerseits ihre bodenverbessernden Eigenschaften [3], zum anderen auch ihre starke, mitunter vegetationsverändernde Konkurrenzkraft herauszustellen.

In mehreren Fällen breitete sie sich als Neophyt in nährstoffreichen Wäldern des Nordostens der USA aus und unterdrückte sowohl die dichte Bodenflora wie den Jungwuchs einheimischer Baumarten. Betroffen waren Sämlinge unter 1 m Höhe, u.a. von *Acer saccharum, Fraxinus americana, Quercus rubra, Acer rubrum* und *Prunus serotina*, nicht jedoch Lianen und immergrüne Arten. Auf trockenen, ärmeren Böden bleibt die geschilderte Wirkung aus [9].

Darüber hinaus bildet *L. tatarica* dichte Gebüsche in lückigen Beständen und an Waldrändern – ebenfalls in tieferen Lagen des Nordostens der USA. Gelegentlich wird die Art mit Herbiziden bekämpft.

Pathologie

Die Tatarische Heckenkirsche wird weder durch Krankheiten noch durch Schadinsekten ernsthaft bedroht. Wie andere *Lonicera*-Arten ist sie aber Überwinterungswirt für die Kirschfruchtfliege *Rhagoletis cerasi (Trypetidae)* und unterliegt deswegen lokalen Anbaubeschränkungen.

Übereinstimmend stuft man sie als relativ unempfindlich gegen Auftausalze [4, 7][4] und als tolerant gegen Schwefeldioxid [7][5] ein. Bei starker wie geringer SO_2-Konzentration der Luft nehmen die Blätter verhältnismäßig viel Schwefel auf.

1) For. Abstr. **26**, 2101, 1965
2) For. Abstr. **2**, 1940/41
3) For. Abstr. **22**, 257, 1961 und **44**, 1071, 1983
4) For. Abstr. **40**, 3925, 1979
5) For. Abstr. **41**, 6723, 1980

Verschiedenes

– In mehreren russischen und amerikanischen Arbeiten wird die allelopathische Wirkung von *L. tatarica* festgestellt. Die Ergebnisse beruhen auf Labor-, Topf- und/oder Feldversuchen und beinhalten

- Förderung des Wachstums von *Populus deltoides*[6].

- Wachstumshemmung bei *Betula pendula* und *Larix sibirica*, ausgelöst durch volatile Stoffe und wässrige Extrakte. Entsprechende Wirkungen ließen sich durch Beobachtungen an Windschutzstreifen bestätigen[7].

- Wässrige Extrakte hemmen die Entwicklung von *Agropyron repens*, insbesondere das Wurzelwachstum[8].

- Durch Blattextrakte gehemmt wird auch die Radicula-Entwicklung von Keimlingen sowie das Höhenwachstum und die Bildung von Sekundärnadeln bei *Pinus resinosa*-Sämlingen [5]. Zudem wird ihr Trockengewicht herabgesetzt.

– Sowohl in Mittelasien wie in den Präriestaaten Nordamerikas spielt *L. tatarica* eine gewisse Rolle als strauchförmige Komponente in Windschutzstreifen.

---

[6] For. Abstr. **38**, 154, 1977
[7] For. Abstr. **42**, 169, 1981
[8] For. Abstr. **43**, 291, 1982

Literatur

[1] BÄRTELS, A., 1989: Gehölzvermehrung. Verlag E. Ulmer, Stuttgart.

[2] DIRR, M.A., 1990: Manual of Woody Landscape Plants, 4. ed., Stipes Publ. Comp., Champaign, Il.

[3] KRÜSSMANN, G., 1977: Handbuch der Laubgehölze, 2. Aufl., Band II, Verlag Paul Parey, Berlin und Hamburg.

[4] MEYER, F.H., 1978: Bäume in der Stadt. E. Ulmer, Stuttgart.

[5] NORBY, R.J.; KOZLOWSKI, T.T., 1980: Allelopathic potential of ground cover species on Pinus resinosa seedlings. Plant and Soil **57**, 363–374.

[6] REHDER, A., 1903: Synopsis of the genus Lonicera. Report Missouri Bot. Garden **14**, 27–232.

[7] SINCLAIR, W.A.; LYON, H.H.; JOHNSON, W.T., 1987: Diseases of Trees and Shrubs. Cornell Univ. Press, Ithaca, London.

[8] WEBERLING, F., 1966: 122. Familie Caprifoliaceae in: Hegi, G.: Illustrierte Flora von Mitteleuropa, Bd. IV, Teil 2, 3–87.

[9] WOODS, K.D., 1993: Effects of invasion by Lonicera tatarica L. on herbs and tree seedlings in four New England forests. Amer. Midl. Naturalist **130**, 62–74.

Die Autoren:

Prof. em. Dr. PETER SCHÜTT
Lehrstuhl für Forstbotanik
Ludwig-Maximilians-Universität München
Am Hochanger 13
D-85354 Freising

ULLA M. LANG
Schützenstraße 6
D-82383 Hohenpeißenberg

Lonicera xylosteum LINNÉ, 1753

Rote Heckenkirsche,
Gemeine Heckenkirsche

Familie: Caprifoliaceae

engl.:   Fly honeysuckle
franz.:   Chèvrefeuille des buissons
ital.:   Gisilosteo

Abb. 1: Lonicera xylosteum. Blühender Strauch am Waldrand (Oberbayern, ca. 750 m ü. NN)

Die rote Heckenkirsche, ein sommergrüner, bis zu 3 m hoher und ziemlich breiter Strauch ist in Mitteleuropa weit verbreitet. Trotz der recht variablen Blattform und Blattgröße kann man die Art wegen der meist dicht filzigen Blätter, der gelblichen, zygomorphen Blüten und der leuchtend roten, nicht miteinander verwachsenen Doppelbeeren kaum verwechseln.

L. xylosteum hat keine wirtschaftliche Bedeutung und spielt weder bei der Landschaftsgestaltung noch im Gartenbau eine nennenswerte Rolle. Vorsicht ist hinsichtlich der auffälligen Beeren geboten. Sie stehen unter Giftverdacht und sind bestenfalls ungenießbar.

„Xylosteum", das Epitheton des Artnamens setzt sich aus den griechischen Wörtern „xylon" = Holz und „osteon" = Knochen zusammen. Es nimmt Bezug auf das beinharte, früher u. a. für Weberschiffchen und Ladestöcke genutzte Holz des Strauches.

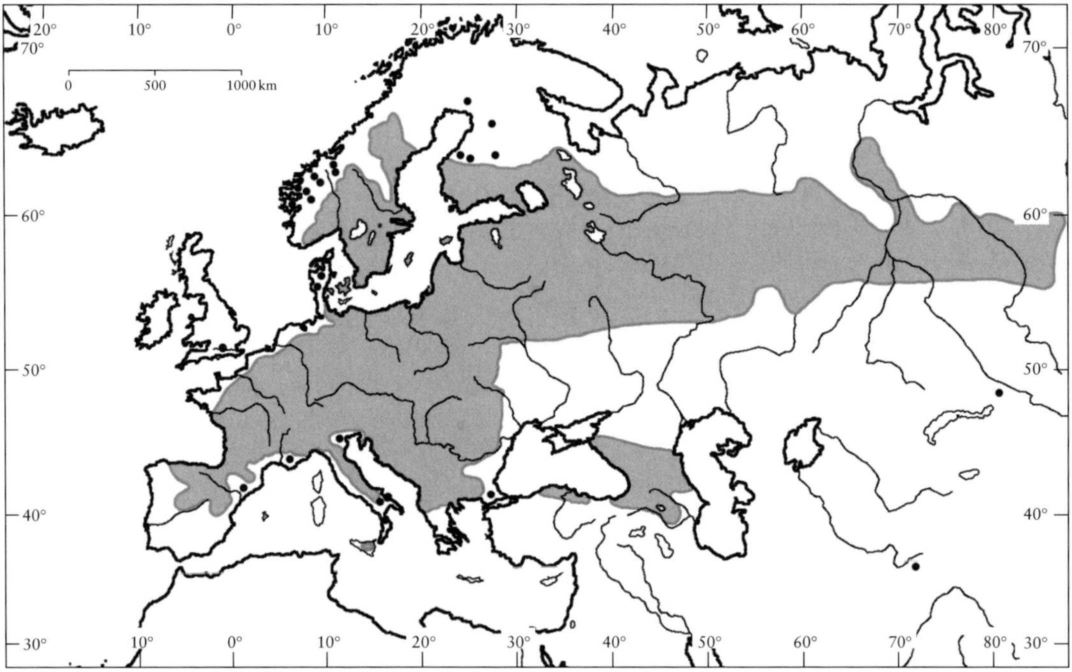

Abb. 2: Natürliches Verbreitungsgebiet, verändert nach [16] (• = Einzelvorkommen)

Verbreitung

L. xylosteum ist in weiten Teilen Europas heimisch. Sie fehlt von Natur aus in Irland, Schottland, auf der Iberischen Halbinsel sowie im mittleren und nördlichen Skandinavien, geht im Süden bis nach Sizilien (Ausnahme: Korsika, Sardinien und das mittlere und südliche Griechenland), besiedelt die nördliche Türkei sowie den Kaukasus. Die Ostgrenze bildet das Altai-Gebirge, d. h. ein erheblicher Teil des Areals befindet sich im kontinentalen mittleren Sibirien [16]. Über eine Inventur des Vorkommens in der Slowakei berichtet MERCEL [12].

Ein kleiner Abschnitt der Nordgrenze verläuft nach WEBERLING [16] durch Deutschland, nämlich entlang der Linie Osnabrück – Hannover – Lüneburg, und biegt dann nach Norden über Bad Segeberg und Plön zum nördlichen Skandinavien um.

Die Höhengrenze der Verbreitung befindet sich [12, 16]

    bei 1070 m in den Bayerischen Alpen
    bei 1480 m in der Niederen Tatra
    bei 1700 m in Tirol
    bei 1920 m im Wallis
    bei 2000 m im Engadin

Im Osten Nordamerikas ist *L. xylosteum* nach Einführung verwildert.

Beschreibung

Unter günstigen Bedingungen entwickelt sich *L. xylosteum* zu einem recht breiten, fast 3 m hohen, reichverzweigten Strauch mit relativ dünnen, aufwärts gerichteten Ästen. Diese haben eine graubraune, längsrissige, sich später in Streifen ablösende Ringelborke und sind infolge des sich auflösenden, braunen Markgewebes hohl [16].

Die Art wurzelt flach, bildet keine Wurzelschößlinge, erneuert sich aber durch Proventivtriebe aus dem Wurzelanlauf [2].

Knospen, Blätter und junge Triebe

Junge Triebe der roten Heckenkirsche sind mit kurzen, weichen Haaren, darunter auch einigen Drüsenhaaren besetzt [16] und haben eine hellgraue Rinde, die schon bald schmale Längsrisse aufweist.

Die schlanken, spindelförmigen Knospen variieren in der Farbe zwischen graubraun und gelbbraun und die oft waagrecht vom Zweig abstehenden Seitenknospen sind nur wenig kleiner als die 7 bis 9 mm langen Terminalknospen. Insgesamt werden 6 bis 8 Knospenschuppen-Paare gebildet, wovon die inneren länger (7 bis 8 mm) und an der Außenseite weichhaarig, die äußeren hingegen

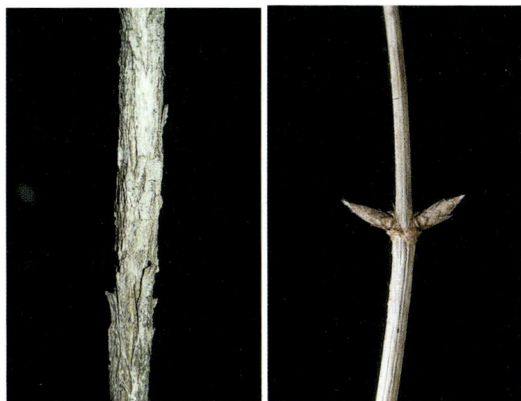

Abb. 3: Borke (links) und Seitenknospen

ca. 2 mm lang, dreieckig und schwach gekielt sind. Zur Spitze hin nimmt die zottige, graue Behaarung an Intensität zu. Die Ränder sind weiß bewimpert.

Oft treten oberhalb der Seitenknospen meist 2 seriale Beiknospen auf, von denen die untere am größten ist.

Die mit einem kurzen (6 bis 8 mm), rinnigen Stiel versehenen, gegenständig angeordneten, ganzrandigen Blätter können hinsichtlich Größe, Form und Behaarung stark variieren. Sie werden 3 bis 6 cm lang und 2 bis 4 cm breit, sind von breit eiförmiger, elliptischer oder verkehrt eiförmiger Gestalt, laufen mehr oder weniger spitz zu und haben eine rundliche oder keilförmige Basis. In den meisten Fällen ist – vor allem unterseits – eine dichte, kurze, weiche Behaarung und ein bewimperter Blattrand vorhanden. Die Blattoberseite ist weniger intensiv behaart und daher dunkler grün.

Blüten, Früchte und Samen

L. xylosteum entspricht in der Blütenmorphologie den Arten des Subgenus *Lonicera*: Blattachselständige, relativ langstielige Teilblütenstände (Dichasien mit unterdrückter Endblüte) mit 2 Blüten. Unterhalb der beiden Fruchtknoten stehen 4 schuppige Vorblätter und jeder Teilblütenstand wird von 2 pfriemlichen Deckblättern eingefaßt.

Der Stiel des Dichasiums ist 1 bis 2 cm lang und trägt zwei Blüten. Jede besteht aus einer fünfzähligen, ca. 1 cm langen, anfangs weißen, dann gelblich weißen und schließlich gelben, zygomorphen Blütenkrone, die sich aus einer 3 bis 4 mm langen, auf der abaxialen Seite bauchig verdickten Kronröhre mit zweilippigem Saum aufbaut.

Abb. 5: Zweige mit Blüten

Die Unterlippe ist nach unten gebogen und wird nur von einem Kronblatt gebildet. Die Oberlippe hat 4 kurze, rundliche, innen und außen behaarte Zipfel. In der Ausbauchung der Kronröhre befindet sich ein Nektarium [11].

Abb. 4: Laubblätter, Ober- und Unterseite

Die Staubblätter erreichen die Länge des Kronensaums, werden aber länger als der behaarte Griffel, welcher Krümmungsbewegungen ausführen kann, die u. U. zu einer Berührung mit den Staubblättern führen [11].

Die beiden dreifächerigen, unterständigen Fruchtknoten des Blütenpaares sind frei oder nur am Grunde wenig miteinander verwachsen [16].

Abb. 6: Blute offen und geschlossen (verändert nach GRAF, 1975)

Vorhanden ist zudem ein Kelch mit kurzer, weiter Röhre und hinfälligen Zähnen, außerdem ein pfriemliches Deckblatt, 2 lanzettliche Vorblätter von etwa gleicher Länge wie der Fruchtknoten und 2 weitere, etwa halb so lange, zugespitzt eiförmige Vorblätter 2. Ordnung [16]. Chromosomensatz: $2n = 18$.

Blütenformel: $\downarrow$ K (5) [C (5) A 5] G ($\overline{3}$).

In Mitteleuropa blüht die Art von Mai bis Juni. Sie wird von Hummeln bestäubt.

Die im Juli reifenden, glänzend roten, kugeligen Beeren eines Fruchtstandes sind nicht miteinander verwachsen. Sie werden von Vogelarten verbreitet, vor allem von Mönchs- und Gartengrasmücken (*Sylvia atricapilla* bzw. *S. borni*), Amseln (*Turdus merula*) und Singdrosseln (*T. philomelos*) sowie vom Fasan (*Phasianus colchicus*) und vom Haselhuhn (*Tetrastes bonaria*) [3].

Das saftige Fruchtfleisch umschließt vier etwa 3 mm große Samen. Tausendkorngewicht: ca. 10 g [1]. Samenreife: August/September.

Holz

Das Holz von *L. xylosteum* ist zäh, hart und sehr schwer. (r_{12} = 0,90 g/cm³). Es hat einen gelblichweißen bis rötlichweißen Splint und einen rötlichbraunen, „wolkigen" Kern von unregelmäßiger Form [9].

Die Jahrringgrenzen treten auf dem Querschnitt als feine, weiße Linien hervor. Die halbringporig angeordneten Gefäße und die 1- bis 3reihigen, in der Höhe stark variierenden Holzstrahlen lassen sich ohne Lupe jedoch nicht erkennen. Das Grundgewebe besteht aus dickwandigen, stark getüpfelten Fasertracheiden mit spiraligen Wandverdickungen. Die zahlreichen Gefäße ($\geq$ 200 pro mm²) sind oft mit gelbbraunen Inhaltsstoffen gefüllt. Ihr Durchmesser liegt unter 50 μm [9].

Anzucht

Die im August/September zu erntenden Früchte sollten gewaschen und entweder sogleich oder nach Stratifikation im nächsten Frühjahr (März/April) ausgesät werden. Keimung erfolgt nach 3 bis 4 Wochen. Das Keimprozent liegt bei 70 bis 100 %. Späte Erntetermine erhöhen die Keimrate im kommenden Frühjahr[1]. Das Saatgut bleibt 2 Jahre keimfähig [5].

Ebenfalls bewährt hat sich die Vegetativvermehrung mit im Dezember geschnittenen Stecklingen. Demgegenüber gelingt Wurzel- und Sproßbildung an Wurzelstecklingen, selbst nach Applikation von Wuchsstoff-Präparaten nur in begrenztem Umfang. Die bewurzelten Stecklinge sind allerdings sehr wüchsig (> 60 cm im ersten Jahr) und zeigen eine üppige Wurzelentwicklung [8].

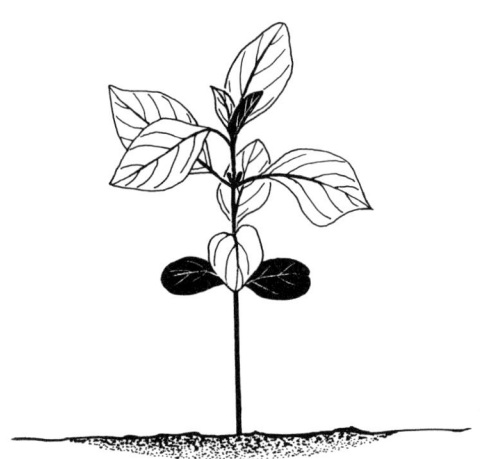

Abb. 7: Keimling (nat. Größe)

---

[1] For. Abstr. **15**, 3466, 1954.

Ökologie

ELLENBERG [6] nennt *L. xylosteum* eine subozeanische Art, die das Schwergewicht ihres Vorkommens in submontan-temperierten Bereichen Mitteleuropas hat und nach Osten ausgreift. Sie zeigt frische Böden an, fehlt aber auf nassen und auf öfter austrocknenden Substraten. Nach EHLERS [5] gedeiht die Art allerdings auch auf basischen Trockenstandorten (Südlagen in Trockengebieten) und eignet sich gut für trockene Sandstandorte.

Übereinstimmend wird die Vorliebe für kalkhaltige Substrate betont [12, 16 et al.]. Daneben werden aber auch aus Silikatgestein entstandene Böden (u. a. Gneis und Porphyr) sowie alluviale Standorte besiedelt. So u. a. in der Slowakei, wo sie auf Rendzinen und Braunerden, aber auch in Erlenbrüchen, zusammen mit *Alnus glutinosa*, *Salix alba*, *S. fragilis* und *Acer platanoides* vorkommt [12]. *L. xylosteum* ist nicht auf stark sauren Böden anzutreffen [6] sondern sie zeigt schwach basische bis schwach saure Bodenreaktionen an. Hinsichtlich des Stickstoffs verhält sie sich indifferent.

In der Literatur wird sie einheitlich als flachwurzelnde Halbschattenpflanze bezeichnet, die als Unterholz in Laub- und Nadelholzmischwäldern vorkommt, oft aber auch an Waldrändern, in Hecken und an Wegen zu finden ist.

Verschiedenes

– *Lonicera xylosteum* gehört zu den morphologisch sehr variablen Straucharten, was sich in der Ausscheidung von 16 verschiedenen Formen ausdrückt [10]. Dazu gehören neben Zwergformen und solchen mit abweichender Blattform und Behaarung auch die gelbfrüchtige f. *lutea* (VEILL.). REHDER.

– Das vermutete Vorkommen natürlicher Artbastarde zwischen *L. xylosteum* und *L. nigra* in der Slowakei ließ sich nach großräumiger Erfassung von morphologischen Merkmalen nicht bestätigen. Aufspaltung hinsichtlich Markfarbe, Gestalt der Blattspreite, Fruchtfarbe und anderer Kriterien war nicht festzustellen [13].

– Die Giftwirkung roh verzehrter, reifer Beeren ist bisher nicht eindeutig nachgewiesen, selbst in Tierversuchen nicht [7]. Wohl aber treten Leibschmerzen und Erbrechen ein, wenn mindestens 30 Früchte verzehrt werden. Die Wirkung geht eher auf Saponine als auf Alkaloide zurück.
Anderen Quellen zufolge ist die Toxizität durchaus erwiesen [14], denn nach dem Verzehr von 5 Beeren können nehen hohes Fieber, Erbrechen und Brustschmerzen auftreten. Größere Mengen lösen darüber hinaus u. a. Schwindelgefühl, Herzrhythmusstörungen und Atemlähmungen aus.

Abb. 8: Reife Früchte

Die widersprechenden Angaben hängen wahrscheinlich mit starken Wirkungsschwankungen zusammen [14].

– *Lonicera xylosteum* zählt zu den wenigen gegen Auftausalze widerstandsfähigen Gehölzarten. Über 10 Jahre andauernde Schadensaufnahmen am Rand regelmäßig mit Streusalz versehener Autobahnen erbrachten 3 % Ausfälle bei einer Höhe der verbliebenen Pflanzen von 1,5 m. Günstiger schnitten nur *Symphoricarpos albus* und *Elaeagnus angustifolia* ab [15].
Auch andere Arbeiten stufen die Art als weitgehend unempfindlich gegen winterliche Salzung ein. Zu einem etwas abweichenden Urteil gelangen BRAUN et al. [4], die *L. xylosteum* nach 3jährigen kombinierten Gewächshaus- und Feldversuchen mit 3- bis 6jährigen Pflanzen zwar in die Gruppe „wenig anfällig" einordnen. Diese steht in der Wichtung aber deutlich hinter den Gruppen „besonders resistent" und „resistent" zurück.

– *L. xylosteum* wird nicht vom Wild verbissen und soll keine „Rauchschäden" zeigen [5].

Weiterführende Literatur

[1] BÄRTELS, A., 1989: Gehölzvermehrung. Verlag E. Ulmer, Stuttgart

[2] BÄRTELS, H., 1993: Gehölzkunde. UNI-Taschenbuch 1720, Verlag E. Ulmer, Stuttgart

[3] BARTKOWIAK, S., 1970: Ornitochoria of indigenous and introduced species of trees and shrubs (in polnisch) Arboretum Kornickie 15, 237 – 262.

[4] BRAUN, G.; SCHÖNBORN, A. von; WEBER, E., 1978: Untersuchungen zur relativen Resistenz von Gehölzen gegen Auftausalz (Natriumchlorid). Allgem. Forst- und Jagdz. 149, 21 – 35.

[5] EHLERS, M., 1960: Baum und Strauch in der Gestaltung der deutschen Landschaft. Verlag Paul Parey, Hamburg.

[6] ELLENBERG, H., 1979: Zeigerwerte der Gefäßpflanzen Mitteleuropas. Scripta Botanica IX, 2. Aufl., Verlag E. Goltze, Göttingen.

[7] FROHNE, D.; PFÄNDER, H. J., 1982: Giftpflanzen. Ein Handbuch für Apotheker, Ärzte, Toxikologen und Biologen. Wiss. Verlagsges. m.b.H., Stuttgart.

[8] GÖTTSCHE, D., 1978: Vermehrung einheimischer Straucharten durch Wurzelschnittlinge. Forstarchiv 49, 33 – 36.

[9] GROSSER, D., 1977: Die Hölzer Mitteleuropas. Springer-Verlag Berlin, Heidelberg, New York.

[10] KRÜSSMANN, G., 1977: Handbuch der Laubgehölze. Paul Parey, Hamburg

[11] KUGLER, H., 1970: Blütenökologie. Gustav Fischer Verlag, Stuttgart.

[12] MERCEL, F., 1990: Zur Problematik der Verbreitung von Lonicera xylosteum L. in der Slowakei. Folia dendrologica 17, 301 – 308.

[13] MERCEL, F., 1991: Variability of morphological traits in Lonicera xylosteum L. and Lonicera nigra L. in natural populations of Slovakia. Biologia (Bratislava) 46, 49 – 56.

[14] ROTH, L.; DAUNDERER, M.; KORMANN, K., 1984: Giftpflanzen – Pflanzengifte. 2. Aufl., ecomed, Landsberg/Lech.

[15] SCHIECHTL, H. M., 1983: Gehölze an Autobahnen. Welche sind auf Dauer salzresistent? Garten und Landschaft 240 – 245.

[16] WEBERLING, F., 1966: Familie Caprifoliaceae. In: Hegi, G.: Illustrierte Flora von Mitteleuropa, Band VI., Teil 2, Verlag Paul Parey, Berlin, Hamburg

Die Autoren:

Prof. em. Dr. PETER SCHÜTT
Lehrstuhl für Forstbotanik
Ludwig-Maximilians-Universität München
Am Hochanger 13
D-85354 Freising

ULLA M. LANG
Schützenstraße 6
D-82383 Hohenpeißenberg

Mahonia Nutt., 1818

Mahonie   Familie: Berberidaceae

engl.: Barberry
franz.: Mahonie

Die etwa 100 Arten der Gattung *Mahonia* kommen in Nord- und Mittelamerika sowie im Osten und im Süden Asiens natürlich vor. Einige davon werden seit dem Beginn des letzten Jahrhunderts in mehreren europäischen Ländern als Ziergehölz kultiviert, haben sich sogar im winterkalten Mitteleuropa bewährt und sind zum Teil aus Kultur verwildert.

Mahonia-Arten sind immergrüne, unbewehrte Sträucher. Zu den Kennzeichen des mit der Gattung *Berberis* eng verwandten Genus gehören:

– unpaarig gefiederte, wechselständig angeordnete, ledrige und meist dornig gezähnte Blätter

– gelbe, in vielblütigen Rispen und Trauben stehende Blüten

– meist blaue, wachsig bereifte Beerenfrüchte, die nur wenige Samen enthalten

– paarig an den Staubfäden sitzende Nektarien [4].

Die Chromosomengrundzahl beträgt n = 14 [4].

Der Gattungsname *Mahonia* ehrt den amerikanischen Gärtner Bernard McMahon (1775–1816).

Das System der Gattung geht auf F. K. G. Fedde zurück (Bot. Jahrbuch, 1902) und unterteilt diese in 4 Sektionen:

Sektion 1 *Aquifoliatae* Fedde: Blätter ledrig, dornig oder fein gezähnt. Blüten in dichten, vielblütigen Trauben. Vertreten durch *M. aquifolium, M. repens,* Nordamerika.

Sektion 2 *Horridae* Fedde: Blätter sehr schmal, eher blaugrün, buchtig gezähnt. Kurze, wenigblütige Infloreszenzen. Vertreten durch *M. fremontii, M. nevinii,* beide aus dem pazifischen Nordamerika.

Sektion 3 *Paniculatae* Fedde: Blätter mitunter seicht gezähnt oder ganzrandig. Rispen, die als Seitenäste Dichasien tragen, selten auch langgestreckte, lockere Trauben. Vertreten durch *M. tenuifolia* und andere Arten aus Mexiko.

Sektion 4 *Longibracteatae* Fedde: Sehr große, starre Blätter und traubige Blütenstände mit stark entwickelten, lang zugespitzten Tragblättern. Vertreten durch *M. bealei, M. japonica* und weitere, zumeist asiatische Arten.

Die im folgenden näher beschriebenen Arten haben sich als Ziersträucher in Teilen Mitteleuropas gut bewährt. *Mahonia aquifolium* ist überdies (besonders in Südwestdeutschland) wiederholt aus Kultur verwildert [4, 8].

Mahonia aquifolium (Pursh) Nutt., 1818
syn.: Berberis aquifolium Pursh

Gewöhnliche Mahonie
engl.:   Oregon grape holly, holly-leaved barberry
franz.:   Mahonie a feuilles de houx

Mahonia aquifolium gehört in Mitteleuropa zu den häufig gepflanzten, immergrünen Ziersträuchern. Sie wächst aufrecht und wird bei uns selten höher als 1 m (in den USA bis 1,8 m [2]). Auffallend sind die attraktiven, leuchtend gelben Blüten, die blauen, bereiften Beeren und die im Sommer glänzend dunkelgrünen, im Winter aber bronzefarbenen bis rötlichen, dornig gezähnten **Blätter**. Diese sind unpaarig gefiedert, wechselständig angeordnet, 15 bis 30 cm lang und haben 5 bis 9 ledrige, in der Form variierende Fiederblättchen mit gewelltem Rand, welche an dem rundlichen Sproß schmale, halbumfassende Blattspuren hinterlassen. Die 5 bis 10 mm lang gestielten **Zwitterblüten** erscheinen im April/Mai. Sie haben 9 Kelchblätter, 6 Kronblätter und 6 Staubblätter und stehen in aufrechten, traubigen, terminalen Infloreszenzen von 5 bis 8 cm Länge.

Blütenformel: $*$K 3 + 3 + 3 C 3 + 3 A 3 + 3 G $\underline{1}$.

M. aquifolium blüht in sonniger Lage intensiver als im Schatten. Die Blüten duften angenehm, wenn auch weniger intensiv als bei *M. bealei.*

Abb. 1: Mahonia aquifolium. Endknospe (links) und Blütenstand (rechts)

Die annähernd runden, blauschwarzen, bereiften und sauer schmeckenden **Beeren** (Durchm.: ca. 8 mm) enthalten einen purpurroten Saft sowie 2 bis 5 glänzend rotbraune **Samen** (Tausendkorngewicht: 60 g; ca. 1600 Samen pro 100 g Saatgut).

M. aquifolium kommt in Wäldern des westlichen Nordamerika natürlich vor. Ihr Areal erstreckt sich vom Süden British Columbias bis in den Norden Kaliforniens und schließt außerdem die Staaten Idaho, Colorado, Arizona sowie das westliche Nebraska ein [10]. Die Art wächst langsam, erträgt Schatten und bevorzugt am natürlichen Habitat frische, nährstoffreiche Böden mittleren Säuregrades. Auf neutralen und alkalischen Substraten wird sie chlorotisch [2], in sonniger Lage werden die Blätter im Winter unansehnlich [5]. Vermehrung durch Samen kann bereits im Herbst erfolgen. Sät man im Frühjahr aus, muß zuvor 90 Tage bei 5 °C stratifiziert werden. Zum Auspflanzen verwendet man i.a. zwei- oder dreimal verschulte, 30 bis 60 cm hohe Ballen- oder Containerpflanzen.

Abb. 2: M. aquifolium, Fruchtstand

M. aquifolium hat neben ihrer Verwendung als Zierstrauch in Parks und Gärten auch eine gewisse Bedeutung als Heckenpflanze. Außerdem werden die Zweige zum Kranzbinden benutzt. In Amerika vergärt man den Saft der Beeren mitunter zu Obstwein [4].

In Feldversuchen erwies sich die Art als empfindlich gegen einen NaCl- und CaCl$_2$-Gehalt des Bodens von 4 g/l[1]. Ein Bor-Gehalt des Wassers von 7,5 mg/l war tödlich[2].

Rinde und Wurzeln der Mahonie enthalten Inhaltsstoffe (Berberin, Oxyacanthin, Berbamin), die früher zum Färben von Seide, Wolle und Baumwolle Verwendung fanden [11]. *M. aquifolium* ist nach ROTH et al. [9] den Giftpflanzen zuzurechnen. Kaum giftig sind die Beeren, stärkere Giftwirkung hat die Wurzelrinde (Alkaloidgehalt je nach Jahreszeit zwischen 2,5 und 5%). Auch anderen Quellen zufolge sind die Beeren als harmlos einzustufen [3]. Nicht nur in Amerika verwendet man Präparate aus Mahonienwurzeln als Heilmittel [7]. Ihre Wirkung richtet sich gegen typhöse Fieber, Diarrhoe, Gicht, Rheuma und Nierenleiden, vor allem aber gegen Schuppenflechte (Psoriasis).

Abb. 3: M. bealei, Blätter und Blütenstände (links), Fruchtstand (rechts)

Mahonia bealei (FORT.) CARR., 1854
syn.: M. japonica var. bealei FEDDE

Beals Mahonie
engl.: Leatherleaf Mahonia

Der aus China stammende, in milderen Lagen 2 bis 3 m, maximal sogar 4 m hohe Strauch ist vor allem wegen seiner dekorativen Beblätterung recht beliebt. *M. bealei* wächst aufrecht, ist nur spärlich verzweigt und trägt an

---

[1] For. Abstr. **39**, 5047, 1978
[2] For. Abstr. **41**, 1189, 1980

relativ dicken Zweigen 30 bis 40 cm lange Blätter, deren derbe, oberseits blaugrüne, ledrige Fiederblättchen eine schiefe Basis und beiderseits zwei bis fünf große Randdornen aufweisen [6]. Die Endfiedern (ca. 15 cm lang und fast ebenso breit) sind erheblich größer als die seitenständigen Fiederblättchen [5, 10]. Die Blüten unterscheiden sich hinsichtlich Farbe, Größe und Form kaum von *M. aquifolium*. Sie stehen in aufrechten oder überhängenden, büschelig gehäuften, traubigen Infloreszenzen (7 bis 15 cm lang) und duften intensiv. Die blau bereiften Beeren tragen noch den Rest des Griffels. Sie werden von Vögeln verzehrt, welche auch für die Verbreitung sorgen.

M. bealei ist ein Strauch schattiger oder halbschattiger Lagen, der mit leichteren, lockeren, humosen Böden auskommt und kurzfristig Fröste von -20 °C verträgt [1, 5]. Vor Wintersonne sollte man ihn schützen.

Das Epitheton „*bealei*" geht auf einen in Shanghai lebenden britischen Gartenliebhaber namens Beale zurück, der Fortunes Neuentdeckung anzog und pflegte [4]. *M. bealei* wird oft mit der sehr ähnlichen *M. japonicum* (mit unterseits gelbgrünen Fiederblättchen) verwechselt.

Abb. 4: M. bealei, adulter Strauch

Mahonia repens (LINDL.) G. DON.

Kriechende Mahonie
engl.: Creeping Mahonia

Ein bodendeckender, kleiner Strauch, der in Nadelwäldern des nordamerikanischen Westens in Höhenlagen zwischen 1400 und 3250 m von British Columbia über Washington bis Arizona und Kalifornien sowie von Wyoming bis ins westliche Texas vorkommt [12].

Die Art bildet zahlreiche Ausläufer, die zu max. 50 cm hohen, dicht beblätterten, intensiv beasteten Stämmchen austreiben. Die 10 bis 20 cm langen, unpaarig gefiederten Blätter (3 bis 7 Fiederblättchen) behalten ihre oberseits matt blaugrüne Farbe auch im Winter bei. Der Blattrand ist borstenartig gezähnt; die terminal angeordneten, traubigen Blütenstände ähneln denen von *M. aquifolium* und die blauschwarzen Beeren sind weißlich bereift.

M. repens läßt sich leicht durch Samen, Ausläufer, Stecklinge und Absenker vermehren. Sie stellt nur geringe Bodenansprüche und gilt in Mitteleuropa als winterhart; -25 °C übersteht sie ohne Schaden [5].

Man unterscheidet 3 Varietäten:

– var. *macrocarpa* JOUIN: aufrechter Wuchs, bis 1 m hoch, relativ große Früchte.

– var. *rotundifolia* FEDDE: sehr dicht belaubt, über 1 m hoch. Fast ganzrandige, breit eiförmige Blätter. Besonders frosthart.

– var. *subcordata* REHD.: Blätter sehr dicht stehend, fast herzförmige Blattbasis.

Abb. 5: M. repens am natürlichen Standort (SW-Idaho)

Weiterführende Literatur

[1] BÄRTELS, A., 1991: Gartengehölze. 3. Auflage. Verlag E. Ulmer, Stuttgart.

[2] DIRR, M.A., 1990: Manual of Woody Landscape Plants. Stipes Publishing Comp., Champaign, IL.

[3] FROHNE, D.; PFÄNDER, H.J., 1982: Giftpflanzen. Wiss. Verlagsges. Stuttgart.

[4] HEGI, G., 1975: Illustrierte Flora von Mitteleuropa, Band IV, Teil 1. Verlag Paul Parey, Hamburg und Berlin.

[5] JOUIN, E., 1910: Die in Lothringen winterharten Mahonien. Mitt. Dt. Dendrol. Ges. 19, 86–91.

[6] KRÜSSMANN, G., 1977: Handbuch der Laubgehölze, Band 2. Verlag Paul Parey, Berlin und Hamburg.

[7] MADAUS, G., 1979: Lehrbuch der biologischen Heilmittel, Band 3. Georg Olms Verlag, Hildesheim, New York.

[8] OBERDORFER, E., 1970: Pflanzensoziologische Exkursionsflora für Süddeutschland. Ulmer, Stuttgart.

[9] ROTH, L.; DAUNDERER, M.; KORMANN, K., 1984: Giftpflanzen – Pflanzengifte. ecomed Verlagsgesellschaft, Landsberg/Lech.

[10] SCHNEIDER, C.K., 1906: Illustriertes Handbuch der Laubholzkunde. Verlag G. Fischer.

[11] SCHWEPPE, H., 1992: Handbuch der Naturfarbstoffe. ecomed-Verlagsgesellschaft, Landsberg/Lech.

[12] VINES, R.A., 1976: Trees, Shrubs and Woody Vines of the Southwest. Univ. of Texas Press, Austin and London.

Die Autoren:

Prof. em. Dr. PETER SCHÜTT
Lehrstuhl für Forstbotanik
Ludwig-Maximilians-Universität München
Am Hochanger 13
D-85354 Freising

ULLA M. LANG
Schützenstraße 6
D-82383 Hohenpeißenberg

Myrica gale LINNÉ, 1753

syn.:   Myrica palustris LAM., 1778, Gale palustris (LAM.) CHEV.,
         1778, Gale gale K.C. SCHNEID., 1903

Gemeiner Gagelstrauch, Heidemyrte   Familie: Myricaceae

engl.:   Sweet gale, Bog myrtle, Dutch myrtle
franz.:   Bois sentbon, Lorette
dänisch: Pors

Abb. 1: Myrica gale im Frühjahr. Strauch mit männlichen Blütenständen

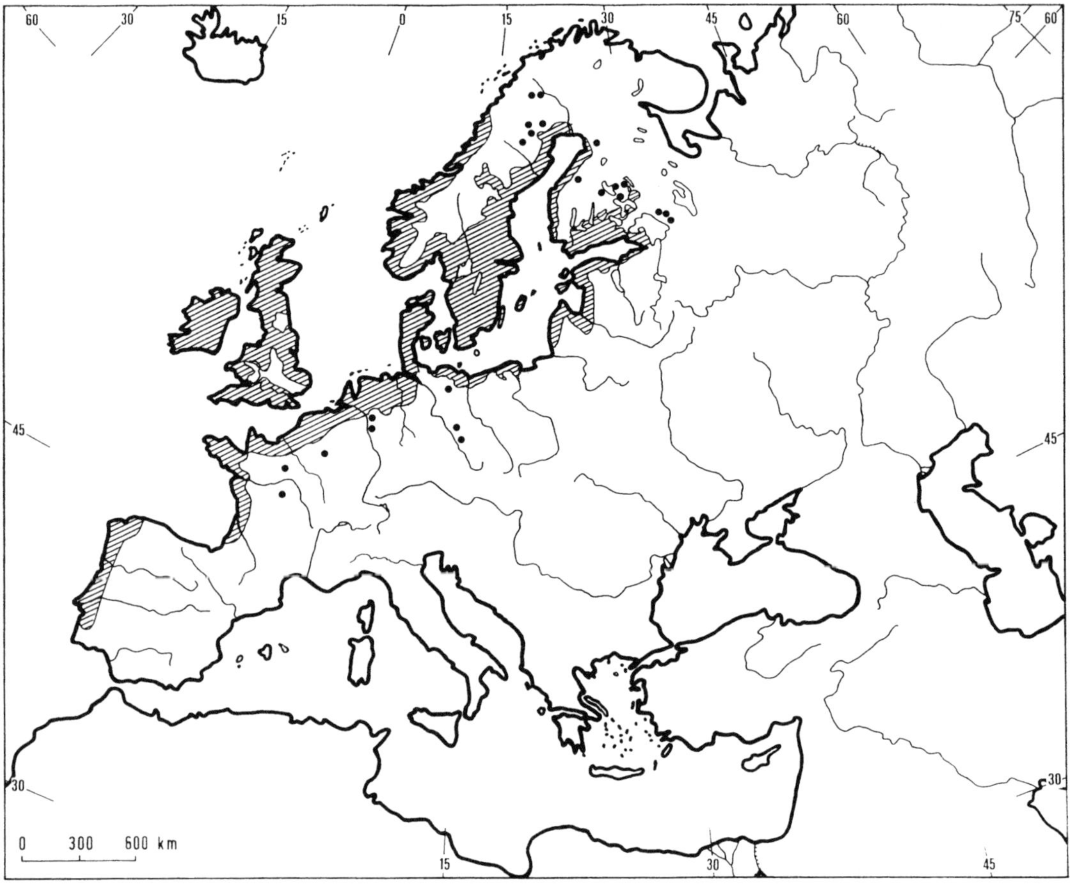

Abb. 2: Natürliches Areal in Europa (nach MEUSEL et al., 1965, verändert) (● = Einzelvorkommen)

Myrica gale ist die einzige Art ihrer Gattung, die auch in Europa heimisch ist. Sie ist vor allem im atlantisch geprägten Klima zu Hause. Der in der Regel bis 2 m hoch werdende Strauch blüht unscheinbar, fällt aber durch seinen aromatischen Duft auf, den man schon aus einiger Entfernung wahrnehmen kann. Die Art ist bei uns in ihrer Existenz gefährdet und steht deshalb unter Naturschutz.

Verbreitung

Die Art hat das größte Areal von allen Myricaceen-Species. Es erstreckt sich über große Teile der Nordhemisphäre und umfaßt die pazifisch und atlantisch geprägten Bereiche Nordamerikas, West- und Nordeuropa sowie Nordasien (Kamtschatka), so daß von einer zirkumpolaren Verbreitung gesprochen werden kann.

Zwischen dem europäischen und dem sibirischen Teil des Areals klafft eine Region, die vom Gagelstrauch nicht besiedelt wird [11].

Das Areal in Amerika erstreckt sich von Alaska bis nach New Jersey und umfaßt Neufundland, Labrador, Alaska, Pennsylvania, Michigan, Minnesota und Oregon. Im östlichen Teil der USA geht die Art in den Gebirgen südlich bis North Carolina und Tennessee [18]. Im Westen der USA verläuft die Südgrenze in Oregon [10].

In Europa bildet das Areal einen schmalen Streifen von Portugal (südlich bis 38° n. Br.) entlang der Küste des Atlantik (bis 69° n. Br.), der Nord- und der Ostsee und dringt nur gelegentlich ins Binnenland vor, so z.B. nach Brandenburg und der Nieder- und Oberlausitz, in die niederrheinische und westfälische Bucht [6] und in Frankreich [10]. Es schließt außerdem Irland und Großbritannien ein. *Myrica gale* ist in Europa ein Strauch der Ebene.

Abb. 3: Myrica gale-Gebüsch im Bot. Garten Regensburg

Beschreibung

Myrica gale ist ein stark verzweigter, sommergrüner, aufrecht wachsender, aromatisch riechender Strauch von 0,5 bis 2 m Höhe. Nur selten kann er auch größer werden [11]. Die Zweige stehen aufrecht und erreichen unter mitteleuropäischen Verhältnissen mit 10 Jahren eine Dicke von etwa 20 mm [21]. In den weiter nördlich gelegenen Teilen des Areals werden weit geringere Dimensionen erreicht. Die oberirdischen Teile der Pflanze sind mit goldgelben Harzdrüsen besetzt, deren Öle den aromatischen Duft verursachen. Das Sproßsystem ist sympodial aufgebaut.

Die Art bildet Gebüsche von größerer Ausdehnung. Ursache hierfür dürften die unterirdisch wachsenden, weitstreichenden und sich verzweigenden Ausläufersprosse sein [1, 11, 16].

Angaben zum Höchstalter fehlen; 17 Jahre sind aber belegt [11].

Knospen und junge Zweige

Die stets orthotrop wachsenden, leicht brechenden Zweige sind glänzend dunkelbraun berindet, mit goldgelben Harzdrüsen besetzt und können schwach flaumig behaart oder auch ganz kahl sein. Sie tragen reichlich hellgraue Lenticellen, die an einjährigen Zweigen rundlich, an älteren querelliptisch geformt sind.

Die Vegetativknospen sind klein, bis 1,5 mm lang, rundlich bis eiförmig und rotbraun gefärbt. Sie werden von 5 Paar gegenständiger, am Rande bewimperter Laminarschuppen umgeben, deren Gestalt allmählich in jene der Laubblätter übergeht [1]. Die Blütenknospen sind deutlich größer.

Die männlichen sind von walziger Gestalt und erreichen eine Länge von 5 mm; weibliche hingegen sind rundlich dick und nur 3 mm lang.

Vegetative Verjüngungstriebe entstehen aus Seitenknospen unmittelbar unter der Blütenregion. Die Blütentriebe selbst sterben ab. An der Basis der Seitenzweige bleiben 2 bis 3 Tegmente erhalten.

Holz und Rinde

Der Gagelstrauch bildet ein ringporiges Holz. Die nur im Frühholz vorhandenen Gefäße stehen einzeln, sind leiterförmig perforiert, wobei bis zu 15 Sprosse auftreten können [7, 11, 16] und haben einen sehr engen Durchmesser (0,02 bis 0,05 mm) [11, 16]. Das Spätholz besteht ausschließlich aus Fasertracheiden. Parenchym ist nur spärlich vorhanden und meist apotracheal angeordnet. Libriformfasern fehlen. Kernholz wird nicht gebildet. Im Sproßzentrum befindet sich ein Markparenchym mit verholzten Zellwänden. Unter mitteleuropäischen Verhältnissen betragen die Jahrringbreiten durchschnittlich 1,18 mm [11, 21]. Die Jahrringgrenzen verlaufen leicht gewellt [7]. Das Holz wird von sehr engstehenden, uniseriaten Holzstrahlen durchzogen.

Der Bast ist frei von Fasern. Die Siebplatten der Siebröhren sind sehr steil gestellt.

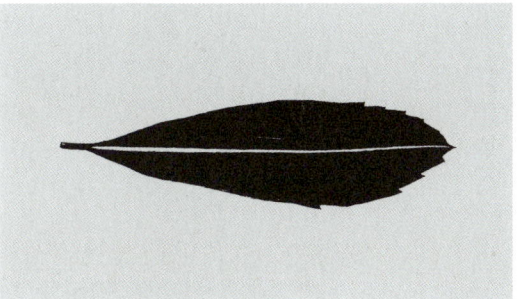

Abb. 4: Laubblatt (nat. Größe)

Blätter

Die anfangs weichen, später aber derb ledrigen, aromatisch riechenden, nebenblattlosen Blätter stehen in wechselständiger Position und treiben erst nach der Blüte aus. Sie haben eine verkehrt eiförmige bis lanzettliche Gestalt und sind sehr kurz (1 – 5 mm) gestielt. Die Blattspreite läuft an der Basis keilförmig aus und ist an der Spitze mehr oder weniger abgerundet. Die Blattlänge variiert von 2,5 bis 5 cm (in Ausnahmefällen bis 6 cm), die Breite von 0,8 bis 2,5 cm.

Das Blatt ist im obersten Drittel am breitesten und zur Spitze hin grob gesägt. Ganzrandige Blätter sind seltener. Der Blattrand ist leicht nach unten gebogen. Oberseits ist das Blatt dunkelgraugrün, kahl oder schwach behaart und mit verstreut stehenden, mehrzelligen, goldgelben Drüsenhaaren besetzt. Die Blattunterseite ist ein wenig heller, flaumhaarig und noch stärker mit Drüsenhaaren besetzt. Der Mittelnerv tritt hier deutlich hervor. Die Blattnervation ist schlingläufig.

wurden beobachtet [10]. Die Festlegung auf ein bestimmtes Geschlecht ist offenbar nicht stark fixiert, denn das Geschlecht einer Pflanze kann von Jahr zu Jahr wechseln [3]. Über die Ontogenie der Blüte unter dem Blickwinkel ihrer Primitivität berichten MCDONALD and SATTLER [14]. Die männlichen Blüten stehen in 1 – 1,5 cm langen walzigen, hellbraunen Ähren, die schon im Sommer des Vorjahres entwickelt werden. Jede männliche Blüte steht in der Achsel eines herzförmigen, drüsig punktierten und am Rande bewimperten Deckblattes, das den ausfallenden Pollen bei Windstille auffängt und ihn vom Wind wieder verblasen läßt [10]. Die männliche Blüte selbst besteht aus nur 4 Staubblättern mit sehr kurzen, an der Basis miteinander verwachsenen Filamenten und extrorsen Antheren [11]. Der Pollen besitzt drei Keimöffnungen und ähnelt dem von *Betula* und *Corylus* [24]. Nach der Blüte werden die männlichen Ähren abgeworfen; die Blütentriebe stellen das Wachstum ein [1].

Abb. 6: Männliche (links) und weibliche Blütenstände

Abb. 5: Trieb mit männlichen Blütenknospen

Blüten

Die eingeschlechtigen, unscheinbaren, anemogamen Blüten erscheinen im April/Mai vor Laubausbruch und stehen in seitenständigen Ähren an den Enden vorjähriger Triebe. Fälschlicherweise werden sie auch als aufrecht stehende Kätzchen bezeichnet. Sie sind in der Regel zweihäusig verteilt. Selten kann aber auch Monözie auftreten [6, 10]. In diesem Fall stehen die weibl. höher am Sproß als die männlichen Infloreszenzen [11]. Sogar zwittrige Blüten

Auch die weiblichen Blüten stehen in aufrechten, seitenständigen Ähren. Sie sind aber mit 5 – 6 mm Länge kürzer als die männlichen Infloreszenzen, haben eine fast kugelige Gestalt und sind von grüner Farbe. Die roten, zweiteiligen Narben ragen pinselförmig aus der Ähre hervor. Die weiblichen Infloreszenzen entwickeln sich erst im März vor der Blüte. Die Einzelblüte steht in der Achsel einer eiförmigen, drüsig punktierten, bräunlichen, postfloral verholzenden Deckschuppe und besteht nur aus dem zweiblättrigen, oberständigen Stempel, der von 2 sehr kleinen, transversal stehenden Vorblättern (Brakteolen) flankiert wird. Der Fruchtknoten ist einfächrig und enthält nur eine unitegmische Samenanlage. Auch die Blütentriebe mit den weiblichen Blütenständen stellen ihr Längenwachstum ein.

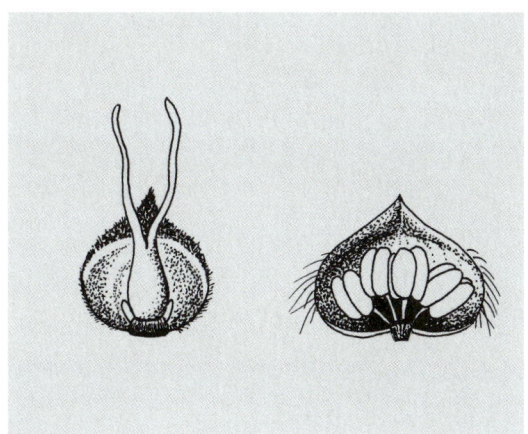

Abb. 7: Weibliche (links) und männliche Blüte, stark vergrößert gezeichnet nach [1]

Abb. 9: Fruchtstände

Früchte

Der Gagelstrauch bildet braune, mit gelben Drüsenhaaren besetzte, einsamige, trockene, von Wachsen überzogene Steinfrüchte aus. Sie reifen im September/Oktober und werden sowohl von Fließwässern als auch vom Wind verbreitet. Die beiden Brakteolen in der weiblichen Blüte vergrößern sich postfloral und verwachsen mit dem Exocarp der Steinfrucht, so daß die Diaspore ein dreispitziges Gebilde darstellt. Die beiden aus den Brakteolen hervorgegangenen Flügel enthalten lufterfüllte tote Zellen und dienen der Frucht als Schwimmkörper [21].

Der Samen enthält nur wenig Endosperm. Das Tausendkorngewicht, bezogen auf die Früchte, beträgt 1,42 – 1,83 g [11].

Wurzel

Der Gagelstrauch bildet weit auslaufende, sich verzweigende, unterirdische Stolone [1, 20], die mit rosa bis weißen Schuppen besetzt sind und Lenticellen aufweisen. An diesen Erdsprossen entwickeln sich zahlreiche Adventivwurzeln. Durch Infektionen, die stets über die Wurzelhaare erfolgen[1], mit Actinomyceten aus der Gattung Frankia (*F. brunchorstii* CHEVALLIER, oder *F. subtilis* BRUNCHORST) werden die Seitenwurzeln zu Knöllchen modifiziert. Sie sind etwa 2 – 3 mm lang und 0,8 – 1 mm dick [11, 21] und in ihrer Längenentwicklung gehemmt.

Abb. 8: Einzelfrucht

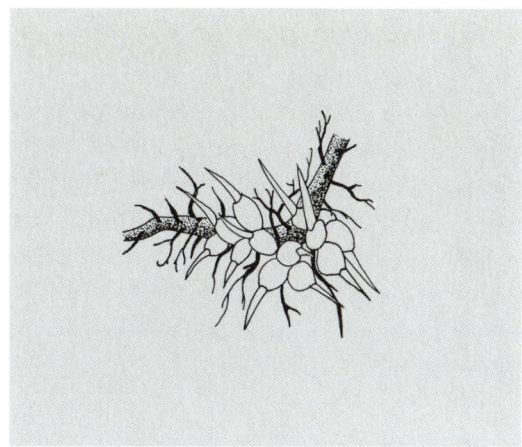

Abb. 10: Wurzelknöllchen (verändert nach [1])

---

[1] For. Abst. **42**, 185 (1981)

Die Anschwellung kommt durch eine Vermehrung des Rindengewebes zustande. Die Seitenwurzel, die sich zu einem Knöllchen entwickelt hat, kann aber auch wieder auswachsen, Seitenwurzeln bilden und erneut infiziert werden. Dadurch entstehen zusammengesetzte Knöllchen, die die Größe einer Haselnuß erreichen können. In den Knöllchen findet die Fixierung des Luftstickstoffs statt. Die Lebensdauer der Knöllchen wird mit 3 Jahren angegeben [1]. Die Wurzelknöllchen enthalten Hämoglobine[2]. Die Keimwurzel selbst ist nur kurzlebig [21]. Sie wird durch zahlreiche sproßbürtige Wurzeln ersetzt.

Klima und Standort

Der Gagelstrauch wächst auf feuchten, stickstoffarmen Böden, besonders auf Zwischen- und Übergangsmooren. Er meidet die eigentlichen Hochmoore [9]. Wir finden ihn in Heide- und Dünenmooren, am Rand von anmoorigen Waldgesellschaften, von Erlenbrüchen und in Moorweidengebüschen. In Nordjütland wächst er sogar in feuchten Straßengräben. Im Winter werden länger andauernde Überflutungen vertragen. Der Gagel liebt hohe Luftfeuchtigkeit und meidet Kalkgebiete. Er gilt als ausgesprochener Säurezeiger und als Lichtgehölz [4]. Er ist die Charakterart des Myricetums [17] und wird begleitet von *Alnus glutinosa*, *Betula pubescens*, *Salix aurita*, *Frangula alnus* und auch von *Pinus sylvestris*.

Vermehrung und Kultur

Die natürliche Vermehrung wird durch die zahlreich produzierten Steinfrüchte und die von den unterirdisch wachsenden Ausläufern ausgehende Sproßbildung sichergestellt. Der Gagel ist ein Lichtkeimer. Für maximale Keimung werden 4 Tage mit je einer 16-Stunden-Photoperiode benötigt [23]. Die Keimung erfolgt epigäisch, wobei die Keimwurzel und die verkehrt eiförmigen Keimblätter gleichzeitig erscheinen [21].

Wegen der vielseitigen Nutzung begann man sehr früh mit der künstlichen Vermehrung des Strauches. Dies gelingt problemlos durch Aussaat. Erfolgt diese nach der Fruchtreife im Herbst, so geht die Saat im folgenden Frühjahr auf [12]. Erfolgt die Aussaat erst im Frühjahr, so sollte das Saatgut zuvor in Sand eingeschichtet und bei +4° C gelagert werden, um dann im Frühjahr unter Glas ausgesät werden zu können [2]. Das Keimprozent unterliegt einer großen Variation, deshalb kann man keine verbindlichen Angaben machen. Eine vorherige Kaltbehandlung des Saatgutes steigert das Keimprozent, besonders bei älterem Saatgut erheblich [2]. Keimverluste traten selbst nach 6jähriger Trockenlagerung bei +5° C nicht auf. Eine

1jährige Naßlagerung bei 5° C blieb ebenfalls ohne Auswirkungen auf die Keimrate [23].

Vegetativ vermehrte Pflanzen lassen sich leicht aus Absenkern gewinnen. Dazu werden 1- bis 2jährige Triebe im Mai/Juni auf leicht humosem Substrat abgesenkt. Sie bewurzeln sich bis zum Frühjahr des folgenden Jahres und können isoliert werden [2]. Eine Vermehrung über Sommerstecklinge ist auch möglich [2].

Nutzung

Myrica gale wird seit alters her in vielfältiger Weise als Färbepflanze, in der Volksmedizin, Gerberei [8], Blumenbinderei oder sogar als Mittel gegen Ungeziefer [9, 11] verwendet. Zum Gelbfärben von Wolle wurden in Schottland und in Norwegen ganze Pflanzen hergenommen, andernorts verwendete man nur die Blütenstände. Von nordamerikanischen Indianern wird berichtet, daß sie Gagelblätter verwendeten, um ihre Teppiche und Decken braun zu färben [22]. Seit dem 10. Jh. bis ins ausgehende Mittelalter [5], vereinzelt aber auch noch später [8] wurden in Norddeutschland, Holland, Dänemark und Norwegen Blattextrakte oder Destillate (Gagelöl) dem Bier anstelle des Hopfens beigegeben [1]. Neben der geschmacklichen Komponente erhöhte diese Beigabe die berauschende Wirkung des Bieres. Solche Biere wurden als Porst- oder Grutbiere bezeichnet. Erst 1723 wurde die Verwendung der Gagelblätter in der Brauerei von Kurfürst Georg von Hannover bei Strafe verboten [25]. Noch heute werden Blätter und Früchte bei der Herstellung von Kräuterschnäpsen in Nordjütland („Bjesk") verwendet.

In der Volksmedizin verwendete man das ätherische Öl („Brabanter Myrte") zur Behandlung von Hautausschlägen und Schorf. Oral eingenommene Blätter wirken als Abortivum [9].

In Norwegen wurden Blätter dem Rauchtabak beigemengt [10].

Pathologie

Über Erkrankungen des Gagelstrauchs ist nur sehr wenig bekannt. Eine in Nordamerika verbreiteter Krebs an *Pinus banksiana* und *Pinus contorta* wird von dem Rostpilz *Cronartium comptoniae* verursacht, der u.a. auch *Myrica gale* als Zwischenwirt nutzen kann[3]. In Canada ist der Gagelstrauch aber als Zwischenwirt nur von untergeordneter Bedeutung [4].

---

2) For. Abst. **49**, 8456 (1988)
3) For. Abstr. **36**, 2152 (1975)
4) For. Abstr. **45**, 3487 (1984)

Abb. 11: Myrica gale am natürlichen Standort in Nordjütland (Dänemark)

Taxonomie

Von dem Normaltypus wurde früher eine in Ostasien beheimatete Sippe als *var. tomentosa* DC 1864 abgetrennt, die sich durch dicht graubehaarte Zweige unterscheidet. Heute wird sie aber als eigenständige Art (*Myrica tomentosa* (DC) ASCHERS. et GRAEBN.) bezeichnet.

Myrica gale hat 2n = 48 Chromosomen [6, 17]. Bei einer Chromosomengrundzahl von x = 8 ist die Art somit hexaploid. Die nordamerikanischen Herkünfte sind hingegen dodecaploid (2n = 96) [13].

Verschiedenes

Der Strauch gilt als schwach giftig bis giftig. Seine Blätter enthalten 0,4 bis 0,7 % ätherische Öle, deren Genuß Rauschzustände verursacht und auch zu Tobsuchtsanfällen führen kann [19]. In den Palisadenzellen der Blätter ist Ca-Oxalat in Form von Kristallsand abgelagert [16]. Die Blätter enthalten ferner den Flavonoidfarbstoff Myrecitin.

Literatur

[1] BARTELS, H., 1993: Gehölzkunde. UTB-Taschenbuch Nr. 1720. Ulmer, Stuttgart.

[2] BÄRTELS, A., 1989: Gehölzvermehrung. 3. Aufl.. Ulmer, Stuttgart.

[3] BURGES, N. A., 1964: Myrica L. In: Flora Europaea. Vol. I. Edit. by TUTIN, T.G., HEYWOOD, V.H., BURGES, N.A., VALENTINE, D.H., WALTERS, S.M. and WEBB, D.A.. University Press, Cambridge.

[4] ELLENBERG, H., 1974: Zeigerwerte der Gefäßpflanzen Mitteleuropas. 2. Aufl.. Scripta Geobotanica IX. Goltze, Göttingen.

[5] FROHNE, D.; JENSEN, U., 1992: Systematik des Pflanzenreichs. 4. Aufl.. Fischer, Stuttgart, Jena, New York.

[6] GARCKE, A., 1972: Illustrierte Flora, 23. Auflage. Parey, Berlin, Hamburg.

[7] GREGUSS, P., 1945: Bestimmung der mitteleuropäischen Laubhölzer und Sträucher auf xylotomischer Grundlage. Hung. Museum of Natural History, Budapest.

[8] HANELT, P., 1993: Ordnung Gagelartige (Myricales). In: URANIA Pflanzenreich Bd. I. Redaktion F. Fukarek. Urania, Leipzig, Jena, Berlin.

[9] HECKER, U., 1985: Laubgehölze. Wildwachsende Bäume, Sträucher und Zwerggehölze. BLV, München, Wien, Zürich.

[10] HEGI, G., 1981: Illustrierte Flora von Mitteleuropa. Band III/I. 3. Auflage. Hrsg. von G. Wagenitz. Parey, Berlin, Hamburg.

[11] KIRCHNER, O.; LOEW, E.; SCHRÖTER, C., 1911: Lebensgeschichte der Blütenpflanzen Mitteleuropas. Band II/I. Ulmer, Stuttgart.

[12] KRÜSSMANN, G., 1935: Vermehrung der Gehölze. Parey, Berlin.

[13] KUBITZKY, K., 1993: Myricaceae. In: The families and genera of vascular plants. Vol. II. Edit. by KUBITZKY, K., ROHWER, J.G., BITTRICH, V.. Springer, Berlin, Heidelberg, New York.

[14] MACDONALD, A.D. and SATTLER, R., 1973: Floral development of Myrica gale and the controversy over floral concepts. Can. J. Bot. 51, 1965 – 1975.

[15] MEUSEL, H.; JÄGER, E.; WEINERT, E. (Hrsg.), 1965: Vergleichende Chorologie der zentraleuropäischen Flora. Karten. Fischer, Jena.

[16] METCALFE, C.R.; CHALK, L.; 1950: Anatomy of the Dicotyledons. Leaves, Stem, and Wood in Relation to Taxonomy with Notes on Economic Uses. At the Clarendon Press, Oxford.

[17] OBERDORFER, E., 1983: Pflanzensoziologische Exkursionsflora. 5. Auflage. Ulmer, Stuttgart.

[18] REHDER, H., 1949: Manual of Cultivated Trees and Shrubs. Dioscorides Press, Portland.

[19] ROTH, L.; DAUNDERER, M.; KORMANN, K., 1988: Giftpflanzen-Pflanzengifte. 3. Auflage. Ecomed, Landsberg.

[20] SCHAEDE, R., 1962: Die pflanzlichen Symbiosen. 3. Aufl.. Fischer, Stuttgart.

[21] SCHOENICHEN, W., 1940: Biologie der geschützten Pflanzen Deutschlands. Eine Einführung in die lebenskundliche Betrachtung heimischer Gewächse. Fischer, Jena.

[22] SCHWEPPE, H., 1993: Handbuch der Naturfarbstoffe. Vorkommen – Verwendung – Nachweis. Ecomed, Landsberg.

[23] SCHWINTZER, C.R.; OSTROFSKY, A., 1989: Factors affecting germination of Myrica gale seeds. Can. J. For. Res. 19, 1105 – 1109.

[24] STRAKA, H., 1989: Zur Pollenkunde (Palynologie) der im Band III/I behandelten Familien. In: HEGI, G.: Illustrierte Flora von Mitteleuropa. Bd. III, Teil 1. 3 Aufl. Herausgegeben von G. WAGENITZ. Parey, Berlin, Hamburg.

[25] WENDELBERGER, F., 1986: Pflanzen der Feuchtgebiete. Gewässer, Moore, Auen. BLV, München, Wien, Zürich.

Der Autor:

Dr. HANS JOACHIM SCHUCK
Buchenstraße 23
D-85411 Hohenkammer

Philadelphus coronarius LINNÉ, 1753

syn.: Philadelphus pallidus HAYEK ex C. K. SCHNEIDER

Pfeifenstrauch, Europäischer Pfeifenstrauch,   Familie: Philadelphaceae
Falscher Jasmin

engl.: White syringa
franz.: Philadelphe, Seringa magnifique
ital.: D'angiolo

Abb. 1: Philadelphus coronarius. Blühender Strauch in einem oberbayerischen Park

Philadelphus coronarius, ein raschwüchsiger, sommergrüner Strauch bis zu 3 m Höhe, wird in vielen Gärten und öffentlichen Anlagen Mitteleuropas als Ziergehölz kultiviert. Er ist winterhart, wächst aufrecht und fällt durch die Fülle relativ großer, leuchtend weißer, radiär-symmetrischer Blüten auf, die sowohl bei der reinen Art wie bei den meisten Zierformen einen intensiven, süßlichen Geruch ausströmen. Auf ihn geht der Trivialname „Falscher Jasmin" zurück. Der Name „Pfeifenstrauch" bezieht sich auf die Basis der Schößlinge, aus denen man Pfeifen herstellen kann.

Das Schwergewicht ihrer Verbreitung hat die Art in Südosteuropa. Die Nordgrenze verläuft aber durch Südtirol und schließt die Umgebung des Gardasees ein. Außerhalb seines Areals ist der Pfeifenstrauch oft aus Kultur verwildert. Außer seiner Nutzung als problemloser Zierstrauch hat er keine ökonomische Bedeutung.

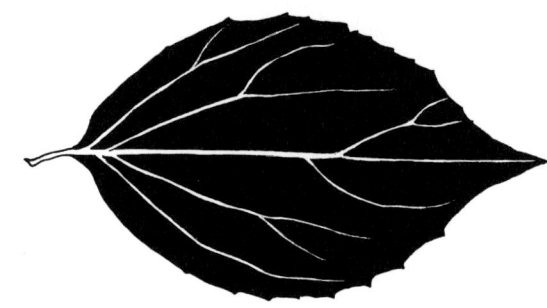

Abb. 2: Laubblatt (nat. Größe)

Taxonomie und Verbreitung

Die neuerdings den *Philadelphaceae* zugeordnete Gattung *Philadelphus* zählte man bisher zu den *Saxifragaceae* oder zu den *Hydrangeaceae*.

Das von Hu, SHIU-YING aufgestellte System dieser Gattung ordnet die etwa 50 zumeist in Ostasien sowie in Mittel- und Nordamerika beheimateten Arten vier Untergattungen zu. *P. coronarius*, die einzige aus Europa stammende Art, gehört danach dem Subgenus *Euphiladelphus*, und dort der Sektion *Stenoptigma*, Reihe *Coronarii* (KOEHNE) REHD. an (nach [8]).

Noch in der vorletzten Ausgabe des HEGI wird das heutige Synonym *P. pallidus* HAYEK apud SCHNEIDER als gültiger Name angesehen und die Bezeichnung *P. coronarius* allein auf die Kulturformen beschränkt. LINNÉ sagt in seiner Beschreibung nichts über die Heimat der Art und hatte offenbar nur Kulturformen vor sich [9].

Ende des vorigen Jahrhunderts betrachtete man den Kaukasus, die Mandschurei, Japan/China und das östl. Himalaya-Gebiet als Heimat der Art [3] und meinte, in Mitteleuropa und Südeuropa komme sie nur angepflanzt und verwildert vor; noch 1977 schreibt KRÜSSMANN [8]: „Heimat bisher Italien bis Kaukasus angenommen, aber nicht nachgewiesen". Anders HEGI, REHDER, ZANDER und mehrere Bestimmungsbücher, welche einheitlich als Heimat angeben:

Von den Südostalpen (Steiermark) durch Südtirol östlich des Gardasees (incl. Monte Baldo) über die Umgebung von Trient südlich bis zur Toskana und bis Umbrien. Ferner in Rumänien (Siebenbürgen) und weiter bis zum Kaukasus sowie in Armenien und in Südrußland.

In Gebirgen soll die Art bis in Höhenlagen von 700 m ü. NN vorkommen. Häufig ist sie mit *Ostrya carpinifolia* vergesellschaftet und in Südtirol ist ihre Verbreitung an den Flaumeichengürtel gebunden.

Beschreibung

P. coronarius ist durch senkrecht orientierte Äste mit kastanienbrauner, in Streifen abblätternder Borke und relativ weiter Markröhre gekennzeichnet. Die Zweige stehen etwas ab und können ein wenig überhängen. Auch sie haben eine tief rotbraune Rinde. Der Strauch wird maximal 3 m hoch. Einige Zierformen bleiben wesentlich niedriger [2].

In unmittelbarer Nähe der Stammbasis bildet die Art zahlreiche rutenförmige Schößlinge mit langen Internodien.

Knospen und Blätter

P. coronarius gehört zu den Arten mit verborgenen Winterknospen. Diese werden während des Sommers von der Basis des Blattstiels umschlossen und bleiben nach dem Blattfall von einem Rest des Blattstiels an der dreieckigen Blattnarbe bedeckt. Knospenschuppen fehlen [3]. Endknospen treten nur an Schößlingen auf, denn die Spitzen einjähriger Triebe sterben meist ab [5]. Es werden rein vegetative Knospen und solche mit Blatt- und Blütenanlagen gebildet.

Die gegenständigen, sehr kurz gestielten Blätter sind elliptisch bis eiförmig, verändern aber die Form mit der Stellung am Langtrieb, so daß distale Blätter oft längliche bis schmal längliche Gestalt annehmen [3].

Auch die Abmaße variieren. An normalen Zweigen beträgt die Blattlänge 4 bis 10 cm, die Breite 2 bis 5 cm, an starken Trieben und Schößlingen werden jedoch 12,5 cm bzw. 6,5 cm erreicht. Die unterseits in den Winkeln der Blattadern bärtig behaarte Spreite läuft am Apex kurz bis lang zugespitzt, an der Basis breit keilförmig aus. Der Blattrand weist wenige entfernt stehende, meist seichte Zähne auf.

Abb. 3: Blütenstand

Blüten, Früchte und Samen

In Mitteleuropa steht der Pfeifenstrauch erst nach dem Blattaustrieb (Ende Mai bis Ende Juni) in Blüte und die Samenreife fällt in den Sept./Okt. des selben Jahres. Die stark duftenden, gelblich weißen Zwitterblüten stehen zu 5 bis 11 in relativ kurzen (4 bis 6 cm), traubigen Infloreszenzen an der Spitze beblätterter Kurztriebe. Auch zweijährige Schößlinge können bereits blühen. Die vierzähligen Blüten haben einen Durchmesser von 2,5 bis 3 cm, ausgebreitete, eiförmige Kronblätter mit abgerundeter, etwas ausgerandeter Spitze, einen weißlich grünen Kelch mit 4 bis 5 mm langen Sepalen und zahlreiche Staubblätter, die etwas kürzer sind als die Blumenkrone. Der Fruchtknoten ist unterständig und trägt einen Griffel mit 4 Narbenästen. Chromosomenzahl: 2n = 26.

P. coronarius entwickelt vierfächerige Kapseln, die bei der Reife bis zum Grunde aufspalten und zahlreiche, bis 3 mm lange, dunkle Samen enthalten.

Blütenformel: * K4 C4 A ∞ G ($\overline{4}$)

Holz

Das gelblichweiße, mittelschwere und mäßig harte Holz ist farblich nicht in Splint und Kern getrennt. Auf dem Querschnitt kann man die Jahrringgrenzen leicht erkennen, nicht aber die Holzstrahlen und die zahlreichen, zerstreut verteilten, sehr kleinen Gefäße. Diese stehen einzeln oder zu zweit und haben leiterförmige Wanddurchbrechungen [4, 7].

Das Grundgewebe besteht aus zahlreichen dickwandigen, reich mit Hoftüpfeln versehenen Fasertracheiden. Es treten zwei Formen von Holzstrahlen auf: (a) einschichtig, weniger als 10 Zellagen hoch und (b) 3 bis 7 schichtig, oft über 1 mm hoch [4].

Auffällig ist überdies die große, bei älteren Ästen vorkommende Markhöhle.

Abb. 4: **a** Borke, **b** Zweig mit austreibenden Blättern und rotbrauner Rinde, **c** Holz im Längsschnitt, **d** Reife Fruchtstände mit geöffneten Kapseln

Ökologie

P. coronarius ist eine Lichtpflanze, die auch in Kultur und als Zierform Freistand und Sonne bevorzugt, aber auch Halbschatten verträgt.

Zu ihren natürlichen Standorten gehören Waldränder sowie lichte Bestände von *Quercus pubescens* und *Ostrya carpinifolia* in Mischung mit *Corylus avellana*. Sie ist eine wärmeliebende Art, die vornehmlich mittel- und tiefgründige, basen- und kalkreiche Substrate besiedelt, aber auch auf geschiebereichem Lehmboden vorkommt. Zierformen wachsen in jedem Gartenboden [2]. Diese werden ausschließlich vegetativ vermehrt, wobei sich für starkwüchsige Sorten Steckhölzer, für schwachwüchsige aber Grünstecklinge bewährt haben. Stecklinge dünner bewurzeln sich besser als Stecklinge starker Triebe. Für die Wildform kommt auch Vermehrung durch Samen in Frage [1].

Verschiedenes

– In Mitteleuropa dürfte *P. coronarius* etwa seit der Mitte des 16. Jahrhunderts [5] oder seit dem 17. Jahrhundert [6] in Kultur sein. Seitdem wurden mehrere ostasiatische Arten, außerdem natürlich und künstlich entstandene Artbastarde sowie zahlreiche Zierformen angebaut. Letztere gehen auf extensive Züchtungsarbeiten zurück. Unter anderem entstanden Formen mit gefüllten oder halbgefüllten Blüten, bei denen die Staubblätter zu kleineren, oft unregelmäßig angeordneten Kronblättern umgestaltet sind [5]. Sorten und Hybriden sind nur schwer von den morphologischen stark variierenden reinen Arten zu unterscheiden.

Unter zahlreichen Zierformen heben BOERNER [2] u.a. die folgenden besonders hervor:

Starkwüchsige Sorten (> 2 m): z. B. 'Beauclerk' mit rosa getönten, sehr großen Blüten oder 'Enchantement', eine spätblühende Form mit dicht gefüllten, reinweißen Blüten.

Niedrige Sorten (selten über 1,2 m): z. B. 'Avalanche' mit einfachen, reinweißen Blüten an überhängenden Blütenzweigen oder 'Manteau d'Hermine', eine sehr dicht verzweigte Form mit reinweißen, gefüllten Blüten.

– Die Anzahl auffälliger morphologischer Abweichungen ist beim Pfeifenstrauch verhältnismäßig hoch [6]. So kommt es zur Ausbildung dreizähliger Blattquirle, gefüllter Blüten und flächiger Staubblätter. Außerdem werden Blätter mit gegabelter Spreite beobachtet sowie Erhöhungen und Verminderungen in der Zahl der Kronblätter registriert.

– Außer dem weitverbreiteten Anbau als Ziergehölz hat *P. coronarius* kein wirtschaftliches Gewicht. Die Blüten gelten in der Homöopathie als offizinell, sollen wegen des starken Geruchs aber Kopfschmerzen hervorrufen. In Italien setzt man die nach Gurken schmeckenden Blätter gelegentlich Salaten zu [6].

– Nach Untersuchungen in der Umgebung von Minsk (Weißrußland) wird *P. coronarius* durch SO_2-Immissionen nur wenig geschädigt und speichert trotz Belastung wenig Schwefel in den Blättern (For. Abstr. 49, 3172, 1988).

– Man nimmt an, daß LINNÉ mit dem Gattungsnamen *Philadelphus* auf den mit seiner eigenen Schwester verheirateten, naturwissenschaftlich interessierten ägyptischen König Ptolemaeus II. (285 – 246 v. Chr.) hinweisen wollte: philen (griech.: lieben), adelphos: (griech.: Bruder).

Weiterführende Literatur

[1] BÄRTELS, A., 1989: Gehölzvermehrung. Verlag E. Ulmer, Stuttgart

[2] BOERNER, F., 1985: Blütengehölze fur Garten und Park. 3. Aufl., Verlag E. Ulmer, Stuttgart

[3] DIPPEL, L., 1893: Handbuch der Laubholzkunde, Teil 3. Verlag Paul Parey, Berlin

[4] GROSSER, D., 1977: Die Hölzer Mitteleuropas. Springer-Verlag Berlin, Heidelberg, New York

[5] HECKER, U., 1985: Laubgehölze. BLV Verlagsgesellschaft München, Wien, Zürich

[6] HEGI, G., 1961: Illustrierte Flora von Mitteleuropa. Band IV, Teil 2a. 2. Aufl. Verlag Paul Parey, Berlin und Hamburg

[7] HUBER, B.; ROUSCHAL, C., 1954: Mikrophotographischer Atlas mediterraner Hölzer. Fritz-Haller-Verlag, Berlin

[8] KRÜSSMANN, G., 1977: Handbuch der Laubgehölze, Band 2, 2. Aufl. Verlag Paul Parey, Berlin und Hamburg

[9] SCHNEIDER, C. K., 1906: Illustriertes Handbuch der Laubgehölzkunde, Gustav Fischer Verlag, Jena

[10] ZUCCARINI, J. G., 1829: Charakteristik der deutschen Holzgewächse in blattlosem Zustand. München

Die Autoren:

Prof. em. Dr. PETER SCHÜTT
Lehrstuhl für Forstbotanik
Ludwig-Maximilians-Universität München
Am Hochanger 13
D-85354 Freising

ULLA M. LANG
Schützenstraße 6
D-82383 Hohenpeißenberg

Prunus spinosa LINNÉ, 1753

syn.: Druparia spinosa CLAIRV.

Schleedorn, Schwarzdorn

engl.: Sloe, Blackthorn
franz.: Prunellier, Épine noir
ital.: Pruno selvetico

Familie: Rosaceae
Unterfamilie: Prunoideae

Abb. 1: Blühendes Schlehengebüsch

Prunus spinosa ist ein weit verbreiteter, sommergrüner Dornstrauch, der vor dem Laubaustrieb eine überaus üppige, schneeweiße Blütenfülle entfaltet. Durch seine sparrige Verzweigung und seine Fähigkeit, sich durch Wurzelschößlinge und Stockausschläge auszubreiten, bildet er oft ausgedehnte, schwer zu durchdringende Hecken, die wichtige Vogelschutzgehölze darstellen. Die Art gehört zu den typischen Waldmantelgehölzen.

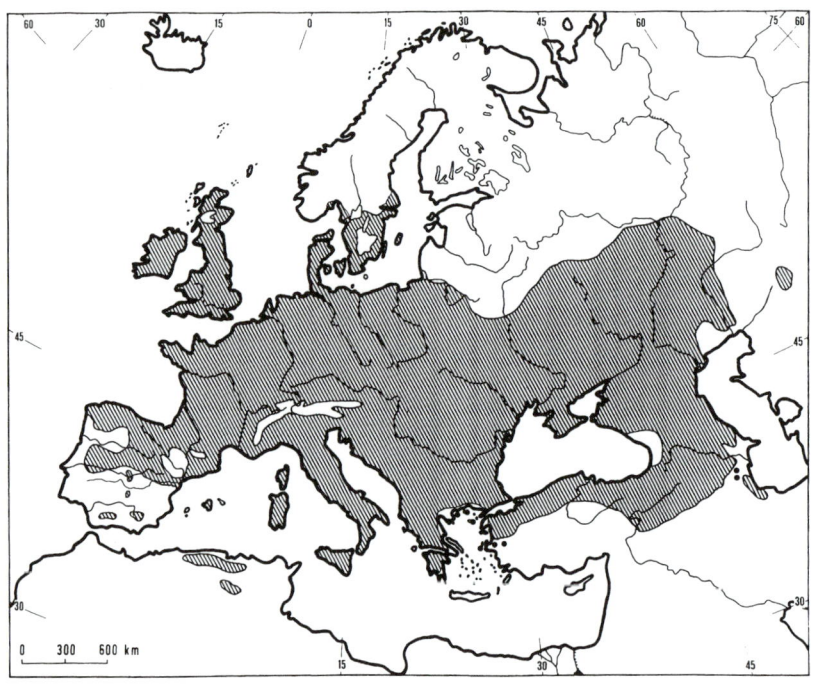

Abb. 2: Natürliches Areal, nach MEUSEL et al. [16].

Verbreitung

Der Schlehdorn hat eine eurasiatisch-subozeanische bis submediterrane Verbreitung und kommt meist in dem submontan-temperierten Bereich vor. Er ist seit alters her in Kultur. Sein natürliches Areal verläuft von Europa über Kleinasien bis nach Persien. Er kommt auch in Nordafrika (Tunesien) vor. Die Nordgrenze des Areals erstreckt sich von Irland über Schottland bis nach Südskandinavien. In Schweden kommt er bis 61° n. Br. vor. P. spinosa fehlt in NO-Europa. Die Ostgrenze reicht fast bis zum Uralgebirge. Die Grenze im Südosten ist unsicher, da sich das Areal mit dem von P. domestica L. überschneidet und genaue Abgrenzungen nicht möglich sind [16]. Südlich ist er in ganz Italien, auf dem Balkan und in der Nordhälfte der Iberischen Halbinsel vertreten. In Deutschland nimmt seine Häufigkeit von Nord nach Süd zu. Die Höhengrenzen liegen in den deutschen Mittelgebirgen bei 700 m, in den Nordalpen bei 1000 m, in der Tatra bei 1100 m, im Tessin findet man P. spinosa noch in 1500 m und im Mittelwallis sogar in 1600 m ü. NN [9, 16].

In Nordamerika ist die Art aus Kultur verwildert und kommt heute in SO-Canada und im Nordosten der USA vor [18].

Beschreibung

P. spinosa ist ein formenreicher, langsam wachsender, 3 bis 4 m (bis maximal 5 m) hoher Strauch mit zahlreichen, fast rechtwinkelig abstehenden Kurztriebdornen. Exponierte Exemplare sollen besonders intensiv bedornt sein. Da Endknospen meist fehlen, liegt sympodiales Wachstum vor. Das durchschnittliche Höchstalter wird mit 40 Jahren

Abb. 3: Kurztriebe mit Blütenknospen

angegeben; Einzelexemplare können aber deutlich älter werden [9].

Prunus spinosa ist ein ausgesprochener Flachwurzler und bildet ein weitreichendes Wurzelwerk, dem zahlreiche Wurzelschößlinge entwachsen (Wurzelkriechpionier) [17]. Die Art eignet sich daher vorzüglich zur Halden- und Böschungsbepflanzung.

Knospen und junge Triebe

Junge Triebe sind samtig behaart, verkahlen aber bald. Lichtseitig sind sie rotbraun, schattenseitig olivbraun gefärbt. Die Knospen sind klein und von kugelig-eiförmiger Gestalt. Die den Nebenblättern homologen Knospenschuppen sind rot- bis dunkelbraun und kurz bewimpert. Laubknospen werden oft von 2 Blütenknospen flankiert. Seitenknospen liegen an oder stehen leicht ab. An Kurztrieben stehen sie gehäuft.

Blätter

Blätter sind in Form, Größe und Behaarung sehr variabel. Ihre Länge schwankt von 2 bis 4 cm (maximal 5 cm), die Breite liegt zwischen 7 mm und 2,5 cm. Die Blätter sind spiralig gestellt, von elliptischer Gestalt und 5 bis 10 mm lang gestielt. Oberseits sind sie dunkelgrün und kahl, unterseits blasser und spärlich behaart, später aber auch hier kahl. Der Blattrand ist fein gesägt oder gekerbt. Blattständige Nektarien, wie bei anderen Prunus-Arten, treten nicht auf (drüsenloses Blatt). Die Nebenblätter sind hinfällig, von linealischer Gestalt, am Rande gezähnt und etwa so lang wie der Blattstiel. Die Ästivation der Blätter in der Knospe wird als konvolut angegeben [20].

Abb. 4: Fruchtender Zweig

Abb. 5: Blattfolge an einem Kurztrieb (nat. Größe)

Holz und Rinde

Das Holz ist feinfaserig, hart (Drechslerholz) und gut polierbar. Es ist halbringporig, besteht aus einem rötlichen Splint und einem schwarzbraunen Kern. Die Markstrahlen sind mehr als 4 Zellen breit und die Perforation der Gefäße ist großporig [2]. Jahrringgrenzen sind makroskopisch kaum zu erkennen.

Die Rinde ist rußschwarz (Schwarzdorn!). Sie ist reich an sklerotischen Fasern und Ca-Oxalat-Drusen.

Blüten

Die meist einzelstehenden, an Kurztrieben büschelig gehäuften, kurzgestielten Blüten sind weiß und duften intensiv. Die Blütezeit beginnt frühestens im März und endet im Mai. Die im Durchmesser 1,0 bis 1,7 cm große Blüte hat eine fünfzählige, in Kelch und Krone differenzierte Blütenhülle, meist 20 mit roten oder gelben Antheren versehene Staubblätter und ein aus 1 Fruchtblatt bestehendes, mittelständiges Gynoeceum mit 2 anatropen Samenanlagen.

Abb. 7: Steinfrüchte (Schlehen)

Abb. 8: Fruchtkerne

Abb. 6: Blühender Zweig

Blütenformel: * K5 C5 A20 G–1–.

Die Kronblätter sind doppelt so groß wie die Kelchblätter. Die Innenwände des Blütenbechers sezernieren Nektar. Die Schlehe gilt als Bienenweide. Die Blüten sind proterogyn [14]. Die Antheren sind beim Aufblühen noch geschlossen. Da die Narben lange fängig sind, ist Autogamie möglich.

Früchte

Die dunkelblauen, bereiften, kugeligen (Durchmesser: 1,0 bis 1,5 cm) Steinfrüchte stehen allseitig ab und verbleiben lange am Strauch (Wintersteher). Sie sind von herbem Geschmack und wirken adstringierend. Erst nach Frosteinwirkung nehmen sie an Süße zu und der herbe Geschmack wird gemildert. Die Fruchtreife liegt im September und

Oktober. Die einsamigen Kerne sind gelbbraun, 10 x 8 mm groß und enthalten bis zu 2,9 % Amygdalin*). Sie lösen sich nicht vom grünlichen Fruchtfleisch. Die Früchte werden von Vögeln, vor allem Krähen und Elstern, verbreitet. Das 1000-Korngewicht (Steinkerne) liegt bei 250 g [1].

Klima und Standort

Die Schlehe liebt nährstoff- und basenreiche, mittel- bis tiefgründige, skelettreiche, gut durchlüftete Böden. Sie gilt aber als nicht kalkgebunden. Sonnige, trockene Lagen werden bevorzugt. Schatten wird aber auch ertragen (Licht- bis Halbschattenpflanze). Auch Rohböden werden von ihr besiedelt. Hinsichtlich der Bodenfeuchte ist P. spinosa sehr anpassungsfähig. Die Art ist winter- und windhart und außerdem rauchhart gegenüber Industrieabgasen. Sie hat ein hohes Staubfangvermögen [22].

Man findet die Schlehe an Waldrändern, in verlichteten Wäldern, auf Trockenhängen, an Straßenböschungen und

---

*) WEHMER: Die Pflanzenstoffe, zitiert nach [15].

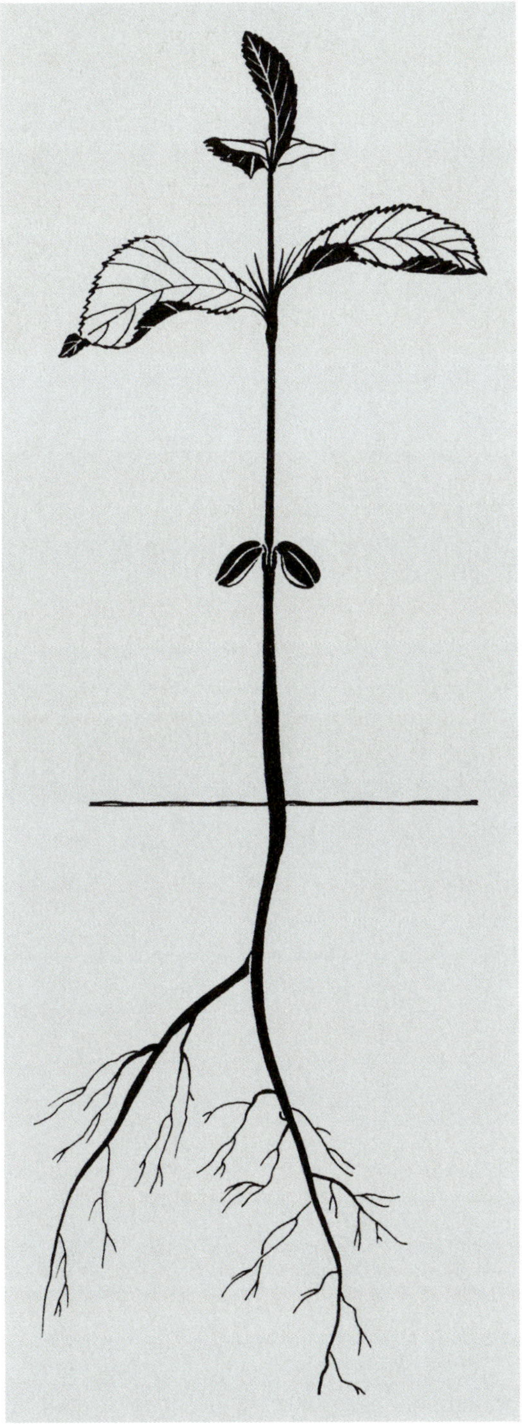

in Weinbergen. Begleitpflanzen von P. spinosa sind Corylus avellana, Berberis vulgaris, Cotoneaster integerrimus, Rosa spec., Cornus sanguinea und Viburnum lantana. Die Schlehe ist Ordnungscharakterart der Prunetalia-Gesellschaft (Schlehengebüsch-Gesellschaft) und gehört u.a. zu Kalk- und Trockenrasen-Gesellschaften (Brometalia) [4].

Vermehrung und Anzucht

Saatgut sollte vor der Vollreife, d.h. von Juni bis August, geerntet werden. Nach Entfernen des Fruchtfleisches kann die Aussaat sofort oder nach drei- bis fünfmonatiger Stratifikation im März/April des folgenden Jahres erfolgen. Die Keimung erfolgt epigäisch. Der Keimerfolg liegt zwischen 70 und 100 % [1, 13].

Trockenes Handelssaatgut sollte im Frühjahr stratifiziert und im Herbst ausgesät werden. Die Keimung erfolgt dann im Frühjahr des folgenden Jahres. Für die Aussaat werden 100 Kerne/m² verwendet. Nur junge Pflanzen sind ohne Probleme verpflanzbar.

Nutzung

Die Schlehe gehört zu den Kulturpflanzen, die bereits im Neolithikum als Nahrungsmittel genutzt wurden. Auch den griechischen und römischen Ärzten war die Schlehe als Heilmittel bekannt. Im Mittelalter verwendete man sie zur Heilung von Gicht und Gelbsucht. Auch heute noch werden Blätter und Blüten zur Herstellung von Blutreinigungs-, Blasen- und Nierentees genutzt. Die Blätter wirken leicht abführend und harntreibend.

Die Früchte werden zu Marmelade und zur Herstellung von alkoholischen Getränken (Wein, Schnaps) verwendet. Sie werden auch zur Geschmacksverbesserung dem Gin zugegeben.

Abb. 10: Gespinste von Yponomeuta padella an Prunus spinosa

Abb. 9: Keimling (nat. Größe)

Abb. 11: Zu Narrentaschen deformierte Früchte

Abb. 12: Stammquerschnitt

Geschälte Äste verwendete man für die Gradierwerke in Salinen zur Anreicherung der Sole.

Aus dem Holz der Schlehe hat man Spazierstöcke (Knotenstöcke) und Stiele hergestellt. Verwendung fand es auch bei Intarsienarbeiten.

Krankheiten

Zu den auffälligsten Schadbildern beim Schwarzdorn zählen der durch die Gespinstmotte Yponomeuta padella L. verursachte Kahlfraß und die von Taphrina rostrupiana SADEB. ausgelöste Deformation der Früchte (Narrentaschen, hohle Fruchtgallen). Ferner ist die Schlehe der Diplontenwirt von Puccinia pruni-spinosae PERS., einem Rostpilz, dessen Aecidien auf Anemone ranunculoides gebildet werden.

Für die Hopfen-Schildlaus ist der Schlehdorrn Winterwirtspflanze [4]. Der Strauch wird auch von Viren befallen, jedoch nicht immer zeigen sich dabei Krankheitssymptome (z.B. Plumpox Virus [1]). In Ostdeutschland wurde das Cherry Leaf Virus [2] nachgewiesen. Gelegentlich wurde auch Mistelbefall beobachtet.

Prunus spinosa ist Futterpflanze für über 50 Schmetterlingsarten, u.a. Segelfalter, Nierenfleck, Kleines Nachtpfauenauge, Goldafter, Schlehenspanner, Kupferglucke, Weißdornneule, Schwarzes Ordensband und Großer Frostspanner [3].

Systematik

P. spinosa gehört zum Subgenus Prunophora, zur Sektion Euprunus KOEHNE. Nach OBERDORFER [17] wird die Art in zwei Unterarten untergliedert:

Abb. 13: Stammlängsschnitt

1. Ssp. fruticans (WEIHE) ROUY et CAM. mit aufrechtem Wuchs und größeren Blättern und Früchten; spärlich bedornt. Eventuell hybridogenen Ursprungs aus P. spinosa x P. insititia. Chromosomenzahl: 2n = 40. Wild in Europa vorkommend, vor allem in tieferen Lagen.

2. Ssp. spinosa: Entspricht dem Arttypus. Chromosomenzahl: 2n = 32.

Im GARCKE [6] werden 2 Varietäten aufgeführt, die sich an Hand der Behaarung der Blütenstiele unterscheiden lassen: Var. spinosa mit kahlen, var. dasysphylla SCHUR. mit behaarten Blütenstielen.

Von der Schlehe sind zahlreiche Gartenformen bekannt, z.B.:

„Rosea": rotblühender Schlehdorn mit braunrotem Laub. Ähnlich ist „Purpurea".

„Plena": mit weißen, gefüllten Blüten.

„Variegata": mit weißbunten Blättern.

---

*) For. Abstr. <u>32</u>, Nr. 2816 (1971)
**) For. Abstr. <u>38</u>, Nr. 2805 (1977)

Literatur

[1] BÄRTELS, A., 1989: Gehölzvermehrung. Ulmer, Stuttgart.

[2] BRAUN, H. J., 1963: Die Organisation des Stammes von Bäumen und Sträuchern. Wiss. Verlagsges., Stuttgart.

[3] CARTER, D. J.; HARGREAVES, B., 1987: Raupen und Schmetterlinge Europas und ihre Futterpflanzen. Parey, Hamburg, Berlin.

[4] EHLERS, M., 1960: Baum und Strauch in der Gestaltung der deutschen Landschaft. Parey, Hamburg, Berlin.

[5] ELLENBERG, H., 1974: Zeigerwerte der Gefäßpflanzen Mitteleuropas. Scripta Botanica IX. Goltze, Göttingen.

[6] GARCKE, A., 1972: Illustrierte Flora, 23. Auflage. Hrsg. von K. von Weihe. Parey, Berlin, Hamburg.

[7] GROSSER, D., 1977: Die Hölzer Mitteleuropas. Springer, Berlin, Heidelberg, New York.

[8] HECKER, U., 1985: Laubgehölze. Wildwachsende Bäume, Sträucher und Zwerggehölze. BLV, München, Wien, Zürich.

[9] HEGI, G.; 1923: Illustrierte Flora von Mitteleuropa. Bd. IV/2. Lehmanns, München.

[10] HOLDHEIDE, W., 1951: Anatomie europäischer Gehölzrinden. In: Handbuch der Mikroskopie in der Technik, Bd. V/1, hrsg. von Freund. H.. Seite 195–367. Umschau, Frankfurt/M.

[11] KNUTH, P., 1898: Handbuch der Blütenbiologie. Leipzig.

[12] KRÄUSEL, R., 1959: Mitteleuropäische Pflanzenwelt. Sträucher und Bäume. Kronen, Hamburg.

[13] KRÜSSMANN, G., 1978: Die Baumschule. Parey, Berlin, Hamburg.

[14] KUGLER, H., 1970: Einführung in die Blütenökologie. 2. Auflage. Fischer, Stuttgart.

[15] MADAUS, G., 1979: Lehrbuch der biologischen Heilmittel. Olms, Hildesheim, New York.

[16] MEUSEL, H.; JÄGER, E.; WEINERT, E. (Hrsg.), 1965: Vergleichende Chorologie der zentraleuropäischen Flora. Karten. Fischer, Jena.

[17] OBERDORFER, E., 1983: Pflanzensoziologische Exkursionsflora. 5. Auflage. Ulmer, Stuttgart.

[18] PETRIDES, G. A., 1972: A Field Guide to Trees and Shrubs. Houghton Mifflin, Boston.

[19] SCHNEIDER, C. K., 1903: Dendrologische Winterstudien. Fischer, Jena.

[20] SCHNEIDER, C. K., 1906: Illustriertes Handbuch der Laubholzkunde, Bd. I. Fischer, Jena.

[21] TUTIN, T. G. et al., 1968: Flora Europaea. Bd. II. Cambridge University Press.

[22] ULLRICH, T., 1976: Zur Staubfilterwirkung von Waldrändern unter besonderer Berücksichtigung des Staubfangvermögens einiger Baum- und Straucharten. Diss. TU Dresden.

[23] WENDELSBERGER, F., 1980: Heilpflanzen. BLV, München, Zürich, Wien.

Der Autor:
Dr. HANS JOACHIM SCHUCK
Buchenstraße 23
D-85411 Hohenkammer

Rhamnus Linné, 1753

Kreuzdorn   Familie: Rhamnaceae

engl.:   Buckthorn
franz.: Nerprun
ital.:   Ramno

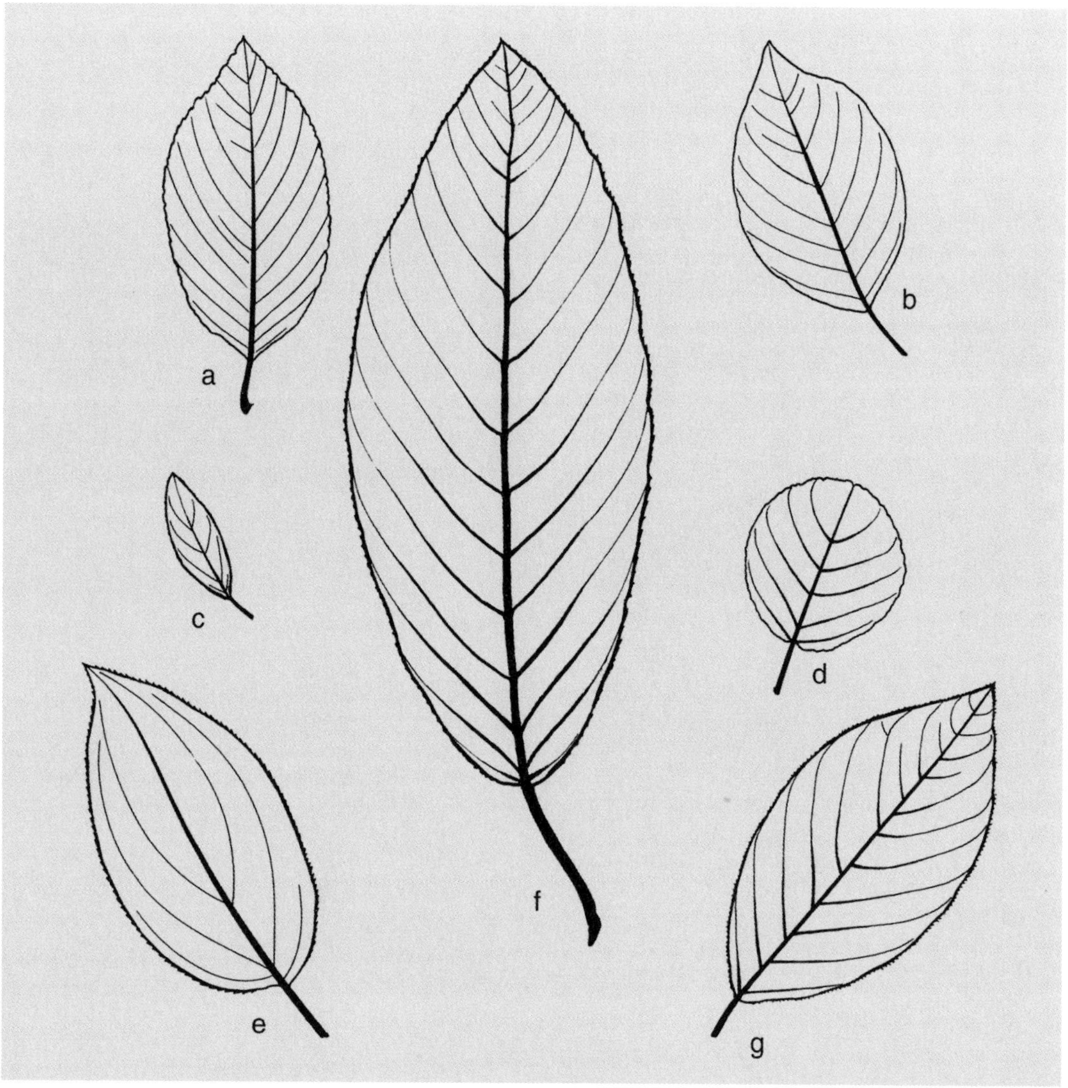

Abb. 1: Blattformen einiger Rhamnus-Arten (nat. Größe): **a** R. pumilus, **b** R. frangula alnus, **c** R. saxatilis, **d** R. frangula rupestris, **e** R. catharticus, **f** R. purshianus, **g** R. alpinus

Rhamnus-Arten kommen zumeist in den gemäßigten Regionen der Nordhemisphäre vor. Die Gattung besteht vornehmlich aus sommergrünen Sträuchern und kleinen Bäumen und enthält etwa 155 Arten [6, 7]. Trennt man indessen, wie es MEUSEL [4], FURRER/BEGER [1] und die Flora Europaea tun, die Gattung Frangula ab, so reduziert sich die Zahl der Arten auf ungefähr 80. Wegen der großen innerartlichen morphologischen Variation ist es mitunter schwierig, die ausgeschiedenen Sippen präzise voneinander abzugrenzen.

Rhamnus-Arten haben unscheinbare, grünlich-weiße oder gelbliche, vier- oder fünfzählige, oft zwittrige Blüten. Sie bilden teils ledrige, teils fleischige Steinfrüchte mit 2 bis 4 einsamigen Steinkernen aus. Ein Teil der Arten ist dornig bewehrt. Blattform und Blattgröße variieren innerhalb und zwischen den Arten. Bezüglich der Blattstellung (gegenständig – wechselständig) treten Artunterschiede auf. Einige der Arten bilden Knospenschuppen an den Winterknospen aus, andere nicht.

Angesichts dieser Merkmalsstreuung kann es nicht überraschen, daß die Bemühungen um eine systematische Gliederung der Gattung Rhamnus zu sehr unterschiedlichen Ergebnissen geführt haben. Die Mehrzahl der Autoren, u.a. REHDER [6] und KRÜSSMANN [2], folgt mehr oder weniger deutlich dem Konzept DIPPELS, der eine Unterteilung in zwei Subgenera (Eurhamnus und Frangula) vornimmt und diese wiederum in Sektionen gliedert. SUESSENGUTH [7] entwickelte dieses System weiter und ordnet wichtige europäische Arten wie folgt ein:

a) Untergattung Frangula MILLER, S. F. GRAY, 1821
Fünfzählige Zwitterblüten; Samen ungefurcht; Kotyledonen dick; Knospen ohne Tegmente; Blätter und Zweige wechselständig; Schwerpunkt der Verbreitung im pazifischen Nordamerika (R. purshiana), darüber hinaus auch in Afrika, Ostasien, Mittel- und Südamerika. Wichtige Arten in Europa: R. frangula, R. rupestris.

b) Untergattung Eurhamnus DIPPEL, 1897
Blüten immer diözisch verteilt; Samen tief gefurcht; Keimung epigäisch; Keimblätter dünn; Blattstellung wechsel- oder gegenständig; Knospenschuppen vorhanden; Hauptverbreitung in Ostasien.

Häufige europäische Arten:
R. alaternus L.: mit fünfzähligen Blüten, stark wechselnder Blattform und ledrigem Perikarp; Art der mediterranen Macchia
R. myrtifolius WILLK.: Spanien
R. balearicus (D. C.) WILLK.: Mallorca
R. alpinus L.: unbewehrt, mit vierzähligen Blüten; südeuropäische Gebirge
R. fallax BOISS.: keine Dornen; Kärnten bis Griechenland
R. pumilus L.: kleinblättriger Zwergstrauch der mittel- und südeuropäischen Gebirge
R. lycioides L.: schmal-lanzettliche, büschelig an Kurztrieben stehende Blätter; Spanien, Balearen

R. tinctorius WALDST. et KIT.: bedornt und breitblättrig, getrocknete „Gelbbeeren" zum Färben geeignet; südosteuropäische Gebirge
= R. saxatilis ssp. tinctorius
R. saxatilis JACQ.: dornig, dicht verzweigt, sehr kleine Blätter; Mittel- und Südeuropa, vorwiegend im Gebirge.
R. catharticus L.: aufrechter Strauch, relativ große, mitunter flaumig behaarte Blätter, Früchte mit dickem, fleischigem Mesokarp; Europa.

Die im mitteleuropäischen Raum beheimateten Rhamnus-Arten werden in separaten Monographien behandelt. Unabhängig davon stellen wir im folgenden zwei in ihrer Heimat häufig vorkommenden Arten in Kurzbeschreibungen vor, die sich durch morphologische Besonderheiten abheben:

Abb. 2: Rhamnus alaternus, Südfrankreich

Rhamnus alaternus L.

Immergrüner Kreuzdorn

franz.: Nerprun alaterne

Ein immergrüner, xerophiler, maximal 5 m hoch werdender Strauch des Mittelmeerraumes, der vereinzelt noch im südlichen Tessin vorkommen soll, seine Hauptverbreitung aber in der Macchia und Garigue hat. Dort kommt er in Gesellschaft von Erica arborea, E. verticillata, Juniperus oxycedrus, Arbutus unedo, Laurus nobilis, Punica granatum, Viburnum tinus und anderen Elementen des Trockengebüschs vor.

Ungewöhnlich an R. alaternus ist die große Mannigfaltigkeit der Blattform. Die ledrigen, oberseits dunkel-, unterseits gelbgrünen Blätter können 2 bis 6 cm lang werden und sowohl von lanzettlicher wie von elliptischer bis eiförmiger Gestalt sein. Sie können spitz oder stumpf auslaufen, ganzrandig, schwach gesägt oder stachelspitzig sein. Die fleischigen, anfangs rötlichen Früchte werden zur Reifezeit schwarz, der Kelch ist gelb.

Abb. 3: Rhamnus purshianus, Oregon

Rhamnus purshianus DC

syn.: Frangula purshiana (DC) J. G. COOPER
syn.: Rhamnus purshiana DC
Purgier-Faulbaum
engl.: Cascara buckthorn

Abb. 4: Rhamnus purshianus, Borke

Diese Art des pazifischen Nordamerika weicht nicht nur in den Dimensionen von vielen anderen Rhamnus-Species ab. In regenreichen Teilen der Küstengebirge Oregons kann sie unter optimalen Bedingungen (feuchte Standorte, Halbschatten) zu einem 15 bis 20 m hohen Baum heranwachsen [5]. In Mitteleuropa ist sie winterhart, bleibt aber strauchförmig. Die sommergrünen, relativ dünnen Blätter werden 7 bis 20 cm lang und nehmen eine gelbe Herbstfärbung an.

Aus der Rinde („Cascara Sagroda") extrahiert man eine weitverbreitete Droge mit abführender Wirkung. Zu ihrer Gewinnung werden pro Jahr mehr als 2000 t der relativ dünnen Schuppenborke am stehenden Stamm geerntet. Nach der Entrindung setzt man die Bäume auf den Stock und nutzt einige Jahre danach die Borke der reichlich entstehenden Stockausschläge.

Die bei Reife schwarzroten Steinfrüchte werden von vielen Tierarten endozooisch verbreitet. Zu den Konsumenten zählen neben zahlreichen Singvögeln auch Tauben, Waschbären und Schwarzbären [5].

Weiterführende Literatur

[1] FURRER, E.; BEGER, H., 1925: Rhamnaceae. Kreuzdorngewächse. In: HEGI, G.: Illustrierte Flora von Mittel-Europa, V. Band, 1. Teil, 320–350. J. F. Lehmanns Verlag, München.

[2] KRÜSSMANN, G., 1978: Handbuch der Laubgehölze, 2. Auflage., Band 3. Verlag Paul Parey, Berlin und Hamburg.

[3] LITTLE, E. L., 1980: The Audubon Society Field Guide for North American Trees – Western Region. Alfred A. Knopf, New York (nur für R. purshianus).

[4] MEUSEL, H. et al., 1978: Vergleichende Chorologie der zentraleuropäischen Flora. VEB Gustav Fischer Verlag, Jena.

[5] PEATTIE, D. C., 1953: A Natural History of Western Trees. Univ. Nebraska Press, Lincoln and London (nur für R. purshianus).

[6] REHDER, A., 1986: Manual of Cultivated Trees and Shrubs, Hardy in North America. 2. ed., Dioscorides Press, Portland, OR.

[7] SUESSENGUTH, K., 1953: Rhamnaceae. In: ENGLER, A.; PRANTL, K.: Die natürlichen Pflanzenfamilien, 2. Auflage, Bd. 20 d. Duncker und Humblot, Berlin.

Der Autor:
Prof. Dr. PETER SCHÜTT
Lehrstuhl für Forstbotanik
Ludwig-Maximilians-Universität-München
Hohenbachernstraße 22
D-85354 Freising

Rhamnus catharticus LINNÉ, 1753

Kreuzdorn, Purgier-Kreuzdorn   Familie: Rhamnaceae

engl.:   Common buckthorn,
       Purging buckthorn
franz.:   Nerprun cathartique
ital.:   Spino cervino, Ramno catartico
span.:   Espino cerval

Abb. 1: Rhamnus catharticus. Solitär auf feuchtem Standort

Als ein westsibirisch-europäisches Florenelement ist der Kreuzdorn in Mitteleuropa weit verbreitet, wenn auch nicht überall häufig. Sein Name geht darauf zurück, daß kräftige, gegenständige Sproßdornen von ihren Ursprungszweigen fast waagrecht abstehen und so mit ihnen ein Kreuz bilden. Meist entwickelt sich R. catharticus zu einem 2 bis 3 m hohen, sperrigen, sommergrünen Strauch, gelegentlich auch zu einem kleinen Baum.

Die Art ist recht unscheinbar und ohne wirtschaftliche Bedeutung. Früher allerdings fanden die reifen, schwarzen Steinfrüchte als Abführmittel sowie als Ausgangsmaterial für die Herstellung gelber und olivgrüner Farben reichlich Verwendung. Unreife Früchte und die Rinde sind giftig.

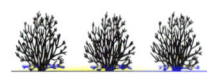

a
b

Abb. 2a: Kurztrieb mit Endknospe (rechts)
Abb. 2b: Ende eines Langtriebs mit Dorn und 2 Fortsetzungsknospen

Knospen und junge Triebe

End- und Seitenknospen des Kreuzdorns sind von gleicher Gestalt und Größe. Sie werden von leicht gekielten, fein bewimperten und dicht anliegenden, braunschwarzen Tegmenten umgeben. Endet der Trieb mit einem Dorn, dienen die beiden obersten Seitenknospen als Fortsetzungsknospen (sympodiale Verzweigung).

In der Regel sind R. catharticus-Knospen 5 bis 8 mm lang, schmal eiförmig und deutlich zugespitzt. Die Seitenknospen liegen dem Sproß dicht an und sind gegenständig oder schief gegenständig angeordnet.

Von den grünlichen bis hellgrauen, anfangs schwach behaarten und mit einzelnen, relativ großen, bräunlichen Lenticellen versehenen jungen Trieben heben sich die dunklen Knospen deutlich ab. Später wird die Rinde schwärzlich und bekommt Querrisse.

Verbreitung

R. catharticus hat ein sehr ausgedehntes, von Spanien bis Westsibirien und weiter bis zum Altai-Gebirge reichendes natürliches Areal. Eingeschlossen sind neben dem nördlichen Kleinasien, dem Kaukasus und N-Persien auch Teile Nordafrikas, während Nordirland, Schottland und das nördliche Skandinavien, weite Teile des Mittelmeergebietes und die südliche Balkan-Halbinsel nicht dazugehören. Die Nordgrenze verläuft in Norwegen bei 60°48' und in Schweden bei 61°40' n. Br.

Obwohl hauptsächlich ein Gehölz des Flach- und Hügellandes, kommt der Kreuzdorn noch in folgenden Höhenlagen der Gebirge vor [4, 9]:

Beskiden	500 m	Wallis	1550 m
Süd-Tatra	973 m	Engadin	1600 m
Bayer. Alpen	1312 m	Marokko	2000 m
Tirol	1450 m	Anatolien	2200 m

Künstlich eingebracht wurde die Art nördlich der skandinavischen Arealgrenze und im östlichen Nordamerika [9].

Beschreibung

Im allgemeinen entwickelt sich R. catharticus zu einem aufrechten, sehr sperrigen Strauch, dessen Sprosse kreuzgegenständig verzweigt sind und häufig in Langtriebdornen enden. Die Äste sind vornehmlich waagrecht orientiert, und das Zweigsystem ist deutlich in Lang- und Kurztriebe differenziert. Es wird reichlich Wurzelbrut gebildet.

Seltener entwickelt sich die Art zu kleinen, bis zu 6 m hohen, reich verzweigten, meist krummstämmigen Bäumen. FURRER und BEGER [4] erwähnen zwei 8 m hohe Exemplare im Plagefenn bei Chorin (Brandenburg).

Abb. 3: Trieb mit Lenticellen und Seitenknospe

Abb. 4: Blatt eines Langtriebs (nat. Größe)

Blätter

Hinsichtlich Blattform und Blattgröße treten bei R. catharticus deutliche standortsbedingte Schwankungen auf. So können die Blätter von rundlicher, elliptischer oder eiförmiger Gestalt sein, in der Länge von 3 bis 7 cm (an Stockausschlägen bis 13 cm [3]) und in der Breite zwischen 1,5 und 5 cm variieren. Kennzeichnend sind 2 bis 4 stark gebogene, deutlich hervortretende Seitennerven-Paare, ein 1 bis 3 cm langer Blattstiel, der fein gezähnte Blattrand und zwei pfriemliche, sehr bald abfallende Nebenblätter.

Abb. 5: Kurztrieb-Blätter (nat. Größe)

Die etwas hellere Blattunterseite ist zumindest auf den Adern kurz und weich behaart.

Vor dem herbstlichen Laubfall verfärben sich die Blätter gelblich oder bräunlich.

Die Blattstellung ist gegenständig oder schief gegenständig.

Holz und Rinde

Das zerstreutporig aufgebaute Kreuzdorn-Holz ist makroskopisch durch einen schmalen, grauen bis gelblich-weißen Splint und einen gelbroten bis rotbraunen Kern gekennzeichnet. Die Jahrringgrenzen sind gut zu erkennen.

Als geradezu unverwechselbares Merkmal gelten die zu hellen, netzartigen Mustern zusammentretenden Gefäßbänder [6]. Die sehr schmalen, meist nur zweireihigen und 15 Zellen hohen Markstrahlen sind auf dem Querschnitt mit bloßem Auge kaum zu erkennen.

Abb. 6: Rinde eines jungen (links) und eines älteren Stammes

Holzparenchym ist nur spärlich vertreten, die Gefäße haben spiralige Wandverdickungen [6].

Das Holz von R. catharticus ist hart, schwer und dauerhaft (Rohdichte r_{15} = 0,62...0,80 g/cm³). Es läßt sich schwer spalten, aber gut bearbeiten.

Die rissige und schuppige Rinde älterer Stämme nimmt allmählich eine schwärzliche Farbe an, bleibt aber mit ca. 2 mm Stärke sehr dünn. Borkenbildung wurde nicht beobachtet. Jahrringe sind im Bast nicht zu erkennen.

Als anatomische Besonderheit stellt HOLDHEIDE [7] u.a. heraus, daß die Markstrahl-Zellen frei von Kristallen und nicht radial gestreckt sind, daß demgegenüber die in Bündeln auftretenden Bastfasern stets Ca-Oxalat-Kristalle enthalten und daß die Siebröhren einfache Siebplatten mit relativ großen Poren aufweisen.

Abb. 7: Holz, längs geschnitten

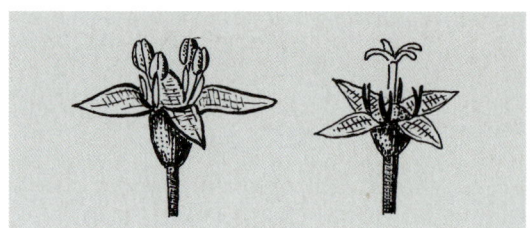

Abb. 8: Männliche (links) und weibliche Blüte (nach Wilhelm, 1907) (3 x nat. Größe)

Blüten und Früchte

Die recht unscheinbaren, gelblich-grünen Blüten des Kreuzdorns sind dioezisch verteilt und stehen zu mehreren in Blütenständen (Trugdolden). Diese wiederum entspringen ausnahmslos den Achseln von Kurztriebblättern.

Die von der Funktion her eingeschlechtigen Einzelblüten enthalten immer rückgebildete Elemente des anderen Geschlechts, d.h. rudimentäre Antheren in den weiblichen bzw. nicht voll entwickelte Fruchtknoten in den männlichen Blüten. Sie sind mit einer doppelten Blütenhülle versehen: 4 schmal lanzettliche, etwa 5 mm lange Kronblätter sowie 4 etwa halb so große, dreieckig lanzettliche Kelchblätter, die sich in der späteren Phase des Abblühens zurückschlagen. In der Kelchröhre befinden sich mehrere langgestreckte Nektarien.

Kron- und Kelchblätter sind in den ♀ Blüten kürzer als in den ♂♂. Es werden 4 Staubblätter und eine vierspaltige Narbe gebildet.

Blütenformel: * K4 C4 A0+4 G–(3–4)–(weibl.).

Chromosomenzahl: 2n = 24.

Kreuzdorn-Blüten duften angenehm nach Honig. Sie werden von Insekten bestäubt. Blütezeit: Mai/Juni. Nach Untersuchungen in England liegt das Verhältnis von ♀ zu ♂ blühenden Sträuchern zwischen 6:1 und 7:1 [5].

Die mehrkernigen Steinfrüchte sind kugelrund und etwa erbsengroß (6 bis 10 mm Durchmesser). Bis zum September, der Reifezeit, verändern sie ihre Farbe von grün zu schwarz. Viele Früchte bleiben bis in den Winter hinein am Strauch – ein Indiz dafür, daß jene Vogelarten, welche die endozoische Verbreitung besorgen, nämlich Amsel, Mistel- und Wacholderdrossel, Rotkehlchen, Kohlmeise und Dompfaff zunächst anderes Futter bevorzugen [5]. In England gehören auch Ringeltaube und Fasan zu den Konsumenten.

Jede der mit einem relativ saftigen Mesokarp versehenen Früchte enthält 2 bis 4, ca. 5 mm große, einsamige Steinkerne. Nach Godwin [5] ermittelte man in England an einem 2,1 m hohen Strauch eine Gesamtzahl von 1455 Früchten. Anderen Quellen zufolge ist der Fruchtansatz in exponierten Lagen sehr gering und viele Samen keimen nicht.

Das Tausendkorngewicht, bezogen auf Steinkerne, liegt bei 14 g, die mittlere Keimrate nach 5 bis 7 Monaten Stratifikation zwischen 30 und 70% [1].

Anzucht

Über die Notwendigkeit und das geeignete Verfahren einer Saatgut-Vorbehandlung gehen die Ansichten weit auseinander.

– Im September geerntete und sogleich ausgesäte Steinkerne keimen im nächsten Frühjahr zu 90 bis 100 %, sofern sie nicht austrocknen. Die Keimrate ging auf 50 % zurück, wenn die Aussaat erst im November erfolgte [5].

– Etwa die Hälfte der Steinkerne liegt ein Jahr über.

– Fruchtfleisch mit Wasser entfernen, sodann mäßig feuchtes Stratifizieren und Aussaat im nächsten Frühjahr. Keimung nach 4 bis 6 Wochen [3].

Abb. 9: Blütenstand

Abb. 10: Früchte

Zwischen den Keimraten in Dunkelheit und Licht bestanden keine Unterschiede. R. catharticus keimt epigäisch und entwickelt zwei relativ dünne, aber ziemlich große, herzförmige Kotyledonen, die mehrere Monate lang grün am Keimling verbleiben. Der Kreuzdorn wird fast ausschließlich generativ vermehrt.

Die Wurzeln der Sämlinge sind mit einer endotrophen Mykorrhiza versehen. Die Pflanzen wachsen sehr langsam.

Klima und Standort

Der Kreuzdorn gedeiht von Natur aus sowohl unter ozeanischen wie kontinentalen Klimabedingungen. Ellenberg charakterisiert ihn als „schwach subozeanisch bis schwach subkontinental".

Abgesehen von gelegentlichen Frostschäden an Keimlingen auf Moorböden übersteht die Art mitteleuropäische Klimabedingungen ohne Ausfälle. Am Asow'schen Meer hält sie auf extrem nährstoffarmen Böden sogar bei Jahresniederschlägen von nur 311 bis 380 mm aus[1].

Abb. 11: Samen

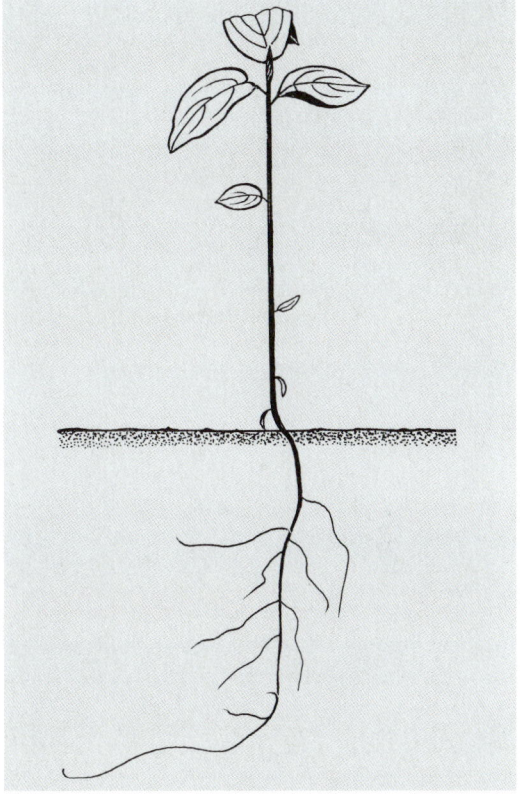

Abb. 12: Sämling, 7 Monate alt (nat. Größe)

Auch hinsichtlich seiner Standortsansprüche läßt sich R. catharticus nur schwer einordnen, denn er ist auf mindestens zwei sehr gegensätzlichen Standortsformen zuhause:

– Auf sonnigen, trockenen, basenreichen, steinigen Orten, vornehmlich an Waldrändern, in Hecken und Gebüschen, gemeinsam mit Prunus spinosa, Cornus sanguinea, Crataegus monogyna, Berberis vulgaris etc.

– In Auwäldern und Mooren, dort auf etwas trockneren Kleinstandorten und gern entlang von Gräben, begleitet von Rhamnus frangula, Salix-Arten, Prunus padus etc. Nur hier kommt es zu einem Nebeneinander der beiden Rhamnus-Arten catharticus und frangula.

Standortsübergreifend ist die Vorliebe des Kreuzdorns für neutrale bis basische Substrate. Häufig findet man ihn auf Kalk, seltener auf Silikatgestein. Lockere, geschiebereiche Lehme werden bevorzugt.

R. catharticus erwächst meist in vollem Licht, erträgt Halbschatten, ist aber empfindlich gegen starke und andauernde Beschattung.

1) For. Abstr. **43**, 5402, 1984

Abb. 13: Alter Strauch im Winter

Verschiedenes

– Der englische Name „buckthorn" ist als eine Abkürzung von „buck's horn thorn" (Rehgehörn-Dorn) zu verstehen und bezieht sich auf die durch viele Blattnarben extrem rauhen, stark gestauchten Kurztriebe, die in der Tat ein wenig einem winzigen Gehörn ähneln [2].

– Die abführende Wirkung reifer Kreuzdorn-Früchte ist seit altersher bekannt und wird noch heute genutzt. In Wales verwendete man den mit Honig aufgekochten Fruchtsaft schon im 13. Jahrhundert als Purgativum und „die Vogesenbauern nehmen gern morgens 30 Beeren als Abführmittel nüchtern in die Suppe" [8]. Selbst das Fleisch von Vögeln, die sich vom Kreuzdorn ernähren, soll purgierend wirken. Zu Mus verarbeitet, wendete man die Früchte überdies gegen Wassersucht, Gicht und chronische Hautkrankheiten an; und in Lettland bereitet man aus Kreuzdornblättern einen Hustentee. Sind diese von Puccinia coronata, dem Haferkronenrost befallen, sollen sie allerdings giftig wirken.

Als Droge ist Fructus Rhamni cathartici in Belgien, Frankreich, Portugal und der Schweiz offizinell.

Von Giftwirkung ist bei MADAUS [8] nicht die Rede, allenfalls von Leibschmerzen und Brechreiz. Offenbar geht die toxische Wirkung allein von unreifen Früchten und von der Rinde aus. Als Hauptwirkstoffe werden Emodinglykoside angeführt [10].

– Neben der anscheinend weitverbreiteten volksmedizinischen Verwendung erlangte R. catharticus zeitweise wegen einiger in unreifen Früchten enthaltener und industriell zur Färbung von Baumwolle genutzter Inhaltsstoffe („Gelbbeeren") Bedeutung [4]. Das harte und sehr schön gezeichnete Kreuzdorn-Holz wird allenfalls auf lokaler Ebene für Drechsler- und Schreinerarbeiten genutzt.

– Außer dem Haferkronenrost, Puccinia coronata CORDA, der auf der Unterseite von Kreuzdornblättern leuchtend orangefarbene, etwas aufgewölbte Aecidienlager bildet

und zu vorzeitigem Blattfall führt, treten i.a. keine auffälligen Schäden an R. catharticus auf. Als Zwischenwirt dieses für den Haferanbau recht bedrohlichen Pilzes wird der Kreuzdorn an Feldgrenzen oft entfernt.

– Weit zurück geht die im Volksglauben verwurzelte hexenvertreibende Wirkung der Art. Hegi [4] zufolge schützte man sich in Mecklenburg zur Walpurgisnacht vor Hexen, indem man einen Kreuzdornzweig in die Türschwelle einfügte. In anderen Gegenden bewahrte man auf ähnliche Weise das Vieh vor dem Verhextwerden.

Weiterführende Literatur

[1] BÄRTELS, A., 1989: Gehölzvermehrung. Ulmer, Stuttgart.

[2] EDLIN, H.L., 1968: A modern sylva or a discourse of forest trees. No 24. The smaller native broadleaved trees. Quart. J. Forestry 62, 28–36.

[3] EHLERS, M., 1960: Baum und Strauch in der Gestaltung der deutschen Landschaft. Verlag Paul Parey, Hamburg und Berlin.

[4] FURRER, E.; BEGER, H., 1925: Rhamnaceae. Kreuzdorngewächse. In HEGI, G.: Illustrierte Flora von Mitteleuropa. V. Band, 1. Teil. J.F. Lehmanns Verlag, München.

[5] Godwin, H., 1943: Rhamnus cathartica L., Frangula alnus Miller (Rhamnus Frangula L.). J. Ecology 31, 66–92.

[6] GROSSER, D., 1977: Die Hölzer Mitteleuropas. Springer-Verlag Berlin, Heidelberg, New York.

[7] HOLDHEIDE, W., 1950: Anatomie mitteleuropäischer Gehölzrinden. Mikroskopie i.d. Technik 5, 193–367.

[8] MADAUS, G., 1979: Lehrbuch der biologischen Heilmittel, Vol. 3. Georg Olms Verlag, Hildesheim, New York.

[9] MEUSEL, H., et al., 1978: Vergleichende Chorologie der zentraleuropäischen Flora, Band II. VEB Gustav Fischer, Jena.

[10] ROTH, L.; DAUNDERER, M.; KORMANN, K., 1993: Giftpflanzen – Pflanzengifte, 4. Auflage. ecomed-Verlagsges., Landsberg.

Die Autoren:

Prof. Dr. PETER SCHÜTT
Lehrstuhl für Forstbotanik
Ludwig-Maximilians-Universität München
Hohenbachernstraße 22
D-85354 Freising

ULLA M. LANG
Schützenstraße 6
D-82383 Hohenpeißenberg

Rhamnus frangula Linné, 1753

syn.:   Frangula alnus Mill., 1768

Faulbaum, Pulverholz   Familie: Rhamnaceae

engl.: Alder buckthorn, Black dogwood
franz.: Bourdaine, Nerprun nori
ital.:   Frangola, Putinea

Abb. 1: Gebüsch am Rande eines Moores in Oberbayern

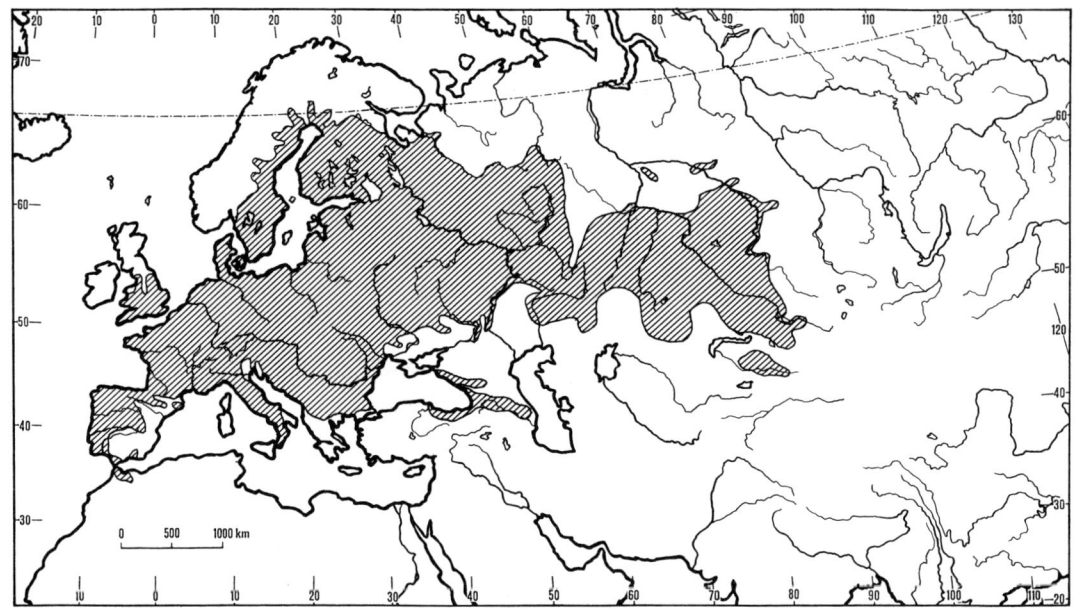

Abb. 2: Natürliches Verbreitungsgebiet, nach MEUSEL et al., 1978

Vornehmlich auf frischen bis feuchten Standorten kommt der Faulbaum in Mitteleuropa recht häufig vor. Allerdings wird er selten baumförmig, sondern wächst meistens zu einem vielstämmigen, 2–3 m hohen Gebüsch heran, in dem die Stammdurchmesser selten über Armstärke hinausgehen. Die beiden deutschen Namen gehen auf den leichten Fäulnis-Geruch der Rinde bzw. auf die vorzügliche Eignung der Holzkohle für die Schwarzpulver-Herstellung zurück.

R. frangula blüht von Mai bis September. Blüten sowie unreife (grüne), halbreife (rote) und reife (schwarze) Früchte findet man daher nebeneinander am selben Strauch. Rinde und Früchte werden in der Volksmedizin seit altersher als Abführmittel genutzt; die frische Rinde ist allerdings giftverdächtig.

Vom Kreuzdorn, R. catharticus, hebt sich der Faulbaum u.a. durch die Fünfzähligkeit seiner Blütenorgane und durch das völlige Fehlen von Sproßdornen ab. Mehrere Autoren stellen ihn deswegen zu einer separaten Gattung Frangula (vgl. Kurzmonographie Rhamnus).

Verbreitung

Der Faulbaum ist in Europa weit verbreitet, aber nicht überall häufig. Er fehlt im Süden der Balkanhalbinsel, besiedelt aber ganz Italien (Ausnahme: Sizilien) und weite Teile Spaniens und Portugals. Vertreten ist er überdies in Nordafrika (Algerien, Marokko), in Kleinasien, Transkaukasien und im europäischen Rußland. Als Ostgrenze werden der Ural und West-Sibirien, als Nordgrenze Norwegen (64° 30'), Schweden (65° 30'), Finnland (64° 30') und russisch Lappland (66° 50') angegeben [5].

In Schottland fehlt die Art, in Irland ist sie relativ selten, in England und Wales jedoch häufig vertreten [5]. Im Osten Nordamerikas kommt R. frangula oft verwildert vor.

Meusel et al. [9] geben folgende Grenzen der vertikalen Verbreitung an:

Ostalpen	780 m	Auvergne	1075 m
Tatra	900 m	Tirol, Wallis	1400 m
Mazedonien	800 – 900 m	Graubünden	1500 m
Bayer. Alpen	1000 m	Anatolien	1700 m

Beschreibung

R. frangula entwickelt sich in den meisten Fällen zu einem mehrstämmigen, unregelmäßig verzweigten Strauch von 2–3 m Höhe und etwa 5 cm Stammdurchmesser. Auf vernäßten Standorten entstehen oft vielstämmige Faulbaum-Gebüsche. Sehr viel seltener kommt es zur Ausbildung kleiner Bäume, die bis zu 8 m hoch werden können, deren Stamm aber einen Brusthöhendurchmesser von 15 cm kaum überschreitet.

Abb. 3: Langtrieb mit Früchten (nat. Größe)

Abb. 4: Rinde mit Lenticellen

Abb. 5: Holz, Längsschnitt

Abb. 6: Sproßbürtige Triebe an einem liegenden Stamm

Knospen und junge Triebe

Im Gegensatz zum Kreuzdorn (R. catharticus) weisen Frangula-Knospen keine Knospenschuppen auf. Die winzigen Blattanlagen werden völlig von braunen Haaren eingehüllt. Die eiförmigen, dem Sproß anliegenden oder abstehenden Seitenknospen sind i.a. etwas kleiner als die ca. 5 mm langen Endknospen.

Junge Faulbaumtriebe haben eine bräunlich-rote Rinde. Sie sind filzig behaart und mit zahlreichen punkt- oder strichförmigen, relativ großen, hellen Lenticellen besetzt.

Später nimmt die Rinde eine graubraune Farbe an.

Blätter

Die wechselständigen, ovalen bis eiförmigen, ganzrandigen Blätter[3]) von R. frangula sind relativ dünn und sehr regelmäßig geformt. Sie enden in einem abgerundeten oder kurz zugespitzten Apex, sind auf beiden Seiten kahl und von gleicher hellgrüner Färbung. Auch am Grunde sind sie abgerundet. Länge: 40–70 mm; Breite: 25–50 mm; Blattstiel 6–14 mm.

Die 7–9 kräftigen, bogig gekrümmten Blattadern-Paare verlaufen weitgehend parallel, sind oberseits tief eingesenkt und auf der Blattunterseite deutlich erhaben. Auch die Tertiäradern lassen sich auf beiden Blattseiten noch gut erkennen.

Faulbaumblätter werden im Herbst gelb.

Die Art wächst in der Jugend rasch, wurzelt auf vernäßten Standorten sehr flach und bildet eine endotrophe Mykorrhiza aus [5]. Die Wurzeln sind anfangs rötlich-gelb, später rot und werden nach Trocknung rotbraun (R. catharticus: fast schwarze Wurzeln)[1]. In sumpfigem Gelände sollen Stelzwurzeln entstehen[2]).

[1]) Mitt.DDG **42**, S. 362, 1930
[2]) Mitt.DDG **29**, S. 319, 1920
[3]) In Ausnahmefällen ist eine undeutliche Zähnung erkennbar

Holz und Rinde

Makroskopisch ist Faulbaumholz durch eine halbringporige Verteilung der Gefäße, durch einen gelblich-weißen Splint und einen gelbroten bis roten Kern gekennzeichnet. Die Rohdichte r_{15} wird mit 0,56...0,60 g/cm³ angegeben [6].

Das Grundgewebe besteht vorwiegend aus Holzfasern. Die tangentialen Gefäßdurchmesser betragen im Spätholz nur 20–40 µm, gehen aber auch im Frühholz selten über 100 µm hinaus. Spiralige Wandverdickungen sind die Regel. Die ein- bis dreireihigen, zumeist zweischichtigen Holzstrahlen erreichen eine Höhe von 40–50 Zellreihen [6].

R. frangula bildet nach HOLDHEIDE [7] keine Borke aus. SCHWANKL spricht hingegen bei stärkeren Stämmen von einer dunkelgrauen, schwach rissigen Borke⁴⁾.

Histologisch weist die etwa 3,5 mm starke Rinde keine auffälligen Strukturen oder Schichtungen auf. Jahrringe sind nicht zu erkennen. Das Rindenparenchym tritt jedoch mitunter in schmalen, unregelmäßigen Bändern auf. Sklereiden fehlen. Die Siebröhren kollabieren im zweiten Jahr [7].

Blüten, Früchte und Samen

R. frangula blüht sehr unscheinbar. Die nur 6–12 mm großen, grünlich-weißen, fünfzähligen Zwitterblüten stehen zu 2–10 in blattachselständigen Trugdolden und sind lang gestielt. Die napfförmig ausgehöhlte Blütenachse wird von einem Diskus ausgekleidet, der als Nektarium dient. Die länglichen, dreieckig zugespitzten Kelchblätter haben etwa die gleiche Länge wie der Achsenbecher. Noch etwas kürzer sind die schwach zweispaltigen, weißlichen Kronblätter. Jedes Kronblatt umhüllt kapuzenartig eines von fünf mit kurzen Filamenten und relativ großen Antheren ausgestatteten Staubblättern. Die Narbe ist dreiteilig.

Blütenformel: * K5 C5 A 0+5 G – (3) –

Chromosomenzahl: 2n = 20 nach GODWIN [5], aber 2n = 22 nach For.Abstr. **26**, 3336, 1965 und 2n = 20 oder 26 nach Flora Europaea.

Die Blütezeit des Faulbaumes beginnt Ende Mai/Anfang Juni und dauert oft bis zum Einsetzen tiefer Temperaturen im September. Die Bestäubung wird von vielen verschiedenen Insekten vorgenommen. Dazu gehören Bienen-, Hummel-, Schlupfwespen- und Käferarten.

Aus den befruchteten Blüten entwickeln sich kugelrunde, zwei- bis dreikernige Steinfrüchte von etwa 8 mm Durchmesser, die sich im Juli rot zu färben beginnen und bei Reife (gegen Mitte August) schwarz sind.

Infolge der ausgedehnten Blütezeit findet man vom Hochsommer an grüne, rote und schwarze Früchte am selben Strauch. Von September bis Dezember fallen viele Früchte

zu Boden, was die oft reichliche Verjüngung unter den Faulbaum-Gebüschen erklärt. Zur Verbreitung über größere Entfernungen tragen Vögel (u.a. Wacholderdrosseln, Misteldrosseln und Fasane), aber auch Mäuse bei. Letztere legen Wintervorräte aus Faulbaum-Samen an, die nicht immer genutzt werden und dann nach Keimung zu dichtstehenden, kleinen Horsten heranwachsen.

Meist enthalten die Steinkerne nur zwei linsenförmige, schwach dreieckige, etwa 5 mm lange, mit einer schmalen Furche versehene Samen. Das Tausendkorngewicht liegt bei 18 g, die Keimrate zwischen 30 und 70% und als günstigste Erntezeit wird August bis Oktober angegeben⁵⁾. Die Samen bleiben 3 ½ Jahre keimfähig.

Abb. 7: Früchte

Sämlingsentwicklung

In freier Natur keimen Frangula-Samen zumeist im nächsten Frühjahr auf nasser Streu. HEGI [4] zufolge gehört die Art im Prinzip zu den Lichtkeimern; Dunkelkeimung findet nur nach Frosteinwirkung statt.

Die etwa sechsmonatige Ruhezeit läßt sich durch Verletzung des Endokarps aufheben. Auch Trocknung und Stratifikation der Früchte fördert die Keimung⁶⁾.

Nach Brand und Abtrieb oder bei Beweidung vermehrt sich R. frangula durch Stockausschläge. Ansonsten findet Vegetativvermehrung hauptsächlich durch Wurzelbrut statt. Zur Mikropropagation über Gewebekulturen wurden spezielle Methoden entwickelt [1].

Faulbaum-Samen enthalten kein Endosperm und keimen hypogäisch. Die im Boden verbleibenden, gelbgrünen Keimblätter haben Speicherfunktion. Das zunächst hellgelbe Epikotyl ist an der Spitze hakenförmig gebogen und trägt wenige, sehr kleine Vorblätter. Später wird es rosa, dann rot. Die Blattadern der anfangs entlang der Mittelrippe gefalteten, ganzrandigen Primärblätter sind oberseits eingesenkt und treten an der Blattunterseite hervor. Der Blattstiel wird rötlich.

---

⁴⁾ SCHWANKL, A.: Die Rinde, das Gesicht des Baumes. Kosmos-Verlag, Stuttgart, 1953
⁵⁾ BÄRTELS, A., 1989: Gehölzvermehrung, Ulmer-Verlag, Stuttgart
⁶⁾ For.Abstr. **15**, 3466, 1954

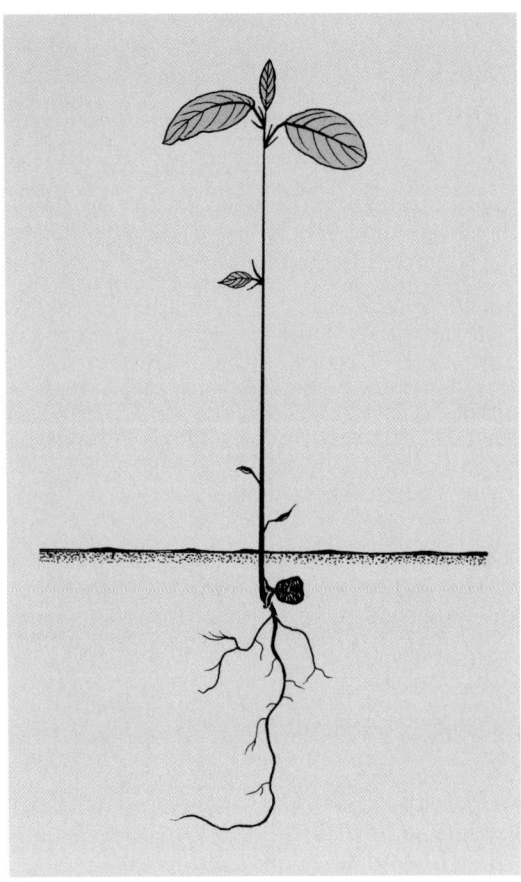

Abb. 8: Keimling (nat. Größe) mit Nieder- und Primärblättern

Für Pflanzungen im Freiland werden i.a. zwei- oder dreijährige verschulte Sämlinge verwendet. Rückschnitt ist nicht zu empfehlen. Deutliche Wachstumsdepressionen haben Rückstände des Fungizids Benomyl im Boden hervorgerufen[7].

Klima und Standort

R. frangula ist eine in Mittel- und Osteuropa völlig winterharte Art mit subkontinentalen bis subozeanischen Klimaansprüchen [3]. Sie wächst vorzugsweise auf frischen, wechselfeuchten und feuchten, keineswegs aber auf staunassen Böden und ist häufig in Erlenbrüchen, Birkenmooren und Auwäldern anzutreffen. In Polen gedeiht die Art am besten im Hexenkraut-reichen Erlenwald (Circaeo-Alnetum), weniger gut im Kiefern-Stieleichenwald (Pineto-Quercetum) und nur schlecht im Kiefern-Heidelbeerwald

(Pineto-Vaccinetum myrtilli)[8]. ELLENBERG [3] sieht in ihr eine Zeigerpflanze für feuchte und wechselfeuchte Standorte. Hier zählen zu den häufigsten Begleitpflanzen: Quercus robur, Prunus padus, Alnus glutinosa, A. incana, Betula pubescens, Cornus sanguinea, Lonicera xylosteum, Viburnum opulus und Salix cinerea.

Hinsichtlich der pH-Ansprüche wird einerseits ihr gutes Gedeihen in sauren Mooren herausgestellt, andererseits kommt sie auch auf alkalischen und neutralen Substraten vor [5, 4]. Hohe Bodenfeuchtigkeit ist ebenfalls nicht unbedingt erforderlich, denn mäßige Bodentrockenheit wird durchaus toleriert [5] und FURRER/BEGER [4] beschreiben sogar ein Vokommen auf den trocken-warmen Felsen des Elbsandsteingebirges.

In Mitteleuropa ist R. frangula eine Halblichtpflanze, für Großbritannien stellt GODWIN [5] indessen Intoleranz gegenüber Beschattung fest.

Verschiedenes

– R. frangula wird weder von Virosen noch von tierischen und pflanzlichen Schädlingen ernsthaft bedroht. Auffällig ist allerdings der Befall durch den Hafer-Kronenrost Puccinia coronata CORDA. Der Pilz infiziert junge Triebe, Blätter und Blüten, ruft Blattdeformationen und Triebkrümmungen hervor, auf denen orangefarbene Aecidienlager entstehen. Als Zwischenwirte fungieren Hafer sowie mehrere Wildgräser der Gattungen Agropyron, Festuca und Poa, insbesondere Agrostis-Arten.

– Aus dem Holz des Faulbaumes läßt sich eine hochwertige, aschearme Holzkohle gewinnen, die lange Zeit sehr begehrt war für die Schwarzpulverherstellung. Noch im 2. Weltkrieg wurden die R. frangula-Bestände in Süd-England für die Produktion spezieller Sprengstoffe planmäßig genutzt [10].

– Die abführende Wirkung von Rinde und Früchten des Faulbaumes ist nachweislich erst seit dem 17./18. Jahrhundert allgemein bekannt. HIERONYMUS BOCK kannte sie noch nicht und erwähnt R. frangula nur als Mittel gegen faule Zähne [8].

– Als aktive Inhaltsstoffe gelten die Glykoside Glucofrangulin A und B sowie Frangulin A und B [12]. Sie regen auf milde Weise die Darmperistaltik an, können aber bei der Aufnahme übergroßer Mengen choleraähnliche, unter Umständen blutige Diarrhoeen hervorrufen und bei Schwangeren zum Abort führen. Die ebenfalls enthaltene Chrysophansäure löst örtlich begrenzte Schäden des Nierengewebes aus [8].

---

[7] For.Abstr. 38, 3572, 1977
[8] For.Abstr. 23, 3337, 1962

– Rindenpräparate sind als Cortex Frangulae in folgenden Ländern offizinell: A, B, CH, D, DK, F, N, NL, SF, Rußland und Japan. Sie haben sich als Purgativum vielfach bewährt, helfen außerdem gegen Hämorrhoiden und Wassersucht, sind Bestandteil vieler Blutreinigungstees und überdies als Wurmmittel erprobt. Schädigende Nebenwirkungen treten nur auf, wenn frische Rinde verarbeitet wird. Trockene, etwa ein Jahr gelagerte Rinde ist hingegen problemlos verwendbar.

– ROTH et al. [12] stufen neben der frischen Rinde auch Früchte und Blätter als giftig ein. Akute Vergiftungen mit z.T. tödlichem Ausgang traten bei Kindern nach dem Verzehr von Früchten auf[9]). Erste Symptome: Übelkeit, Erbrechen, Leibschmerzen, Diarrhoe [12].

Abb. 9: Faulbaum-Dickicht

Weiterführende Literatur

[1] BIGNAMI, C., 1983: In vitro propagation of Rhamnus frangula L. Gartenbauwissenschaft 48, 272–274.

[2] EDLIN, H.L., 1968: A modern sylva or a discourse of forest trees. 24. The smaller native broadleaved trees. Quart. J. For. 62, 28–36.

[3] ELLENBERG, H., 1979: Zeigerwerte der Gefäßpflanzen Mitteleuropas. Scripta Geobotanica 9, 2. Aufl., Verlag E. Goltze, Göttingen.

[4] FURRER, E.; BEGER, H., 1925: Rhamnaceae. Kreuzdorngewächse. In Hegi, G.: Illustrierte Flora von Mitteleuropa. J. F. Lehmanns Verlag, München.

[5] GODWIN, H., 1943: Rhamnaceae. Rhamnus cathartica L., Frangula alnus Miller (Rhamnus Frangula L.). J. Ecology 31, 66–92.

[6] GROSSER, D., 1977: Die Hölzer Mitteleuropas. Springer Verlag, Berlin–Heidelberg–New York.

[7] HOLDHEIDE, W., 1951: Anatomie mitteleuropäischer Gehölzrinden. Mikroskopie i.d. Technik 5, 193–367.

[8] MADAUS, G., 1979: Lehrbuch der biologischen Heilmittel, Bd. 3, Georg Ohms Verlag, Hildesheim, New York.

[9] MEUSEL, H.; JÄGER, E., et al., 1978: Vergleichende Chorologie der zentraleuropäischen Flora. VEB Gustav Fischer Verlag, Jena.

[10] PEARSON, F.G.O., 1945: The utilization of Alder Buckthorn. Forestry 19, 95–96.

[11] POKORNY, A., 1864: Österreichs Holzpflanzen, 293–294.

[12] ROTH, L.; DAUNDERER, M.; KORMANN, K., 1984: Giftpflanzen – Pflanzengifte. Vorkommen, Wirkung, Therapie. Ecomed Verlagsges. Landsberg, München.

Die Autoren:

Prof. em. Dr. PETER SCHÜTT
Lehrstuhl für Forstbotanik
Ludwig-Maximilians-Universität München
Hohenbachernstraße 22
D-85354 Freising

ULLA M. LANG
Schützenstraße 6
D-82383 Hohenpeißenberg

---

[9]) For.Abstr. **30**, 221, 1969

Rhamnus saxatilis JACQ.

Felsen-Kreuzdorn

engl.: Rock buckthorn
franz.: Nerprun des rochers
ital.: Ramno sassatile,
Ramno spinello

Familie: Rhamnaceae

Abb. 1: Rhamnus saxatilis. Links: Blühender Strauch (Ausschnitt); rechts: Zweige mit reifen Früchten
(Fotos: O. Angerer)

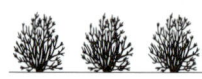

Abb. 2: Austreibender Zweig mit Lang- und Kurztrieben (links), Stamm mit Ringelborke, gestauchten Kurz- und dornigen Langtrieben (Mitte) und beblätterte Kurztriebe (rechts)

Rhamnus saxatilis ist ein unauffälliger, oft niederliegender, kleiner Strauch mit abstehenden, teils dornigen, teils unbewehrten Zweigen, der i.a. auf sonnenexponierten, felsigen Standorten zuhause ist und basische Substrate bevorzugt. Seine nördliche Verbreitungsgrenze läuft durch Süddeutschland. Die Art hat keine unmittelbare wirtschaftliche Bedeutung. Sie gehört der Untergattung *Eurhamnus* an.

Das Zentrum des natürlichen **Areals** liegt im südlichen Mitteleuropa und in Südosteuropa. Nach FURRER/BEGER [3] handelt es sich bei dieser Art um ein „pontisch-mediterranes Element von thermophilem Charakter". Für die Alpen wird 1280 m ü. NN als Höhengrenze angegeben [4]. Die Südgrenze des natürlichen Areals liegt in Mittelitalien und Nord-Spanien. Im Westen kommt er noch in Süd- und Südost-Frankreich vor und im Südosten besiedelt er große Teile Ungarns, Serbiens, Bulgariens und Rumäniens. Künstliche Anbauten sind nicht bekanntgeworden.

Beschreibung

Ein niedrig bleibender, mehr in die Breite als in die Höhe (maximal 1,5 m) wachsender, kleiner, sommergrüner Strauch mit dichter, unregelmäßiger, aus Kurz- und Langtrieben zusammengesetzter Beastung. Die Langtriebe können mit einem Dorn enden. Es findet reichlich Vegetativvermehrung durch Absenker statt.

Blätter und junge Triebe

Hinsichtlich der Blattstellung besteht Ähnlichkeit mit *R. catharticus*. In der Blattgröße bleiben die 0,8 bis 3 cm langen und 0,5 bis 1,5 cm breiten, gegenständig oder fast gegenständig angeordneten und an Kurztrieben büschelig gehäuften *Saxatilis*-Blätter jedoch deutlich zurück.

Die Blattform ist nicht konstant, meist jedoch länglich elliptisch und nur selten rundlich. Die Spreite kann nach REHDER [8] gefaltet sein, der Blattstiel wird maximal 15 mm lang [3], der Blattrand ist (wie bei *R. catharticus*) fein gesägt, und die kleinen, pfriemlichen Nebenblätter fallen rasch ab.

Kennzeichnend sind 2 bis 4 bogig gekrümmte Adernpaare[1], mehr noch die beidseitig spitz zulaufende Blattspreite.

Junge Triebe des Felsen-Kreuzdorns bilden anfangs eine hell rotbraune, später eine grau bis olivbraune Rinde aus.

Winterknospen sind stets mit Tegmenten versehen. Als Seitenknospen liegen sie dem Spross eng an.

---

[1] *R. catharticus* hat 3 bis 4, *R. pumila* 6 bis 8 und *R. alpinus* 12 bis 16 Adernpaare [6].

Blüten und Früchte

Wie der Gemeine Kreuzdorn, so blüht auch *R. saxatilis* recht unscheinbar. Die etwa 4 bis 7 mm lang gestielten, vierzähligen, gelblich-grünen Einzelblüten stehen zu wenigen in blattachselbürtigen Büscheln. Sie sind zwittrig oder eingeschlechtig. Im letzteren Fall sind die Organe des anderen Geschlechts unvollkommen ausgebildet. Die 4 (selten 5) linealischen Kronblätter erreichen etwa die Länge der 4 (5) Staubblätter. Bei den ♀ Blüten fehlen die Kronblätter oft. Die 4 linealischen Kelchblätter sind ebenfalls von gelbgrüner Farbe, der Fruchtknoten ist oberständig.

Blütezeit: April/Mai.

Als Frucht wird eine kugelrunde, schwarzblaue, beerenartige Steinfrucht mit fleischigem Perikarp ausgebildet. Sie enthält 3 Steinkerne mit je einem Samen.

Die künstliche Vermehrung von *R. saxatilis* kann neben der Aussaat auch durch Absenker junger Triebe während des Sommers erfolgen [1].

Ökologie

Den Felsen-Kreuzdorn trifft man hauptsächlich in sonnigen, trockenen und felsigen Hanglagen an. Er gilt als Anzeiger für Kalkboden und wächst vorwiegend auf stickstoffarmen Standorten. Hinsichtlich der Lichtansprüche unterscheidet er sich nicht von *R. catharticus* und ist somit als Lichtpflanze einzustufen, die in gewissem Umfang auch Halbschatten toleriert. Feuchte Standorte werden gemieden, frische Böden nur selten besiedelt [2, 6].

In Oberbayern wächst der Strauch hauptsächlich auf Niederterrassenschottern und auf der Sonnenseite diluvialer Moränen, bei Eichstädt auf den sonnenseitigen Hängen des Altmühltales. Im Raum Schaffhausen tritt er gemeinsam mit *Quercus robur*, *Qu. pubescens*, *Sorbus aria*, *Corylus avellana*, *Acer campestre*, *Lonicera alpigena*, *Prunus mahaleb*, *Viburnum lantana* und *Berberis vulgaris* auf [3].

Weiterführende Literatur

[1]   BÄRTELS, A., 1989: Gehölzvermehrung. Verlag Eugen Ulmer, Stuttgart.

[2]   ELLENBERG, H., 1979: Zeigerwerte der Gefäßpflanzen Mitteleuropas, 2. Auflage. Scripta Botanica 9. Verlag Erich Goltze, Göttingen.

[3]   FURRER, E.; BEGER, H., 1925: Rhamnaceae. Kreuzdorngewächse. In HEGI: Illustrierte Flora von Mitteleuropa, Band 5, Teil 1, 320–350. J. F. Lehmanns Verlag, München.

[4]   GARCKE, A., 1972: Illustrierte Flora Deutschlands und angrenzender Gebiete, 23. Auflage. Paul Parey, Berlin und Hamburg.

[5]   GODET, J. D.,: Blüten der einheimischen Baum- und Straucharten. Arboris-Verlag, Bern.

[6]   OBERDORFER, E., 1970: Pflanzensoziologische Exkursionsflora für Süddeutschland und die angrenzenden Gebiete, 3. Auflage. Verlag Eugen Ulmer, Stuttgart.

[7]   POKORNY, A., 1864: Österreichs Holzpflanzen, Wien.

[8]   REHDER, A., 1986: Manual of Cultivated Trees and Shrubs, Hardy in North America, 2. ed. Dioscorides Press, Portland, OR.

Die Autoren:

Prof. em. Dr. PETER SCHÜTT
Lehrstuhl für Forstbotanik
Ludwig-Maximilians-Universität München
Am Hochanger 13
D-85354 Freising

ULLA M. LANG
Schützenstraße 6
D-82383 Hohenpeißenberg

Rhododendron ferrugineum Linné, 1753

syn.: Chamaerhododendron ferrugineum Bubani

Rostblättrige Alpenrose

engl.: Rusty-leaved alpenrose
franz.: Laurier rose des alpes
ital.: Rosa delle alpi

Familie: Ericaceae
Unterfamilie: Rhododendroideae

Abb. 1: Rhododendron ferrugineum. Blühende Sträucher in den Schweizer Alpen

Rhododendron ferrugineum, ein immergrüner, rotblühender Strauch von etwa 1 m Höhe, bildet nahe der alpinen Waldgrenze auf kalkarmen Substraten Reinbestände. Außerdem wächst er als Unterholz in lichten Nadelwäldern.

Der unter Schutz stehenden Art kommt als Pionierpflanze und Erosionsschutz erhebliche ökologische Bedeutung zu.

Kennzeichnend und namengebend ist die mit vielen Drüsenschuppen besetzte, rostrote Blattunterseite (lat. ferrugineum = rostfarben).

Die Blätter sind giftig, und auch der reichlich gebildete Nektar gilt zumindest als unbekömmlich.

Verbreitung

R. ferrugineum ist eine Pflanze mittel- und südeuropäischer Gebirge, deren Areal die gesamte Alpenkette einschließt sowie die Pyrenäen (1150 bis 2700 m), den nördlichen Apennin und auch die südkroatischen Gebirge umfaßt [8]. Im Gegensatz zu *R. hirsutum* werden die Zentralalpen stärker besiedelt als die Kalkalpen.

Kleinere isolierte Vorkommen liegen außerdem im Westen des Schweizer Jura, im nördlichen Alpenvorland (u.a. bei Kempten, im Raum Wengen, bei Peiting und nahe Rottenbuch), wobei es sich um Eiszeit-Relikte handeln dürfte [8].

In den Alpen liegt das Schwergewicht der Verbreitung zwischen 1500 und 2300 m ü. NN. oft oberhalb der aktuellen Waldgrenze. Als obere Höhengrenzen nennt HEGI [8]:

Seealpen	3200 m	Mt. Rosa (Südhänge)	2815 m
Graubünden	2850 m	Tirol und Wallis	2700 m
Berner Oberland	2820 m	Bayer. Alpen	2030 m

Die untere Höhengrenze kann auch im geschlossenen Areal gelegentlich bis ca. 500 m ü. NN herabgehen, so z.B. am Vierwaldstädter- und am Thuner See.

Beschreibung

Rostblättrige Alpenrosen sind immergrüne, basiton verzweigte, etwa 1 m (max. 2 m) hohe Sträucher mit langen und biegsamen, bogig aufsteigenden Ästen. Die Haupttriebe verzweigen sich monopodial, die endständig blühenden Seitenzweige sympodial [1]. *R. ferrugineum* kann ein Höchstalter von etwa 100 Jahren erreichen [8].

Knospen, Blätter und Zweige

R. ferrugineum bildet zwei Formen von Winterknospen: (a) ca. 7 mm lange, schmal eiförmige, zugespitzte, grüne vegetative Knospen mit 10 bis 12 fein bewimperten Tegmenten und (b) etwa 11 mm lange, eirunde, gelbgrüne Blütenknospen, die mit braunen, kugeligen Drüsen besetzte, am Rande weiß behaarte Tegmente aufweisen [1, 6].

Die wechselständigen, derb ledrigen, oberseits glänzend dunkelgrünen Laubblätter stehen gehäuft an den Zweigenden und fallen im Herbst des 2. Jahres ab. Zuvor verfärben sie sich orangegelb [7]. Sie sind von ovaler, obovater oder elliptisch-lanzettlicher Form, ganzrandig, i.a. 2,5 bis 4 cm (max. 5,5 cm) lang, 0,5 bis 1 cm breit und haben einen 0,5 cm langen Stiel. Der Blattrand ist etwas umgerollt, die gelbliche Mittelrippe tritt unterseits deutlich hervor, und als wichtiges Unterscheidungsmerkmal muß die rostbraune (anfangs gelbgrüne), mit zahllosen rundlichen Drüsenschuppen besetzte Blattunterseite hervorgehoben werden. Kennzeichnend für die Anatomie des Blattquerschnitts sind unter anderem das 3reihige Palisadenparenchym und die leicht papillös ausgebuchteten Epidermiszellen der Blattunterseite [8].

Die kräftigen, elastischen Zweige haben in der Jugend eine gelbgrüne, mit dunkelbraunen Drüsen besetzte Rinde, werden später aber graubraun [6, 8].

Blüten, Früchte und Samen

R. ferrugineum blüht im Juni/Juli, mitunter ein zweites Mal im November. Die sehr hübschen, etwa 1,5 cm langen, dunkel rosafarbenen Zwitterblüten sind zu 6 bis 12 (max. 20) in relativ kurzen, endständigen, aufrechten Doldentrauben angeordnet. An einem 10 mm langen Stiel befindet sich eine doppelte Blütenhülle. Der kleine (1,5 mm), grünliche Kelch hat 5 undeutliche und etwas unregelmäßig geformte, bewimperte Zipfel [6]. Die Krone ist trichterförmig und besteht aus fünf 10 bis 15 mm langen, auf der Innenseite fein weiß behaarten Petalen, deren 5 eiförmige Zipfel etwa so lang sind wie die Kronröhre, außerdem aus 8 oder 10 ungleich langen, oben kahlen, unten aber dicht weißfilzig behaarten Staubblättern aus einem oberständigen, fünffächerigen, reichlich Nektar absondernden Fruchtknoten mit weißem oder rosa Griffel und grünlicher Narbe. Die 1,2 mm langen Antheren öffnen sich an der Spitze mit 2 runden Poren [8].

Blütenformel: $*K5 C(5) A5+5 G(\underline{5})$

Noch im Spätherbst des Blütejahres reift die Frucht, eine 2,5 cm lang gestielte, verholzte, fünfklappige, septizide Kapsel (Länge: 5 bis 6 mm). Sie enthält eine große Zahl spindelförmiger, etwa 1 mm langer und 0,025 mg schwerer, vom Wind verbreiteter, hellbrauner Samen in zentralwinkelständiger Placentation [1, 7, 8].

Abb. 2/3: Triebspitze mit Blütenknospe. Triebspitze mit vegetativer Knospe

Abb. 4: Strauch mit endständigen Infloreszenzen (Doldentrauben) (Foto: V. Dorka)

Abb. 5: Blattgalle, hervorgerufen durch *Exobasidion rhododendri*

Vermehrung und Ökologie

R. ferrugineum ist Lichtkeimer. Die im Spätherbst reifenden Samen keimen epigäisch und durchlaufen keine endogene Keimruhe [1]. Oft enthalten die Kapseln aber taube Samen mit unvollständig entwickelten Embryonen [8], und bei keimfähigen Samen setzt die Keimung sehr spät ein – 8 Monate nach der Aussaat zu 58 % nach einem von HEGI [8] genannten Beispiel.

In Gärten kultiviert, erreicht die Wildform der rostblättrigen Alpenrose ebenfalls Höhen von 1 m, verlangt aber Halbschatten und frischen Boden [2]. Gut eignen sich die Nordseiten von Latschen-Gebüschen oder Wacholdern.

R. ferrugineum wird als Halblichtpflanze mit subozeanischen Klimaansprüchen charakterisiert, die meist in vollem Licht, aber auch im Halbschatten wächst [4, 5, 6], auf feuchten Substraten vorkommt und saure, stickstoffarme Böden anzeigt [4, 5].

Die Art benötigt eine geschlossene winterliche Schneedecke als Frostschutz. Nicht vom Schnee bedeckte Pflanzenteile sterben durch Frosttrocknis ab [13]. In schneearmen Wintern treten entsprechende Schäden gehäuft auf, und auch Spätfröste führen zu Ausfällen [8]. Im Experiment tolerierten Sämlinge -18 °C[1]. Des weiteren besteht hohe Windempfindlichkeit. Schon bei geringen Windstärken werden die Spaltöffnungen geschlossen und damit Photosynthese und Transpiration eingestellt. In windexponierten Lagen fehlt die Art daher [14].

R. ferrugineum stellt eine wichtige Pionierart auf Blockschuttfeldern der Urgesteins-Alpen dar. Weiterhin wächst sie oft als Unterholz in lichten Lärchen-, Bergkiefern-, Zirben- und Fichtenbeständen, südlich der Alpen sogar in Buchen- und Kastanienwäldern [8].

Die rostblättrige Alpenrose wird als Charakterart des *Vaccinio-Rhododendretum ferruginei* und des *Larici-Pinetum cembrae*, im Alpenvorland auch des *Vaccinio-Mugetum* und des *Vaccinio-Piceion* angesehen [10].

Generell werden neutrale bis saure, kalkarme Böden mit starker Rohhumusdecke besiedelt, wobei fast immer eine Vergesellschaftung mit *Vaccinium myrtillus* und *V. uliginosum* besteht. Häufige Begleiter sind außerdem Moosarten der Gattungen *Dicranum*, *Polytrichum* und *Hylocomium*, die Gräser *Deschampsia flexuosa*, *Anthoxanthum odoratum*, *Calamagrostis villosa* und *Nardus stricta* sowie u.a. *Geranium silvaticum*, *Empetrum nigrum*, *Arnica montana* und *Lonicera caerulea* [8].

R. ferrugineum und *R. hirsutum* gelten als weitgehend vikariierende Spezies, wobei die Höhengrenze bei ersterer i.a. 150 bis 250 m höher verläuft [8].

Taxonomie und Bastardierung

Die Taxonomie des mit mehreren hundert Arten belegten Genus *Rhododendron* gilt als unübersichtlich und wenig befriedigend [1, 9]. Das Genzentrum der Gattung liegt in Ostasien. 4 Arten kommen in Mittel- und Südeuropa natürlich vor, gärtnerisch angebaut werden in Mitteleuropa jedoch ca. 100 Wildformen.

KRÜSSMANN [9] stellt *R. ferrugineum* zum Subgenus *Rhododendron* (Kennzeichen: immergrüne, unterseits beschuppte Blätter), Serie *Ferrugineum* und folgt damit dem System nach SLEUMER.

---

[1] For. Abstr. **32**, 280, 1971

Untersuchungen zur innerartlichen Variabilität der Art haben nicht stattgefunden. Die Rede ist allein von einer weißblühenden (f. *album* SWEET) und einer purpurrot blühenden Form (f. *atropurpureum* MILLAIS) [9].

Die Chromosomenzahl von *R. ferrugineum* beträgt 2 n = 26 [1].

Dort, wo *R. ferrugineum* und *R. hirsutum* in Nachbarschaft wachsen, entsteht häufig der Artbastard *R. x intermedium* TAUSCH. Er bildet keimfähige Samen, und durch wiederholte Rückkreuzungen mit den Elternarten kommt es in den Hybrid-Populationen zu einer kontinuierlichen Variabilität der Merkmale. Unter anderen entstehen Pflanzen, deren Blätter unterseits braun beschuppt und am Rande bewimpert sind [8].

Pathologie

Obwohl Blätter und Triebe der Alpenrose von mehreren teils saprophytischen, teils parasitären Pilzarten (u.a. aus den Gattungen *Puccinia, Lophodermium, Physalospora*) besiedelt werden können, wird die Art dadurch nicht ernsthaft gefährdet. Besonders häufig sind vertreten:

– ein Rußtau-Belag durch *Apiosporum rhododendri* FUCK.

– lebhaft gefärbte Pilzgallen, sog. „Alpenrosen-Äpfel", ausgelöst durch Infektionen von *Exobasidion rhododendri* CRAMER.

– Uredo- und Teleutolager des wirtswechselnden Fichten-Nadelrostes *Chrysomyxa rhododendri* (DC.) DE BARY an den Blattunterseiten. Hauptwirt ist die Fichte, deren Nadeln mit dem Erscheinen der gelblich orangefarbenen Aecidienlager des Pilzes vergilben und abfallen [3].

Auch Insekten werden nur ausnahmsweise schädlich. So z.B. *Psylla rhododendri*, ein Blattfloh, der Mißbildungen an der Blattspreite hervorruft [8]. Mechanische Schäden entstehen im Winter: einerseits infolge Verbiß durch den Weißen Alpenhasen, zum anderen durch Schneehühner, welche sich von den Knospen ernähren [8].

Über die Reaktion der Art gegenüber Luftschadstoffen liegen keine Informationen vor.

Verschiedenes

– Die große ökologische Bedeutung der Art besteht in ihrer Funktion als Pionierpflanze und als Erosionsschutz auf Blockhalden und steilen Hängen des Silikatgebirges. Demgegenüber ist die Nutzung als Zierpflanze in Steingärten von geringem Gewicht.

– Mit Ausnahme der Feststellung, daß eine Ektomykorrhiza[2] gebildet wird [8], fehlen jegliche Informationen über das Wurzelsystem.

– Vom Holz wird lediglich beschrieben, daß es zerstreutporig und von rötlich hellbrauner Farbe ist sowie keinen Farbkern ausbildet [8].

– Die Blätter der rostblättrigen Alpenrose sind giftig; Nektar und Honig ebenfalls. Nach Verzehr treten Erbrechen, Leibschmerzen und eine Verringerung der Herzfrequenz ein. Selbst vor dem Aussaugen der Blüten wird gewarnt [12].

[2] eher wohl eine typische Ericaceen-Mykorrhiza

Literatur

[1] BARTELS, H., 1993: Gehölzkunde. Verlag Eugen Ulmer, Stuttgart.

[2] BOERNER, F., 1985: Blütengehölze für Garten und Park. Verlag Eugen Ulmer, Stuttgart.

[3] BUTIN, H., 1989: Krankheiten der Wald- und Parkbäume. 2. Aufl., Georg Thieme Verlag, Stuttgart.

[4] ELLENBERG, H., 1979: Zeigerwerte der Gefäßpflanzen Mitteleuropas. 2. Aufl., Scripta Geobotanica 9, Verlag E. Goltze, Göttingen.

[5] ELLENBERG, H., 1996: Vegetation Mitteleuropas mit den Alpen. 5. Aufl., Verlag Eugen Ulmer, Stuttgart.

[6] GODET, J. D., 1983: Knospen und Zweige der einheimischen Baum- und Straucharten. Verlag J. Neumann – Neudamm.

[7] HECKER, U., 1995: BLV Handbuch Bäume und Sträucher. BLV, München und Wien.

[8] HEGI, G., 1927: Illustrierte Flora von Mitteleuropa. Band V., Teil 3, Verlag Lehmann, München.

[9] KRÜSSMANN, G., 1978: Handbuch der Laubgehölze. Band III, 2. Aufl., Verlag Paul Parey, Berlin und Hamburg.

[10] OBERDORFER, E., 1970: Pflanzensoziologische Exkursionsflora für Süddeutschland und die angrenzenden Gebiete. 3. Aufl., Verlag Eugen Ulmer, Stuttgart.

[11] PORNON, A.; DOCHE, B., 1995: Influence des populations de Rhododendron ferrugineum L. sur la vegetation subalpine (Alpes du Nord-France). Feddes Repert. 106, 179–191.

[12] ROTH, L.; DAUNDERER, M.; KORMANN, K., 1984: Giftpflanzen – Pflanzengifte. ecomed Verlagsges. Landsberg/Lech.

[13] SAKAI, A.; LARCHER, W., 1987: Frost Survival of Plants. Springer Verlag, Berlin, Heidelberg, New York.

[14] TRANQUILLINI, W., 1979: Physiological Ecology of the Alpine Timberline. Ecol. Studies 31. Springer-Verlag, Berlin, Heidelberg, New York.

Die Autoren:

Prof. em. Dr. PETER SCHÜTT
Lehrstuhl für Forstbotanik
Ludwig-Maximilians-Universität München
Am Hochanger 13
D-85354 Freising

ULLA M. LANG
Schützenstraße 6
D-82383 Hohenpeißenberg

Rhus LINNÉ, 1753

Sumach   Familie: Anacardiaceae

Abb. 1: Rhus-Arten mit unterschiedlichen Blattformen.
  a   Rhus ovata WATS. aus Arizona und Südkalifornien (immergrün, ledrig)
  b   Rhus glabra L. aus dem Osten Nordamerikas
  c   Rhus virens LINDH. EX GRAY aus Texas und New Mexico (immergrün)

Die Gattung *Rhus* ist eine von 60 Anacardiaceen-Gattungen. Die meisten dieser Genera sind tropischen oder subtropischen Ursprungs. In den gemäßigten Zonen der Nordhemisphäre kommen neben *Rhus* noch *Cotinus* und *Pistacia* als weitere Gattungen dieser Familie vor.

Von den etwa 150 *Rhus*-Arten leben mehr als 100 in den außertropischen Gebieten beider Hemisphären, 16 oder 17 davon im temperierten oder semiariden Klima Nordamerikas, ca. 60 im gemäßigten Asien und nur drei Arten in Europa (*R. coriaria* L. in Südeuropa, *R. pentaphylla* (JACQ.) DESF. und *R. tripartita* (UCRIA) GRANDE auf Sizilien) [5]. In Mitteleuropa fehlt der Genus von Natur aus, ist aber durch die häufig kultivierte und aus Kultur verwilderte *R. typhina* vertreten.

Gattungsmerkmale

Rhus-Arten sind in der Mehrzahl laubabwerfende oder immergrüne Sträucher, manchmal auch Lianen und in einigen Fällen kleine Bäume.

Kennzeichnend sind u.a. die kräftigen Triebe, die fleischigen Wurzeln und die wechselständigen, meist unpaarig gefiederten Blätter. Die meisten Arten führen Milchsaft. Die Mehrzahl der *Rhus*-Arten ist dioezisch, der Rest polygam. Die kleinen Blüten stehen in terminalen oder achselständigen Rispen oder Thyrsen, haben 5 Kronblätter und 5 Staubblätter, die unter einem bräunlichen Diskus entspringen.

Verbreitungseinheiten sind die rundlichen oder abgeflachten Steinfrüchte mit dünnem Exokarp, harzigem Mesokarp und sehr hartem Endokarp. Die Samen enthalten kein Endosperm und keimen epigäisch.

Taxonomie

Die Taxonomie der Gattung *Rhus* hat sich während der letzten 200 Jahre mehrfach geändert [1]. Einige Autoren betrachten *Schmaltzia* DESV. und *Toxicodendron* MILL. als separate Genera, andere beziehen sie in die Gattung *Rhus* ein. So auch REHDER [3], der die wichtigsten Arten aus den gemäßigten Zonen den Sektionen *Sumac* DC und *Toxicodendron* GRAY zuordnet:

Sektion *Sumac* DC: Blüten in terminalen Rispen, Früchte dicht behaart und rot, Blätter gefiedert. Dazu gehören u.a.:

R. glabra L.: häufiger Strauch, 3 bis 4 m hoch, Nordamerika.

R. typhina L.: Strauch oder kleiner Baum, Nordamerika. In Europa in Kultur und verwildert.

R. copallina L.: Kopalharz und Gerbstoffe liefernder Strauch oder kleiner Baum im Osten der USA.

Abb. 2: Rhus glabra am natürlichen Standort in Maine

R. coriaria L.: Gerbersumach. Kleiner Strauch, Südeuropa, Westasien. Früher zum Gerben von Saffianleder verwendet.

Sektion *Toxicodendron* GRAY: Blütenstände axillär, Früchte weißlich oder bräunlich, meist kahl. Dazu gehören:

R. verniciflua STOKES: bis 20 m hoher Baum, Japan/China.

R. vernix L.: Strauch oder kleiner Baum. Von Ontario und Minnesota südlich bis Florida und Louisiana. Blätter allergetisch.

R. radicans L.: Kletterpflanze. Nordamerika, südlich bis Florida.

R. triloba NUTT.: Übelriechender, 1 bis 2 m hoher Strauch. Nordamerika; von Illinois und Washington bis Kalifornien und Texas.

Insgesamt werden 6 Subgenera (bei REHDER: Sektionen) ausgeschieden. Bereits 1881 hatte ENGLER [2] die Gattung *Rhus* allein aufgrund der „äußeren und inneren Beschaffenheit der Früchte" in 4 Sektionen unterteilt.

Die von manchen Autoren als separate Gattungen, von REHDER, ENGLER und anderen als verschiedene Sektionen (Untergattungen) aufgefaßten Taxa *Rhus* und *Toxicodendron* unterscheiden sich in folgenden Merkmalen:

	Rhus	Toxicodendron
Blütenstände	Terminale Thyrsen	Axilläre Rispen
Früchte	rötlich oder rot immer behaart Exokarp und Mesokarp eng verbunden, trennen sich leicht vom glatten Steinkern	grünlich oder gelblich-weiß niemals behaart Exokarp brüchig, so daß wachsiges Mesokarp sichtbar wird. Dieses bleibt mit dem ± gerippten Steinkern verbunden
Harze	nicht giftig	stets giftig
Tanningehalt	hoch	gering
Harzkanäle	in den Holzstrahlen einiger Arten	fehlen
Pollen	ellipsoid längere Achse: 31 – 43 µm	rund Durchmesser: ca. 29 µm
Wurzelhaare	bräunlich-rosa und heller	dunkelbraun

Weil *Rhus* und *Toxicodendron* im Typ der Infloreszenz sowie im Blüten- und Fruchtaufbau weitgehend übereinstimmen, die anderen aufgeführten Unterschiede aber weder konstant noch taxonomisch relevant sind, plädiert BRIZICKY [1] für die Beibehaltung des Subgenus-Status von *Toxicodendron*. Moderne Standard- und Bestimmungsbücher behandeln die beiden Taxa teils als separate Genera [5, ZANDER], teils als Taxa desselben Genus (FITSCHEN).

Der in Mitteleuropa seit langem als Zierelement kultivierte, zeitweise auch als Gerbstofflieferant angebaute Hirschkolbensumach *(Rhus typhina)* wird in einer separaten Monographie behandelt. Die folgenden Kurzbeschreibungen sollen die morphologischen Verschiedenheiten innerhalb des Genus verdeutlichen.

Rhus glabra L.
Scharlach-Sumach

engl.: Smooth Sumac, Scarlet Sumac

Ein im Osten Nordamerikas von Quebec bis Texas beheimateter Strauch, gelegentlich auch ein kleiner Baum, der im Süden auf frischen, nährstoffreichen, im Nordosten auch auf sandigen Substraten Dickichte bildet und wegen seiner roten Fruchtstände und der prächtigen Herbstverfärbung seit langem in Kultur ist. In der Prairie wird er als Windschutz, andernorts als Erosionsschutz angebaut.

Die Fiederblättchen sind fein und scharf gesägt, haben eine dunkelgrüne Ober- und eine hellgrüne bis fast weiße Unterseite.

Die kleinen, weißen Blüten stehen in terminalen Thyrsen. Kennzeichnend ist das Fehlen jeglicher Behaarung an jungen Trieben und an den Infloreszenz-Achsen.

Abb. 3: Rhus virens im Big Bend Nat. Park, Texas

Rhus virens GRAY

syn.: R. sempervirens SCHEELE

engl.: Evergreen sumac

Eine immergrüne Sumach-Art aus semiariden Gebirgslagen Mexikos und der südlichen USA. Die 5 bis 9 ledrigen, aber relativ weichen, oberseits glänzend dunkelgrünen Fiederblättchen sind eher oval, nur 1,2 bis 3,7 cm lang und verfärben sich vor dem Abfallen gelb, braun oder rot. Die Blütenstände erscheinen zur gleichen Zeit wie die Blätter.

Comanchen-Indianer mischten fermentierte Blätter unter den Rauchtabak. Aus den reifen Früchten bereiteten sie Erfrischungsgetränke.

Abb. 4: Rhus virens. Verfärbung der Blätter vor dem Abfallen

Weiterführende Literatur

[1] BRIZICKY, G.K., 1963: Taxonomic and nomenclatural notes on the genus Rhus (Anacardiaceae). J. Arnold Arb. **44**, 60–80.

[2] ENGLER, A., 1881: Über die morphologischen Verhältnisse und die geographische Verbreitung der Gattung Rhus, wie der mit ihr verwandten, lebenden und ausgestorbenen Anacardiaceae. Bot. Jahrb. **1**, 365–426.

[3] REHDER, A., 1986: Manual of Cultivated Trees and Shrubs Hardy in North America. 2. ed. Dioscorides Press, Portland, OR.

[4] SARGENT, C.S., 1965: Manual of the Trees of North America. 2. ed. Dover Publications, Inc., New York.

[5] TUTIN, T.G.; HEYWOOD, V.H. et al., 1968: Flora Europaea, Vol. 2, Cambridge at the University Press.

[6] VINES, R.A., 1976: Trees, Shrubs, and Woody Vines of the Southwest. Univ. Texas Press, Austin and London.

Die Autoren:
Prof. em. Dr. PETER SCHÜTT
Lehrstuhl für Forstbotanik
Ludwig-Maximilians-Universität München
Hohenbachernstraße 22
D-85354 Freising

ULLA M. LANG
Schützenstraße 6
82383 Hohenpeißenberg

Rhus typhina LINNÉ, 1756
syn.: Rhus canadensis MILL., Rhus hirta SUDW.

Hirschkolbensumach, Essigbaum   Familie: Anacardiaceae

engl.: Staghorn sumac, Virginian sumac
franz.: Sumac de Virginie, Sumac amarante
ital.: Sommacco maggiore

Abb. 1: Männlich blühender Strauch, aus Kultur verwildert

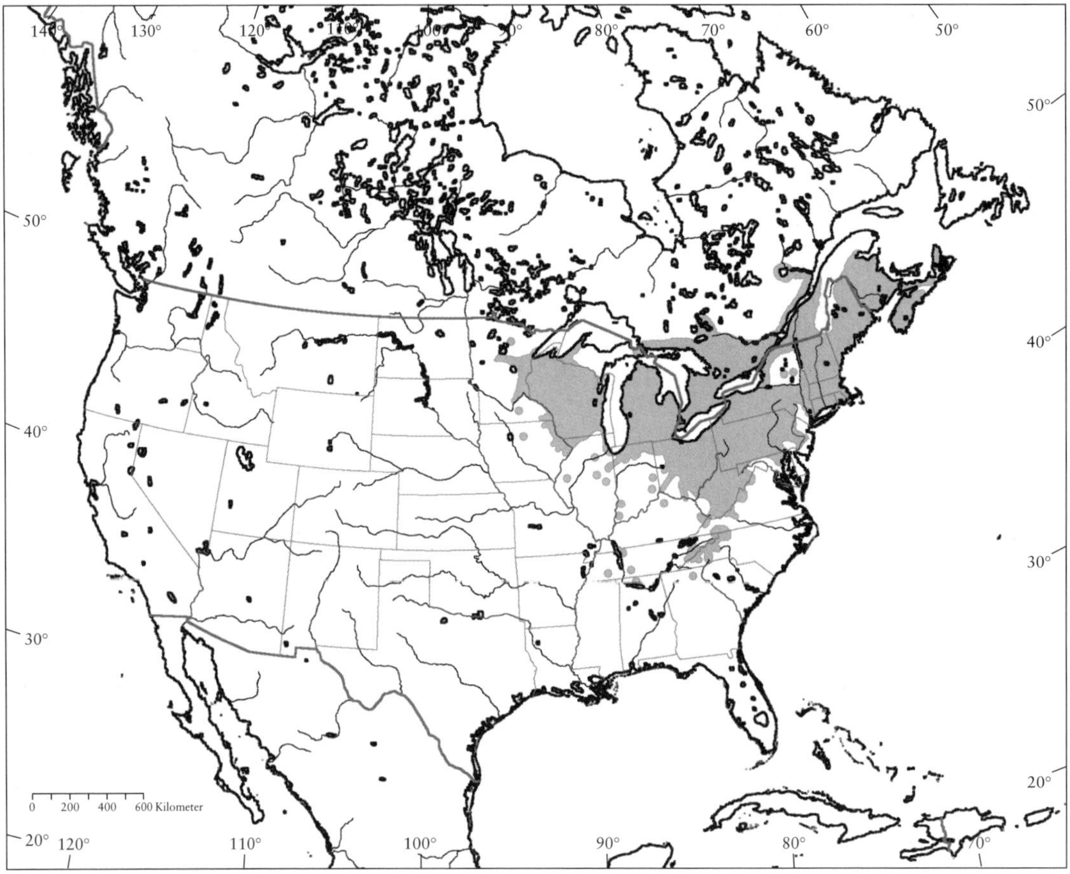

Abb. 2: Natürliches Verbreitungsgebiet (nach LITTLE, 1977)

Rhus typhina, ein zumeist 3 bis 5 m hoher, aus dem Osten Nordamerikas stammender, sommergrüner Strauch, wurde schon 1629 in Europa eingeführt und fand wegen seiner prächtigen Herbstverfärbung und seiner leuchtend roten, auch im Winter erhaltenen Fruchtstände weite Verbreitung als Ziergehölz. Unter günstigen Bedingungen wird die Art zu einem kleinen, im Extrem 12 m hohen Baum.

Eine gewisse wirtschaftliche Bedeutung erlangt *R. typhina* durch den relativ hohen Gerbstoffgehalt in Blättern und Rinde. Während des 2. Weltkrieges und danach kam es in Nordamerika, Europa und Asien zur Selektion besonders gerbstoffreicher Klone und zu deren Anbau in Plantagen.

Die Rinde des Essigbaumes führt einen weißen, ungiftigen Milchsaft, der bei Luftzutritt schwarz wird.

Der englische und der deutsche Trivialname geht auf eines der kennzeichnenden Artmerkmale ein: die kräftigen, intensiv braunfilzig behaarten jungen Triebe, welche an ein Hirschgeweih im Bast erinnern.

Verbreitung

Das natürliche Areal von *R. typhina* liegt im Osten Kanadas und der Vereinigten Staaten. Es erstreckt sich von Neu-Schottland und dem unteren Tal des St. Lorenz-Stromes westwärts bis nach Nordost-Iowa und bis zum Lake Huron und geht dann entlang der Appalachen nach Süden bis in die Staaten Georgia, Zentral-Alabama, Mississippi und Florida.

Als Zierelement für Garten und Park spielt *R. typhina* besonders in Mittel- und Nordeuropa eine beträchtliche Rolle. Nennenswerte Anbauten zur Gerbstoffgewinnung fanden in den USA, der ehemaligen Tschechoslowakei, in Rußland, Ungarn und Deutschland statt, neuerdings auch in Pakistan [11].

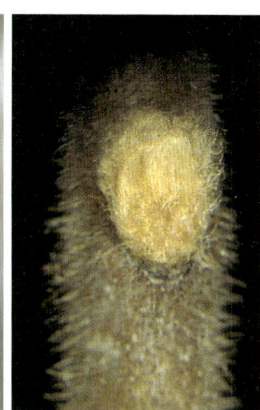

Abb. 4: Junger Trieb (links) und starke Behaarung an Knospe und jungem Trieb (rechts)

Abb. 5: Borke (links); Blattober- und -unterseite (rechts)

Abb. 3: Rhus typhina am natürlichen Standort in Maine

Beschreibung

Erscheinungsbild

Im natürlichen Areal kann *R. typhina* unter besonders günstigen Bedingungen zu einem 12 m hohen, oft mehrstämmigen Baum werden. Häufiger wächst die Art zu breitkronigen Sträuchern mit kurzen, meist krummen Stämmen (maximal BHD = 35 cm) heran. Sie bildet insbesondere auf nährstoffarmen Sanden zahlreiche Schößlinge aus flachstreichenden Wurzeln, die sich zu kleinen Dickichten entwickeln [5, 13].

R. typhina verzweigt sich sympodial, denn die Terminaltriebe schließen mit einem Blütenstand ab.

In Europa wird die Art kaum höher als 6 m und fällt durch die sperrige, aus nur wenigen kräftigen, aufwärts gerichteten Ästen bestehende, gabelige Beastung auf.

Ältere Stämme bilden eine graue, rissige Borke aus. Die Rinde mehrjähriger Äste ist mit zahlreichen vertikal orientierten, orange-braunen Lenticellen besetzt.

Abb. 6: Wurzelbrut

Blattstiel (5 bis 10 cm lang) und Blattspindel sind dicht mit weichen Haaren besetzt; auch die Adern der Blattunterseite tragen Haare.

Ein Blatt setzt sich aus 9 bis 31 gegenständig oder fast gegenständig angeordneten Fiederblättchen zusammen. Die mittleren Paare sind am größten, nur das terminale Fiederblättchen ist gestielt. Die Form der Blättchen variiert von elliptisch bis länglich-lanzettlich; oft ist sie leicht sichelförmig. Der Apex läuft spitz zu, die Basis ist rundlich, halbherzförmig und häufig etwas ungleichmäßig geformt. Die Länge der Fiederblättchen schwankt zwischen 8 und 12 cm, die Breite zwischen 2 und 3 cm [3] (nach VINES [15] zwischen 2 und 15 cm bzw. zwischen 0,7 und 2,2 cm). Der Blattrand ist ungleichmäßig gesägt, die Spitze bleibt ganzrandig [3]. Elektronenoptische Befunde der Blattoberfläche wie Haarformen, Wachs- und Cuticularstrukturen lassen sich z.T. für die Artdiagnose verwenden [7].

R. typhina fällt durch eine wunderschöne Herbstverfärbung auf, die zunächst gelbe, dann orangefarbene Töne zeigt und im Oktober mit einem leuchtenden Karmesinrot endet.

Abb. 7: Laubblatt

Knospen und junge Triebe

R. typhina bildet im generativen Kronenbereich keine Terminalknospen. Die kegelförmigen, lateralen Winterknospen sind kaum einen Zentimeter lang und werden von einem dichten, braunen Haarfilz umgeben. Knospenschuppen fehlen.

Auch die kräftigen, spröden jungen Triebe sind dicht braunfilzig behaart, verkahlen aber im dritten und vierten Jahr. Sie weisen ein rundes, orange-braunes Mark auf und enthalten einen weißen, bei Verletzung austretenden Milchsaft, der an der Luft schwarz wird. Der Milchsaft ist nicht giftig [4].

Blätter

Die wechselständigen, oberseits lebhaft grünen und ein wenig glänzenden, 12 bis 60 cm langen, unpaarig gefiederten Blätter haben eine graugrüne, weißliche Unterseite.

Abb. 8: Blütenstand, männl.

Abb. 9: Einzelblüte, männl.

Blüten, Früchte, Samen

Rhus typhina ist eine zweihäusige Art. Sie blüht im Frühsommer nach dem Austrieb der Blätter, und zwar erscheinen die weiblichen Blüten etwa eine Woche vor den männlichen [13].

Männliche und weibliche Blüten stehen zu vielen in dichtblütigen, gelbgrünen (♂) bzw. rötlichen (♀), terminalen Infloreszenzen (Thyrsen): Die locker aufgebauten, bis 20 cm langen männlichen sind um etwa ein Drittel größer als die kompakten weiblichen Blütenstände [13]. Jeder Blüte ist ein 1,5 mm langes und 0,5 mm breites Deckblättchen zugeordnet, dessen Innenseite lang behaart ist [1].

Die fünfzähligen Einzelblüten bestehen aus einem fünfzipfeligen, etwa 1,5 mm langen, außen behaarten, innen kahlen Kelch, aus weißlichen bis gelblich-grünen, 3,5 mm langen und 1,5 mm breiten, behaarten Kronblättern und einem auffälligen, hellroten, dreilappigen Diskus.

Abb. 10: Blütenstand, weibl.

Abb. 11: Fruchtstand

Der Stempel trägt 3 Narben, männliche Blüten bilden 5 Staubblätter mit großen, orangefarbenen Antheren aus [13] und enthalten einen verkümmerten Fruchtknoten [5].

Blütenformeln:
♂: *K 5 C 5 A 5
♀: *K 5 C 5 A (3)

Chromosomensatz: 2 n = 30.

Die ca. 4 mm langen, 4,5 mm breiten, etwas abgeflachten Früchte (trockene Steinfrüchte) sind im August ausgewachsen und werden im Spätherbst reif. Parthenokarpie ist häufig.

Das dünne Exokarp bildet eine dichte Schicht langer, roter Haare. Der kleine, einsamige Steinkern ist von hellbrauner Farbe.

Die glatten, ca. 2,7 mm langen und 2 mm breiten, orange-braunen Samen enthalten kein Endosperm. Sie werden hauptsächlich durch Vögel verbreitet und keimen epigäisch.

Das Tausendkorngewicht liegt bei 11 g.

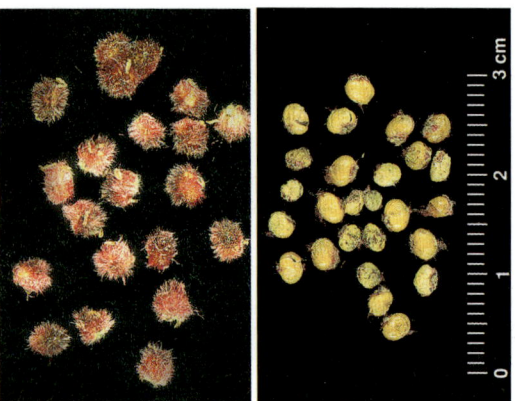

Abb. 12: Steinfrüchte mit roten Haaren am Exokarp (links) und Steinkerne (rechts)

Holz

Rhus typhina-Holz ist leicht, weich und relativ spröde. Es hat einen rel. mächtigen, fast weißen Splint und einen grün gestreiften, orangefarbenen Kern [13].

Die Gefäße sind meist in Gruppen angeordnet und oft mit Thyllen verstopft[1].

---

[1] For. Abstr. 43, 6950, 1982

Abb. 13: Rhus typhina var. laciniata

Taxonomie

Unter insgesamt ca. 150 *Rhus*-Arten wird *R. typhina* gemeinsam mit anderen Arten der gemäßigten Zonen der Sektion *Sumac* zugeordnet. Kennzeichen: Blüten in terminalen Infloreszenzen, Früchte dicht behaart und rot, Blätter unpaarig gefiedert.

Gärtnerische Bedeutung haben vor allem die geschlitztblättrigen Formen

- *R. typhina* 'Dissecta' mit tief eingeschnittenen Fiederblättchen
- *R. typhina* 'Laciniata' (*R. typhina* var. *laciniata* WOOD), zusätzlich mit stark zerschlitzten Hochblättern im Blütenstand.

Anzucht

R. typhina läßt sich für gärtnerische Zwecke leicht und zuverlässig durch Wurzelschnittlinge vermehren, die man im Spätherbst gewinnt.

Für die Anzucht größerer Sämlingszahlen ist die generative Vermehrung wirtschaftlicher. Das gilt aber nur, wenn sich der Hohlkornanteil des Saatgutes in Grenzen hält, was wiederum aufs Engste mit der Präsenz männlicher Sträucher (Polleneltern) in der Nachbarschaft der Mutterbäume zusammenhängt. Vollkörner fallen durch ihre pralle, runde Form und die korallenrote Farbe, Hohlkörner hingegen durch ein rissiges, braun gesprenkeltes Exokarp auf [12].

Ein weiteres Hindernis stellt die ausgeprägte Keimhemmung (Hartschaligkeit) des Saatgutes dar, welche sich durch die übliche Kalt/Naß-Stratifizierung nicht überwinden läßt. Gut bewährt hat sich hingegen das Anritzen des Steinkerns mit Feilen; weniger gut eine Heißwasser-Behandlung und das Tauchen (10 Min.) in Schwefelsäure [6, 10, 12].

Ökologie

R. typhina findet optimale Wuchsbedingungen auf nährstoffreichen Substraten der sonnigen Südhänge West Virginias, Tennessees und Kentuckys. Dort wächst sie einzeln, in kleinen Gruppen oder Dickichten im offenen Gelände. Als Unterholz in Wäldern kommt sie nicht vor. Die Art stellt geringe Bodenansprüche, wächst auf Kalk wie auf Urgestein und wird auf nährstoffarmen, trockenen Standorten sogar als Erosionsschutz angebaut. Nasse, kalte und saure Böden werden aber gemieden. Der Hirschkolbensumach ist in Europa winterhart. Er verträgt Hitze und Trockenheit, hat sich auch in China als dürreresistent erwiesen[2] und ist als Lichtgehölz anzusprechen, das in der Jugend auch Halbschatten verträgt.

Für die Anlage von Gerbstoff-Plantagen empfiehlt ZIEGER [16] sonnige Südhänge.

Pathologie

Rhus typhina wird weder in seiner Heimat noch in Europa ernsthaft von Schadinsekten oder Krankheitserregern bedroht.

Der wichtigste pilzliche Parasit dürfte *Verticillium alboatrum* sein, ein Welkeerreger, der in die Gefäße des Frühholzes eindringt, dadurch den Wassertransport hemmt und überdies Welketoxine ausscheidet. Symptome: Welken der Blätter und Triebspitzen, später Absterben ganzer Kronenteile und Totalausfall.

Auch *Botrytis cinerea*, der Erreger der Grauschimmelfäule, ruft an Essigbäumen ein Triebsterben hervor[3]. Sämlinge sind anfällig gegen die Umfallkrankheit [15].

Über die Empfindlichkeit gegenüber Luftschadstoffen gehen die Ansichten auseinander. In der Ukraine hat die Art SO_2-Konzentrationen von 1,2, 1,8 und 2,3 mg/l besser vertragen als 70 andere Baumarten[4]. Demgegenüber stufen SINCLAIR et al. [14] die Art als empfindlich gegenüber SO_2 und O_3 und als mäßig tolerant gegen HF ein.

Nutzung

Für einige Indianerstämme des amerikanischen Ostens hatte *R. typhina* medizinische Bedeutung: Die Wurzeln dienten als Mittel gegen Blutungen, die Früchte gegen Lungenleiden und ein Tee aus der inneren Wurzelrinde gegen „innere Beschwerden" [1].

Zerquetschte, reife Früchte in Wasser ergeben ein beliebtes Erfrischungsgetränk, das als „Indian lemonade" bezeichnet wird.

Örtlich setzt man Sumach-Früchte bei der Essigherstellung zu. Das Holz hat keine wirtschaftliche Bedeutung, eignet sich aber für die Kunsttischlerei.

Von deutlich größerem Gewicht ist die Nutzung der Art als Gerbstoffquelle. Einen besonders hohen Gerbstoffgehalt weisen die Wurzelrinde und die Fiederblättchen auf. Nur letztere werden genutzt. Sie enthalten kurz vor dem Einsetzen der Herbstverfärbung 27 bis 29 % (Basis Trockengewicht) hochwertigen Gerbstoff, der sich gut zum Gerben feinen Leders eignet.

Anbauten mit selektierten, besonders gerbstoffreichen Klonen (Spitzenwerte: 35 bis 42 %) fanden in mehreren europäischen Ländern und in den USA statt [5, 6]. In Amerika wurden jährliche Hektarerträge von 138,6 kg Reingerbstoff erzielt. Diese Werte liegen allerdings deutlich unter den europäischen und auch unter denen von *Rhus glabra* und *R. coppalina* [6].

In Europa stellt *R. typhina* seit langem ein beliebtes und bewährtes Ziergehölz dar, das sich an mehreren Orten aus Kultur verselbständigt hat.

Verschiedenes

Die Intensität der Samenproduktion ist bei *R. typhina* negativ mit der vegetativen Entwicklung (Jahrringbreite, Stammgrundfläche) korreliert. Samentragende Sumach-Sträucher transportieren besonders viel Photosynthese-Produkte in die Krone [9].

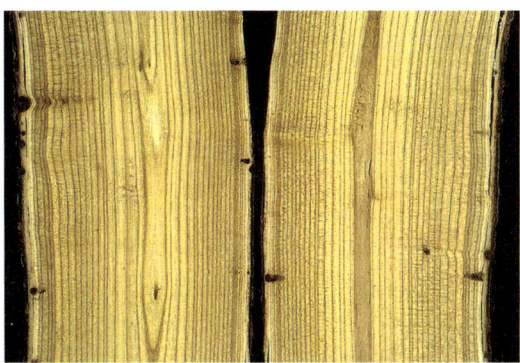

Abb. 14: Holz im Längsschnitt

[2] For. Abstr. **46**, 4694, 1985.
[3] For. Abstr. **25**, 3732, 1964.
[4] For. Abstr. **48**, 2750, 1987.

Abb. 15: Beginnende Herbstfärbung

Weiterführende Literatur

[1] BARKLEY, A., 1937: A monographic study of Rhus and its immediate allies in North and Central America, including the West Indies. Ann. Missouri Bot. Gard. **24**, 265.

[2] BRIZICKY, G.K., 1963: Taxonomic and nomenclatural notes on the genus Rhus (Anacardiaceae). J. Arnold Arb. **44**, 60–80.

[3] DIPPEL, L., 1892: Handbuch der Laubholzkunde. 2. Teil. Verlag Paul Parey, Berlin.

[4] FROHNE, D.; PFÄNDER, H.J., 1982: Giftpflanzen. Ein Handbuch für Apotheker, Ärzte, Toxikologen und Biologen. Wiss. Verlagsges. Stuttgart.

[5] GRAßMANN, W.; HUBER, B.; KUNTARA, W.; ENDISCH, O., 1944: Der Hirschkolben-Sumach (Rhus typhina) als Gerbstoffpflanze. Dt. Forstwirt **26**, 281–283.

[6] GRAßMANN, W.; TRUPKE, J., 1950: Sumacharbeiten im In- und Ausland. Das Leder **1**, 218–222.

[7] HARDIN, J.W.; PHILLIPS, L.L., 1985: Atlas of foliar surface features in woody plants. VII. Rhus subg. Rhus (Anacardiaceae) of North America. Bull. Torrey Bot. Club **112**, 1–10.

[8] LUBBOCK, J., 1892: Contribution to our knowledge of seedlings. London.

[9] LUKEN, J.O., 1987: Interactions between seed production and vegetative growth in staghorn sumac, Rhus typhina L. BULL. Torrey Bot. Club **114**, 247–251.

[10] MORGENEYER, W., 1956: Untersuchungen über die Beseitigung der Keimhemmung beim Samen des Hirschkolbensumachs (Rhus typhina). Archiv f. Forstwesen **5**, 203–242.

[11] QURAISHI, M.A.; IMAM, S.M.; AHMAD KHAN, S., 1964: Cultivation trials of Rhus typhina LINN. Pakistan J. Forestry **14**, 172–177.

[12] ROHMEDER, E., 1944: Keimungsphysiologische Untersuchungen am Saatgut von Rhus typhina. Dt. Forstwirt **26**, 341–342.

[13] SARGENT, C.S., 1965: Manual of the trees of North America. 2. ed., Dover Publications, Inc. New York.

[14] SINCLAIR, W.A.; LYON, H.H.; JOHNSON, W.T., 1987: Diseases of Trees and Shrubs. Cornell Univ. Press, Ithaca, London.

[15] VINES, R.A., 1976: Trees, Shrubs, and Woody Vines of the Southwest. Univ. Texas Press, Austin and London.

[16] ZIEGER, E., 1948: Über den Anbau des Hirschkolbensumach. Forstwirtschaft – Holzwirtschaft **2**, 248–252.

Die Autoren:

Prof. em. Dr. PETER SCHÜTT
Lehrstuhl für Forstbotanik
Ludwig-Maximilians-Universität München
Hohenbachernstraße 22
D–85354 Freising

ULLA M. LANG
Schützenstraße 6
D–82383 Hohenpeißenberg

Ribes alpinum L., 1753

Alpen-Johannisbeere, Berg-Johannisbeere   Familie: Grossulariaceae

engl.: Alpine currant
franz.: Groseillier des Alpes
ital.: Ribes alpino

Abb. 1: Ribes alpinum. Teil eines blühenden Strauches

Ribes alpinum, ein 1 bis 2 m hoher, sommergrüner Strauch, ist vornehmlich in hohen Lagen europäischer Gebirge, insbesondere in den Alpen, aber auch im Flachland heimisch. Er bevorzugt Schattlagen auf relativ frischen, kalkreichen Standorten und eignet sich gut als Heckenpflanze.

Die Art ist unvollkommen dioezisch, bildet reichlich Absenker und blüht sehr unscheinbar. Die glänzend roten Beeren schmecken fade und werden nicht genutzt.

In Mitteleuropa ist R. alpinum völlig frosthart, wird aber selten kultiviert. Der deutsche Trivialname ist in sofern inkorrekt, als die Art auch im Flachland vorkommt.

Verbreitung

R. alpinum ist in weiten Teilen Europas autochthon. GODET [4] spricht von einer europäisch-westasiatischen Pflanze. Anders als es die deutschen Trivialnamen aussagen, kommt sie aber sowohl außerhalb der Alpen als auch im Flachland vor.

Die Grenzen des stark zerklüfteten natürlichen Areals sind nicht überall exakt beschrieben. Allgemein heißt es, die Art komme fast in ganz Europa vor, wachse im Süden allerdings nur im Gebirge, erreiche ihre Nordgrenze bei 66° n.Br. in Finnland [7] und dringe gen Osten bis zum Ladoga-See und bis zum Dnjepr vor [6].

Die Südgrenze der Verbreitung liegt zum einen im Norden der Iberischen Halbinsel, zum anderen in Mittelitalien und in Bulgarien [14].

Zum Areal zählen weiterhin England, das mittlere Skandinavien [6] und der Kaukasus [7]. In Mitteleuropa erstreckt sich die vertikale Verbreitung von 0 bis ca. 2000 m ü.NN [6].

Als obere Höhengrenze wird angegeben [7]:

Bayer. Alpen	bei 1630 m
Tirol und Graubünden	oberhalb 1900 m
Wallis	bei 2020 m

Beschreibung

R. alpinum entwickelt sich i.A. zu einem 1 bis 2 m hohen, unbewehrten Strauch, dessen Habitus bis zu einem gewissen Grad vom Licht geprägt wird. Im Schatten wachsende Exemplare sind locker aufgebaut, haben waagerecht ansetzende, oft überhängende Zweige, während in voller Sonne stehende Sträucher dichte Verzweigung und einen rundlichen Umriss aufweisen [6]. Absenkerbildung ist die Regel.

Knospen, Blätter, Zweige

Die 5 bis 7 mm langen, spindel- oder spitz eiförmigen Winterknospen haben gelbbraune bis hellbraune, gekielte und drüsig bewimperte Tegmente, wobei die Endknospen nur wenig größer sind als die schmalen, spiralig angeordneten und dem Zweig anliegenden Seitenknospen.

R. alpinum treibt schon im zeitigen Frühjahr aus und wirft die Blätter relativ spät im Herbst ab. Sie bildet wechselständige, drei- bis fünflappige, höchstens 5 cm lange und kurz gestielte Laubblätter mit rundlichem bis dreieckigem Umriss, deren Spreite am Grunde herzförmig oder breit keilförmig ausläuft [8]. Der mittlere Lappen ist stets am größten, die Blattoberseite dunkelgrün, die Unterseite aber glänzend hellgrün. Relativ lange, zerstreutstehende Drüsenhaare befinden sich sowohl am Blattstiel wie an beiden Blattseiten. Der Blattrand ist gesägt.

Junge Zweige der Alpen-Johannisbeere haben zunächst eine gelbliche, später eine hellbraune und schließlich eine graue, stets kahle Rinde [4, 6], die sich letztlich in Längsstreifen ablöst. Die Zweige sind schlank, unbewehrt und mit deutlichen Längsleisten versehen [11].

Blüten und Früchte

R. alpinum, ein fast immer zweihäusiger, insektenblütiger und von Vögeln verbreiteter Strauch, blüht im April/Mai und fruchtet von Juli bis Oktober. Die unscheinbaren, grünlich-weißen Blüten stehen zu vielen in aufrechten, seitenständigen Trauben, welche den Achseln lanzettlicher, bewimperter Tragblätter entspringen [7].

Männliche Infloreszenzen sind bei einer Länge von 3 bis 6 cm 10- bis 30-blütig, weibliche hingegen kürzer und 2- bis 5-blütig [4]. Die radiär aufgebauten, 5-zähligen Einzelblüten haben eine doppelte Blütenhülle. Sie messen im Durchmesser 6 mm, in der Länge ca. 4 mm [4] und sind 2 bis 3 mm lang gestielt [6].

Die ausgebreiteten, eiförmigen oder breit elliptischen Kelchzipfel sind bei männlichen Blüten 2 bis 3 mm, bei weiblichen nur 1,5 mm lang. Sie überragen sowohl die gelblichen Kronblätter als auch die fünf Staubblätter mit kurzem Filament und hellgelben Antheren.

Weibliche Blüten haben einen relativ großen, unterständigen, Nektar abgebenden Fruchtknoten sowie einen im oberen Teil gespaltenen Griffel mit zwei Narbenköpfchen [4, 6].

Generell sind die Blüten eingeschlechtig, besitzen aber jeweils kleinere, sterile Staubblätter bzw. Carpelle. Gelegentlich kommen zwittrige und eingeschlechtige Blüten beiderlei Geschlechts an der selben Pflanze vor [6].

Abb. 2: Blattunterseite (links) und Blattoberseite
(Foto: Ulla M. Lang)

Abb. 3: Männlicher Blütenstand (links) und weiblicher
Blütenstand (rechts, Foto: Ulla M. Lang)

Abb. 4: Blattunterseite mit Drüsenhaaren
(Foto: Ulla M. Lang)

Die kugelrunden, bei Reife glänzend roten Beeren haben einen Durchmesser von ca. 5 mm und stehen an wenigfrüchtigen, hängenden Fruchtständen. Sie sind schleimig und schmecken fade [7].

Die meisten *Ribes*-Arten bilden Samen, deren winziger, rundlicher Embryo in ein mächtiges Endosperm eingebettet ist [13].

Holz

Das hell rötlichbraune, halbringporige Holz ist farblich nicht in Splint und Kern differenziert. Die gut zu erkennenden Holzstrahlen sind entweder einreihig und bis acht Zellreihen hoch oder viel breiter und auch höher (bis 20-reihig bzw. 2 mm hoch). Die Gefäße weisen leiterförmige Durchbrechungen auf [5].

Anzucht und Entwicklung

Zur Saatgutgewinnung werden zunächst die reifen Früchte mazeriert, danach separiert man die Samen durch Aufschwemmung in Wasser. Trockene Samen können in geschlossenen Gefäßen und bei niedrigen Temperaturen lange gelagert werden, ohne die Keimfähigkeit zu verlieren.

Vor der Aussaat ist längere Stratifikation erforderlich [13][1]. Ausgesät wird im Herbst. Als Faustzahl gilt: 630 bis 840 Samen/m^2 und Abdecken mit 0,6 cm Boden. Aus 1 kg Saatgut kann man ca. 400 Sämlinge gewinnen [13]. *R. alpinum* keimt epigäisch, Angaben zur Keimrate fehlen jedoch.

Dem Boden aufliegende Zweige bewurzeln sich und bilden in jedem Jahr mehrere Schösslinge, die sich im zweiten Jahr verzweigen und dann blühen. Ihre Lebensdauer beträgt 4 bis 8 Jahre [7].

Ökologie

Ellenberg [2] kennzeichnet *R. alpinum* als eine subozeanische Halbschattenpflanze, die das Schwergewicht ihrer Verbreitung in Mitteleuropa hat und häufig Kalk anzeigt. Im alpinen Bereich findet man sie hauptsächlich in subalpinen Hochstaudengebüschen, aber auch auf Blockschutthalden, an Gebirgsbächen und in lichten, steinigen Bergwäldern [7]. Sie bevorzugt frische bis mäßig trockene, warme, nährstoff- und kalkreiche, lehmige Böden und ist auch in sonnigen Lagen anzutreffen.

---

[1] For. Abstr. **15**, 3466, 1954

Taxonomie

Die ca. 140 Arten der Gattung *Ribes* werden sechs verschiedenen Subgenera zugeordnet; vier davon sind in Mitteleuropa vertreten. *R. alpinum* zählt zur Untergattung *Berisia* SPACH, deren Vertreter durch aufrechtstehende, traubige Infloreszenzen und dioezische Blütenverteilung gekennzeichnet sind [7].

Die innerartliche Differenzierung beschränkt sich auf die Herausstellung mehrerer Zierformen, welche sich meist in der Beblätterung unterscheiden und – je nach Autor – als Varietäten oder Formen angesehen werden [8,9]:

– var. *aureum*: gelbblättrig bis zum Sommer

– f. *'aureum'*: schwachwüchsig, Blätter erst gelb, dann gelbgrün

– var. *pumilum*: Zwergform. Kleinblättrig, breite und dichte Wuchsform

– f. *'pumilum'*: etwa 1 m hoch, dünne Triebe, kleine Blätter

– var. *microphyllum*: kleinblättrig

– var. *compactum* und
f. *'compactum'*: sehr dichter Busch, gut geeignet für Hecken

– f. *'laciniatum'*: Blätter tief gelappt und gezähnt

Der Chromosomensatz von *R. alpinum* beträgt 2n = 16.

Pathologie

Über Krankheiten von *R. alpinum* liegen nur wenige, über Insektenschäden gar keine Informationen vor.

Häufig vertreten, aber harmlos ist die an Blättern vorkommende Aecidienform des Rostpilzes *Puccinia ribesii-caricis*, einer Sammelart, die einen Wirtswechsel mit *Carex*-Arten vollzieht [10]. *R. alpinum* ist außerdem Zwischenwirt für *Cronartium ribicola* J. C. FISCHER, den Erreger des Weymouthskiefern-Blasenrostes, dessen Uredolager als hellgelbe Pusteln auf der Blattunterseite erscheinen. Nach Inokulationen mit diesem Pilz wurden eigenartigerweise nur die weiblichen Klone infiziert, die männlichen blieben unbefallen[2].

SINCLAIR et al. [12] betonen die ausgeprägte Widerstandsfähigkeit der Art gegen Salz und ihre mittlere Empfindlichkeit gegen SO_2. Bei Feldversuchen in unmittelbarer Nähe eines Stickstoff-Werkes gehörte *R. alpinum* zu den weitgehend resistenten Arten[3].

Nutzung

R. alpinum hat sich gut als Heckenpflanze bewährt, insbesondere in schattigen Lagen. Entsprechende Hecken bleiben jedoch relativ klein und schmal.

Als Ziergehölz eignet sich die Art kaum, von Nutzen ist sie indessen als Deckstrauch an kahlen Wänden oder an Böschungen [8].

[2] For. Abstr. 1, 24006, 1939/40
[3] For. Abstr. 46, 4708,1985

Literatur

[1] BOERNER, F., 1985: Blütengehölze für Garten und Park. 3. Aufl., Verlag E. Ulmer, Stuttgart.

[2] ELLENBERG, H., 1979: Zeigerwerte der Gefäßpflanzen Mitteleuropas. 2. Aufl., Scripta Botanica 9, Verlag E. Goltze, Göttingen.

[3] GODET, J.-D., 1983: Knospen und Zweige der einheimischen Baum- und Straucharten. Verlag J. Neumann-Neudamm, Melsungen.

[4] GODET, J.-D., 1984: Blüten der einheimischen Baum- und Straucharten. Verlag J. Neumann-Neudamm, Melsungen.

[5] GROSSER, D., 1977: Die Hölzer Mitteleuropas. Springer-Verlag, Berlin, Heidelberg, New York.

[6] HECKER, U., 1995: BLV Handbuch Bäume und Sträucher. BLV Verlagsges. München, Wien, Zürich.

[7] HEGI, G., 1961: Illustrierte Flora von Mitteleuropa, Band IV, Teil 2a. 2. Aufl., Verlag Paul Parey, Berlin und Hamburg.

[8] KAMMEYER, H. F., 1932: Wertvolle Zier-Ribes. Mitt. Dt. Dendrol. Ges. 42, 37–42.

[9] KRÜSSMANN, G., 1978: Handbuch der Laubgehölze, Band 3, 2. Aufl., Verlag Paul Parey, Berlin und Hamburg.

[10] LAUBERT, R., 1932: Ungewöhnlicher Rostbefall an zahlreichen Ribes-Arten. Mitt. Dt. Dendrol. Ges. 44, 411–413.

[11] MARCET, E., 1968: Unsere Gehölze im Winter. Verlag Hallwag, Bern und Stuttgart.

[12] SINCLAIR, W. A.; LYON, H. H.; JOHNSON, W. T., 1987: Diseases of Trees and Shrubs. Cornell Univ. Press, Ithaca and London.

[13] YOUNG, J.A.; YOUNG, C.G., 1992: Seeds of Woody Plants in North America. Dioscorides Press, Portland, OR.

[14] ZANDER, R., 1994: Handwörterbuch der Pflanzennamen. 15. Aufl., Verlag E. Ulmer, Stuttgart.

Der Autor:

Prof. em. Dr. PETER SCHÜTT
Lehrstuhl für Forstbotanik
Technische Universität München
Am Hochanger 13
D-85354 Freising

Rosa canina LINNÉ, 1753

Gemeine Heckenrose, Hundsrose

Familie: Rosaceae
Unterfamilie: Rosoideae

engl.: Dog rose
franz.: Eglantier, Rose des haie
ital.:   Rosa canina o selvatica

Abb. 1: Rosa canina im Fruchtzustand

Bei der gemeinen Heckenrose handelt es sich um eine der in Europa am häufigsten vertretenen Wildrosen-Arten. Sie ist in ihrer Morphologie außerordentlich variabel und gliedert sich in ca. 60, nur schwer voneinander abzugrenzende Varietäten und Formen auf. Die Benennung dieser verschiedenen Sippen wird von verschiedenen Autoren unterschiedlich gehandhabt.

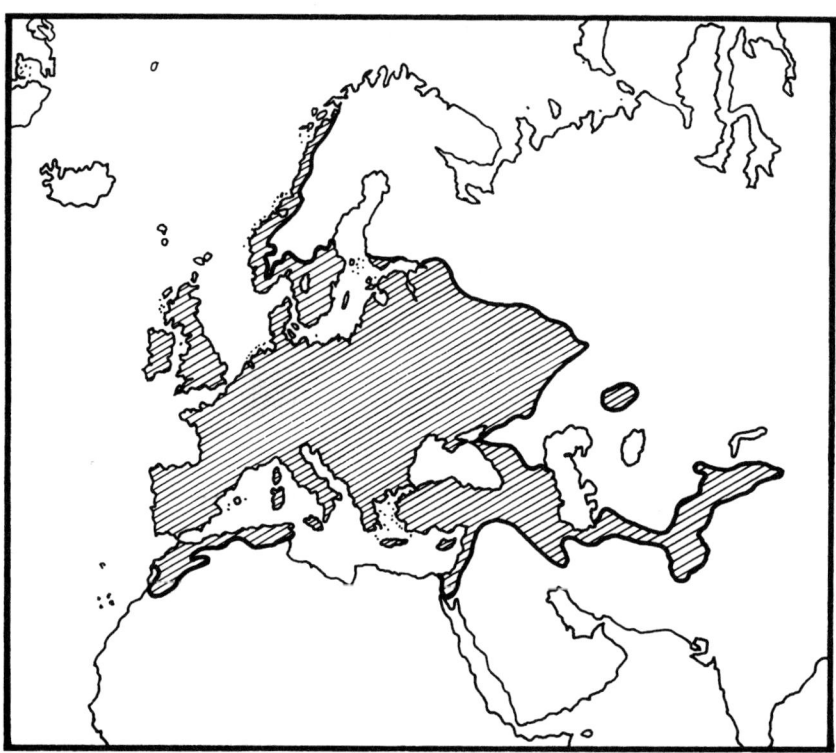

Abb. 2: Natürliches Areal nach MEUSEL et al. [10].

Verbreitung

Pflanzengeographisch wird die Art als eurasiatisch-submediterran und subozeanisch eingestuft. Bis auf Island und große Teile Skandinaviens kommt sie in ganz Europa vor und dringt über die Türkei, den Kaukasus und das Elbursgebirge bis nach Kirgisien vor. Weiter nördlich verläuft die Ostgrenze etwa an der Wolga. Ein isoliertes Teilareal liegt noch im südlichen Uralgebirge.

Die Nordgrenze erreicht sie in Südskandinavien bei 62° n. Br.. Lediglich an der norwegischen Atlantikküste reicht ihr Areal bis 68° n. Br. [8, 10].

Ferner ist sie in Nordafrika natürlich verbreitet. Im östlichen Nordamerika wurde die Heckenrose eingebürgert. Schwergewicht ihres Vorkommens liegt in den submontan-temperaten Bereichen.

Ihre Höhengrenze erreicht sie in den Nordalpen bei 1330, in der Südschweiz bei 1500, am Monte Baldo bei 1790 und im Atlasgebirge bei 2200 m ü. NN [8, 10].

Beschreibung

Die Heckenrose ist ein raschwüchsiger, winterkahler, i.a. bis 3 m hoch werdender, mit zahlreichen Stacheln bewehrter, im Freistand weitausladender Strauch. Einzelexemplare können aber noch höher wachsen, vor allem, wenn sich die Wurzelschößlinge mit ihren Stacheln im Gestrüpp anderer Sträucher emporklimmen (Spreizklimmer) oder wenn sie hochgebunden werden. Bis zu 10 cm starke Stämmchen können auftreten.

Die Schößlinge sind besonders stark bestachelt, wachsen zunächst aufrecht, verzweigen sich kaum und hängen später über. Im Frühjahr des zweiten Jahres wachsen aus dem überhängenden Bogen blütentragende, kaum bestachelte Kurz- und sterile Langtriebe. Da sich diese Entwicklung Jahr für Jahr wiederholt, entstehen kaum zu durchdringende Hecken [11], die vielen Vögeln und Kleinsäugern sicheren Unterschlupf bieten. Die ständige Erneuerung der oberirdischen Teile stellt einen permanenten Verjüngungsprozeß dar. Der Wurzelstock selbst erlangt dabei ein recht hohes Alter [14]. Er ist widerstandsfähig gegenüber Feuer und anderen Schadereignissen.

Knospen und junge Triebe

Die jungen Triebe sind grün und schwach bereift. Die rötlich gefärbten Knospen sind von eiförmiger bis rundlicher Gestalt und besitzen einen stumpfen Apex. Sie stehen schief ab.

Blätter

Die Beblätterung der Heckenrose ist wechselständig. Das 6 bis 12 cm lange Laubblatt ist unpaarig gefiedert und besteht aus 5 oder 7, in Ausnahmefällen auch aus 9, eiförmig oder elliptisch zugespitzten Fiederblättchen, deren Rand einfach oder doppelt gesägt und meist drüsenlos ist. Die scharf zugespitzten Sägezähnchen sind nach vorne gerichtet. Die Blättchen sind i.a. 2 bis 5 cm lang und 1 bis 2 cm breit. Der 2 bis 4 cm lange Blattstiel und die Rhachis sind schwach bestachelt. Die Blätter sind meist beidseitig kahl. Es treten aber auch behaarte Sippen auf, die oftmals als eigene Arten angesprochen werden (z.B. Rosa dumetorum THUILL. = R. canina ssp. dumetorum MERT. et KOCH). Die Blattoberseite ist stets dunkel- bis bläulichgrün, die Unterseite heller.

Abb. 4: Fiederblatt

Das harte und schwere, rötlich-weiße Holz ist als Drechslerholz begehrt. In stärkeren Stämmen wird ein brauner Kern ausgebildet. Das Holz ist halbringporig [6] und hat gut zu erkennende, breite Holzstrahlen. Die Perforation der Gefäße ist einfach [6].

Blüte

Die meist blaßrosa, selten weißen, bis 2 cm lang gestielten Blüten stehen einzeln oder zu mehreren (bis 3 in Doldenrispen) terminal an beblätterten Kurztrieben. Sie sind im Durchmesser 4 bis 5 cm groß. Die Hauptblütezeit reicht von Mai bis Juni.

Die Blüten sind fünfzählig und haben folgende Blütenformel:

$$* \; K5 \; C5 \; A\infty \; G-\infty-.$$

Der Blütenboden ist urnenförmig ausgehöhlt. Auf seinem Rand stehen die Kelch-, Kron- und Staubblätter. Die vielen nicht miteinander verwachsenen Fruchtblätter sind am Grund des Blütenbechers inseriert. Die Griffel mit den Narben ragen ein wenig aus der Becheröffnung heraus

Abb. 3: Rosa canina in Blüte

Die schmalen Nebenblätter sind der ganzen Länge nach mit dem Blattstiel verwachsen. Gelegentlich, besonders bei Blättern an sterilen Trieben, sind sie drüsig gewimpert. Bei Blättern an Blütentrieben sind sie verbreitert. Hochblätter tragen oft ein laubiges Anhängsel.

Holz und Rinde

Die zunächst olivbraune bis rötlich gefärbte Rinde der Heckenrose wird später grau. Sie ist mit Stacheln besetzt, die hakig rückwärtsgebogen und stark stechend sind. Die Stacheln sind zwar von unterschiedlicher Größe (7 bis 10 mm), aber von gleichartiger Gestalt. Sie treten unterhalb der Knospen gehäuft auf. Ältere Stämmchen mit grauer Rinde haben oftmals ihre Stacheln schon abgeworfen.

Abb. 5: Blüten

und bilden ein kahles oder mehr oder weniger behaartes, hellgelbes Narbenköpfchen, das den Urneneingang versperrt.

Der Kelch wird postfloral zurückgeschlagen und fällt noch vor der Rotfärbung des Blütenbechers ab. Die Kelchblätter stehen in $^2/_5$ Stellung und sind ungleich gestaltet. Die Ränder der äußeren Kelchblätter, d.h. die 2 ontogenetisch zuerst gebildeten, sind fiederspaltig. Das folgende dritte Kelchblatt weist meist nur noch eine einseitige und die beiden innersten Kelchblätter überhaupt keine Randgestaltung auf. Diese Randsegmentierung ist nicht homolog der Fiederung der Laubblätter, sondern entspricht der Randgestaltung des Unterblattes [17]. Die Kelchblätter tragen am Rande und gelegentlich auch auf dem Rücken stielartige Drüsenhaare.

Die Kronblätter sitzen mit einer stielartigen Basis dem Urnenrand auf und sind nur von kurzer Lebensdauer. Sie sind von verkehrt dreieckiger Gestalt und vorne leicht ausgerandet. Zwischen der Blütenkrone und dem Androeceum befinden sich gelegentlich noch Übergangsblätter, die nur eine Theka tragen und deren Filamente flächig gesäumt und auch gefärbt sind [17].

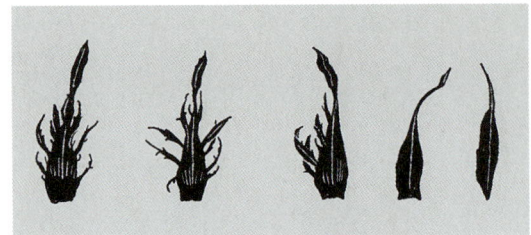

Abb. 7: Unterschiedlich gestaltete Kelchblätter einer Blüte, geordnet nach ihrer ontogenetischen Entwicklung (nat. Größe)

Die zart duftenden, homogamen Blüten produzieren keinen Nektar, sondern sind reine Pollenspender. Sie sind entomogam, werden aber nicht von Faltern bestäubt [3]. Selbstbefruchtung und Apomixie sind möglich [3, 12].

Früchte

Alle Rosen bilden Sammelnußfrüchte aus, die gemeinhin als Hagebutten bezeichnet werden. Dabei handelt es sich um den fleischig gewordenen, bei Reife scharlachroten (Farbstoff: Lycopin), völlig kahlen Blütenbecher, in dem die eigentlichen, einsamigen Nußfrüchte in großer Zahl zwischen Seidenhaaren eingebettet liegen. Sie sind von einer steinharten, steifhaarigen Fruchtschale umgeben und etwa 5 mm lang. Das Tausendkorngewicht beträgt 30 g [1].

Die Hagebutten sind von ei- bis flaschenförmiger Gestalt und 2 bis 2,5 cm lang und 12 bis 14 mm breit. Sie verbleiben auch über Winter am Strauch und stellen ein wichtiges Winternahrungsmittel für Vögel dar. Die Verbreitung der Früchte wird allerdings im wesentlichen nur von den größeren Vögeln, wie Krähen, Dohlen und Elstern vollzogen, weil nur sie in der Lage sind, die ganzen Hagebutten zu fressen und damit die Nüßchen endozooisch zu verbreiten. Kleinere Vögel hingegen fressen nur die fleischigen Blütenbecher. Die Hagebutten werden im Juli und August reif.

Abb. 6: Rosa canina mit Hagebutten

Klima und Standort

Die Art bevorzugt mäßig trockene bis frische, lehmige und tiefgründige Standorte, ist aber gegenüber der Bodenreaktion und dem N-Gehalt des Substrats indifferent [5]. Als wärmeliebende Licht- bis Halbschattpflanze wächst R. canina in Gebüschen, an Wegrändern, auf aufgelassenen Weiden und in Weinbergen. Wegen ihres tiefreichenden und ausgedehnten Wurzelsystems eignet sich die Heckenrose gut zur Bodenfestigung und als Pionierpflanze. Sie ist Ordnungscharakterart der Schlehengebüsch-Gesellschaft (Prunetalia) [12].

Vermehrung und Anzucht

Die Vermehrung der Heckenrose kann sowohl vegetativ als auch generativ erfolgen. Vegetativ vollzieht sich das durch die Bildung zahlreicher Wurzelschößlinge oder durch die Bewurzelung überhängender Schößlinge, sobald sie mit dem Boden in Berührung kommen (Senkerbildung).

Das Saatgut soll nach der Vollreife im September/Oktober geerntet und einer längeren Stratifikation (nach BÄRTELS [1] 18 Monate, nach EHLERS [4] 1 Jahr) unterzogen werden. Die Aussaat wird im März/April vorgenommen (Aussaatdichte: 40 Nüßchen/m²). Das Keimprozent liegt zwischen 30 und 70 [1]. Die Keimfähigkeit bleibt 1 bis 5 Jahre erhalten [4].

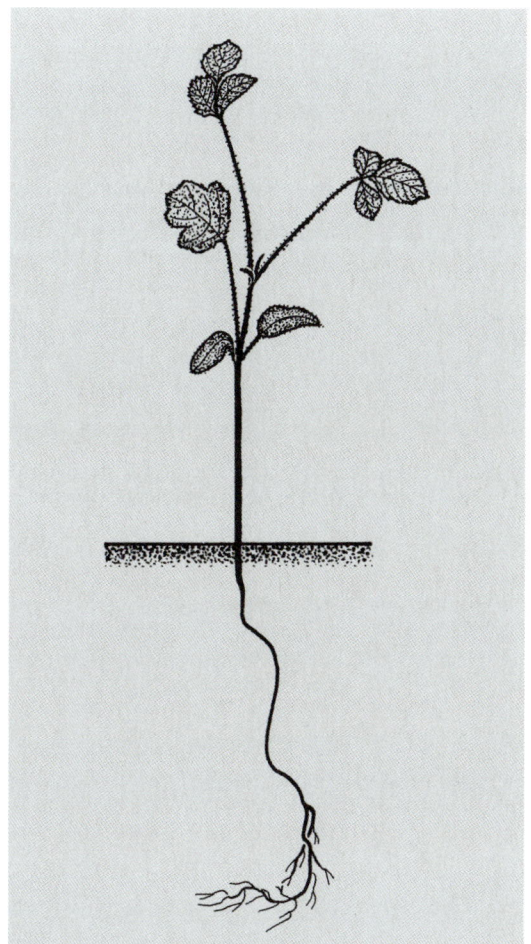

Abb. 8: Keimling (nat. Größe)

Nutzung

Schon im Altertum wurden die Hagebutten als Nahrung und in der Volksmedizin genutzt. Den Saft aus der Wurzel verwendete man früher als Heilmittel gegen die Tollwut, worauf u.a. die Bezeichnung Hundsrose zurückgeführt wird.

Die Vitamin-C-reichen Hagebutten (bis 2900 mg/100 g Frischgewicht [7]) wirken vorbeugend gegen Erkältungskrankheiten. Sie werden in der Volksmedizin auch gegen Keuchhusten und als harntreibendes Mittel eingesetzt. Die ölhaltigen Samen wirken bei Nieren- und Blasenleiden.

Die Hagebutten eignen sich ferner für die Herstellung von Marmelade, Tee und Fruchtweinen. Sie enthalten neben dem Vitamin C auch Provitamin A (5 mg/100 g Frischgewicht), Vitamin K und P sowie Vitamine der B-Gruppe [9].

Im Zierpflanzenbau wird die Heckenrose als Unterlage für Edelrosen-Pfropfungen verwendet [3].

Die Art wird zur Böschungsbefestigung und Haldenbegrünung eingesetzt und kann auch auf dem Mittelstreifen der Autobahnen angepflanzt werden.

Krankheiten

Am bekanntesten, weil besonders auffällig, dürften die von der Rosengallwespe (Diplolepis rosae) verursachten Rosen- oder Schlafäpfel sein (offizinell: Fungus Cynosbati). Hierbei handelt es sich um Gallbildungen, die aus Blattanlagen hervorgehen und in denen sich die Larven der Gallwespe entwickeln. Unter dem Kopfkissen versteckt, sollen die Gallen den Schlaf herbeiführen [14].

Ferner dient die Heckenrose zahlreichen Schmetterlingsraupen als Futterpflanze [z.B. Rosenspanner (Cidaria fulvata FORSTER), Bürstenspinner (Orgyia antigua L.)] [2].

Abb. 9: Zweig mit Rosengallen

Systematik

Rosa canina wird der Untergattung Eurosa FOCKE und hier der Sektion Caninae CREP. und der Subsection Eucaninae CREP. zugeordnet [11, 13].

Sie hat einen Chromosomensatz von 2n = 35. Die Chromosomengrundzahl beträgt 7; die Art ist somit pentaploid. Von den 5 Chromosomensätzen sind nur 2 homolog; sie paaren sich während der Meiose. Die anderen bleiben univalent und werden über die Eizellen (n = 28) übertragen. Die männlichen Spermazellen haben nur 7 Chromosomen [16].

HEGI [8] unterscheidet 2 verschiedene Unterarten, jede aus zahlreichen Varietäten bestehend:

1. Ssp. vulgaris GAMS (syn. var. vulgaris MERT. et KOCH, syn. Rosa canina L. s. str., syn. var. glabrescens NEILREICH, syn. Rosa communis ssp. canina ROUY): Laubblätter kahl, nur Nebenblätter drüsig bewimpert. Häufigste Unterart.

2. Ssp. dumetorum MERT. et KOCH (syn. var. pubescens NEILREICH, syn. Rosa dumetorum THUILL.): Laubblätter beidseitig oder zumindest unterseits behaart. Nicht so wüchsig wie vorige Unterart. In den Zentral- und Südalpen häufiger als ssp. vulgaris auftretend.

Bastarde mit Rosa pimpinellifolia L. (= x R. hibernica SMITH) [15], mit R. gallica L. (= x R. waitziana TRATT.) [13] und mit R. glauca POURR. (= x R. pokornyana BORBAS.) [13] sind bekannt.

Verschiedenes

Die Apsis des Doms zu Hildesheim wird von einer Heckenrose bis in 13 m Höhe umrankt. Der Legende nach handelt es sich um eine um 820 von Ludwig dem Frommen gepflanzte Hundsrose. Ihr tatsächliches Alter wird allerdings nur mit etwa 300 Jahren angegeben [14, 15].

Literatur

[1] BÄRTELS; A., 1989: Gehölzvermehrung. Ulmer, Stuttgart.

[2] CARTER, D. J.; HARGREAVES, B., 1987: Raupen und Schmetterlinge Europas und ihre Futterpflanzen. Parey, Hamburg, Berlin.

[3] DÜLL, R.; KUTZELNIGG, H., 1988: Botanisch-ökologisches Exkursionstaschenbuch. Quelle & Meyer, Heidelberg, Wiesbaden.

[4] EHLERS, M., 1960: Bäume und Sträucher in der Gestaltung der deutschen Landschaft. Parey, Hamburg, Berlin.

[5] ELLENBERG, H., 1974: Zeigerwerte der Gefäßpflanzen Mitteleuropas. Scripta Botanica IX. Goltze, Göttingen.

[6] GROSSER, D., 1977: Die Hölzer Mitteleuropas. Springer, Berlin, Heidelberg, New York.

[7] HECKER, U., 1985: Laubgehölze. Wildwachsende Bäume, Sträucher und Zwerggehölze. BLV, München, Wien, Zürich.

[8] HEGI, G., 1923: Illustrierte Flora von Mitteleuropa. Bd. IV/2. Lehmann, München.

[9] KOSCH, A.; AICHELE, D.,1966: Was blüht denn da? Franckh'sche Verlagsbuchhandlung, Stuttgart.

[10] MEUSEL, H.; JÄGER, E.; WEINERT, E. (Hrsg.), 1965: Vergleichende Chorologie der zentraleuropäischen Flora. Karten. Fischer, Jena.

[11] NOAK, H., 1989: Wild- und Parkrosen. Neumann-Neudamm, Melsungen.

[12] OBERDORFER, E., 1983: Pflanzensoziologische Exkursionsflora, 5. Auflage. Ulmer, Stuttgart.

[13] REHDER, A., 1940: Manual of Cultivated Trees and Shrubs. Dioscorides Press, Portland.

[14] SCHMEIL, O., 1950: Lehrbuch der Botanik. Bd. 1. Morphologie der Blütenpflanzen. Das Pflanzenreich in systematischer Anordnung, 54. Auflage. Bearbeitet von A. Seybold. Quelle & Meyer, Heidelberg.

[15] SCHNEIDER, C.K., 1906: Illustriertes Handbuch der Laubholzkunde. Bd. 1. Fischer, Jena.

[16] STRASBURGER, E.; NOLL, F.; SCHENCK, H.; SCHIMPER, A. F. W., 1991: Lehrbuch der Botanik für Hochschulen, 33. Auflage. Neubearbeitet von P. Sitte, H. Ziegler, F. Ehrendorfer, A. Bresinsky. Fischer, Stuttgart, Jena, New York.

[17] WEBERLING, F., 1981: Morphologie der Blüten und der Blütenstände. Ulmer, Stuttgart.

Der Autor:
Dr. HANS JOACHIM SCHUCK
Buchenstraße 23
D–85411 Hohenkammer

Rosa pimpinellifolia LINNÉ, 1759

syn.:   Rosa spinosissima LINNÉ, 1753 p.p., Rosa altaica W. 1809

Dünen- oder Feldrose, Bibernellrose   Familie: Rosaceae
                                             Unterfamilie: Rosoideae

engl.:   Scotch rose, Burnet rose
franz.: Rose des dunes, Rose des arêtes
ital.:   Rosa di macchia
dän.:   Klitrose

Abb. 1: Rosa pimpinellifolia im Botanischen Garten Regensburg

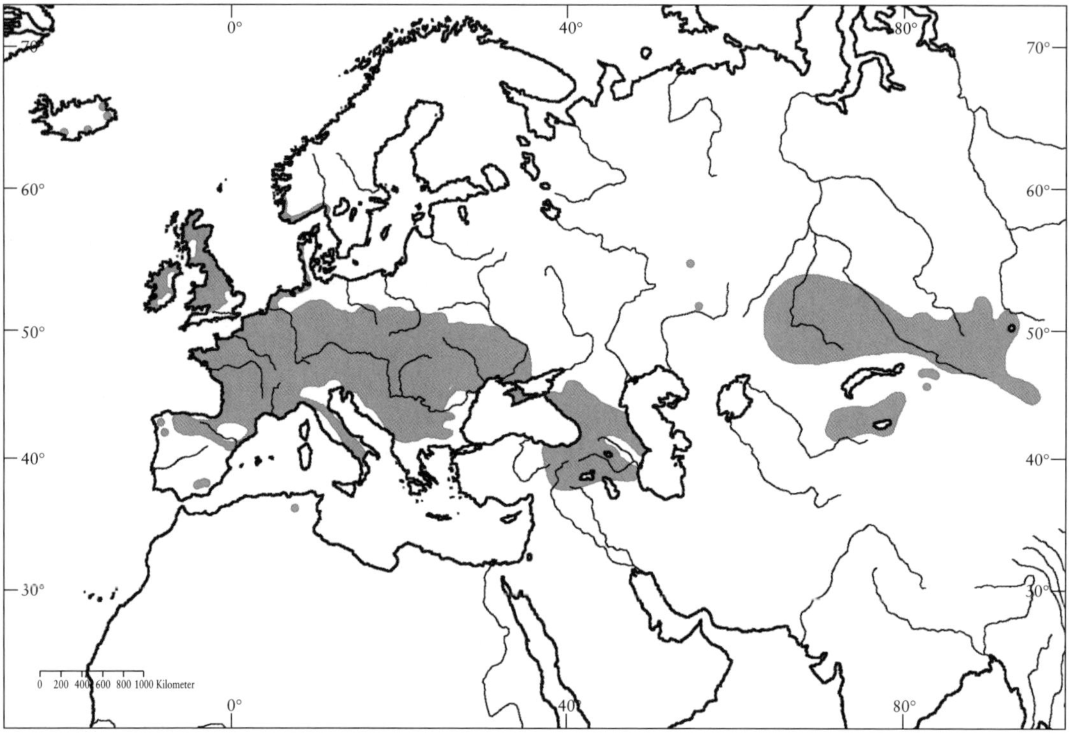

Abb. 2: Natürliches Areal (nach MEUSEL et al., verändert)

Rosa pimpinellifolia ist unsere kleinste, einheimische Rose, die trotz ihrer geringen Wuchshöhe große, weiße Blüten entwickelt. Sie blüht vor allen anderen heimischen Rosenarten und ist leicht an der sehr intensiven Bewehrung mit gerade abstehenden Stacheln und den dazwischen gestreuten Stachelborsten zu erkennen. Dieser Zwergstrauch breitet sich durch unterirdische Ausläufer aus und bildet lockere Gebüsche. In Deutschland stuft man ihn als schonungsbedürftig ein [21]. Sein Vorkommen wird als zerstreut bis selten angegeben [9]. Seit dem 16. Jahrhundert wird diese Rose, mittlerweile in vielen Sorten, kultiviert.

Verbreitung

Das Areal der als subozeanisch bis subkontinental [7] eingestuften Art umfaßt West-, Mittel- und Südeuropa. Im Westen umfaßt es die Küstenbereiche von Island, die Britischen Inseln und reicht von der jütländischen Küste über die deutschen Nordseeinseln, die Niederlande, Belgien und Frankreich bis zu den Pyrenäen. Weiter nördlich kommt die Art in einem schmalen Streifen an der Küste von Südnorwegen und Südschweden vor und erreicht auf atlantischer Seite die Stadt Bergen [11]. Die Nordgrenze

des Areals zieht sich dann etwa entlang des Nordrandes der Mittelgebirge nach Osten bis zum Kaukasus [10, 20]. Das Areal schließt Ostanatolien ein. Im Süden ist die Art in den Pyrenäen, den West- und Südalpen, Apenninen und in den nördlichen Balkanländern heimisch. Als Varietät *Altaica* ist die Art ferner in einem Gebiet von Ostkasachstan über die Dsungurei [19], das Altaigebirge [15] bis nach Nordwestchina [11] verbreitet. Außerdem gibt es Angaben, daß die Felsenrose in der Mandschurei (Ussuri-Gebiet) vorkommt [14]. In Nordamerika ist *Rosa pimpinellifolia* mancherorts eingebürgert worden. In Kultur befand sie sich dort schon vor 1600 [17].

In Deutschland liegen die Schwerpunkte ihrer Verbreitung zum einen auf den Nordseeinseln, zum anderen in Südwestdeutschland (Südschwarzwald, Kaiserstuhl, Pfalz, Neckar-Jagstgebiet, Bodensee, Schwäbische Alb). Darüber hinaus kommt sie im Thüringer Becken, im Rhein-Main-Gebiet, in Mainfranken und im Bereich des Rheinischen Schiefergebirges vor. Auch in den angrenzenden Vogesen und im Elsaß ist die Art heimisch. Mancherorts ist sie auch aus Kulturen verwildert [16].

Für die Alpen wird das Vorkommen mit „sehr selten" angegeben [6, 11]. *Rosa pimpinellifolia* steigt in den Westalpen bis 2500 m [14], im Wallis bis 2000 m [14] und auf der Schwäbischen Alb bis ca. 1000 m auf [16].

Abb. 3: Rosa pimpinellifolia am natürlichen Dünenstandort in Nordjütland (Dänemark)

Beschreibung

Rosa pimpinellifolia wächst meist gesellig und wird im allgemeinen nur 0,2 bis 0,8 m [2], selten bis 1 m hoch [19]. In Kultur allerdings kann sie sogar Wuchshöhen über 2 m erreichen [11, 20]. Der aufrecht wachsende, sommergrüne Zwergstrauch hat braun berindete Stämmchen und aufrechte bis waagerecht abstehende, stark verzweigte Äste, die dicht mit rechtwinklig abstehenden oder schwach rückwärts gerichteten, nadelförmigen Stacheln und Borsten besetzt sind.

Über die Holzanatomie liegen keine Angaben vor.

Knospen und Triebe

Über die Knospen von *Rosa pimpinellifolia* gibt es in der Literatur kaum Angaben. Eigenen Beobachtungen in Nordjütland zufolge stehen die rötlich braunen Lateral-Knospen schräg von den Zweigen ab, sind von kegelförmiger Gestalt und nur 2 mm lang. Die Tegmente liegen an.

Die Triebe sind mit vielen kräftigen, 4 bis 8 mm langen, geraden bis schwach gekrümmten, gerade abstehenden, braunen Stacheln besetzt, die nur an der Basis zusammengedrückt, ansonsten aber stielrund sind. Sie sind untermischt mit ebenso zahlreichen weichen, aber kürzeren, nadelspitzigen Stachelborsten. Blütentriebe tragen deutlich weniger Stacheln als Vegetativtriebe, sehr selten sogar keine [1].

Blätter

Die Art ist in vielen blattmorphologischen Merkmalen äußerst variabel. Die 5 bis 6 cm langen, unpaarig gefiederten Blätter bestehen aus 5 bis 11, meist aber 7 bis 9 kleinen, elliptischen bis fast kreisrunden Fiederblättchen, die einfach, seltener doppelt gesägte Ränder aufweisen und deren Zähnchen mit Drüsen versehen sein können. Die Blättchen sind oberseits dunkelgrün, unterseits hellgrün bis hellgrau, beidseitig kahl, 5 bis 20 mm lang und 5 bis 15 mm breit, am Grunde abgerundet und am Apex stumpf oder kurzspitzig.

Abb. 4: Junger Trieb mit Stacheln und Stachelborsten

Die schmalen Nebenblätter haben lanzettliche, aufrecht abstehende, spitze Öhrchen, die vorne drüsig oder drüsenlos gezähnt sind [11]. Rhachis und Blattstiele sind gewöhnlich bestachelt und zuweilen mit Drüsen besetzt [19]. Die Blättchen können gelegentlich rötlich überlaufen sein [11].

Blüten

Die meist einzeln, selten zu zweien [5] terminal an beblätterten Kurztrieben stehenden, deckblattlosen [5, 18, 19] Blüten sind milchweiß, selten hellrosa gefärbt. Ihre Stiele sind 1 bis 3 cm lang, kahl oder mit Stieldrüsen oder Stachelborsten besetzt. Mit einem Durchmesser von 3 bis 5 cm sind die Blüten für die kleinwüchsige Rose auffallend groß. Die Blütezeit dauert von Mai bis Juni, mitunter auch bis in den Juli hinein. Die meist weißen Kronblätter sind gelblich genagelt, vorne leicht ausgerandet, von verkehrt eirunder Gestalt und etwa 2 cm lang. In Kultur findet man auch Formen mit halbgefüllten, weißen Blüten [22]. Stellenweise sind diese Formen auch verwildert [21].

Die an der reifen Hagebutte verbleibenden, lanzettlichen Kelchblätter weisen keine „Fiederung" auf. Sie richten sich nach der Blüte auf oder bleiben zurückgeschlagen, sind drüsenlos, kahl und deutlich kürzer (1 cm) als die Kronblätter.

Die freien Griffel bilden im Zentrum der Blüten ein weißwollig behaartes Griffelköpfchen.

Die Blüten sind homogam [12]. Da die Staubblätter sich anfangs von den Narben abneigen, ist Fremdbefruchtung der Regelfall. Selbstung soll aber möglich sein [12]. Bei den Blüten handelt es sich um nektarlose Pollenblumen.

Früchte

Die Hagebutten (Sammelnußfrüchte) sind von kugeliger Gestalt, zunächst rötlich, bei Reife aber schwarzbraun bis schwarz gefärbt und werden von den persistenten Kelchblättern gekrönt. Der Durchmesser der reifen Frucht beträgt ca. 1,5 cm. Die meist glattwandige, etwas lederige Hagebutte reift im September bis Oktober. Ihr Stiel ist fleischig verdickt [3, 15].

Abb. 5: Fiederblätter und verholzter Zweig mit Stacheln und Stachelborsten

Wurzeln

Über das Wurzelsystem der Bibernellrose ist nichts bekannt. Die Art bildet allerdings ein ausgedehntes unterirdisches Ausläufersystem, aus denen Schößlinge hervorgehen. Diese Bodenausläufer können mehrere Meter lang werden und sich verzweigen [11, 14].

Klima und Standort

Felsenrosen besiedeln sehr unterschiedliche Standorte. Im Küstenbereich sind es vor allem die grauen Dünen. Dort wächst sie, teilweise auf reinem Dünensand, im Hippophaeto-Salicetum arenariae [6, 15] gemeinsam mit *Salix repens*, *Hippophae rhamnoides* und *Juniperus communis*. In den kontinentalen Bereichen ist sie auf felsigen Standorten der Mittelgebirge, der Alpen und in den mediterranen Bergregionen zu Hause [21]. Hier wächst sie in thermophilen Saumgesellschaften, auf Trockenhängen (Brometalia-Gesellschaften [6]) und auf Kalkmagerrasen [10, 16]. Auf Felsbändern (Kalk- und Gipsgrate [11]) der Mittelgebirge kommt sie gemeinsam mit *Cotoneaster integerrimus*, *Berberis vulgaris* und *Amelanchier ovalis* vor [21]. Im submediterranen Bereich gehört die Art der Eichen-Elsbeeren Gesellschaft an [6]. Im östlichenTeil des Areals gedeiht sie vornehmlich in Dornweidengebüschen und in Steppenwaldgesellschaften [9].

R. pimpinellifolia bevorzugt flachgründige, sommerwarme, trockene, stickstoffarme [7], kalkhaltige, basenreiche , z.T. steinige Lehm- und Sandböden. Sie gilt als ein bodenfestigendes Pioniergehölz, das unempfindlich gegenüber Wind und Sandschluff [6] ist und Hitze und Trockenheit erträgt [2]. Es handelt sich um eine ausgesprochene Lichtpflanze [21], die bei Beschattung blütenlos bleibt [21].

Abb. 7: Reife Hagebutten

Vermehrung

Durch das intensive unterirdische Ausläufersystem ist eine starke vegetative Vermehrung gesichert. Aber auch aus Saatgut ist die Art leicht zu vermehren. Das Saatgut sollte dabei nach der Vollreife im September/Oktober geerntet, einer längeren Stratifikation (1 Jahr) unterzogen und im März/April ausgesät werden [6].

Nutzung

Eine große wirtschaftliche Bedeutung kommt *Rosa pimpinellifolia* nicht zu. Man nutzt sie im Landschaftsbau zur Bodenbefestigung und zur Böschungsbepflanzung. Als Elter vieler Kulturrosen ist sie aber von erheblichem Interesse für die Rosenzüchtung.

Für Bienen stellt die Felsenrose eine wichtige Pollenquelle dar [16].

Taxonomie

R. pimpinellifolia gehört zur Unterfamilie der *Rosoideae*, zur Untergattung *Eurosa* [19] und zur Sektion *Pimpinellifoliae* DC. [17, 21]. GARCKE [9] ordnet sie hingegen der Sektion *Spinosissima* BAKER zu.

Die Untergliederung der Art in verschiedene Varietäten wird in der Literatur nicht einheitlich gehandhabt. So nennt GARCKE [9] nur 2 Varietäten:

var. spinosissima L. s. str.: mit stieldrüsigen Blütenstielen, selten auf Norderney und Sylt. Bei Bingen soll diese Varietät mit roten Blüten vorkommen.

Abb. 6: Einzelblüte

var. pimpinellifolia (L.) BRAUN: mit nackten Blütenstielen. Sie stellt den Arttypus dar. Hier werden verschiedene Formen unterschieden, u.a.:

– *f. rosea* KOCH mit rosafarbenen Kronblättern,

– *f. inermis* (DC.) H. BRAUN mit stachellosen Ästen und Blütentrieben (unbewaffnete Bibernellrose).

Andere Autoren untergliedern die Art noch in weitere Varietäten.

So z.B.: *Var. altaica* (WILLD.) THORY aus Sibirien, Dsungarei (China) und dem Altaigebirge. Blüten anfangs hellgelb, später weiß werdend. In allen Teilen größer als der Arttypus, aber weniger bestachelt [15].

Var. myriacantha (DC.) SER. mit unterseits dicht drüsigen Fiederblättchen, die aber kleiner als beim Arttypus sind (Drüsenblättrige Bibernellrose) [5, 16, 13]. Sie ist in den Kaukasusländern verbreitet.

Schon früh wurde diese Rosenart züchterisch bearbeitet, vor allem in Schottland [15]. Heute sind viele Kultursorten im Handel.

Die Bibernellrose bastardiert mit vielen anderen Rosenarten, vor allem mit solchen der Sektion *Canina* [5, 8, 17]:

R. pimp. x *R. pendulina* = *R. reversa* WALDST. et KIT., 1812 (Ungarische Bibernellrose)

R. pimp. x *R. canina* = *R. hibernica* SMITH

R. pimp. x *R. agrestis* = *R. gapensis* GREN.

R. pimp. x *R. tomentosa* = *R. involuta* SM., *R. coronata* CRÉP.

Rosa pimpinellifolia hat einen Chromosomensatz von $2n = 28$ [9, 16}

Verschiedenes

Die Art ist u.a. die Futterpflanze für den Rosenspanner (*Cidaria fulvata* FORSTER). Die Raupen dieses Spanners verpuppen sich in den zusammengefalteten Blättern der Bibernellrose [4].

Literatur

[1] AICHELE, D.; SCHWEGLER, H.-W., 1994: Die Blütenpflanzen Mitteleuropas. Band II. Franckh-Kosmos, Stuttgart.

[2] BÄRTELS, A., 1991: Gartengehölze. Bäume und Sträucher für mitteleuropäische und mediterrane Gärten. 3. Aufl., Ulmer, Stuttgart.

[3] BOLLIGER, M.; ERBEN, M.; GRAU, J.; HEUBL, G.R., 1985: Strauchgehölze. Hrsg. v. G. Steinbach. Mosaik, München.

[4] CARTER, D.J.; HARGREAVES, B., 1987: Raupen und Schmetterlinge Europas und ihre Futterpflanzen. Parey, Hamburg, Berlin.

[5] DIPPEL, L., 1893: Handbuch der Laubholzkunde. Band III. Parey, Berlin.

[6] EHLERS, M., 1960: Bäume und Sträucher in der Gestaltung der deutschen Landschaft. Parey, Hamburg, Berlin.

[7] ELLENBERG, H., 1974: Zeigerwerte der Gefäßpflanzen Mitteleuropas. Scripta Geobotanica IX. Goltze, Göttingen.

[8] FOCKE, W.O., 1894: Rosaceae. In: Die natürlichen Pflanzenfamilien. III. Teil, 3. Abteilung. Hrsg. von ENGLER, A. und PRANTL, K.. Engelmann, Leipzig.

[9] GARCKE, A., 1972: Illustrierte Flora, 23. Auflage. Parey, Berlin, Hamburg.

[10] HECKER, U., 1985: Laubgehölze. Wildwachsende Bäume, Sträucher und Zwerggehölze. BLV, München, Wien, Zürich.

[11] HEGI, G., 1923: Illustrierte Flora von Mitteleuropa. Band IV/2. Lehmann, München.

[12] KNUTH, P., 1898: Handbuch der Blütenbiologie. Band II, 1. Teil. Engelmann, Leipzig.

[13] KRÜSSMANN, G., 1978: Handbuch der Laubgehölze. Band III. 2. Auflage. Parey, Berlin, Hamburg.

[14] MEUSEL, H.; JÄGER, E.; WEINERT, E. (Hrsg.), 1965: Vergleichende Chorologie der zentraleuropäischen Flora. Karten. Fischer, Jena.

[15] NOAK, H., 1989: Wild- und Parkrosen. Neumann-Neudamm, Melsungen.

[16] Oberdorfer, E., 1983: Pflanzensoziologische Exkursionsflora. 5. Auflage. Ulmer, Stuttgart.

[17] REHDER, H., 1949: Manual of Cultivated Trees and Shrubs. Dioscorides Press, Portland.

[18] SCHMEIL-FITSCHEN, 1993: Flora von Deutschland. 89. Aufl. Bearb. von Senghas K. und Seybold S.. Quelle & Meyer, Heidelberg, Wiesbaden.

[19] SCHNEIDER, C.K., 1906: Illustriertes Handbuch der Laubholzkunde. Bd. I. Fischer, Jena.

[20] SCHÜTT, P.; SCHUCK, H.J.; STIMM, B., (Hrsg.) 1992: Lexikon der Forstbotanik, ecomed Verlagsgesellschaft, Landsberg.

[21] SEBALD, O.; SEYBOLD, S.; PHILIPPI, G. (Hrsg.), 1992: Die Farn- und Blütenpflanzen Baden-Württembergs. Band III. Ulmer. Stuttgart.

[22] WIT, DE, H.C.D., 1964: Knaurs Pflanzenreich in Farben. Band I: Höhere Pflanzen I. Droemer, Zürich.

Autor:

Dr. HANS JOACHIM SCHUCK
Buchenstr. 23
D-85411 Hohenkammer

Rosa rugosa THUNB., 1784

syn.: Rosa regeliana LIND. et ANDRÉ, 1871
Rosa kamtschatica VENT., 1817
Rosa ferrox LAWR., 1797

Kartoffel-Rose, Runzel-Rose, Japanische
Apfel-Rose, Ostasiatische Zimt-Rose

engl.: Hedge-row-rose, Japanese rose
franz.: Rosier rugueux, Rosier du Japon

Familie: Rosaceae
Unterfamilie: Rosoideae

Abb. 1: Rosa rugosa. Links oben: rote Einzelblüte; links unten: reife Hagebutten; rechts: löffelförmige Kelchblätter

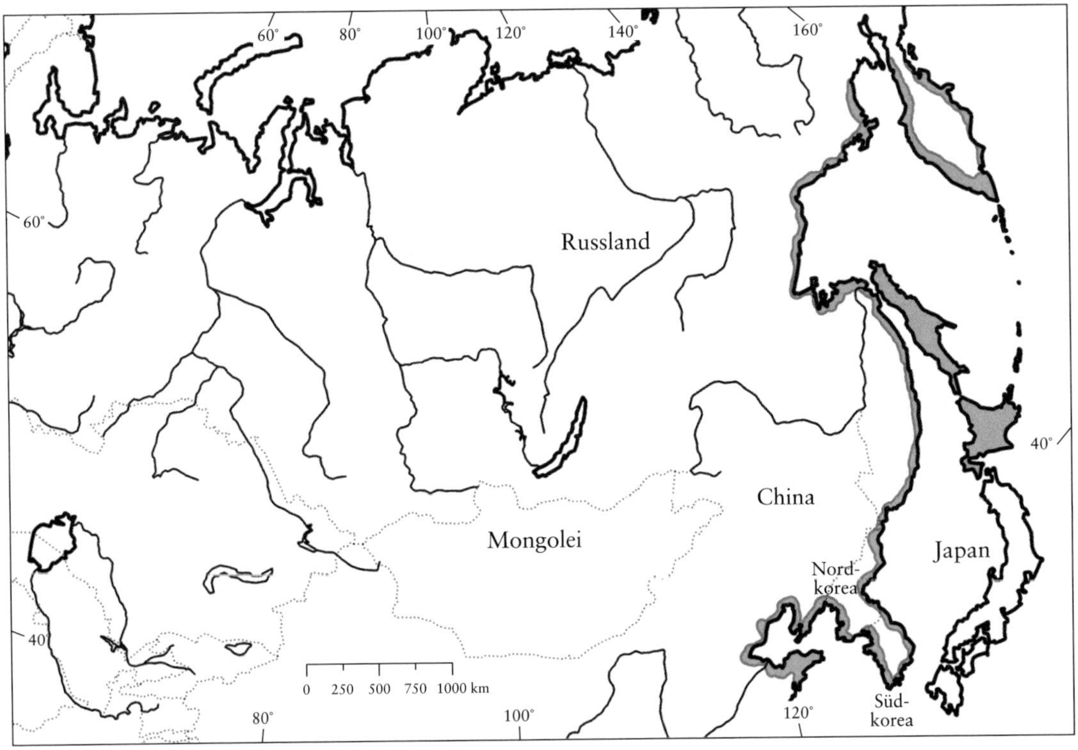

Abb. 2: Natürliches Verbreitungsgebiet, nach [17], verändert

Diese aus den Küstengebieten Nordost-Asiens stammende, in weiten Teilen Europas angepflanzte und verwilderte Rosenart fällt durch die dunkelgrünen, auf der Oberfläche stark runzeligen Blätter auf.

Die großen purpurnen oder seltener weißen Blüten erscheinen bis in den Herbst hinein und machen den bis 2 m hohen Strauch zu einem ansehnlichen Zierelement in Garten und Park. Wegen seiner Frosthärte, seiner Unempfindlichkeit gegenüber Wind und Salzwassergischt, seiner Anspruchslosigkeit und der intensiven Ausläuferbildung wird der Strauch zur Begrünung von Industriehalden und Autobahnböschungen sowie zur Festlegung von Dünen verwendet. Die großen Hagebutten sind essbar und werden zu Marmelade, Kompott, Wein und zur Zubereitung von Tees verwendet. Durch gärtnerische Ausleseverfahren sind mittlerweile viele Sorten im Handel erhältlich.

Verbreitung

Die Kartoffel-Rose ist in den Küstengebieten Nordost- und Ostasiens beheimatet [7, 17]. Das Areal erstreckt sich von der chinesischen Provinz Shandong im Süden entlang eines schmalen Küstenstreifens bis nach Kamtschatka im Norden und besiedelt die Küsten rund ums Ochotskische Meer. Natürliche Vorkommen finden sich auch auf Sachalin, den Kurilen und auf Hokkaido [17]. Wegen der attraktiven, großen Blüten und der Früchte wurde die Art schon Mitte des 19. Jh. in Teilen N-, W- und Mitteleuropas eingeführt [4] und ist teilweise so verwildert, dass man sie als Neophyt einstuft [17]. Gleichzeitig wurde sie auch in die USA eingeführt [19]. Dort ist sie heute von Nova Scotia bis Minnesota verbreitet ; im Süden dringt sie bis New Jersey vor [23].

Beschreibung

Rosa rugosa ist ein bis 2 m hoher, dichtwachsender, sommergrüner Strauch mit aufrechten, dicktriebigen Zweigen, die einen Durchmesser bis zu 4 cm erreichen können [7]. Die Art bildet unterirdische Ausläufer [20, 26, 28] und ist in der Lage, ausgedehnte und undurchdringliche Dickichte zu bilden.

Knospen und junge Triebe

Die breit eiförmigen Knospen der Kartoffel-Rose stehen schräg vom Zweig ab [25] und werden von dichtanliegenden Schuppen umschlossen, die basal glänzend grün, spitzenwärts aber glänzend braun gefärbt sind. Auffallend sind die beiden lateralen Haarsäume. Die Knospenlänge misst etwa 4, die Breite knapp 3 mm. In der Blattnarbe erkennt man 3 sich deutlich abzeichnende Blattspuren.

Die dicht weichhaarigen, anfangs hellgrünen, später sich graubraun verfärbenden Triebe sind mit zahlreichen geraden, leicht nach rückwärts gerichteten Stacheln unterschiedlicher Länge bewehrt. Dazwischen stehen meist ebenso zahlreiche pfriemförmige Stachelborsten mit apikaler Drüse. Die bis zu 6 mm langen Stacheln sind mit Ausnahme des Spitzenbereichs behaart und weisen eine schmal elliptische, längs des Sprosses orientierte Basis auf.

Blätter

Die unpaarig gefiederten, wechselständigen Blätter bestehen aus meist 7 (5–9), bis 2 mm lang gestielten Fiederblättchen. Die unteren Blättchenpaare stehen häufig gegeneinander versetzt. Die elliptischen bis verkehrt eiförmigen Blättchen sind von derber Struktur und können 2–5 cm lang und 2–4 cm breit sein. Die Gesamtlänge des Blattes kann 20 cm erreichen.

Der Rand der Fiederblättchen ist meist einfach, gelegentlich aber auch doppelt gesägt. Die nach vorne gerichteten, kaum hervortretenden, stumpfen Zähne enden in einer dunkelpurpurroten Drüse. Die äußeren Zahnränder sind nach unten umgebogen. Oberseits sind die Blättchen glänzend dunkelgrün, unbehaart und wegen des deutlich eingesenkten Adernetzes stark runzelig. Auf der graugrünen, dicht mit einfachen, glänzenden Drüsenhaaren besetzten Unterseite treten die Blattadern hingegen markant hervor. Die Stomadichte liegt zwischen 685–910 Stck/mm^2 [27].

Blattstiel und Rhachis sind weichhaarig und unterseits mit einzelnen stärkeren Stacheln besetzt.

Die breiten, unterseits behaarten, am Rand mit dunkelpurpurroten Drüsen versehenen Nebenblätter haben spitze, abspreizende Öhrchen.

Im Herbst verfärben sich die Blätter vor dem Blattfall goldgelb bis orange.

Blüten und Früchte

Die relativ großen, duftenden und purpurfarbenen, dunkelrosa oder weißen Blüten stehen einzeln oder zu 2–3 am Ende der Triebe. Der bis 2 cm lange Blütenstiel ist behaart oder kahl, gelegentlich auch mit Stieldrüsen besetzt [4]. Der Blütendurchmesser kann 6–9 cm erreichen. Die Blütezeit beginnt im Mai und dauert i.A. bis September. Die Fruchtreife beginnt im Juli und endet im Oktober, sodass am selben Strauch im Sommer stets Blüten und Früchte in unterschiedlichen Entwicklungs- bzw. Reifegraden zu finden sind.

Die schuppenartigen, zugespitzten Tragblätter der Blüten sind seitlich mit 2 undeutlichen Zähnen versehen und messen in der Länge ca. 3 und in der Breite 1,5 cm. Der becherförmige Blütenboden (Hypanthium) ist weitgehend kahl.

Die ungeteilten, ganzrandigen Kelchblätter werden 2–4 cm lang und erweitern sich an der Spitze blattartig. Sie sind beiderseits dicht mit einfachen Haaren besetzt. Auf der abaxialen Seite treten zusätzlich Drüsenhaare auf. Nach dem Abblühen richten sich die Sepalen auf und verbleiben an der reifen Frucht.

Die verkehrt ei- bis herzförmigen und mit einem aufgesetzten Spitzchen versehenen, 3–4 cm langen Kronblätter sehen zerknittert aus. Weil sie sich nicht flach ausbreiten, nimmt die Krone eine schüsselformige Gestalt an.

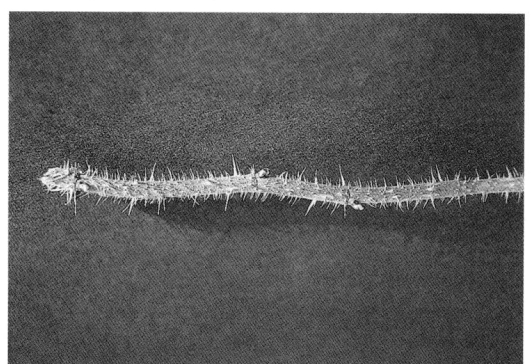

Abb. 3: Bestachelter, einjähriger Trieb

Abb. 4: Einzelblatt

Abb. 5: Weiße Einzelblüte

Ökologie

R. rugosa gilt als eine sehr anspruchslose, robuste Rosen-art, die in ihrer Heimat vornehmlich auf sandigen Küs-tenstränden, Dünen [17] und auf salzbelasteten Böden anzutreffen ist [7]. Kalkböden werden gemieden [7]. Die Art zeichnet sich durch völlige Winterhärte und äußerste Windbeständigkeit aus [14]. Temperaturextreme bis – 50 °C werden ertragen [5]. Ungeeignet sind trockene Stan-dorte, weil die Art eine konstante Bodenfeuchte benötigt. Der bevorzugte pH-Bereich des Bodens liegt zwischen 4,1 und 5. Vollsonnige bis halbschattige Lagen werden bevor-zugt.

In Nord-, West- und Mitteleuropa wird die Rosenart häu-fig für Böschungs- und Dünenbepflanzungen genutzt [21], aus denen sie oft verwildert [15]. So findet man sie heute in Wegrandgebüschen, auf Ödland, an Wald- und Feld-rändern [4] und wegen ihrer Salztoleranz auch an Auto-bahnen. Gegenüber SO_2- und HF-Immissionen gilt *R. ru-gosa* als unempfindlich [17, 24].

Die zahlreichen Staubbeutel tragen gelbe Antheren. Die ebenso zahlreichen Griffel verwachsen nicht miteinander.

Aus den becherförmigen Blütenböden entwickeln sich ab-geflacht-kugelige, ziegelrote, weichfleischige Hagebutten. Sie erreichen einen Durchmesser von 2,5 bis 3 cm. Die Hagebutten werden von den aufgerichteten Kelchblättern gekrönt und sind reich an Vitamin C [4, 17] sowie an Pro-vitamin A [17]. 100 g von ihnen enthalten 700–1300 mg Vitamin C[1]. Sie werden besonders von Grünfinken und Dompfaffen [17] verzehrt. Die in den Hagebutten liegen-den, tropfenförmigen, weißlichen, abgeflachten Nüsschen sind ca. 5 mm lang und bis 4 mm breit. Sie sind einseitig behaart und tragen apikal einen Haarbüschel. Das Tau-sendkorngewicht bezogen auf die Nüsschen beträgt 5,5 g [1].

Vermehrung

Die Art lässt sich auf verschiedenen Wegen vegetativ ver-mehren. Leicht gelingt dies, wenn man dazu die unterirdi-schen Ausläufer nutzt [7]. Auch Stecklingsvermehrung ge-lingt, wenn man im Winter oder im zeitigen Frühjahr geschnittene Steckhölzer verwendet, die mit 0,002 % Bernsteinsäure behandelt wurden [11]. Mit großem Erfolg lassen sich Pflänzchen auch aus in vitro-Kulturen gewin-nen. Als Ausgangsgewebe nutzt man die inneren Schichten von Gallenkammern, die sich wegen ihrer Sterilität hierzu besonders eignen [2].

Auch eine generative Vermehrung ist möglich. Das Saat-gut sollte 4–6 Monate stratifiziert und im März/April in einer Dichte von 125 Körnern/m² ausgesät werden. Das Keimprozent liegt dann zwischen 30 und 70 [3].

Abb. 6: Blühender Strauch an der dänischen Nordseeküste

---

[1] For. Abstr. **22**, 340 (1961)

Pathologie

Ähnlich widerstandsfähig ist *R. rugosa* auch gegenüber pilzlichen und tierischen Schaderregern [17]. Zum Teil liegt das an den harten Blättern, die von Fraßinsekten nicht angenommen werden [28].

Gallenbildungen werden von *Diplolepis spinosa* ASHMEAD, einer Hymenoptere, hervorgerufen [2]. Aus Nova Scotia wird berichtet, dass *Megastigmus nigrovariegatus* ASHMEAD (*Hymenoptera*) in den Hagebutten parasitiert [9]. Allerdings tritt dieser Schaden nur in Pflanzungen auf.

Auf alkalischen Böden leidet die Art unter Kalkchlorose. Dabei kann es auch zum Absterben von Trieben kommen.

Nutzung

R. rugosa wird vielfältig genutzt. Zum einen sind es die relativ großen Hagebutten, aus denen sich Marmelade, Kompott und auch Fruchtwein herstellen lässt. In S-Europa baut man *R. rugosa* eigens für die Hagebuttenernte an [1]. Aus getrockneten Hagebutten lässt sich ein schmackhafter Fruchttee („Kernles Tee") zubereiten [1].

Weiterhin wird sie in der Rosenzüchtung als Unterlage bei Pfropfungen verwendet. Ebenso ist sie als Kreuzungspartner eingesetzt worden.

Darüber hinaus wird diese Rosenart wegen ihrer Robustheit und ihrer Fähigkeit, Dickichte zu bilden, als Windschutzpflanze, zur Begrünung von Halden und Straßenböschungen sowie zur Dünenfestlegung herangezogen. In Polen setzt man sie zur Bepflanzung von Aschehalden konventioneller Kraftwerke ein [13].

Taxonomie

R. rugosa wird wegen ihrer geraden Dornen der Sektion *Cinnamomeae* CREPIN (syn. *Cassiorhodon* DUMORT.) zugeordnet [12].

Inzwischen sind viele Gartenformen im Handel, die sich in der Blütenfarbe, im Besitz von Stacheln und auch in der Blattstruktur unterscheiden [15, 19]. Als Beispiele seien genannt:

'alba' mit weißen Blüten

'albo-plena' mit weißen und gefüllten Blüten

'rosea' mit rosafarbenen Blüten

'tenuifolia' mit langen, schmalen, unregelmäßig gewellten Blättern

Neben der var. *typica* REG. werden noch 2 weitere Varietäten ausgeschieden [6, 19]:

– var. *chamissoniana* C. A. MEY mit stachellosen Trieben und weniger stark gerunzelten Blättchen.

– var. *kamtchatica* (VENT.) REG. mit weniger verzweigten und weniger bestachelten Trieben.

Im Rahmen von Züchtungsprogrammen sind eine Reihe von Artbastarden mit *R. rugosa* entstanden. Offensichtlich wollte man hier deren Robustheit und Blütengröße in die Züchtungen einbringen. So entstanden [15, 19]:

R. x kordesii [*R. rugosa* x *R. wichuraiana* (Kletterrose)]: amphidiploider Strauch [16]

R. paulii REHD. [*R. rugosa* x *R. arvensis*]

f. 'hollandica' [*R. rugosa* x *R. majalis*]: diese Kreuzung wird vor allem als Pfropf-Unterlage verwendet. Sie ist stark ausläufertreibend.

R. rugotida DARTHUIS [*R. nitida* x *R. rugosa*]

R. calocarpa WILLM. [*Rosa rugosa* x *R. chinensis*]

R. rubrosa PRESTON [*Rosa rugosa* x *R. rubrifolia*]

R. micrugosa HENKEL [*Rosa rugosa* x *R. rhoxburgii*]

Die Chromosomenzahl der Art wird mit 2n = 14 angegeben [7, 12, 18].

Verschiedenes

– *R. rugosa* enthält als sekundäre Pflanzenstoffe u.a. Flavonoide, Mono-, Sesqui- und Triterpene, Tannine und Catechinderivate [10].

– Saft von *R. rugosa*-Hagebutten bewirkte bei leukämischen HL60-Zellen, eine in der Cytokin-Forschung vielseitig verwendete lymphoide Zelllinie, eine deutliche Differenzierung zu Monocyten [29].

– Über die Wurzeln von *R. rugosa* ist nicht viel mehr bekannt als dass sie mit arbusculären Mykorrhizapilzen Symbiosen eingeht [8].

Literatur

[1] AICHELE, D.; SCHWEGLER, H.-W., 1994: Die Blütenpflanzen Mitteleuropas. Band II. Franckh-Kosmos, Stuttgart.

[2] BARRET, J. D.; CLARKE, P. V.; RICHARDSON, D. H. S., 1998: The in vitro culture of rose-gall tissue induced by the cynipid wasp Diplolepis spinosa (Ashmead). Symbiosis 25, 229–236.

[3] BÄRTELS, A., 1989: Gehölzvermehrung. 3. Aufl. Ulmer, Stuttgart.

[4] BOLLIGER, M.; ERBEN, M. et al., 1985: Strauchgehölze. Hrsg. v. G. Steinbach. Mosaik, München.

[5] CALIFORNIA RARE FRUIT GROWERS Inc., 1995: Fruit cultural Data. (27.1.1995). http://www.crfg.org/pubs/fl/R.html

[6] DIPPEL, L.,1893: Handbuch der Laubholzkunde. Bd. III. Parey, Berlin.

[7] ERLBECK, R., 1998: Die Wildrosen. In: Sträucher in Wald und Flur. Hrsg. vom Bayerischen Forstverein. Ecomed, Landsberg.

[8] GEMMA, J. N.; KOSKE, R. E., 1997: Arbuscular mycorrhizae in sand dune plants of the north Atlantic Coast of the US: Field and greenhouse inoculation and the presence of mycorrhizae in planting stock. J. Environ. Management 50, 251–264.

[9] GILLAN, T. L.; RICHARDSON, D. H. S., 1997: The chalcid seed wasp, Megastigmus nigrovariegatus, Hymenoptera: Torymidae, on Rosa rugosa Thunb. in Nova Scotia. Can. Entomologist 129, 809–814.

[10] HASHIDOKO, Y., 1996: The phytochemistry of Rosa rugosa. Phytochemistry 43, 535–549.

[11] KHROMOVA, T. V., 1984: Effect of growth regulators on rooting of cuttings of woody plants (in Russisch). Byulleten Glavnogo Botanicheskogo Sada 130, 59–63 (zitiert nach For. Abstr.).

[12] KLASTERSKY, I., 1968: Rosa. In: Flora Europaea, Vol. II. Edit. by Tutin, T.G. et al. Cambridge Univ. Press.

[13] KLUCZYNSKI, B., 1979: Suitability of selected tree and shrub species for the reclamation of ash wastes from power stations (in Polnisch). Arboretum Kornickie 24, 217–282 (zitiert nach For. Abstr.).

[14] KREMER, B., 1994: Sträucher in Natur und Garten. Gräfe u. Unzer, München.

[15] KRÜSSMANN, G., 1978: Handbuch der Laubgehölze. Band 3. 2. Aufl.. Parey, Berlin, Hamburg.

[16] LEHMANN, C. O., 1993: Familie Rosengewächse – Rosaceae. In: URANIA Pflanzenreich. Blütenpflanzen I. Urania, Jena, Leipzig, Berlin.

[17] NOAK, H., 1989: Wild- und Parkrosen. Neumann-Neudamm, Melsungen.

[18] OBERDORFER, E., 1983: Pflanzensoziologische Exkursionsflora. 5. Auflage. Ulmer, Stuttgart.

[19] REHDER, H., 1949: Manual of Cultivated Trees and Shrubs. Dioscorides Press, Portland.

[20] ROLOFF, A., BÄRTELS, A., 1996: Gehölze. Bestimmung, Herkunft und Lebensbereiche, Eigenschaften und Verwendung. Gartengehölze Bd I. Ulmer, Stuttgart.

[21] SCHMEIL-FITSCHEN, 1993: Flora von Deutschland. 89. Aufl. Bearb. von SENGHAS, K. und SEYBOLD, S., Quelle & Meyer, Heidelberg, Wiesbaden.

[22] SCHNEIDER, C. K., 1906: Illustriertes Handbuch der Laubholzkunde. Bd. I. Fischer, Jena.

[23] SCHOPMEYER, C.S., 1974: Seeds of Woody Plants in the United States. USDA For. Serv., Agric. Handbook No. 450. Washington, D.C.

[24] SCHUBERT,R., 1991: Bioindikation in terrestrischen Ökosystemen. Fischer, Jena.

[25] SCHULZ, B., 1999: Gehölzbestimmung im Winter. Ulmer, Stuttgart.

[26] TIMMERMANN, C., 1992: Rosa L. 1753. In: Die Farn- und Blütenpflanzen Baden-Württembergs. Band III. Spezieller Teil. Hrsg von Sebald, O.; Seybold, S.; Philippi, G. Ulmer, Stuttgart.

[27] WESTERKAMP, C.; DEMMELMEYER, H., 1997: Blattoberflächen mitteleuropäischer Laubgehölze. Atlas und Bestimmungsschlüssel. Gebr. Borntraeger, Berlin, Stuttgart.

[28] WITT, R.,1995: Wildsträucher und Wildrosen. Franckh-Kosmos, Stuttgart.

[29] YOSHIZAWA, Y.; KAWAII, S. et al., 2000: Differentiation-inducing effects of small fruit juices on HL-60 cells. J. Agric. Fd. Chem. 48, 3177–3182.

Autor:

Dr. HANS JOACHIM SCHUCK
Buchenstraße 23
D-85411 Hohenkammer

Salix aurita LINNÉ, 1753

syn.: Salix rugosa SER., 1815; Salix spathulata WILLD., 1805

Ohrweide, Salbeiweide

engl.: Eared sallow,
        Round-ear willow
franz.: Saule à breillettes
ital.: Salice dorato

Familie: Salicaceae
Subgenus: Caprisalix
Sektion: Capraea

Abb. 1: Salix aurita. Kräftiger, freistehender Strauch im bayerischen
Voralpenland

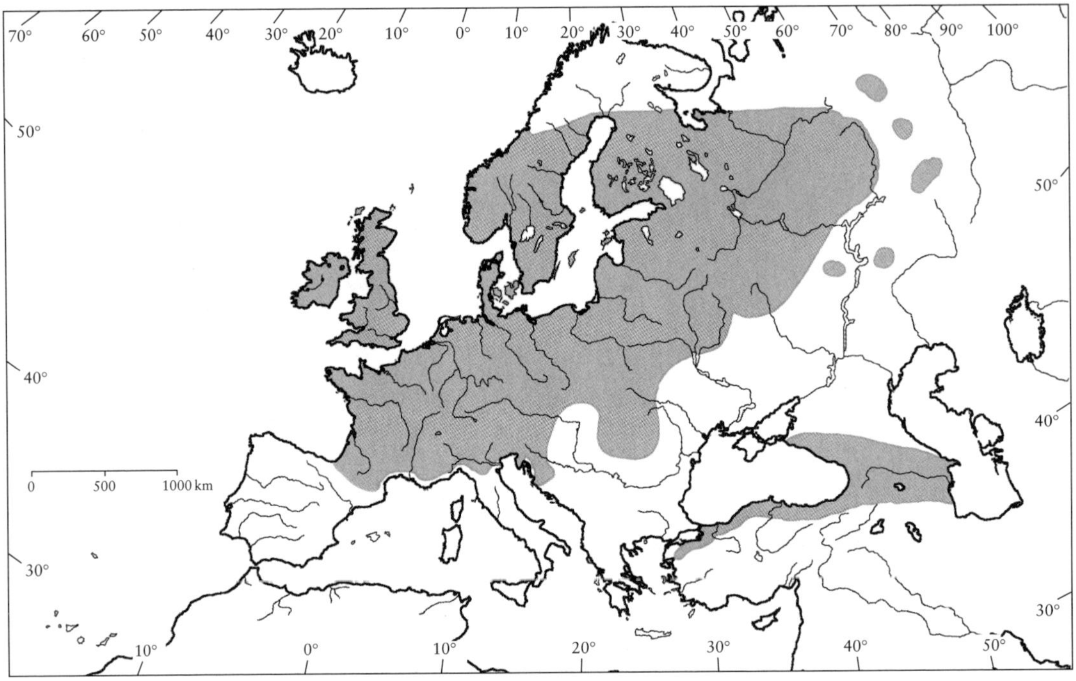

Abb. 2: Natürliches Verbreitungsgebiet, nach SCHIECHTL [12], verändert

Wie Grau-, Purpur- und Schwarzweide zählt *Salix aurita* in Mitteleuropa zu den häufigen Pionierstraucharten auf feuchten bis nassen Standorten. Anders als diese besiedelt sie aber vorwiegend saure, nährstoffarme Böden und wird nicht baumförmig.

Ihr Name bezieht sich auf die regelmäßig vorhandenen, meist deutlich entwickelten, „ohrenförmigen" und gezähnten Nebenblätter. Ansonsten ist die Ohrweide eher unscheinbar. Sie hat eine dichte Verzweigung und wird etwa 3 m hoch.

S. aurita eignet sich weder zum Binden noch zum Korbflechten, wird aber gelegentlich zur Befestigung feuchter Hänge und Böschungen genutzt.

Verwechseln kann man sie eventuell mit *S. cinerea* und mit *S. caprea*. Durch folgende Merkmale hebt sie sich von diesen beiden Arten ab:

– Blätter runzelig, verkehrt eiförmig

– Blattrand unregelmäßig grob gesägt, deutlich gewellt und nach unten gebogen

– Nebenblätter relativ groß, nierenförmig, gezähnt, bis zum Herbst verbleibend.

Verbreitung

Das natürliche Areal der Ohrweide umfaßt weite Teile Europas, weiterhin das nördliche Kleinasien und den Kaukasus. Es findet in Norwegen (66°27') seine Nord-, im nördlichen Teil der Iberischen Halbinsel und des Apennin seine Südgrenze [10, 11]. Im Mittelmeergebiet und in den Zentralalpen fehlt die Art [4, 8]. Die Grenzen ihrer vertikalen Verbreitung liegen:

im Bayer. Wald bei 1420 m   in der Schweiz bei 1600 m
in den Bayer.   bei 1500 m   in Südtirol   bei 1700 m
Alpen   [10].

Beschreibung

Salix aurita wird einheitlich als ein mittelhoher Strauch mit dichter, sparriger Beastung und rundlichem Umriß beschrieben, der Höhen zwischen 60 und 200 cm einnimmt [8, 10, 12]. Nach eigenen Beobachtungen kann er jedoch auf nährstoffreicheren Standorten des Voralpenlandes durchaus 3 m hoch werden. Die relativ kurzen Äste sind fein verzweigt und haben anfangs eine glatte, graue Rinde [4], die am Stamm später zur längsrissigen, schwarzbraunen Borke wird.

Knospen, Blätter und junge Triebe

Die rundlichen, relativ kleinen und kahlen Winterknospen stehen im oberen Teil ein wenig ab. Sie haben nur zwei Tegmente, sind braun bis rötlich-braun, werden im Frühjahr aber oft korallenrot. Die Gipfelknospen sterben im Herbst ab. Fortsetzung des Triebwachstums erfolgt durch die oberste Lateralknospe.

Die wechselständig angeordneten, etwa 5 mm lang gestielten Laubblätter der Ohrweide können hinsichtlich Form und Abmaßen beträchtlich variieren. Zumeist sind sie verkehrt eiförmig, laufen am Grunde keilförmig und am Apex mit einer kurzen, zurückgebogenen, manchmal gefalteten Spitze aus. Der Blattrand ist unregelmäßig grob gezähnt oder ausgebissen gesägt, wellig und leicht nach unten gebogen.

Die Blattform kann aber auch in rhombisch, rundlich, elliptisch und sogar in schmal lanzettlich abändern [7]. Die Blattlänge schwankt zwischen 15 und 70 mm (Breite: 15 bis 30 mm) [5]. Insbesondere an freistehenden Sträuchern treten die gelblichen Blattadern (7 bis 10 Seitennervenpaare [12]) auf der graugrünen Unterseite stark hervor, auf der matt dunkelgrünen Oberseite sind sie eingesenkt.

Konsistenz und Erscheinungsbild der *Aurita*-Blätter wird durch das Wort „runzelig" treffend charakterisiert. Auffallend ist überdies ihre rötliche Farbe beim Austreiben.

Stets werden die namengebenden, recht großen, halbherz-, ohren- oder nierenförmigen Nebenblätter ausgebildet. Sie sind deutlich gezähnt und bleiben bis in den Herbst hinein erhalten.

Kennzeichnend für die jungen, auffallend schlanken Triebe ist ihre allseitige rötliche Behaarung. Später verkahlen sie.

Abb. 4: Blattformen (nat. Größe) (ohne Nebenblätter)

Blüten, Früchte, Samen

Die kätzchenförmigen Blütenstände sind dioezisch verteilt. Sehr selten kommen auch zweigeschlechtige Sträucher vor[1]. In Mitteleuropa blüht *S. aurita* zwischen März und Mai. Die Blütezeit fällt mit dem Blattaustrieb zusammen oder sie liegt kurz davor.

Die 2,5 bis 3 cm langen (Durchm.: 1,0 bis 1,5 cm), dichtblütigen und eiförmigen, kätzchenartigen Blütenstände (Länge nach LAUTENSCHLAGER [8] nur 12 bis 15 mm) stehen in den Achseln kleiner, breit lanzettlicher, seidig behaarter Tragblättchen [11]. An dem sehr kurzen, flaumig behaarten Kätzchenstiel stehen zwei behaarte Vorblätter [8]. Nach dem Abblühen erfährt das weibliche Kätzchen eine deutliche Verlängerung.

Die männliche Einzelblüte besteht aus zwei Staubblättern, deren elliptische Antheren vor dem Aufblühen deutlich rot, während der Anthese aber gelb gefärbt sind. Zwischen dem Grunde der Filamente und der Kätzchenachse steht ein keulenförmiges Nektarium [8]. Die Bestäubung erfolgt durch Insekten.

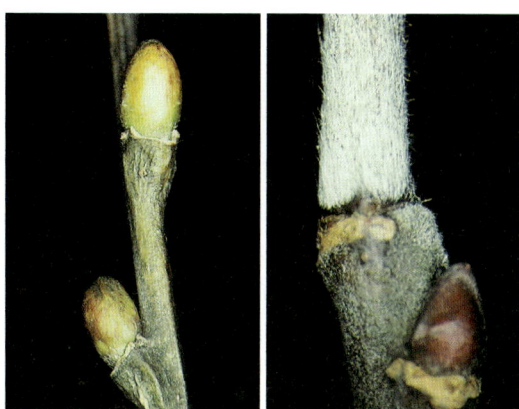

Abb. 3: Männliche Blütenknospen (links) und Grenze zwischen 1jährigem und 2jährigem Abschnitt eines Triebes. Letzterer mit einer vegetativen Lateralknospe

---

[1] For. Abstr. **34**, 6192, 1973

Abb. 5: Weibliche Blütenstände und junge Blätter

Weibliche Einzelblüten haben einen lang gestielten, spindelförmigen, filzig behaarten Fruchtknoten, einen sehr kurzen Griffel und eine fast sitzende, kopfförmige Narbe. Zwischen dem basalen Teil des Fruchtknotenstieles und der Kätzchenachse befindet sich wiederum ein keulenförmiges Nektarium.

Männliche und weibliche Blüten stehen in der Achsel eines zweifarbigen Tragblattes mit heller Basis und bärtig behaarter Spitze.

Chromosomensatz: 2n = 38 [8].

Wie alle Weidenarten, so bildet auch *S. aurita* Kapselfrüchte, die aus 2 Carpellen bestehen, bei Reife braun sind und sich mit zwei Klappen öffnen. Sie enthalten zahlreiche millimetergroße, keulenförmige Samen. Diese sind mit einem Haarschopf versehen, der wesentlich länger ist als der Korpus und an der Basis ansetzt [10].

Salix-Samen enthalten kein Endosperm und keimen epigäisch. Sie werden vom Wind verbreitet, sind aber durch den Haarkranz auch schwimmfähig. Häufig kommt es

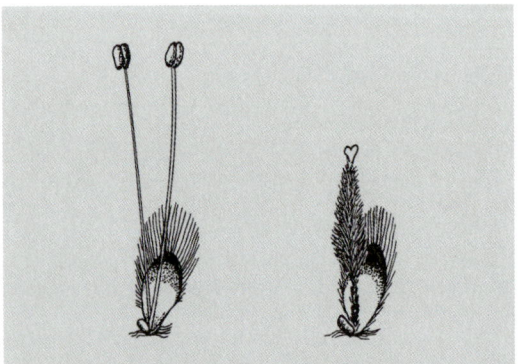

Abb. 6: Männliche (links) und weibliche Einzelblüte (stark vergrößert), verändert nach [8]. An der Basis ein keulenförmiges Nektarium, Fruchtknoten dicht und hell behaart.

zum Transport mehrerer miteinander verhakter Samen, wodurch sich die Chance erhöht, daß Bäume verschiedenen Geschlechts zusammen aufwachsen.

Morphologische Unterschiede zwischen den Samen mitteleuropäischer Strauchweiden-Arten sind nicht bekannt.

Artbastarde und genetische Differenzierung

Weiden gehen leicht natürliche Artkreuzungen ein, was in situ zu einer schwer überschaubaren morphologischen Vielfalt führt. Diese Auffassung dominiert sowohl in der Fach- wie in der Trivialliteratur. Sie wird gestützt durch viele erfolgreich verlaufene künstliche Kreuzungen, so daß man eine fast unbegrenzte Kombinationsfähigkeit innerhalb der Gattung *Salix* annehmen konnte [4].

Abb. 7: Männliche Blütenkätzchen in unterschiedlichem Reifezustand

Auch *Salix aurita* soll mit zahlreichen Arten natürlich bastardieren, u.a. mit den mitteleuropäischen Strauchweiden *S. appendiculata, S. caprea, S. cinerea, S. elaeagnos, S. nigricans* und *S. purpurea* [10, 11]. LAUTENSCHLAGER [8] führt indessen als „gut definierte Bastarde" nur *S. aurita* x *S. myrtilloides* und *S. aurita* x *S. repens* an, letztere mit intermediärer Merkmalsausprägung.

CHMELAR [4] hält das Vorkommen von Weiden-Artbastarden in freier Natur – unter anderem wegen unterschiedlicher artspezifischer Blühtermine – generell für eine Ausnahme. Oft seien es unzureichende Kenntnisse von der innerartlichen Streubreite morphologischer Merkmale, welche den Bastardverdacht auslösen. Für *Salix aurita* wurden zwei Fälle von Hybridschwärmen bekannt, relativ stabile Bastardpopulationen also, in denen ständig Rückkreuzungen zu beiden Elternarten und Geschwisterkreuzungen zwischen den Hybriden stattfinden.

Im ersten Fall handelt es sich um die in Skandinavien regional vorkommende Kombination S. aurita x S. repens, desweiteren um S. aurita x S. silesiaca aus den Karpaten und den Sudeten [4].

MEIKLE [9] beschreibt blattmorphologische Unterschiede zwischen britischen und skandinavischen Aurita-Populationen. Letztere haben zugespitzte und weniger rauhe, der Grauweide (S. cinerea) ähnliche Blätter, wofür Artbastardierung mit S. caprea sowie S. cinerea als Ursache diskutiert wird.

Hauptsächlich in älteren Beschreibungen hat man versucht, die Formenfülle der Aurita durch die Ausscheidung von Varietäten und Formen zu systematisieren. RECHINGER [11] faßt die im wesentlichen auf TOEPFFER [14] zurückgehende Klassifizierung wie folgt zusammen:

var. *erecta* TOEPFFER:	aufrecht, höher als 2 m, große Blätter
var. *procumbens* TOEPFFER:	niederliegend, 30 bis 50 cm hoch, Blätter kleiner
var. *latifolia* (SCHATZ) TOEPFFER:	Blätter 1 $\frac{1}{4}$ mal so lang wie breit. Dazu 11 Formen
var. *angustifolia* SCHATZ:	Blätter 3 bis 5 mal so lang wie breit. Dazu 3 Formen. 8 weitere Formen mit unterschiedlich ausgeprägtem Blattrand, verschiedener Behaarung, Blattfarbe und Form der Kätzchen

Feldversuche zur Prüfung der Abhängigkeit dieser Merkmale von Standort, Klima und geographischer Breite werden in der Literatur nicht erwähnt.

Ökologie

Salix aurita ist eine frostharte Strauchart, die vorwiegend in ozeanischen und subozeanischen Regionen des gemäßigten Klimas wächst [6] und nur marginal in kontinentale Bereiche vordringt [10]. Hinsichtlich des Lichtbedarfs wird sie als Halblichtpflanze eingestuft [6] und verträgt somit leichten Schatten [6, 12]. Sie stellt nur geringe Bodenansprüche und ist zumeist auf feuchten bis wechselfeuchten Standorten der kollinen und montanen Stufe anzutreffen.

Am häufigsten findet man die Art in Flach- und Quellmooren, in Bruchwäldern und auf sumpfigen Wiesen sowie an Wald- und Wiesenrändern in grundwassernahen Lagen. Hinzu kommen Randlagen von Hochmooren, Torfstiche sowie (in Norddeutschland) Heidemoore.

Bevorzugt werden kalkfreie, nährstoffarme, aber humusreiche Substrate im sauren pH-Bereich. *Salix aurita* gehört zu den wenigen einheimischen Strauchweiden, die in der

Hauptsache auf sauren Böden gedeihen. ELLENBERG [6] stuft sie als Indikatorpflanze für saure und feuchte Standorte ein, die eher auf stickstoffarmen als auf stickstoffreichen Substraten wächst.

Auf den genannten Standorten fungiert sie – gemeinsam mit anderen Strauchweiden – als wichtige Pionier- und Vorwald-Art [4, 12]. Oft kommt sie mit den folgenden Gehölzarten gemeinsam vor: *Salix cinerea, S. nigricans, S. repens, Betula pubescens, Rhamnus frangula* und (in Dänemark, NW-Deutschland) mit *Myrica gale*.

Einblicke in die Ökologie der natürlichen Verjüngung von *S. aurita* vermitteln die Ergebnisse belgischer Untersuchungen auf trockengelegten Mooren [1]. Danach wurde die Sämlingsentwicklung durch die Konkurrenz von *Molinia coerulea* und durch die Streu von *Pteridium aquilinum* stark gehemmt. Förderlich war hingegen die Streu von *Vaccinium myrtillus* und *Calluna vulgaris*.

Abb. 8: Typische, runzelige Laubblätter mit relativ großen Nebenblättern (links) und Herbstverfärbung

Nutzung

Salix aurita gehört nicht zu den Weidenarten mit wirtschaftlicher Bedeutung. Sie wird weder als Binde- oder Korbweide genutzt noch hat sie volksmedizinisch Beachtung gefunden. Gelegentlich baut man die Art zur Befestigung rutschgefährdeter, feuchter Hänge an [12] und an der Küste wird sie als strauchförmige Komponente in Windschutzhecken einbezogen.

Verschiedenes

– *S. aurita* vermehrt sich im natürlichen Habitat durch Samen. Die generative Vermehrung gelingt auch künstlich, sofern unmittelbar nach Öffnung der Samenkapseln ausgesät wird.

Keimung erfolgt schon nach 24 Stunden. Lagerung des Saatgutes ist nicht möglich. In der Praxis hat sich die Stecklingsbewurzelung als wirtschaftlicher erwiesen (praktische Hinweise bei [4]). Die Vermehrung durch Steckhölzer ist bei der Ohrweide jedoch unsicher [2].

– In der ehemaligen DDR standen die Weidenarten unter Schutz, weil ihr Pollen im zeitigen Frühjahr die einzige Nahrung für die überwinterten Bienenvölker darstellt. Obwohl *S. aurita* als mäßiger Pollenproduzent gilt, wird die Art regelmäßig und stark beflogen [4].

– Weidenarten werden von einer großen Zahl pathogener Pilze befallen, was hauptsächlich zu vorzeitigem Blattfall sowie zu Rindennekrosen und Triebschäden führt [3]. Speziell auf *S. aurita* fixierte Pathogene scheint es nicht zu geben. Ebenso fehlt es an Informationen über die Häufigkeit und die Intensität entsprechender Schäden.

Bei den Schadinsekten verhält es sich ähnlich. Als Resultat einer in Großbritannien durchgeführten Inventur registrierte man 170 an *S. aurita* lebende Insektenarten, darunter 25 *Hemipteren*, 25 *Lepidopteren*, 26 *Hymenopteren*, 27 *Dipteren* und 11 *Coleopteren* [13].

– Das Holz der Ohrweide ist leicht, weich und wenig dauerhaft. Es gleicht in dieser Hinsicht dem Holz anderer heimischer *Salix*-Arten und ist von diesen auch mikroskopisch nicht zu trennen. Mehr oder weniger kennzeichnend sind indessen die relativ kurzen und kantigen Striemen auf dem Holz des letzten Jahrringes jüngerer Triebe.

Weiterführende Literatur

[1] ADRIAENS, A., 1993: Influence de quelques facteurs du milieu sur le dynamique de Salix aurita dans la réserve naturelle des Hautes-Fagnes (Belgique). Belg. Journ. Bot. **126**, 71–80.

[2] BÄRTELS, A., 1989: Gehölzvermehrung. Verlag E. Ulmer, Stuttgart.

[3] BUTIN, H., 1989: Krankheiten der Wald- und Parkbäume. 2. Aufl. Georg Thieme Verlag, Stuttgart.

[4] CHMELAR, J.; MEUSEL, W., 1979: Die Weiden Europas. Neue Brehm-Bücherei 494. A. Ziemsen Verlag, Wittenberg Lutherstadt.

[5] DIPPEL, L., 1889: Handbuch der Laubholzkunde. Verlag Paul Parey, Berlin.

[6] ELLENBERG, H., 1979: Zeigerwerte der Gefäßpflanzen Mitteleuropas. 2. Aufl. Verlag E. Goltze, Göttingen.

[7] KIRCHNER, O. VON; LOEW, E.; SCHRÖTER, C., 1991: Lebensgeschichte der Blütenpflanzen Mitteleuropas. Verlag E. Ulmer, Stuttgart.

[8] LAUTENSCHLAGER, E., 1989: Die Weiden der Schweiz und angrenzender Gebiete. Birkhäuser Verlag, Basel, Boston, Berlin.

[9] MEIKLE, R.D., 1992: British willows; some hybrids and some problems. Proc. Royal Soc. Edinburgh 98B, 13–20.

[10] NEUMANN, A., 1981: Die mitteleuropäischen Salix-Arten. Mitt. Forstl. Bundes-Versuchsanstalt Wien, Heft 134.

[11] RECHINGER, K.H., 1981: Salicaceae. In HEGI, G.: Illustrierte Flora von Mitteleuropa. 3. Aufl. Band III, Teil 1. Verlag Paul Parey, Hamburg und Berlin.

[12] SCHIECHTL, H.M., 1992: Weiden in der Praxis. Patzer-Verlag, Berlin-Hannover.

[13] SOMMERVILLE, A.H. C., 1992: Willows in the environment. Proc. Royal Soc. Edinburgh 98B, 215–224.

[14] TOEPFFER, A., 1915: Salices Bavariae. Berichte Bayer. Bot. Ges. **15**.

Die Autoren:

Prof. em. Dr. PETER SCHÜTT
Lehrstuhl für Forstbotanik
Ludwig-Maximilians-Universität München
Am Hochanger 13
D-85354 Freising

ULLA M. LANG
Schützenstraße 6
D-82383 Hohenpeißenberg

Salix cinerea Linné, 1753

Aschweide, Grauweide

engl.: Grey sallow
franz.: Saule cendré, Saule gris
ital.: Salice cinereo, Salice acuminato

Familie: Salicaceae
Subgenus: Caprisalix
Sektion: Capreae

Abb. 1: Salix cinerea. Typischer Strauch auf einer feuchten Wiese in Oberbayern (ca. 800 m ü.NN)

Salix cinerea

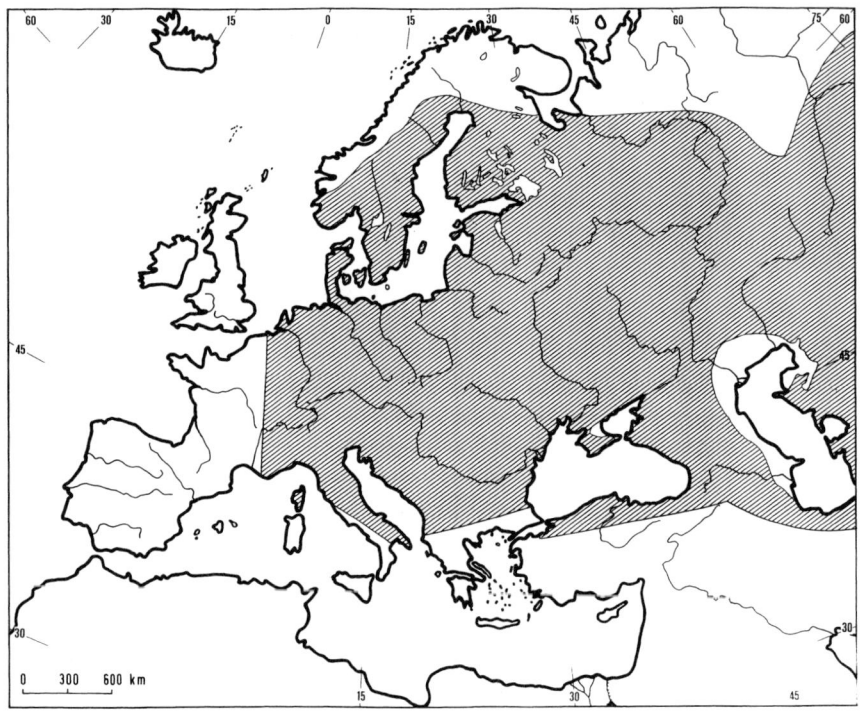

Abb. 2: Natürliches Areal (nach SCHIECHTL, 1992)

Salix cinerea gehört zu den häufigsten und zu den relativ leicht erkennbaren Strauchweiden Mitteleuropas. Sie blüht schon vor dem Laubaustrieb und wird zu einem breiten, gut 4 m hohen Strauch mit abgeflachter Krone, in seltenen Fällen auch zu einem kleinen Baum.

Die Art ist an feuchte bis nasse Standorte gebunden und verträgt zeitweise sogar Staunässe. Unmittelbare wirtschaftliche Bedeutung hat sie nicht.

Die deutschen Namen gehen auf die graufilzig behaarten Knospen, jungen Triebe und jungen Blätter zurück. Kennzeichnend sind außerdem die langen Längsstriemen am Astholz, direkt unter der Rinde.

S. cinerea ist unter Umständen mit S. caprea und S. aurita zu verwechseln. Letztere bildet ebenfalls, wenn auch kürzere Striemen am Astholz aus, hat auch ansehnliche Nebenblätter und kommt am selben Standort vor.

In der Praxis scheint die Unsicherheit allerdings größer zu sein, denn F. Graf VON SCHWERIN schreibt in den Mitt. der DDG **20**, 258, 1911: „Was in unseren Wiesengräben wächst und auch in recht vielen Baumschulen als S. caprea angeboten wird, stellt sich fast immer als S. cinerea heraus, die übrigens durchaus nicht immer nur strauchartig bleibt, sondern rechtzeitig ausgeästet zu starken, hübschen Bäumchen mit kugelig wachsender Krone heranwächst, die zur Zeit der Blüte eine Zierde jedes Gartens ist."

Blattmerkmale (Sommerblätter):

	Salix cinerea	Salix aurita	Salix caprea
Austreibende Blätter	gelbgrün	rötlich	gelbgrün
Oberseite	graugrün, behaart	runzelig, kahl, dunkelgrün	dunkelgrün, kahl (nur Nerven behaart)
Unterseite	dicht und weich grau behaart	graugrün, dicht flaumig behaart	dicht weich behaart
Blattrand	fast ganzrandig	unregelmäßig grob gesägt, wellig, oft nach unten umgebogen	schwach unregelmäßig gesägt
Blattspitze	meist gerade	kurz und schief zugespitzt	kurz zugespitzt, meist etwas umgebogen
Nebenblätter	deutlich, aber an kurzen Trieben selten	nie fehlend, meist groß und auffallend	meist schwach entwickelt, nicht immer vorhanden

Verbreitung

Die Aschweide besiedelt ein riesiges Areal mit vorwiegend kontinentalem Klima, das sich von Europa über Westsibirien bis nach Zentralasien erstreckt und auch den Kaukasus, Nord-Persien und Kleinasien einschließt. Im Gebiet um Omsk gehört sie zu jenen Salix-Arten, aus denen sich ein 359.000 ha großes „Weidendickicht" zusammensetzt [1].

In Europa erreicht S. cinerea ihre Nordgrenze in Südschweden (67° n. Br.). In Italien, auf Korsika, in Griechenland und in Tunesien berührt das natürliche Verbreitungsgebiet den Mittelmeerraum [12]. In Mitteleuropa ist sie vorwiegend ein Strauch der Ebene und des Hügellandes. Auch im Alpenvorland kommt sie von Natur aus vor. Als Höhengrenzen ihrer natürlichen Verbreitung werden genannt [12]:

Erzgebirge	700 m ü. NN
Tirol	1.360 m ü. NN
Wallis	2.100 m ü. NN

Abweichend von anderen Regionen besiedelt die Art in Großbritannien auch Ödland sowie Steinbrüche und Halden [14].

Beschreibung

Erscheinungsbild

In den weitaus meisten Fällen entwickelt sich S. cinerea zu einem dicht verzweigten, breiten Strauch mit flachem Umriß, der selten höher wird als 4 m. Nur ausnahmsweise wächst sie zu einem kleinen Baum heran. Die Äste werden relativ dick, die Beastung ist sparrig [12]. Auch für die

Abb. 3: Älterer Strauch im Winter

Aschweide trifft es im Prinzip zu, daß Triebe, Zweige und Äste einen runden Querschnitt einnehmen. Durch die Ausbildung der charakteristischen Striemen im jüngsten Astholz entsteht jedoch eine Tendenz zur Kantenbildung, bei einigen Stämmen sogar zur Spannrückigkeit.

Über die Wurzelmorphologie von Strauchweiden ist wenig bekannt. Generell entwickeln sie ein intensives Wurzelsystem.

Abb. 4: Triebspitze im Winterzustand

Knospen und junge Triebe

Die Winterknospen der Aschweide können am selben Strauch hinsichtlich Größe und Farbe erheblich variieren. Vegetative Knospen werden im allgemeinen 3 – 4 mm, Blütenknospen bis zu 8 mm lang [6]. Nach ESCHRICH [5] liegen die Maximalwerte bei 6 bzw. 10 mm. Beide Knospentypen sind von spitz eiförmiger Gestalt, von graubrauner, hellbrauner oder rotbrauner Farbe und graufilzig behaart. Sie liegen dem Sproß an, sind auf der Innenseite eher grünlich und auf der zum Licht gewendeten Seite bräunlich getönt.

---

[1] For. Abstr. **9**, 1187, 1948

Abb. 5: Übergang vom 1-jährigen zum 2-jährigen Trieb (links) und weibliche Blütenknospen

In der Regel gehen die Terminalknospen mit den Triebspitzen nach dem Ende der Vegetationszeit zugrunde, und die obersten Seitenknospen setzen das Längenwachstum der Sprosse fort.

Kennzeichnend für die Art ist unter anderem die kurze, samtige, meist graue [5], dunkelbraune bis schwarzgraue [11] oder zimtbraune [8] Behaarung der jungen Triebe, welche man auch noch auf der Rinde der zweijährigen Zweige findet. Vereinzelte runde, braune Lenticellen kommen vor [5].

Die Rinde bleibt lange Zeit glatt und wird erst spät „unregelmäßig rissig gefeldert" [11].

Blätter

S. cinerea gehört zu den sommergrünen Arten. Die Blätter sind wechselständig angeordnet, variieren aber hinsichtlich Form, Farbe und Größe in Abhängigkeit von der Aus-

triebszeit und der Position am Trieb. LAUTENSCHLAGER [8] unterscheidet schmal lanzettliche, dicht behaarte Erstblätter (Frühblätter) von Sommerblättern (Folgeblätter). Letztere erscheinen zu Beginn des Sommers, sind elliptisch oder verkehrt eiförmig bis länglich, 6 – 9 cm lang, bis 4,5 cm breit [7] und am Apex kurz (manchmal schief) zugespitzt. Der Blattrand ist gewellt und bisweilen schwach gekerbt oder gezähnt [7]. Auffällig ist die matt graugrüne, mit kurzen, grauen Haaren besetzte Blattoberseite sowie die graue, dicht flaumig behaarte Unterseite, auf der die Blattadern (10 – 15 Seitenadernpaare 1. Ordnung) deutlich hervortreten. Die Länge des ebenfalls behaarten Blattstiels beträgt 8 – 15 mm.

Abb. 7: Stammborke

Abb. 6: Trieb mit Sommerblättern

Die nieren- oder halbherzförmigen, meist deutlich gezähnten Nebenblätter sind in den mittleren und oberen Triebabschnitten besonders gut ausgebildet. Nebenblätter an der Triebbasis fallen in der Regel früher ab als die dazugehörenden Laubblätter.

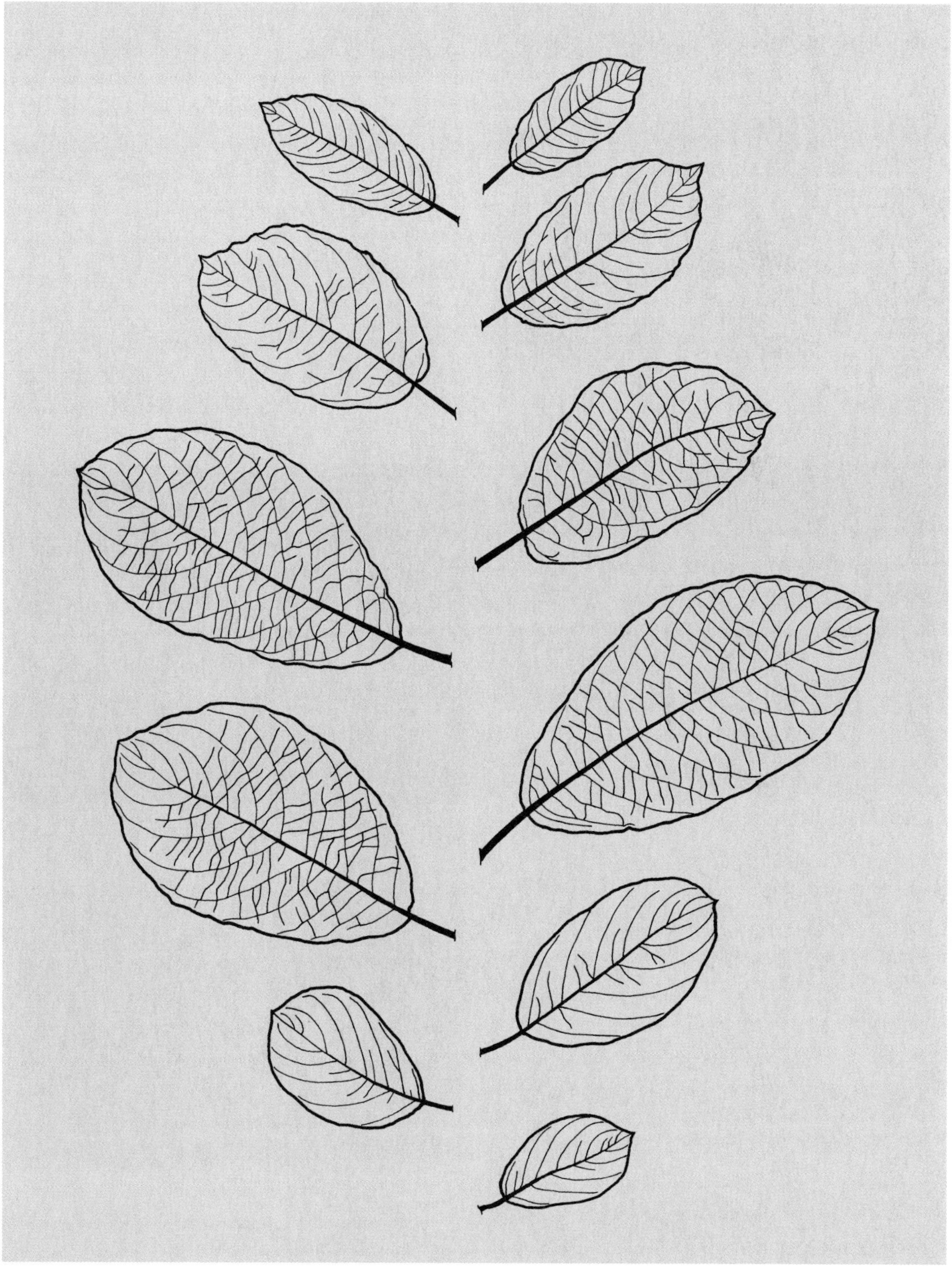

Abb. 8: Blattfolge (Sommerblätter) an einem ca. 15 cm langen Trieb (nat. Größe)

Die ebenfalls zylindrischen weiblichen Kätzchen sind zur Zeit des Abblühens etwa 4 cm lang und verlängern sich postfloral bis auf 9 cm [12]. Die Einzelblüte besteht aus einem langgestielten, mit silbrigen Haaren besetzten, langkegelförmigen Fruchtknoten mit zwei gelben, aufgerichteten Narbenästen.

Wie viele Weidenarten, so wird auch S. cinerea von einer großen Zahl von Insektenarten bestäubt. Möglicherweise spielen Duftstoffe dabei eine Rolle, die von weiblichen und männlichen Cinerea-Kätzchen in absolut gleicher chemischer Zusammensetzung (1,4-Dimethoxy-benzol) abgegeben werden und die den Insekten als Orientierungszeichen dienen dürften [16].

Als Früchte werden Kapseln gebildet, die sich bei Reife mit zwei Klappen öffnen und zahlreiche, weniger als 1,5 mm lange Samen entlassen. Jeder Same trägt am basalen Ende einen doppelten Haarkranz, der als Flugorgan dient und die gemeinsame Windverbreitung mehrerer Samen garantiert.

Abb. 9: Männliche Blütenkätzchen

Blüten, Früchte, Samen

S. cinerea blüht noch vor dem Blattaustrieb im März/April. Wie bei allen Weidenarten sind die Blüten zweihäusig verteilt[2] und stehen in kätzchenförmigen Infloreszenzen. Männliche und weibliche Kätzchen sind mit einem kurzen, dicht behaarten Stiel versehen, der mit zwei oder drei kleinen, ebenfalls behaarten Blättern besetzt ist. Jede Einzelblüte steht in der Achsel eines dicht behaarten, zweifarbigen Tragblattes (Basis hell, Spitze dunkelbraun bis schwarz) und trägt am Grunde der Staubblätter bzw. des Fruchtknotens ein kurzes, keulenförmiges Nektarium [8]. Salix cinerea ist tetraploid (2n = 76).

Männliche Kätzchen werden 3 cm lang (nach HEGI [12] 5 cm), sind von zylindrischer Form und erreichen einen Durchmesser von 2 cm [12]. Die Einzelblüten enthalten nur zwei Staubblätter, deren Filamente nicht miteinander verwachsen. Die länglichen, anfangs roten Staubbeutel werden bei Reife gelb. Der Pollen keimt unter künstlichen Bedingungen am besten in einer 30-prozentigen Saccharose-Lösung [13].

Abb. 10: Junge Fruchtstände

[2] Vereinzelt kommen ♀ und ♂ Blüten am selben Strauch vor (For. Abstr. **34**, 6192, 1973). Beobachtet wurden auch einzelne ♀ Blüten in männlichen Kätzchen (Mitt. DDG **44**, S. 373, 1932).

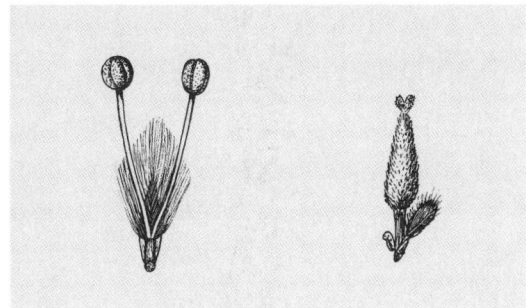

Abb. 11: Männliche (links) und weibliche Einzelblüte, nach WILHELM et al. (5 x nat. Größe)

Die Samenreife tritt bei der Aschweide schon wenige Wochen nach der Blüte und noch vor dem Abschluß des Blattaustriebs ein [11]. Morphologische Unterschiede zwischen den Samen verschiedener Strauchweidenarten wurden bisher nicht beschrieben.

Artbastardierung und genetische Differenzierung

Nach RECHINGER [12] gibt es aufgrund von Verschiedenheiten in der Blatt- und Kätzchenmorphologie Ansätze zu einer innerartlichen Differenzierung von S. cinerea in:

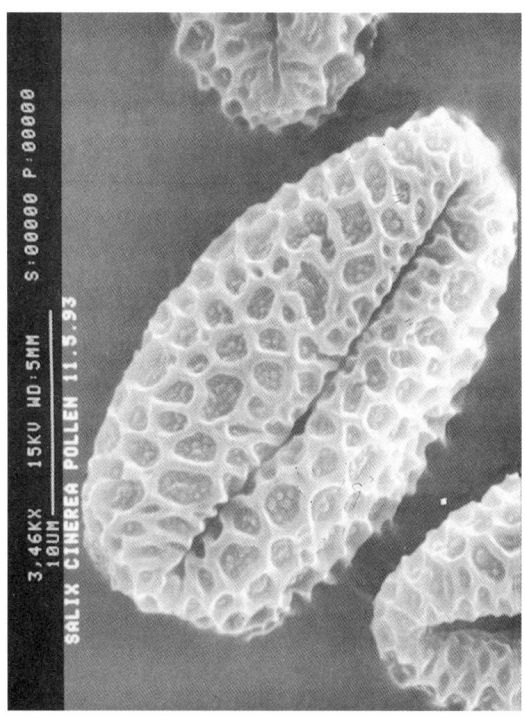

Abb. 13: Pollen

– Var. latifolia LASCH., unterteilt in vier Formen, die sich hinsichtlich Blattform und Blattgröße unterscheiden.
– Var. angustifolia DÖLL, wiederum mit mehreren Formen, differenziert nach Form und Größe der Blätter und Kätzchen.

In Großbritannien stellt S. cinerea eine der am häufigsten vorkommenden Strauchweiden dar und spaltet in zwei Subspecies auf [10]:

– S. cinerea ssp. cinerea: mattgrüne bis aschgraue, stark behaarte Blätter und Zweige. Nebenblätter deutlich ausgebildet und persistent. Vorwiegend auf basenreichen Feuchtstandorten und Mooren. Schwer zu trennen von S. cinerea des europäischen Festlandes.
– S. cinerea ssp. oleifolia MACREIGHT: dunkelgrüne, oft glänzende Blätter mit rauher Unterseite, besetzt mit rostroten Haaren. Zweige rötlichbraun. Entwickelt sich oft zu einem kleinen Baum. Nebenblätter klein und wenig dauerhaft. Große ökologische Amplitude, oft auf relativ trockenen Standorten.

Zwischen beiden Subspecies sind – insbesondere in East Anglia – introgressive Bastardierungen anzunehmen.

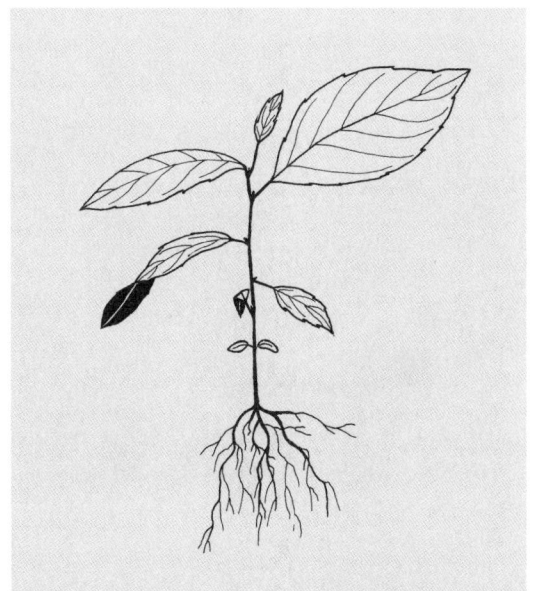

Abb. 12: Keimling, ca. 1 Monat alt (nat. Größe)

Auch in Frankreich kommen die Unterarten cinerea und oleifolia nebeneinander vor. Es wird diskutiert, ob für Salix cinerea ssp. oleifolia der Artstatus eingeführt werden sollte (Salix atrocinerea BROT.) [10].

Ohne auf Einzelheiten einzugehen, führen NEUMANN [11] und RECHINGER [12] an, daß Aschweiden unter anderen mit folgenden Salix-Arten bastardieren können: S. aurita, S. caprea, S. daphnoides, S. elaeagnos, S. nigricans, S. repens, S. purpurea und S. viminalis. Zu den „gut definierbaren Bastarden" wird Salix cinerea x S. viminalis (= Salix holosericea WILLD.) gezählt. Kennzeichen: entrindetes Holz mit langen Striemen, lange Griffel und lange Nektarien wie bei S. viminalis [11].

In Dänemark ist ein Dreifach-Bastard der Kombination S. cinerea x S. caprea x S. viminalis (Salix burjatica) entstanden, der eine erhebliche Biomassenproduktion verspricht (mit drei Jahren: 8 – 10 m hoch, 14,6 t Trockenmasse/ha). Es existieren mehrere Klone, von denen 'Korso' und 'Germany' besonders leistungsfähig zu sein scheinen [3].

Klima und Standort

ELLENBERG [4] stuft S. cinerea als eine Halblichtpflanze ein, die etwas mehr Schatten verträgt als S. purpurea und S. repens. Ihre Klimaansprüche liegen in Mitteleuropa zwischen subozeanisch und subkontinental.

Zuhause ist sie auf nassen bis wechselfeuchten, oft nährstoffreichen Standorten wie Niederungsmooren, Erlenbrüchen und Feuchtwiesen. Daneben kommt sie auch an Bachläufen vor und gedeiht sogar auf Gleyböden mit hoch anstehendem, wenig bewegtem, sogar stagnierendem Grundwasser [12].

ELLENBERG [4] zählt die Art zu den Nässezeigern. Eher als andere Strauchweiden wächst sie auch auf luftarmen Böden, wobei stark saure, neutrale und alkalische Substrate gemieden werden.

Verschiedenes

– Das Holz der Aschweide wird nicht genutzt. Es hat Gefäße mit auffallend geringem Durchmesser (35 – 50 µm) und sehr dünnwandige Holzfasern [7]. Wirtschaftlich interessanter ist die Rinde, die einen hohen Gerbstoffgehalt aufweist (12,59%, nach anderen Quellen sogar 15,92 ± 1,2%). Im Raum Tomsk wird S. cinerea deswegen in Plantagen angezogen. Pro Hektar rechnet man mit 1.200 – 1.600 kg lufttrockener Rinde[3].

Abb. 14: Holz, Längsschnitt

– Im Naturschutzgebiet Großer Lubowsee (Uckermark) wird S. cinerea neben Schwarzerle, Zitterpappel und den beiden einheimischen Birkenarten vom Biber (Castor fiber albicus) als Nahrung bevorzugt[4].

– Aschweiden haben sich als Heckenpflanze in schleswig-holsteinischen Windschutzstreifen gut bewährt[5].

– Die eingehende Inventur einer Aschweiden-Population in North Wales ergab ein relativ konstantes Gechlechtsverhältnis von 2 : 1 zugunsten der weiblichen Individuen. Es bestanden keine Größenunterschiede zwischen männlichen und weiblichen Weiden [1].

– Trotz zahlreicher, besonders gegen Ende der Vegetationszeit auftretender pilzlicher und tierischer Schädlinge ist S. cinerea keineswegs ernsthaft von Pathogenen bedroht. Weil die Aufmerksamkeit der Pathologen eher

Abb. 15: Nebenblätter

den Baum- und Bindeweiden galt, gibt es jedoch nur wenige konkrete Informationen über Krankheiten der Aschweide.

– Holzanatomisch ist S. cinerea nicht signifikant von mehreren mitteleuropäischen Weidenarten zu trennen [9]. Die Frühholzgefäße haben im Mittel einen Durchmesser von 44,5 µm (32,5 – 75,8 µm), die Spätholzgefäße von 20,4 µm (16,8 – 27,9 µm). Die Mehrzahl der Markstrahlen weist eine Höhe von vier bis vierzehn Zellen auf. Abweichend verhält sich Grauweidenholz durch einen gebuchteten Verlauf der Jahrringgrenzen, wobei offenbleibt, ob diese Eigenart mit den charakteristischen Holzstriemen in Verbindung steht.

Weiterführende Literatur

[1] ALLIENDE, M.C.; HARPER, J.L., 1989: Demographic studies of a dioecious tree. I. Colonization, sex and age structure of a population of Salix cinerea. J. Ecology 77, 1029 – 1047.

[2] BUTIN, H., 1960: Die Krankheiten der Weide und deren Erreger. Mitt. Biol. Bundesanst. Land- u. Forstw., Berlin 98, pp. 46.

[3] DAWSON, M., 1992: Some aspects of the development of short-rotation coppice willow for biomass in Northern Ireland. Proc. Royal Soc. Edinburgh 98B, 193 – 205.

[4] ELLENBERG, H., 1979: Zeigerwerte der Gefäßpflanzen Mitteleuropas. Scripta Geobotanica IX, 2. Aufl. Verlag E. Goltze, Göttingen.

[5] ESCHRICH, W., 1992: Gehölze im Winter. Zweige und Knospen. 2. Aufl. Gustav Fischer Verlag, Stuttgart-Jena-New York.

[6] GODET, J.-D., 1983: Knospen und Zweige der einheimischen Baum- und Straucharten. Verlag J. Neumann-Neudamm.

[7] KIRCHNER, O. von; LOEW, E.; SCHRÖTER, C., 1911: Lebensgeschichte der Blütenpflanzen Mitteleuropas.

[8] LAUTENSCHLAGER, E., 1989: Die Weiden der Schweiz und angrenzender Gebiete. Birkhäuser-Verlag, Basel.

[9] LYR, H.; BERGMANN, J.H., 1960: Zur Frage der anatomischen Unterscheidbarkeit des Holzes einiger Salix-Arten. Ber. Dt. Bot. Ges. 73, 265 – 276.

[10] MEIKLE, R.D., 1992: British Willows; some hybrids and some problems. Proc. Royal Soc. Edinburgh 98B, 13 – 20.

[11] NEUMANN, A., 1981: Die mitteleuropäischen Salix-Arten. Mitt. Forstl. Bundes-Versuchsanst. Wien 134.

[12] RECHINGER, K.H., 1981: Salicaceae. In: HEGI, G.: Illustrierte Flora von Mitteleuropa. Band 3, Teil 1, 3. Aufl. Verlag Paul Parey, Berlin-Hamburg.

[13] SCHOPMEYER, C.S. (Techn. Coord.), 1974: Seeds of Woody Plants in the United States. USDA For. Serv. Agric. Handbook No. 450, Washington, D.C.

[14] SOMMERVILLE, A.H.C., 1992: Willows in the environment. Proc. Royal Soc. Edinburgh 98B, 215 – 224.

[15] TOEPFFER, A., 1915: Salices Bavariae. Versuch einer Monographie der bayerischen Weiden. Ber. Bayer. Bot. Ges. 15.

[16] TOLLSTEN, L.; KNUDSEN, J.T., 1992: Floral scent in dioecious Salix (Salicaceae) – a cue determining the pollination system? Plant Systematics, Evol. 182, 229 – 237.

Die Autoren:
Prof. em. Dr. PETER SCHÜTT
Lehrstuhl für Forstbotanik
Ludwig-Maximilians-Universität München
Hohenbachernstraße 22
D-85354 Freising

ULLA M. LANG
Schützenstraße 6
D-82383 Hohenpeißenberg

Salix elaeagnos SCOP., 1972
syn.:   Salix incana SCHRANK

Lavendel-Weide, Grau-Weide

franz.: Saule drapé
ital.:   Salice ripajuolo
pol.:   Wierzba siwa

Familie: Salicaceae
Untergattung: Caprisalix DUM.
Sektion: Canae KERN.

Abb. 1: Salix elaeagnos im Graswangtal, Oberbayern, ca. 900 m ü. NN

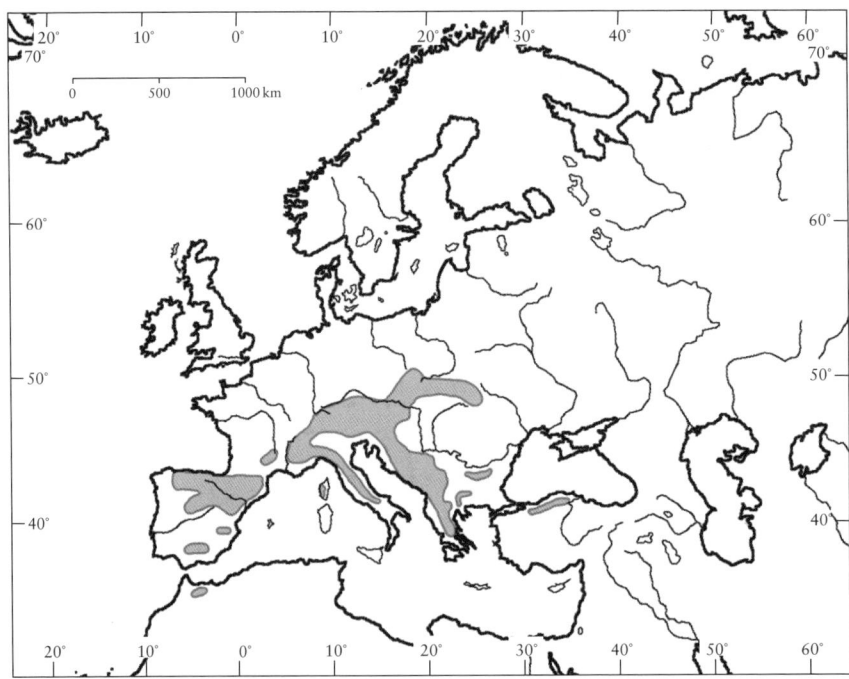

Abb. 2: Natürliches Areal, nach SCHIECHTL [7]

Lavendelweiden gehören in Teilen Mittel- und Südeuropas zu den häufigsten, mitunter sogar bestandesbildenden Besiedlern kalkreicher Flußschotter. Sie entwickeln sich zu breiten, bis 6 m hohen Sträuchern oder zu kleinen bis mittelgroßen Bäumen.

Ihren deutschen Namen verdanken sie den schmalen, am Rande eingerollten und gesägten, lavendelähnlichen Blättern. Der lateinische Name *elaeagnos* bezieht sich auf eine gewisse Ähnlichkeit mit den ebenfalls schmalen und weiß behaarten Blättern der Ölweide (*Elaeagnos angustifolia*). Diese Merkmale sowie die fehlenden Längsrisse in der Stammborke machen es leicht, *S. elaeagnos* zu erkennen.

Lavendelweiden sind Pionierpflanzen, welche bodenbefestigend wirken und ein erstaunliches Vermögen besitzen, Überflutung und Überschotterung lebend zu überstehen. Die Art wird mit Erfolg zur Grünverbauung von Gebirgsbächen genutzt. Als Bindeweide eignet sie sich wegen der relativ brüchigen Ruten nicht [5].

Verbreitung

Das natürliche Areal von *S. elaeagnos* deckt weite Teile Mittel- und Südeuropas ab. Es schließt die Pyrenäen und

das nordspanische Bergland (hier: *S. elaeagnos* ssp. *angustifolia*), Korsika, Ober- und Mittelitalien sowie den nördlichen Balkan ein und läuft im Südosten in Kleinasien (Schwarzmeer-Gebirge) aus. Einzelvorkommen liegen in Nordafrika. Die Schwerpunkte des Vorkommens befinden sich in den Tälern der Kalkalpen und auf den Flußschottern der Voralpen (u.a. im Oberlauf von Rhein, Lech und Isar). In Südtirol kommt die Art noch bei 1.850 m ü. NN auf der Saiser Alpe vor [6]. Die Nordgrenze bilden die Donau und die Beskiden [1, 5, 7].

Beschreibung

Lavendelweiden werden auf geeigneten Standorten zu breiten, bis 6 m hohen Sträuchern oder zu kleinen Bäumen, die im Extrem 16 m hoch werden sollen. Die Art verzweigt sich vorwiegend dichasial, hat aufwärts gerichtete Äste und relativ dünne Zweige mit gelber bis roter oder dunkelbrauner Rinde, welche auf der Schattenseite eine gelbgrüne Farbe beibehalten. Die Rinde bleibt lange glatt und wird schließlich von einer grauen, mit waagerecht verlaufenden Strukturen versehenen Borke abgelöst, die (als Charakteristikum der Art) keine Längsrisse aufweist.

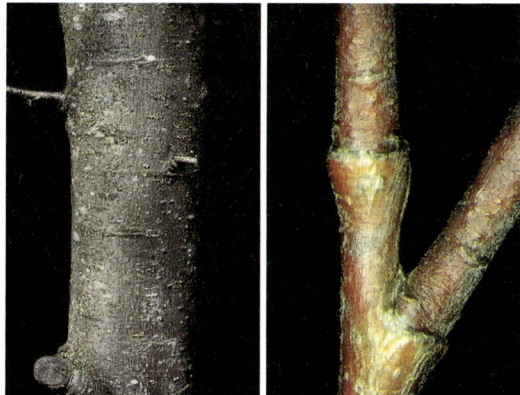

Abb. 3: Stammborke (links) und Zweigrinde

Knospen, Blätter und junge Triebe

Die anfangs grünlichen, später rötlichbraunen Winterknospen haben eine abgeflachte Spitze. Seitenknospen liegen dem Sproß an, Gipfelknospen sind deutlich gekrümmt. Beide haben etwa die gleiche Größe. Dasselbe gilt für Blütenknospen und rein vegetative Knospen.

Kennzeichnend für die Art sind ihre derben, schmal linealen, beiderseits spitz zulaufenden, auf der Unterseite bleibend graufilzig behaarten Blätter mit stark umgebogenem Rand. Auch die dunkelgrüne Blattoberseite ist anfangs grau behaart, verkahlt aber später. Die kurz gestielten Sommerblätter werden 8 bis 10 cm lang und ca. 2 cm breit; die gleich nach dem Austrieb entstandenen Blätter bleiben kleiner. Der Blattrand ist zur Spitze hin feindrüsig gesägt; die Blattadern fallen wenig auf und Nebenblätter werden nicht entwickelt (seltene Ausnahme: Blätter an Stockausschlägen [6]).

Abb. 4: Männliche (links) und weibliche Blütenkätzchen

Die jungen, etwas kantigen und zerstreut behaarten Triebe variieren in der Farbe je nach Lichtexposition. Auf der Schattenseite sind sie gelbgrün, auf der Sonnenseite tief rötlichgelb. Die Winterfarbe ein- und zweijähriger Triebe ist bei jungen Pflanzen auffallend rötlich und macht diese von weitem erkennbar [5].

Blüten

S. elaeagnos blüht im April/Mai, zur Zeit des Laubaustriebs. Die kurz gestielten (5 mm), länglich-zylindrischen Kätzchen sind meist stark gekrümmt, und der dicht behaarte Stiel trägt mehrere kleine, lanzettliche, seidig behaarte Blättchen.

Die bei männlichen und weiblichen Blütenständen gleich gestalteten, verkehrt eiförmigen Tragblätter sind einfarbig grün oder gelb. Nur ihre Spitze ist purpurrot gesäumt, der Rand kraus behaart [4]. Die Tragblätter liegen der Kätzchenachse relativ dicht an.

Abb. 5: Holz im Längsschnitt

Die dichtblütigen männlichen Kätzchen werden etwa 3 cm lang (Durchm. ca. 0,6 cm). Die Blüten enthalten 2 im unteren Drittel miteinander verwachsene, am Grunde behaarte Staubblätter mit elliptischen Antheren.

Die relativ dünnen, 3 bis 6 cm langen weiblichen Kätzchen (Durchm. ca. 0,8 cm) sind zuerst dicht-, später lockerblütig und verlängern sich noch nach dem Abblühen. Der gestielte, unten breite und sich nach oben verschmälernde, kahle Fruchtknoten trägt einen relativ kurzen Griffel (ca. $1/3$ der Fruchtknotenlänge) mit geteilten Narbenästen.

Am Grunde der weiblichen wie der männlichen Blüten befindet sich ein flaches, rel. breites Nektarium.

Chromosomenzahl: 2n= 38 [4].

Abb. 6: S. elaeagnos als Pionierpflanze auf Flußschotter

Artbastarde und genetische Differenzierung

Ob die ungewöhnliche Streubreite im Erscheinungsbild der Art auf Verschiedenheiten in der Umwelt oder im Erbgut zurückgeht, ist nicht untersucht worden. Die ausgeschiedenen beiden Unterarten beruhen im Wesentlichen auf Differenzen in der Blattmorphologie:

– ssp. *elaeagnos*: Lineale Blätter mit eher flachen Rändern. Kommt im nördlichen Teil des Areals vor.
– ssp. *angustifolia* (CARIOT) RECH. FIL. (syn.: var. *lavandulaefolia* DE LA PAIR): Blätter schmaler mit stark umgerollten Rändern. Hauptsächlich im südlichen Mittelmeergebiet [5].

Die Mehrzahl der Sammelarbeiten über S. elaeagnos nennen etwa ein Dutzend Weidenarten, darunter alle Strauchweiden des Voralpenlandes, mit denen die Lavendelweide „mit Sicherheit" natürlich bastardiert [5, 6, 7]. Quellen zu dieser Aussage werden nicht genannt. LAUTENSCHLAGER [4] indessen, listet S. elaeagnos nicht als Elternart unter der Rubrik „Gut definierte Weidenbastarde" auf.

Ökologie

Nach ELLENBERG [3] zählt die Lavendelweide zu den Halblichtpflanzen mit ozeanischen Klimaansprüchen. Das Schwergewicht ihres Vorkommens liegt in submontantemperierten Regionen.

S. *elaeagnos* ist eine Pionierpflanze, die auf den offenen Geröll- und Kiesbänken der Bäche und Flüsse in den südlichen und nördlichen Voralpen gehäuft, oft auch bestandesbildend vorkommt. Sie bevorzugt wechselfeuchte bis mäßig trockene, gut durchlüftete, kalkhaltige Substrate (pH 7 bis 9) und benötigt Grundwasser im Wurzelbereich [3, 7]. Die Art erträgt sowohl Überflutung als auch wiederholte Überschotterung und wird in dieser Hinsicht nur von *Salix purpurea* L. erreicht. Selbst langandauernde Überschotterung bis in 27% der Gesamthöhe kann sie überleben. An den übererdeten Stammteilen entstehen zahlreiche Adventivwurzeln [7].

S. *elaeagnos* kommt häufiger auf stickstoffarmen als auf stickstoffreichen Böden vor [3].

Im süddeutschen Alpenvorland ist sie – gemeinsam mit *Salix purpurea* L., S. *daphnoides* VILL. und *Alnus incana* (L.) MOENCH – vor allem auf den kalkhaltigen Terrassenschottern längs der in den Bergen entspringenden Bäche und Flüsse (z.B. Isar, Inn, Lech, Rhein) vertreten und wird auf den jüngsten Kiesbänken u.a. von *Myricaria germanica* (L.) DESV. begleitet. Flußaufwärts erreicht sie Höhen bis 1.500 m ü. NN und wächst dort auf noch kalkreichen Bergheiden in Gesellschaft mit *Pinus mugo* TURRA, *Dryas octopetala* L. und *Erica carnea* L. [5].

Die Vorkommen auf der Südseite der Alpen sind durch ähnliche Standortverhältnisse gekennzeichnet. Hier wächst S. *elaeagnos* außerdem auf sandigen, rohen Rutschungen und ist in tieferen Lagen mit *Hippophae rhamnoides* L., dem Sanddorn vergesellschaftet.

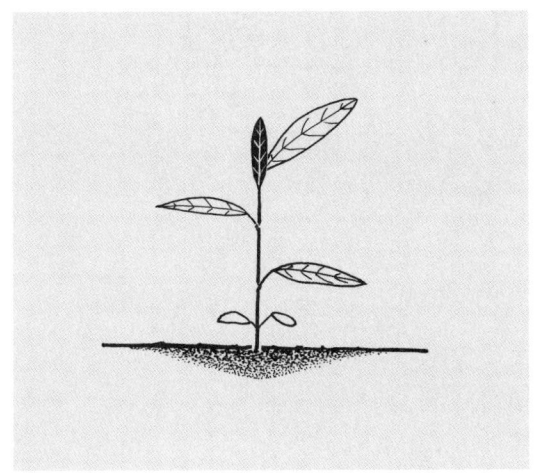

Abb. 7: Keimling, ca. 4 Wochen alt (nat. Größe)

Weiterführende Literatur

[1] ANONYMUS, 1986: Förderung seltener und gefährdeter Baum- und Straucharten im Staatswald. Bayer. Staatsm. Ern., Landw., Forsten, München.

[2] CHMELAR, J.; MEUSEL, W., 1979: Die Weiden Europas. A. Ziemsen Verlag, Wittenberg Lutherstadt.

[3] ELLENBERG, H., 1979: Zeigerwerte der Gefäßpflanzen Mitteleuropas. 2. Aufl. Scripta Geobotanica 9. Verlag E. Goltze, Göttingen.

[4] LAUTENSCHLAGER, A., 1981: Die Weiden der Schweiz und angrenzender Gebiete. Birkhäuser Verlag, Basel.

[5] NEUMANN, A., 1981: Die mitteleuropäischen Salix-Arten. Mitt. Forstl. Bundes-Versuchsanst. Wien 134.

[6] RECHINGER, K. H., 1981: Salicaceae in HEGI, G.: Illustrierte Flora von Mitteleuropa, 3. Aufl., Bd. III, Teil 1. Verlag Paul Parey, Hamburg, Berlin.

[7] SCHIECHTL, H. M., 1992: Weiden in der Praxis, Patzer-Verlag, Berlin, Hannover.

Nutzung

Lorbeerweiden eignen sich weder als Flechtmaterial noch werden sie forstlich genutzt oder stellen eine nenneswerte Honigpflanze dar. Der Gerbstoffgehalt der Rinde bleibt hinter anderen *Salix*-Arten zurück. Örtlich erlangt die Ssp. *angustifolia* ein gewisses gärtnerisches Interesse als Zierpflanze.

Von ungleich größerer Bedeutung ist die Art jedoch für ingenieurbiologische Projekte, vor allem im Gebirge. Dazu gehört die Grünverbauung von Bächen und die Befestigung von Schotterflächen, denn regelmäßige Überflutungen und nachfolgende Trockenperioden übersteht sie schadlos.

Verschiedenes

Lorbeerweiden lassen sich gut durch Stecklingsbewurzelung vermehren (Bewurzelungsprozente von 70 bis 80). Die Stecklingsgewinnung sollte während der Winterruhe stattfinden [7].

Die Autoren:

Prof. em. Dr. PETER SCHÜTT
Lehrstuhl für Forstbotanik
Ludwig-Maximilians-Universität München
Am Hochanger 13
D-85354 Freising

ULLA M. LANG
Schützenstraße 6
D-82383 Hohenpeißenberg

Salix glabra SCOPOLI, 1772

syn.:   Salix phylicifolia WULF. nec al.,
        Salix pontederae BELL.,
        Salix corruscans WILLD.,
        Salix wulfeniana WILLD.

Kahle Weide, Glanz-Weide, Glatt-Weide

Familie: Salicaceae
Subgenus: Caprisalix
Sektion: Hastatae

engl.: Hairless willow
franz.: Saule glabre
ital.: Salice glabro
slow.: gola vrba

Abb. 1: Salix glabra. Adulter Strauch im natürlichen Habitat
(Julische Alpen. Vršič-Pass, Slowenien, 1450 m ü. NN)

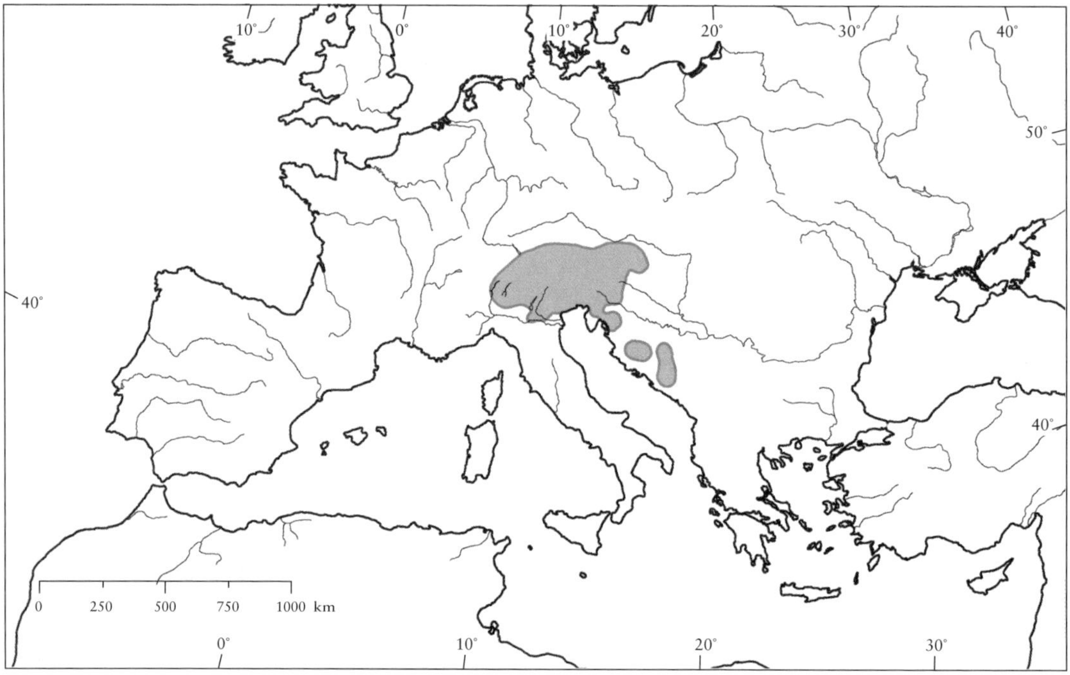

Abb. 2: Natürliches Verbreitungsgebiet, verändert nach [9]

Salix glabra gehört zu den weniger verbreiteten europäischen Strauch-Weiden. Ihr natürliches Areal ist verhältnismäßig klein und auf die Ostalpen und den Nordwestteil des Dinarischen Gebirges beschränkt. Im Bereich ihres Areals kommt sie am häufigsten in der subalpinen und oberen Montanstufe vor, nur an Gebirgsflüssen und Bächen steigt sie auch tiefer herab. Meist einzeln und aufrecht bis 1,5 m hoch wachsend, ist die Art an ihren typischen, namensgebenden, kahlen und glatten Blättern gut erkennbar. Wegen ihres stark entwickelten Wurzelsystems eignet sie sich zur Befestigung von instabilen Hängen. Dank der schönen Blätter und Blüten wird sie gerne in Alpin- und Steingärten gepflanzt.

Verbreitung

Die Glanz-Weide ist eine ostalpin-dinarische Art. Verbreitet ist sie im Bereich der Ostalpen, auf dem Velebit und im Nordwestteil des Dinarischen Gebirges. Das Zentrum des Areals liegt in Norditalien und Österreich. Im Südosten reicht *S. glabra* über Slowenien und Kroatien bis zum Berg Prenj in der Herzegowina [12]. In Süddeutschland kommt sie in den Bayerischen und Allgäuer Alpen vor, im Westen erstreckt sich das Verbreitungsgebiet bis zum Piemont in Italien; das einzige Vorkommen in der Schweiz liegt in Val Colla im Südtessin [23]. Oft werden Seehöhen zwischen 1400 und 2200 m, ausnahmsweise auch bis 2500 m ü. NN besiedelt [1]. Entlang von Flüssen und Bächen findet man die Glanz-Weide stellenweise aber auch bis in Höhen um 300 m ü. NN herabreichend [20, 15, 22, 13].

Beschreibung

S. glabra ist ein aufrechter oder manchmal bogig nach oben gerichteter, meist einzeln wachsender, bis 1,5 (2,5) m [10, 22] hoher Strauch mit kurzen, dicken, grauen und verhältnismäßig wenig verzweigten Ästen [1].

Knospen, Blätter und junge Triebe

Die 6 bis 9 mm langen Knospen sind pfeilspitz- bis spitzeiförmig, glänzend, abgeflacht, dem Zweig anliegend und mit deutlich hervortretenden Mittelrippen versehen [4]. Besonders bei Blütenknospen ist die Spitze gelegentlich entenschnabelartig zusammengedrückt [22]. Die Knospenschuppen sind rot bis dunkelbraun und vollständig kahl.

S. glabra gehört zu den sommergrünen Arten. Die Blätter zeigen eine wechselständige Anordnung. Die Primärblätter sind verkehrt-eiförmig und schmal mit regelmäßig gesägtem Rand; die Oberseite ist grün und matt, die Unterseite zuerst seidenhaarig und frühzeitig verkahlend [11]. Normale Sommerblätter sind elliptisch bis breit-lanzettlich bzw. breit verkehrt-eiförmig. Sie messen in der Länge 4 bis 8 cm und in der Breite 2,5 bis 3,5 cm. Sie sind gerade bis schief zugespitzt, am Grund kurz oder keilförmig zusammenlaufend, bis zur Spitze gesägt und kahl (Name!). Oberseits erscheinen sie dunkelgrün, auch getrocknet stark lackartig glänzend, unterseits wegen des dichten Wachsbelages weißlich matt und beim Trocknen schwarz oder schwarzfleckig werdend.

Der Blattstiel ist 1 bis 5 (10) mm lang. Der Hauptnerv und 10 bis 15 Paare Seitennerven treten unterseits, die oft leicht S-förmig geschwungenen Seitennerven getrockneter Laubblätter auch oberseits hervor [8, 15]. Nebenblätter werden meist nicht ausgebildet, oder sie erweisen sich als unscheinbar und klein, sind von halb herzförmiger Gestalt und am Rand mit wenigen drüsigen Zähnchen besetzt.

Die Zweige der Glanz-Weide sind rötlichbraun oder grün gefärbt, kahl und sympodial wachsend. Nur gelegentlich kommen am Grund der einjährigen Triebe einzelne, lange Haare (Bärtung) vor, die jedoch früh verschwinden. Einjährige Triebe sind etwas kantig [22].

Blüten, Früchte und Samen

Die Blüten sind zweihäusig verteilt und erscheinen von Mai bis Juni oder auch Juli [19] mit dem Blattaustrieb oder kurz danach. Die Kätzchen sitzen an beblätterten Kurztrieben und orientieren sich seitwärts.

Abb. 4: Terminal- und Lateralknospen in situ (links) und Sommerblätter

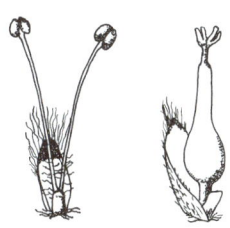

Abb. 3: Männliche (links) und weibliche Einzelblüte (8x vergrößert)

Abb. 5: Männliche Blütenstände (links) und Trieb mit weiblichen Blütenkätzchen

Männliche Kätzchen sind spitz-eiförmig, 18 bis 22 (50 [20, 8]) mm lang und etwa 1 cm lang gestielt. Die Tragblätter sind schmal elliptisch, stumpf, gelb oder mit braunem Vorderteil; die Außenseite ist mit hellen, kurzen Haaren versehen, die Spitze bärtig. Die beiden Staubfäden einer Blüte weisen im unteren Teil eine lockere Behaarung auf, die Staubbeutel sind kurz elliptisch, rot. Das Nektarium ist eiförmig, dünn, breit und gestutzt.

Weibliche Kätzchen sind zylindrisch, 30 bis 50 mm lang und strecken sich nach der Blütezeit bis 70 mm [11, 13, 20]. Die Tragblätter ähneln denen der männlichen Blüten. Der 3 bis 4 mm lange Fruchtknoten ist ei-kegelförmig, kahl und ungefähr so lang gestielt wie die Länge des Nektariums. Der Griffel erscheint etwas kürzer als der Fruchtknotenstiel. Die Narbenäste sind schräg aufwärts gerichtet und nur wenig gespalten.

Abb. 6: Blattunterseiten und junge Fruchtstände (links) und reife Fruchtstände

Als Früchte werden Kapseln gebildet, die sich bei Reife (je nach Seehöhe im Juli oder August) mit zwei Klappen öffnen und in einem Zeitraum von zwei bis drei Wochen zahlreiche Samen entlassen.

Weitere Informationen über die Samen und deren Keimung liegen nicht vor.

Für die Glanz-Weide wurden sehr abweichende Chromosomenzahlen ermittelt: bei Material aus dem botanischen Garten [5] und aus Slowenien [3] 2n = 38, in Österreich 2n = 76 [8, 16] und im Tessin 2n = 114 [2].

Abb. 7: Stammborke

Holz

Holz mit bräunlich-weißem Mark ist für die Glanz-Weide charakteristisch. Entrindetes Holz weist manchmal zerstreut angeordnete, 2 bis 3 mm lange Striemen auf [8].

Artbastardierung und genetische Differenzierung

RECHINGER [20] führt innerhalb der Art *S. glabra* zwei Varietäten an, die sich in der Blattgröße und -form voneinander unterscheiden:

– *S. glabra* var. *latifolia* ANDERSS. hat rundlich-elliptische, bis 8 cm lange und 4 cm breite Blätter und ist in drei Formen unterteilt, die sich hinsichtlich Blattform und Blattgröße weiter unterscheiden;

– *S. glabra* var. *angustifolia* ANDERSS. hat verkehrt-eilanzettliche bis lanzettliche, bis 3,5 cm lange und 1,5 cm breite Blätter und kann in zwei Formen unterteilt werden.

Bisher lassen sich fast überall, wo *S. glabra* und *S. nigricans* gemeinsam vorkommen, spontane Bastarde *(S. x subglabra* A. KERNER) verlässlich belegen. Nach RECHINGER und AKEROYD [21] können sie auf Grund der den Mittelnerv entlang behaarten Blätter sowie des gegen die Blattspitze sich allmählich verlierenden Wachsbelages auf der Blattunterseite identifiziert werden. Nachgewiesen sind auch Bastarde mit *S. retusa* [21].

Bereits früher erwähnt, doch nicht eindeutig belegt sind ferner die Bastarde mit *S. appendiculata, S. elaeagnos* und *S. herbacea* [15]; ähnliches gilt für die noch immer fragwürdigen Bastarde mit *S. purpurea* und *S. waldsteiniana* [8]. Auch die Existenz des mutmaßlichen Tripelbastardes *S. glabra* x *S. hastata* x *S. nigricans (S. x stenostachya* KERN.) im Unterinntal [8] bedarf der Bestätigung.

HANDEL-MAZZETTI [6] hat in Niederösterreich einen neuen Bastard namens *S. glaucovillosa (S. glabra* x *S. incana* (Syn. *S. elaeagnos*)) beschrieben, doch stellte er bereits ein Jahr später fest, dass eine der Elternpflanzen nicht *S. glabra,* sondern *S. nigricans* gewesen ist. Obwohl sich *S. glabra* von *S. nigricans* durch die völlige Kahlheit der Blätter und den gleichmäßigen, bis in die Blattspitze reichenden Wachsüberzug der Blattunterseite leicht und sicher unterscheiden lässt [20], weist diese Verwechslung auf die oft große Ähnlichkeit beider Arten hin.

Ökologie

S. glabra ist ihrer Verbreitung nach ein süd/nordalpin-westillyrisches Florenelement [14]. Sie kommt in der subalpinen Stufe ihres Areals am häufigsten vor, steigt aber oft auch in die hochmontane oder in die alpine Stufe auf [1] und verträgt Temperaturen bis mindestens –25° C; ferner findet man sie in Tälern mit geringer Höhe [11]. Die Glanz-Weide wird jedoch im Gebiet der Alpenflüsse nur sehr selten durch Hochwasser ins Vorland verbreitet, und nach AICHELE [1] fasst sie dort meist nur vorübergehend Fuß; über Jahrzehnte hinweg hat sie sich jedenfalls an keinem der bekannt gewordenen Voralpenfundorte gehalten.

S. *glabra* wird oft als subalpin-subozeanische Art bezeichnet. Sie wächst auf frischen bis feuchten, auch nassen, lockeren, alkalischen, durchlässigen Lehm- und Geröllböden auschließlich aus Karbonatgestein. Sie ist ziemlich häufig in feuchten Hochstaudengebüschen, an steinigen Abhängen, Bächen und Runsen, besiedelt aber auch Kiesbänke, Ufer und Mattenstandorte, an denen Sickerwasser austritt. Oft wächst sie zwischen Legföhren.

Zerstreut oder in kleineren Beständen vorkommend, bevorzugt sie sonnige Standorte, erträgt jedoch auch ziemlich viel Schatten [15].

S. *glabra* ist prägende Charakterart (Edifikator) der Gesellschaft *Salicetum glabrae*, Ordnung *Adenostyletalia*, aber auch in Legföhren- und anderen Kieferbeständen. Häufig findet man sie im Initialstadium der Gesellschaft *Orno-Pinetum nigrae*. Meist wächst sie zusammen mit Arten wie *Pinus nigra, P. mugo, Ostrya carpinifolia, Fraxinus ornus, Salix appendiculata, S. waldsteiniana, Sorbus aria, Amelanchier ovalis, Cotoneaster tomentosus, Erica carnea, Sesleria varia, Dryas octopetala, Cytisus nigricans* und anderen [13, 15, 22].

Verschiedenes

– Wie viele Arten der mitteleuropäischen Gebirgsflora ist auch S. *glabra* von ihrem Hauptverbreitungsgebiet in der subarktischen Zone abgetrennt. S. *jenisseensis* (F. SCHM.) FLOD. ist eine S. *glabra* nahestehende, subarktische Art aus Zentral- und Westsibirien. MEUSEL et al. [14] nehmen an, dass sich die Differenzierung auf eine längere isolierte Entwicklung von S. *glabra* in den süd- und mitteleuropäischen Gebirgen zurückführen lässt. In die engere Verwandtschaft von S. *glabra* gehört nach SKWORTZOW [14] auch S. *reinii* FRANCH. et SAV. aus Hokkaido und den Südkurilen.

– Die Glanz-Weide ist in den Alpen ein wichtiger Stabilisator von labilen Kalk- oder Dolomithängen, Runsen und Wildbächen. Ihr Wurzelsystem ist weit verzweigt und verhindert die Abspülung der Bodenoberschicht ins Tal.

– Sie ist auch eine sehr geeignete Art für ingenieurbiologische Arbeiten. Sie wurzelt wesentlich intensiver als S. *appendiculata* [15]. Ihre vegetative Vermehrbarkeit ist gut (70-80%) [22].

– Die Glanz-Weide gilt als eine der schönsten und am besten geeigneten Arten für die Anpflanzung in Stein- und Alpengärten. Sie wird wegen ihrer dunkelgrünen, glänzenden Blätter, aber auch wegen der schönen, attraktiven Blütenkätzchen geschätzt [17].

– In der Literatur finden sich keine auf S. *glabra* bezogene Hinweise auf Schadinsekten und pathogene Pilze.

Abb. 8: Blattfolge an einem Langtrieb (natürliche Größe)

Literatur

[1] AICHELE, D.; SCHWEGLER, H. W., 1995: Die Blüten-Pflanzen Mitteleuropas 3, Franckh-Kosmos, Stuttgart.

[2] BÜCHLER, W., 1985: Neue Chromosomenzählungen in der Gattung Salix. Botanica Helvetica 95, 2, 165–175.

[3] DRUŠKOVIČ, B.; SUŠNIK, F., 1979: Kromosomska števila zastopnikov slovenske flore 4 Salix L.. Biološki vestnik 27, 2, 115–122.

[4] GODET, J.-D., 1995: Knospen und Zweige der einheimischen Baum- und Straucharten. Naturbuch Verlag.

[5] HAKANSSON, A., 1955: Chromosome numbers and meiosis in certain Salices. Hereditas 41, 454–482.

[6] HANDEL-MAZZETTI, H., 1903: Salix glaucovillosa hybr. nov. (S. glabra x S. incana). Verh. Zool.-Bot. Ges. Wien 53, 358.

[7] HANDEL-MAZZETTI, H., 1904: Über Salix glaucovillosa. Verh. Zool.-Bot. Ges. Wien 54, 132–133.

[8] HÖRANDL, E., 1992: Die Gattung Salix in Österreich (mit Berücksichtigung angrenzender Gebiete). Abhandlungen der Zoologisch-Botanischen Gesellschaft in Österreich, Band 27.

[9] JALAS, J.; SUOMINEN, J., 1976: Atlas Florae Europaeae. 3: Salicaceae to Balanophoraceae, Helsinki.

[10] KRÜSSMANN, G., 1978: Handbuch der Laubgehölze 3, Verlag Parey, Berlin, 288–316.

[11] LAUTENSCHLAGER-FLEURY, D.; LAUTENSCHLAGER-FLEURY, E., 1994: Die Weiden von Mittel- und Nordeuropa. Birkhäuser Verlag, Basel, Boston, Berlin.

12] MALY, K., 1904: Beiträge zur Kenntnis der Flora Bosniens und der Herzegowina. Verh. Zool.-Bot. Ges. Wien. 54, 302.

[13] MARTINI, F.; PAIERO, P., 1988: I Salici d'Italia. Edizioni Lint, Trieste.

[14] MEUSEL, H.; JÄGER, E. J.; WEINERT, E., 1965: Vergleichende Chorologie der zentraleuropäischen Flora 1, Gustav Fischer Verlag, Jena.

[15] NEUMANN, A., 1981: Die mitteleuropäischen Salix-Arten. Mitt. Forstl. Bundes-Versuchsanstalt Wien 134.

[16] NEUMANN, A.; POLATSCHEK, A., 1972: Cytotaxonomischer Beitrag zur Gattung Salix. Ann. Naturhistor. Mus. Wien 76, 619–633.

[17] NEWSHOLME, C., 1992: Willows – the genus Salix. B.T. Batsford, London.

[18] OBERDORFER, E., 1962: Pflanzensoziologische Exkursionsflora für Süddeutschland und die angrenzenden Gebiete. Verlag Eugen Ulmer, 277–285.

[19] PIGNATTI, S., 1982: Flora d'Italia 1, Bologna.

[20] RECHINGER, K. H., 1981: Salix L. In: Hegi, G.: Illustrierte Flora von Mitteleuropa, Band 3, Teil 1, Verlag Paul Parey, Berlin – Hamburg.

[21] RECHINGER, K. H.; AKEROYD, J. R., 1993: Salix L. In: Flora Europaea, Vol. 1, Ed. 2, Cambridge, 53–64.

[22] SCHIECHTL, H. M., 1992: Weiden in der Praxis. Patzer Verlag, Berlin-Hannover.

[23] THOMMEN, E.; RECHINGER, K. H., 1948: Salix glabra Scop. im Tessin neu für die Schweiz. Ber. Schweiz. Bot. Ges. 58, 69–72.

Der Autor:

Doc. Dr. ROBERT BRUS
Biotechnische Fakultät
Abteilung für Forstwirtschaft und erneuerbare Waldressourcen
Večna pot 83
1000 Ljubljana
Slowenien

Salix nigricans SMITH, 1802

syn.: Salix myrsinifolia SALISB.

Schwarzweide

Familie: Salicaceae

engl.: Dark-leaved willow
franz.: Saule noircissant
ital.: Salice nero

Abb. 1: Salix nigricans im Alpenvorland (ca. 650 m ü. NN)

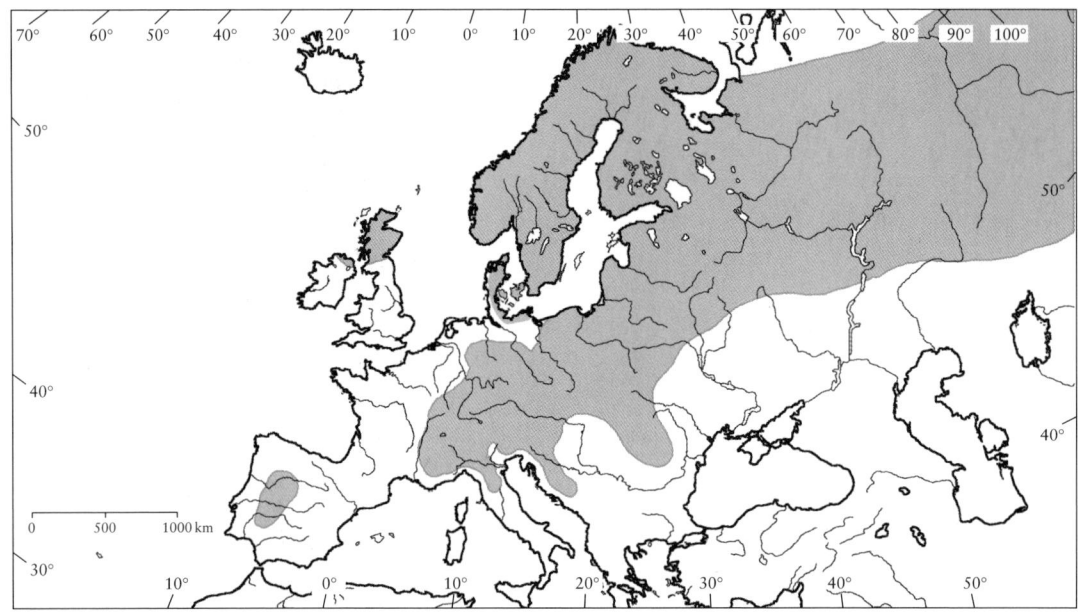

Abb. 2: Natürliches Verbreitungsgebiet (nach SCHIECHTL, 1992)

Salix nigricans zählt zu den besonders vielgestaltigen europäischen Weidenarten. NEUMANN [7] nennt sie eine ‚kritische Art‘, die einem ‚undurchsichtigen Formenkreis‘ angehöre. Allein die Verschiedenheit hinsichtlich Form und Behaarung der Blattorgane schlägt sich in einer großen Zahl geographisch differenzierter Varietäten nieder.

Schwarzweiden bevorzugen feuchte Standorte. Dort wachsen sie zu großen, sparrig verzweigten Sträuchern, gelegentlich auch zu kleinen Bäumen heran. Die wissenschaftliche Artbezeichnung und die Trivialnamen gehen auf die Schwarzfärbung verwelkter und verletzter Blätter zurück.

Wirtschaftliche Bedeutung erlangt die Art allenfalls bei der Grünverbauung von Hängen und der Uferbefestigung von Wildbächen im Gebirge. Als Zierelement ist sie ohne Interesse, wohl aber spielt sie eine wichtige ökologische Rolle bei der Stabilisierung labiler Hänge und bei der Festlegung von Schotter am natürlichen Standort.

Verbreitung

Das natürliche Areal der Schwarzweide hat sein Schwergewicht in Nord- und Nordosteuropa. Es schließt Schottland ein und erstreckt sich bis in das westliche Sibirien [2, 9].

Auch die Alpen gehören dazu, werden aber incl. Voralpenland von einigen Autoren als isoliertes Teilvorkommen betrachtet [2]. Die Höhengrenze in den Alpen liegt

in Oberbayern	bei 1.300 m,
in Tirol	bei 1.800 m,
im Wallis	bei 2.400 m.

Daß die Art im atlantischen Mittel- und Westeuropa von Natur aus fehlt, ist unbestritten. Dissens besteht aber hinsichtlich ihres autochthonen Vorkommens in Südeuropa und auf dem Balkan. Teils werden Spanien, Italien, Kroatien und Bulgarien in das Areal einbezogen [7], teils wird die Zugehörigkeit dieser Länder als unsicher hingestellt [9], und teils wird sie ausgeschlossen [2]. Für Deutschland ist das natürliche Vorkommen nach HEGI [9] außer im Alpengebiet unter anderem für die Bodenseeregion, für Pommern, Brandenburg (westl. bis Hannover), für das Oberrheintal und das Sächsische Hügelland nachgewiesen.

Beschreibung

Erscheinungsbild

Auf geeigneten Standorten entwickeln sich Schwarzweiden zu relativ breiten, sparrig verzweigten, aber dicht belaubten Sträuchern bis zu 5 m Höhe, sehr viel seltener zu kleinen Bäumen. Die Äste sind von schwarzbrauner oder dunkelrotbrauner Farbe, junge Zweige haben oft eine olivgrüne bis gelbgrüne Rinde; sie sind anfangs dicht behaart, verkahlen aber bald [9].

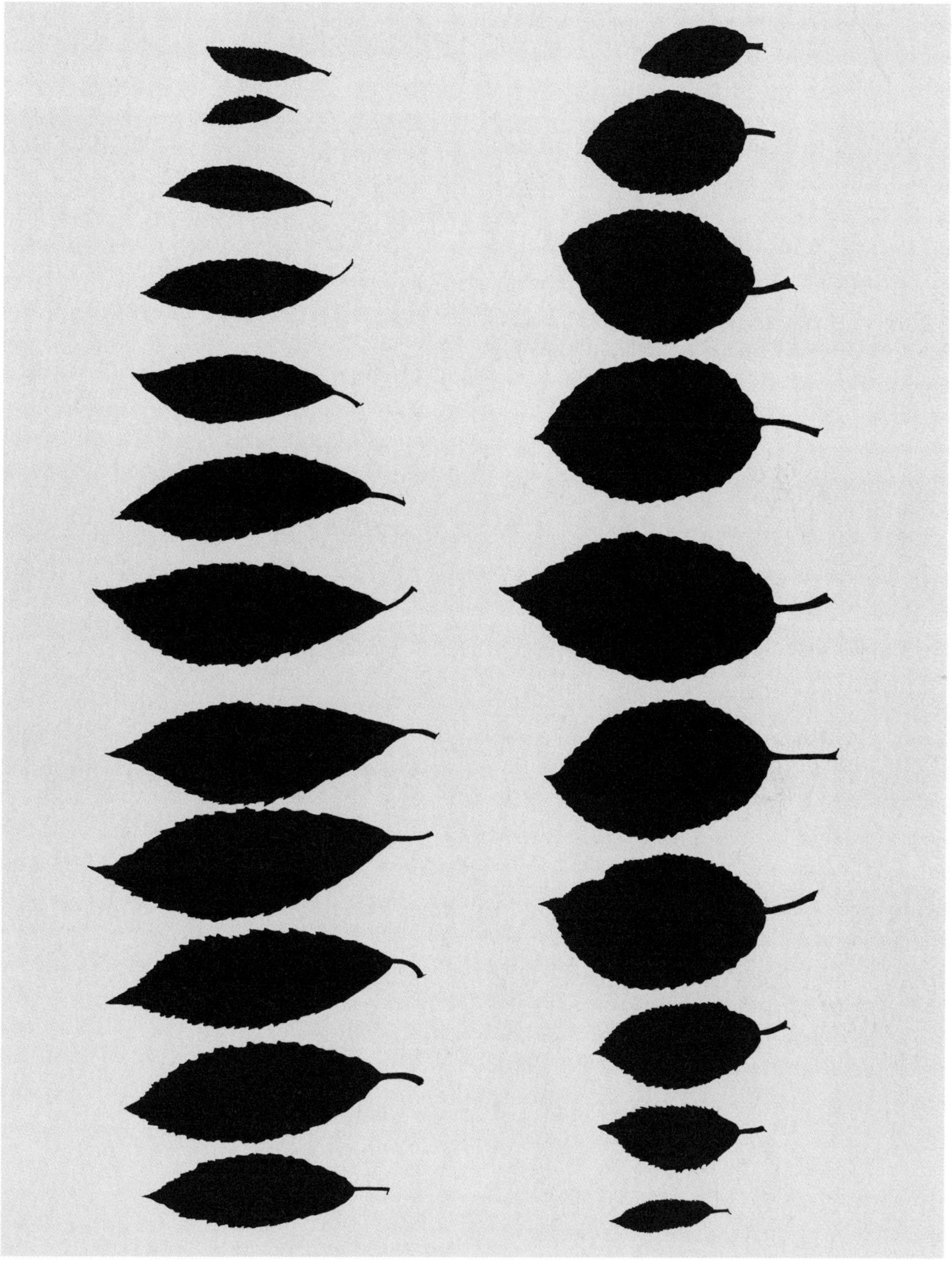

Abb. 3: Blattfolge (von links nach rechts) an Langtrieben von 2 verschiedenen Sträuchern (nat. Größe).

Abb. 4: Borke eines alten Stammes (links) und Rinde junger Triebe (rechts)

Knospen, Blätter und junge Triebe

Die rotbraunen Winterknospen der Schwarzweide sind anfangs dicht anliegend behaart, später kahl [9]. Vegetative Knospen werden ca. 6 mm, Infloreszenzknospen ca. 9 mm lang, meist liegen sie dem Trieb an, teils stehen sie etwas ab [10].

Trotz der sehr stark variierenden Form und Größe der Blätter gibt es einige gleichermaßen stabile wie arttypische Blattmerkmale, welche eine sichere Artdiagnose ermöglichen:

– Oberseite glänzend dunkelgrün, Unterseite graugrün
– Auf der Blattunterseite bleibt die Blattspitze grün
– Blattrand bis zur Spitze unregelmäßig gesägt.

Abb. 5: Grenze zwischen 1- und 2jährigem Trieb (links) und dicht behaarte Winterknospen (rechts)

Nach LAUTENSCHLAGER [5] schwankt die Länge der Sommerblätter zwischen 4 und 6 cm. HEGI [9] nennt 3 bis 15 cm als Streubreite für die Länge und 1 bis 5 cm für die Breite. Die Blattspitze kann gerade oder gekrümmt sein. Unterseits treten die Blattnerven deutlich hervor.

S. nigricans gehört zu den einheimischen Strauchweiden mit relativ langem, dicht behaartem Blattstiel (bis 2 cm). Die halbnierenförmigen, etwas abstehenden Nebenblätter sind meist gut zu erkennen. Austrocknende Laubblätter verfärben sich oft schwarz. Lichtexponierte junge Triebe haben eine dunkelrotbraune Rinde mit einzelnen erhabenen Lenticellen und einer dichten, filzigen Behaarung. Auf der vom Licht abgewandten Seite und in Nordexposition bleiben sie grün.

Ähnlich wie *Salix cinerea* und *S. aurita* bildet die Schwarzweide schmale Holzstriemen an mehrjährigen Zweigen aus, die nach dem Lösen der Rinde sichtbar werden. Anders als bei den zuvor genannten Arten bleiben die Striemen aber sehr kurz (2 bis 4 mm) und sind unregelmäßig verteilt [5].

Abb. 6: Schwarze Blätter nach Vertrocknen (links) und im Spätherbst (rechts)

Blüten

Schwarzweiden blühen während des Blattaustriebs oder kurz davor. Im Alpenvorland liegt ihre Blütezeit zwischen jenen von *S. cinerea* und *S. aurita*. Nektar und Pollen werden von Bienen aufgenommen [1].

Die Blütenstände tragen an einem kurzen Stiel zwei bis drei kleine, unterseits behaarte Blättchen [5]. Angaben über die Abmaße der Blütenkätzchen schwanken in weitem Rahmen, z.B.:

männlich: 10 mm, während des Abblühens 17 mm, eiförmig [5]; 16 bis 25 mm (max. 27 mm) lang, 8 bis 29 mm breit [9]

Abb. 7: Fast reifer Fruchtstand (links) und männliche Blütenstände (rechts)

Artbastarde und genetische Differenzierung

Salix nigricans gilt als die morphologisch variabelste europäische Weidenart überhaupt [9]. Zahlreiche Sippen werden beschrieben, die allein auf Verschiedenheiten in der Blattmorphologie zurückgehen. Dabei ist anzumerken, daß auch innerhalb derselben Population und innerhalb desselben Individuums deutliche Unterschiede in der Form und Größe ontogenetisch vergleichbarer Blätter bestehen.

Unter den bei RECHINGER [9] aufgeführten, allesamt gärtnerisch unbedeutenden Varietäten unterscheiden sich die folgenden besonders deutlich:

– var. *rotundata* (FORBES) HARTIG: fast kreisrunde Blätter;
– var. *elliptica* (SÉR.) TOEPFFER: Blätter mehr oder weniger elliptisch und in der Größe variierend. Die am häufigsten vertretene Form;
– var. *lanceolata* TOEPFFER: Blätter lanzettlich.

weiblich: 10 bis 12 mm lang, spitz eiförmig, nach der Blütezeit verlängert [5]; bis 60 mm lang, 15 mm breit [9]

Jede Einzelblüte steht in der Achsel eines Tragblattes, welches in frischem Zustand zweifarbig ist, d.h. eine helle Basis und eine dunkelbraune bis schwarze Spitze aufweist und außerdem lang behaart ist [5].

Männliche Blüten bestehen aus zwei 5 bis 7 mm langen, freien Staubblättern, weibliche Blüten aus einem behaarten oder kahlen, deutlich gestielten Fruchtknoten. Der Griffel hat etwa die Länge des Fruchtknotenstiels, die Narbenäste sind aufwärts gespreizt. Am Grund der Blüten beiderlei Geschlechts befindet sich ein kurzes, breites, annähernd rechteckiges Nektarium [9].

Chromosomenzahl: 2n = 114 (hexaploid) [5, 9].

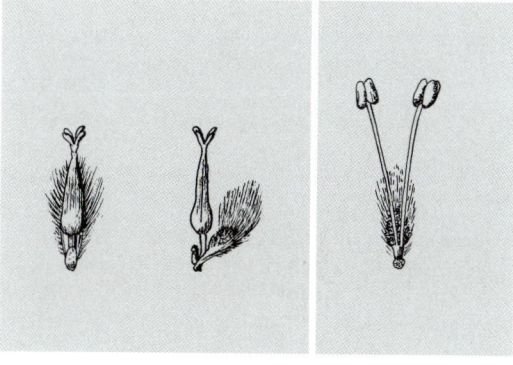

Abb. 9: Weibliche (links) und männliche Einzelblüte (rechts) (5 x nat. Größe), nach WILHELM (1907)

Abb. 8: Zweig mit reifen Fruchtständen

LAUTENSCHLAGER [5] trennt von der reinen *S. nigricans* die Unterart *S. nigricans* SM. ssp. *alpicola* BUSER EM. LAUTENSCHLAGER (Alpen-Schwarzweide) ab. Sie löst oberhalb 1.550 m ü. NN den Typus der Art ab, kommt u.a. im Ötztal (Vent), im Engadin, in Savoyen sowie im Wallis vor, wird etwa 2 m hoch und weicht u.a. durch die stark glänzenden, tiefschwarzen oder dunkelrotbraunen vorjährigen Zweige ab.

Bastarde zwischen *S. nigricans* und anderen Weidenarten werden in den einschlägigen Sammelarbeiten nur aufgezählt, nicht beschrieben [5, 7, 9]. Präzise Angaben über ihre Entstehung und Identifizierung fehlen. Anlaß für die Erwähnung liefert zumeist die intermediäre Merkmalsausprägung in Relation zu zwei vermuteten Elternarten.

In Nordosteuropa stockt die Art oft auf zeitweise überschwemmten Ton-, Sand- und Kiesböden. Kalkhaltige Substrate werden bevorzugt. Aufforstungsversuche in Höhenlagen um 1.450 m ü. NN ließen erkennen, daß sich *S. nigricans* auf stark vernäßten Standorten nicht als Pionierstrauch eignet, eher so auf entwässerten Flachmooren, wo sie eine rasche Durchlüftung verdichteter Substrate bewirkt [4]. Von den Lichtansprüchen her ist *S. nigricans* als Halblichtpflanze einzustufen [3].

Nutzung

Schwarzweiden gehören nicht zu den für die Korbflechterei genutzten Arten. Auch sonst bleibt ihr unmittelbarer wirtschaftlicher Wert gering. Eine Ausnahme stellt ihr Einsatz bei der Grünverbauung von Hängen und Wildwässern dar, wofür sie sich dank der leichten Bewurzelung von Stecklingen und Steckhölzern ähnlich gut eignet wie *S. purpurea*. Verwendung sollte sie insbesondere in feuchten und schattigen Lagen finden [8].

Verschiedenes

– Weidenarten werden von vielen Insekten- und Pilzarten angegriffen. Einen Überblick vermittelt BUTIN [1].

Schädlinge, die speziell an *S. nigricans* schädlich werden, sind nicht bekannt geworden.

Abb. 10: Laubblatt mit Nebenblättern

Entsprechende Aufstellungen geben als Kreuzungspartner für *S. nigricans* die folgenden Arten an [7, 9]: *S. aurita*, *S. caprea*, *S. cinerea*, *S. daphnoides*, *S. elaeagnos*, *S. repens*, *S. purpurea* und *S. viminalis*.

In Schottland sprechen Weiden-Fachleute von einem „*Salix myrsinifolia* (syn. *S. nigricans*)-*phylicifolia*-Rätsel“. Beide Arten sind eng verwandt, kommen in reiner Form nebeneinander vor und sind in vielen Teilen Großbritanniens zweifelsfrei zu unterscheiden. Anders im schottischen Hochland, wo nur *S. nigricans* typisch, *S. phylicifolia* aber sehr unscharf ausgeprägt ist. Offenbar handelt es sich hier um Artbastarde zwischen *S. myrsinifolia* (*S. nigricans*) und der inzwischen nicht mehr in reiner Form vertretenen *S. phylicifolia* [6].

Ökologie

S. nigricans ist eine Art des subkontinentalen Klimas. In Mitteleuropa liegt das Schwergewicht ihres natürlichen Vorkommens u.a. im kollinen und montanen Bereich der Voralpen, wo sie gut durchfeuchtete, aber nicht unbedingt nasse Böden mit unterschiedlichem Basen- und Nährstoffgehalt besiedelt, auch an See-, Bach- und Flußufern, seltener an Bruchwaldrändern und auf Quellsümpfen vorkommt [3, 5, 7]. Vergesellschaftet ist sie hier mit *Salix cinerea*, *S. aurita*, *Viburnum opulus*, *Prunus padus*, *Rhamnus frangula* und *Cornus sanguinea*. Auf den Flußschottern von Isar und Lech findet sie sich gemeinsam mit *Alnus incana*, *Salix elaeagnos* und *S. purpurea* [7].

Abb. 11: Graugrüne Blattunterseiten mit grünen Spitzen

Abb. 12: Alter, stark verzweigter Strauch im Winterzustand

Phratora vitellinae (Coleoptera: Chrysomelidae) ruft Fraßschäden in Weidenplantagen des Oberrheintales hervor und bevorzugt als Wirtspflanze *S. nigricans*. Ursache der Präferenz ist die geringe oder fehlende Behaarung auf der Blattunterseite sowie der hohe Salicin-Gehalt der Blätter [1].

– *S. nigricans* gehört nicht zu den *Salix*-Arten mit extrem hohem Tannin-Gehalt der Rinde. In Archangelsk wurden dennoch 14,10 ± 0,46% erreicht (*S. triandra*: 18,78%; *S. cinerea*: 15,9%) [2].

– Nach russischen Erfahrungen läßt sich Saatgut von *S. nigricans* 8¹/₂ Monate keimfähig halten (61%) wenn man es bei 33% rel. Luftfeuchte (7,4% Wassergehalt) und 6-8 °C in geschlossenen Gefäßen aufbewahrt [3].

---

[1] For. Abstr. **46**, 7052, 7053, 1985
[2] For. Abstr. **50**, 1262, 1989
[3] For. Abstr. **12**, 2144, 1951

Weiterführende Literatur

[1] CHMELAR, J.; MEUSEL, W., 1979: Die Weiden Europas. 2. Aufl., A. Ziemsen Verlag. Wittenberg Lutherstadt.

[2] BUTIN, H., 1989: Krankheiten der Wald- und Parkbäume, 2. Aufl., Georg Thieme Verlag, Stuttgart.

[3] ELLENBERG, H., 1979: Zeigerwerte der Gefäßpflanzen Mitteleuropas. 2. Aufl., Verlag E. Goltze, Göttingen.

[4] GRÜNIG, P., 1954: Anbauergebnisse mit verschiedenen Weidenarten im Aufforstungsgebiet des Hollbachs (Kt. Freiburg). Schweiz. Z. Forstw. **105**, 617 – 621.

[5] LAUTENSCHLAGER, E., 1989: Die Weiden der Schweiz und angrenzender Gebiete, Birkhäuser Verlag, Basel.

[6] MEIKLE, R.D., 1992: British willows, some hybrids and some problems. Proc. Royal Soc. Edinburgh **98B**, 13 – 20.

[7] NEUMANN, A., 1981: Die mitteleuropäischen Salix-Arten. Mitt. Forstl. Bundes-Versuchsanstalt Wien **134**.

[8] RASCHENDORFER, I., 1953: Stecklingsbewurzelung und Vegetationsrhythmus. Einige Versuche zur Grünverbauung von Rutschflächen. Forstwiss. Cbl. **72**, 159 – 171.

[9] RECHINGER, K.H., 1981: Salix L. In: HEGI, G.: Illustrierte Flora von Mitteleuropa, Band **III**, Teil 1, 44 – 135, 3. Aufl. Verlag Paul Parey, Berlin und Hamburg.

[10] TOEPFFER, A., 1915: Salices Bavariae. Versuch einer Monographie der bayerischen Weiden. Berichte Bayer. Bot. Ges. **15**, 17 – 233, München.

Die Autoren:

Prof. em. Dr. PETER SCHÜTT
Lehrstuhl für Forstbotanik
Ludwig-Maximilians-Universität München
Hohenbachernstraße 22
D-85354 Freising

ULLA M. LANG
Schützenstraße 6
D-82383 Hohenpeißenberg

Salix purpurea LINNÉ, 1753

Purpur-Weide

Familie:	Salicaceae
Untergattung:	Caprisalix
Sektion:	Purpureae

engl.: Purple willow, purple osier
franz.: Osier rouge, Saule pourpre
ital.: Salice rosso

![Salix purpurea am Rande eines Flusses im Alpenvorland]

Abb. 1: Salix purpurea am Rande eines Flusses im Alpenvorland

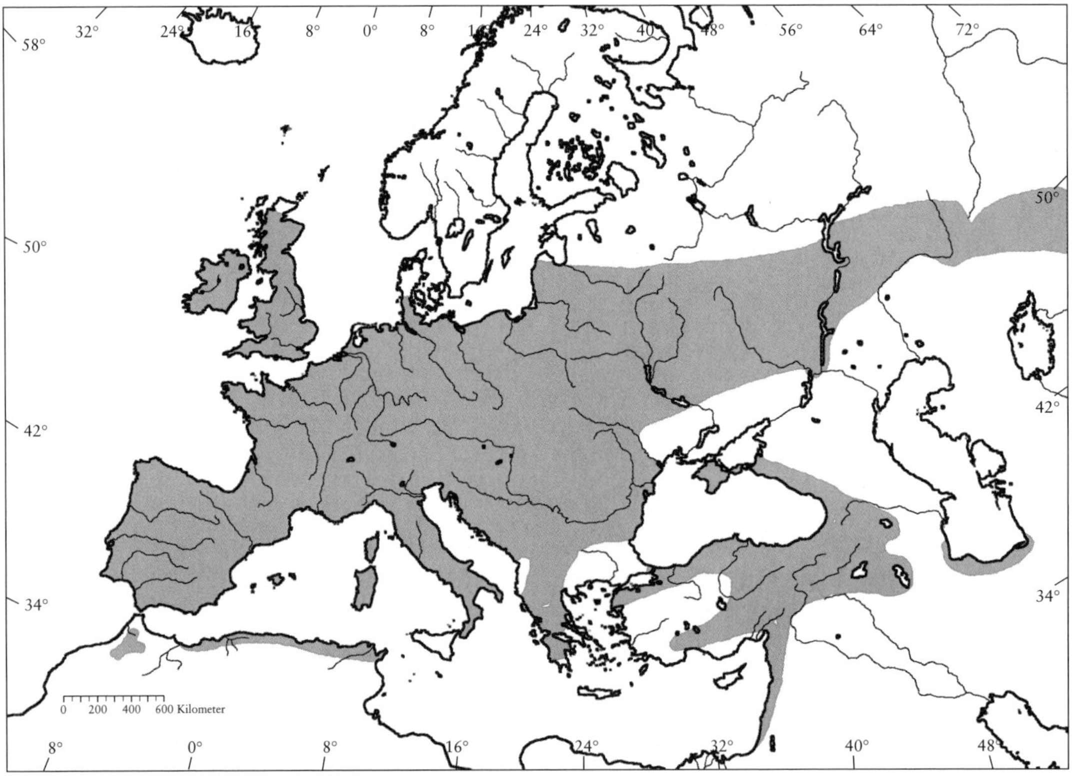

Abb. 2: Natürliches Verbreitungsgebiet, nach SCHIECHTL, 1992

Diese in Mitteleuropa weitverbreitete, im Extrem 6 m hoch werdende Strauchweidenart ist trotz ihrer Vielgestaltigkeit (man unterscheidet mindestens drei Unterarten) und trotz ihrer relativ großen ökologischen Amplitude nur schwer mit anderen Salix-Arten zu verwechseln.

Purpurweiden sind unter anderem durch die dünnen, biegsamen, oft roten Triebe charakterisiert, die sich vorzüglich als Bindematerial eignen. Nach Rückschnitt treiben Stämme und Äste rasch und intensiv aus.

Wirtschaftliche Bedeutung hat die Art als Korb- oder Flechtweide, für den Lebendverbau von Böschungen und als Bienenweide.

Ausgedehnte Bestände findet man auf den kalkhaltigen Schottern der Flußauen im Alpenvorland, wo S. purpurea als Pionierstrauchart auftritt.

Wichtige Kennzeichen: Sehr dünne Zweige, gelegentlich mit gegenständigen Knospen, Kätzchen und Blättern (sonst nur bei S. caesia und S. repens). Keine Nebenblätter. Die lanzettlichen Laubblätter sind von der Spitze bis zur Mitte fein und unregelmäßig gesägt.

---

[1] For. Abstr. 38, 6155, 1977

Verbreitung

S. purpurea besiedelt ein riesiges, weite Teile Eurasiens umfassendes natürliches Areal, dessen Nordgrenze von Teilen Großbritanniens über Norddeutschland (Holstein), die baltische Ostseeküste und das Ladogasee-Gebiet quer durch Zentralasien und China verläuft. Eingeschlossen ist das europäische Mittelmeergebiet, ebenso ein schmaler Küstenstreifen von Nordafrika.

Die Südgrenze zieht sich durch Kleinasien, Persien, Turkestan und China bis nach Japan [9].

In den Alpen (Wallis) erreicht die Art bei 2.300 m ü. NN ihre Höhengrenze [9], ist allerdings in der kollinen und der subalpinen Stufe bis ca. 1.200 m wesentlich häufiger vertreten [7].

Schon während der Kolonialzeit wurde S. purpurea als Basis für die Korbflechterei nach Nordamerika eingeführt. Dort hat sich die Art auch als Erosionsschutz gut bewährt [1], verwilderte sehr bald und ist heute als Neophyt Bestandteil der dortigen Flora. Auch die skandinavischen Purpurweiden-Vorkommen sind künstlich entstanden [9].

Abb. 3: Strauch im Winterzustand

Beschreibung [2)]

Erscheinungsbild (incl. Bewurzelung)

Typische Purpurweiden sind dichtverzweigte, aufrechte Sträucher von höchstens 6 m Höhe mit auffallend dünnen und biegsamen Zweigen. Übergänge zur Baumform kommen vor.

Kennzeichnend sind ferner die relativ spitzen Astwinkel, insbesondere bei jungen Sträuchern, sowie die große Zahl meist gelbrindiger Stockausschläge. Die Rinde bleibt lange Zeit grau und glatt. In höherem Alter reißt sie unregelmäßig auf. Der Bastteil ist gelb gefärbt.

Infolge der intensiven und weitstreichenden Bewurzelung festigt *S. purpurea* den Boden. In Polen wurde keine Mykorrhizierung festgestellt [3)]; in Italien tritt *Hebeloma hiemale* als Pilz-Symbiont auf [4)], und in einer Sammelarbeit wird für *S. purpurea* ektotrophe wie endotrophe Mykorrhizierung konstatiert [5)].

[2)] Gegenstand der Beschreibung ist S. purpurea subsp. purpurea
[3)] For. Abstr. **27**, 316, 1966
[4)] For. Abstr. **27**, 317, 1966
[5)] Jap. J. Bot. **7**, 107-150, 1934

Knospen, Blätter und junge Triebe

Die länglichen, deutlich abgeflachten und dadurch zweikantigen Knospen liegen dem Trieb an. Sie sind meist spiralig, manchmal auch gegenständig oder schief gegenständig angeordnet und variieren in der Farbe von gelblich über purpurrot bis dunkelbraun. Blütenknospen sind oft schwarz und stets größer als Blattknospen.

Die Knospenkissen treten deutlich hervor.

Die Blätter der Purpurweide können in der Größe erheblich variieren. LAUTENSCHLAGER [7] nennt 12 cm als maximale Länge für Blätter an Langtrieben; Kurztriebblätter werden nur 4 bis 7 cm lang. Die Standortsgüte kann modifizierend auf die Blattgröße einwirken [7].

Die Blattform bleibt demgegenüber relativ konstant. Zwar sind die Erstblätter noch etwas schmaler als die ebenfalls schlank lanzettlichen Sommerblätter, stets liegt aber die größte Breite (12 bis 20 mm) im vorderen Drittel des Blattes. Zum Apex laufen die Blätter kurz, zur Blattbasis lang zugespitzt aus.

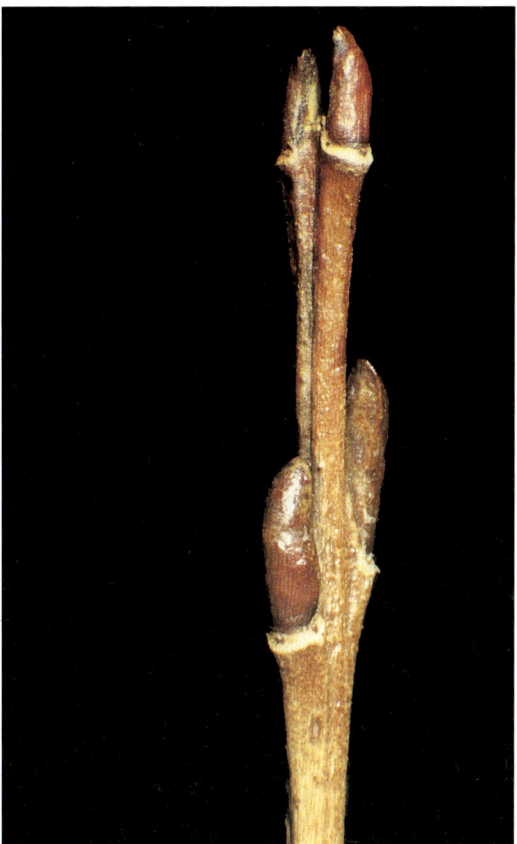

Abb. 4: Knospen

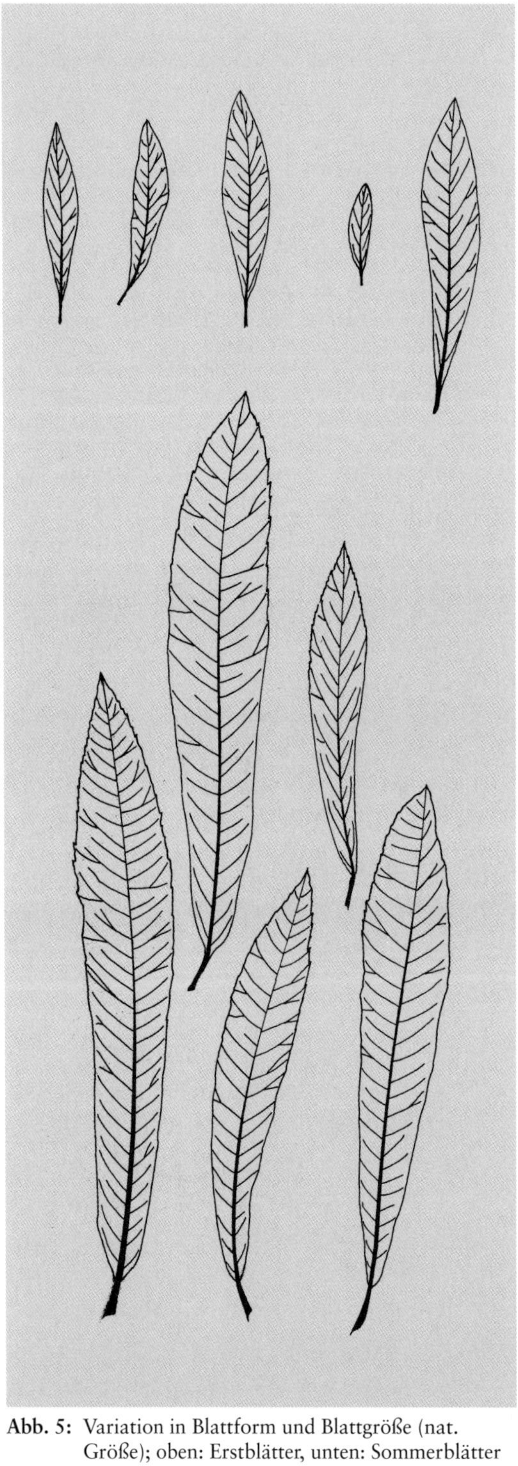

Von der Mitte bis zum Apex sind sie fein gesägt, zum Stiel hin ganzrandig. Der Blattstiel ist 2 bis 5 mm lang; Nebenblätter werden nicht gebildet und nicht einmal angelegt [8]. Von der mattgrünen Oberseite hebt sich der hellgelbe Hauptnerv deutlich ab. Die Blattunterseite ist hingegen von graugrüner Farbe. Behaarung tritt nur zur Zeit des Austriebs auf.

Die Blätter erscheinen nach den Blüten (Mitte bis Ende April), bei den weiblichen Exemplaren meist etwas früher als bei den männlichen.

Die Blattstellung ist in der Regel spiralig, gelegentlich (und keineswegs häufig) **auch** gegenständig.

Junge Triebe der Purpurweide können gelblich, braun oder purpurrot gefärbt sein. Sie sind kahl und haben mitunter einen schwach kantigen Querschnitt. Vereinzelt kommen Lenticellen vor. Charakteristisch ist ihre enorme Biegsamkeit, die sogar das Verknoten erlaubt.

Blüten, Früchte, Samen

Die kätzchenförmigen Blütenstände erscheinen vor dem Laubaustrieb. Weibliche wie männliche Kätzchen sind schlank und zylindrisch, gerade oder gekrümmt, stets ungestielt und an der Basis mit einigen schmal-lanzettlichen Blättchen versehen [7]. Ihre Länge: ♀ = 2 bis 4 cm; ♂ = 3 bis 5 cm. Der Durchmesser beträgt etwa 1 cm. Die Abfolge des Aufblühens am Trieb kann akro- wie basipetal fortschreiten.

Die verkehrt eiförmigen, lang behaarten Tragblätter der Einzelblüten haben eine helle Basis und eine dunkelbraune bis schwarze Spitze [7].

Die Blüten stehen mehr oder weniger rechtwinklig von der Kätzchenachse ab [8].

Die weiblichen Einzelblüten sind gekennzeichnet durch sitzende, dicht behaarte, eiförmige Fruchknoten mit sehr kurzem Griffel, so daß die relativ dicke, nur kurz zweiteilte Narbe dem Fruchknoten fast aufsitzt.

Die männlichen Blüten enthalten zwei Staubblätter, deren Filamente auf ganzer Länge miteinander verwachsen sind. Das erweckt den Eindruck, als existiere nur ein Staubblatt mit scheinbar vierfächeriger Anthere.

Die Staubbeutel sind vor dem Öffnen purpurrot, während der Anthese gelb und nach dem Abblühen schwärzlich. Pro Blüte entsteht ein Nektarium. Dieses erreicht etwa ein Drittel, die Staubblätter erreichen das Doppelte der Tragblattlänge.

Chromosomenzahl: 2n = 38

Artspezifische Angaben über die Frucht- und Samenmorphologie mitteleuropäischer Strauchweiden liegen kaum vor. In den wichtigsten Sammelarbeiten wird pauschal festgestellt, daß Weidensamen knapp 1,5 mm lang sind (0,6 bis 2 mm nach [8]) und an der Basis als Flugorgan

Abb. 5: Variation in Blattform und Blattgröße (nat. Größe); oben: Erstblätter, unten: Sommerblätter

Abb. 6: Männliche Blütenstände

Blätter unterscheiden. Neuere Arbeiten haben die Situation für den mitteleuropäischen Raum insofern bereinigt, als nur noch drei oder vier Taxa unterhalb der Artebene ausgeschieden werden [7, 8].

1) *S. purpurea* ssp. *purpurea*

2) *S. purpurea* ssp. *lambertiana* (SM.) KOCH, syn. *S. lambertiana* SM., 1804: Blätter am Grunde breit abgerundet [7], teils ganzrandig, teils wechselständig [9], fast vom Grunde an gesägt [8]. W-Europa, westl. Mittelmeerraum. Im Flachland.

3) *S. purpurea* ssp. *angustior* LAUTENSCHL., syn. *S. purpurea* var. *gracilis* (WIMMER) BUSER, schmalblättrige Purpurweide: 3 m hoher Strauch, Blätter bis 8 mm breit, Kätzchen kleiner als beim Typ (♀ = 12 bis 25 mm; ♂ = 11 bis 16 mm). In den Alpen oberhalb 1.200 m, vikariierend mit ssp. purpurea [7].

4) *S. purpurea* ssp. *amplexicaule* (BORY et CHAUB.) BOISS.: Blätter in der Mehrzahl gegenständig, fast parallelrandig, vom Grunde an scharf gesägt. Bulgarien, Griechenland, Kleinasien.

Abb. 7: Gegenständige Triebe

einen doppelten Haarkranz ausbilden [7]. *Salix*-Früchte sind zweispaltige Kapseln, die sich bei Reife von oben her öffnen, indem sich die beiden Fruchtblätter „sichel- bis schneckenförmig" zurückschlagen. Spezielle Angaben über *S. purpurea* fehlen.

Artbastarde und genetische Differenzierung

Das ausgedehnte natürliche Areal der Purpurweide, aber auch die mitunter verwirrende Schwankungsbreite morphologischer Merkmale innerhalb derselben Population machen verständlich, daß es immer wieder Ansätze zu einer innerartlichen systematisch/taxonomischen Differenzierung gab.

So referieren TOEPFFER [11] sowie KIRCHNER et al. [6] über eine Vielzahl von Varietäten und Formen, die sich hinsichtlich der Wuchsform sowie der Größe und Gestalt der

Abb. 8: Samen, unmittelbar nach Öffnung der reifen Kapselfrüchte

Abb. 9: REM – Foto vom Pollen.

cm) und ein Durchmesser von 5 mm (8 bis 12 mm) erwiesen [7]. Bei generativer Vermehrung sollte der Samen unmittelbar nach dem Aufspringen der Kapseln ausgesät werden, denn die Keimfähigkeit hält nur kurze Zeit an.

Die besten Wuchsleistungen zeigen Purpurweiden auf frischen, humusreichen Sanden oder lehmigen Sanden [4]. Aus Nordamerika liegen Versuchsergebnisse vor, nach denen aus Stecklingen gezogene Pflanzen

nach zwei Jahren 1,3 – 1,5 m Höhe,

nach fünf bis sieben Jahren 3,3 – 6,8 m Höhe erreichen [8].

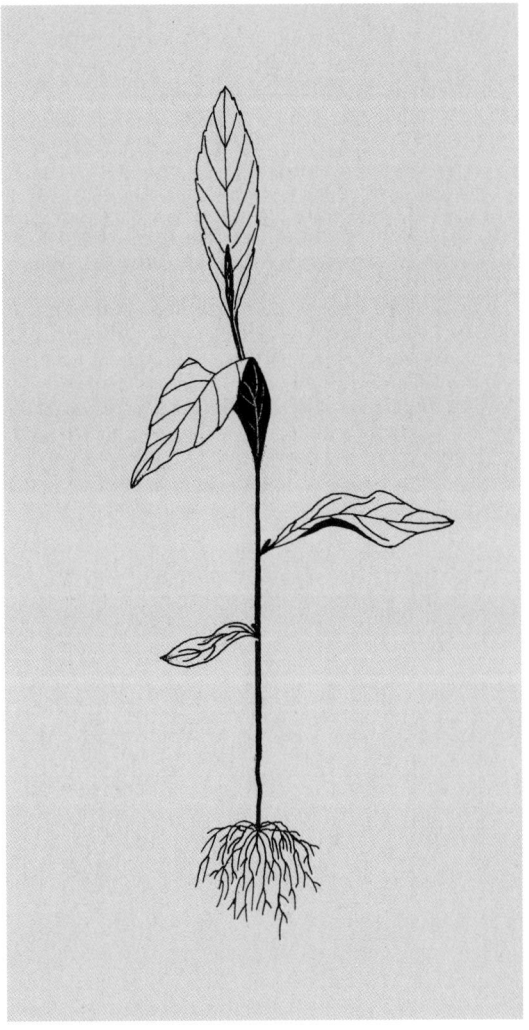

Abb. 10: Sämling, 4 Wochen alt (nat. Größe)

Allem Anschein nach geht *S. purpurea* mit vielen anderen Weiden Artbastardierungen ein. So nennen NEUMANN [8] und RECHINGER [9] – allerdings ohne Quellenangaben – unter anderem *Salix aurita, caprea, cinerea, daphnoides, elaeagnos, myrtilloides, nigricans, repens* und *viminalis* als Kreuzungspartner.

Demgegenüber führt LAUTENSCHLAGER [7] als „gut definierbare Weidenbastarde" lediglich *S. purpurea* x *S. viminalis* (= *Salix* x *helix*) an. Kennzeichen: langer Griffel wie *viminalis*; Sommerblatt wie *purpurea*.

Anzucht und Entwicklung

Wie die meisten Weidenarten, so wird auch *S. purpurea* für kommerzielle Zwecke vegetativ vermehrt. Steckhölzer sollten im Winter (nach EHLERS [4] ab August bis Ende Mai) geschnitten und ab April gesteckt werden. Verholzte Stecklinge bewurzeln sich leicht, wenn sie im Juni/Juli gewonnen werden [6]. Als günstige Abmaße für *Purpurea*-Stecklinge haben sich nach ungarischen und bulgarischen Erfahrungen eine Länge von 20 bis 25 cm (bzw. 20 bis 30

[6] For. Abstr. 47, 517, 1986
[7] For. Abstr. 24, 2092, 1963 bzw. 28, 5544, 1967
[8] For. Abstr. 38, 6155, 1977

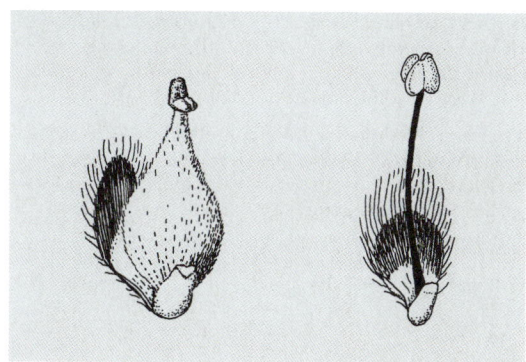

Abb. 11: Weibliche (links) und männliche Blüte (stark vergrößert)

Abb. 13: Stammquerschnitt

Klima und Standort

ELLENBERG [3] charakterisiert *S. purpurea* als eine lichtbedürftige Art des subozeanischen Klimas, deren Schwergewicht in den submontan-temperaten Regionen Mitteleuropas liegt. Man kann sie darüber hinaus als eine frostharte, dürrefeste und recht standorttolerante Pionierpflanze kennzeichnen, die ihr Optimum auf kalkhaltigen, wechselfeuchten, alluvialen Böden findet und besonders häufig an Fluß- und Bachufern sowie auf den Kies- und Sandbänken der Flüsse am Nordrand der Alpen vorkommt. Hier löst sie das Myricarietum ab (Charakterart: *Myricaria germanica*) und wird ihrerseits durch den Grauerlenwald verdrängt [9]. Eine besonders üppige Entwicklung ist in Buschgesellschaften mit *Salix daphnoides*, *S. elaeagnos* und *S. triandra* zu beobachten.

Purpurweiden wachsen gleichermaßen auf Schlick, Sand und Kies, gelegentlich sogar auf steinigen Hängen [8]. Sofern durch eine gewisse Wasserbewegung die Sauerstoffversorgung des Wurzelsystems halbwegs sichergestellt ist, kommt sie selbst auf Mooren vor.

ELLENBERG [3] rechnet die Art zu den „Überschwemmungsanzeigern". Generell scheint die Standortstoleranz in Kultur noch stärker ausgeprägt zu sein. Nach Pflanzung gedeiht sie z.B. in einem viel weiteren Boden-pH-Bereich (3,5 bis 8,0) als im natürlichen Bestand [12].

Pathologie

Die zahlreichen, zumeist im Herbst erscheinenden pilzlichen Blattparasiten führen nicht zu gravierenden Schäden. Sie und andere Schaderreger rufen in Mitteleuropa weder Abgänge hervor, noch gefärden sie die Existenz der Art.

Abb. 12: Borke eines jungen (links) und alten Stammes

Abb. 14: Eine durch die Gallmücke *Rhabdophaga rosaria* ausgelöste „Weidenrose"

Abb. 15: Salix purpurea auf überschwemmten Flußschottern (Isar bei Bad Tölz)

Nicht so in Großbritannien und den Niederlanden, wo der Erreger der „Watermark Disease", einer Welkekrankheit (Tracheomykose), die durch das Bakterium *Erwinia salicis* DAY (CHESTER) hervorgerufen wird, starke Ausfälle unter Korbweiden, u.a. auch bei *S. purpurea* auslöst [2].

In der Slowakei haben Larven der Weidenholzgallmücke *Helicomya saliciperda* DUF. erhebliche Schäden an Zweigen, Ästen und bis zu 15 cm starken Stämmen der Purpurweide angerichtet [10].

Unschädlich, aber auffällig sind die sog. Weidenrosen; das sind an der Spitze von Langtrieben stehende Gallen, welche durch die Gallmücke *Rhabdophaga rosaria* H. LOW. ausgelöst werden. Sie treten bei *S. purpurea* relativ häufig auf, kommen aber auch auf anderen Weidenarten vor.

Nutzung

Drei Verwendungsmöglichkeiten machen *S. purpurea* zu einer wirtschaftlich interessanten Art:

– als Binde- und Flechtmaterial,
– zum Lebendverbau von Böschungen,
– zur „Grünverbauung" von Wildbächen.

Alle drei Nutzungen beruhen auf der zuverlässigen Bewurzelung, der extremen Biegefestigkeit und der hohen Ausschlagfähigkeit der jungen Zweige.

Diese werden im Weinbau seit langer Zeit zum Festbinden der Reben verwendet, eignen sich aber weniger gut fürs Korbflechten, weil die Ruten nach Entfernung der Rinde nicht die weiße Farbe des Holzes beibehalten [4, 8]. Letzteres spielt in England offenbar keine Rolle, denn dort zählt *S. purpurea* zu den wichtigsten Korbweiden [10].

Im Plantagenbetrieb werden in drei Jahren etwa 26 t Bindematerial pro Hektar gewonnen [9].

Steile Böschungen und Muschelkalkhänge lassen sich zuverlässig mit Weidenflechtzäunen stabilisieren. Die mittels Pflöcken verankerten, vielfältig miteinander verflochtenen Ruten treiben aus, bewurzeln sich und stabilisieren den Untergrund, so daß Bodenbewegungen und Kriechschnee wenig zur Wirkung kommen. Von Belang ist hierbei der Pflanzverband, denn die Ruten entwickeln sich schnell zu einem dichten Gebüsch, so daß enge Begründung zu hohem Konkurrenzdruck und zu Ausfällen führt [7].

---

[9] For. Abstr. **24**, 2092, 1963
[10] For. Abstr. **18**, 694, 1957

In forstlichen Anbauversuchen auf steilen und instabilen Flysch-Hängen (ca. 1.300 m ü. NN) widerstand *S. purpurea* den Einwirkungen von Bodenrutschung und Kriechschnee besonders gut. Ihr intensives Wurzelsystem legte den Boden fest, und durch ihr hohes Ausschlagvermögen blieben mechanische Verletzungen ohne ernste Folgen [5].

Verschiedenes

– Purpurweiden werden weder vom Wild noch vom Weidevieh in nennenswertem Umfang verbissen [4] [11]. In Rußland (ehem. tatarische USSR) baut man die Art jedoch als Wildfutter an, um Kiefernkulturen vor Verbiß zu schützen [12].
– Der Grund für die geringe Attraktivität dürfte in dem hohen Gehalt an Salicin (o-Hydroxy-benzoesäure) liegen, einem Bitterstoff, der vor der synthetischen Herstellung von Salicylsäure, der Grundsubstanz für Aspirin, aus der Rinde von *S. purpurea* und *S. fragilis* gewonnen wurde [10].
– Die Purpurweide gehört zu den wenigen, gegen Auftausalze auf NaCl-Basis „besonders resistenten" Holzarten, wie Versuchsauswertungen nach drei „Salzungsperioden" ergaben [1].

---

[11] For. Abstr. **20**, 2755, 1959
[12] For. Abstr. **21**, 3395, 1960

Weiterführende Literatur

[1] BRAUN, G.; SCHÖNBORN, A. von; WEBER, E., 1978: Untersuchungen zur relativen Resistenz von Gehölzen gegen Auftausalz (Natriumchlorid). Allgem. Forst- und Jagdz. **149**, 21 – 35.
[2] BUTIN, H., 1989: Krankheiten der Wald- und Parkbäume, 2. Aufl. Georg Thieme Verlag, Stuttgart.
[3] ELLENBERG, H., 1979: Zeigerwerte der Gefäßpflanzen Mitteleuropas. Scripta Geobotanica **9**, 2. Aufl., Verlag E. Goltze, Göttingen.
[4] EHLERS, M., 1960: Baum und Strauch in der Gestaltung der deutschen Landschaft. Verlag Paul Parey, Berlin und Hamburg.
[5] GRÜNIG, P., 1954: Anbauergebnisse mit verschiedenen Weidenarten im Aufforstungsgebiet des Höllbachs (Kt. Freiburg). Schweiz. Z. Forstw. **105**, 617 – 621.
[6] KIRCHNER, O. von; LOEW, E.; SCHRÖTER, C., 1911: Lebensgeschichte der Blütenpflanzen Mitteleuropas. Verlag E. Ulmer, Stuttgart.
[7] LAUTENSCHLAGER, E., 1989: Die Weiden der Schweiz und angrenzender Gebiete. Birkhäuser Verlag, Basel.
[8] NEUMANN, A., 1981: Die mitteleuropäischen Salix-Arten. Mitt. Forstl. Bundes-Versuchsanstalt Wien, Nr. 134.
[9] RECHINGER, K.H., 1987: Familie Salicaceae. In: HEGI, G.: Illustrierte Flora von Mitteleuropa. 3. Aufl., Band III, Teil 1, 23 – 135. Verlag Paul Parey, Berlin und Hamburg.
[10] STOTT, K.G., 1992: Willows in the service of man. Proc. Royal Soc. Edinburgh, **98B**, 169 – 182.
[11] TOEPFFER, A., 1915: Salices Bavariae. Versuch einer Monographie der bayerischen Weiden. Ber. Bayer. Bot. Ges. **15**.
[12] WHITE, J.E.J., 1992: Ornamental uses of willow in Britain. Proc. Royal Soc. Edinburgh, **98B**, 183 – 192.

Die Autoren:

Prof. em. Dr. PETER SCHÜTT
Lehrstuhl für Forstbotanik
Ludwig-Maximilians-Universität München
Hohenbachernstraße 22
D-85354 Freising

ULLA M. LANG
Schützenstraße 6
D-82383 Hohenpeißenberg

Sambucus LINNÉ

Holunder   Familie: Caprifoliaceae

engl.: Elder

Weltweit verbreitete Gattung der Caprifoliaceae, deren Name auf die Römer zurückgeht, und die fossil bereits aus dem Tertiär bekannt ist. Die ca. 25 Sambucus-Arten verteilen sich auf 3 Sektionen:

1. Ebulus SPACH: Stauden mit Rhizomen und mit Blüten in schirmförmigen Rispen. Beispiel: S.'ebulus
2. Sambucus: Sträucher mit weißem Mark, Blüten in schirmförmigen Rispen. Beispiel: S. nigra
3. Botryosambucus SPACH: Sträucher mit braunem Mark. Blüten in kegelförmigen Rispen. 6 Arten in Europa, Nodamerika und Ostasien. Beispiel: S. racemosa.

Sträucher und Halbsträucher sind nur in den Sektionen 2. und 3. zu finden.

Gemeinsame Kennzeichen: Alle Sambucus-Arten sind sommergrün und tragen gegenständige, unpaarig gefiederte Blätter mit 3 bis 9 elliptischen, meist gesägten Fiedern. Bisweilen sind an den basalen Fiederpaaren Ansätze zu sekundärer Fiederung erkennbar. An den Blattbasen auftretende, zipfelig oder drüsenartig ausgeformte Anhänge werden als rudimentäre Blattfiedern oder als drüsenartige Nebenblätter gedeutet.

Sambucus-Blüten sind zwittrig, radiär, 5-zählig und sympetal mit kurzer Röhre. Blütenformel: K(5)[C(5)A5]G(5-3). Der halb unterständige Fruchtknoten besteht aus 3 bis 5 Carpellen; in jedem Fruchtfach befindet sich eine anatrope Samenanlage.

Die schwarzen, blauen oder roten, beerenartigen Holunderfrüchte enthalten 3 bis 5 einsamige Steinkerne.

Sambucus-Arten sind tetraploid. Chromosomensatz: 2n = 36 (Grundzahl = 9). Das leichte und dennoch rel. harte, zerstreutporige Sambucus-Holz bildet einen gelblichen Splint und einen unauffälligen, schwach bräunlichen Kern.

Die Rinde enthält – im Gegensatz zu anderen Caprifoliaceen – Calcium-Oxalat in Form von Kristallsand.

Äste und junge Stämme haben ein zentrales, unverholztes Markgewebe, dessen Zellen noch mehrere Jahre nach dem Absterben erhalten bleiben und im Randbereich von bräunlichen Sekretschläuchen durchzogen werden.

3 der etwa 25 Sambucus-Arten gehören zur mitteleuropäischen Flora. Von diesen wiederum sind S. nigra und S. racemosa als einheimische Sträucher wohlbekannt. Die dritte Art, S. ebulus, ist eine Staude.

Abb. 1: Sambucus ebulus

Sambucus ebulus L.

Zwerg-Holunder, Attich

Bis 2 m hohe, auf frischen, tiefgründigen und nährstoffreichen, meist kalkhaltigen Standorten Süd- und Mitteleuropas häufig vorkommende Staude mit kräftigen Rhizomen. Nicht in Norddeutschland. Strenger, unangenehmer Geruch. Sproß krautig, gefurcht, im Herbst absterbend. Alle Pflanzenteile gelten als giftig. Der Verzehr von Früchten ist für Kinder gefährlich.

Bewährtes Diureticum, mindestens so wirksam wie S. nigra. Angewendet werden frische Wurzeln, frische, reife Früchte, auch Blätter.

Einige in Mitteleuropa nicht heimische Sambucus-Arten fallen durch ihre besonders weite Verbreitung und/oder duch charakteristische morphologische Abweichungen auf.

So zum Beispiel:

Sambucus caerulea RAF.
syn.: S. glauca NUTT.

Bereifter Holunder
engl.: Blue Elder, Blueberry Elder

Vielstämmiger, im Küstengebiet des westlichen Nordamerika weit verbreiteter Strauch oder kleiner Baum. Vorwiegend auf frischen bis feuchten Standorten, an Wegrändern und auf Waldlichtungen.

Besonderheit: Die erbsengroßen, auch roh eßbaren Früchte erscheinen durch die blauschwarze Epidermis und eine helle Wachsschicht himmelblau. S. caerulea kommt als Zierpflanze in Mitteleuropa vor, ist aber nicht überall winterhart. Sie toleriert leichten Schatten und läßt sich leicht vegetativ vermehren.

Abb. 2: Sambucus caerulea

Sambucus canadensis L.

Kanadischer Holunder
engl.: American elder

Das amerikanische Pendant zu Sambucus nigra mit einem riesigen, von Neuschottland bis an die Golfküste reichenden, den gesamten Osten Nordamerikas erfassenden Areal. Feuchte Standorte und Waldränder werden bevorzugt besiedelt. Winterhart in Mitteleuropa.

Morphologische Unterschiede zu S. nigra: Blätter haben bis zu 13 Fiedern. Triebe nur mit wenigen Lentizellen. S. canadensis bildet Ausläufer. Ansonsten werden ebenfalls weiße, aber deutlich breitere und etwas gewölbte Blütenstände (S. canadensis var. max. = bis 35 cm) gebildet.

Sambucus callicarpa GREENE

engl.: Redberry elder, Pacific red elder

Strauch oder kleiner Baum der amerikanischen Pacific-Küste von SW-Alaska bis Californien auf frischen alluvialen Standorten und auf Waldlichtungen. Blüten- und Fruchtstände aufrecht rispig.

Besonderheit: Leuchtend rote, beerenartige Früchte (ähnlich S. racemosa) mit giftigen Steinkernen.

Abb. 3: Sambucus callicarpa

Weiterführende Literatur

SARGENT, C., S., 1965: Manual of the Trees of North America. Vol. 2. Dover Publications, Inc., New York.

SCHWERIN, F. von, 1920: Revisio generis Sambucus. Mitt. Dt. Dendrol. Ges. **29**, 194–231.

WEBERLING, F., 1966: Familie Caprifoliaceae. In: Hegi: Illustrierte Flora von Mitteleuropa, Band VI, Teil 23, 3–87. Verlag Paul Parey, Hamburg und Berlin.

Die Autoren:

Prof. Dr. PETER SCHÜTT
Lehrstuhl für Forstbotanik
Ludwig-Maximilians-Universität München
Hohenbachernstraße 22
D-85354 Freising

ULLA M. LANG
Schützenstraße 6
D-82383 Hohenpeißenberg

Sambucus nigra LINNÉ

Schwarzer Holunder, Holler,   Familie: Caprifoliaceae
Holder, Fliederbusch

engl.:   Common elder
franz.:   Seu, Sureau noir
ital.:   Sambuco

Abb. 1: Schwarzer Holunder im Burgenland, Österreich

Unter normalen Bedingungen wächst der Schwarze Holunder zu einem stattlichen, bis 5 m breiten Strauch heran, gelegentlich wird er sogar zu einem max. 11 m hohen, kleinen Baum mit brauner, rissiger Borke.

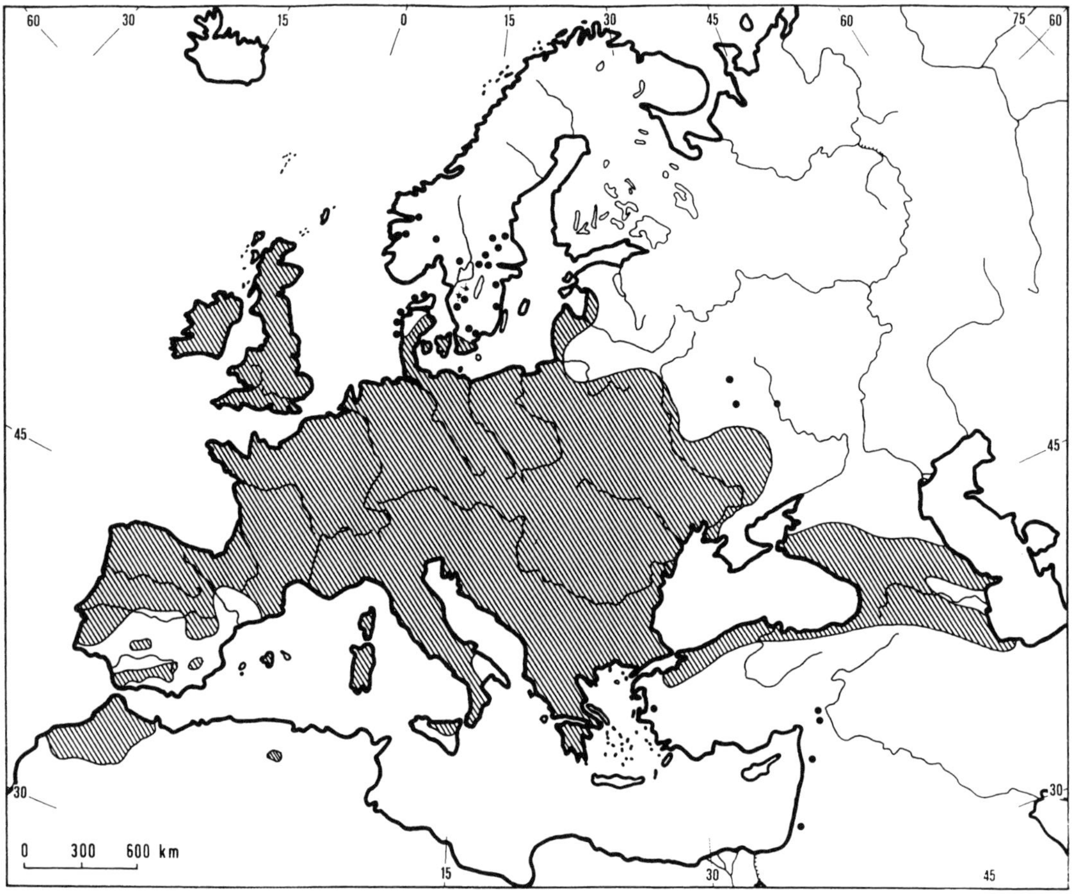

Abb. 2: Natürliches Verbreitungsgebiet, nach WEBERLING, 1966 (• = Einzelvorkommen)

Verbreitung

Fast in ganz Europa ist die Art von Natur aus häufig vertreten. Nur im Süden der Iberischen Halbinsel und in Skandinavien (ab 63° n. Br.) fehlt sie. Weit im Osten besiedelt sie Teile Westsibiriens, den Kaukasus und erreicht das Kaspische Meer.

S. nigra ist ein Strauch des Flachlandes, tritt aber in den Bayerischen Kalkalpen und den Schweizer Zentralalpen vereinzelt noch in 1580 m Höhe auf. Die Art kommt von Natur aus auf frischen, nährstoffreichen und tiefgründigen Böden vor, so u.a. auf alluvialen Standorten, in Lichtungen feuchter Wälder oder an Bachläufen. Darüber hinaus wurde sie seit eh und je wegen ihrer schmackhaften, volksmedizinisch wichtigen Früchte in Kultur genommen, so daß ihr heutiges Vorkommen oft mit menschlichen Siedlungen verbunden ist.

Beschreibung

Wie bei vielen anderen Sträuchern entspringen die jährlichen Erneuerungstriebe stets an der Basis der Sproßachsen. Die unmittelbare Verlängerung der Hauptsprosse findet über die Lateral- nicht über die Terminalknospen statt. Durch Erstarkungswachstum erweitert sich der Basisbereich der Sprosse im Laufe der Jahre erheblich.

Die wenigen baumförmigen Exemplare entstehen durch Entfernen der unteren Äste, wonach einer der stärksten oberen Äste die alleinige Führung übernimmt. Als Besonderheit entwickeln sich die Seitenzweige des mittleren Sproßabschnittes stärker als jene im Bereich der Sproßspitze und der Sproßbasis (mesotone Förderung). Die jüngsten Sprosse setzen ihr Längenwachstum oft bis zu den ersten herbstlichen Frösten fort und bilden dann keine Terminalknospen aus. Dichasiale Verzweigung ist die Folge.

Abb. 3: Mark junger Triebe
links: S. racemosa, rechts: S. nigra

Abb. 4: Seitenknospen (S. nigra)

Junge Triebe

Die jungen, leicht kantigen Triebe bleiben rel. lange unverholzt. Ihre zunächst grüne, später graubraune, kahle Rinde trägt zahlreiche, deutlich vorgewölbte bräunlichviolette Lenticellen (Korkwarzen), ab dem 2. Jahr auch auffallend große Blattnarben. Auf einem schräggeführten Querschnitt ist das weiße, kaum verfestigte Markgewebe gut zu erkennen (Gegensatz: Sambucus racemosa mit bräunlichem Mark).

Knospen

Die zumeist einzeln oder (scheinbar) zu zweit stehenden Endknospen des schwarzen Holunders sind rel. groß ($\approx$ 8 mm), breit eiförmig und kahl. Ihre grünen oder rötlichbraunen bis violetten Schuppen sind an der Knospenbasis rel. kurz und stehen locker ab, an der Knospenspitze jedoch lederartig, deutlich länger und zunächst anliegend. Seitenknospen haben fast die gleiche Größe wie Terminalknospen; sie stehen etwas vom Sproß ab und werden manchmal von längs oder quer orientierten (serialen bzw. kollateralen) Beiknospen begleitet.

Blätter

Wie alle Holunderarten, so hat auch S. nigra gegenständig angeordnete, unpaarig gefiederte Blätter. Diese erscheinen vor den Blüten, sind 10 bis 35 cm lang und tragen meist 2 oder 3, gelegentlich auch 4 Fiederpaare.

Die eiförmig-elliptischen, gesägten Einzelfiedern sind 6 bis 10 cm lang, 3 bis 4 cm breit und kurz gestielt. Davon abweichend ist die Endfieder größer und das unterste Fie-

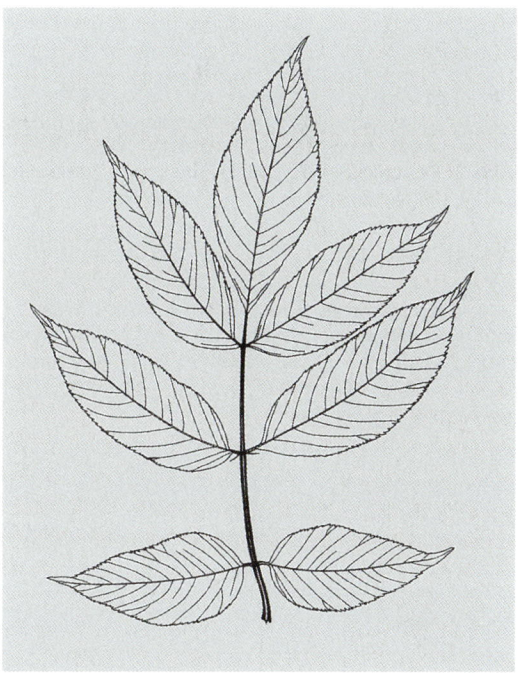

Abb. 5: Fiederblatt ($^1/_3$ nat. Größe)

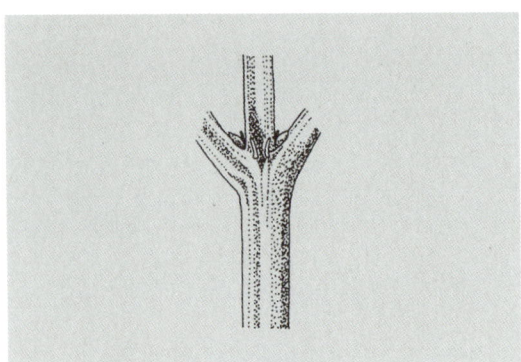

Abb. 6: Auswüchse an Blattbasis, nat. Größe
(nach WEBERLING, 1966)

derpaar ist länger zugespitzt, oft auch asymmetrisch gestaltet. Die von einigen Caprifoliaceen gebildeten nebenblattähnlichen Auswüchse an den Blattbasen sind bei S. nigra pfriemlich. Blattstiel und Rhachis sind oberseits gefurcht.

S. nigra-Blätter unterliegen keiner Herbstverfärbung. Auch beim Austrieb im März/April sind sie rein grün (Gegensatz: S. racemosa).

Blüten und Früchte

Die intensiv duftenden Holunderblüten stehen zu vielen in flachen, bis 15 cm breiten Schirmrispen am Ende von Trieben. Die meist gestielten, reinweißen oder schwach gelblichen Einzelblüten haben eine tief fünfgeteilte, 6 bis 9 mm breite, leicht abfallende Krone und spitze, unbehaarte Kelchblätter. Der annähernd unterständige, 3- bis 5-fächrige Fruchtknoten trägt einen kurzen Griffel mit dreiteiliger Narbe.

Ihren Namen verdankt die Art den bei Reife glänzend schwarzvioletten, sehr saftreichen, beerenartigen Steinfrüchten („Fliederbeeren").

Reife Fruchtstände hängen über und haben deutlich rotgefärbte Rispenäste. Jede der ca. 5 mm dicken, rundlichen Einzelfrüchte enthält zumeist 3 ovale, gefurchte, einsamige Steinkerne. S. nigra hat 2n = 36 Chromosomen.

Holz und Rinde

In dem rel. harten, leicht gelblichen, zerstreutporigen Holz ist das Holzparenchym hauptsächlich rings um die wenig zahlreichen, oft verthyllten Gefäße angeordnet. Markstrahlen sind deutlich erkennbar.

Holunderholz enthält weder Zug- noch Druckholz, läßt sich gut spalten, gut polieren und eignet sich hervorragend zum Drechseln.

Abb. 7: Borke an der Stammbasis

Die Rinde des Schwarzen Holunders ist frei von Bastfasern, enthält aber gruppenweise zusammengefaßte Fasersklereiden, in deren Nachbarschaft reichlich Ca-Oxalate in Form von Kristallsand vorkommen. Die Borke ist i.a. als Schuppenborke ausgebildet.

Klima und Standortansprüche

S. nigra ist in Mittel- und Osteuropa winterhart. Aus Estland wurde allerdings bekannt, daß Holunderbüsche bei −35 °C zurückfroren. Keineswegs selten treten hingegen Spätfrostschäden auf. Sie hängen mit dem frühen Austreiben zusammen und führen im natürlichen Gelände wie auch in Baumschulen regelmäßig zu Triebverlusten, nicht aber zu Abgängen.

Langjährige Versuche in Cornwall bescheinigen S. nigra große Widerstandsfähigkeit gegen ständige Windeinwirkung.

Abb. 8: **a** Einzelblüte, **b** Blütenstand, **c** Zweig im Winterzustand, **d** Fruchtstand
(aus SCHÜTT, SCHUCK, STIMM: Lexikon der Forstbotanik

Insgesamt ist die Art in ihren ökologischen Anforderungen nur wenig festgelegt. Das gilt u.a. für die Lichtansprüche, denn sie bevorzugt zwar den Freistand, gedeiht aber auch gut im Halbschatten und unter Seitendruck.

Was die Bodenbedingungen angeht, so wächst S. nigra von Natur aus am besten auf frischen, tiefgründigen, humus- und nährstoffreichen, schwachsauren (pH 4,5 bis 6,5) Waldböden. In Kultur spielen Nährstoff- und Wassergehalt des Bodens eine überraschend geringe Rolle; selbst frisch aufgeworfenes Erdreich ist als Substrat gut geeignet. Die Art ist ein zuverlässiger Stickstoffanzeiger. Kalk wird toleriert, Staunässe nicht.

Bekannt sind die bodenverbessernden Eigenschaften der Laubstreu. Der hohe Proteingehalt der Blätter führt zu schneller Zersetzung. In entsprechenden Versuchen lag die Gewichtsabnahme von Holunderstreu nach 40 Tagen doppelt so hoch wie bei Hainbuche und Stieleiche und 3 bis 4mal so hoch wie bei Buche.

Blühen, Fruchten, Keimen

Holunderblüten werden hauptsächlich von Käfern, Bienen und Fliegen bestäubt, Nektar steht nicht zur Verfügung. Blütezeit: Mai/Juni/Juli.

Das Tausendkorngewicht liegt bei 2,5 g, so daß etwa 400 000 Steinkerne auf 1 kg Saatgut fallen. Rasche Keimung und hohe Keimprozente sind die Regel. In freier Natur wird die Verbreitung der ab Ende August reif werdenden Früchte von Vögeln vorgenommen. Daran sind etwa 50 Arten beteiligt, insbesondere Stare, Drosseln, Mönchsgrasmücken, aber auch Fliegenschnäpper, Meisen, Nachtigallen und andere.

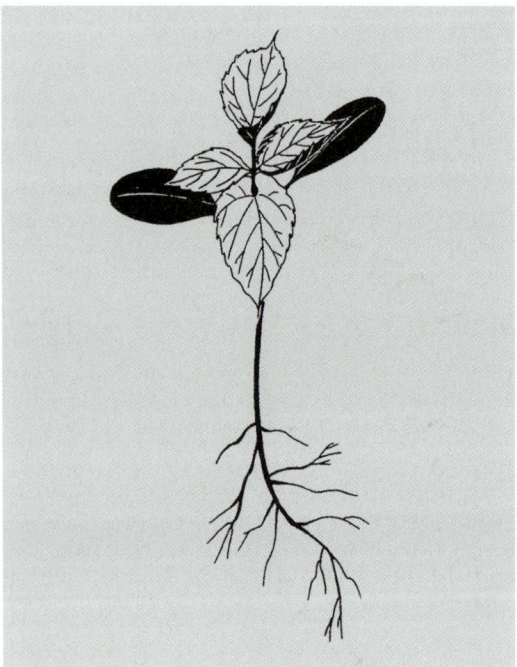

Abb. 9: Keimling, ca. 6 Wochen alt (Keimblätter schwarz dargestellt) (nat. Größe)

Anzucht und Kultur

Herbst- und Frühjahrssaat erweisen sich als gleich günstig; das Fruchtfleisch muß zur Aussaat nicht entfernt werden.

S. nigra-Keimlinge haben gestielte, ganzrandige, saftig hellgrüne, oberseits gewölbte Keimblätter. Die ersten, stark gezähnten Folgeblätter bleiben noch ungefiedert. 6 Wochen alte, nicht unter Glas angezogene Keimlinge erreichen 4 – 6 cm Höhe.

In Baumschulen erwachsene, regelmäßig bewässerte Sämlinge werden

im 1. Jahr	50 bis 80 cm
im 2. Jahr	bis 120 cm
im 3. Jahr	200 cm hoch.

Vegetativvermehrung durch Wurzelstecklinge mißlingt selbst bei Verwendung von Wuchsstoffpräparaten. Demgegenüber verläuft die Bewurzelung junger, im Frühsommer geschnittener Triebe problemlos.

Kräftige Büsche lassen sich durch Rückschnitt mühelos kleinhalten. Kräftiger Rückschnitt ist auch die Voraussetzung für die Entstehung zahlreicher einjähriger Triebe und damit für hohen Blüten- und Fruchtansatz.

Erste Erfahrungswerte bei der Anlage von Holunderplantagen mit ausgewählten Klonen liegen bei 15 000 bis 20 000 kg Früchte pro Jahr und Hektar.

In Garten- und Parkanlagen ist S. nigra wegen des unangenehmen Geruchs seiner Blätter nicht immer beliebt.

Abb. 10: Steinkerne

Nutzung und Verwendung

Von alters her werden besonders die Blüten, Früchte und Blätter des Schwarzen Holunders in vielfältiger Weise medizinisch und kulinarisch genutzt.

1. Reife Früchte dienen zur Herstellung von Saft, Gelee und Wein. Ertragshöhe, Frucht- und Saftfarbe, Süße und Aroma schwanken von Strauch zu Strauch und von Jahr zu Jahr.

   – Der Saft enthält ca. 20 % Invertzucker, 3 % org. Säuren und geringe Mengen an Vitaminen. Anderen Quellen zufolge ist der Vitamin-C-Gehalt besonders hoch.
   – Die antineuralgische Wirkung des Saftes (Trigeminus, Ischias) ist medizinisch erprobt.
   – Das in Früchten vorkommende Sambucyanin eignet sich zur Vitalfärbung von Zellkernen. Es färbt selektiv Nukleinsäuren an.

2. Unreife Früchte sind demgegenüber giftig, wofür ihr Gehalt an Sambunigrin, einem cyanogenen Glycosid, verantwortlich ist. Ihr Genuß löst Brechreiz aus und wirkt abführend.

3. Die Blüten werden als Tee gegen Nieren- und Blasenleiden, zur Blutreinigung und zum Abführen verwandt.
Sie sind als „Flores Sambuci" in Deutschland, Österreich, der Schweiz und Jugoslawien offizinell.
Bewährt haben sich Teeaufgüsse von Holunderblüten weiterhin als schweißtreibende Mittel (Diaphoretica). Sie finden in vielen Ländern Anwendung gegen Erkältungskrankheiten, Bronchitis, Masern etc. Rezepte bei MADAUS, 1979.

4. In Teig getauchte und sodann in Schmalz gebackene Fruchtstände, sog. Hollerküchelchen, gelten in manchen Gegenden als Delikatesse.

5. Blätter und junge Sprosse des schwarzen Holunders haben von Juni bis Mitte August einen hohen Futterwert für Rinder. Ursache dafür ist der besonders hohe Proteingehalt.

6. Die Rinde junger Schößlinge wurde auf dem Lande als zuverlässig und schnell wirkendes Brechmittel verwendet (z.B. nach exzessiven Eßorgien).

7. Das weiße Mark von Holunderzweigen wurde von Uhrmachern als Putzmittel verwendet, dem Mikroskopiker diente es zum Einbetten von Frischpräparaten für die Herstellung von Handschnitten und Kohlezeichner nutzen es als Wischer zur Erzeugung von Mitteltönen.

Besonderheiten und Schäden

Die Wertschätzung des schwarzen Holunders beruhte in vergangenen Jahrhunderten nicht allein auf seiner Heilwirkung und seiner vielfältigen Verwendung in der Küche. Man schrieb ihm überdies mythische, vor allem geisterabwehrende Kräfte zu. Andererseits vermied man es, einen Holunderbusch zu fällen, weil in ihm die weiße Frau (Frau Holle) verborgen sein könne. Weiterhin hieß es, unter einem Holunderstrauch sei jeder Schläfer vor Hexen, Schlangen und tödlichen Mücken sicher.

Krankheiten durch Bakterien, Pilze und Insekten können die Existenz von S. nigra i.a. nicht ernsthaft gefährden. Blattfleckenerreger der Gattungen Ascochyta, Cercospora, Septoris oder Ramularia führen in feuchten Jahren zu vorzeitigem Laubfall. Auch Mehltauerreger (Microsphaera, Phyllactinia, Sphaerotheca) kommen vor, und der Hallimasch (Armillaria spec.) verursacht hier und da Wurzelfäule.

Blattdeformationen werden durch Schaumzikaden (Philaenus spec.) ausgelöst und zeitweise ist ein sehr intensiver Besatz von Blattläusen (zumeist Aphis sambuci) zu beobachten.

Indirekte wirtschaftl. Bedeutung gewinnt S. nigra als Wirt für das Cherry-Leafroll-Virus, das an Holunderblättern gelbe Adern und chlorotische Ringflecke hervorruft und von Sambucus auf stärker gefährdete Wirte (Kirsche, Birke) übertragen werden kann.

An genetischen Veränderungen sind mehrere Formen von Chlorophylldefekten, Schlitzblättrigkeit (S. nigra var. laciniata) sowie Verbänderungen beschrieben worden.

Artkreuzungen gelangen zwischen Sambucus nigra und S. racemosa sowie zwischen S. nigra und S. ebulus, die reziproke Kombination S. ebulus x S. nigra erbrachte nur taube Samen.

Weiterführende Literatur

ELLENBERG, H., 1979: Zeigerwerte der Gefäßpflanzen Mitteleuropas. Scripta Geobotanica **9**, 2. Aufl., Verl. Goltze, Göttingen.

FROHNE, D.; PFÄNDER, H. J., 1982: Giftpflanzen. Ein Handbuch für Apotheker, Ärzte, Toxikologen und Biologen. Wiss. Verlagsges. Stuttgart.

GODET, J. D., 1984: Blüten der einheimischen Baum- und Straucharten. J. Neumann, Neudamm.

GROSSER, D., 1977: Die Hölzer Mitteleuropas. Springer-Verlag Berlin–Heidelberg–New York.

HOLDHEIDE, W., 1951: Anatomie mitteleuropäischer Gehölzrinden. Mikroskopie i.d. Technik 5, 1, 195–367.

KRONFELD, E. M., 1918: Flieder und Holunder. Mitt. Dt. Dendr. Ges. **27**, 209–228.

KRÜSSMANN, G., 1964: Die Baumschule. Verlag Paul Parey, Hamburg und Berlin.

MADAUS, G., 1979: Lehrbuch der biologischen Heilmittel, Band 3. Georg Olms Verlag, Hildesheim, New York.

ROTH, L.; DAUNDERER, M.; KORMANN, K., 1984: Giftpflanzen-Pflanzengifte. ecomed-Verlagsges., Landsberg, München.

WEBERLING, F., 1966: Familie Caprifoliaceae. In: Hegi: Illustrierte Flora von Mitteleuropa, Band VI, Teil 2, 3–87. Verlag Paul Parey, Hamburg und Berlin.

Die Autoren:

Prof. Dr. PETER SCHÜTT
Lehrstuhl für Forstbotanik
Ludwig-Maximilians-Universität München
Hohenbachernstraße 22
D-85354 Freising

ULLA M. LANG
Schützenstraße 6
D-82383 Hohenpeißenberg

Sambucus racemosa LINNÉ

Traubenholunder, Hirschholunder   Familie: Caprifoliaceae

engl.:   Red-berried elder
franz.: Sureau à grappes
ital.:   Sambuco montano

Abb. 1: Sambucus racemosa im Alpenvorland

Der zur Sektion Botryosambucus zählende, bis 4 m hohe Strauch wächst häufig als Unterholz in lichten Beständen des Bergwaldes.

Ähnlich Sambucus nigra bevorzugt der Hirschholunder frische, nährstoffreiche Waldstandorte. Anders als dieser verläßt er aber den Wald kaum, wird nicht zur Ruderalpflanze in menschlichen Siedlungen und hat weder eine nennenswerte kulinarische noch eine volksmedizinische Bedeutung erlangt.

Früher wurde die morphologisch stark variierende Species zumeist als Teil eines Formenkreises betrachtet, dem noch weitere eng verwandte asiatische und nordamerikanische Sippen angehören. Heute besteht eher die Tendenz, diese Sippen als selbständige Arten abzutrennen (z.B. S. pubens MICHX.).

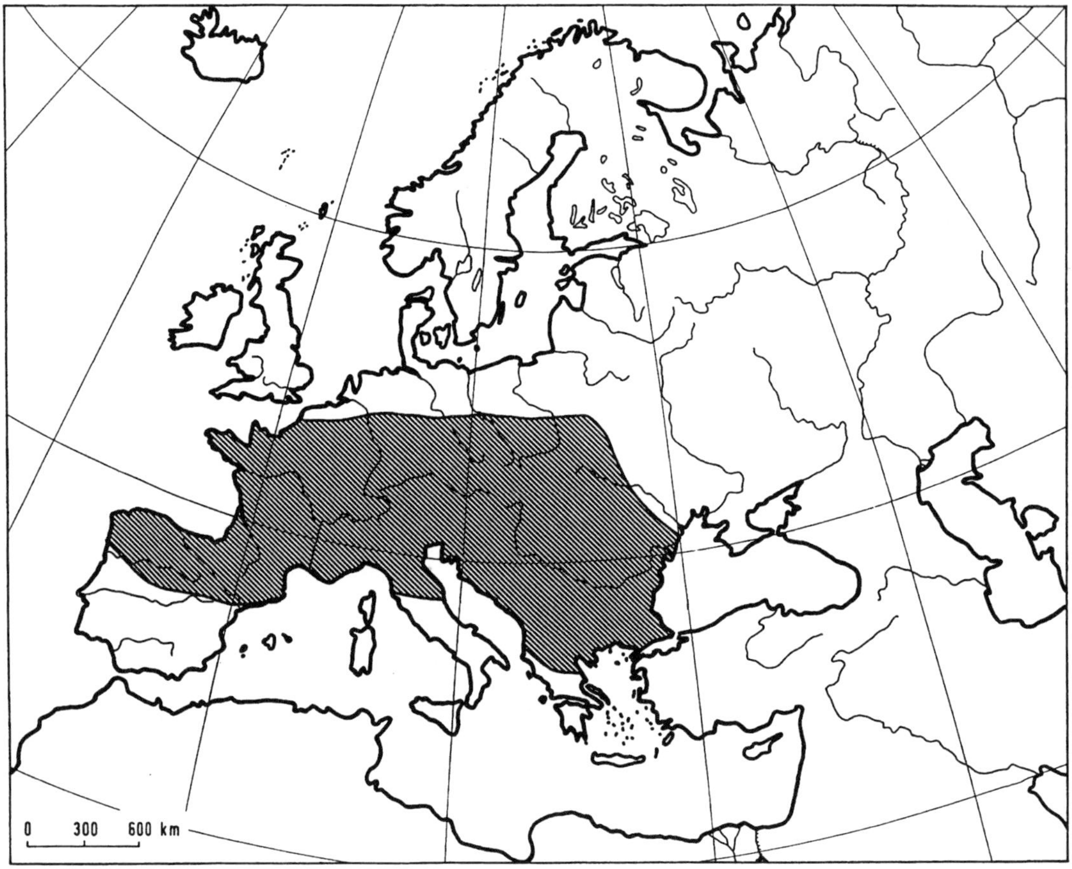

Abb. 2: Natürliches Verbreitungsgebiet

Verbreitung

In Europa erstreckt sich das natürliche Verbreitungsgebiet des Traubenholunders vom westlichen Mitteleuropa bis ins Baltikum und weiter bis in die russische Taiga. Auch das nördliche Südeuropa gehört dazu. In West-Frankreich, Irland, Großbritannien und Skandinavien fehlt die Art, ebenso nördlich der Linie Essen – Paderborn – Hannover – Magdeburg. Allerdings treten außerhalb des nat. Areals zahlreiche künstlich begründete Populationen auf [4].

In den Bayerischen Alpen kommt S. racemosa vereinzelt noch in 1800 m Höhe, in Tirol in 1900 m und in den Graubündener Zentralalpen sogar in 2340 m Höhe vor. In Richtung Osten soll sich das Areal bis nach N-China ausdehnen.

Beschreibung

Erscheinungsbild

Ältere Exemplare von S. racemosa sind breit, reich verzweigt, meist nicht höher als 3 m und nur in seltenen Ausnahmefällen baumförmig.

Auffällig ist die deutliche Trennung in Lang- und Kurztriebe. Die mehrjährigen, rel. dünnen, verholzenden Langtriebe besitzen eine braune, mit länglichen Korkwarzen besetzte Rinde. Demgegenüber bleiben die nur einjährigen, dicht beblätterten Kurztriebe krautig. Hauptsächlich entstehen an ihnen die Blütenstände.

Abb. 3: Blütenknospen

Abb. 4: Frisch ausgetriebene, violette Blätter

Knospen

Die rel. großen Blüten- und Blattknospen sind beim Traubenholunder verschieden gestaltet: rundlich und kurz zugespitzt die Blüten- sowie schmal-länglich, oft etwas gebogen und lang zugespitzt die Blattknospen.

Terminalknospen können fehlen oder durch zwei Seitenknospen ersetzt werden. Häufig werden Beiknospen ausgebildet.

Die am Rand bewimperten Knospenschuppen stehen in Wirteln und sind an der Basis miteinander verwachsen. Im Herbst verfärben sich ihre Ränder, im Winter die gesamten Tegmente braunviolett. Zwischen Knospenschuppen und Laubblättern werden Übergangsblätter (Zwischenformen) ausgebildet.

Junge Triebe

Einjährige Sprosse von S. racemosa sind zunächst olivgrün, später braun und von länglichen Lenticellen (Korkwarzen) besetzt. Behaarung fehlt. Im Zentrum der Zweige befindet sich ein deutlich erkennbares, braunes Markgewebe (Gegensatz S. nigra mit weißem Mark).

Blätter

Die unpaarig gefiederten, gegenständig angeordneten Blätter des Hirschholunders erscheinen etwa gleichzeitig mit den Blütenständen (in Bayern ab Mitte März). Sie sind 10 – 25 cm lang und setzen sich meistens aus 2 bis 3 Fiederpaaren und einer verdickten, oberseits rinnigen Rhachis zusammen.

Der Blattstiel wird 7 bis 10 cm lang und trägt am Grunde zwei lanzettliche, nebenblattähnliche Fortsätze oder drüsenartige Verdickungen. Die Fiedern selbst sind schmäler (2 bis 3,5 cm breit) und deutlich länger zugespitzt als bei S. nigra. Ihre Länge schwankt zwischen 4 und 8 cm. Der Blattrand ist scharf, aber unregelmäßig gesägt.

Unterseits sind die Blattfiedern anfangs flaumig graugrün behaart. Die dunkelgrüne Oberseite ist jedoch stets kahl. Beim Austrieb und wenige Wochen danach sind Racemosa-Blätter reich an Anthocyan und dementsprechend mehr oder weniger stark violett verfärbt (Gegensatz zu dem rein grün austreibenden S. nigra!) Herbstfärbung findet jedoch nicht statt.

Blüten und Früchte

Am Ende beblätterter Kurztriebe stehen rispig verzweigte, 7 bis 12 cm lange, kegelförmige Blütenstände. Sie erscheinen etwa gleichzeitig mit den Laubblättern. Blütezeit: März bis Mai. Die zahlreichen, gelblich-weißen Einzelblüten ($\approx$ 5 mm) sind fünfzählig: 5 später zurückgebogene Kronblätter, 5 mit den Kronblättern alternierende Staubblätter mit gelben Antheren, 5 winzige, grüne Kelchblätter. Fruchtknoten unterständig, Griffel kurz, Narbe dreiteilig. Blütenformel: K(5) [(5) A5] G($\overline{3}$)

Abb. 5: Blütenstände

Abb. 6: **a** Einzelblüte, schematisch (stark vergrößert), **b** gefiedertes Blatt (nat. Größe)

Abb. 7: Fruchtstände

Als Früchte bildet der Hirschholunder runde, beerenartige, ca. 5 mm dicke Steinfrüchte aus, die bei Reife eine scharlachrote Farbe annehmen. Jede Steinfrucht enthält 3 bis 5 hellbraune, längliche, dreikantige Steinkerne.

Chromosomenzahl: 2n = 36 (Grundzahl: 9). Reifezeit: Juli bis September.

Holz

Differenziert in einen gelblich-weißen Splint und einen bräunlichen Kern. Markstrahlen deutlich. Etwas hellere Jahrringgrenzen. Das mäßig harte Holz ist leicht spaltbar.

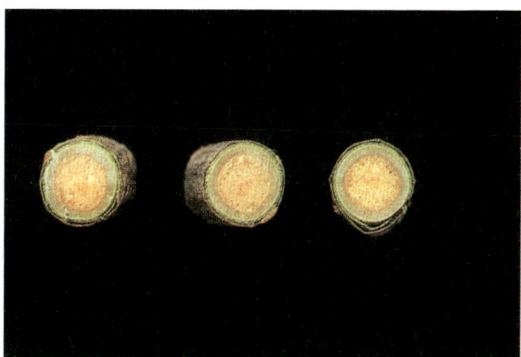

Abb. 8: Mark junger Triebe

Klima- und Standortansprüche

S. racemosa ist in Mittel- und Osteuropa winterhart und weder früh- noch spätfrostgefährdet. Vom nat. Areal her eher an kontinentale Klimaverhältnisse angepaßt, gedeiht die Art aber auch sehr gut in niederschlagsreichen, höheren Lagen der Mittelgebirge.

Weniger weitreichend ist die Standorttoleranz. So gedeiht der Traubenholunder auf nähstoffreichen, gut durchlüfteten, frischen Böden am besten; auf leichten aber stets besser als auf schweren Substraten. Auf kalkarmen, mäßig sauren (pH 4,5 bis 6,0), geschiebereichen Mittelgebirgsstandorten ist er zuhause, auf Kalk tritt er zurück.

Der Hirschholunder gilt als typische Halbschattenart, die als Wuchsraum kleinere Bestandeslücken, leichte Überschirmung und Waldränder bevorzugt, alles dieses in besonderem Maße auf feuchten (nicht auf nassen) Standorten. Er überlebt aber auch im tiefen Schatten und im vollen Licht.

Wie S. nigra und S. ebulus ist auch Sambucus racemosa ein zuverlässiger Stickstoffzeiger. Belegt sind überdies seine bodenverbessernden Eigenschaften. Angebaut auf degradierten Fichtenstandorten reduzierte er den Säuregrad des Bodens, erhöhte den C-Gehalt des Humus, verbesserte die Bodentextur und reicherte den Vorrat an verfügbaren Nährelementen wie Ca, K, Mg, Fe und P deutlich an.

Blühen, Fruchten, Keimen

S. racemosa wird von Insekten, zumeist von Käfern, Bienen und Fliegen bestäubt. Die Blüten bilden keinen Nektar. Die Verbreitung der Früchte erfolgt durch zahlreiche Vogelarten, vor allem durch Rotkehlchen, Gartenrotschwanz, Dompfaff, Grasmücke, Drossel, Nachtigall, Fliegenschnäpper und selbst durch Elstern. Auch für Federwild stellen Racemosa-Früchte ein willkommenes Futter dar. In lichten Kiefernbeständen vollzieht sich die Ausbreitung sehr rasch.

Für die Keimung der Steinkerne ist die Passage durch den Vogeldarm jedoch keine Voraussetzung.

Das Tausendkorngewicht des Saatgutes liegt bei 1,4 g. Ein Kilogramm Saatgut enthält ca. 700 000 Körner. Im Mittel trägt ein Fruchtstand ca. 200 Früchte mit je 3 bis 5 Steinkernen; für 10 000 Keimlinge benötigt man etwa 100 Fruchtstände [3].

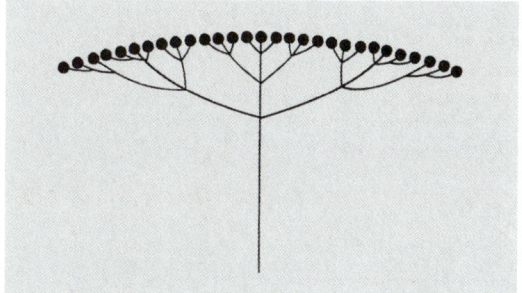

Abb. 9: S. nigra-Blütenstand, schematisch nach WEBERLING 1966

Abb. 10: S. racemosa-Blütenstand, schematisch nach WEBERLING 1966

Anzucht und Kultur

Sowohl die Aussaat der gesamten Frucht (incl. Frucht-fleisch) unmittelbar nach der Ernte im Herbst als auch die Aussaat der Steinkerne nach Überwinterung im Freien (Ein-schichten in feuchten Sand) haben sich bewährt. Wichtig ist die Einwirkung der Winterkälte. Auch im günstigsten Fall liegen die Keimprozente aber kaum höher als 15 %.

Frühe Beerntung im Herbst hat zeitige Keimung im Früh-jahr zur Folge. Als förderlich für die Keimung hat sich das Trocknen der Früchte vor der Aussaat erwiesen. Die Keimlinge von S. racemosa unterscheiden sich hinsichtlich Aufbau und Farbe kaum von S. nigra. Abweichend ist nur die leichte Einkerbung an der Spitze der Keimblätter.

Im Saatbeet werden einjährige Pflanzen 0,5 bis 1,2 m hoch und entwickeln ein sehr dichtes, intensiv verzweigtes Wur-zelsystem. Verschulung ist daher nicht erforderlich; das Aus-pflanzen einjähriger Sämlinge hat sich bewährt. Am natürli-chen Standort vermehrt sich die Art reichlich durch Wurzel-brut. Dennoch stößt die Bewurzelung von Wurzelstecklingen auf erhebliche Schwierigkeiten. Die Vegetativvermehrung von S. racemosa spielt daher in Baumschulen keine Rolle.

Nutzung und Verwendung

Weder in der Volksmedizin noch in der Küche erlangte der Hirschholunder die Beliebtheit von Sambucus nigra. Die Skala seiner unmittelbaren Verwendungsmöglichkeiten ist rel. schmal.

– Rohe Früchte enthalten neben brechreizerregenden und abführenden Stoffen ein durch Carotinoide gelb ge-

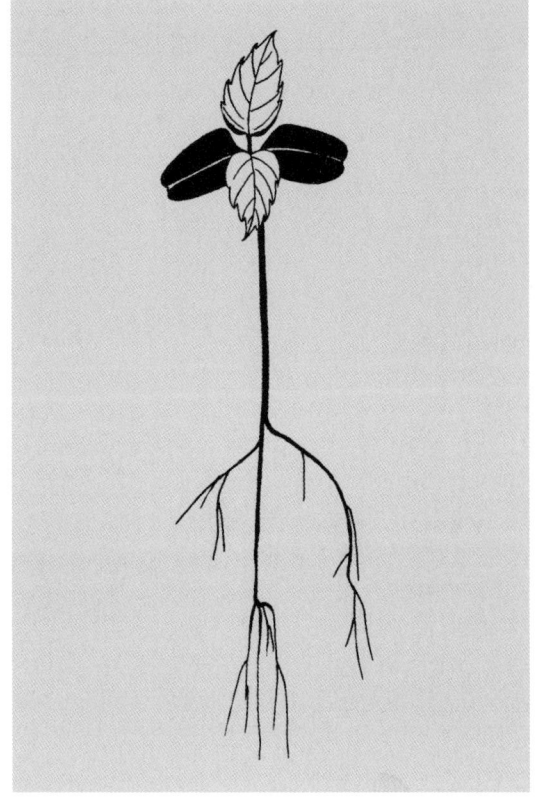

Abb. 11: S. racemosa, Keimling (Keimblätter schwarz dargestellt) (nat. Größe)

färbtes Öl (bis 5 %), das in Notzeiten als Speiseöl Ver-wendung fand. Die kritischen Stoffe lassen sich tech-nisch entfernen [2].

– Reife Früchte liefern einen orangegelben Saft, der sich ähnlich verwenden läßt wie bei S. nigra, im Geschmack jedoch abweicht und deswegen unterschiedlich beur-teilt wird. In Thüringen wurden Holunderfrüchte früher gern gesammelt und zu Gelee verarbeitet. Die in den Steinkernen enthaltenen Giftstoffe werden durch Abkochen inaktiviert [1].

– Getrocknete Früchte eignen sich gut als Wintervogel-futter, insbesondere für Amseln und Drosseln.

Besonderheiten

Sambucus racemosa wird gern und intensiv vom Reh- und Rotwild verbissen. Gelegentlich pflanzt man die Art zur Wildfütterung an, um bei entsprechend hohen Wildstän-

den die Verbiß- und Schälschäden an Wirtschaftsholzarten zu reduzieren. Empfohlener Pflanzverband: 2 x 2 oder 3 x 3 m = 1000 bis 2500 Pflanzen pro Hektar [3].

Ökologisch interessant, aber wenig untersucht, ist die allelopathische Wirkung des Hirschholunders. Russischen Untersuchungen zufolge unterdrückt S. racemosa in situ das Wachstum und eie Wurzelentwicklung von Balsam-

qappeln radikal.!Wäßrige Blattexurakte hemmen überdies das Sproßwachstum von Betula pendula-Sämlingen (Sandbirke).

Bedrohliche Eskrankungen werden nicht beschrieben, wohl aber ist der Hirschhomunder Wirtspflaoze für das Cherry Leafroll Virus. Symptome: chlorotische und nekrotische Ringflecke an den Blattorganen.

Weiterführende Literatur

[1] FISCHER, S.: Blätter von Bäumen. Verlag Zweitausendeins Frankfurt a.M.

[2] FROHNE, D.; PFÄNDER, H. J., 1982: Giftpflanzen. Ein Handbuch für Apotheker, Ärzte, Toxikologen und Biologen. Wiss. Verlagsges. Stuttgart.

[3] ROHMEDER, E., 1939: Die Keimung des Hirschholunders (Sambucus racemosa) Forstwiss. Cbl. **61**, 505–511.

[4] WEBERLING, F., 1966: Familie Caprifoliaceae. In: Hegi, Illustrierte Flora von Mitteleuropa Band VI, Teil 2, 3–87, Verlag Paul Parey, Hamburg und Berlin.

[5] WOLF, E., 1923: Sambucus racemosa. Mitt. Dt. Dendrol. Ges. **33**, 24–31.

Die Autoren:

Prof. Dr. PETER SCHÜTT
Lehrstuhl für Forstbotanik
Ludwig-Maximilians-Universität München
Hohenbachernstraße 22
D-85354 Freising

ULLA M. LANG
Schützenstraße 6
D-82383 Hohenpeißenberg

Solanum dulcamara LINNÉ, 1753

syn.: Dulcamara flexuosa MOENCH 1794, Solanum scandens NECK, Amara dulcis

Bittersüßer Nachtschatten, Mäuseholz, Wasserranken   Familie: Solanaceae

engl.: Bittersweet, Climbing or Bitter Nightshade
franz.: Douce-amère, morelle grimpante
ital.: Dulcamara, corallini

Abb. 1: Solanum dulcamara. Blühender Zweig (links oben), unreifer Fruchtstand (links unten), Zweig mit Früchten und fiederschnittigen Blättern (rechts oben) und reife Fruchtstände (rechts unten)

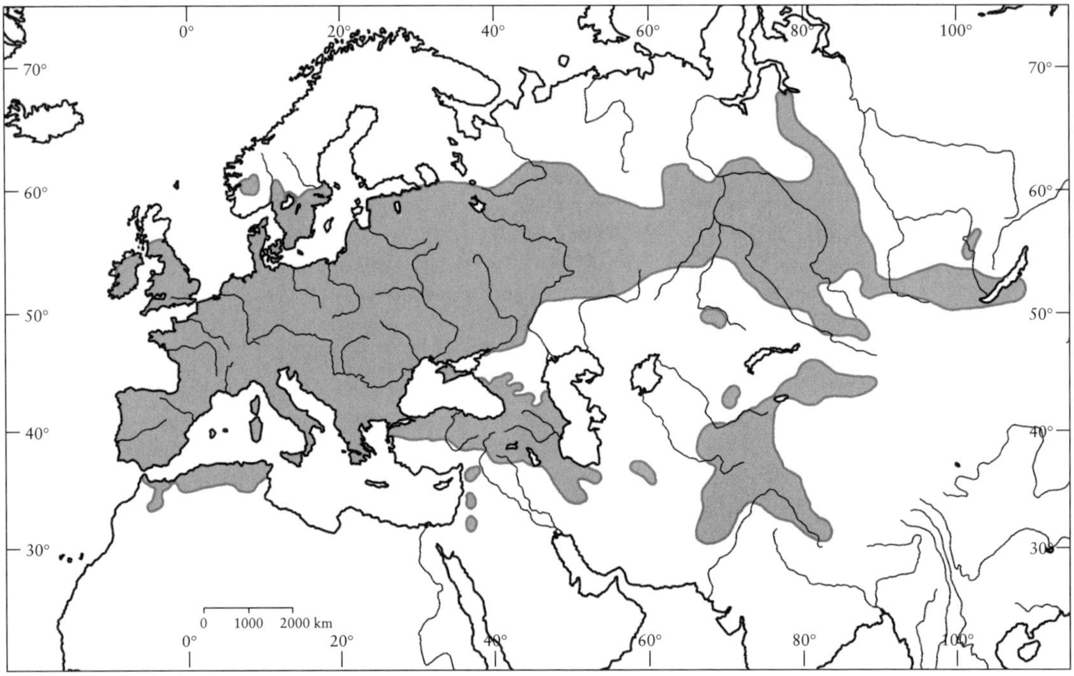

Abb. 2: Natürliches Areal nach [23]

Der Bittersüße Nachtschatten ist ein in Gebüschen bis 2 m hoch kletternder, mehrjähriger Halbstrauch, von dem in Mitteleuropa nur die holzigen Teile überwintern, die oberen krautigen Teile aber zurückfrieren [6]. Er bildet Rhizome [26] und wird deshalb als Wurzel-Kriech-Pionier [25] eingestuft. Auffallend sind die intensiv lila farbenen Blüten mit leuchtend gelben Antheren. Der Strauch blüht und fruchtet gleichzeitig, enthält Steroidalkaloide und ist giftig.

Der wissenschaftliche Gattungsname soll sich vom lat. solari (= schmerzstillend) ableiten. Sowohl der artbestimmende Name als auch die meisten Trivialnamen beziehen sich auf den zunächst bitteren und erst im nachhinein süßen Geschmack der Früchte.

Verbreitung

Solanum dulcamara ist eine eurasiatisch-submediterrane Art [11, 25] und kommt – mit Ausnahme des äußersten Nordens [12] – in fast ganz Europa [14] vor. Das Areal erstreckt sich bis nach Japan [26, 32] und schließt auch Nordafrika ein. Seine Nordgrenze verläuft in Europa etwa bei 61° n.Br. Einzelvorkommen reichen bis zum 65. Breitengrad [26]. Auf den Faröer-Inseln, Island und den Azoren kommt der Halbstrauch nicht vor [12].

In Nordamerika wurde er eingebürgert und besiedelt ein Areal von Nova Scotia bis Minnesota und südlich bis North Carolina und Missouri [4, 28].

Die vertikale Verbreitung reicht von Seehöhe bis in mittlere Gebirgslagen. In den Nordalpen steigt die Art bis 1360 m [11, 25], in den Südalpen vereinzelt sogar bis 1700 m ü. NN [1].

Beschreibung

Der Bittersüße Nachtschatten ist ein laubabwerfender, niederliegender oder in Gebüschen bis 2 m hoch kletternder Spreizklimmer. Zuweilen kann der Halbstrauch auch an anderen Strauchgehölzen emporwinden, wobei die Windungsrichtung nicht festgelegt ist [10, 13]. Die Gesamtsprosslänge erreicht maximal 7 m [6] bei einer Stärke von kaum mehr als 1 cm [14]. In seltenen Fällen sollen die Sprosse auch Armdicke erreichen [13]. Gelegentlich wächst *S. dulcamara* epiphytisch auf alten Kopfweiden oder Schwarzpappeln [13]. Über sein Wurzelsystem finden sich in der Literatur keine Angaben, jedoch ist bekannt, dass er Rhizome bildet.

Sprosse und Knospen

Die verzweigte und biegsame Grundachse ist im Querschnitt rund oder schwach kantig und weist im Zentrum eine Markhöhle auf [31]. Die meist kahlen, gelegentlich aber auch behaarten [12] jungen Triebe sind anfangs glänzend grün oder bläulich, nehmen danach eine graue Farbe an [37]. Das Phellogen entsteht epidermal [19]. Beim Zerreiben der Sprosse entsteht ein mäuseartiger Geruch, worauf sich der Trivialname „Mäuseholz" bezieht [22, 37]. Die kleinen, kugeligen Knospen haben nur wenige rot- bis graubraune und behaarte Tegmente [31, 34]. Die Blattnarbe weist nur eine Blattspur auf [34].

Blätter

Die wechselständigen, kahlen oder beiderseits spärlich behaarten, ganzrandigen Blätter sind von variabeler Gestalt und 1 bis 3 cm lang gestielt. Meist sind sie ungeteilt, eiförmig bis lanzettlich und an der Spreitenbasis oftmals geöhrt oder herzförmig ausgerandet. Die Blattlänge liegt bei (3-) 9 (-12) cm. Dementsprechend variiert die Blattbreite von 2 bis 6 cm. Daneben treten auch fiederschnittige Blätter auf, die sich in eine große „Endfieder" und 1 oder 2 am Spreitengrund tief abgesetzte, unsymmetrische Seitenzipfel von 2 bis 4 cm Länge gliedern. Die tiefen Blatteinschnitte sollen dem Verankern der Triebe in Gebüschen dienen [6].

Die Blätter sind beiderseits schmutzig grün und oftmals bläulich oder rötlich überlaufen. Unterseits sind sie etwas heller. Auf der Blattoberseite lässt sich die schlingläufige Aderung [27] deutlich erkennen. Auf der Unterseite treten ca. 100 bis 200 Spaltöffnungen/mm^2 auf [36].

Blüten

Die violett gefärbten, selten weißen, stets fünfzähligen Blüten stehen in langgestielten, überhängenden, rispenartigen Wickeln, die sich aus 10 bis 25 Einzelblüten zusammensetzen und entweder terminal oder seitenständig, dann jeweils in Opposition zu einem Blatt, angeordnet sind. Diese anscheinend nicht achselständige Position wird mit Concauleszenz erklärt, wobei sich die Insertionsstelle aus der Blattachsel spitzenwärts verschiebt. Die Infloreszenzstiele sind filzig behaart.

Die Blüten haben einen Durchmesser von 10 bis 15 (-20) mm. Die Blütenstiele, Kron- und Kelchblätter sind violett gefärbt. Der stumpflappige, becherförmige und fein behaarte Kelch persistiert an der Fruchtbasis. Die tief fünfspaltige Krone breitet sich zunächst flach aus, zuletzt aber biegen sich ihre lanzettlichen, 7 bis 10 mm langen Zipfel zurück. Die feinbehaarten Kronblätter weisen an der Basis jeweils 2 glänzend gelbe, halbmondförmige Flecken auf, die als Schein-Nektarien fungieren [18].

Abb. 3: Variation der Blattform ($^1/_2$ nat. Größe)

Die 5 intensiv gelb gefärbten, 5 bis 7 mm langen, walzenförmigen Antheren sind kurz gestielt, liegen dem Griffel kegelförmig an und öffnen sich an der Spitze jeweils mit 2 Poren (Streukegelblume). Der Griffel überragt das Androeceum. Das zweifächrige, kegelförmige Ovar bleibt unbehaart.

S. dulcamara blüht i.A. zwischen Juni und August. Als Bestäuber wurden Bienen, Hummeln, Schwebfliegen, Schmetterlinge (Argynnis paphia L.) und Käfer (Pria dulcamarae SCOP.) beobachtet [17]. Die Blüten sind nektarlos, selbstfertil und homogam [6, 13].

Früchte und Samen

Als Fruchtzeit gilt die Periode von (Juli) August bis Oktober. Meistens findet man an einem Strauch Blüten gleichzeitig mit Früchten in unterschiedlichen Reifegraden. Die saftigen, elliptischen, bei Reife scharlachrot glänzenden Beeren hängen über und verbleiben oft den Winter über am Strauch [6]. Sie sind etwa 10 bis 15 mm lang, 7,5 bis 10 mm breit und enthalten jeweils ca. 30 linsenförmige, fleischfarbene Samen [3, 4] mit netzartig strukturierter Oberfläche [13]. Die im Durchmesser 2 bis 3 mm großen Samen werden endozoochor von Vögeln verbreitet. Das Tausendkorngewicht, bezogen auf Samen, liegt bei ca. 1,3 g (errechnet nach Angaben von [4]).

Reife Früchte schmecken anfangs bitter, im nachhinein aber süß. Besonders die unreifen, noch grünen Beeren sind stark giftig. Sie enthalten, wie auch die anderen Pflanzenteile, die Steroidalkaloide Solanin, Soladulcidin, Solasodin und Solanidin sowie Saponine. Mit zunehmender Fruchtreife nimmt der Alkaloidgehalt ab. Der Verzehr unreifer Beeren führt zu Brechdurchfall, Pupillenerweiterung, Pulsbeschleunigung, Krämpfen, Fieber und Tod durch Atemlähmung [15, 29]. Bei Kindern wirkten 30 bis 40 Beeren tödlich [29].

Holz

Das gelbe Holz von S. dulcamara ist ring- bis halbringporig [35]. Die Jahrringgrenzen verlaufen unregelmäßig, lassen sich aber deutlich erkennen. Die Holzstrahlen sind einreihig [24], das Holzparenchym ist apotracheal verteilt [35]. Die einfach perforierten Gefäße weisen Spiralverstärkungen auf und haben einen Durchmesser von 88 μm [16]. Die Tracheidenlänge wird mit 480 μm angegeben [16].

Ökologie

Obwohl ein Lichtkeimer, gehört der Bittersüße Nachtschatten zu den Halblichtpflanzen [8, 25]. Er kommt häufig in Hecken und Gebüschen, in Auwäldern, auf Dünen, Weiden und in Erlenbrüchen vor. Oft findet man ihn auch in Mauerritzen wachsend.

Bevorzugt werden aber feuchte, nährstoffreiche Lehm- und Tonböden [1, 25], selbst schlammige Gräben und Röhrichte werden besiedelt [26]. Besonders häufig findet man die Art an Fluss- und Bachufern. Sie gilt als Wechselfeuchte- und Stickstoffzeiger [8]. Hinsichtlich der Bodenreaktion verhält sie sich indifferent [8] und gedeiht sowohl auf kalkreichen als auch auf kalkarmen Standorten [26].

Neben anderen Assoziationen gehört sie den Galio-Urticenea-Gesellschaften [25] und der Sanddorn-Holunderbuschgesellschaft [30] an.

Vermehrung

S. dulcamara wird heute selten in Kultur genommen. Deshalb liegen auch nur wenige Informationen über seine Vermehrung vor. Die Art, ein Lichtkeimer, lässt sich sowohl über Samen als auch vegetativ über Wurzelsprosse und Sprosssstecklinge vermehren [4, 6]. Bei Aussaat frischen Saatgutes sind ohne Vorbehandlung hohe Keimraten zu erzielen [4]. Die Keimung erfolgt epigäisch [4] und verläuft langsam. Die etwa 1,5 cm langen und 0,5 mm breiten Kotyledonen sind am Apex abgestumpft, ihre Lamina verjüngt sich allmählich in den etwa 0,5 cm langen, oberseits gefurchten Stiel [21].

Taxonomie

Der Bittersüße Nachtschatten gehört dem Subgenus Solanum und hier der Sektion Dulcamara an [11]. Aufgrund der unterschiedlich zusammengesetzten Steroidalkaloid-Fraktion in den Sprossen und Blättern werden 3 chemische Rassen unterschieden [1, 29]:

1. Tomatidenol-Sippe
2. Soladulcidin-Sippe
3. Solasodin-Sippe

Weiterhin scheidet man folgende, rein morphologisch definierte Varietäten aus [5, 12, 20, 28]:

var. *alba* (= var. *album* WEST.) mit weißen Blüten
var. *carnea* mit fleischfarbenen Blüten
var. *violacea* mit violetten Blüten
var. *plena* mit gefüllten Blüten
var. *villosissimum* DESV. (syn. *S. litorale* RAAB, *S. tomentosum* KOCH) mit filzig behaarten Blättern. Kommt in Südtirol [14, 27], auf Dünen und in Strandgebüschen [13] vor.
var. *variegatum* WEST. mit panaschierten Blättern
var. *indivisum* BOISS. (syn. var. *persicum* DIPP, *S. persicum* WILLD.) mit ausschließlich ungeteilten Blättern. Kommt in SO-Russland und W-Asien vor.

Die Chromosomenzahl wird mit 2n = 24 angegeben [11, 12, 25].

Pathologie

Nach HEGI [13] wird *S. dulcamara* von mehreren Ascomyceten befallen, über deren Schadwirkung nichts bekannt ist. Außerdem minieren die Larven des Schmetterlings *Acrolepia autumnitella* CURTIS in den Blättern.

Synchytrium endobioticum (SCHILB.) PERCIVAL, der Erreger des Kartoffelkrebses, nutzt *S. dulcamara* als Nebenwirt [33]. Da der Erreger in der Heimat der Kartoffel unbekannt ist, nimmt man an, dass er von *S. dulcamara* und anderen einheimischen *Solanum*-Arten auf *S. tuberosum* übergegangen ist.

Der Erreger der Kartoffelbraunfäule *Pseudomonas solanacearum* (SMITH) SMITH kann in den Wurzeln von *S. dulcamara* überwintern [9].

Nutzung

S. dulcamara ist seit alters her eine offizinelle Pflanze. Schon 1561 wurde sie auch als Zierpflanze kultiviert [4]. Als Droge (Bittersüßstengel (*Stipites Dulcamarae*)) werden 2- bis 3-jährige Sprosse ohne Blätter im Frühjahr oder Spätherbst [29] gesammelt und getrocknet. Sie findet Anwendung in unterschiedlicher Rezeptur bei Haut- und Erkältungskrankheiten [22], bei Rheuma [22] und als nierenanregendes Mittel [2]. Forstlich ist sie ohne Belang [14]. Neuerdings besteht Interesse an der Art als Quelle für Steroidalkaloide, die zur Herstellung von Hormonen herangezogen werden können [7].

Literatur

[1] AICHELE, D.; SCHWEGLER, H.-W., 1995: Die Blütenpflanzen Mitteleuropas. Band IV. Franckh-Kosmos, Stuttgart.
[2] AMANN, G., 1993: Bäume und Sträucher des Waldes. 16. Aufl. Weltbild, Augsburg.
[3] BERTSCH, K., 1941: Früchte und Samen. Enke, Stuttgart.
[4] CROSSLEY, J. A., 1974: Solanum dulcamara L. In: SCHOPMEYER, C.S., Seeds of woody plants in the US. USDA Forest Service. Agric. Handbook 450. Washington, D.C.
[5] DIPPEL, L.,1893: Handbuch der Laubholzkunde. Band III. Parey, Berlin.
[6] DÜLL, R.; KUTZELNIGG, H., 1988: Botanisch-ökologisches Exkursionstaschenbuch. Quelle und Meyer, Heidelberg, Wiesbaden.
[7] EHMKE, A.; OHMSTEDE, D.; EILERT, U., 1995: Steroidal glycoalkaloids in cell and shoot teratoma cultures of Solanum dulcamara. Plant Cell Tissue and Organ Culture **43**, 191-197.
[8] ELLENBERG, H., 1974: Zeigerwerte der Gefäßpflanzen Mitteleuropas. Scripta Geobotanica IX. Goltze, Göttingen.
[9] ELPHINSTONE, J. G., 1996: Survival and possibilities for extinction of Pseudomonas solanacearum (SMITH) SMITH in cool climates. Potato Research **39**, 403-410.
[10] FITSCHEN, J.,1990: Gehölzflora. 9. Aufl. Quelle und Meyer, Wiesbaden.
[11] GARCKE, A., 1972: Illustrierte Flora. 23. Aufl. Parey, Berlin, Hamburg.

[12] HAWKES, J. G.; EDMONT, J. M., 1972: Solanum. In: TUTIN, T.G. et al.(eds.), Flora Europaea. Bd. III. Cambridge Univ. Press.
[13] HEGI, G., 1927: Illustrierte Flora von Mitteleuropa. Band V/4. Lehmanns, München.
[14] HEMPEL, G., WILHELM, K., o.J.: Die Bäume und Sträucher des Waldes. III. Abt. 2. Teil. Hölzel, Wien.
[15] INFORMATIONSZENTRALE GEGEN VERGIFTUNGEN NRW, 1998. http://www.meb.uni.bonn.de/giftzentrale/b-nachts.htm (zuletzt bearbeitet 16.10.98)
[16] KABIR, S. A., 1935: Die phylogenetische Bedeutung und Auswertbarkeit der Wandgestaltung und Tüpfelung von Tracheen und Tracheiden im Dicotyledonenxylem. Diss. Univ. München
[17] KNUTH, P., 1898: Handbuch der Blütenbiologie. Band II. Engelmann, Leipzig.
[18] KUGLER, H., 1970: Blütenökologie. 2. Aufl., Fischer, Stuttgart.
[19] LORENZEN, H., 1972: Physiologische Morphologie der höheren Pflanze. UTB 65. Ulmer, Stuttgart.
[20] LOUDON, J. C., 1875: Trees and shrubs. The hardy trees and shrubs of Britain. Warne, London.
[21] LUBBOCK, J., 1892: A contribution to our knowledge of seedlings. Vol. II. Paul, Trench, Trübner, London.
[22] MADAUS, G., 1979: Lehrbuch des biologischen Heilmittel. Bd II. Olms, Hildesheim, New York.
[23] MEUSEL, H.; JÄGER, E. et al. (Hrsg.), 1978: Vergleichende Chorologie der zentraleuropäischen Flora. Karten. Band II. Fischer, Jena.
[24] MOELLER, J., 1876: Beiträge zur vergleichenden Anatomie des Holzes. Wien.
[25] OBERDORFER, E., 1983: Pflanzensoziologische Exkursionsflora. 5. Auflage. Ulmer, Stuttgart.
[26] PHILIPPI, G., 1996: Solanaceae. In: SEBALD, O. et al. (Hrsg.), Die Farn- und Blütenpflanzen Baden-Württembergs. Bd.V. A. Ulmer, Stuttgart.
[27] POKORNY, A., 1864: Österreichs Holzpflanzen. K. u. K. Hof- und Staatsdruckerei, Wien.
[28] REHDER, H., 1949: Manual of Cultivated Trees and Shrubs. Dioscorides Press, Portland.
[29] ROTH, L.; DAUNDERER, M.; KORMANN, K., 1988: Giftpflanzen – Pflanzengifte. 3. Auflage. Ecomed, Landsberg.
[30] RUNGE, F., 1969: Die Pflanzengesellschaften Deutschlands. 3. Aufl.. Aschendorff, Münster.
[31] SCHNEIDER, C. K., 1903: Dendrologische Winterstudien. Fischer, Jena.
[32] SCHNEIDER, C. K., 1912: Illustriertes Handbuch der Laubholzkunde. Bd. II. Fischer, Jena.
[33] SCHUBERT, R., 1991: Bioindikation in terrestrischen Ökosystemen. Fischer, Jena.
[34] SCHULZ, B., 1999: Gehölzbestimmung im Winter. Ulmer, Stuttgart.
[35] SCHWEINGRUBER, F. H., 1990: Anatomie europäischer Hölzer. Haupt, Bern, Stuttgart.
[36] WESTERKAMP, C.; DEMMLMEYER, H., 1997: Blattoberflächen mitteleuropäischer Laubgehölze. Atlas und Bestimmungsschlüssel. Gebr. Borntraeger, Berlin ,Stuttgart.
[37] WILLKOMM, M., 1887: Forstliche Flora von Deutschland und Österreich. 2. Aufl.. Winter, Leipzig.

Der Autor:

Dr. HANS JOACHIM SCHUCK
Lehrstuhl für Forstbotanik
Technische Universität München
Am Hochanger 13
D-85354 Freising

Staphylea pinnata L., 1753

syn.: Staphylodendron pinnatum SCOP., 1772

Gemeine Pimpernuss,
Fiederblättrige Pimpernuss

Familie: Staphyleaceae

engl.: Bludder-nut, Shrubberies
franz.: Staphylier, Pistachier sauvage
ital.: Pistacchio salvatico

Abb. 1: Staphylea pinnata. Blütenstand

Staphylea pinnata ist ein relativ seltener Waldstrauch, der zumeist in warmen, kalkreichen Berglagen Mittel- und Südosteuropas vorkommt, hübsch weiß blüht und mehrere Meter hoch werden kann. In der roten Liste der gefährdeten Arten Deutschlands wird *Staphylea pinnata* als gefährdet aufgeführt.

Kennzeichnend sind u. a. die lampionartigen, gelbgrünen Kapselfrüchte, deren zwei oder drei reife Samen sich bei Wind in der Frucht bewegen und „klappern". Für diesen Begriff stand im Mittelhochdeutschen das Wort „pimpern", was den deutschen Trivialnamen „Pimpernuss" (= „Klappernuss") erklärt.

Wegen der sehr hübschen Blütenstände wird die Art – wenn auch in relativ geringem Umfang – als Ziergehölz kultiviert. Sie hat aber insgesamt keine wirtschaftliche Bedeutung.

Der Gattungsname *Staphylea* geht auf das griechische Wort „staphyle" (= Traube) zurück, und das lateinische „pinnatum" bedeutet „gefiedert".

Verbreitung

S. pinnata hat ein stark zerklüftetes natürliches Areal, welches Teile Mittel-, Süd- und Südosteuropas umfasst, bis nach Kleinasien vordringt und noch den Kaukasus einschließt [1], 8, 11]. Zumindest die Westgrenze der Verbreitung lässt sich nicht mehr sicher ermitteln, weil die Art oft aus Kultur verwilderte. So halten MEUSEL et al. [11] die Vorkommen in Frankreich und Albanien für synanthrop.

In Deutschland ist die Pimpernuss nur im Süden und Osten des Landes heimisch. Angeführt werden u. a. das Alpenvorland, der Bayrisch-Böhmische Wald, Frankenwald und Fichtelgebirge [12], weiterhin Teile des Schwarzwaldes, das Bodenseegebiet sowie die Regionen um Passau und Regensburg [8]. Autochthon ist die Art außerdem im Alpenraum (u. a. Vorarlberg, Salzburg, Vierwaldstätter See), im Apennin sowie in Niederösterreich und in Mähren [8].

Als Höhengrenzen werden angeführt [11]:

Elsass	bis 600 m
Alpen	bis 600 m
Türkei	200 bis 1000 m
Kroatien (Velebit-Geb.)	600 bis 900 m

Beschreibung

S. pinnata entwickelt sich im typischen Fall zu einem aufrechten, 1,5 bis 5 m hohen, sommergrünen Strauch mit gabelig verzweigten, wenig abstehenden, braunen Ästen. Selten wächst die Art zu einem kleinen Baum heran. Über die Bewurzelung enthält die Literatur keine Angaben.

Knospen, Blätter und Zweige

Terminale Winterknospen stehen paarig an den Zweigspitzen. Sie sind breit eiförmig und mit einer Länge von ca. 8 mm deutlich größer als die spitz eiförmigen, 3 bis 4 mm langen, vom Zweig abstehenden Seitenknospen [6]. Andere Autoren nennen Endknospenlängen von 7 mm bzw. bis zu 13 mm [5, 1)]. Die zwei äußeren, ledrigen Tegmente sind zu $^2/_3$ bis $^3/_4$ miteinander verwachsen. Sie haben auf der dem Licht zugewandten Seite eine rötlichbraune, auf der Schattenseite aber eine grüne bis olivgrüne Farbe [3, 2)]. Die beiden inneren Knospenschuppen sind kahl, häutig und grün [15].

S. pinnata hat gegenständige, mit einem langen (5 bis 9 cm), schlanken, rinnig vertieften Stiel versehene, insgesamt 15 bis 25 cm lange, unpaarig gefiederte Laubblätter mit 2 bis 3 Paaren oberseits frischgrüner, unterseits bläulich grüner bis graugrüner Fiederblättchen. Diese sind elliptisch oder schmal eiförmig, fein gesägt, beiderseits kahl, 6 bis 10 cm lang und 3 bis 5 cm breit. Sie haben eine schmal-keilförmige, mitunter auch eine rundliche Basis und einen meist kurz zugespitzten Apex. Im Gegensatz zu den sitzenden oder fast sitzenden Seitenfiedern ist die Endfieder stets deutlich gestielt (15 bis 22 mm [3]). Gebildet werden außerdem zwei fädige, früh hinfällige Nebenblätter[1].

Junge Zweige der Pimpernuss sind – ähnlich wie die Knospen – lichtseits rötlich, schattseits grün und mit zahlreichen hellen Lenticellen besetzt. Später ändert sich die Farbe in ein stumpfes Braun [5]. Leicht erkennen kann man weiterhin die relativ großen, annähernd herzförmigen Blattnarben mit 5 bis 7 Bündelspuren.

Blüten, Früchte, Samen

S. pinnata blüht im Mai/Juni nach dem Blattaustrieb. Die etwa 1 cm großen, weißlichen Zwitterblüten stehen in auffälligen, bis 12 cm langen, herabhängenden Rispen am Ende junger Triebe.

Sie haben eine fünfzählige, freiblättrige Blütenhülle, welche aus aufrechtstehenden, gelblich-weißen, auf der Außenseite etwas rötlichen, eiförmigen Kelchblättern (Länge: bis 15 mm) und den hinsichtlich Größe und Farbe kaum abweichenden Petalen besteht. Von der glockenförmigen Krone werden fünf etwa gleichlange Staubblätter sowie ein oberständiger, zwei- bis dreifächeriger Fruchtknoten umschlossen. Die Griffel tragen eine kopfige Narbe und sind an der Spitze miteinander verwachsen [6, 8]. Ein wulstiger Diskus sondert Nektar ab [8].

Pimpernuss-Blüten sind lang gestielt. Am Blütenstiel befinden sich zwei unscheinbare Vorblätter [6].

---

1) HECKER, W., 1995: BLV Handbuch Bäume und Sträucher. München, Wien, Zürich

Generell scheint Selbstbestäubung zu überwiegen. Es wird aber auch über Fremdbestäubung durch Schwebfliegen (*Syrphidea*) und echte Fliegen (*Muscidae*) [8] sowie durch Bienen[1] berichtet.

Die Reifezeit der Früchte fällt in den September/Oktober des Blütejahres. Die charakteristischen, dünnwandigen und blasig aufgetriebenen Kapseln (Pneumatokarpien) sind dann etwa 3 bis 4 cm lang, von kugeliger oder birnenförmiger Gestalt, von gelbgrüner Farbe und hängen an einem 15 mm langen Stiel. Die Öffnung der reifen Früchte entlang der präformierten Kapselnähte unterbleibt zumeist, vielmehr fallen die zwei oder drei glänzend braunen, reifen Samen in das Innere der Frucht und rufen dann bei Wind das namengebende Klappern („Pimpern") hervor. Erst im Spätwinter oder Frühling fallen die immer noch geschlossenen Kapseln ab.

Oft keimen die sehr harten, erbsengroßen (Durchmesser 10 bis 14 mm) Samen erst im 2. Jahr[2]. Sie haben ein kreisrundes, weißes Hilum und weisen ein Tausendkorngewicht von 275 g auf. Die Aussaat sollte im April/Mai, die Ernte im Oktober/November erfolgen [1]. Zur Keimförderung wird eine 18 Monate lange Stratifikation des Saatgutes empfohlen [1].

Holz und Rinde

Das zerstreutporige, matt gelblich-weiße Holz weist keine Kernfärbung auf. Es ist hart und schwer, schwindet nur wenig und lässt sich schwer spalten[2].

Die Gefäße haben einen mittleren tangentialen Durchmesser von 50 µm. Sie sind sehr zahlreich (60 bis 100 pro mm²), stehen meist einzeln und sind mit bloßem Auge kaum zu erkennen. Leicht ausmachen kann man hingegen die mittelbreiten (sechsreihig), heterogen aufgebauten, oft über 1 mm hohen Holzstrahlen [7, 13].

S. pinnata bildet keine Borke, sondern eine auffällige, abwechselnd mit hell- und dunkelgrauen Längsstreifen versehene Rinde. Diese besitzt keine Bastfasern und bildet keine Jahrringe, enthält aber auffallend breite Baststrahlen sowie einzelne Steinzellen-Nester. Die Siebröhren kollabieren im zweiten Jahr [9].

Taxonomie

Die Gattung *Staphylea* setzt sich aus 10 sommergrünen Strauchärten zusammen, die alle im gemäßigten Klima der Nordhemisphäre heimisch sind. In Mitteleuropa ist *S. pinnata* die einzige Art dieses Genus. Ihre Chromosomen-Grundzahl beträgt n = 13.

Trotz des weiten, klimatisch heterogenen Verbreitungsgebietes liegen bislang weder Untersuchungsergebnisse noch taxonomische Überlegungen zu einer intraspezifischen Differenzierung der Art vor.

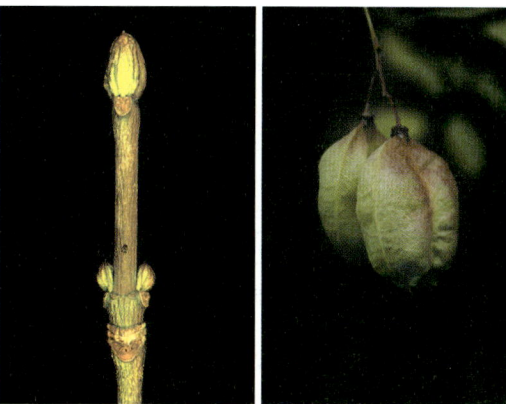

Abb. 2: Winterknospen (links) und Früchte (blasenartig vergrößerte Kapseln)

Abb. 3: Beblätterter Zweig

Abb. 4: Stammrinde mit hell- und dunkelgrauen Längsstreifen

---

[2] For. Abst. **33**, 1362, 1972

Ökologie

HEGI [8] bezeichnet *S. pinnata* als ein thermophiles ost-mediterran-pontisches Florenelement und ELLENBERG [4] spricht von einer subozeanischen Art mit Schwergewicht in submontan-temperaten Bereichen.

Fast immer kommt der Strauch einzeln oder in kleinen Gruppen, nicht aber bestandesweise vor. Zuhause ist er in sommerwarmen, geschützten Lagen, so in den Gebüschen warmer Hänge, an Waldrändern [12] oder auch in kraut-reichen Buchen-, Ahorn- und Eichenbeständen [6].

S. pinnata ist unter anderem ein Strauch kalkreicher Standorte in der montanen Stufe der Alpen und der Mit-telgebirge [8]. In Italien gehört er zu den Gehölzen des Castanetums[3] und bevorzugt – wie überall – frische, hu-mose, nährstoff- und kalkreiche, mehr oder weniger stei-nige Lehm- und Lößböden mit schwach alkalischem oder schwach saurem pH. Auf nassen oder wiederholt aus-trocknenden Böden fehlt die Art [4, 8, 12]. Als beglei-tende Gehölzarten dominieren in Südosteuropa *Viburnum lantana*, *Prunus spinosa*, *Cotinus coggygria*, *Quercus pubescens* und *Fraxinus ornus*, weiterhin auch *Ligustrum vulgare*, *Carpinus orientalis* und *Acer tataricum* [8]. Am Vierwaldstätter See sind *Colutea arborescens* und *Coro-nilla emerus* die Begleiter.

S. pinnata wird als Halblichtpflanze eingestuft, die zu-meist im vollen Licht, aber auch im Halbschatten auf-wächst [4].

Nutzung

S. pinnata unterliegt nirgends einer planmäßigen Nutzung und ist insgesamt ohne wirtschaftliche Bedeutung. Wegen der attraktiven Blüten- und Fruchtstände kultiviert man sie mitunter als Ziergehölz.

Das harte Holz eignet sich gut für Drechslerarbeiten und für die Kunsttischlerei. Außerdem verwendete man es zur Herstellung von Blasinstrumenten, Werkzeug und Mess-geräten[4].

Aus den süßlichen, fetthaltigen Samen, so heißt es, ließe sich ein „gutes Öl" gewinnen, das aber leicht abführend wirkt [8].

Verschiedenes

– Über pilzliche oder bakterielle Krankheiten der Pimper-nuss und über Schadinsekten liegen keine Informatio-nen vor. Lediglich SINCLAIR et al. [14] bringen die Art mit Pilzen der Gattung *Hendersonia* in Verbindung, ohne jedoch konkrete Daten mitzuteilen.

– Die Kelten sollen *S. pinnata* zur Bepflanzung ihrer Grabstätten verwendet haben [8].

– In einem Kräuterbuch aus dem Jahre 1696 heißt es „... die süßen Kerne der Früchte bringen dem Magen Unwillen und haben noch keinen Gebrauch in der Artz-ney" [8].

---

[3] For. Abstr. **32**, 5557, 1971

[4] For. Abstr. **33**, 1362, 1972 und **23**, 4245, 1962

Literatur

[1] BÄRTELS, A., 1989: Gehölzvermehrung. Verlag E. Ulmer, Stuttgart.

[2] DICKISON, W. C., 1987: Leaf and nodal anatomy and syste-matics of Staphyleaceae. Bot. Gazette **148**, 3, 475–489.

[3] DIPPEL, L., 1892: Handbuch der Laubholzkunde, Teil 2. Parey-Verlag Berlin.

[4] ELLENBERG, H., 1979: Zeigerwerte der Gefäßpflanzen Mit-teleuropas. Scripta Geobotanica IX, 2. Aufl. Verlag Erich Goltze, Göttingen.

[5] ESCHRICH, W., 1992: Gehölze im Winter. Zweige und Knos-pen. 2. Aufl. Gustav Fischer Verlag. Stuttgart, Jena, New York.

[6] GODET, J. D., 1984: Blüten der einheimischen Baum- und Straucharten. Verlag J. Neumann-Neudamm, Melsungen.

[7] GROSSER, D., 1977: Die Hölzer Mitteleuropas. Springer-Verlag Berlin, Heidelberg, New York.

[8] HEGI, G., 1925: Illustrierte Flora von Mitteleuropa, Band V, 1. J. F. Lehmanns Verlag München.

[9] HOLDHEIDE, W., 1950: Anatomie mitteleuropäischer Gehölzrinden. Mikroskopie i. d. Technik **5**, 1.

[10] KRÜSSMANN, G., 1978: Handbuch der Laubgehölze, Band III. 2. Aufl., Verlag Paul Parey, Berlin und Hamburg.

[11] MEUSEL, H.; JÄGER, E. et al., 1978: Vergleichende Chorolo-gie der zentraleuropäischen Flora. VEB Gustav Fischer Ver-lag.

[12] OBERDORFER, E., 1970: Pflanzensoziologische Exkursions-flora für Süddeutschland und die angrenzenden Gebiete. 3. Aufl., Verlag E. Ulmer, Stuttgart.

[13] SCHMIDT, E., 1941: Mikrophotographischer Atlas der mittel-europäischen Hölzer. Verlag Neumann, Neudamm.

[14] SINCLAIR, W. A.; LYON, H. H.; JOHNSON, W. T., 1987: Diseases of Trees and Shrubs. Cornell Univ. Press, Ithaka and London.

[15] ZUCCARINI, J. G., 1829: Charakteristik der deutschen Holz-gewächse im blattlosen Zustande. München.

Die Autoren:

Prof. em. Dr. PETER SCHÜTT
Lehrstuhl für Forstbotanik
Ludwig-Maximilians-Universität München
Am Hochanger 13
D-85354 Freising

ULLA M. LANG
Schützenstraße 6
D-82383 Hohenpeißenberg

Symphoricarpos DUHAMEL, 1755

Schneebeere   Familie: Caprifoliaceae

Abb. 1: Symphoricarpos orbiculatus

Die Gattung Symphoricarpos setzt sich aus etwa 17 ausschließlich strauchförmigen Arten zusammen, von denen alle außer S. sinensis (China) in Nordamerika zuhause sind. S. microphyllus kommt auch in Mexico vor. Einige Arten werden wegen ihrer Genügsamkeit und der auffallenden, meist weißen Beeren als Ziersträucher kultiviert und verwildern gelegentlich. Nach BOERNER [1] sind Schneebeeren als „Allerweltssträucher" zu betrachten, die „überall und viel zu gut gedeihen".

Morphologische Kennzeichen: laubabwerfende, meist aufrechte Sträucher mit gegenständigen, kurzgestielten, ganzrandigen, an kräftigen Trieben auch leicht gelappten Blättern.

Die kleinen, glockigen oder trichterförmigen, vier- bis fünfzähligen Blüten stehen zu vielen in dichten, end- oder seitenständigen Ähren. Die weißen oder rötlichen Einzelblüten sind annähernd radiär, bilden eine mehr oder weniger lange Kronröhre aus und haben einen aus 4 Karpellen zusammengesetzten, unterständigen Fruchtknoten. Symphoricarpos entwickelt weiße oder rote, selten auch schwarze, rundliche Beeren mit 2 leicht zusammengedrückten, endospermbildenden Samen.

Neben der separat beschriebenen S. albus var. laevigatus findet u.a. die aus Nordamerika stammende, rotfrüchtige S. orbiculatus gärtnerische Beachtung.

Symporicarpos orbiculatus MOENCH
(syn. S. vulgaris MICHX.).

Korallenbeere
engl.: Coralberry

Ein bis 2 m hoher, aufrechter Strauch, der im Osten der USA von New Jersey bis Texas natürlich vorkommt. Die rel. langen Blätter (bis 3,5 cm) sind oberseits dunkelgrün und kahl, unterseits aber graugrün und deutlich behaart.

Der besondere Zierwert dieser Art liegt in den leuchtend roten, kugelrunden Beeren, die an schlanken Zweigen oft dicht an dicht stehen; außerdem aber auch an der attraktiven, roten Herbstfärbung der bis in den Winter hinein am Zweig verbleibenden Blätter.

Weiterführende Literatur

[1] BOERNER, F., 1985: Blütengehölze für Garten und Park. Ulmer, Stuttgart.

[2] JONES, G. N., 1940: A monograph of the genus Symphoricarpos. J. Arnold Arb. **21**, 201–252.

[3] REHDER, A., 1940: Manual of cultivated trees and shrubs. Dioscorides Press, Portland, OR.

[4[WEBERLING, F., 1966: Familie Caprifoliaceae. In Hegi, G.: Illustrierte Flora von Mitteleuropa, Band VI, 2. Lieferung, 1–87. Verlag Paul Parey, Hamburg und Berlin.

Der Autor:

Prof. Dr. PETER SCHÜTT
Lehrstuhl für Forstbotanik
Ludwig-Maximilians-Universität München
Hohenbachernstraße 22
D-85354 Freising

Symphoricarpos albus (Linné) S. F. Blake 1914

syn.: Symphoricarpos racemosus Michx.   Familie: Caprifoliaceae
engl.:Snowberry

Eine in zwei Varietäten aufgegliederte nordamerikanische Art. Das natürliche Areal der rel. niedrig bleibenden S. albus var. albus erstreckt sich von Quebec nach Alaska [10] und erreicht im Süden die Staaten Colorado und Arizona.

Demgegenüber ist die var. laevigatus nur im westlichen Teil des Kontinents verbreitet (Alaska bis Calif., Colorado). Sie stellt u.a. eine wichtige Komponente der Strauchschicht in Douglasienwäldern der nördl. Rocky Mountains (Höhenlage um 1600 m) dar und kann in Flußtälern an lichten Stellen dichte Gestrüppe bilden. Schon in der Mitte des 18. Jahrhunderts wurde S. albus nach Europa eingeführt. Als Park- und Gartenpflanze hat sich vor allem var. laevigatus durchgesetzt. Sie allein tritt in vielen Teilen Europas verwildert auf und nur sie ist Gegenstand der folgenden Betrachtungen.

Symphoricarpos albus (Linné) S. F. Blake
var. laevigatus (Fernald) S. F. Blake, 1914

syn.: Symphoricarpos racemosus Michx. var. laevigatus Fernald,
    Symphoricarpos rivularis Suksdorf

Gemeine Schneebeere   Familie: Caprifoliaceae

engl.:   Snowberry
franz.:   Symphorine à grappes
poln.:   Sniguliszka biala
tschech.: Pámelnik bily

Abb. 1: Symphoricarpos albus var. laevigatus

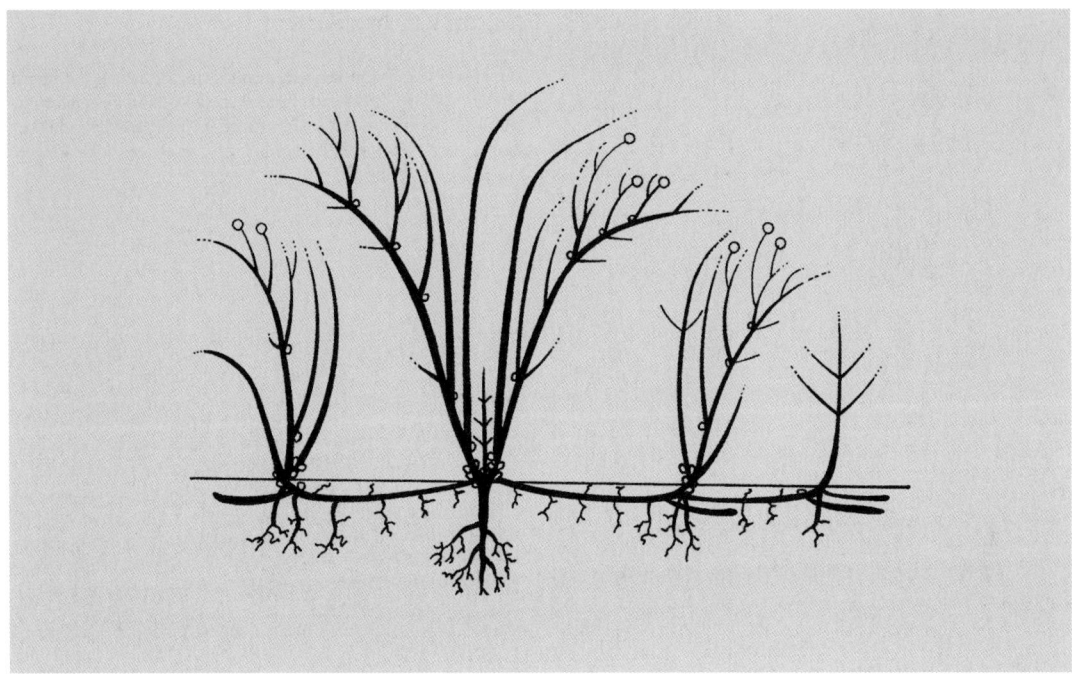

Abb. 2: Verzweigungsschema (nach RAUH, 1937/39)

Die gemeine Schneebeere ist ein anspruchsloser, schatten-ertragender, sehr intensiv verzweigter, sommergrüner Zier-strauch mit zahlreichen, bis in den Winter hinein am Zweig verbleibenden, weißen, giftverdächtigen Beeren. Von Kindern werden diese „Knackbeeren" gern zum Spie-len verwandt.

Beschreibung

Aufbau

Der 0,3 bis 2,0 m hohe Strauch bildet eine Vielzahl rel. schlanker, waagrecht ansetzender, leicht überhängender Zweige aus. Die Verzweigung ist streng basiton gefördert.

Regelmäßig werden unterirdische Ausläufer gebildet, die meist schon im folgenden Jahr zu Schößlingen austreiben. Diese wachsen zunächst senkrecht, hängen aber bald durch das bevorzugt geförderte Wachstum nur einer Flanke (Epitonie) bogig über. Seitenzweige in der mittleren und oberen Region der Schößlinge sterben nach der

Fruchtreife i.a. ab. In diesen Fällen können mehrere Fort-setzungssprosse durch das Austreiben von Seitenknospen entstehen. Der ehemalige Haupttrieb wird von basalen Er-neuerungstrieben völlig überwachsen.

Blätter

Nicht alle Schneebeeren-Blätter sind von gleicher Gestalt. Die Mehrzahl ist 4 bis 6 cm lang, eiförmig bis rundlich, am Apex leicht zugespitzt, ganzrandig, hat eine rundliche Basis und einen kurzen, oberseits rinnigen und am Grunde verdickten Blattstiel.

Die Stellung der Blätter am Sproß ist dekussiert-gegen-ständig, erscheint aber infolge einer Drehung des Blatt-stiels eher als zweizeilig.

An jungen Schößlingen erscheinen zuerst farblose, rel. breite Niederblätter, gefolgt von kleinen, ganzrandi-gen, gestielten Laubblättern. In der Mittelregion sind die Blätter dann groß und gelappt, gelegentlich auch grob gezähnt, am Triebende wiederum klein und ganzrandig [9].

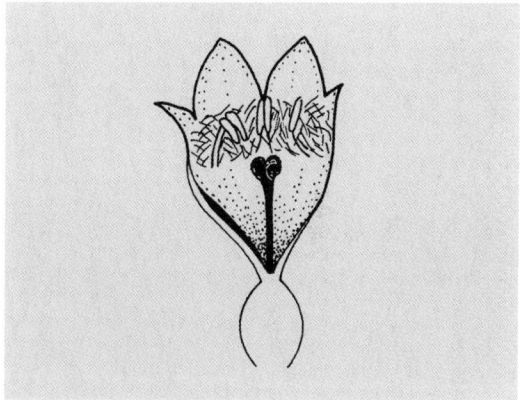

Blüten, Früchte, Samen

Die nur 5 bis 7 mm langen, annähernd radiären, rötlichen Blüten von S. albus var. laevigatus stehen zu vielen in dichten Ähren – entweder an der Triebspitze oder in Blattachseln. Jeder Blütenstand trägt mehrere sehr kleine, dreieckige Vorblätter.

Abb. 4: Längsschnitt durch die Blüte, schematisch (nach KUGLER, 1975); Haarkranz mit Staubblättern innen an der Blütenkronenwand

Die glockenförmige, fünfzipflige Einzelblüte steht in einem schalenförmigen, fünfzähnigen Kelch. Die fünf Staubblätter entspringen der Blütenkronenwand und liegen in einem dichten Haarkranz. Ebenfalls auf der Innenseite der Kronröhre befinden sich mehrere gekrümmte Nektarien [4]. Der unterständige, vierfächerige Fruchtknoten enthält zwei fertile Samenanlagen. Blütenformel: $*K(5)[C(5)A5]G(\overline{4})$.

S. albus var. laevigatus ist selbstfertil.

Kennzeichen der Art sind die weißen, 10 bis 15 mm dicken, nahezu kugelrunden Beerenfrüchte, die bis in den Winter hinein am Strauch verbleiben. Sie enthalten zwei elliptische, leicht zusammengedrückte, hartschalige Samen (ca. 5 mm lang), eingebettet in ein schwammiges Fruchtfleisch.

Fruchtreife Juli bis Oktober.

Chromosomenzahl: $2n \approx 72$ (oktoploid, sofern Grundzahl = 9; hexaploid, sofern Grundzahl = 12) [9].

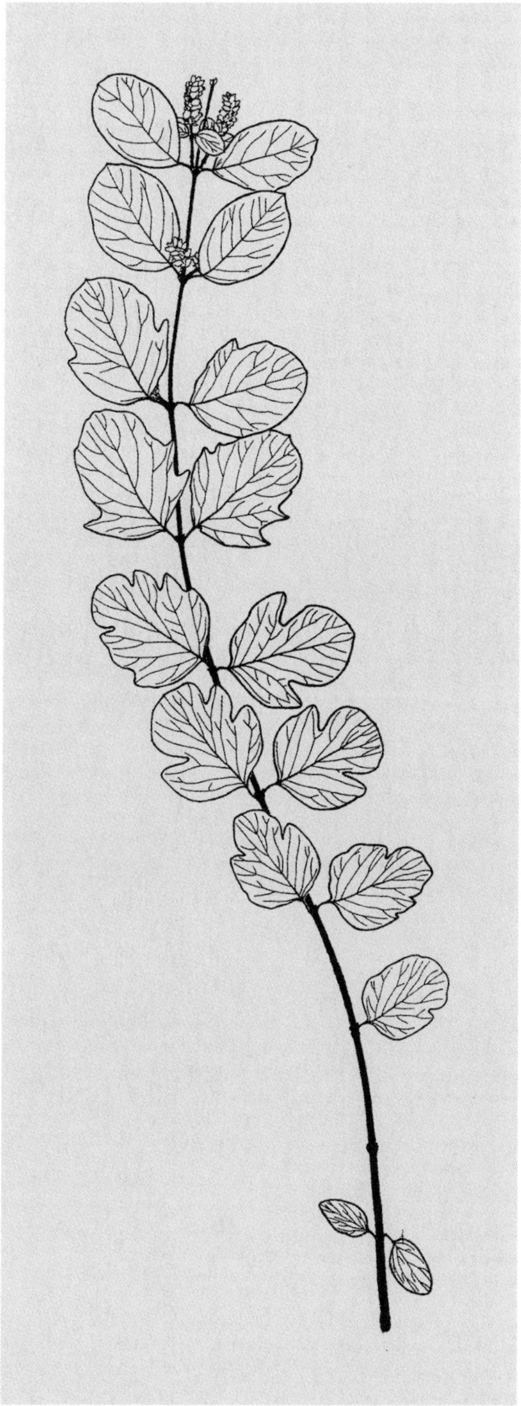

Abb. 3: Blattfolge an einem einjährigen Trieb ($^1/_3$ nat. Größe)

Abb. 5: Blütenstände mit jungen Beeren

Abb. 6: Blühender Sproß

Holz und Rinde

In dem ringporigen Holz der Schneebeere ist das Holzparenchym unregelmäßig zwischen den Holzfasern verteilt. Die Fasern selbst weisen spiralige Wandverdickungen auf. Ältere Zweige schließen mit einer grauen, unregelmäßig abschülfernden Rinde ab. Das Bastparenchym enthält Ca-Oxalat-Kristalle (Drusen).

Vermehrung, Anzucht und Kultur

S. albus var. laevigatus blüht vom Juni bis in den September hinein. In dieser späten Zeit stellt sie in Mitteleuropa das für die Bienenernährung wichtigste Strauchgehölz dar. Bestäubt werden die Blüten aber auch von Schwebfliegen, Faltern, Grabwespen und Käfern.

Die Samenverbreitung erfolgt u.a. endozoisch und dann hauptsächlich durch Vögel. Amseln, Wacholder- und Misteldrosseln, aber auch Buchfink, Dompfaff sowie Kohl- und Sumpfmeise werden als häufige Konsumenten genannt [1]. Einige dieser Arten verzehren Schneebeeren wohl nur, wenn sie in Not sind. Fasanen und Haushühner sollen die Beeren allerdings sehr gerne aufnehmen und auch Rehwild scheint sie gelegentlich zu naschen.

In freier Natur spielt die Ausläuferbildung für die Vermehrung die dominierende Rolle. Im Baumschulbetrieb wird vorwiegend über Steckholz- und Stecklingsbewurzelung vermehrt. Steckhölzer sollen um Dezember bis Januar geschnitten, im Kasten eingeschlagen und im Frühjahr in die Beete gesteckt werden. Grünstecklinge am besten im Frühsommer schneiden und unter Glas stecken [5].

Vor der Aussaat im Frühjahr sollte das Saatgut während des Winters stratifiziert werden. Die rel. hohe Keimfähigkeit bleibt zwei Jahre erhalten.

In Baumschulen gezogene Sämlinge erreichen i.a. folgende Größen:

$$1 + 1 = 30 \text{ bis } 50 \text{ cm}$$

$$1 + 2 = 50 \text{ bis } 80 \text{ cm}$$

Die Schneebeere ist tolerant gegen Trockenheit, bevorzugt schattige Lagen, sollte aber nicht auf nassen Substraten kultiviert werden. Sie verträgt keinen Rückschnitt, ist aber dankbar für regelmäßiges Auslichten.

Das intensive Wurzelsystem der Art schließt den Boden sehr gut auf und erklärt (neben der Ausläuferbildung) ihre Eignung für die Befestigung von Böschungen [2].

fährdet durch Streusalz [8]. Aufgrund langjähriger Experimente an salzgestreuten Autobahnen zählt die Schneebeere in Mitteleuropa hingegen zu den auf Dauer salzhärtesten Holzgewächsen überhaupt [7].

– Über die Giftigkeit der Beeren gehen die Angaben auseinander: Während in der dendrologischen Literatur von Fällen schwerer Darmerkrankung mit Todesfolge bei zweijährigen Kindern berichtet wird[1], geben Standardwerke der Toxikologie als Folgen des Genusses größerer Mengen „allenfalls" Leibschmerzen und Erbrechen, Durchfall und Hautrötungen an. Die LD_{50} beträgt 435 g/kg (oral, junge Mäuse) [3].

– In der Homöopathie werden Schneebeeren-Präparate bei gastrischen Störungen in der Gravidität verordnet [6].

---

1) Mitt. dt. Dendrol. Ges. 47, 207, 1935

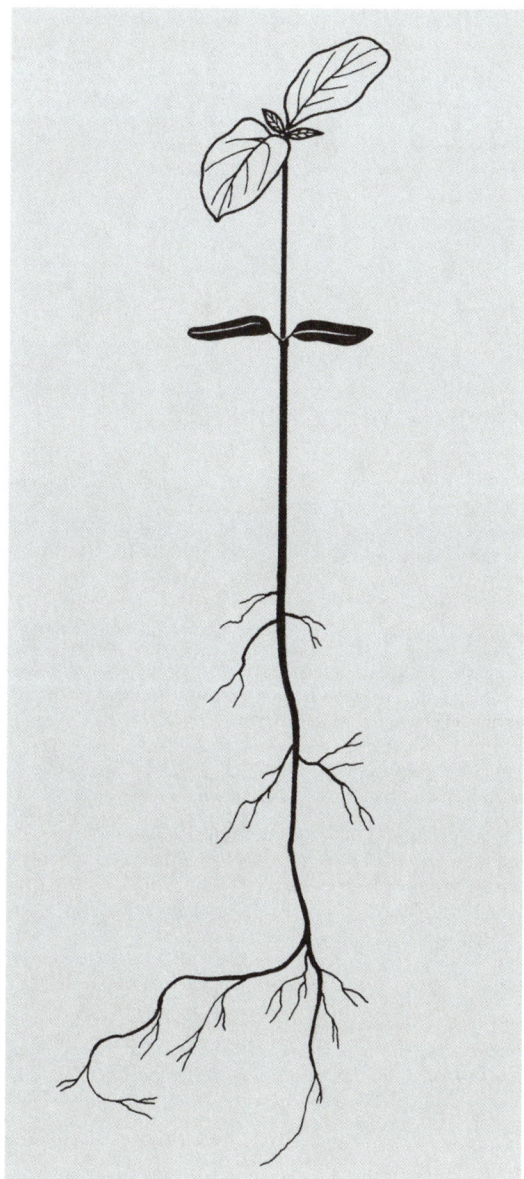

Abb. 8: Keimling, ca. 3 Wochen alt (nat. Größe)

Verschiedenes

– In Europa ist S. albus var. laevigatus weder durch Insektenfraß noch durch Infektionskrankheiten gefährdet. Amerikanischen Untersuchungen zufolge gilt sie als empfindlich gegen Ozon und SO_2 sowie als mäßig ge-

Abb. 7: Samen (mm-Skala)

Weiterführende Literatur

[1] BARTKOWIAK, S., 1970: Ornitochoria of indigenous and introduced species of trees and shrubs (in polnisch). Arboretum Kornickie **15**, 237–262.

[2] EHLERS, M., 1960: Baum und Strauch in der Gestaltung der deutschen Landschaft. Paul Parey, Berlin und Hamburg.

[3] FROHNE, D.; PFÄNDER, H. J., 1982: Giftpflanzen. Ein Handbuch für Apotheker, Ärzte, Toxikologen und Biologen. Wiss. Verlagsges. Stuttgart.

[4] KUGLER, H., 1970: Blütenökologie. 2. Auflage. G. Fischer, Stuttgart.

[5] KRÜSSMANN, G., 1935: Die Vermehrung der Gehölze. Paul Parey, Berlin.

[6] MADAUS, G., 1979: Lehrbuch der biologischen Heilmittel, Band III. Georg Olms Verlag, Hildesheim, New York.

[7] SCHIECHTL, M., 1983: Gehölze an Autobahnen. Welche sind auf Dauer salzresistent? Garten und Landschaft, 876–882.

[8] SINCLAIR, W. A.; LYON, H. H.; JOHNSON, W. T., 1987: Diseases of Trees and Shrubs. Cornell Univ. Press, Ithaca, London.

[9] WEBERLING, F., 1966: Familie Caprifoliaceae. In: HEGI, G.: Illustrierte Flora von Mitteleuropa, Band VI, 2. Lieferung, 1–87. Paul Parey, Berlin und Hamburg.

[10] ZANDER, R., 1984: Handwörterbuch der Pflanzennamen, 13. Aufl. (ENCKE/BUCHHEIM/SEYBOLD, Hrsg.). Ulmer, Stuttgart.

Die Autoren:

Prof. Dr. PETER SCHÜTT
Lehrstuhl für Forstbotanik
Ludwig-Maximilians-Universität München
Hohenbachernstraße 22
D-85354 Freising

ULLA M. LANG
Schützenstraße 6
D-82383 Hohenpeißenberg

Ulex europaeus LINNÉ, 1753

syn.: Ulex grandiflorus POURR., 1788; Ulex compositus MÖNCH.,1792

Europäischer Stechginster,
Gaspeldorn, Hecksame

Familie: Fabaceae
Tribus: Genisteae

engl.: Common gorse, Furze
franz.: Ajonc
ital.: Ginestra marina, Ginestrone spinosa
span.: Argoma, Tojo
dän.:   Aertörne

Abb. 1: Ulex europaeus am Cap d'Erquy, Nordbretagne

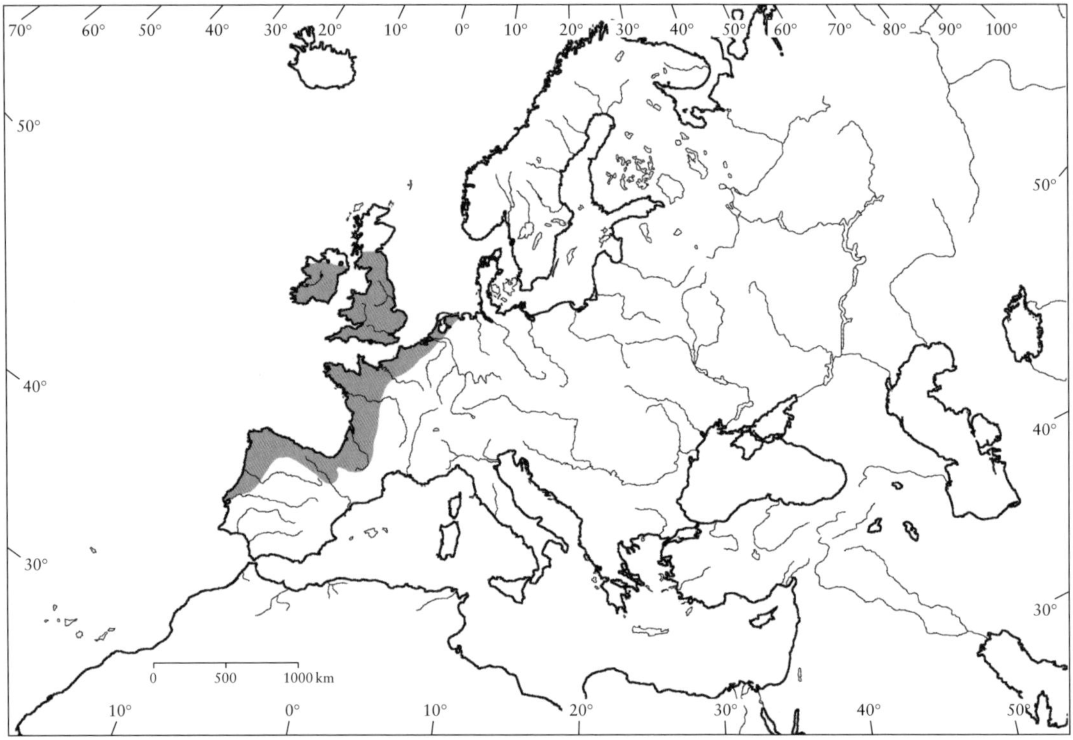

Ulex europaeus

Abb. 2: Natürliches Areal (nach [22])

Ulex europaeus ist ein stark bedornter Strauch, der an den Küsten Westeuropas bestandesbildend auftritt, in atlantischen Heiden undurchdringliche Dickichte bildet und dort ein forstliches Kulturhindernis darstellt. Die grünen Sprosse enden in scharf stechenden Dornen und auch die Blattorgane sind zu Dornen umgewandelt. Trotz dieser Bewehrung diente der Strauch früher als Winterfutter für Pferde, Rinder und Schafe. Da er auch als Wildfutterpflanze geeignet war, hat man ihn früher in Mitteleuropa bis an die Oder [30] angebaut. Durch seine Frostempfindlichkeit konnte er sich aber nur selten halten.

Durch die zahlreichen goldgelben Blüten, die in milden Lagen fast das ganze Jahr über anzutreffen sind, hat die Art einen gewissen Zierwert.

Wegen seines Gehalts an Cytisin (= Ulexin), einem Glykosid, ist der Strauch stark giftig [25].

Verbreitung

Das natürliche Areal des Stechginsters liegt im atlantischen Westeuropa und erstreckt sich entlang der Küste von Portugal über Nordspanien, Frankreich, Belgien und die Niederlande bis zu den Britischen Inseln [29]. Lediglich Nordschottland bleibt ausgenommen [15]. Das Areal wird im wesentlichen durch die milden Winter bestimmt [31]. Vor allem im 18. und 19. Jahrhundert wurde der Stechginster auch in Mitteleuropa angepflanzt [15]. In Deutschland ist er, teilweise seit langer Zeit [14], eingebürgert. Man findet ihn im Oberrheintal, am Niederrhein, in der Westfälischen Bucht, im Niedersächsischen Tiefland, in Schleswig-Holstein und in Ostpreußen. Im Süden kommt die Art in Italien [13], auf dem Balkan [10] und auf Korsika [15] verwildert vor. Gleiches gilt für Madeira, Teneriffa und die Azoren. Im Norden hat sich das aktuelle Verbreitungsgebiet bis nach Dänemark ausgedehnt.

Auch auf anderen Kontinenten konnte sich die Art etablieren. So findet man sie in Südafrika, in Zentral- und Südamerika, im atlantischen Nordamerika und bei Vancouver, in Indien und Sri Lanka, in Australien und Neuseeland. In die USA wurde der Stechginster um 1815 eingeführt [25]. In Neuseeland hat er sich mittlerweile so stark ausgebreitet, daß man ihn bekämpfen muß. Hier stellt er eines der vitalsten und verbreitetsten „Weideunkräuter" dar [31]. Obwohl *U. europaeus* in Frankreich bis in Höhen von 1100 m vorkommt [16], ist er eher eine Art der tieferen Lagen.

Beschreibung

Der Stechginster ist ein im allgemeinen bis 2 m hoher, sehr stark bewehrter, sympodial [8] verzweigter Dornstrauch mit aufrecht wachsenden Hauptästen. Nur selten kann er auch Höhen von 5 m erreichen. Auf stark windexponierten Standorten bleibt er kriechend. Sein Wuchs ist sparrig, weil fast alle Seitenknospen austreiben und viele Seitentriebe sylleptisch gebildet werden.

Die Hauptäste und die seitenständigen, fast rechtwinkelig abstehenden Kurztriebe enden in scharf stechenden Dornen. Die Hauptdornen erreichen Längen von 10 cm. Gleichfalls sind die Blätter i. d. R. zu Dornblättern metamorphisiert. Trotz ihres xerophytischen Aussehens wird die Art nur als Pseudoxerophyt angesehen, denn Messungen ergaben, daß der Stechginster seine Transpiration nicht so stark wie bei Xerophyten üblich reduzieren kann [16].

Knospen und junge Triebe

Die dunkelgrünen bis grünen Triebe sind gefurcht, anfangs abstehend rotbraun oder grau behaart und enden in einem starren, spitzen Dorn. Die Furchen sind etwas dichter behaart als die Kanten und enthalten die Spaltöffnungen. Darunter befindet sich ein mehrschichtiges Palisadengewebe, während der Bast sich nur in die Rippen ausdehnt.

Die seitenständigen Kurztriebdornen sind häufig verzweigt und kahl. Sie erreichen eine Länge von 1,5 bis 3 cm, bei einem Durchmesser von 3 bis 4 mm, sind leicht nach unten gebogen und stehen in der Achsel eines nadelförmigen Tragblattes.

Später werden die Triebe hellgrau. Lenticellen entstehen nicht, da die Epidermis mit ihren stark verdickten Außenwänden lange erhalten bleibt [8].

Abb. 3: U. europaeus in Blüte

Abb. 4: Atlantische Heide mit U. europaeus in der Nordbretagne

Borken werden nicht gebildet. Die Sprosse sind wegen ihres Cytisin- und Methylcytisin-Gehalts für Menschen giftig [26].

Die Blütenknospen sind nur 3 mm lang, werden von einem grünen Tragblatt mit gelber Stachelspitze verdeckt [8] und sind weißgrau bis gelblich behaart [11]. Die Vegetativknospen sind kaum zu erkennen [8].

Blätter

Die ersten, noch dreizählig gefiederten Primärblätter haben dornige Nebenblätter. Spätere sind einfach gestaltet oder nur mit einem seitlichen Blattlappen versehen [19].

Die Folgeblätter sind entweder zu Dorn- oder Schuppenblättern umgewandelt. Sie stehen wechselständig und haben keine Nebenblätter. Die beiderseits gleichfarben grünen, kurz behaarten Blattdornen stellen den eigentlichen Blattstiel dar [4] und entsprechen Phyllodien, sind von lineal pfriemlicher Gestalt, 0,5 bis 1 cm lang und relativ weich. Ihre Oberseite ist rinnig, die Unterseite zweifurchig. Stomata finden sich auf beiden Blattseiten [19].

Abb. 5: Dornzweig (links) und blühender Zweig (rechts)

Blüten

Die goldgelben Schmetterlingsblüten stehen – vor allem an den Zweigenden – einzeln, zu zweit oder dritt [15, 19] in den Achseln von 2 bis 7 mm großen Schuppenblättern an seitenständigen, stark reduzierten Kurztrieben. Oft sind die Pflanzen schon im Alter von 2 Jahren blühfähig [15].

Die Hauptblütezeit dauert von April bis Juni, doch blüht der Strauch in wintermilden Gebieten oft das ganze Jahr über. Die Einzelblüte ist etwa 15 bis 20 mm lang. Der 6 bis 9 mm lange Blütenstiel ist dicht filzig behaart und trägt zwei – nach anderen Angaben [19] nur eine – Brakteolen, die dicht dem Kelch genähert, eiförmig, filzig rotbraun bis grau behaart sind und eine Breite von 2 bis 7 mm aufweisen.

Der Kelch ist dicht grau bis rotbraun behaart, 12 bis 16 mm lang und fast bis zum Grunde in eine vorne zweizähnige Oberlippe sowie in eine kurz dreizähnige Unterlippe gespalten. Er ist dünnhäutig, schwach aufgeblasen und umfaßt die reife Frucht.

Die goldgelbe, freiblättrige Blütenkrone ist etwas länger (1,5 bis 2 cm) als der Kelch. Flügel und Fahne sind kahl und länger als das am Kiel wollig behaarte Schiffchen, das sowohl Androeceum als auch Gynoeceum völlig umschließt. Die oberen Ränder des Schiffchens sind miteinander verklebt. Die Fahne ist von verkehrt eiförmiger Gestalt, 14 bis 16 mm lang, 10 bis 11 mm breit und leicht ausgerandet.

Die Filamente der 10 Staubblätter sind zu $^2/_3$ ihrer Länge miteinander verwachsen. Das Gynoeceum besteht aus einem einblättrigen, oberständigen, behaarten Fruchtknoten mit einem langen, gekrümmten Griffel und kugeliger Narbe.

Die Blütenformel lautet: $\downarrow$ K (5) C 5 A (10) G $\underline{1}$

Die süßlich duftenden, nektarlosen Blüten [13] werden vornehmlich von Hummeln und Bienen bestäubt. Während der Bestäubung wird ein Mechanismus ausgelöst, bei dem die Staubblätter aus dem Schiffchen emporschnellen und dabei den Pollen auf das bestäubende Insekt entlassen.

Früchte, Samen und Keimlinge

Der Stechginster bildet eiförmige, zusammengedrückte, dicht filzig schwarzbraun behaarte Hülsen mit etwas aufwärtsgebogenen Spitzen. Die von den beiden Kelchlippen weitgehend umschlossenen Früchte sind bis 2 cm lang, bis 7 mm breit, reifen im Juli bis September, öffnen sich explosionsartig mit zwei Klappen und schleudern dabei die Samen aus. Diese werden dann von Ameisen verbreitet [7]. Pro Hülse werden i. d. R. nur 2 bis 4, mit einem Elaiosom versehene, schwach dreikantige, gelblichgrüne bis bräunliche, ölhaltige Samen gebildet. Sie sind 2,5 mm lang, 3 mm breit und stark giftig (Cytisingehalt: 1 %) [30]. Das Tausendkorngewicht liegt bei 7 g [3]. Über den anatomischen Aufbau der Samenschale informieren PANDEY and JHA [23].

Abb. 6: U. europaeus fruchtend (oben) und Hülse, umgeben von den beiden Kelchlippen (unten)

Die Keimung erfolgt epigäisch. Allerdings bleibt das Hypokotyl mit bis 1 cm Länge relativ kurz [21]. Die etwas fleischigen, ganzrandigen, gleich dem Sproß behaarten Kotyledonen werden bis etwa 1 cm lang, bis 6 mm breit und sind von tiefgrüner Färbung.

Wurzeln

Die Wurzeln des Stechginsters leben – typisch für *Fabaceae* – mit Bakterien der Gattung *Rhizobium* in Symbiose, die Wurzelknöllchen bilden, in denen Luftstickstoff gebunden wird. Das Wurzelsystem ist außerordentlich reich entwickelt. Bei zweijährigen Pflanzen erreicht es bereits Bodentiefen von 1,8 m [19]. Durch Wurzelbrut ist eine intensive Vegetativvermehrung gesichert.

Holz

Das gelblichweiße, harte Holz ist zerstreutporig und grobfaserig [17]. Die Jahrringe sind nur undeutlich gegeneinander abgegrenzt und die Gefäße gruppenweise in Reihen angeordnet [12]. Zweigholz soll durch Chloroplasten im Strahlgewebe grünlich erscheinen [8].

Klima und Standort

Ulex europaeus gehört zu den Charakterpflanzen atlantischer Heiden. Dort wächst er in Gesellschaft mit *Calluna vulgaris* (*Calluno-Ulicetea*), *Erica cinerea*, *E. tetralix* und *Pteridium aquilinum*. Er gedeiht aber auch im Unterholz lichter, degradierter Eichen- und Kiefernwälder. Als ausgesprochene Pionier- und Lichtpflanze [15] besiedelt er Brachen, Wegränder, Böschungen und Kahlschläge.

Er kommt vor allem auf sandig steinigen Lehmböden vor, die kalkarm und gut drainiert sind und pH-Werte im sauren bis stark sauren Bereich aufweisen. Das Nährstoffangebot ist weniger bedeutend. Die Art wird als euatlantisch eingestuft. Empfindlich reagiert sie auf Trockenheit und Frost [15].

Ein luftfeuchtes, mildes Klima ist Voraussetzung für das Gedeihen [1]. In strengen Wintern friert der Strauch zurück. Das kommt besonders häufig an der Ostgrenze seines Areals vor. Wird auch der Wurzelbereich davon erfaßt, ist ein erneutes Ausschlagen nicht mehr möglich [6]. Auch bei wiederholtem Zurückfrieren wird die Art derart geschwächt, daß sie nicht mehr mit anderen Arten konkurrieren kann [31].

Vermehrung und Anzucht

Der Stechginster vermehrt sich intensiv über Stock- und Wurzelausschläge. Auch Stecklingsvermehrung ist ohne weiteres möglich [27]. Verpflanzen verträgt die Art jedoch nicht. Deshalb sollte die Aussaat von vornherein in Töpfen erfolgen, denn Topfballenpflanzen lassen sich wieder umsetzen [3]. Die Samenkeimung ist unproblematisch [3]. Es empfiehlt sich, das Saatgut vor Aussaat 4 bis 5 Tage zu wässern. Die Keimdauer beträgt nur 1 bis 2 Wochen und das Keimprozent liegt zwischen 70 und 100. Die Saatguternte erfolgt von August bis Oktober, die Aussaat im Mai. Bei trockener Lagerung behält das Saatgut für 2 bis 3 Jahre seine Keimfähigkeit bei [3]. Es gibt Hinweise, daß die Keimfähigkeit der Samen durch Feuer stimuliert wird[1]. Brände in *Ulex*-Beständen sind nicht selten, da der Strauch – selbst in frischem Zustand – leicht brennbar ist [27]. Er kann Brandflächen allerdings sehr schnell und erfolgreich wiederbesiedeln.

Nutzung

Der Stechginster eignet sich zur Festigung von Flugsanden, Dünen und Böschungen [29]. Wegen seiner Schnittfestigkeit und auch wohl wegen seiner Blütenfülle wird er in wintermilden Gebieten auch als Heckenpflanze eingesetzt. Außerdem nutzte man ihn zur Melioration armer Böden [16].

In manchen Gegenden, besonders in England und Irland, spielte der Stechginster seit altersher eine Rolle als Winterfutter für Pferde, Schafe, Rinder und Schweine [19]. Man verfütterte junge Zweige, die aber zuvor zerquetscht werden mußten [15]. Wegen dieser Nutzungsmöglichkeit wurde der Strauch seit dem 18. Jh. auch weit nach Osten verbreitet, hat sich aber dort i. d. R. nicht halten können [19].

Auch das Rehwild nimmt die Art als Futterpflanze an [16]. Wegen seiner sehr sparrigen und dichten Beastung bietet der Strauch darüber hinaus vielen Tierarten Deckungsschutz [27].

Aus den Blüten wird ein gelber Isoflavon-Farbstoff (Genistin) gewonnen, der in der Textilindustrie verwendet wird [28].

Pathologie

Der Stechginster wird von einer großen Zahl verschiedener Insekten befressen. So schädigen in Neuseeland die Larven von *Agonopterix ulicitella* (*Lepidoptera*) den

---

[1]   For. Abstr. **40**, 2317 (1979)

Abb. 7: Befall durch Cuscuta epithymum

Entspricht dem Arttypus und ist überall im Gebiet vertreten.

2. ssp. *latebracteatus* (MARIZ) ROTHM. 1941: mit rundlichen, stumpfen, 4 bis 7 mm breiten Brakteolen. Chromosomensatz 2n = 64. Vertreten in Nordspanien, Nord- und Zentralportugal, vornehmlich im Küstenbereich.

Beide Unterarten sind offensichtlich polyploid (6n bzw. 4n). Diploide Typen aus dem Formenkreis der Ssp. *Latebracteatus* wurden auch gefunden [24].

Eine dornenlose Form, die spontan im atl. Gebiet auftritt, wurde als var. *inermis* VILLM. bezeichnet [16]. KRÜSSMANN [20] weist noch eine in Irland auftretende var. *strictus* (MACKAY) WEBB. aus, der Irische Ginster (syn. *Ulex hibernicus* G. DON.). Er zeichnet sich durch aufrechten und schlanken Wuchs aus.

Stechginster in einem Ausmaß, daß man über die Nutzung des Insekts als biologischer Antagonist nachdenkt [18]. Andere Schmetterlinge, wie der Brombeerzipfelfalter (*Collophrys rubi* L.), befrißt junge Blätter, Blüten und unreife Früchte. Auch die Raupen des Ginsterstreckfußes (*Dicallomera fascelina* L.), von *Pseudoterpna pruinata* HUFN. und *Scotopteryx mucronata* SCOP. verursachen Fraßschäden [5].

Beim Befall durch Raupen von *Anisoplaca ptyoptera* MEYR., einer Tastermotte in Neuseeland, bleibt der Stechginster blütenlos[2]. *Asphondylia ulicis* TAIL., eine Gallmücke, ruft Knospengallen hervor; Stengelgallen werden durch den Rüsselkäfer *Apion scutellare* KIRBY verursacht [16].

Auf kalkhaltigen Standorten leidet *Ulex* unter Kalkchlorose [15]. Aus den Dornblättern wurden endophytische Pilze isoliert, von denen einige eine antibakterielle Wirkung zeigten [9].

Auch Vertreter der Blütenpflanzen parasitieren auf *Ulex*, so *Orobanche rapum-genistae* THUIL. und *Cuscuta epithymum* (L.) NATH.

Taxonomie

Ulex europaeus ist eine von 20, mit Schwerpunkt auf der Iberischen Halbinsel vorkommenden *Ulex*-Arten. Er gehört dem Tribus *Ginisteae* [25] und der Sektion *Euulex* [30] an. MEUSEL et al. [22] ordnet ihn der Sektion *Ulex* zu.

Die Art untergliedert sich in zwei Unterarten [13]:

1. ssp. *europaeus*: mit eiförmigen, 2 bis 4 mm breiten, nahezu spitzen Brakteolen. Chromosomensatz 2n = 96.

Verschiedenes

– In einem 9jährigen Versuch in Neuseeland ergab sich, daß die Beweidung von Stechginsterflächen durch Ziegen eine effektivere Kontrolle ermöglichte als durch Schafe[3].

– Das Oppossum *(Trichosurus vulpecula)* befrißt in Neuseeland den Stechginster[4].

– In Neuseeland beträgt die Trockenmasseproduktion in bis zu 10jährigen *Ulex*-Beständen 10.000 bis 15.000 kg/ha/a[5].

– Aus den Wurzeln hat man Pterocarpane isoliert, die eine fungitoxische Wirkung gegenüber *Cladosporium cladosporoides* zeigen[6].

Literatur

[1] AICHELE, SCHWEGLER, 1994: Die Blütenpflanzen Mitteleuropas. Band II. Franck-Kosmos, Stuttgart.

[2] AMANN, G., 1993: Bäume und Sträucher des Waldes. 16. Aufl. Weltbild, Augsburg.

[3] BÄRTELS, A., 1989: Gehölzvermehrung. 3. Aufl. Ulmer, Stuttgart.

[4] BÄRTELS, A., 1991: Gartengehölze. Bäume und Sträucher für mitteleuropäische und mediterrane Gärten. 3. Aufl. Ulmer, Stuttgart.

[2] For. Abstr. **41**, 2738 (1980)
[3] For. Abstr. **51**, 06915 (1990)
[4] For. Abstr. **41**, 555 (1980)
[5] For. Abstr. **31**, 415 (1970)
[6] For. Prod. Abstr. **13**, 0915 (1990)

[5] CARTER, D.J., HARGREAVES, B., 1987: Raupen und Schmetterlinge Europas und ihre Futterpflanzen. Parey, Hamburg, Berlin.

[6] DIPPEL, L., 1893: Handbuch der Laubholzkunde. Band III. Parey, Berlin.

[7] DÜLL, R.; KUTZELNIGG, H., 1988: Botanisch-ökologisches Exkursionstaschenbuch. Quelle & Meyer, Heidelberg, Wiesbaden.

[8] ESCHRICH, W., 1992: Gehölze im Winter. Zweige und Knospen. 2. Aufl. Fischer, Stuttgart, Jena, New York.

[9] FISCHER, P.J. et al., 1986: Antibiotic activity of some endophytic fungi from Ulex europaeus and Ulex gallii. Bot. Helv. 96/1, 37–41.

[10] GARCKE, A., 1972: Illustrierte Flora, 23. Aufl. Parey, Berlin, Hamburg.

[11] GODET, J.-D., 1983: Knospen und Zweige der einheimischen Baum- und Straucharten. Wiss. Buchges. Darmstadt.

[12] GREGUSS, P., 1945: Bestimmung der mitteleuropäischen Laubhölzer und Sträucher auf xylotomischer Grundlage. Ungar. Naturw. Museum Budapest.

[13] GUINEA, E., WEBB, D.A., 1968: Ulex. In: Flora Europaea. Vol. 2. Hrsg. von TUTIN, T.G. et al. University Press, Cambridge.

[14] HAEUPLER, H., SCHÖNFELDER, P., 1988: Atlas der Farn- und Blütenpflanzen der Bundesrepublik Deutschland. Ulmer, Stuttgart.

[15] HECKER, U., 1985: Laubgehölze. Wildwachsende Bäume, Sträucher und Zwerggehölze. BLV, München, Wien, Zürich.

[16] HEGI, G., 1924: Illustrierte Flora von Mitteleuropa. Band IV/3. Lehmann, München.

[17] HEMPEL, G., WILHELM, K., o.J.: Die Bäume und Sträucher des Waldes. III. Abt. 2. Teil. Hölzel, Wien.

[18] HILL, R.L. et al., 1995: Suitability of Agonopterix ulicetella (Lepidoptera: Oecophoridae) as a control for Ulex europaeus (Fabaceae: Genisteae) in New Zealand. Biocontrol Sci. Techn. 5, 310.

[19] KIRCHNER, O. von et al., 1938: Lebensgeschichte der Blütenpflanzen Mitteleuropas. Bd. III, 2. Abt. Ulmer, Stuttgart.

[20] KRÜSSMANN, G., 1978: Handbuch der Laubgehölze. Band 3. 2. Auflage. Parey, Berlin, Hamburg.

[21] LUBBOCK, J., 1892: A contribution to our knowledge of seedlings. Vol. I. Paul, Trench, Trübner, London.

[22] MEUSEL, H.; JÄGER, E.; WEINERT, E. (Hrsg.), 1965: Vergleichende Chorologie der zentraleuropäischen Flora. Karten. Fischer, Jena.

[23] PANDEY, A.K., JHA, S.S., 1988: Development and structure of seeds in some Genisteae (Papilionoideae-Leguminosae). Flora 181, 415–424.

[24] PRIETO, J.A.F. et al., 1993: Chromosome numbers and geographical distribution of Ulex europaeus (Leguminosae). Bot. J. Linn. Soc. 113, 35–39.

[25] REHDER, H., 1949: Manual of Cultivated Trees and Shrubs. Dioscorides Press, Portland.

[26] ROTH, L.; DAUNDERER, M.; KORMANN, K., 1988: Giftpflanzen-Pflanzengifte. 3. Aufl. ecomed, Landsberg.

[27] SCHRETZENMAYR, M., 1990: Heimische Bäume und Sträucher Mitteleuropas. Enke, Stuttgart.

[28] SCHWEPPE; H., 1993: Handbuch der Naturfarbstoffe. ecomed, Landsberg.

[29] SEBALD, O., SEYBOLD, S., PHILIPPI, G. (Hrsg.), 1993: Die Farn- und Blütenpflanzen Baden-Württembergs. Band 3, 2. Aufl. Ulmer, Stuttgart.

[30] TAUBERT, P., 1894: Leguminosae. In: Die natürlichen Pflanzenfamilien. Bd. III/3. Begr. von ENGLER, A. und PRANTL, K. Engelmann, Leipzig.

[31] WALTER, H., BRECKLE, S.-W., 1994: Ökologie der Erde. Band 3. 2. Aufl. Fischer, Stuttgart, Jena.

Der Autor:

Dr. HANS JOACHIM SCHUCK
Buchenstraße 23
D-85411 Hohenkammer

Vaccinium myrtillus Linné, 1753

Heidelbeere, Blaubeere

engl.: Bilberry, Whortleberry, Blueberry
franz.: Myrtille
ital.: Mirtillo, Mirtillo nero
poln.: Černika
span.: Arandano

Familie: Ericaceae
Unterfamilie: Vaccinioideae

Abb. 1: Vaccinium myrtillus. Kleinbestand im Alpenvorland

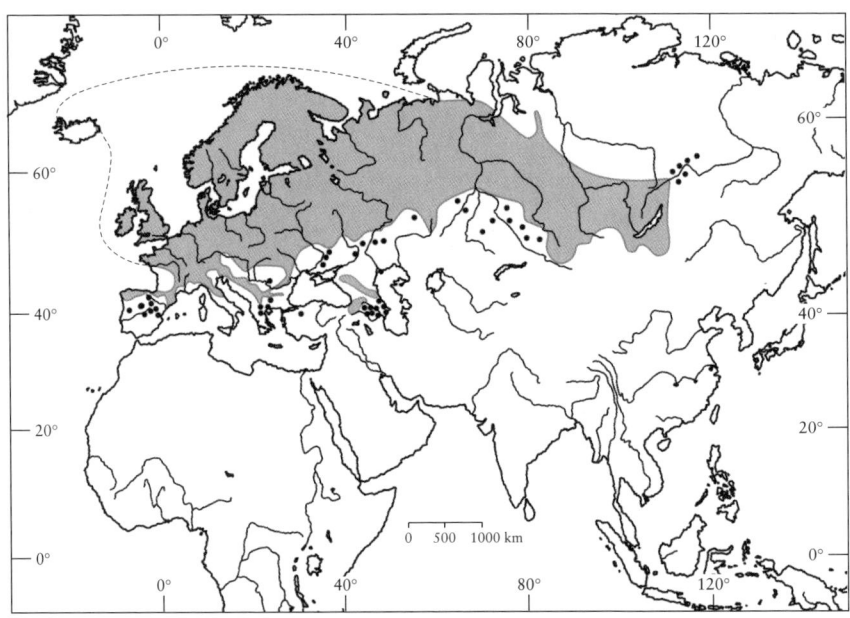

Abb. 2: Natürliches Verbreitungsgebiet (nach MEUSEL et al., 1978)

Vaccinium myrtillus, ein weitverbreiteter, in vielen Teilen Eurasiens und sogar im pazifischen Westen Nordamerikas heimischer, allenfalls 60 cm hoher Zwergstrauch, ist wegen seiner erbsengroßen, dunkelblauen Früchte auch wirtschaftlich interessant, wird aber nicht angebaut.

Er gedeiht fast ausschließlich auf sauren Böden und kann sich aus kräftigen, horizontal wachsenden, unterirdischen Rhizomen durch die Bildung neuer Sprosse rasch regenerieren. Für die natürliche und künstliche Verjüngung von Fichte und Kiefer stellen die sehr dichten Blaubeer-Populationen oft ein Hindernis dar.

Die Art ist in mehreren europäischen Ländern offizinell. Früchte und Blätter sind reich an Vitamin C und werden zur Milderung von Magen- und Darmbeschwerden verabreicht.

Von der oft mit ihr vergesellschafteten Preiselbeere unterscheidet sich *V. myrtillus* durch sommergrüne Blätter, kantige, grüne Triebe, einzelnstehende Blüten und bereifte, blauschwarze Früchte.

Verbreitung

V. myrtillus ist zirkumpolar verbreitet. Das Areal erfaßt weite Teile Mittel-, Nordwest- und Nordeuropas incl. Island [17] und hat bei 71° 10` seine Nordgrenze. Im Süden Europas ist es hauptsächlich auf Gebirgslagen beschränkt.

Das gilt für die Pyrenäen, den Apennin (bis zu den Abruzzen), für Korsika und für den Balkan (ohne Griechenland).

Die Alpen werden in der subalpinen und der alpinen Stufe besiedelt, wobei die Höhengrenze wie folgt variiert:

Steiermark	2200 m	Tessin	2780 m
Südbayern	2280 m	Berner Oberland	2820 m
Grimsel-Pass	2600 m	Graubünden	2840 m
			[11]

Im asiatischen Teil des Areals kommt die Art im nördlichen Kleinasien, in Armenien (Kaukasus bis 2750 m), in Sibirien (bis Kamtschatka) und in der westlichen Mongolei vor. Vertreten ist sie auch im Altai-Gebirge, erreicht bei ca. 67° n. Br. die Nordgrenze, fehlt aber in Zentralasien [11,15].

Das nordamerikanische Vorkommen erstreckt sich von British Columbia nach Süden über Utah in die Rocky Mts. von Colorado, und weiter bis Kalifornien, das nördliche New Mexico und Arizona. In Richtung Osten kommt *V. myrtillus* noch in Alberta und South Dakota vor. Der Höhenbereich ihres Vorkommens liegt in Nordamerika zwischen 2100 und 3650 m [24].

Anzumerken ist, daß RITCHIE [17] die natürliche Verbreitung von *V. myrtillus* auf dem amerikanischen Kontinent mit dem Argument bezweifelt, die dortigen Blaubeeren gehörten wegen der Behaarung an Trieben und Blättern einer anderen Art an. Offenbar handelt es sich hier aber um eine Verwechslung mit der im Osten vorkommenden *V. myrtilloides* MICHX.

Beschreibung

V. myrtillus ist ein sommergrüner, reich verzweigter, 10 bis 60 cm hoher Zwergstrauch, dessen meist aufrechte, kahle Triebe einer unterirdischen, plagiotrop wachsenden Sproßachse entspringen. Nach finnischen Untersuchungen wird die Wuchsrichtung der Sproßachse von den Lichtverhältnissen geprägt. Im Koniferenbestand wächst sie mehr oder weniger horizontal, auf Freiflächen hingegen steht sie senkrecht und ist wesentlich kompakter [22].

Die Rhizome verlaufen i.a. in 15 bis 20 cm tiefen, humusreichen Bodenschichten [17], sie verzweigen sich sympodial, können > 2 m lang werden [15] und bilden viele relativ feine Adventivwurzeln [10, 13, 15, 17].

Die auch im Winter grün bleibenden, ebenfalls sympodial verzweigten, scharf vierkantigen Sprosse werden durch Korkbildung später rund [13]. Weil einjährige Sprosse nur einen, ältere Sprosse jedoch mehrere Seitentriebe bilden, nimmt die Verzweigungsdichte in Richtung Peripherie des Strauches deutlich ab [13].

Abb. 3: Beblätterte Zweige (Sommeraspekt)

Knospen, Blätter und junge Triebe

Die sitzenden, etwa 5 mm langen, länglich eiförmigen und kahlen Winterknospen sind schattenseitig von hellgrüner bis gelbgrüner, auf der Sonnenseite aber von schwach rötlicher Farbe. Lateralknospen sind etwas kürzer als Endknospen und stehen ein wenig vom Trieb ab [7, 15].

Die wechselständigen, kurzgestielten Laubblätter verfärben sich im Herbst gelblich orange. Charakteristisch ist ferner ihre sehr dünne Spreite (ca. 160 μm), das Fehlen jeder Behaarung, die hellgrüne Farbe und das Auftreten von Stomata auf der Blattoberseite [11]. Die zugespitzt eiförmige Spreite mißt 10 bis 30 mm in der Länge, 6 bis 18 mm in der Breite, ist fein gesägt, am Grunde stumpf abgerundet und hat unterseits eine deutlich hervortretende Netz-Nervatur.

Im mikroskopischen Querschnitt wird der bifaciale Aufbau mit einem einschichtigen, fast bis zur Mitte reichenden Palisadenparenchym, einer daran anschließenden Lage von Trichterzellen und einem mehrschichtigen Schwammparenchym deutlich [15].

Junge, grüne Heidelbeertriebe haben eine ein- oder zweischichtige, zur Wasserspeicherung befähigte Subepidermis, sind mit vielen Spaltöffnungen versehen (150 bis 160 pro mm^2), sind kantig bis schwach geflügelt und enthalten in den Spitzen der Flügel viele relativ große Kristalle [11, 15].

— 25 mm —

Abb. 4: Blüte (links) und reife Früchte (rechts)

Holz

Im Zentrum des Sprosses befindet sich ein mächtiges, als Speichergewebe ausgebildetes Mark, dessen relativ große Zellen Stärke führen [11, 15]. Im Holzteil erkennt man kleine (7 bis 17 μm), in radialen Reihen angeordnete Netz- und Spiralgefäße, umgeben von verholztem, stark getüpfeltem Holzparenchym [15].

Abb. 5: Laubblätter, links: Unter-, rechts: Oberseite

Abb. 6: Blätter mit Herbstfärbung und Früchte

Abb. 7: Unterirdische Sproßachse und 2 nach Austrieb entstandene Pflanzen

Blüten und Früchte

V. myrtillus blüht normalerweise im Mai/ Juni, im ozeanischen Nordwestdeutschland und in England mitunter auch zweimal im Jahr.

Die 4- oder 5zähligen, anfangs kugeligen, später glockigen Zwitterblüten stehen an stark reduzierten, ein- sehr selten auch zweiblütigen Infloreszenzen, welche der Achsel des untersten Laubblattes eines Seitentriebes entspringen [15]. Sie sind grünlich, oft etwas rötlich getönt, haben einen persistierenden, undeutlich 5lappigen Kelch und eine 4 bis 6 mm lange und 5 bis 7 mm breite Corolla, welche aus (4) oder 5 miteinander verwachsenen Kronblättern mit kurzen, zurückgeschlagenen Zipfeln besteht. Die 5 Kelchzipfel alternieren mit den Petalen. Die 8 bis 10 freien Staubblätter sind in 2 Kreisen angeordnet, wobei die äußeren direkt vor den Petalen stehen. Sie haben sehr kurze, kahle Filamente und gelbbraune Antheren mit 2 pfriemlichen Anhängseln. Nur der Griffel ragt aus der Kronröhre hervor.

Der unterständige Fruchtknoten ist fünffächerig und enthält zahlreiche anatrope Samenanlagen in zentralwinkelständiger Placentation [15].

Am Blütengrund sondert ein 10lappiger Diskus reichlich Nektar ab, der neben Bienen und Hummeln auch Falter und Dipteren anlockt. Außer Fremd- kommt auch Selbstbefruchtung vor [11].

Im Freistand bildet die Art mehr Blüten als im Schatten eines Bestandes [22]. An der Obergrenze ihrer Höhenverbreitung bleibt sie steril [17]. Die Früchte – erbsengroße (6 bis 11 mm), kugelrunde, tief dunkelblaue, bereifte Beeren – werden vom Juli bis zum September des Blütejahres reif. Sie sind saftig, süß (ca. 5 % Zucker) und tragen an der Spitze die Reste des Kelchsaumes. Das Fruchtfleisch ist durch Anthocyane rot gefärbt und wird an der Luft bläulich [15]. Es umschließt zahlreiche, nur 1 mm lange, halbmondförmige, braune Samen mit undeutlich netzartig strukturierter Testa [11] und einem fett- und eiweißreichen Endosperm, das in seiner gesamten Länge vom Embryo durchwachsen wird [15]. Im Mittel enthalten reife Beeren 18 reife Samen [17].

Vermehrung

V. myrtillus vermehrt sich in der Hauptsache vegetativ, und zwar durch Verlängerung der unterirdischen Sproßachsen. Besonders intensiv wachsen und verzweigen sich die Rhizome im Herbst und im Frühjahr, und die Zahl der Adventivwurzeln erhöht sich beträchtlich, so daß weitere blattragende Sprosse entstehen können.

Sämlinge findet man im natürlichen Habitat nur selten. Sie wachsen sehr langsam und sind kaum in der Lage, sich in den dichten, polsterartigen Beständen durchzusetzen [17].

Die lichtabhängige epigäische Keimung setzt in situ etwa am 16. Tag ein [15]. Im 1. Lebensjahr werden die Keimlinge nur 1 bis 2 cm hoch, bilden ein intensives Wurzelsystem, bleiben aber unverzweigt [15], und die arttypischen Blattmerkmale treten erst nach 3 Monaten auf.

Im Dunkeln keimen nur 0,5 % der Samen; in vollem weißem Licht maximal 90 %, allerdings erst nach 25 Tagen. Eine 10^{-3}molare Gibberellin-Lösung erhöht die Keimschnelligkeit auf 10 Tage [5, 6]. Stratifikation ist nicht erforderlich.

Zur Gewinnung der Samen werden zunächst reife Früchte in einem Mixer zerteilt, sodann die Samen ausgelesen, unter fließendem Wasser gereinigt und schließlich 40 Std. bei Raumtemperatur getrocknet.

Nach Aussaat (1 bis 2 mm tief) in einem 80jährigen ukrainischen Kiefernbestand auf feuchtem Boden liefen ca. 75 % der Samen auf[1].

Taxonomie und genetische Differenzierung

REHDER und KRÜSSMANN stellen Vaccinium myrtillus zum Subgenus IV Euvaccinium GRAY bzw. zum Subgenus Vaccinium KLOTZSCH und dort zur Sektion Myrtillus KOCH. Deren Kennzeichen bestehen u.a. in den sommergrünen Blättern sowie in den Antheren mit Anhängseln und in den kahlen Filamenten.

Zu den nahe verwandten Arten gehört u.a. V. uliginosum. Die Chromosomenzahl beträgt 2 n = 24 [16].

Die innerartliche Differenzierung beschränkt sich auf wenige Formen, die sich vom Typus zumeist durch Früchte mit abweichender Farbe oder Gestalt abheben [11].

– f. leucospermum (DUM.) KOCH mit weißen, wachsgelben oder rötlich punktierten Beeren (u.a. gefunden in Sachsen, Westfalen, Bayern, Vorarlberg, Tirol, in der Steiermark und der Schweiz).

– f. anomalum (ROUY) mit birnenförmigen, weißen Beeren.

– f. cordifolium A. SCHWARZ. Fast sitzende Laubblätter mit herzförmiger Spreitenbasis.

Auf das Vorkommen herkunftsbedingter Unterschiede wird in finnischen Arbeiten hingewiesen. So ließ sich bei einem Provenienzversuch mit 76 Klonen aus verschiedenen Teilen des Landes die Ausprägung zweier Ökotypen erkennen, welche etwa durch den 64. Breitengrad getrennt werden und sich vor allem in mehreren phänologischen Parametern voneinander unterscheiden [23].

Versuche zur interspezifischen Bastardierung haben offenbar nicht stattgefunden. Bekannt geworden ist jedoch Vaccinium x intermedium RUTHE, ein natürlich entstandener Bastard zwischen V. myrtillus und V. vitis-idaea mit rosafarbener Blütenkrone [16].

Ökologie

V. myrtillus läßt in ihren Klimaansprüchen keine Präferenz für kontinentale oder ozeanische Verhältnisse erkennen [17]. ELLENBERG [3] stuft sie als subozeanisch bis schwach subkontinental ein.

Die Art verträgt strenge Winterkälte, benötigt allerdings oberhalb der alpinen Waldgrenze winterlichen Schneeschutz. Andernfalls können die Triebe zurückfrieren oder durch Schneeschliff mechanisch beschädigt werden [11]. Nach experimentellen Befunden beträgt die potentielle Frostresistenz für oberirdische Sprosse und vegetative Knospen –35 °C, für Rhizome –30 °C. Sommerfröste werden bis –4 °C ertragen [19]. Gegen Spätfröste sind Heidelbeeren auch im Flachland empfindlich.

Hinsichtlich der Lichtansprüche gehört V. myrtillus zu den Halbschattenpflanzen. Sie verträgt stärkeren Schatten als die oft mit ihr konkurrierende Calluna vulgaris.

Heidelbeeren kommen auf vielen verschiedenen Standorten vor. Bestandesbildend wachsen sie unter anderem in Zwergstrauchheiden, auf Hochmooren, außerdem in nicht zu schattigen Kiefernwäldern, sofern diese auf frischen bis feuchten, humusreichen, sauren Böden stocken. Sie fehlen in trockenen Tälern und auf humusarmen Kalkböden [11]. Generell gilt die Art als kalkmeidender Säureanzeiger, der vorwiegend auf stickstoffarmen Substraten anzutreffen ist [3]. Die besiedelten Böden variieren im pH von 3,6 bis 5,5, wobei die Laubstreu (pH 4,5) zur Entstehung des sauren, humosen Oberbodens beiträgt [1, 11, 15]. In mittel- und südschwedischen Fichten- und Kiefernbeständen betrug der jährliche Anfall an V. myrtillus-Streu 33 bis 55 kg/ha. Deren Abbau setzte sehr rasch ein (45 bis 54 % in 4 bis 5 Monaten), stagnierte danach aber für lange Zeit[2].

In den weit verbreiteten alpinen Zwergstrauchheiden tritt V. myrtillus u.a. gemeinsam mit Vaccinium vitis-idaea, V. uliginosum, Rhododendron ferrugineum, Empetrum nigrum und Lycopodium selago auf [11]. Hier ist sie auf sauren, silikatreichen Böden in Höhenlagen von 2000 bis 2200 m ü.NN mit einer ericoiden Mykorrhiza versehen [9]. Pilzpartner dieser wenig untersuchten Symbiose sind Ascomyceten (u.a. Hymenoscyphus ericae (READ) KORF et KENNAN und Scytalidium vaccinii). Ein Hartig'sches Netz, Vesikel und Arbuskeln werden nicht gebildet [8].

Dichte Heidelbeer-Populationen behindern die natürliche Verjüngung von Nadelholzbeständen, außerdem fördern sie auf nährstoffarmen, sauren Substraten zumindest im humiden Klima die Rohhumusbildung und die Podsolierung. Ihre mechanische Bekämpfung ist selten erfolgreich, weil die verletzten Rhizome verstärkt austreiben. Aus demselben Grund regenerieren sich die Büsche auch nach Verbiß durch Schafe sehr rasch.

---

[1] Sylwan 9, 29-33, 1978
[2] Scand. J. For. Res. 8, 466-479, 1993

Wachstum und Entwicklung

Über das Höhenwachstum der Heidelbeere weiß man nicht viel mehr als daß es bei Sämlingen sehr langsam verläuft. Die horizontale Ausbreitung eines Klons ist hingegen beträchtlich. In Finnland bedeckte ein Strauch nach 25 bis 30 Jahren eine Fläche von 5 m im Durchmesser [8]. Das Lebensalter eines Sprosses dürfte etwa 25 Jahre, sein maximaler Durchmesser 17 mm betragen [11].

Weder in Kiefern- noch in Fichtenbeständen sind die Heidelbeersträucher gleichmäßig verteilt. In unmittelbarer Nähe der Stämme blühen und fruchten sie weniger und haben ein geringeres Fruchtgewicht. Dieser Effekt ist unter Fichten stärker ausgeprägt als unter Kiefern. Er beruht wahrscheinlich auf stärkerer Beschattung und – damit verbunden – auf weniger Besuchen von bestäubenden Insekten sowie auf einer geringeren winterlichen Schneedecke[3].

In Rußland braucht eine *V. myrtillus*-Population nach Kahlschlag eines Fichtenbestandes und wenig pfleglichem Rücken 50 bis 60 Jahre zur völligen Regeneration. Der entsprechende Zeitraum beträgt für Kiefernbestände 30 bis 35 Jahre[4].

Pathologie

V. myrtillus wird weder durch abiotische Faktoren, pilzliche oder viröse Krankheitserreger noch durch Schadinsekten ernsthaft bedroht, denn Blatt- und Triebverluste gleichen die Pflanzen durch verstärktes Austreiben der unterirdischen Sproßachsen aus. So bleiben auch Bodenfeuer [17] oder winterlicher Verbiß durch Rotwild[5] meist ohne ernste Folgen.

Ozon-Begasung (150 und 300 µg/m^3 für 3 Tage) führte zur Verringerung des Gehaltes an Chlorophyll a und an Carotin in den Blättern[6].

In Polen ermittelte man die Zahl der im *Pinetum myrtillosum* mit *V. myrtillus* biologisch verbundenen Insekten mit 451 Arten; 196 davon fraßen an verschiedenen Teilen der Pflanze[7]. Zur Massenvermehrung des Heidelbeerspanners *Extropis bistortata* GOEZE *(Geometridae)* kam es u.a. im Norden Bayerns. Die jungen Larven fraßen die Heidelbeere auf einer Fläche von mehreren hundert Hektar kahl, ältere Larven wechselten auf Kiefern-Jungwuchs über [20][8].

Weniger gravierend ist der Befall durch pathogene Pilze. Sie rufen teils Weißfärbung und Mumifizierung der Früchte hervor *(Sclerotinia baccarum* SCHRÖT.), teils befallen sie als Mehltauerreger die Blätter und bilden auf deren Oberflächen ein Luftmyzel *(Podosphaera myrtillinia* KZE. *(Erysiphaceae)*, ähnlich auch *Gloeosporium myrtilli* ALLESCH) *(Melanconiaceae)*.

In Südost-Finnland werden Heidelbeeren in den Lücken stark rotfauler Kiefernbestände von *Heterobasidion annosum* (FR.) BREF. befallen[9]. In den Niederlanden ist schließlich Hexenbesenbildung nach Virus-Infektion aufgetreten. Die befallenen Pflanzen blieben steril und hatten deutlich kleinere Blätter [2].

Nutzung

Von wirtschaftlicher Bedeutung sind allein die Früchte. Sie enthalten neben etwa 5 % Zucker auch Pektin, 1,7 % organische Säuren, insbesondere Äpfel- und Zitronensäure [11] und weisen in den frischen Beeren, im Saft und in den Blättern reichlich Vitamin C auf. Die Asche ist reich an Kalium und Mangan [11, 13].

In vielen Teilen Skandinaviens, Finnlands, Rußlands und Polens werden die Sträucher regelmäßig von der Bevölkerung beerntet. Für den Raum Voronezh schätzt man die durchschnittliche Beerenproduktion pro Jahr und Hektar auf 530 kg[10], für Finnland insgesamt auf 150 bis 200 Mio kg/Jahr[11], für Schweden auf ca. 500 Mio kg pro Jahr. In Polen stellen Blaubeeren mit > 30.000 t/Jahr die am meisten exportierten Waldfrüchte dar[12].

Der weitaus größte Teil der Beeren wird roh verzehrt und zu Saft, Marmelade oder Konserven verarbeitet [13]. Örtlich ist auch die Herstellung von Heidelbeerwein beliebt. Nach HEGI [11] lag die entsprechende Menge nach dem 1. Weltkrieg bei 60 000 hl. Die Herstellungsdauer beträgt 1 Jahr und aus 100 kg Beeren lassen sich durch Pressen 80 bis 90 kg Saft gewinnen, dem zur Gärung etwa ein Achtel seines Gewichtes an Zucker hinzuzufügen ist. In Bayern war zu dieser Zeit etwa ein Zehntel der Waldfläche mit *V. myrtillus* bedeckt und in guten Jahren wurden 28 000 t Beeren geerntet [11].

Erst relativ spät erkannte man in der Volks- und in der Schulmedizin die pharmazeutische Wirkung der Art gegen Magen- und Darmerkrankungen. Frische oder getrocknete Früchte, aber auch Tee aus Früchten und Blättern verabreicht man u.a. gegen hartnäckige Diarrhoeen und gegen Entzündungen des Dünndarms [14]. In Rußland ist unter dem Namen „kaukasischer Tee" ein Surrogat aus Heidelbeerblättern verbreitet.

3) Mem. Soc. Fauna et Flora Fennica 66, 47-53, 1992
4) Lesnovedenie 4, 42-48, 1988
5) Nederl. Bosb. Tijdschr. 49, 171-174, 1977
6) Rapp. fra Skogsforsk. 1994, 1-17
7) For. Abstr. 24, 3167, 1963
8) For. Abstr. 14, 3542, 1953
9) For. Abstr. 26, 2395, 1965
10) Rastit-Resursy 24, 502-506, 1988
11) Acta Bot. Fenn. 136, 9-10, 1988
12) Norw. J. Agric. Sci. 2, 151-159, 1988

Abb. 8: V. myrtillus-Klon an einem Bestandesrand

In mehreren Kulturkreisen werden reife Beeren seit altersher zum Färben von Textilien herangezogen [21]. Als färbende Inhaltsstoffe wirken Anthocyanin-Pigmente mit mehreren Aglykonen, z.B. Myrtillin. Mit Alaun gebeizt, nimmt Wolle eine violettblaue, Leinen eine blaue Farbe an, mit Zinn-Beize entsteht eine blauviolette Farbe.

Entsprechende Rezepte sind aus Schottland, Skandinavien und Deutschland, im frühen Mittelalter auch aus lateinischen Texten bekannt. Den Galliern war der Gebrauch von Heidelbeeren zum Färben von Sklavenkleidung in violette Farbtöne geläufig [21].

Auch zum Färben des Weines wurden Heidelbeeren verwendet. Um 1850 exportierte man zu diesem Zweck größere Mengen aus der Lüneburger Heide nach Bordeaux [21].

V. myrtillus wird endozoisch verbreitet, denn Heidelbeerfrüchte stellen für viele Vogelarten einen wichtigen Beitrag zur Ernährung dar. Dazu gehört das Birkwild, Amseln, Sing-, Wacholder- und Misteldrosseln, Elstern, Nebelkrähen und Alpendohlen, Tannen- und Eichelhäher sowie Rotkehlchen und Grasmücken [11]. Dem Auerwild dienen Heidelbeer-Triebe als Sommernahrung[13].

Verschiedenes

– Die sympodial und intensiv verzweigten *V. myrtillus*-Triebe haben im Vergleich zu *V. vitis-idaea* eine schwächer ausgeprägte Apikaldominanz und eine größere Zahl schlafender Knospen. Die Art regeneriert sich daher nach Streß rascher als die im wesentlichen monopodial und weniger intensiv verzweigte Preiselbeere. Auch Photosynthese- und Wachstumsraten liegen bei *V. myrtillus* höher [22].

– Phenole, Flavonole oder Pro-Anthocyane aus den Blättern von *V. myrtillus* hemmen die Samenkeimung und die Entwicklung der Sämlingswurzeln von *Picea abies* [4[14]].

Phenolsäuren im Auflagehumus reduzieren überdies die Respirationsraten der Mykorrhizapilze *Laccaria laccata* und *Cenococcum graniforme*[15].

– ROTH et al. [18] führen die Heidelbeer-Blätter als schwach giftig an und machen dafür mehrere Inhaltsstoffe, u.a. verschiedene Quercetine, Kaffee- und Oleanolsäure sowie den hohen Hydrochinongehalt (bis 1,5 %) verantwortlich.

---

[13] Z. Jagdw. 35, 35-40, 1989
[14] Acta Oecol. 14, 211-218, 1993
[15] J. Chem. Ecol. 19, 2105-2114, 1993

Weiterführende Literatur

[1] AALTONEN, V.T., 1948: Boden und Wald. Verlag Paul Parey, Berlin und Hamburg.

[2] BOS, L., 1960: A witches' broom virus disease of Vaccinium myrtillus in the Netherlands. Tijdschr. Pl.-Ziekten **66**, 259-263.

[3] ELLENBERG, H., 1979: Zeigerwerte der Gefäßpflanzen Mitteleuropas. 2. Aufl. Verlag E. Goltze, Göttingen.

[4] GALLET, CH., 1994: Allelopathic potential in bilberry-spruce forests: Influence of phenolic compounds on spruce needles. J. Chem. Ecol. **20**, 1009-1024.

[5] GIBA, Z.; GRUBIŠIĆ, D.; KONIEVIĆ, R., 1993: The effect of white light, growth regulators and temperature on the germination of blueberry (Vaccinium myrtillus L.) seeds. Seed Sci. Technol. **21**, 521-529.

[6] GIBA, Z.; GRUBIŠIĆ, D.; KONIEVIĆ, R., 1995: The involvement of phytochrome in light-induced germination of blueberry (Vaccinium myrtillus L.) seeds. Seed Sci. Technol. **23**, 11-19.

[7] GODET, J.D., 1983: Knospen und Zweige der einheimischen Baum- und Straucharten. Verlag J. Neumann, Neudamm.

[8] GOULART, B.L.; SCHROEDER, M.L. et al., 1993: Blueberry mycorrhizae: Current knowledge and future directions. Acta Horticulturae **346**, 230-239.

[9] HASELWANDTER, K., 1987: Mycorrhizal infection and its possible ecological significance in climatically and nutritionally stressed alpine plant communities. Angew. Botanik **61**, 107-114.

[10] HECKER, U., 1995: Bäume und Sträucher. BLV Handbuch, München, Wien, Zürich.

[11] HEGI, G., 1926: Illustrierte Flora von Mitteleuropa.

[12] KARDELL, L., 1980: Occurrence and production of bilberry, lingonberry and raspberry in Sweden`s forests. Forest Ecol. Managem. **2**, 285-298.

[13] KRÜGER, CH., 1951: Die Heidelbeere, Vaccinium myrtillus L. I. Chemie der Heidelbeerpflanze. Die Pharmazie **6**, 211-217.

[14] KRÜGER, CH., 1951: Die Heidelbeere, Vaccinium myrtillus L. (II). II. Pharmazie der Heidelbeere. Die Pharmazie **6**, 355-360.

[15] KRÜGER, CH., 1951: Die Heidelbeere, Vaccinium myrtillus L. (III). III. Botanik und Pharmakognosie der Heidelbeere. Die Pharmazie **6**, 603-613.

[16] POPOVA, T.N., 1972: Vaccinium L. in Tutin et al., Flora Europaea, Vol. 3. Cambridge Univ. Press.

[17] RITCHIE, J.C., 1956: Biological Flora of the British Isles. Vaccinium myrtillus L. J. Ecology **44**, 291-299.

[18] ROTH, L; DAUNDERER, M.; KORMANN, K., 1984: Giftpflanzen – Pflanzengifte. 2. Aufl. ecomed-Verlagsges. Landsberg/ Lech.

[19] SAKAI, A.; LARCHER, W., 1987: Frost Survival of Plants. Ecological Studies **62**. Springer-Verlag, Berlin, Heidelberg, New York.

[20] SCHWENKE, W., 1976: Zur Biologie, Gradologie und forstlichen Bedeutung von Buarmia bistortata GOEZE (Lep., Geometridae) Z. Pflanzenkrankh. u. Pflanzenschutz **83**, 159-165.

[21] SCHWEPPE, H., 1993: Handbuch der Naturfarbstoffe. ecomed-Verlagsges. Landsberg/ Lech.

[22] TOLVANEN, A., 1995: Aboveground growth habits of two Vaccinium species in relation to habitat. Can. J. Bot. **73**, 465-473.

[23] VÄNNINEN, R.; LAAKSO, S.; RAATIKAINEN, M., 1988: Geographical variation in the phenology and morphology of bilberry in Finland. Acta Bot. Fennica **136**, 49-59.

[24] VINES, R.A., 1976: Trees, shrubs and woody vines of the Southwest. Univ. Texas Press, Austin and London.

Die Autoren:

Prof. em. Dr. P. SCHÜTT
Lehrstuhl für Forstbotanik
Ludwig-Maximilians-Universität München
Am Hochanger 13
D-85354 Freising

ULLA M. LANG
Schützenstraße 6
D-82383 Hohenpeißenberg

Vaccinium uliginosum L., 1753

syn.:   V. ciliatum GILIB.
        V. rubrum GILIB.

Rauschbeere, Moorbeere   Familie: Ericaceae

engl.: Bog blueberry, Bog bilberry
franz.: Airelle uligineuse
ital.: Mirtillo uliginoso

Abb. 1: Vaccinium uliginosum. Strauch unter Picea abies auf einem Hochmoor in Oberbayern

Vaccinium uliginosum, die Rauschbeere, ist ein Zwergstrauch, der vor allem Moore und vernässte Waldstandorte hoher Azidität besiedelt. Sie ist sommergrün und sehr winterhart, kann bis zu 90 cm hoch werden und treibt mit orthotropen, bläulich grün belaubten Trieben aus einer langen, dem Boden anliegenden Sprossachse aus. 50 Jahre alte Exemplare sind nachgewiesen.

Reife Beeren sind süß und essbar. Sie enthalten einen farblosen Saft. In den nördlichen Teilen Sibiriens, Skandinaviens und Nordamerikas werden sie in erheblichem Umfang gesammelt und verzehrt. Der Konsum größerer Mengen kann Unwohlsein und Erregungszustände (Rauschbeere!) auslösen.

Der artbeschreibende Name „uliginosum" geht auf das lateinische Wort „uliginosus" = sumpfig, morastig zurück.

Verbreitung

V. uliginosum ist zirkumpolar verbreitet und besiedelt vorwiegend boreale Gebiete. In den Mittelgebirgen Europas, Nordamerikas und Asiens dringt sie auch weiter nach Süden vor. So findet man die Art u.a. in den Alpen und Ardennen, Vogesen und Pyrenäen (bis 2700 m ü. NN), außerdem in den Karpaten, auf dem Balkan, im Kaukasus, Ural und Altai bzw. in den Neu-England-Staaten der USA [21]. Die Nordgrenze des Areals liegt in Ost- und Westgrönland bei 78°18` n.Br. und in Skandinavien bei 71°10` n.Br.. [11]. Ihre Ursprünglichkeit in England und Irland wird teils bejaht [11], teils verneint [10].

In den deutschen Mittelgebirgen und im Alpenvorland ist die Rauschbeere eine häufige, in Schlesien, Böhmen und Mähren eher eine zerstreut vorkommende Art [11]. HEGI [11] nennt folgende obere Höhengrenzen für verschiedene Teile des natürlichen Areals:

Vogesen	900–1400 m	Berner Oberland	2930 m
Südbayern	2280 m	Tirol	2990 m
Steiermark	2300 m	Oetztal	3080 m
		Wallis	3100 m

Beschreibung

V. uliginosum wird einheitlich als reichverzweigter, sommergrüner, kleiner Strauch beschrieben, dessen Höhe je nach der geographischen Lage zwischen 0,1 bis 0,3 m im nördlichen British Columbia, 0,5 m im übrigen Nordamerika und 15 bis 90 cm in Mitteleuropa variiert. Von einem relativ langen, dem Boden aufliegenden Spross gehen orthotrop orientierte Triebe mit rundem Querschnitt und kahlen oder behaarten Seitenzweigen ab [11, 16, 21]. Die Verzweigung verläuft sympodial.

Knospen, Blätter und Zweige

Terminalknospen fehlen, weil die Triebspitzen vertrocknen. Die ca. 2 mm langen, breit eiförmigen Seitenknospen werden von zwei abstehenden, rotbraunen Tegmenten umgeben [5, 8].

Der Strauch hat relativ derbe, wechselständig angeordnete, obovate bis breit elliptische Laubblätter mit sehr kurzem Stiel und stumpfem oder abgerundetem, mitunter auch eingeschnittenem Apex. Sie messen 1 bis 2,5 cm in der Länge, sind 8 bis 15 mm breit, ganzrandig und weisen unterseits eine deutliche netzförmige Aderung auf. Der Rand ist ein wenig nach unten umgebogen. Am breitesten sind die Blätter oberhalb der Mitte. Dadurch unterscheiden sie sich von der in Alberta auf gleichem Standort wachsenden *V. ovalifolium* [26]. Im Norden British Columbias dominieren länglich/lanzettliche bis ovale Blätter mit rundlichem Apex, der in einer winzigen Spitze ausläuft [16]. Im allgemeinen ist die Blattfarbe oberseits blaugrün, unterseits aber graugrün. Im Herbst verfärben sich die Blätter gelb bis orangefarben.

Junge Zweige der Rauschbeere sind stielrund, meist kahl, haben eine graubraune bis rötlich braune Rinde [8], aber keine Lenticellen [5] (*V. myrtillus* = grüne Zweige).

Blüten, Früchte und Samen

Von Mai bis Juli erscheinen an den Enden kurzer Seitenzweige kleine, traubige Infloreszenzen mit einer bis vier weißen oder rosafarbenen Zwitterblüten. Diese sind kurz gestielt, haben eine 4- oder 5-zählige, krugförmige, 4 bis 6 mm lange Corolla mit kurzen, rundlichen, zurückgebogenen Zipfeln sowie einen unten grünlichen, oben rötlichen Kelch mit 4- bis 6-teiligem Saum, der etwa ein Drittel der Kronblattlänge erreicht [2, 9, 17]. Die häutigen, rötlichen Sepalen sind mit dem Fruchtknoten verwachsen und persistieren an der Spitze der Frucht. Vorhanden sind außerdem 8 bis 10 Staubblätter mit kahlen Filamenten und gelben, mit kleinen Anhängseln versehenen Antheren, die sich mit mehreren Poren öffnen. Der unterständige Fruchtknoten trägt einen stabförmigen, die Staubblätter überragenden Griffel.

V. uliginosum hat einen diploiden Chromosomensatz von $2 n = 48$ und wird meistens von Bienen und Hummeln, seltener von Schwebfliegen und Faltern bestäubt. Selbstbestäubung kommt ebenfalls vor [11, 18].

Die Zeit der Fruchtreife fällt in den August/September des Blütejahres. Die bereiften, blauschwarzen Beeren nehmen dann einen Durchmesser von 6 bis 10 mm ein. Sie sind kugelrund oder leicht elliptisch und etwas größer als Heidelbeeren. An der Spitze tragen sie die Reste des Kelches. Das Fruchtfleisch enthält einen farblosen Saft (bei *V. myrtillus* bläulich) mit etwas fadem, süßlichem Geschmack.

Verbreitet werden die Früchte incl. der zahlreichen, sehr kleinen, hellbraunen Samen von mehreren Vogelarten, u.a. von Amseln, Wacholder- und Singdrosseln, Elstern, Auer-, Hasel- und Rebhühnern sowie Stockenten [1, 11].

Abb. 2: Blüten verschiedener Entwicklungsstadien

Abb. 3: Zweig mit reifen Früchten

— 29 mm —

Abb. 4: Reife Beeren

Ökologie

V. uliginosum könnte man stark verkürzt als eine ökologisch anpassungsfähige Halbschattenpflanze amphiboreal-montaner Verbreitung beschreiben [11, 17, 18]. Ihr Höchstalter wird mit > 50 Jahren angegeben [11]. In der Westschweiz ermittelte man 66-jährige, an der Nordgrenze des Areals sogar 93 Jahre alte Exemplare [11].

Die Art ist sehr azidophil, wächst – zumindest im Flachland – ausschließlich auf saurem Boden und trägt durch die Bildung von Rohhumus selbst zur Erhöhung der Bodenazidität bei. Besonders häufig findet man sie auf Hoch- und Zwischenmooren, gemeinsam mit *Vaccinium vitis-idaea*, *V. oxycoccus*, *Ledum palustre*, *Andromeda* spec. und *Eriophorum vaginatum*; weiterhin in feuchten bis anmoorigen Birken- und Kiefernbeständen (*Vaccinio-Pinetum*, *Vaccinio-Betuletum*) sowie in Zwergstrauchheiden an der Waldgrenze mit ca. 220 schneefreien Tagen pro Jahr. Dort wächst sie als Kriechform an windexponierten, im Winter schneefreien Graten, wurzelt in den Felsritzen kalkarmer Gesteine, begleitet von der noch windhärteren *Loiseleuria procumbens*. Außerdem kommt sie in lockeren Zirben- und versauerten Legföhrenbeständen vor [17].

Im Norden British Columbias stellt die Rauschbeere eine häufige Komponente trockener bis feuchter Standorte der felsigen, alpinen Tundra dar. Im Süden der Provinz wächst sie in Sümpfen des Flachlandes, ist aber insgesamt seltener vertreten [16].

Pathologie

Biotische Erkrankungen werden lediglich bei SINCLAIR et al. [23] erwähnt:

– *Exobasidium vaccinii-uliginosi* ist im nördlichen Teil Nordamerikas weit verbreitet, wirkt systemisch und löst Anschwellungen von Trieben und Blättern, Rotfärbung der Blätter, manchmal auch Bildung von Hexenbesen aus.

– *Puccinium goeppertianum* („fir-blueberry rust"). Die Aecidiengeneration des in Nordamerika heimischen Rostpilzes parasitiert an Nadeln mehrerer Tannenarten (u.a. *Abies balsamea*, *A. grandis*, *A. procera*). Nach Wirtswechsel entwickeln sich die Teleuto-Lager auf *V. uliginosum*, es kommt zur Anschwellung der jüngsten Triebe und zur Bildung von Hexenbesen.

Eine uns nicht zugängliche polnische Arbeit nennt 58 an *V. uliginosum* fressende Insektenarten [13].

Über die Immissionsempfindlichkeit ist nur bekannt, dass die Rauschbeere in der Nähe mehrerer SO_2- und Schwermetall-Quellen zu den widerstandsfähigsten Arten zählte [25].

Nutzung und Bekömmlichkeit

Die Früchte der Rauschbeere sind süß und essbar. Sie enthalten Fruchtsäuren, Zucker und Vitamine, werden teils roh verzehrt, teils zu Kompott und Marmelade verarbeitet. Dennoch sind sie nicht überall gleich beliebt.

In Finnland sammelt und verwertet die Bevölkerung jährlich etwa 20 Mio. kg Beeren (zum Vergleich: 150 bis 200 Mio. kg Blaubeeren) [20], und für die Birkenwälder der nördlichen Taiga (Bez. Archangelsk) werden Erträge von 117 bis 946 kg/ha angegeben [19].

Für Indianerstämme des nördlichen British Columbia (Talthan, Kaska, Slave) stellen Rauschbeeren eine der wenigen essbaren Waldfrüchte schlechthin dar. Sie werden frisch verzehrt. Stämme im angrenzenden Northwest Territory kochen sie in Fett und verwenden sie dann als Wintervorrat [16].

Abb. 6: Beblätterte Zweige, z.T. mit unreifen Beeren

35 mm

Abb. 5: Austreibende Knospen

In der deutschsprachigen Literatur lässt sich eine längere Debatte über die Giftigkeit der Früchte verfolgen. Entsprechend dem Trivialnamen „Rauschbeere" soll der Verzehr zu Erregungszuständen, Schwindelgefühl, Erweiterung der Pupillen, zu Unwohlsein und Durchfall führen [7, 10, 11]. Allerdings treten diese Symptome vorwiegend nach dem Genuss größerer Mengen auf. Darauf abgestimmte Selbstversuche verliefen allerdings konträr und außerdem gelang es nicht, in den Beeren einen toxischen Inhaltsstoff zu analysieren.

Aus diesen Gründen nimmt man an, dass die vermeintliche Giftwirkung der Beeren auf Sklerotien des Pilzes *Sclerotinia megalospora* WOT. zurückgeht, der die Früchte der Rauschbeere als Saprophyt bewohnt [7, 22].

Schließlich sei auf eine in Litauen praktizierte Form der Nutzung hingewiesen. Hier gewinnt man aus den Beeren Aminosäuren und Anthocyan. Grüne Früchte haben einen Eiweißgehalt von 9,3 %, reife Früchte von 6,4 % [4].

Verschiedenes

– Wässerige Extrakte (20 % Extrakt) frischer Pflanzen der Rauschbeere hemmten die Samenkeimung von *Pinus sylvestris, Betula pendula* und *B. pubescens* in Laborversuchen [12].

– Das Mulchen mit Torf, Kiefern-Sägespänen oder Stroh erhöhte die Trieblänge um 15 bis 28 %, die Blattgröße um 12 bis 24 %, die Größe der Beeren um 9 bis 14 % und den Ertrag um 60 bis 110 % [3].

– In Feldversuchen betrug die Samenkeimung auf feuchtem Boden und unter 80-jährigen Kiefern 28 % [15].

– NPK-Düngung zur Stabilisierung alpiner Skipisten förderte die vegetative Entwicklung bei *V. uliginosum*, erhöhte aber durch früheren Austrieb und unvollständige Knospenentwicklung die Gefährdung durch Spät- und Frühfröste [14].

– Die Flora Europaea unterscheidet zwischen
ssp. *uliginosum:* Stamm aufrecht, 75 bis 100 cm hoch, Blätter 10 bis 25 (bis 35) cm. 2 n = 48. Fast im gesamten Artgebiet verbreitet.
ssp. *microphyllum* LANGE, 1880: Stamm bis 15 cm hoch, 2 n = 24. Verbreitet im arktischen und subarktischen Europa.

Literatur

[1] BARTKOWIAK, S., 1970: Ornitochoria of indigenous and introduced species of trees and shrubs. Arboretum Kornickie **15**, 237-262.

[2] BOLLINGER, M.; ERBEN, M. et al., 1996: Strauchgehölze. Mosaik Verlag, München.

[3] BUTKUS, V.; BANDZAITIENE, Z.; BUTKIENE, Z., 1989: Effect of mulching on growth and fruiting of cultivated lignonberries (Vaccinium vitis-idaea L.) Acta Horticulturae, no. 241, 265-269.

[4] BUTKUS, V. F.; BUTKENE, Z. P. et al., 1989: Biological and biochemical characteristics of bog bilberry. 8. Contents and dynamics of anthocyanins, leucoanthocyanins and amino acids in berries. Lietuvos TSR Moksiu Akad. Darbai, no. 3, 21-24.

[5] ESCHRICH, W., 1992: Gehölze im Winter. Zweige und Knospen. Gustav Fischer Verlag, Stuttgart, Jena, New York.

[6] FITSCHEN, J., 1994: Gehölzflora (Hsg. MEYER/HECKER et. al.) 10. Aufl. Quelle und Meyer-Verlag, Heidelberg, Wiesbaden.

[7] FROHNE, D.; PFÄNDER, H. J., 1982: Giftpflanzen. Ein Handbuch für Apotheker, Ärzte, Toxikologen und Biologen. Wissensch. Verlagsges. Stuttgart.

[8] GODET, J.-G., 1983: Knospen und Zweige der einheimischen Baum- und Straucharten. Verlag J. Neumann-Neudamm.

[9] GODET, J.-G., 1994: Blüten der einheimischen Baum- und Straucharten. Verlag J. Neumann-Neudamm.

[10] HECKER, U., 1995: BLV Handbuch Bäume und Sträucher. BLV Verlagsges. München, Wien, Zürich.

[11] HEGI, G., 1927: Illustrierte Flora von Mitteleuropa, Band V, Teil 3.

[12] HYTONEN, J., 1992: Allelopathic potential of peatland plant species on germination and early seedling growth of Scots pine, silver birch and downy birch. Silva Fennica **26**, 2, 63-83.

[13] KARCZEWSKI, J., 1983: Insects feeding on Vaccinium uliginosum on moist pine sites. Folia Forestalia Polonica **25**, 185-216.

[14] KOMER, C., 1984: Auswirkungen von Mineraldünger auf alpine Zwergsträucher. Verh. Ges. f. Ökologie **12**, 123-136.

[15] KOZIRACKI, L. A.; TARGONSKI, P. N., 1978: Studies on the regeneration of dwarf shrubs of the genus Vaccinium from seed in the Zhitomir Poles'e. Sylwan 9, 29-33.

[16] MACKINNON, A.; POJAR, J. et al., 1992: Plants of Northern British Columbia. Lone Pine Publishing, Edmonton, Alb.

[17] MERXMÜLLER, H., 1969: Alpenflora, 22. Aufl., Carl Hanser Verlag, München.

[18] OBERDORFER, E., 1970: Pflanzensoziologische Exkursionsflora für Süddeutschland und die angrenzenden Gebiete. 3. Aufl., Verlag Eugen Ulmer, Stuttgart.

[19] PUCHNINA, L. V., 1990: Berry yield of Vaccinium uliginosum in Pinega State reserve. Rastitel'nye Resursy **26**, 2, 179-182.

[20] RAATIKAINEN, M., 1988: Estimates of wild berry yields in Finland. Acta Bot. Fennica, no. 136, 9-10.

[21] REHDER, A. 1986: Manual of Cultivated Trees and Shrubs, vol. 1, 2.ed., Dioscorides Press, Portland OR.

[22] ROTH, L.; DAUNDERER, M.; KORMANN, K., 1984: Giftpflanzen – Pflanzengifte. ecomed Verlagsges. Landsberg/Lech.

[23] SINCLAIR, W. A.; LYON, H. H.; JOHNSON, W. T., 1987: Diseases of Trees and Shrubs. Cornell Univ. Press, Ithaca and London.

[24] TUTIN, T. G. et al. (eds.), 1972: Flora Europaea, vol. 3. Cambridge, Univ. Press.

[25] VAISANEN, S., 1986: Effects of air pollution by metal, chemical and fertilizer plants on forest vegetation at Kokkola, W. Finland. Annales Botanici Fennici **23**, 4, 305-315.

[26] WILKINSON, K., 1990: Trees and Shrubs of Alberta. Lone Pine Publishing. Edmonton, Alb.

[27] ZANDER, R., 1994: Handwörterbuch der Pflanzennamen (Hsg. Encke/Buchheim/Seybold), 15. Aufl., Verlag Eugen Ulmer, Stuttgart.

Die Autoren:

Prof. em. Dr. PETER SCHÜTT
Lehrstuhl für Forstbotanik
Ludwig-Maximilians-Universität München
Am Hochanger 13
D-85354 Freising

ULLA M. LANG
Schützenstraße 6
D-82383 Hohenpeißenberg

Vaccinium vitis-idaea L., 1753

syn.:   Vitis idaea punctata MOENCH

Preiselbeere, Kronsbeere

Familie: Ericaceae
Unterfamilie: Vaccinoideae

engl.:   Cowberry,
          Mountain cranberry (N-Amerika)
          Lingonberry (Kanada)
franz.:   Airelle rouge
ital.:   Mirtillo rosso

Abb. 1: Vaccinium vitis-idaea. Einzelpflanze, umgeben von Calluna vulgaris

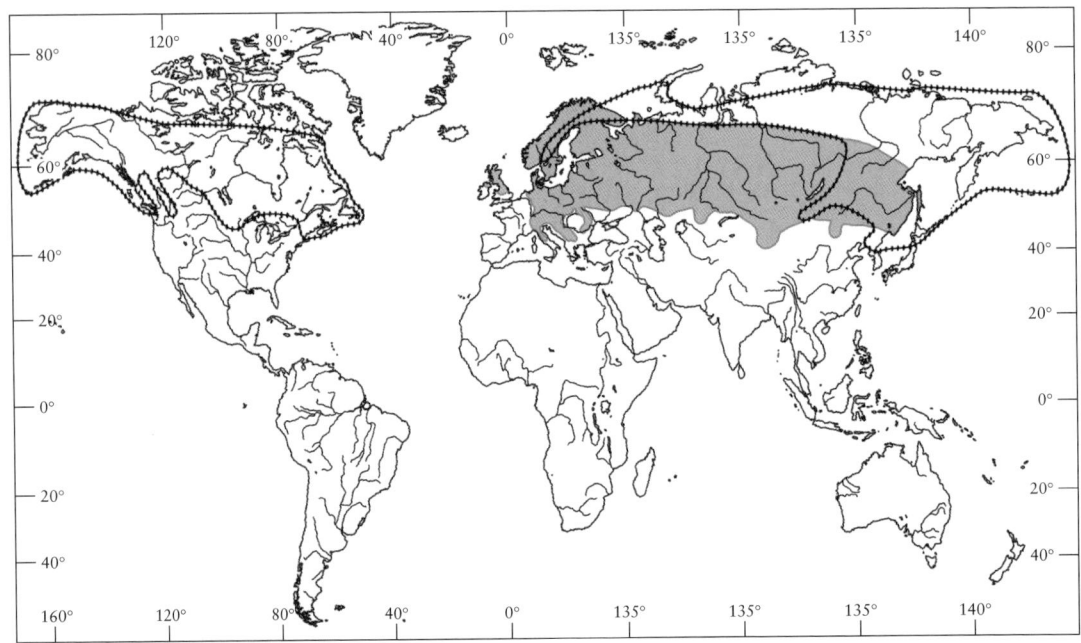

Abb. 2: Natürliches Verbreitungsgebiet, nach MEUSEL et al., 1978
Legende: ▨ ssp. vitis-idaea, ⊶⊶⊶ ssp. minus

Vaccinium vitis-idaea, ein immergrüner, auf der Nordhalbkugel circumpolar verbreiteter, allenfalls 30 cm hoher Zwergstrauch tritt in mehreren mitteleuropäischen Vegetationstypen bestandesbildend auf. Dazu gehören Hoch- und Übergangsmoore wie auch subalpine Zwergstrauchheiden und trockene, nährstoffarme Kiefernwälder.

Die Art bildet neue Sprosse aus zahlreichen unterirdischen Ausläufern und wurzelt sehr intensiv. Sie blüht und fruchtet zweimal im Jahr.

Aus den etwas mehligen, leicht säuerlichen, roten Beeren wird gern Konfitüre zubereitet und sie dienen als Beilage zu Fleischgerichten. In Skandinavien und im Norden Rußlands nutzt man sie in besonders großem Umfang.

Der artbeschreibende Name "vitis-idaea" geht auf das Griechische zurück und bedeutet „Weinrebe vom Berge Ida" (auf Kreta) [7].

Taxonomie und Verbreitung

Die etwa 200 Arten [7] des Genus *Vaccinium* werden nach REHDER [12] in 7, bei KRÜSSMANN [8] in 8 Subgenera unterteilt, wobei drei der vier mitteleuropäischen Species der Untergattung *Euvaccinium* GRAY (= *Vaccinium* KLOTZSCH) zufallen (Kennzeichen: 4- bis 5fächeriger Fruchtknoten).

V. vitis-idaea gehört in diesem Subgenus der Sektion 3, *Vitis-Idaea* (MOENCH) KOCH an, zu deren Merkmalen neben den immergrünen Blättern eine glockenförmige Blütenkrone, behaarte Filamente und kurze, traubige Infloreszenzen gehören. Die Chromosomenzahl beträgt 2n = 24.

Die Flora Europaea [11] unterscheidet zwischen 2 Unterarten:

- ssp. *vitis-idaea*: 8 bis 30 cm hoch, Blätter 10 bis 25 x 6 bis 15 mm mit deutlichen Seitennerven. 3 bis 8 Blüten pro Infloreszenz. Einzelblüte mit weißer oder blaß rosafarbener Corolla. Früchte 8 bis 10 mm. Im gesamten Areal verbreitet.
- ssp. *minus* (LODIGGES) HULTÉN, 1937: Nur 3 bis 8 cm hoch. Blätter 4 bis 8 x 2,5 bis 5 mm mit undeutlichen Seitennerven. 2 bis 5 Blüten pro Infloreszenz. Corolla hellrosa. Früchte 5 bis 8 mm. Vorkommen in N-Asien und in Nordamerika.

Das natürliche Areal der Preiselbeere erfaßt die borealen und subarktischen Teile der gesamten Nordhalbkugel. Es erreicht in Skandinavien bei 71°07`, in Sibirien bei 72° und in Grönland bei 75°59` n.Br. die Nordgrenze, deckt aber auch weite Teile West- und Mitteleuropas einschließlich Großbritannien, Irland, Dänemark, Belgien, die Niederlande, Nord-Frankreich und Italien (bis zur Toskana) ab. Japan, Kamtschatka, der Balkan (ohne Griechenland), der Kaukasus und das Altai-Gebirge gehören ebenfalls zum Areal, und im Norden des nordamerikanischen Kontinents ist die Art von Alaska bis Labrador einschl. Teilen der Lake-States und Massachusetts autochthon.

In Deutschland liegen die Verbreitungsschwerpunkte in den Heiden des norddeutschen Flachlandes, im Voralpengebiet und im Bayerischen Wald.

Über die Höhengrenzen der Verbreitung liegen folgende Angaben vor [7]:

Bayerische Alpen	2270 m	Tirol (bei Oetz)	2970 m
Steiermark	2700 m	Graubünden	3040 m
Kaukasus	2750 m		

Beschreibung

V. vitis-idaea ist ein 10 bis 30 cm hoher Zwergstrauch, dessen Laub- und Blütensprosse aus den Achselknospen unterirdischer, bewurzelter und mit Schuppenblättern besetzter Ausläufer hervorgehen.

Die zarten jungen Sprosse wachsen orthotrop, verzweigen sich monopodial[1], haben einen rundlichen Querschnitt und sind anfangs flaumig behaart. Später verkahlen sie.

Beblätterung

Die Lebensdauer der immergrünen, wechselständig angeordneten, kurzgestielten Blätter beträgt 3 Jahre [6]. Die Spreite ist 1 bis 3 cm lang, ledrig und relativ dick (0,5 bis 0,7 mm). Sie hat eine glänzend dunkelgrüne Ober- und eine hellgrüne Unterseite. Der meist glatte, selten schwach gekerbte Blattrand ist nach unten gebogen und trägt unterseits gestielte Drüsenhaare. Spaltöffnungen befinden sich hauptsächlich auf den Blattunterseiten. Im Blattquerschnitt ist ein 3 bis 5reihiges Palisaden- und ein 6- bis 8reihiges Schwammparenchym erkennbar [7].

Die Endknospen werden von zahlreichen, dachziegelartig übereinandergreifenden, am Rande bewimperten, grünen Blättern umgeben [5].

Blüten, Früchte und Samen

V. vitis-idaea blüht in tieferen Lagen von Mai bis September und fruktifiziert mitunter zweimal während des Sommerhalbjahres [7]. Die schwach duftenden, kurz gestielten, weißen oder zart rötlichen Zwitterblüten stehen zu mehreren in hängenden Trauben und haben eine doppelte, 4- oder 5zählige Blütenhülle. Der häutige Kelch weist 4 bis 5 dreieckige, bewimperte, an der Spitze rötliche Sepalen auf. Die glockenförmige, 8 bis 10 mm lange Blütenkrone hängt über und besteht aus 4 bis 5 bis zur Hälfte ihrer Länge verwachsenen Petalen mit auswärts gekrümmten Spitzen, ferner aus 10 Staubblättern mit zwei spitzigen Antheren, einem die Kronblätter überragenden Griffel und einem unterständigen Fruchtknoten.

Abb. 3: Unter- (links) und Oberseite (Mitte) eines Blattes, daneben Blütentraube (rechts)

Finnischen Untersuchungen zufolge entwickeln sich aus jeder Blütenstandsknospe im Mittel 5,63 Blüten und jede 2. Blüte bildet eine Beere[2].

Die Bestäubung wird in der Hauptsache von Bienen und Hummeln, seltener von Fliegen vorgenommen. Selbstbestäubung kommt vor[2].

Blütenformel: $* K5 \ C \ (5) \ A \ 0 + 5 + 5 \ G \ (\bar{5})$

Die kugelrunden, erst weißen, bei Reife aber glänzend roten, vielsamigen Früchte (Beeren) stehen relativ dicht in traubigen Fruchtständen. An ihrer Spitze haftet der Rest des Kelches. Der Durchmesser variiert zwischen 5 und 8 mm [6]. Herbstfrüchte sind i.a. größer als Sommerfrüchte.

Preiselbeeren schmecken etwas säuerlich und enthalten bei Reife (Juni bis Oktober) u.a. bis zu 7 % Zucker, 1,3 % Zitronensäure, 0,3 % Äpfelsäure sowie geringe Mengen an Wein-, Benzoe- und Gerbsäure [7].

Die rotbraunen, 1,5 bis 1,8 mm langen Samen haben eine halbmondähnliche Form. Ihre Keimung erstreckt sich über mehr als 1 Jahr (41 % von Oktober bis Juli [7]). Im Labor werden Keimraten von 55 % erzielt[3].

Wurzeln

Preiselbeer-Sträucher verfügen über ein intensiv verzweigtes, bis in 1 m Tiefe reichendes Wurzelsystem, das den humusreichen Oberboden vor Auswaschung schützt und eine gut entwickelte endo- und ektotrophe Mykorrhiza aufweist [7, 10]. Auf einem mittelschwedischen Standort beträgt die pro Jahr und Hektar produzierte Feinwurzelmasse von *V. vitis-idaea* 1350 kg und erreichte damit 72 % des entsprechenden Wertes für *Pinus sylvestris* [3].

---

[1] For. Abstr. 58, 6991, 1995
[2] For. Abstr. 50, 1908, 1989
[3] For. Abstr. 50, 1908, 1989

Abb. 4: Aufbau von Sproß und Wurzel

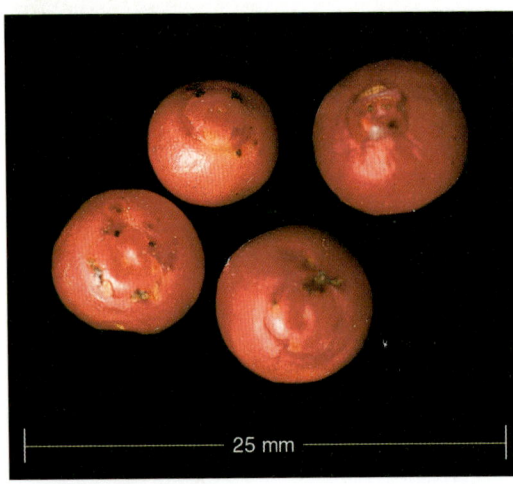

Abb. 5: Reife Früchte

Ökologie

V. vitis-idaea ist eine Halbschattenpflanze, die stärkere Trockenheit und strengere Fröste verträgt als *V. myrtillus,* ansonsten aber ähnliche Ansprüche stellt und oft mit dieser gemeinsam auftritt.

In Mitteleuropa liegt das Schwergewicht ihres Vorkommens auf drei sehr unterschiedlichen Standortsformen:

a) auf Hoch- und Zwischenmooren, so z. B. auf *Sphagnum*-Zwischenmooren mit *Ledum palustre, Vaccinium uliginosum, V. oxycoccus* und *Eriophorum vaginatum*

b) in trockenen, nährstoffarmen Kiefernwäldern der Ebene auf podsolierten Sanden unter pH 4,5 u.a. vergesellschaftet mit *Vaccinium myrtillus, Cladonia*-Arten, *Pleurozium schreberi, Dicranum undulatum, Majanthemum bifolium* und *Luzula pilosa*

c) in subalpinen, schneereichen Zwergstrauchheiden auf Silikatgestein *(Rhododendro-Vaccinion),* mit *Homogyne alpina* sowie *Hylocomium splendens* und anderen Moosarten; ferner auch im Legföhrengürtel *(Sphagno-Pinetum montanae/mugi,* u.a. mit *Melampyrum pratense* var. *paludosum, Molinia coerulea, Andromeda polifolia* und mehreren *Sphagnum*-Arten [9]).

In den Hochlagen der Alpen, wo sie ohnehin meist auf warme, felsige Kleinstandorte beschränkt bleibt, ist die Art meist steril und verbreitet sich allein durch unterirdische Ausläufer.

V. vitis-idaea ist weitgehend an saure Substrate gebunden, wächst auf N-armen Standorten [4] und meidet Kalk. Sie bildet ihrerseits einen ungünstigen, gelbbraunen, sauren (pH 4,5 bis 5,5) und recht stabilen Trockentorf. Ihre Laubstreu zersetzt sich nach WITTICH (zit. bei [1]) langsamer als die von Buche und Heidelbeere. Hinsichtlich der chemischen Zusammensetzung nennt HESSELMANN (zit. bei [1]) einen Aschegehalt von 2,33 % und einen CaO-Gehalt von 0,69 % der Trockensubstanz sowie einen pH von 3,7 (*V. myrtillus:* 4,98 % bzw. 1,57 % bzw. 4,5).

Erfahrungen aus Rußland zufolge dauert die völlige Regeneration der *V. vitis-idaea*-Decke nach Kahlschlag eines Kiefernbestandes, Bringungsarbeiten und Reisigverbrennung 50 bis 60 Jahre[4]. Nach wenig intensiven Bodenfeuern erholen sich die Preiselbeer-Bestände hingegen schon in 2-3 oder 3-5 Jahren[5].

[4] For. Abstr. **52**, 7741, 1991
[5] For. Abstr. **44**, 5995, und 6513, 1983

Pathologie

Trotz der zahlreichen an Blättern parasitierenden Pilze kommt es in den Preiselbeer-Beständen selten zu größeren Abgängen.

Auffallend ist das durch *Exobasidium vaccinii uliginosi* BOUDIER ausgelöste Schadbild, denn die Oberseite der befallenen Blätter wird leuchtend rot, manchmal entstehen auch Hexenbesen [14].

Mehrere Arten der Gattung *Sclerotinia* rufen Verhärtung (Sklerotien-Bildung) und Mumifizierung der Früchte hervor. Das Mycel wächst auf der Blattoberfläche, bildet dort Chlamydosporen, deren Keimhyphen dann über den Griffel in den Fruchtknoten einwachsen.

Der Rostpilz *Pucciniastrum goeppertianum* (KÜHN) KLEB. wird insbesondere in den borealen Habitaten schädlich. Das Mycel wächst im Phloem junger Triebe; es kommt zu Anschwellungen der Äste, zum Auftreten von Hexenbesen und zur Bildung rötlich brauner Teleuto-Lager. Als Zwischenwirte fungieren nordamerikanische Tannenarten [14].

Weitere, wiederholt beobachtete Blattparasiten an *V. vitis-idaea* gehören den Gattungen *Gloeosporium, Gnomonia, Lophodermium, Ramularia* und *Septoria* an [7]. Aus *V. vitis-idaea* in wurzelfaulen Kiefernbeständen Osteuropas wurde *Heterobasidion annosum* (FR.) BREF. isoliert[6].

Nutzung

Eine unmittelbare Verwendung finden allein die Früchte. Sie werden zu Marmelade verarbeitet sowie als Beilage zu Fleischspeisen verzehrt. Besonders großer Beliebtheit erfreuen sich Preiselbeeren in Skandinavien und in Rußland, wo sie von der Bevölkerung regelmäßig und in großem Umfang gesammelt werden. So wurde bekannt, daß in Zentralfinnland 86 % der Familien Preiselbeeren sammeln (17,6 l/Person/Jahr). 54 % der Ernte wird in der Familie verzehrt[7].

Für Schweden schätzt man die jährliche Ernte in Moorstandorten auf 20,1 Mio kg, in Wäldern sogar auf 188,8 Mio kg[8]. Angaben über die Erträge pro Jahr und Hektar liegen vor aus

Rußland (Archangelsk)	bis 121,0 kg	[9]
Finnland (Karelien)	maximal 100-120 kg	[10]
Zentral-Finnland	8,0 kg	[11]

Verschiedenes

– Herkunftsbedingte physiologische Differenzen wurden bei *V. vitis-idaea* nicht bekannt.

Beschrieben werden aber mehrere Cultivare [8], so z. B. 'Koralle' und 'Erntedank' mit stärkerem Fruchtansatz.

– Dichte Bestände von *V. vitis-idaea* sind in Forstbetrieben wenig beliebt, denn sie erschweren die natürliche Verjüngung der Baumarten und stellen ferner wegen des dicht verfilzten Wurzelraumes ein beträchtliches mechanisches Hindernis für Bodenbearbeitungen zur künstlichen Verjüngung dar.

– Im frühen Mittelalter wurde *V. vitis-idaea* zum Rotfärben von Textilien herangezogen, und in Lappland nutzte man mit Alaun gebeizte Blätter und Sprosse zum Gelbfärben von Wolle [13].

– Preiselbeer-Blätter waren früher als „Folia Vitis Idaeae" offizinell. Sie enthalten u.a. freies Hydrochinon, wirken sowohl blutreinigend wie harntreibend und wurden gegen Rheumatismus und Gicht eingesetzt. In größeren Mengen verarbreicht, sind sie toxisch [7].

– Mit Wuchsstoff-Herbiziden (2,4-D und 2,4,5-T) bekämpfte *V. vitis-idaea*-Bestände wiesen 3 Jahre nach der Applikation noch Rückstände von 4,7 bis 6,8 ppm in den Früchten auf. Der Grenzwert für den Verzehr liegt bei 5 ppm[12].

Abb. 6: Fruchtstand mit halbreifen und unreifen Beeren

---

[6] For. Abstr. **26**, 2395, 1965
[7] For. Prod. Abstr. **12**, 1333, 1989
[8] For. Abstr. **47**, 4576, 1986
[9] For. Abstr. **52**, 1997, 1991
[10] For. Abstr. **50**, 1646, 1989
[11] For. Abstr. **50**, 3736, 1989
[12] For. Abstr. **41**, 2298, 1980

Literatur

[1] AALTONEN, V. T., 1948: Boden und Wald. Verlag Paul Parey, Berlin und Hamburg.

[2] BORATYNSKI, A.; BROWICZ, K.; ZIELINSKI, J., 1990: Chorology of Trees and Shrubs in Greece. Polish Acad. Sci., Kornik.

[3] DENGLER, A., 1992: Waldbau auf ökologischer Grundlage, 1. Band, 6. Aufl., Verlag Paul Parey, Hamburg und Berlin.

[4] ELLENBERG, H., 1979: Zeigerwerte der Gefäßpflanzen Mitteleuropas, 2. Aufl., Scripta Geobotanica 9, Verlag E. Goltze, Göttingen.

[5] GODET, J. D., 1983: Knospen und Zweige der einheimischen Baum- und Straucharten. J.Neumann, Neudamm.

[6] HECKER, U., 1995: BLV Handbuch Bäume und Sträucher. BLV Verlagsges., München, Wien, Zürich.

[7] HEGI, G., 1927: Illustrierte Flora von Mitteleuropa, Band V, Teil 3.

[8] KRÜSSMANN, G., 1976: Handbuch der Laubgehölze, Band 3, 2. Aufl., Verlag Paul Parey, Berlin und Hamburg.

[9] MAYER, H., 1984: Wälder Europas. G. Fischer-Verlag, Stuttgart, New York.

[10] OBERDORFER, E., 1970: Pflanzensoziologische Exkursionsflora für Süddeutschland, 3. Aufl., Verlag E. Ulmer, Stuttgart.

[11] POPOVA, T. N., 1972: Vaccinium L. In: TUTIN et al. (eds.): Flora Europaea. Cambridge Univ. Press.

[12] REHDER, A., 1940: Manual of Cultivated Trees and Shrubs, 2. ed, Dioscorides Press., Portland, Oregon.

[13] SCHWEPPE, H., 1993: Handbuch der Naturfarbstoffe. ecomed verlagsges., Landsberg/Lech.

[14] SINCLAIR, W. A.; LYON, H. H.; JOHNSON, W. T., 1987: Diseases of Trees and Shrubs. Cornell Univ. Press, Ithaca and London.

Die Autoren:

Prof. em. DR. PETER SCHÜTT
Lehrstuhl für Forstbotanik
Ludwig-Maximilians-Universität München
Am Hochanger 13
D-85354 Freising

ULLA M. LANG
Schützenstraße 6
D-82383 Hohenpeißenberg

Viburnum LINNÉ, 1753

Schneeball   Familie: Caprifoliaceae

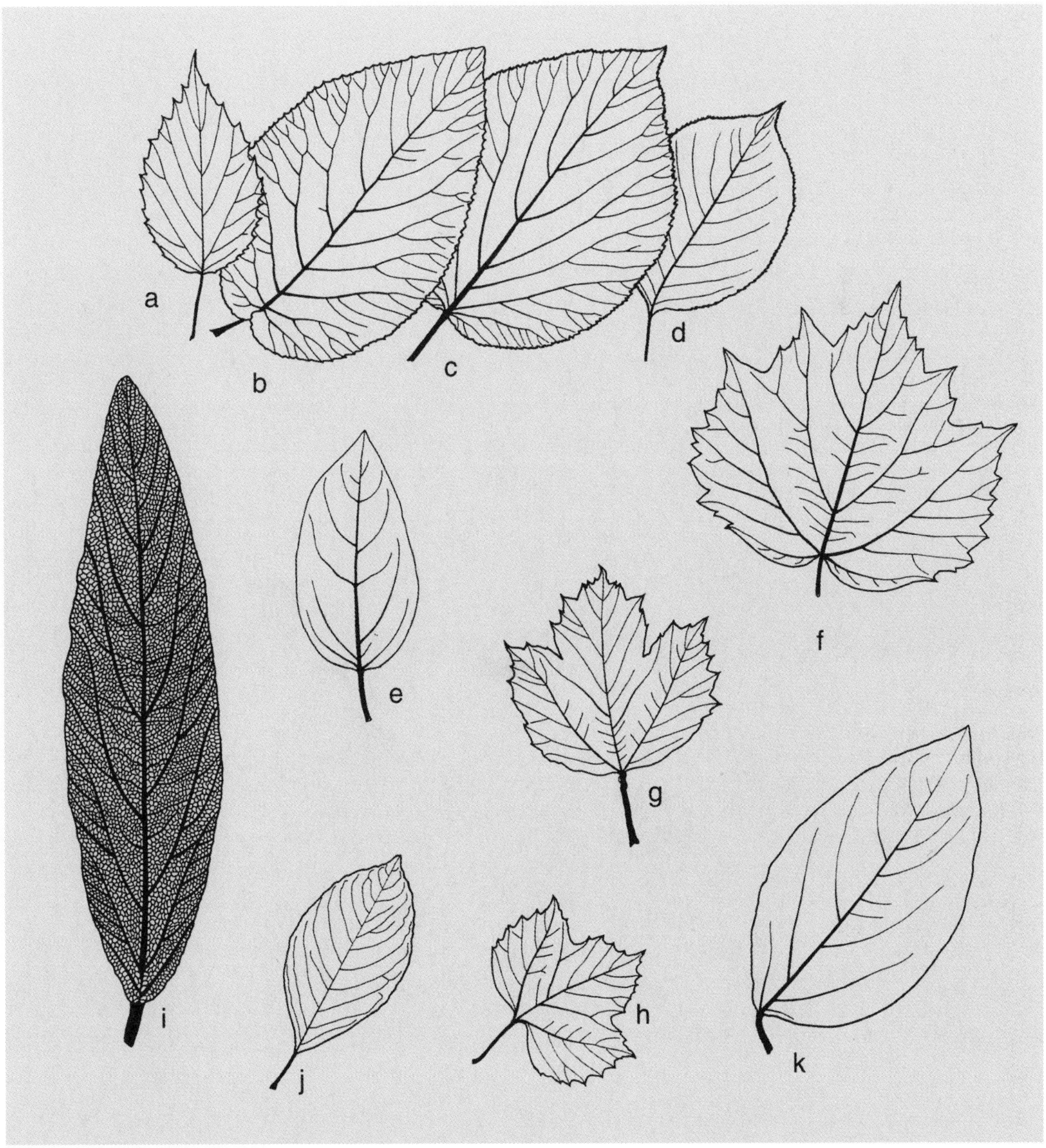

Abb. 1: Blattformen einiger Viburnum-Arten (ca. ½ nat. Größe): **a** Viburnum dentatum, **b** V. lantana, **c** V. alnifolium, **d** V. lentago, **e** V. tinus, **f** V. acerifolium, **g** V. opulus, **h** V. trilobum, **i** V. rhythidophyllum, **j** V. cassanoides, **k** V. rigidum

Sektion	Blätter immergrün	Blätter sommergrün	Blattform	Nebenblätter	Winterknospen	Blütenstand	vergrößerte Randblüten	Fruchtfarbe	Vertreter
Thyrosoma (RAF.) REHD.	+	+	nicht gelappt	-		Rispe	-	blauschwarz bis purpurn	V. farreri (China)
Lantana SPACH	(+)	+	nicht gelappt, fein gezähnt, Sternhaare	-	ohne Knospenschuppen	Schirmrispe	-		V. lantana V. rhytidophyllum
Pseudotinus C. B. CLARKE	-	+	nicht gelappt, fein gezähnt, Sternhaare	-	ohne Knospenschuppen	Schirmrispe	(+)	schwarz	V. furcatum (Japan)
Pseudopulus (DIPP.) REHD.	-	+	nicht gelappt, gezähnt, filzig behaart	-	1 Paar Knospenschuppen	Schirmrispe an Kurztrieben	+	blau-schwarz	V. plicatum (Ostasien)
Lentago (RAF.) DC	-	+	nicht gelappt, ganzrandig oder gesägt	-	1 Paar Knospenschuppen	Schirmrispe	-		V. lentago V. nudum (östl. N-Amerika)
Tinus (BORKH.) MAXIM.	+	-	nicht gelappt, meist ganzrandig	-	1 Paar Knospenschuppen	Schirmrispe	-	blau	V. tinus (Südeuropa)
Megalotinus (MAXIM.) REHD.	+	-	nicht gelappt, ganzrandig oder fein gesägt	-	1 Paar Knospenschuppen	Schirmrispe	-	blau-schwarz bis purpurn	V. cylindricum (Himalaya)
Odontotinus REHD.	(+)	+	meist nicht gelappt, gezähnt	+-	2 Paar Knospenschuppen	Schirmrispe	-		V. dentatum östl. N-Amerika
Opulus REHD.	-	+	meist gelappt	+	1 Paar Knospenschuppen, an der Basis verwachsen	Schirmrispe	+	rot	V. opulus V. edule (N.-Amerika, N-Asien)

Eine zumeist aus Sträuchern bestehende, weit in die Tropen hineinreichende Gattung mit Verbreitungsschwerpunkten in den gemäßigten und den subtropischen Regionen Asiens und Nordamerikas. Fossil treten Schneeballarten in Ablagerungen des Quartärs auf.

Man unterscheidet etwa 250 Species, die sich nach einer von REHDER vorgenommenen Gliederung auf 9 Sektionen verteilen.

Gattungsmerkmale

Fast alle Schneeballarten werden zu Sträuchern, nur wenige zu kleinen Bäumen (z.B. V. cylindricum oder V. lentago). Ihre Blätter sind immer gegenständig und immer gestielt, bei einigen Arten gelappt, bei anderen ungeteilt; bei einigen sommer-, bei anderen immergrün. Bisweilen treten nahe der Blattbasis pfriemliche, nebenblattartige Anhängsel auf.

Die weißen, seltener rosafarbenen oder gelblichen Blüten stehen in endständigen, meist schirmförmigen Infloreszenzen. Bei vielen Arten werden deutlich größere, schwach zygomorphe, sterile Randblüten ausgebildet. Die rel. kleine Einzelblüte ist fünfzählig. Sie besteht aus einer rad-, glocken- oder röhrenförmigen Krone mit kurzer Kronachse und einem fünflappigen Saum, ferner aus 5 Staubblättern, einem kurzen Griffel mit dreilappiger Narbe sowie einem unterständigen, dreifächrigen Fruchtknoten. Nur eines der Lokulamente ist fertil. Es enthält nur eine Samenanlage. Der fünfzähnige Kelch ist sehr kurz. Blütenformel * (K/S) [C(5)A5] G($\overline{3}$).

Viburnum-Arten bilden beerenartige, teils saftige, teils trockene Steinfrüchte aus, die nur einen einsamigen Steinkern enthalten.

Die meisten Schneeball-Arten sind diploid. Chromosomensatz: 2n = 18 (Grundzahl 9). Ausnahmen davon bilden die Species der Sektion Thyrosoma sowie wenige Arten der Sektion Pseudopulus. Hier heißt die Grundzahl 8 und es kommen sowohl tetraploide wie pentaploide Arten vor (z.B. V. odoratissimum, 2n = 40).

Anatomisch unterscheidet sich Viburnum von den anderen Gattungen der Caprifoliaceae durch die Ausbildung sehr dickwandiger Steinzellen anstelle von Bastfasern in der sek. Rinde.

Die morphologische Vielfalt innerhalb der Gattung Viburnum geht aus den Kurzbeschreibungen folgender, weit verbreiteter Arten hervor:

Viburnum tinus L.

Lorbeer-Schneeball, Stein-Lorbeer
franz.: Viorne-tin; ital.: Lauro selvatico

Seit altersher in Kultur befindlicher immergrüner Strauch Südeuropas, insbesondere des Mittelmeergebietes, wo er zur nat. Flora von Macchia und Garigue gehört. Sehr dicht verzweigt, bis 4 m hoch.

Abb. 2: Viburnum tinus, Riva/Gardasee

Ledrige, glänzend dunkelgrüne, rel. schmale und ganzrandige Blätter, auf deren Oberseite die Blattnerven hell hervortreten. Die in Schirmrispen angeordneten Blüten sind vor dem Aufblühen rosa, nach dem Aufblühen weiß. Blütezeit von November bis April. Die Früchte reifen im Sommer. Ihre Farbe wechselt vom tiefen, metallischen Blau im saftigen, bis zum Schwarz im trockenen Zustand. Die Art ist in Mitteleuropa nicht winterhart, wird aber als Kalthauspflanze kultiviert.

Viburnum alnifolium MARSH.

Erlenblättriger Schneeball engl.: Hobblebush

Im Nordosten der USA heimischer, bis 3 m hoher, sehr dichter Strauch mit eigenartigem Aufbau. Die Stämme und die z.T. niederliegenden Zweige sind gabelig verzweigt, hängen oft bogenförmig über und bewurzeln sich.

Die sehr ansehnlichen, bis 20 cm großen, rundlich-herzförmigen Blätter tragen unterseits rostrote Haare und nehmen im Herbst eine rötliche Farbe an. Die Früchte sind zunächst rot, werden bei Reife schwarzrot und haben oft eine braune Spitze.

V. alnifolium ist in Mitteleuropa winterhart, wird aber kaum kultiviert.

Abb. 3: Viburnum alnifolium

Viburnum rhytidophyllum HEMSL.

Runzelblättriger Schneeball

Um die Jahrhundertwende aus China eingeführter, bis 4 m hoher, immergrüner Strauch, der sich wegen seiner attraktiven Belaubung als Zierelement auf frischen, nährstoffreichen, halbschattigen Standorten bewährt hat. Die länglichen (bis 20 cm), glänzend tiefgrünen Blätter sind oberseits in charakteristischer Weise runzelig gefurcht. Bei Frost rollen sie sich etwas ein und hängen herab. Diese Veränderungen sind aber reversibel. Blattfall tritt erst im Frühjahr, zur Zeit des Neuaustriebs ein. Die Ausbildung der nächstjährigen Blütenstände erfolgt schon im Herbst, die Blüte selbst ist wenig ansehnlich und erscheint im Mai. Auch die zunächst roten, dann schwarzen Früchte sind eher unauffällig.

Die Art ist in Mitteleuropa winterhart, nicht aber in Osteuropa.

Abb. 4: Viburnum rhytidophyllum

Weiterführende Literatur

GILL, J. D.; POGGE, F. L., 1974: Viburnum L. in: Seeds of Woody Plants in the United States. USDA, Agric. Handbook, no. 450.
KRÜSSMANN, G., 1978: Handbuch der Laubgehölze, 2. Aufl., Bd. III, Verlag Paul Parey, Berlin und Hamburg.
REHDER, A., 1940: Manual of Cultivated Trees and Shrubs, 2. Aufl., Dioscorides Press, Portland, OR.
SARGENT, C. S., 1965: Manual of the trees of North America, vol. 2, Dover Publications, Inc., New York.
WEBERLING, F., 1966: Familie Caprifoliaceae in: G. Hegi: Illustrierte Flora von Mitteleuropa. Band VI, Teil 2, Lieferung 1, S. 1–96. Verlag Paul Parey, Berlin und Hamburg.

Die Autoren:

Prof. Dr. PETER SCHÜTT
Lehrstuhl für Forstbotanik
Ludwig-Maximilians-Universität München
Hohenbachernstraße 22
D-85354 Freising

ULLA M. LANG
Schützenstraße 6
D-82383 Hohenpeißenberg

Viburnum lantana LINNÉ

Wolliger Schneeball

Familie: Caprifoliaceae

engl.:   Wayfaring tree
franz.: Vione flexible
ital.:   Lantana

Abb. 1: Viburnum lantana am Rande eines Fichtenbestandes

Ein einheimischer, in Westeuropa sowie in Teilen Süd- und Mitteleuropas natürlich vorkommender, sommergrüner Strauch.

Wärmeliebend und raschwüchsig; häufig an Waldrändern. Wird bis 5 m hoch, aber kaum baumförmig.

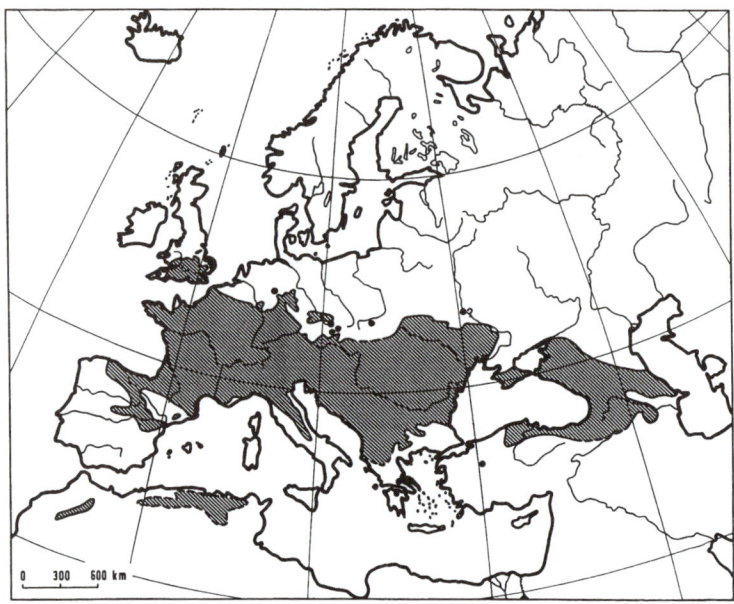

Abb. 2: Natürliches Areal, aus WEBERLING, 1966

Verbreitung

Der wollige Schneeball fehlt von Natur aus in Nord- und Nordwesteuropa, ebenso im Süden Spaniens, Italiens und Griechenlands. Ansonsten deckt sein Areal aber große Teile des europäischen Kontinents ab und erstreckt sich über die Ukraine hinaus bis zum Kaspischen Meer.

In Deutschland findet die Art im Westerwald, im Hessischen Bergland und im Harz ihre nördliche Begrenzung; sie ist eine Pflanze der Ebene und der mittleren Gebirgslagen, kann aber in den Bayerischen Kalkalpen noch in Höhenlagen um 1430 m, in Tirol bis 1560 m und im Wallis bis 1900 m vorkommen.

Obwohl häufig vertreten, sehr vital und leicht zu kultivieren, hat V. lantana für den Menschen keine herausragende Bedeutung erlangt. Das mag u.a. an dem auf unreife Früchte und die Rinde bezogenen Giftverdacht liegen.

Beschreibung

Aufbau

Aufrechter, raschwüchsiger Strauch mit intensivem Ausschlagvermögen (u.a. durch Absenker und Stockausschläge). Die graubraunen Triebe sind im Querschnitt rund und dicht behaart. Das sehr intensive Wurzelsystem breitet sich hauptsächlich in den obersten Bodenschichten aus.

Knospen

V. lantana bildet keine Knospenschuppen aus. Winterschutz für Sproßvegetationspunkt und jüngste Blattanlagen bieten die sie eng umschließenden, dicht filzig behaarten Blätter des untersten Laubblattwirtels. Das gilt auch für Blütenknospen. Diese sind rel. groß, zwiebelförmig, deutlich gestielt und immer endständig. Auch Blattknospen sind gestielt, weichen aber durch ihre langgestreckte Form ab.

Abb. 3: Blütenknospe (links); Blattknospe (rechts)

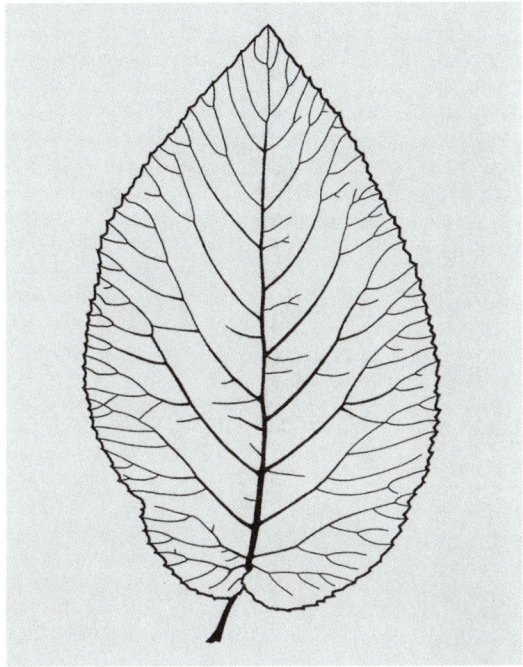

Abb. 4: Typisches Blatt eines Langtriebes (³/₄ nat. Größe)

Blätter

Die im Mittel 12 cm langen und ca. 7 cm breiten, rel. dicken, breit eiförmigen Blätter des wolligen Schneeballs sind im Regelfall oberseits kräftig grün. Die Blattunterseite erscheint infolge des dichten Besatzes mit Sternhaaren hingegen graufilzig („wollig"). Später kann sie mehr oder weniger verkahlen und wird dann hellgrün.

Der Blattrand ist stets fein gezähnt und die Mehrzahl der Blattadern enden in einem Zahn. Die bis 2 cm langen, leicht rinnigen Blattstiele tragen weder Drüsen noch Nebenblätter.

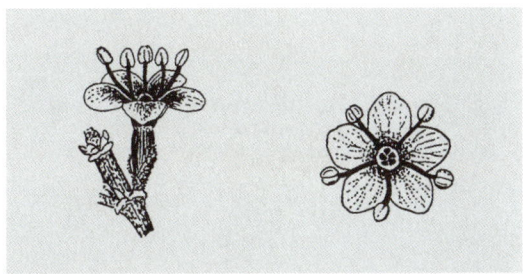

Abb. 5: Seitenansicht und Draufsicht einer Einzelblüte (2 ¹/₂ x nat. Größe)

Keine bunte Blattverfärbung im Herbst. In einigen Alpentälern treten hinsichtlich Behaarung und Gestalt lokale Abweichungen von dem geschilderten Standardtyp des Lantana-Blattes auf.

Blüten und Früchte

Die vielblütigen, bis 10 cm breiten Blütenstände (Schirmrispen) stehen an der Spitze von Kurz- und Langtrieben. Infloreszenzachsen und Vorblätter sind graufilzig behaart.

Die angenehm riechenden, cremig-weißen Einzelblüten sind alle gleichgestaltet und alle fertil. Sie sind fünfzipfelig, ungestielt, ein wenig glockig und können 8 mm breit werden. Die 5 Staubblätter ragen nur wenig über die Blumenkrone hinaus. Die Narbe ist dreilappig, der Fruchtknoten unterständig. An der Oberfläche des Fruchtknotens wird Nektar ausgeschieden.

Blütenformel: $F*K(S)[C(S)A5]G(\bar{3})$; Blütezeit April/Mai. Bis zum September/Oktober entwickeln sich etwa 8 mm lange, etwas abgeflachte, beerenartige Steinfrüchte, die

Abb. 6: Fruchtstände mit unterschiedlich reifen Steinfrüchten

Abb. 7: Blütenstand (aus SCHÜTT, SCHUCK, STIMM: Lexikon der Forstbotanik)

zur Reife glänzend tiefschwarz, zuvor aber korallenrot gefärbt sind. Oft läuft der Reifeprozeß verschieden schnell ab, so daß derselbe Fruchtstand grünliche, rote und schwarze Steinfrüchte enthalten kann.

Jede Frucht birgt nur einen Steinkern, der auf der Flachseite durch 2 bis 3 Rippen verstärkt ist, unten breit und oben spitz zuläuft und etwa 6 mm lang wird. Chromosomenzahl: 2n = 18.

Holz und Rinde

Das Holz des wolligen Schneeballs ist durch einen rel. breiten, gelblich-weißen Splint und durch einen gelblich oder rötlich-braunen Farbkern mit eigenartigem, eher unangenehmem Geruch gekennzeichnet. Die Gefäße sind halbringporig verteilt, die Holzstrahlen lassen sich auf dem Querschnitt nur mit Lupe erkennen. Lantana-Holz ist hart und schwer (Rohdichte, lufttrocken = 0,84 g/cm³ *).

Mikroskopisch läßt es sich von V. opulus durch spiralige Verdickungen der Gefäß- und Fasertracheiden unterscheiden. Wegen der geringen Abmaße fehlt dem Holz von V. lantana jede wirtschaftliche Bedeutung.

Über Struktur und Histologie der Lantana-Rinde ist wenig Konkretes bekannt. Wie alle Viburnum-Arten enthält sie statt Bastfasern auffällig dickwandige Steinzellen.

---

*) Zum Vergleich: Stieleiche = 0,65 g/cm³

Klima- und Standortansprüche

Gemessen an V. opulus stellt Lantana etwas höhere Wärme- und Lichtansprüche und dringt weiter nach Süden vor. Die Art ist dennoch ganz und gar winterhart in Mitteleuropa. Selbst im Baltikum benötigt sie keinerlei Winterschutz und auch gegen Spätfröste ist sie erstaunlich widerstandsfähig.

V. lantana gedeiht im Licht und Halbschatten, bevorzugt frische, kalkhaltige, basenreiche Böden, besiedelt aber eher trockene und flachgründige Standorte als Opulus. Sie kommt auf Sand, Lehm und Ton vor, fehlt aber weitgehend in den Silikatgebirgen. Von wenigen Ausnahmen abgesehen (z.B. Nordhausen i. Harz) wächst Lantana nicht in Reinbeständen, sondern eher verstreut an sonnigen Waldrändern, in Hecken oder in lichten Eichen- und Kiefernwäldern.

Abb. 9: Saatgut

Blühen und Fruchten

Für V. lantana wird neben der hauptsächlich von Bienen und Käfern vollzogenen Fremdbestäubung auch Selbstbestäubung angenommen.

Bei Vollreife, die in Süddeutschland etwa Ende August einsetzt, sind die Früchte saftig und schwarz. Zuvor können sie für wenige Wochen eine leuchtend rote Farbe annehmen. Ihre Verbreitung erfolgt zumeist durch Drosseln, daneben aber auch durch Kreuzschnäbel, Kernbeißer, Seidenschwänze und Bluthänflinge.

Anzucht und Kultur

V. lantana läßt sich gleichermaßen gut generativ und vegetativ vermehren. In der gärtnerischen Praxis dominiert allerdings die Aussaat, obwohl das Saatgut mindestens ein Jahr überliegt. Läßt man die Früchte liegen und sät erst im darauffolgenden Herbst im Freiland aus, so erfolgt die Keimung schon im nächsten Jahr. Sehr früh geerntete, noch rote Früchte sollen bereits im ersten Frühjahr keimen, sofern man sie noch im Herbst aussät und zwischen Ernte und Aussaat einschichtet. Stratifikation ist dann nicht nötig.

Die Keimfähigkeit des 3 Monate stratifizierten Saatgutes liegt zwischen 30 und 70 %. Das Tausendkorngewicht der Steinkerne beträgt 44 g. Einjährige Lantana-Pflanzen werden in der Baumschule kaum höher als 15 cm; dreijährige, verschulte Pflanzen erreichen Höhen bis zu 120 cm. Im Frühjahr gewonnene krautige Stecklinge bewurzeln sich leicht, auch Absenker-Vermehrung und Veredelung ist anwendbar (KRÜSSMANN, 1964). Für die Anzucht von V. lantana sind frische Substrate gut geeignet, aber keineswegs unabdingbar. Die Art verträgt mehr Trockenheit als V. opulus.

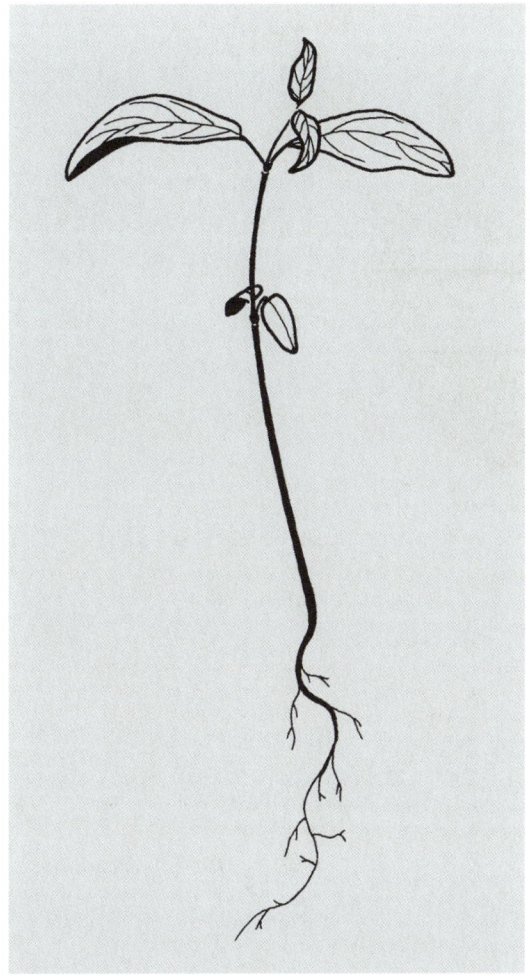

Abb. 8: Keimling (nat. Größe)

Nutzung und Verwendung

Weder Holz noch Früchte des Wolligen Schneeballs sind vom Menschen im nennenswerten Maße genutzt worden. Allenfalls auf regionaler oder lokaler Ebene gab es eine Verwendung der sehr zähen und biegsamen jungen Triebe als Bindematerial und zur Herstellung von Rechen.

Die etwas schleimigen Lantana-Früchte werden im vollreifen Zustand allenfalls von Kindern verspeist. Angaben über ihre Genießbarkeit sind widersprüchlich. Auch die volksmedizinische Bedeutung der Art ist eng begrenzt.

Verschiedenes

– Rinde und Blätter von V. lantana und den meisten anderen Schneeball-Arten enthalten mehrere pharmakologisch wirksame Substanzen, zumeist Diterpene, Cumarine und Oxalate. Spezifische Angaben über deren Wirkung fehlen jedoch. Selbst MADAUS, Lehrbuch der biologischen Heilmittel, erwähnt die Art nicht.

– Bei Ödlandaufforstungen in Ungarn spielt V. lantana eine wichtige Rolle als Pionierart. Ohne ihren Voranbau schlugen Aufforstungen mit Traubeneiche, Zerreiche und Buche fehl.

– V. lantana leidet stärker unter Wildverbiß als V. opulus. Nach rumänischen Untersuchungen gehört sie zu den am stärksten vom Rehwild verbissenen Holzgewächsen überhaupt. Mutmaßlich liegt das an den hohen N-, Ca-, K- und P-Gehalten ihrer Knospen, Triebe und Blätter.

– Unter den pilzlichen Krankheitserregern haben die Blattparasiten Ascochyta viburni (ROUM) SACC. und Septoria viburni WEST. eine gewisse Bedeutung. An schattigen Standorten kommt im Spätsommer Mehltau vor.

– Aphis viburni SCOP., die Schneeball-Blattlaus, ist für Lantana weniger bedrohlich als für Opulus. Gleiches gilt für den Schneeball-Furchtkäfer Gallerucella viburni PAYK, der an Opulus Kahlfraß durchführt, Lantana jedoch seltener und weniger heftig schädigt.

Weiterführende Literatur

BÄRTELS, A., 1989: Gehölzvermehrung, 3. Aufl., Ulmer-Verlag, Stuttgart.

GROSSER, D., 1977: Die Hölzer Mitteleuropas. Springer Verlag Berlin–Heidelberg–New York, 208 S.

KRÜSSMANN, G., 1964: Die Baumschule. Verlag Paul Parey, Hamburg und Berlin.

REHDER, A., 1940: Manual of Cultivated Trees and Shrubs, hardy in North America. 2. ed., Dioscorides Press, Portland, Oregon.

WEBERLING, F., 1966: Familie Caprifoliaceae. In: Hegi, Illustrierte Flora von Mitteleuropa Band VI, Teil 2, 4–87. Verlag Paul Parey, Hamburg und Berlin.

Die Autoren:

Prof. Dr. PETER SCHÜTT
Lehrstuhl für Forstbotanik
Ludwig-Maximilians-Universität München
Hohenbachernstraße 22
D-85354 Freising

ULLA M. LANG
Schützenstraße 6
D-82383 Hohenpeißenberg

Viburnum opulus LINNÉ

Gemeiner Schneeball   Familie: Caprifoliaceae

engl.:   Guelder rose
franz.: Obier, Sureau d'eau
ital.:   Sambuco aquatico

Abb. 1: Viburnum opulus in Herbstfärbung

Einheimischer, auf feuchten, nährstoffreichen Standorten häufig vertretener, dort auch recht vitaler, max. 4 m hoher Strauch, den man der Sektion 9, Opulus DC der Gattung Viburnum zurechnet.

Verbreitung

Die Art ist in fast ganz Europa verbreitet, erreicht in Skandinavien den 67. Breitengrad und besiedelt große Teile West- und Nordasiens bis zur Halbinsel Kamtschatka. Auch im Kaukasus und in Nordafrika ist sie zuhause.

V. opulus ist ein Strauch der Ebene und der Mittelgebirge. In den Bayerischen Alpen kommt er bis ca. 1270 m, im Wallis bis auf 1700 m Höhe vor.

Einen unmittelbaren Nutzen hat der Mensch weder aus den Früchten, noch aus anderen Teilen von V. opulus gezogen.

Abb. 2: Endknospen (links), Seitenknospen (rechts).

Kennzeichen

Aufbau

Der gemeine Schneeball wächst aufrecht. Sein Sproßsystem ist deutlich in Lang- und Kurztriebe differenziert. Die jungen Zweige sind mehr oder weniger auffällig sechs- (bis acht-)kantig und ganz kahl. Ihre oft rötlich oder orangerot getönte Rinde ist vereinzelt mit rel. großen, vorgewölbten Lenticellen besetzt.

Ähnlich wie Viburnum lantana verfügt V. opulus über ein beträchtliches Vermögen zur Bildung von Wurzelbrut und Stockausschlag. Die Folge ist – zumindest auf günstigen Standorten – eine auffallend dichte Bestockung, selbst unter starker Konkurrenz krautiger Pflanzen. Die Art wurzelt flach und intensiv. Sie erreicht ein Alter von etwa 50 Jahren.

Knospen

Form, Größe und Farbe der V. opulus-Knospen variieren. So können die Fortsetzungsknospen einzeln auftreten, paarweise vorkommen oder ganz fehlen. Sie sind meist von breit eiförmiger Gestalt und i.a. glänzend braun. Die stets gegenständigen Seitenknospen liegen dem Trieb an und sind kurz gestielt. Die dem Trieb abgewandte Seite wölbt sich nach außen vor.

Es werden 2 Paar Knospenschuppen gebildet. Die äußeren, rel. derben sind oft rötlich, zugespitzt, kahl und an der Basis miteinander verwachsen. Die inneren sind grün, auf längerer Strecke röhrenförmig verwachsen und enden in einer dreilappigen Spitze. Die Blattadern treten deutlich hervor.

Opulus-Knospen sind stets unbehaart.

Blätter

Die ahornähnlichen, drei- oder fünflappigen, stets gegenständig angeordneten Laubblätter können in der Größe stark schwanken. An einjährigen Gipfeltrieben sind sie erheblich größer, derber sowie mit mehr und größeren Nektarien ausgestattet als an seitenständigen Lang- oder Kurztrieben. Die Bandbreite der Blattlänge reicht etwa von 4 bis 16 cm, die Blattbreite kann 12 cm erreichen. Die unregelmäßig buchtig gezähnten Lappen sind stets oberseits kahl, unterseits etwas heller und schwach flaumig behaart sowie mit deutlich hervortretenden Blattadern versehen.

Kennzeichnend für den 2 bis 3 cm langen, oberseits rinnig vertieften Blattstiel sind 2 bis 4 napfförmige Nektardrüsen, welche unmittelbar unterhalb des Spreitenansatzes an beiden Seiten auftreten. Weitere fädige, bis 1 cm lange Anhängsel befinden sich nahe der Stielbasis – wiederum an jeder Seite. Die distalen davon sind an der Spitze keulig verdickt und können ebenfalls Nektar sezernieren. Zwischen den schüsselförmigen und den pfriemlichen Anhängseln können Übergangsformen auftreten.

Viburnum opulus fällt im Herbst durch eine intensive, weinrote Blattverfärbung auf, die bereits Anfang September einsetzt und von der Spitze zur Basis des Triebes fortschreitet.

Blüten und Früchte

Die etwa 10 cm breiten Blütenstände (Schirmrispen) des gemeinen Schneeballs stehen an der Spitze von Kurztrieben. Sie erscheinen nach dem Laubaustrieb im Juni/Juli und enthalten zahlreiche, sehr unscheinbare **fertile** sowie – randständig – wenige auffällige und wesentlich größere **sterile** Blüten. Letztere dienen der Anlockung von Insekten.

Die fertilen Blüten bestehen aus einer weißlichen, fünfzipfligen, glockenförmigen Blumenkrone, aus mehreren, die

Abb. 3: Teil eines einjährigen Langtriebes. Nektarien an den Basen der Blattstiele (Blattunterseiten schwarz gezeichnet) ($^3/_4$ nat. Größe)

Abb. 4: Blatt eines Langtriebes (nat. Größe)

Krone überragenden Staubblättern mit gelben Antheren, einer dreilappigen Narbe und einem unterständigen, ca. 2 mm langen Fruchtknoten.

Blütenformel: $K(5)[C(5)A5]G(\overline{3})$
Randblüten ohne A und C

Demgegenüber sind die randständigen, sterilen Blüten wesentlich größer (Durchmesser bis 25 mm) und deutlich gestielt, ihre Kronblätter sind flach ausgebreitet und eiförmig, Fruchtknoten und Staubblätter rückgebildet.

Hinsichtlich Form und Größe des winzigen, fünfzähligen Kelches differieren fertile und sterile Blüten jedoch nicht.

Die kugelförmigen, etwa 10 mm dicken, scharlachroten, beerenartigen Steinfrüchte von V. opulus werden im August/September reif. Sie tragen an ihrer Spitze den eingetrockneten Rest des Griffels und enthalten nur einen, etwa 10 mm langen, flachen, sehr hartschaligen Steinkern.

Chromosomensatz: 2n = 18.

Holz und Rinde

V. opulus ist durch ein glänzend weißes, leichtes, rel. weiches und gut spaltbares Holz gekennzeichnet, das einen gelblich-braunen Farbkern bildet und sich kaum von V. lantana unterscheidet.

Mikroskopisch weicht Opulus durch spiralige Wandverdickungen an Gefäßen und Fasertracheiden sowie durch eher zerstreutporig verteilte Gefäße von Lantana ab [3].

Die dunkelbraune, flach rissige Borke enthält dickwandige Steinzellen.

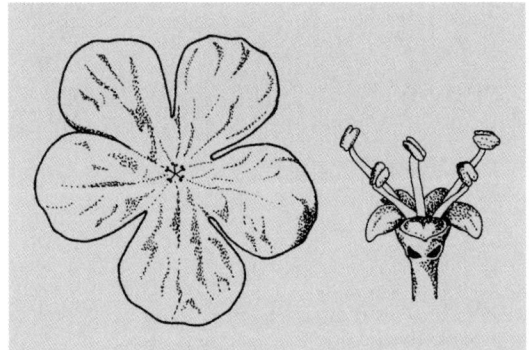

Abb. 5: Sterile Randblüte (li), fertile Blüte aus der Mitte des Blütenstandes (re), nach WEBERLING, 1966

Klima- und Standortansprüche

Als einheimischer, bis in Höhenlagen von 1700 m vordringender Strauch mit subozeanischen Klimaansprüchen ist V. opulus in Mittel- und Osteuropa völlig winterhart. Standörtlich gilt die Art als Feuchteanzeiger. In der Tat gedeiht sie im Auwald, an feuchten Waldrändern, an Bächen und Gräben ganz besonders gut. Schwach saure, gelegentlich auch schwach alkalische, nährstoffreiche, mildhumose Böden werden bevorzugt, strenge Lehm- und Tonböden durchaus vertragen.

Opulus-Streu hat einen rel. hohen Gehalt an Proteinen und wird deshalb selbst auf mikrobiologisch inaktiven Böden rel. schnell (wenn auch langsamer als Holunder) abgebaut. Der gewöhnliche Schneeball wird den Halbschattenpflanzen zugerechnet; er verträgt aber auch vollen Schatten. Starke Besonnung soll bei Jungpflanzen die Anfälligkeit gegen Lausbefall erhöhen.

Blühen und Fruchten

Opulus-Blüten werden von Käfern und von einigen Schmetterlingen, in der Hauptsache aber von Schwebfliegen bestäubt. Fremdbestäubung ist die Regel; Selbstbestäubung scheint vorzukommen, dürfte nach britischen und dänischen Untersuchungen jedoch die Ausnahme darstellen.

Abb. 6: Blütenstände

Abb. 8: Fruchtstände im Winter

Die bereits im August reifenden Früchte bleiben auffallend lange am Strauch. Sie werden nur von wenigen Vogelarten verzehrt und das i.a. erst nach Wintereinbruch. Zu den Konsumenten zählen Drosseln, Bergfinken, Seidenschwänze, Tannenhäher und Gimpel. Letztere nehmen allerdings nur die Steinkerne auf. Während die Früchte mancher Individuen von Vögeln gefressen werden, bleiben sie bei anderen gänzlich unberührt.

Möglicherweise ist dafür die starke individuelle Streuung in der chemischen Zusammensetzung der in Opulus-Früchten enthaltenen Öle verantwortlich.

Schneeballsamen liegen i.a. über. Deswegen erfolgt die Keimung nach Herbstsaat erst im zweiten Frühjahr. Erheblich verkürzen läßt sich die Ruheperiode durch Vorkeimen der Samen bei feuchter Wärme (20 – 30 °C), anschließender Übertragung in kalte Temperaturen und einem weiteren Aufenthalt bei 21 °C im Gewächshaus.

Es hat sich bewährt, erst im Frühjahr nach der Ernte (April/Mai) auszusäen [4]. Die Keimung erfolgt dann im nächsten Frühjahr. Die Keimprozente von V. opulus liegen bei 60 %, das Tausendkorngewicht beträgt ca. 33,4 g [1].

Abb. 7: Fruchtstände

Abb. 9: Steinkerne

Anzucht und Kultur

Viburnum opulus wird hierzulande vorzugsweise generativ vermehrt. Vegetativvermehrung durch Stecklinge, Steckhölzer, Absenker und Veredelung ist ebenfalls leicht möglich. Die Bewurzelung von Wurzelstecklingen gelingt, ist aber ± unsicher [2].

Für Veredelungen starkwüchsiger Viburnum-Arten hat sich V. opulus als Unterlage gut bewährt.

In der Baumschule erzogene Sämlinge erreichen im ersten Jahr 10 bis 15 cm, im dritten Jahr (nach Verschulung) 50 bis 120 cm Höhe. Frische bis nasse, für junge Pflanzen etwas schattige Standorte sind für die Anzucht und die Kultur von V. opulus besonders gut geeignet.

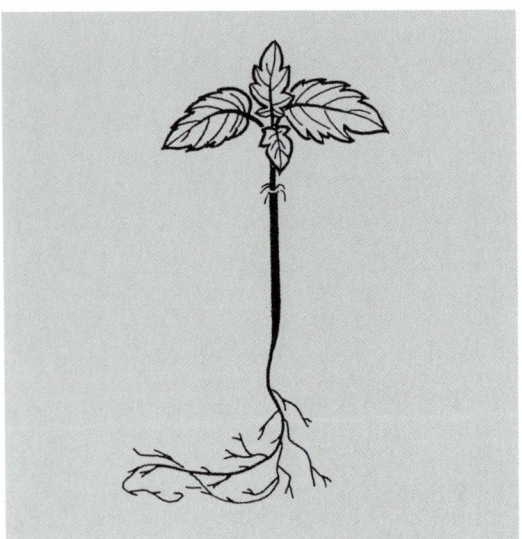

Abb. 10: Sämling (nat. Größe)

Abb. 11: V. opulus var. roseum L.

Nutzung und Verwendung

Trotz ihrer ansehnlichen Blüten- und Fruchtstände hat die Wildform von V. opulus als Zierstrauch keine große Bedeutung erlangt. Anders V. opulus f. roseum L., der sehr ansehnliche und weit verbreitete Gartenschneeball, dessen „gefüllte Blütenstände" nur aus rel. großen, sterilen „Randblüten" bestehen und der deshalb vegetativ vermehrt werden muß.

In der Volksmedizin spielt V. opulus nur eine geringe Rolle. Gleiches gilt für die kulinarische Nutzung der Früchte. Insgesamt gibt es wenige erwähnenswerte Nutzungsmöglichkeiten:

– Cortex Viburni opuli, hergestellt aus frischer Stammrinde, ist in Rußland offizinell und wird in der Frauenheilkunde gegen drohenden Abort verwendet.

– Das gleiche Präparat findet in der Homöopathie Anwendung als Dysmenorhoeticum [5].

Verschiedenes

– Der Gemeine Schneeball gilt als giftverdächtig.
Während man die Giftwirkungen von Rinde und Blättern (Herzrhythmusstörungen, Krämpfe, Atemnot) konkret beschreiben kann, werden Früchte teils als harmlos, teils als unbekömmlich und teils als giftig angesehen. Neueren Angaben zufolge sind reife Früchte ungiftig, unreife rufen jedoch Erbrechen und Durchfall hervor [5].

– V. opulus wird oft von Blattfleckenerregern mehrerer Pilzgattungen befallen (u.a. Ascochyta, Cercospora, Phyllosticta [Septoria]). In feucht-schattigen Lagen kommt auch Mehltau vor.
Von den zahlreichen, zumeist an Trieben und Blättern fressenden Insekten werden Aphis viburni, die Schneeball-Blattlaus und Gallerucella viburni, der Schneeballfurchtkäfer besonders schädlich. Während die Laus eingerollte und dürre Blätter hinterläßt, zerfressen die Larven des Käfers – später auch die Imagines – Blätter und Blütenstände. Oft bleiben nur die dickeren Blattadern zurück. Zusätzlich führt der Käfer zur Eiablage Löcherfraß an der Rinde durch.

Weiterführende Literatur

[1] ANONYMUS, 1974: Seeds of Woody Plants in the United States. USDA, Agric. Handbook, No. 450.

[2] GÖTTSCHE, D., 1978: Vermehrung einheimischer Straucharten durch Wurzelstecklinge. Forstarchiv **49**, 33–36.

[3] GROSSER, D., 1977: Die Hölzer Mitteleuropas. Springer-Verlag Berlin–Heidelberg–New York.

[4] KRÜSSMANN, G., 1964: Die Baumschule. Verlag Paul Parey, Hamburg und Berlin.

[5] MADAUS, G., 1979: Lehrbuch der biologischen Heilmittel., Bd. III, Georg Olms Verlag, Hildesheim–New York.

[6] WEBERLING, F., 1966: Familie Caprifoliaceae. In: Hegi. Illustrierte Flora von Mitteleuropa, Band VI, Teil 2, 4–87.

Die Autoren:

Prof. Dr. PETER SCHÜTT
Lehrstuhl für Forstbotanik
Ludwig-Maximilians-Universität München
Hohenbachernstraße 22
D-85354 Freising

ULLA M. LANG
Schützenstraße 6
D-82383 Hohenpeißenberg